石油和化工行业“十四五”规划教材

化工容器设计

第四版

王志文　蔡仁良　惠　虎　编著

Pressure Vessel Design for Process Equipment

化学工业出版社
·北京·

内 容 简 介

化工容器设计一直是化工设备与机械专业人才的一项基本功，它涉及力学、材料学、制造工艺学等许多方面。本书以化工容器的工程设计方法为主线，阐述有关的压力容器应力分析，将重点放在按规范设计与中低压容器设计上，但也适当地在高压容器分析设计等方面增补了不少原理方面的论述。

本书主要内容包括：压力容器设计概论、压力容器钢材的选用、中低压容器的规则设计、压力容器的整体设计问题、外压容器设计、压力容器的分析设计方法、压力容器防脆断设计及疲劳裂纹扩展寿命、低温容器设计、高温压力容器设计、高压及超高压容器设计。

本书可供偏重压力容器学习的本科生、化工过程机械专业研究生作为教材使用，也可供压力容器工程设计、使用管理、安全监管等岗位的技术人员参考阅读。

图书在版编目（CIP）数据

化工容器设计 / 王志文，蔡仁良，惠虎编著. -- 4 版. -- 北京 ：化学工业出版社，2025. 5

石油和化工行业“十四五”规划教材

ISBN 978-7-122-42985-8

Ⅰ. ①化… Ⅱ. ①王…②蔡…③惠… Ⅲ. ①化工设备-容器-设计-高等学校-教材 Ⅳ. ①TQ053.2

中国国家版本馆 CIP 数据核字（2023）第 033159 号

责任编辑：贾 娜　　　　装帧设计：张 辉

责任校对：田睿涵

出版发行：化学工业出版社（北京市东城区青年湖南街 13 号　邮政编码 100011）

印　　装：河北鑫兆源印刷有限公司

787mm×1092mm　1/16　印张 22¼　字数 555 千字　　2025 年 9 月北京第 4 版第 1 次印刷

购书咨询：010-64518888　　　　售后服务：010-64518899

网　　址：http://www.cip.com.cn

凡购买本书，如有缺损质量问题，本社销售中心负责调换。

定　　价：68.00 元

序

能否独立自主地设计、制造和安全运用压力容器，反映了一个国家的综合经济与技术的实力。

1949 年以前，我国重要的压力容器都是从西方国家进口的。在 20 世纪 50 年代初期，压力容器的需求量大增，但重要的压力容器主要依靠从苏联和东欧国家进口。1956 年，我国试制成功了第一台多层卷板式高压容器——永利宁厂（今南京化肥厂前身）三号合成塔，这是一个里程碑，是我国自力更生设计与制造重要压力容器的起点。20 世纪 70 年代我国制造了大直径三层热套式的吴泾化工厂 30 万吨氨合成塔，90 年代制成了单层锻焊的热壁加氢反应器，300MW 核反应容器等。在设计规范方面，我国从 1959 年和 1960 年的几个部颁标准到 1967 年提出《钢制石油化工压力容器设计规定（征求意见稿）》，并在 1977 年、1979 年、1982 年、1985 年进行了补充修订，实现了压力容器设计的规范化。后来于 1989 年形成了国家标准《GB 150——钢制压力容器》，1998 年又推出了新版（同时也出版了这一标准的英文版以推向国际）。1984 年在旧金山举行的第 5 届国际压力容器技术会议上，我国的压力容器设计规范第一次在国际学术会议上公开介绍，得到了好评。1988 年，第六届国际压力容器技术会议在北京举行。现在，我国不仅有了自己的压力容器设计国家标准，还建立了一系列的相关的法规和技术标准，形成了一个完整的压力容器质量保证体系。总之，在压力容器技术领域内，我国已经与国际接轨了。

在压力容器技术领域中取得的成就，依靠了几代人的努力，而且还要继续努力下去。人才培养既靠实践也靠教育，而教材是教育中的一个重要工具。1952 年，当初我国创建化工机械专业的时候，我们从西方找不到合适的教材，转而将目光转向苏联，从 Конторовѣил Домашнев 到 Вихман，选用了不少有用的材料。1960 年开始，我国高等学校着手编写适合我国国情的教材。几十年过去了，在此期间，国际上压力容器技术有了长足的进展，我国的教材也一直在努力反映新的技术进展，与时俱进。

华东理工大学（原华东化工学院）是全国第一批创建化工机械专业的高校之一。这本教材是华东理工大学教师在多年教学经验的基础上，吸收了兄弟院校教学中的长处而编写的。本书的两位主要作者不仅教课多年，而且有丰富的工程实践经验，所以在教材的架构、内容的选择及文辞方面能恰到好处，形成了鲜明的特色。本书的第一版与第二版已被全国化工机械专业作为通用教材用了十余年。

从事压力容器工作的，远不只化工机械专业（今过程装备与控制工程专业）毕业生，还有冶金、机械制造、电力与核能工程等各方面的人士。然而在高等学校课程设置中列入压力容器设计内容的，还是以化工机械专业为多数。这本书为其他专业毕业而现今从事与压力容器有关的工作与项目的工程技术人员，也提供了一个入门与钻研的工具。

吴东棣

2005 年 3 月

前言

压力容器设计是过程装备与控制工程专业（原名化工机械专业）最核心的专业必修课程。压力容器设计教材的名称由原全国性的过程装备专业教学指导委员会审定为《化工容器设计》（与此配套的还有《化工设备设计》）。华东理工大学在琚定一教授和吴东棣教授的带领下，由王志文、蔡仁良共同编制本书大纲，主导思想是不再采用“以弹性力学为主线”编写化工容器设计的编写方法，回归承压容器工程设计的本来面貌：容器设计不单是承压零部件的强度或刚度设计，还有零部件拼装为整体后，在压力作用下，相连部位的结构不连续所带来的一系列局部性不连续应力的问题，加上拼焊时带来的更多失效风险。从零部件设计到整体结构，必须进行循序的基于详细应力的分析、失效的防范，设计必须有整体的设计思路。按这一思路编制的大纲获得了本专业教学指导委员会的高度认可。本书第一版于 1989 年完稿，1990 年在化学工业出版社出版。之后被全国各有关高校纷纷采用。第一版于 1996 年获得全国高校优秀教材化工部一等奖。1998 年的第二版和 2005 年的第三版均作了一些删减和修改补充。

美国 ASME Ⅷ-2 于 1968 年问世，开启了基于应力分析的另一种压力容器设计方法，开启了压力容器建造技术的新纪元，2007 年版的 ASME Ⅷ-1、Ⅷ-2、Ⅷ-3 的全新面世，将国际压力容器建造推向了一个新高度。Ⅷ-1 更加经典完善，Ⅷ-2 更加强化和细化了不同失效模式时压力容器安全防范设计方法，Ⅷ-3 则专门针对 70MPa 以上高压容器的建造。欧洲标准化委员会于 2002 年公布的 EN 13445 *Unfired Pressure Vessels* 标准保留了原 ASME Ⅷ-2 的应力分类及其评定的主要思想及方法，但其亮点是提出了另外一套方法，即不再纠结于如何根据线弹性分析进行应力分类及评定，尽量减少应力分类中人为因素导致的偏差，而是基于容器或部件的失效模式，直接采用弹性或弹塑性有限元方法（少数采用试验方法）对结构的整体塑性垮塌、局部变形失效、外压失稳垮塌及疲劳失效等几种失效模式进行分析，也称为“直接法”。这一新的思路在国际上产生了重要影响。本书编著者在 2007 年之后一直在收集和整理国内外压力容器规则设计与分析设计规范及相关研究的新进展，深感《化工容器设计》一书必须重新修订新版，以适应当今压力容器工程设计的发展需要。

编著者认为第四版不但应帮助设计人员基本搞清承压设备的基本设计原理和总的设计原理，及其与选材、焊接等制造工艺、检验及质量保证、失效及风险的关联，还应帮助设计人员在使用管理与安全监管方法与规程方面打下相关基础。因此，本书不仅可供偏重压力容器学习的本科生、化工过程机械专业研究生使用，同时也可供压力容器工程设计、使用管理、安全监管等岗位的技术人员参考阅读。

参与本书第四版编著的责任人员如下：第 1 章、第 2 章、第 4 章（4.1 节、4.2 节、4.5 节）、第 9 章及第 10 章由王志文教授执笔；第 3 章、第 4 章（4.3 节、4.4 节）及第 5 章由蔡仁良教授执笔；第 6～8 章由惠虎教授执笔。全书由王志文统稿。

在本书第四版的修订过程中，听取了多年使用本书教学的潘家祯教授、王学生教授、安源胜副教授的指正和建议，在此深表谢意。本书难免存在不妥之处，切望同行专家及广大读者提出宝贵意见。

王志文　2025 年 1 月

于华东理工大学

第一版前言

我国自五十年代初设立化工设备与机械专业，已有三十多年的历史。实践证明，这个专业的适应性强，知识面广，在我国化学工业及相关工业的建设中起了重要作用。然而，多年来这个专业一直存在着教学负担过重的问题，而且随着近代技术的发展，新增的内容越来越多，反而影响了学生能力的培养，这就需要我们按照正确的教育思想，改革教学内容与教学方法，以面向企业为主，着重培养学生理论联系实际，解决工程实际问题的能力。教材建设是其中一个重要环节。

化工容器设计一直是化工设备与机械专业人才的一项基本功。压力容器技术是一门综合性的技术科学，它涉及到力学、材料学、制造工艺学等许多方面，包括这些学科的基础理论问题。我们认为，在讲授化工容器设计这门课时，应当着重在“综合”方面，利用学生已有的基础知识和技术基础知识，引导学生学会如何全面考虑、分析和解决工程实际问题。

本教材以介绍化工容器的工程设计方法为主要内容。化工容器设计应以安全为前提，综合考虑质量保证的各个方面，并尽可能做到经济合理。我们的目标是使学生在学完本课程以后能初步建立起完整的容器设计思想。

本教材的编写以化工容器的工程设计方法为主线，结合这条主线来阐述有关的容器应力分析理论。本教材的重点放在按规范设计与中低压容器设计，这不仅是为了更好地符合学生毕业后的工作实际，也是为了打好基础。同时，为了学生今后能力的发展，也要适当介绍高压容器和诸如分析设计等的压力容器技术新进展。

本教材的另一个特点是加强了压力容器总体设计的概念。在阐述了容器的主要零部件之后，从如何组成一个完整的容器的角度，引入了局部应力、支座、开孔以及结构设计等问题的处理。这是一个新的尝试。

我们恳切希望国内同行专家对本教材提出宝贵的批评和意见。

编　者

1989 年 8 月

第二版前言

我国自 20 世纪 50 年代初设立化工设备与机械专业，已有四十多年的历史，在我国化学工业及相关工业的建设中起了重要作用。然而，多年来这个专业一直存在着教学负担过重的问题，而且随着近代技术的发展，新增的内容越来越多，反而影响了学生能力的培养，这就需要我们按照正确的教育思想，改革教学内容与教学方法，以面向企业为主，着重培养学生理论联系实际，解决工程实际问题的能力。教材建设是其中一个重要环节。

化工容器设计一直是化工设备与机械类专业人才的一项基本功。压力容器技术是一门综合性的技术科学，它涉及到力学、材料学、制造工艺学等许多方面，包括这些学科的基础理论问题。我们认为，在讲授化工容器设计这门课时，应当着重在“综合”方面，利用学生已有的基础知识和技术基础知识，引导学生学会如何全面考虑、分析和解决工程实际问题。

本教材以介绍化工容器的工程设计方法为主要内容。化工容器设计应以安全为前提，综合考虑质量保证的各个方面，并尽可能做到经济合理。我们的目标是使学生在学完本课程以后能初步建立起完整的容器设计思想。

本教材的编写以化工容器的工程设计方法为主线，结合这条主线来阐述有关的容器应力分析理论。本教材的重点放在按规范设计与中低压容器设计，这不仅是为了更好地符合学生毕业后的工作实际，也是为了打好基础。同时，为了学生今后能力的发展，并能适应 21 世纪初的技术发展，也适当介绍高压容器以及诸如分析设计、疲劳设计、防脆断设计等压力容器设计新理论新方法等新技术进展以及计算机辅助设计方面的进展。

本教材的另一个特点是加强了压力容器总体设计的概念。在阐述了容器的主要零部件之后，从如何组成一个完整的容器的角度，引入了局部应力、支座、开孔以及结构设计等问题的处理。这是一个新的尝试。

本教材的第一版于 1989 年完稿，经各校多年使用，对本教材给予了热情肯定，并于 1996 年获化工部优秀教材一等奖。这期间各方面也提出了宝贵意见，同时一些规范也发生了变化。在此基础上又于 1997 年初完成了修订，形成了第二版。本书得到上海市教育委员会的资助。按上海市教委高教办公室“关于上海普通高校‘九五’重点教材编写出版的若干具体规定”的要求，在本书封、扉、版权页上均署“上海市教育委员会组织编写”。

我们仍然恳切希望国内同行专家对本教材提出宝贵的批评和意见。

编　者

1997 年

第三版前言

我国自20世纪50年代初设立化工机械专业以来已有50多年的发展历史，为适应社会发展的需要，已于90年代将专业名称改为过程装备与控制工程。专业服务面扩大到所有的流程工业，亦称过程工业，包括化工、石化、电力、冶金、轻工等方面。流程工业中所应用到的各种过程装备（process equipment）的外壳几乎都是承受压力的容器。因此“化工容器设计”这门课程历来是该专业学生最重要的必修课之一。本教材是在当时所属高等学校专业教学指导委员会的组织领导下，以招投标方式获得了编写权，其第一版于1989年问世，第二版于1998年出版，均成为当时全国过程装备与控制工程专业的通用教材，深受各高校师生欢迎。第一版于1996年获得全国普通高校优秀教材化工部一等奖。第二版编写时被列为上海市“九五”期间面向21世纪教材建设项目，并于2001年获得上海市优秀教材二等奖。近年来由于国内外压力容器规范与相关技术的发展，特别是欧盟标准的问世出现了许多新的情况，并同时也收集了各方面提出的宝贵意见，在化学工业出版社的大力支持下，对本教材再次进行了修订，形成了现在的第三版。

第三版的编写仍保持前两版在结构上的特点，即以化工容器的工程设计方法为主线，以此阐述有关的压力容器应力分析理论与设计计算方法；不仅论述受压零部件个体的设计计算方法，还强调各受压零部件组装为压力容器整体后出现的各种问题，如边缘应力问题、局部应力问题等。这一做法回归了压力容器工程设计的本来面貌。本教材的重点放在中低压及外压容器的规则设计方法，高压容器则以厚壁筒体结构和密封结构阐述为主，也介绍应力分析和设计计算方法，这不仅符合学生毕业后的工作实际，也是为学生打好基础。同时，为学生今后能力的发展，能适应21世纪的技术进步，适当介绍了诸如压力容器的应力分类与分析设计、疲劳设计、防脆断设计与缺陷评定、高温与低温容器设计等压力容器的设计新理论新方法等技术进展。第三版中增加了超高压容器的介绍，也强调对焊缝安全性的综合分析。

欧洲标准化组织于2002年正式颁布了非直接火压力容器标准（EN 13445），其中有不少新的设计思想。本教材在相关章节也简单作了些介绍。

本教材的第一版与第二版成稿之后均由大连理工大学贺匡国教授审定，为本教材质量的提高起到了重要作用。本教材的第一章、第六章第五、六节由吴东棣教授编写。第二章，第三章中的第三、四节，以及第四章由蔡仁良教授编写。第三章的第一、二、五节，第五章及第六章的第一、二、三、四节由王志文教授编写。各章中关于欧盟标准相关内容的介绍由王正东教授编写。这一版中还适当列入了一些习题。全书由王志文教授统编。

本教材在修订过程中得到了戴树和教授、吴东棣教授、贺匡国教授、李培宁教授、柳曾典教授、丁信伟教授、潘家祯教授、经树栋教授、郑津洋教授、安源胜副教授和惠虎副教授的热情帮助，感谢他们对大纲的修订、内容的修改提出了许多宝贵的意见，并提供了许多有用的资料。由于编著者的知识具有局限性，错误与不当之处难免，恳切希望同行专家、学者及读者对本书提出宝贵意见。

编著者

2005 年 4 月

目 录

第 1 章 压力容器设计概论

以处理各种气体、液体或固态粉体物料，使其发生化学过程及物理过程而获得新的物质或改变原物料性态为特色的生产过程，统称为过程工业（process industry），亦称为流程工业。能源工业中的火力发电、核电、石油炼制、天然气加工及输送；化学工业和石油化工工业中成千上万种化学产品的生产；轻工业中的很多精细化工生产、制药、食品、饮料生产；冶金工业，特别是有色金属提炼中的湿法冶金工业等都被涵盖在过程工业之中。过程工业中的生产设备都涉及可流动物料的输送、气体的压缩或膨胀过程；物料的加热、冷却、蒸发、冷凝、冷冻、结晶、干燥等传热过程；物料的化学合成、分解、聚合、缩合、焙烧等化学反应过程；混合物料的蒸馏、吸收、萃取、沉降、过滤等分离过程，这些都称为单元过程。进行各种单元操作过程的设备往往都涉及到必须具备的合适的操作条件，主要是温度和压力，或搅拌流动条件。这些设备都称为过程装备，它们的特点是都具有一个密闭的、能够承受压力载荷的外壳，这就构成了压力容器（包括压力管道）这一特殊类型的机械设备[1,2]。

压力容器最早诞生于工业革命的初期，蒸汽机的锅炉汽包是最早的压力容器。水和蒸汽的输送管道和蒸汽机的气缸也属于承压设备。化学工业出现之后的各种瓶瓶罐罐，很多都是压力容器。氮肥工业出现之后，便诞生了高压容器，因为最早的合成氨生产在 300 个大气压（约 30MPa）和 500℃高温下，通过催化剂才能使氢和氮合成为氨。汽轮机代替蒸汽机后，电站锅炉得到了更大的发展，高温高压且大型化的蒸汽锅炉可以大幅提高火力发电的能源利用率。各种核反应堆产生的巨大能量可以转化为发电用的高压锅炉蒸汽。只要不发生核泄漏事故，核反应可以提供最清洁的能源。核反应堆本身就是一台巨大的压力容器。一回路中的蒸汽发生器是热交换器，但同时又是大型的高压容器。石油的分馏提炼都是在容器中进行的，但油品的深度加工（如裂化后的加氢以及油品的脱硫等）就需要在高温高压下进行化学反应，需要应用大量的压力容器。在石油化工业发展中出现了规模愈来愈庞大的合成纤维、合成塑料和合成橡胶生产装置，使压力容器的数量和规模产生了飞快的发展。根据国家市场监督管理总局特种设备安全监察局的统计，截至 2024 年底，我国在用的锅炉约有 30.99 万台，压力容器约有 571.63 万台，气瓶约有 3.18 亿只，压力管道约有 117.48 万公里。压力容器的巨大需求，促进了压力容器设计、制造技术的巨大进步。但由于压力载荷会引发爆炸等灾难性事故的发生，所以从各个角度对压力容器加强安全监管也成为各国政府必须履行的职责。各生产部门必须承担安全责任。

1.1 压力容器的基本结构

1.1.1 压力容器的基本构造

压力容器是一种以承受压力载荷为主要特征的承压设备（pressure equipment）。压力容器的主体结构应是密闭的容器，通常，由优良承压性能的回转壳体组成。容器内要盛装各种物态的物料，必然要设置进口及出口接管。所以最常用容器至少会包含圆筒形或球形的壳体、端盖或封头、接管、可拆式法兰接头这些主体构件，它们都是压力容器的承压部件。有些承压设备如阀门等则不是由圆筒体组成的，阀门是由板形结构件来承受压力载荷的。压力管道是由圆筒形结构件组成，但管道上的各种弯头和三通却不属于轴对称的壳体。容器外壳上连接着的各种支撑件（如耳式支座、卧式容器的鞍式支座或高塔类容器底部的裙式支座），它们所承受的载荷主要是重力载荷，因而它们不属于承压部件。

图 1-1（a）所示的承压设备是结构最为简单的气瓶。小的气瓶可以采用无缝钢管制造，两端的封头局部加热同时不断旋压收口，其中一端再留出一段做成气瓶的管接头。图 1-1（b）是用低强度高塑性的碳素钢板材经深度冲压制成的带有很深直边段的封头，用两个相同部件组对焊接而成一个气瓶，民用液化石油气钢瓶就是这样制造的。图 1-1（c）则是用常规的压力容器专用钢板卷制的圆筒与热冲压的椭圆形封头组装焊接而成的油罐车，常用于液化石油气、化学品或危险化学品的运输，还有用于固体粉料车载运输的罐车，这些都称为移动式压力容器。

带压力储存气体及液化气的大型储罐一般都选用最省材料的球形储罐，图 1-1（d）是大型石化厂罐区的球罐群。球罐壳体的应力分布极为均匀，结构简单。现代球罐最大容量已

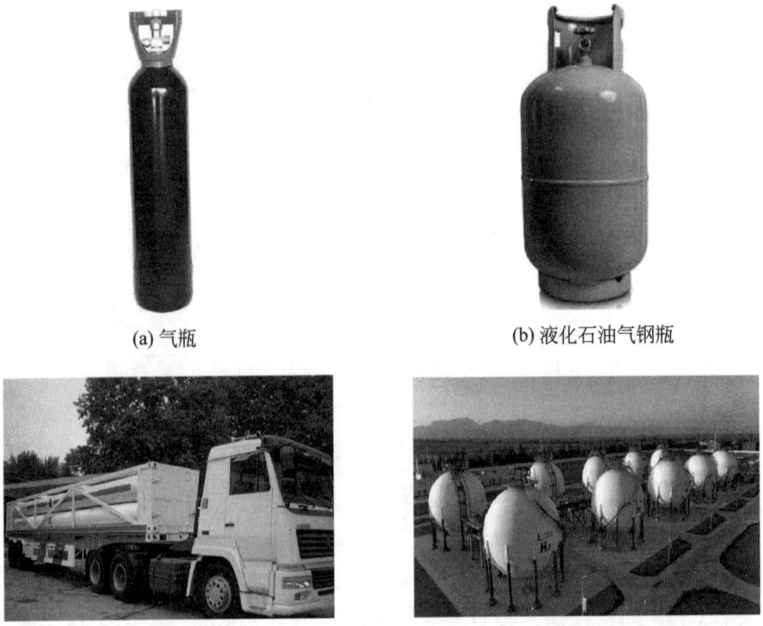

(a) 气瓶　　(b) 液化石油气钢瓶

(c) 移动式压力容器　　(d) 石化厂球罐群

图 1-1　几种常见的结构简单的压力容器

超过 10000m^3。

图 1-2 是高压蓄能器的结构简图。容器内储存 28MPa 的压缩气体，可以为一些间歇使用的机械提供强大动力。这是典型的承受交变应力的常温厚壁容器，其结构简单，是用 128mm 厚的钢板卷制成圆筒。用 70mm 厚的钢板热压成型制成球形封头，经拼焊而成。

图 1-3 是内径为 5300mm 壁厚为 120mm 厚的厚壁卧式容器，是湿法冶金中的加压釜。为防浓酸腐蚀，内壁堆焊 8mm 厚的耐蚀合金 SB265Gr17。

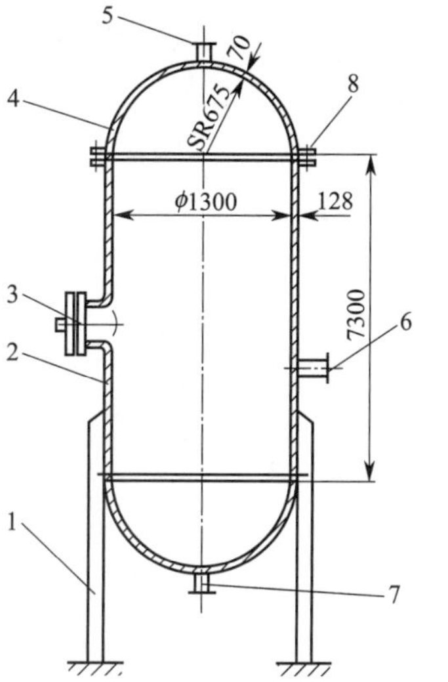

图 1-2　高压蓄能器结构简图

1—支座；2—筒体；3—人孔；4—封头；5—放空口；6—进口；7—出口；8—法兰

图 1-3　湿法冶金加压釜

分离物料的容器如图 1-4 所示。这是典型的直立式高塔容器。该塔下半部分锥形过渡段处的物料进口送入的是待分离的溶液，塔顶出口处流出的是被提纯的低沸点的轻组分，流入塔顶冷凝器被全部冷凝后，部分是产品，另一部分再注回塔顶第一块塔盘作为回流液。在每一层塔盘上都进行相同机理的传热和传质过程：流入塔盘上的混合溶液中的轻组分较多，被下层塔盘上蒸出的温度更高蒸气加热而蒸发，于是蒸出气体中的轻组分比下层塔盘中上升蒸气更浓，而残留在塔盘液相中的重组分会变浓，再流入下层塔盘。因此经逐层塔盘的分离作用，塔顶应获得轻组分最浓的产品，塔釜将得到重组分最浓的产品。这是蒸馏操作分离容器的共同特点。其他用于吸收操作及萃取操作的容器都是直立式的高塔，塔体外壳结构相似，但塔内件有不少差异。

图 1-5 是反应过程装备中最常见的液相物料的搅拌反应器。这种反应器的承压壳体能承受内部物料进行化学反应所需要的压力，同时化学反应所需要的加热温度也可以由外部夹套中通入的蒸汽提供。当化学反应已经完成，物料需要进行冷却时，夹套的蒸汽应停止供应，同时打开冷却水进口阀，向夹套通入冷却水。冷却到预定温度后便可出料。反应器内的搅拌器是用来使注入反应器内参与化学反应的各种物料充分混合并快速完成反应的。搅拌轴上端通过联轴器与机架上的减速箱及电动机相连。此外反应器壳体上还必须设有物料温度监测所需的温度计接管、压力表接管、安全阀接管或爆破片接口。

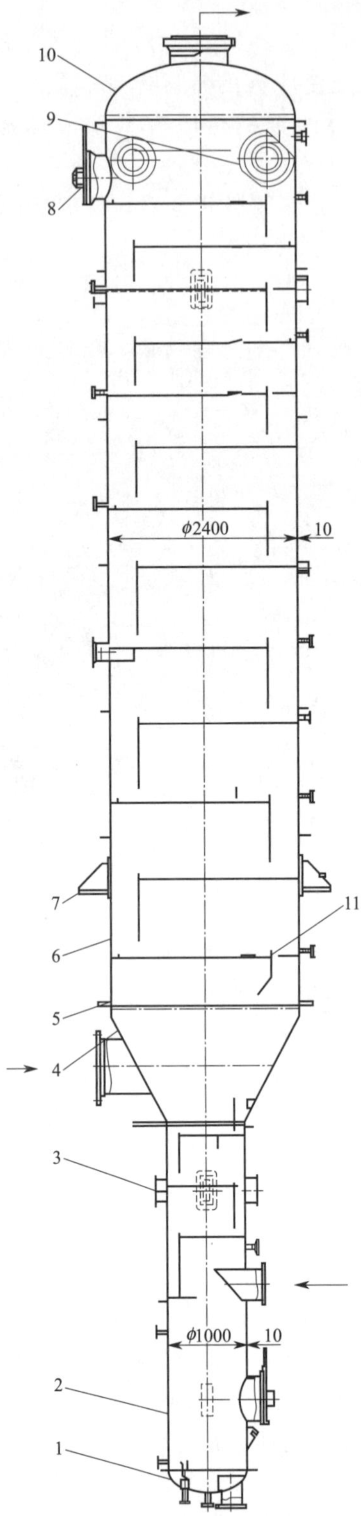

图 1-4　蒸馏塔

1—下封头；2—下筒体；3—导向板；4—锥形封头；5—加强圈；
6—上筒体；7—耳座；8—人孔；9—接管；10—上封头；11—塔盘内件

图 1-5　搅拌反应器

除上述搅拌反应器外还有许多结构型式的反应器，如气固相反应中常采用的流化床反应器，具有很高的反应速率。石油化工装置中常用的各种加氢反应器是高温高压并且临氢的压力容器，设计、制造以及运行管理都有很高的技术含量。壳体钢材在高温高压并高氢分压环境下，不但要有足够的强度，而且还要有抵抗氢腐蚀的能力；内壁还要堆焊上耐介质腐蚀的防腐蚀层。20 世纪 80 年代末期，我国开始试制这种热壁高压加氢反应器，其重量为 276 吨。而到 2010 年，我国已能设计制造出世界上最大的加氢反应器。图 1-6 即为重达千吨的大型热壁加氢反应器。2020 年中国一重集团有限公司又建造了重达 3000 吨的特大加氢反应器。总长 70m，外径 6.15m，壁厚 320mm。共建造了 6 台。

图 1-6　我国设计制造的热壁加氢反应器正在运出制造厂

进行换热（热交换）操作的压力容器结构型式非常之多，其中列管式换热器是适用性最为广泛的一类换热容器。图 1-7 所示为一再沸器。塔釜溶液引入该容器后被加热蒸发成蒸气再进入塔内最底层塔盘下方作为上升蒸气。管程是加热介质，壳程（管外空间）是塔釜液体被加热而沸腾蒸发的空间。一般为检修清洗或更换 U 形管束方便，管程为可拆式，因而采用了大法兰连接；管板未做成“管板兼法兰”式，管板连同管束都可装拆。这里管程和壳程的壳体、管板、接管、U 形管都是承压部件。

图 1-8 所示为不可拆式管箱的高温高压换热器。管板、筒体和管箱都是焊接连接，可避免法兰密封的泄漏失效，图中组件 4 包含很多 U 形管，由于不能拆卸，为检修除垢带来麻烦。

深海载人探测器的外壳是一外部承受巨大海水压力的极端承压设备。每下潜 10m 将增大 0.1MPa 的外压，下潜 1 万米将承受 100MPa 外压。因此，要求深潜器的外壳能在如此高的外压下具有安全的耐压强度和外压稳定性。除必须采用超高强度且可焊性良好的材料外，必须在结构强度和防屈曲失效方面做出更精确的分析设计和完善的制造与检验。我国 2009 年建造的“蛟龙号”，在 2012 年成功下潜 7062m 海试，2020 年 6 月又建成“奋斗者号”大型球形载人舱深海探测器，并于 11 月成功坐底 10909m 马里亚纳海沟，创下载人深潜世界新纪录。奋斗者号自主独创强度更高的 Ti62A 钛合金材料，并成功应用电子束焊接，保证了焊接接头的优良金相组织和强度、塑性与韧性。这表明我国深海极端工况下承压设备建造技术达到世界最新水平。

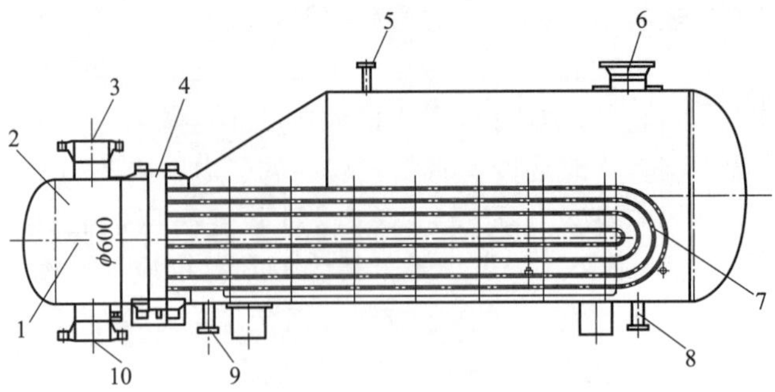

图 1-7　常用的塔釜再沸器

1—纵向隔板；2—管箱；3—加热介质入口；4—管板；5—排气口；6—溶液出口；7—U 形管束；8，9—溶液入口；10—加热介质出口

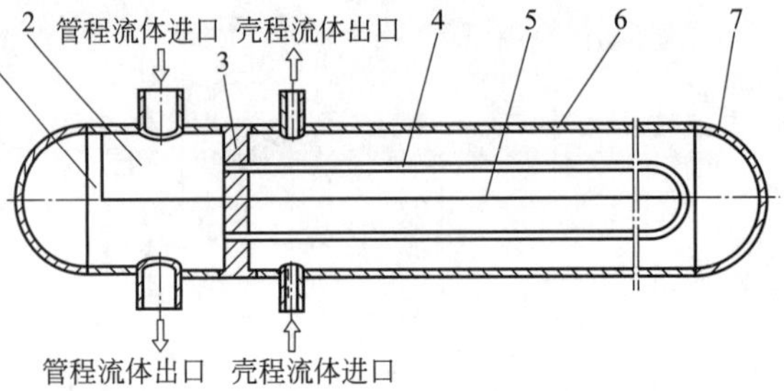

图 1-8　高温高压热交换器结构简图

1—管程流体管箱及封头；2—管箱纵向隔板；3—高压厚管板；4—U 形换热管束；5—壳程分程隔板；6—筒体；7—封头

1.1.2　压力容器结构的基本特点

（1）压力容器的基本部件——承压部件

压力容器本体的基本部件有四种：筒体、封头、接管（包括人孔等开孔）、法兰接头（可拆卸的密封接头）。这四大部件都直接承受压力载荷的作用，因此都称为承压部件（pressure components）。这些承压部件中有的还由多个零件组成，如法兰接头中还有一对法兰盘、密封垫片和若干紧固螺栓。有接管处必须先在壳体上开孔，开孔削弱后需用补强件补强。因此法兰的各零部件及补强件也是承压部件。

由于四周的压力载荷可使容器内的零部件处于平衡状态，因此这些零部件不应计为承压部件。但换热容器内的换热管或管板，单侧受压，或两侧压力间存在压力差，或单侧作压力试验时，都会成为承受部件。

（2）压力容器附件——非承压部件

这些附件主要指各种型式的支座，如卧式的、立式的、裙式的支座；容器安装起吊时所用的各种焊接在容器外壁的吊耳；焊在容器内壁或外壁的扶梯，行走平台，或检修时吊装部件的支架。它们可能承受很大重力载荷，但不承受内部压力载荷作用，因此都不是承压部件。

（3）凡承压部件一般采用板壳结构

板是指平板，多采用价廉且强度优良的钢。壳是指回转壳体，其母线为直线或规则曲线，如圆筒体、球壳、椭球壳、锥形壳。圆筒体组成容器的筒身，半球壳、半椭球壳、锥壳组成容器凸形封头。回转壳体在承压时的应力分布比较均匀，结构的应力状态较理想。平板，如方形或矩形平板、圆平板，承压时会形成不均匀分布的弯曲应力，承压时的结构应力状态不理想，仅在低压或高压下且需封头结构简单时才会采用平板封头。

（4）压力容器主要是板焊结构

20 世纪焊接技术突飞猛进，淘汰了铆接结构，大范围代替了锻造结构。近代压力容器基本生产过程为：钢板—成型为壳体结构—组焊成容器本体。焊接的生产效率高，焊缝质量日益可靠。但焊接也有致命的弱点，焊接必须力控焊接缺陷（特别是裂纹）及焊接过热使钢材近焊缝热影响区金相组织变劣而导致脆化甚至断裂引发事故。

1.1.3 压力容器设计的基本要求

压力容器设计是综合性强、专业性也强的工程设计工作，应在充分理解过程环境特性，服役工况，相关法规、规程、规范、标准的基础上，完成结构整体初步设计、材料选用（包括防腐蚀措施）、焊接材料选用，然后完成结构细节设计、焊接结构设计、结构的强度及刚度校核、结构的施工图、技术要求提出、设计文件编制等。在实际工程设计中，压力容器各阶段的设计任务不可能是一个人完成的。本书的重点是压力容器的具体结构设计、强度与刚度计算方法、焊接接头的结构设计，以及疲劳、蠕变设计的寿命预测等方面的基本理论与工程设计方法。

压力容器设计工作的基本要求应该是：

① 安全性　应在理解压力容器最重要的失效模式基础上，按现有设计规范、标准设计，以确保安全可靠，防止可能发生的失效。

② 结构合理性　总体结构和局部结构既能满足过程操作工艺的要求，又满足制造工艺的要求；焊接结构的合理性体现在确保能焊透，无损检测可施行，又能节省焊接工时；维护检修的可能性。

③ 经济性　包括选用材料成本、制造成本、检测成本、质量与寿命的性价比，质量与维护成本的性价比都应体现在合理范围之内。

④ 合理的设计寿命　现在的法规、规程及技术标准尚不能全面周到地提供各种服役工况下压力容器寿命预测方法。但一般要求是，普通价值的容器一般应满足十年使用寿命，大型石化及火电容器通常要求 30 年使用寿命，核电容器 60 年。目前仅全面腐蚀均匀减薄下可计算寿命；交变载荷下可预测设计寿命；高温蠕变下可预计寿命，但并不十分可靠。工程上常以定期检验检测后再确定剩余寿命，或确定下一次停工检验的安全周期。

1.2 压力容器相关法规及技术标准

1.2.1 压力容器的特种设备属性

伴随锅炉压力容器的诞生，爆炸事故曾层出不穷，因此各国政府都设有监督管理部门对其实施法定监管。中华人民共和国成立后也首先对锅炉实施安全监督，设有锅炉安全监察局。随着压力容器和压力管道数量的迅速增加，事故多发，到 20 世纪 70 年代，锅炉安全监察局的管理职能扩大到压力容器，名称也改为锅炉压力容器安全监察局，90 年代初又将压力管道纳入监督范围。随着社会的发展，会造成人身伤害事故的不仅仅是承压设备，电梯、起重机械、客运索道、大型游乐设施也常引发人身伤害事故。政府监管部门便产生全面监管的设想，这样“特种设备”的概念便在中国形成。2003 年 3 月 11 日，中华人民共和国国务院令第 373 号公布，第一部《特种设备安全监察条例》（以下简称《条例》）诞生。2009 年，又对《条例》进行了修正，于 2009 年 5 月 1 日起实施[3]。《条例》对特种设备的定义是：“是涉及生命安全、危险性较大的锅炉、压力容器（含气瓶）、压力管道、电梯、起重机械、客运索道、大型游乐设施和场（厂）内专用机动车辆”。上述 8 类设备中的前 3 类均为承压类设备。

锅炉与压力容器（含气瓶）的主要区别是：前者是直接受火焰加热的，而后者是非直接受火的，而且锅炉多由电力部门掌管，并形成较为独立的技术和管理模式。压力容器又分固定式压力容器和移动式压力容器两类，除都承受压力载荷外，移动式容器还要承受运输过程中可能受到撞击外力和内部物料中晃动惯性力的作用。

《特种设备安全监察条例》问世以后，国家质量监督检验总局特种设备局（后由于机构调整，改为国家市场监督管理总局特种设备局）于 2004 年制定了特种设备生产目录，并于 2014 年、2019 年和 2021 年分别修订了该目录。

压力容器属于我国法定的特种设备之一，必然要接受我国相关法律法规的监管。

1.2.2 我国特种设备法规标准体系

经过数十年的监督管理和对特种设备安全事故的分析总结，并吸收国外工业国家相关经验，2000 年以后，已初步建立了我国的特种设备法律法规和标准体系。主导思想是建立多层次的法规与标准，逐步做到“以法律法规为依据、以安全技术规范为主要内容、以技术标准为基础的特种设备安全监察法规标准体系”。完善的法规标准体系结构应该有以下 5 个层次[4]：

法律——行政法规——部门规章——安全技术规范——引用标准

为加强特种设备安全工作，预防特种设备事故，保障人身和财产安全，促进经济社会发展，《中华人民共和国特种设备安全法》由全国人民代表大会常务委员会于 2013 年 6 月 29 日通过，自 2014 年 1 月 1 日起施行。

行政法规层面的有《特种设备安全监察条例》。此外地方行政部门结合地方特点也制定过地方条例。经过 10 年左右的实践，2016 年，国家质量监督检验检疫总局发布了《固定式压力容器安全技术监察规程》（TSG 21—2016）[5]。这是我国压力容器领域的最高行政法规，其他有关压力容器的各种规章、规范、标准均不得违背这一最高法规。但这一法规也在安全生产法、特种设备安全法等法律的管辖之下。

引用标准则是与特种设备安全有关的法规、规章或安全技术规范中被引用的国家标准和行业标准。与压力容器相关的有 GB/T 150《压力容器》[6]、JB 4732《钢制压力容器—分析设计标准》[7]、GB/T 4732《压力容器分析设计》[8]、GB/T 151《热交换器》[9]、GB/T 12337《钢制球形储罐》[10]、NB/T 47041《塔式容器》[11]、NB/T 47042《卧式容器》[12]、NB/T 47013《承压设备无损检测》[13] 等。特种设备涉及的有关标准目前已多达 1500 余项。标准一旦被安全技术监察规程所引用便具有与安全技术监察规程同等的效力，同样具有强制性，并成为安全技术监察规程的组成部分。这些标准[6~21] 涵盖了各类特种设备产品标准、材料标准、性能标准、检测方法标准的各个方面、是特种设备安全技术规范的技术基础，一般由标准化组织负责制定，安全监察机构派代表参与制定。

可以说，我国已基本建成了特种设备法规标准体系，形成了覆盖压力容器全寿命周期的安全监管基本制度，对压力容器的安全提出了基本要求，促进了压力容器技术进步。但值得注意的是，我国在压力容器的基础理论研究、先进设计方法、先进材料研究、高端装备的制造、标准的全球影响力等方面仍与发达国家存在一定的差距。

1.2.3 压力容器的定义及压力等级、品种划分

(1) 压力容器的定义

我国行政主管部门多年来对承压设备实施监管，从而形成了对压力容器的法定定义。2009 年修改后的《特种设备安全监察条例》第八章第九十九条（二）是这样定义的："压力容器，是指盛装气体或液体，承载一定压力的密闭设备，其范围规定为最高工作压力大于或者等于 0.1MPa（表压），且压力与容积的乘积大于或者等于 2.5MPa·L 的气体、液化气体和最高工作温度高于或者等于标准沸点的液体的固定式容器和移动式容器；盛装公称工作压力大于或者等于 0.2MPa（表压），且压力与容积的乘积大于或者等于 1.0MPa·L 的气体、液化气体和标准沸点等于或者低于 60℃液体的气瓶；氧舱等。在这一定义中充分体现了容器的危险性和重要性与压力（p）、压力与容器的乘积（pV 值）和介质特性密切相关。以压缩气体为例，之所以包含 pV 值，是因为 pV 值反映了容器内气体绝热膨胀所释放的能量大小，一定程度上反映了压力容器发生破坏时的物理爆炸能量。如果介质为易燃易爆气体，在容器破坏后介质与空气混合形成爆炸氛围，如有点火源还可能会引发破坏力更强的化学爆炸。

在以上的压力容器定义中，p 值、pV 值及介质条件必须同时符合，才可定义为压力容器并接受国家行政监察。

(2) 压力容器内压力等级的划分

TSG 21—2017《固定式压力容器安全技术监察规程》附录 A 中采用传统的压力等级划分方法，即分为低压（代号 L）、中压（代号 M）、高压（代号 H）和超高压（代号 U）4 个压力等级[6]。以设计压力 p（表压）的划分界限如下：

低压容器：$0.1\text{MPa} \leqslant p < 1.6\text{MPa}$；

中压容器：$1.6\text{MPa} \leqslant p < 10.0\text{MPa}$；

高压容器：$10.0\text{MPa} \leqslant p < 100.0\text{MPa}$；

超高压容器：$p \geqslant 100.0\text{MPa}$。

(3) 压力容器品种划分及代号

按容器在生产工艺过程中的作用原理划分为反应压力容器（代号 R)、换热压力容器（代号 E)、分离压力容器（代号 S）和储存压力容器（代号 C，其中球罐为 B)，一般容器（代号 V)。

《条例》第九十九条中对压力容器品种划分成 4 种：固定式压力容器、移动式压力容器、气瓶、氧舱，并分别实施安全监察。

1.2.4 我国压力容器安全监管中的压力容器分类

我国压力容器行政监察部门为便于监察管理而采用了上述压力容器分类方法。根据压力等级高低（设计压力 p)、容积大小（V）和介质性质（对人的伤害程度）三个因素，将压力容器划分为三类，即从低到高分别划分为Ⅰ类容器、Ⅱ类容器和Ⅲ类容器。类别愈高意味着压力容器的风险愈大。

关于介质性质，主要考虑的是毒性程度和爆炸危险程度两个方面，并参照 HG/T 20660—2017《压力容器中化学介质毒性危害和爆炸危险程度分类标准》，将介质（包括气体、液化气体以及最高工作温度高于或者等于标准沸点的液体）分为以下两组：

ⅰ. 第一组介质　毒性程度为极度危害、高度危害的化学介质，易爆介质，液化气体。

ⅱ. 第二组介质　除第一组以外的化学介质。

极度危害介质是指最高容许浓度小于 0.1mg/m^3 的介质；高度危害介质指最高容许浓度 0.1～1.0mg/m^3 的介质；中度危害介质指最高容许浓度 1.0～10.0mg/m^3 的介质；轻度危害介质指容许浓度大于或等于 10.0mg/m^3 的介质。

易爆介质指气体或液体的蒸气、薄雾与空气混合形成的爆炸混合物，并且其爆炸下限小于 10%，或者爆炸上限和爆炸下限的差值大于或等于 20%的介质。

具体到压力容器的类别划分方法，TSG 21—2016 规程已无法用简单文字表述清楚，

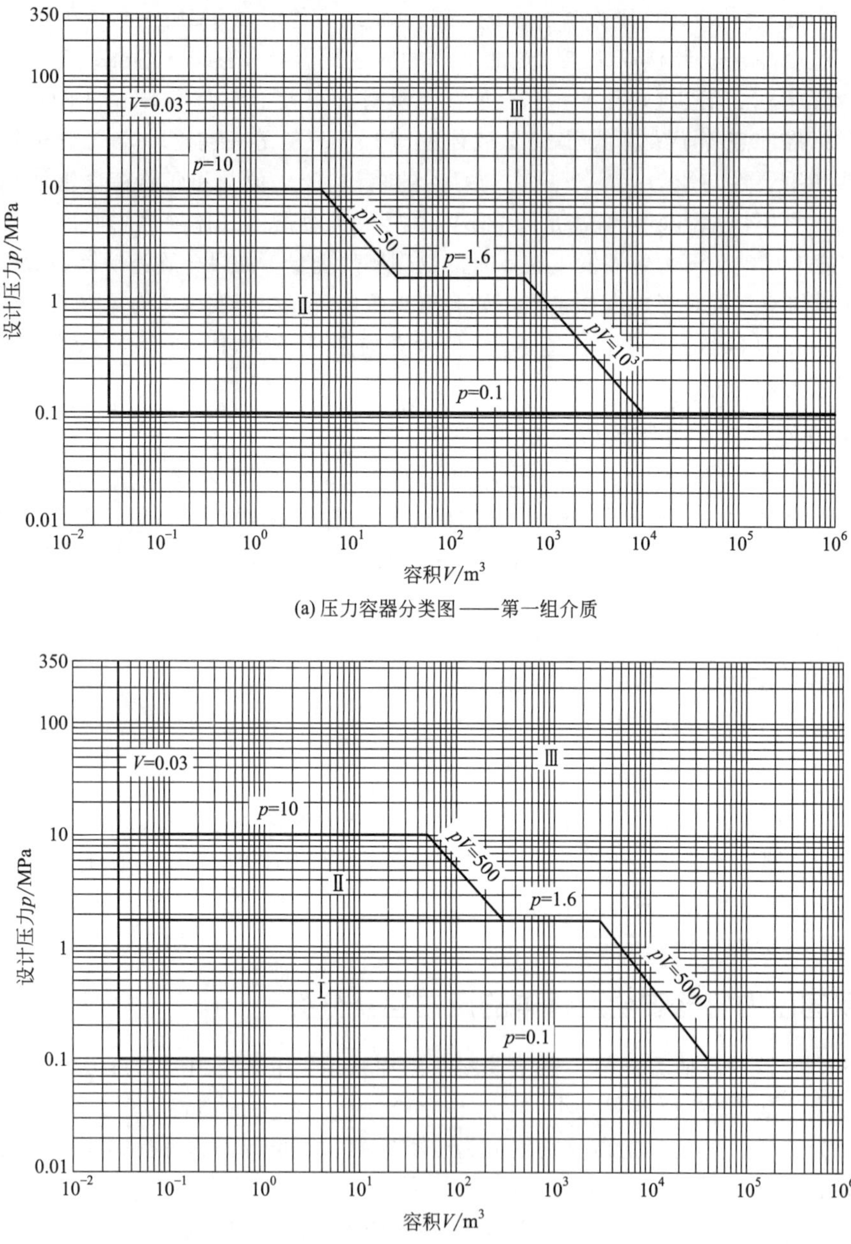

(a) 压力容器分类图——第一组介质

(b) 压力容器分类图——第二组介质

图 1-9　TSG 21—2016 中固定式压力容器分类

而采用图 1-9 的两张曲线图表述。对一台待分类的压力容器，首先针对容器中的介质，查阅 HG/T 20660 以确定毒性危害程度和是否属于易爆介质，判别是第一组介质还是第二组介质。然后按 p 值和 V 值就可以由图 1.9（a）或（b）方便地确定该容器的类别。我国特有的压力容器分类方法有利于从行政上对具有不同风险的压力容器进行分类监管。

1.3 我国压力容器安全监管及质量保证体系

压力容器及管道既然被列入特种设备，无疑要接受国家行政监察的全方位安全管理。压力容器的设计、建造和服役的全寿命过程必须实施这种安全监管。以往国家颁布过若干专门针对其中某一环节的安全监察规程，分别给出 TSG 系列的专门规程和编号。2016 年公布的 TSG 21 规程[6] 将过去各自分散的专项规程合并在一起，故俗称“大容规”。其中包含了固定式压力容器、非金属压力容器、超高压容器、简单压力容器的 4 个监察规程和压力容器使用管理、定期检验及监督检验 3 个管理规则，是一个综合性的监察规程。

这些法规和标准是行业多年来基于国家监管的需求、科学研究和工程经验的总结而制定的，从事这一领域的专业技术人员，需要学习掌握并在设计中遵守这些法规和标准，才能设计出安全、可靠的压力容器。

1.3.1 设计环节和设计管理

压力容器设计单位及设计人员，实行设计许可制，这在 TSG 21—2016 中已有原则规定，必须严格执行。设计单位必须取得相应类别压力容器设计资质之后，才能从事相应类别压力容器的设计工作。同理，设计人员需经考核合格后才可获得相应类别容器的设计资格，如表 1-1 所示，不允许超出资质允许范围做设计。

表 1-1 压力容器设计级别资质划分

类别	级别	品种范围	范围备注
A	A1	超高压容器、高压容器	结构型式：单层、锻焊、多层卷板、绕带、绕板、热套、无缝
	A2	第三类低、中压容器	
	A3	球形储罐	
	A4	非金属压力容器	
C	C1	铁路罐车	
	C2	汽车罐车或长管拖车	
	C3	罐式集装箱	
D	D1	第一类压力容器	
	D2	第二类低、中压容器	
SAD		压力容器分析设计	

设计人员在设计环节（包括预设计和施工设计）应全面考虑材料选择、结构型式的确定及结构设计、强度校核及刚度校核、制造过程的特殊技术要求、检验要求等。可能各个方面又是相互交错的。其中所有设计工作均应按国家质量监督部门所认可的相关标准及规范进行。设计人员还应充分理解用户的需要和符合使用工况的各种要求。

例如我国 GB/T 150 是比较通用的压力容器设计规范，可涵盖常用压力容器设计的需求，也是最低要求和通用要求。如果需要设计建造出质量更高的压力容器，可以提出更高要求，但不得低于 GB/T 150 的基本要求。

当结构或（和）工况复杂，需要在详细应力分析基础上做出安全设计时，可以提高对依据标准的要求。此时可以采用 GB/T 4732，此标准要求对容器中若干结构细节做出详细应力分析，然后在此基础上再做强度校核，也可进一步做疲劳分析和疲劳寿命校核。当国外客户提出需要按美国容器规范设计建造时，则考虑用 ASME Ⅷ-1[22]、Ⅷ-2[23] 或Ⅷ-3[24] 设计。

1.3.2 压力容器材料质量保证

设计者应负责压力容器中所有受压元件材料的选定，但接下来的材料订货、购买、到货验收往往是材料质量保证的关键。设计人员往往是根据材料标准中的规定进行选材的，实际材料的化学成分、杂质元素的控制、夹杂物控制、材料供货的热处理状态等在材料标准和定货采购中被不同程度地忽视。如高合金钢的合金成分往往被克扣；锻件材料的锻造比往往得不到保证等，这些最终都会影响材料的力学性能。压力容器制造商也应对采购的材料进行复验，保证材料质量。

设计人员应当明白压力容器用钢质量优劣的关键不仅在合金元素成分控制上，杂质元素P、S含量对材料的韧性有重要影响，是材料确保压力容器安全的关键，这就是"纯净度"问题，这对于在存在湿 H_2S 环境时防止发生钢材的氢致开裂尤为重要。在复验钢材的力学性能时，对于热轧钢材，必须注意钢材试样的取样方向，一般是在轧制方向的垂直方向上取出"横向试样"，可测得最低的强度、塑性、韧性等性能。另外应注意 60mm 以上厚钢板不同厚度处取样测得的性能会有差异，这是钢板淬透性不高所带来的。若厚度为 T，中心处 $T/2$ 取样测得数据最差，越接近上下表面取样，测得性能越好，原则上在 $T/4$ 处取样测得的数据可代表钢板的力学性能。此外，当采用新钢种或新制造工艺时，必须经质量技术监督部门审查批准。

1.3.3 制造过程与制造中的质量检验

制造可使压力容器由图纸转化为实物，可以说是质量保证中最重要的环节。制造厂要严格验收材料，要保证成型加工严格按照有关的技术条件进行，尤其要把好焊接这一关。下面以焊接为重点说明有关的问题。

① 焊接方法　焊接方法通常由用户、设计师与制造厂协商确定。实际设计时，在结构设计中必须考虑焊接方法，否则定不出焊接接头处的细节。焊接方法包括焊接接头的结构设计，焊接材料即焊条或焊丝焊剂的选用，焊机的选用等。焊接方法中通常要考虑的关键问题是焊透性、材料的焊接特性以及焊接过程的经济性。焊接方法确定以后，焊接的工艺规程（如是否预热、预热的温度、电流、电压及焊接速度等）则由制造厂根据经验或试验确定。对于重要容器或焊接经验不多的材料，则必须由焊接工艺试验来确定最合适的焊接工艺规程。

② 焊后热处理　是否需要焊后热处理，一般是根据板厚和焊接部位的约束程度来确定的。焊后热处理的作用有两方面，一是消除或部分消除焊接残余应力，这一般采用整体退火或焊接区局部退火：二是消除焊接区的脆化（恢复延性）。实际上第二方面的作用比第一方面的作用更重要，尤其对一些强度较高、可焊性较差的低合金钢，对此可以进行焊后再结晶退火，既细化晶粒又提高了强度，同时也提高了韧性和较完全地消除了残余应力。热处理的温度选择要恰当，偏低时会使微量元素在晶界聚结而降低韧性，甚至出现再热裂纹，偏高时会促使晶粒粗大，也会降低韧性。但强度偏高的钢材对焊接高温吸氢敏感，会发生氢脆断裂，必须在焊后立即作消氢处理，然后再作消除残余应力处理。

③ 焊接区的力学性能　应当力求使焊缝、热影响区和母材的力学性能相等。一般除做焊接工艺评定时需要试板测试之外，还要求在筒体纵焊缝的末端附装焊接试板，与主焊缝同

时焊完取下，供以后作检验之用。对环焊缝以及其他难以附装试板的部位，亦要求按同样的焊接工艺在施工的同时制作试板。用试板制作各种力学性能测试的试件以测定各项力学性能指标。对于重要的容器甚至还需要保留一部分试板，以备若干年后需要时再作金相、化学成分及力学性能检验。

④ 制造过程中的检验　容器各部件在组焊之前必须通过各种检验，例如外观质量与尺寸公差的检验等。容器制造过程中的检验尤为重要的是焊缝质量检验，方法主要以射线与超声波探伤为主，辅以磁粉法或着色法检查是否存在表面裂纹。超声探伤近年来应用日益广泛，技术也迅速进步。射线探伤虽较麻烦，但比较可靠，易于记录保存备查，制造中最好要做到每完成一个拼装组焊步骤便进行一次探伤，以随时发现问题。探伤中发现的超标缺陷应予消除，发现裂纹应全部消除，消除方法以补焊为主。在容器整体组装结束后按规程进行耐压试验，以考验压力容器的整体强度并检查有无泄漏。耐压试验必须严格按照设计规范与技术规程进行。对不允许进水的容器，可用气压试验代替，但气压试验的压力要低于水压试验，在设计规范中有具体规定，气压试验中的安全应予特别重视，必要时还要做泄漏试验，以检验法兰接头处的密封性能。

从以上关于制造过程的几点说明中可以看出，制造对设计师提出的要求是：在结构上保证焊缝的高质量并尽可能保证焊缝可以进行检验。图 1-10 比较了一个接管的三种焊缝布置，结构（a）中的焊缝不易焊透，不好检验，又处于应力集中的部位。结构（b）较好，易焊透，方便检验，且离开了应力集中区。如有条件，采用结构（c）更好，焊缝不仅离开应力集中区，而且检验方便，工作量较少，但如此的开孔结构在制造时有一定的难度。

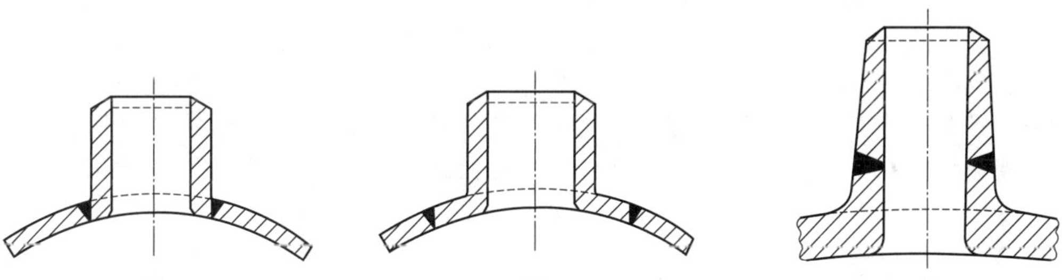

(a)　(b)　(c)

图 1-10　便于焊缝无损检测的接管设计改进

压力容器制造质量的要求，如容器形位公差，尤其是椭圆度，各段筒节的直线度、同心度都不应超出制造质量的要求，焊缝的坡口、成型质量、表面质量等均应符合相关标准的要求。

制造厂商的压力容器制造资质许可按《锅炉压力容器制造监督管理办法》中压力容器制造级别划分（见表 1-2），经申报和审批后颁发证书。该表已于 2003 年起实施，不允许制造商越级制造。

1.3.4　长期服役过程中的检验与监控

实践证明，压力容器的爆破事故绝大多数起源于裂纹或其他缺陷的扩展。裂纹的萌生与扩展有一个过程，在投入运行前通过了检查的容器，在服役一定时间以后，往往在定期检修时发现了裂纹。裂纹的萌生与扩展的原因可能是疲劳、应力腐蚀、高温下应力的长期作用等。在定期检查时发现了裂纹并不等于容器就不安全了，但必须慎重对待，要么予以消除，要么经专家进行安全评定，只要这些缺陷仍在断裂力学计算所认定的安全范围以内，就可继续使用。但是，保留了裂纹缺陷的容器在以后的服役期间就更要加强检查监督。

表 1-2 压力容器制造级别资质划分

级别		制造压力容器范围	代表产品
A	A1	超高压容器、高压容器	注明结构型式:单层、锻焊、多层包扎、绕带、热套、绕板、无缝、锻造、管制等
	A2	第三类低、中压容器	
	A3	球形储罐现场组焊或球壳板制造	球壳板制造含直径大于等于1800mm的各种类型封头
	A4	非金属压力容器	
	A5	医用氧舱	
B	B1	无缝气瓶	
	B2	焊接气瓶	注明:含(限)溶解乙炔气瓶或液化石油气瓶
	B3	特种气瓶	注明:机动车用、缠绕、非重复充装、真空绝热低温气瓶等
C	C1	铁路罐车	
	C2	汽车罐车或长管拖车	
	C3	罐式集装箱	
D	D1	第一类压力容器	
	D2	第二类低、中压容器	

注：1. 对于产品种类单一的制造企业，应对其许可范围进行限制，如限制产品或制造方法、材质、种类、用途等。
2. 按分析设计标准设计的压力容器，其制造企业应持有 A 级或 C 级许可证。

在役检验的方法以射线检验和超声检验为主，辅以磁粉或着色检验以检测表面裂纹。一般化工厂或石油化工厂通常是在年度大修时进行检查，或根据有关规程分别逐年轮流检查。在运行过程中对已知的缺陷部位进行连续的监控当然是最理想的，但实行起来很困难，只是在核电站系统中对已实行部分的连续监控，这种监控技术也是一项重大的研究课题。对无法连续监控的重要容器应缩短检测的时间间隔。

再一个问题是材料在服役过程中的退化，包括金相组织的变化、晶界孔穴或微裂纹的形成、氢侵袭、辐照脆化等。对于新材料或者成熟材料在新的工作环境下使用，这些情况在设计时不能有把握地预见到，因此也需要在役监控。对材质监控的办法一般是在设备内安放“挂片”，定期取出挂片进行材料观测及性能测试。若预计到应力对材质的变化有显著影响，最好能采用预应力挂片。如有设置挂片的必要，设计者在结构设计时就应预先留好地位以置放挂片。核反应堆和石化中的加氢反应器是放置挂片试块最多的大型容器，前者是为了定期检查辐照脆化的程度，后者是为了定期检查焊缝回火脆化的程度。目前多数高温容器尚未放置挂片，主要是设计人员尚不了解高温下钢材必然有劣化问题存在，为高温容器的长期监察带来了困难，必须检查时则要进行破坏性取样测试。单做现场金相检验可以获得金属劣化情况的信息，但无法获知材料力学性能下降的程度，也无助于剩余安全寿命的评估。

我国已形成压力容器定期检验的法定程序，所有工作应符合 TSG 21 的规定。

1.4 压力容器的失效模式及设计准则概述

压力容器所有设计规范、法规等均是为防止压力容器发生某种或几种形态的失效。目前工程技术界越来越深刻地认识到设计规范是基于防止失效的设计规范。

1.4.1 压力容器常见的失效模式

仅从金属材料学所认知的失效模式有：脆性断裂模式、韧性断裂模式、疲劳断裂模式、蠕变断裂模式、腐蚀失效模式。此外还有高温造成的各种组织损伤导致出现以脆断为主的各种失效模式。

从工程角度考虑，压力容器不管承受什么载荷，但最基本的载荷是压力载荷。在压力载荷作用下，最终会导致密闭容器的鼓胀与爆炸。但仅仅这样认识是远远不够的。美国石油学会（API）经历了数十年的工程实践，编制的文件 API RP571—2003 中论及的炼油装置损伤机理就细化到 75 种之多，非常细致，详细。从压力容器设计规范的角度来看，设计规范所防止的失效模式不可能被细化到这种程度。纵观 ASME 及 EN 13445 中已涉及的设计方法，有以下的失效模式。

① 容器静态下的强度失效，出现过量弹性变形、过量塑性变形，甚至发生爆破失效；

② 容器刚度不足，在压缩应力下的屈曲失效；

③ 循环交变载荷下的疲劳失效；

④ 高温容器的蠕变失效；

⑤ 容器法兰接头处的泄漏失效；

⑥ 容器的脆断失效；

⑦ 容器复合型损伤失效，如蠕变与疲劳的交互损伤、腐蚀与疲劳的交互损伤。

既然压力容器存在至少以上 7 大类失效模式，设计规范中必然要有相应的材料要求、制造要求、检验要求与设计计算方法的各种规定，必须要有相应设计准则，以限制相应的应力、变形甚至断裂。

1.4.2 压力容器各国设计规范中常用的设计准则

（1）弹性失效设计准则

这是最传统并被广泛采用的设计准则，即将容器的主体材料在设计载荷下所承受的总体应力限制在弹性范围之内，绝不容许大范围内的应力接近材料的屈服强度。在设计载荷下，容器的总体应力必须小于规定的许用应力。这样可确保容器不会进入塑性变形状态，更不会爆破。

（2）弹塑性失效及塑性失效设计准则

容器的局部（如厚壁高压容器的内壁，或接管及拐角等有应力集中的高应变区）即使先进入屈服状态，但还处于相邻弹性区的变形约束状态，结构不存在立即失效发生不可控制的塑性大变形。只有整个截面都进入塑性状态，才会有发生塑性流动和结构垮塌失效的危险。以发生塑性垮塌的载荷为基准，对其加以足够的限制，便可保证结构的安全。这便是建立塑性失效设计准则的出发点。例如给予局部塑性变形量的限制，或在塑性垮塌载荷（极限载荷）的基础上给出合理的安全系数，都是塑性失效设计准则的方法。

（3）爆破失效设计准则

对于接近超高压或已是超高压的厚壁容器，应力沿壁厚分布的不均匀性更显突出。内壁屈服且有不小的塑性层并不影响容器的安全，因为外层还有足够厚的弹性层。因此没必要根据内壁的高应变状态进行强度设计，可以认为容器内外壁均屈服后再升压达到爆破压力时才是容器的失效状态。设法计算出高压及超高压厚壁容器的爆破压力，再给以足够的安全系数，得到的安全承压压力符合设计压力的要求，所得设计厚度即为基于爆破失效设计准则的安全厚度。

压力愈高的容器，按弹性失效设计准则设计出的厚度愈厚，按塑性失效设计准则设计出的厚度可以薄些，按爆破失效设计准则设计出的厚度可能更薄。以上三点均是静加载下的强度设计准则。

(4) 稳定性设计准则

压缩应力下薄壳结构会发生屈曲失效（或称失稳）。按弹性或塑性稳定性理论可以导出薄壳结构发生失稳的临界压缩应力或外压作用下的临界压力。以结构的临界压缩应力或临界外压力为准给予足够的防屈曲安全系数，可以校核结构的稳定性，这便是稳定性设计准则，或称防屈曲准则。这属于结构刚度设计准则。

(5) 疲劳设计准则

压力容器的应力集中区域内存在高应力、高梯度的状况，在交变载荷作用下会发生低周疲劳失效。通过应力分析计算出应力集中区的交变应力幅值，根据实验统计获得的应力幅（S）-交变周次（N）双对数坐标的低周疲劳设计曲线（S-N 曲线），可以预计容器安全交变周次。此即为压力容器防低周及高周疲劳失效的疲劳设计准则。

(6) 高温蠕变设计准则

高温运行的容器，即使应力远低于屈服强度，也会发生缓慢持久的变形，称为蠕变。各国规范给出仅针对少数材料的蠕变失效设计准则，给出的设计许用应力值很低，即考虑到材料高温蠕变的蠕变强度值除以一定安全系数所得值。该值要比仅用短时高温拉伸强度或屈服强度获得的许用应力更低，从而保证其 10 万小时高温蠕变应变量不超过 1%所对应的应力。这是各国压力容器的“规则设计法”中通用的蠕变变形设计准则。

(7) 密封接头泄漏失效设计准则

压力容器上可拆式的法兰接头的失效以泄漏失效为主，泄漏主要是由于螺栓的伸长及法兰盘的偏转。主流的防泄漏失效是基于垫片的预紧比压和垫片系数，要求在预紧工况和操作工况下垫片上维持一定的密封压力，从而提高螺栓预紧载荷来实现。近 20 年出现了防止泄漏失效的设计准则，如对法兰盘的偏转角进行刚度校核。

(8) 防脆断失效设计准则

压力容器为防止发生脆断而严禁采用脆性材料（造纸烘缸除外，允许采用灰口铸铁），必须采用有优良韧性的金属材料来杜绝脆断。尤其要防止的脆断情况是低温脆断和核反应堆中子辐照脆化。这都不涉及设计准则问题。容器的焊接接头若存在重大的宏观面型缺陷（裂纹），会在正常工况下发生“低应力脆断”，为防止这种失效，20 世纪 60 年代，ASME Ⅲ建立了基于断裂力学的防低应力脆断的设计准则。它是假设容器焊缝上存在一个相当大的宏观裂纹，在核压力容器的压力和温度条件下计算裂纹尖端扩展的推动力应力强度因子是否仍小于辐照脆化后钢材的断裂韧度，满足了就意味着裂纹不会扩展。这就是防脆断失效设计准则，目前各国核容器规范都接受这一准则。

(9) 蠕变/疲劳交互损伤下的设计准则

交互损伤的情况很多，十分复杂，各国容器设计规范中鲜见这种设计准则，但 2010 版的 ASME Ⅷ-2 附录中出现了专用加氢反应工况下 2.25Cr-1Mo-0.25V 抗氢蚀钢在高温蠕变/循环载荷交互损伤下进行安全寿命预测的校核方法，仅能作为参考。

1.5 压力容器建造规范概述

鉴于压力容器安全问题的重要性，世界各工业国家都制定了压力容器的规范，内容包括设计、材料、制造、检验等各方面，设计师如果不按规范设计，就要承担违反法律的后果。然而规范也不可能包罗万象，提供一切现成的结果，如何正确地运用规范，仍然需要设计师的创造性思考。在遵守规范规定的基本原则的前提下，具体问题具体分析，做出最佳的设计方案。随着压力容器技术的发展，规范也在不断地更新，新版本出现后，老版本便自动作废，所以设计师还必须随时跟上新规范。

1.5.1 ASME 压力容器建造规范介绍

世界上针对承压设备的规范是锅炉规范，然后再扩展到压力容器和核电压力容器。美国是最早编制该类规范的国家。在美国机械工程师学会（ASME）的主持下，1915 年春出现了世界上第一部压力容器规范，简称为《锅炉建造规范·1914 版》。到 1926 年，这部规范发展到 8 卷，统称为“ASME 锅炉与压力容器规范”。1937 年增加了第Ⅸ卷《焊接质量要求》。在 20 世纪 50 年代，工业生产的发展，特别是核电站的建造，促使 ASME 规范迅速地更新和提高。第Ⅲ卷便是针对核压力容器的建造规范[25]，第Ⅺ卷是核压力容器在役检验的规范。2003 年版 ASME 规范一共有十三卷，篇幅非常庞大，全面包括了锅炉与压力容器质量保证的要求。与中国的压力容器设计工作有关的主要是第Ⅷ卷：《压力容器》，它又分为 3 个分册。

ASME 规范第Ⅷ卷第 1 册《压力容器》（简写为 ASMEⅧ-1）通常称为“按规则设计”的规范，它的指导思想是以主要部位的最大主应力不超过弹性范围为设计的安全准则，根据经验确定材料的许用应力，并且对容器各部件的结构与尺寸做出一些具体的规定。这样的规范是理论（应力计算方法）、实验和已有的成功经验结合的产物。由于具有较强的经验性，ASMEⅧ-1 中规定的许用应力比较低（即安全系数比较大）。ASMEⅧ-1 不包括疲劳设计，但包括静载下进入高温蠕变范围的容器设计。

在 20 世纪 50 年代，核电站的发展要求对压力容器进行更为详尽的应力分析，同时，人们对脆性断裂、疲劳、塑性极限设计等有了相当多的了解，在这种时代背景下产生了“按分析设计”的概念，其结果是 1963 年公布的 ASME 第Ⅲ篇《核容器》。5 年之后这一方法推广到一般压力容器，于 1968 年公布了 ASME 第Ⅷ卷第 2 册《压力容器另一规则》（简写为 ASMEⅧ-2）。“按分析设计”的指导思想是：对压力容器中各部位的应力做尽可能详细的分析，对求得的应力值再进行分类，并且不同情况按照不同的安全准则予以处理。与 ASMEⅧ-1 相比，ASMEⅧ-2 要求更为详尽的应力分析，对材料限制更严，对结构的规定更细，对制造、检验、测试的要求更高。这样做无疑应当允许有较高的许用应力（即采用较低的安全系数），设计的壁厚较薄，图 1-11 所示的正是这两种不同规范设计结果的比较。ASMEⅧ-2 的应用温度限制在蠕变温度以下。ASMEⅧ-2 还包括了疲劳设计。为了解决高温压力容器按分析设计的问题，在 1974 年以后又补充了一份《设计案例 N-47》。可以说，ASME 的“分析设计”法在压力容器设计理论与技术发展过程中具有里程碑意义。

值得注意的是，2007 版 ASMEⅧ-2 吸收了 EN13445 基于弹塑性分析的直接法，也可用弹塑性力学分析对结构整体塑性垮塌、局部变形失效、外压失稳垮塌及疲劳失效模式分析评

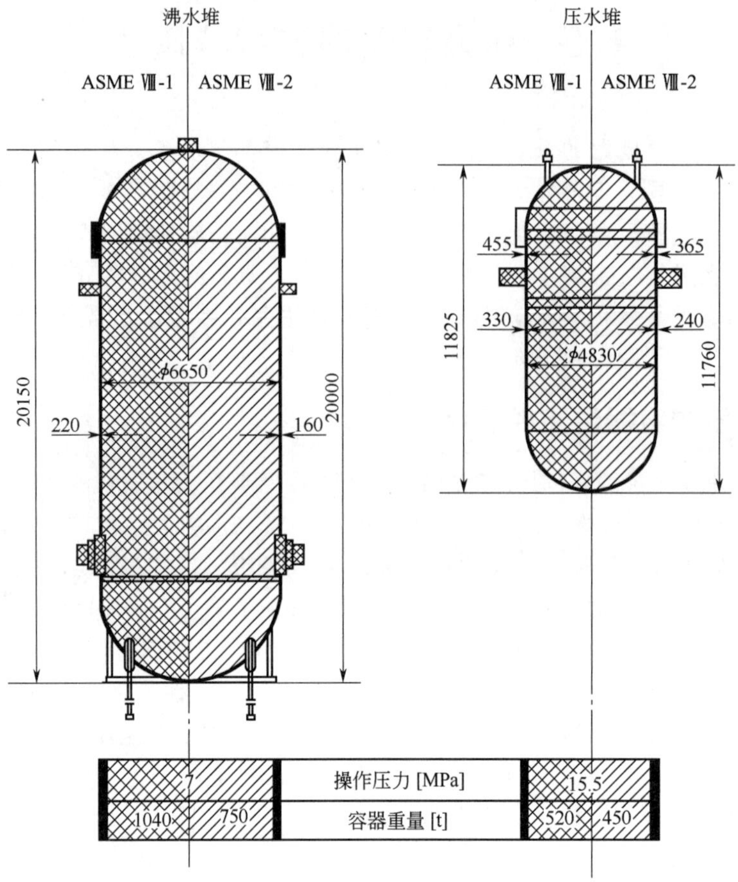

图 1-11　按不同的 ASME 规范设计的核容器比较

定，从而改进结构设计。更详细论述可参见本书第 6.1 节。

ASMEⅧ-3——高压容器建造另一规则于 1997 年首次公布，对高压容器和超高压容器的材料、设计、制造、检验、检测、试验、认证和超压防护给出了相关规定。针对的高压容器一般超过 70MPa，径比 K（$K=D_0/D_i$）的值一般都超过 1.5，较多地采用了高强度钢建造，其结构可以是整体锻造。采用塑性自增强以及各种类型的多层结构等。

ASME 规范是一种由学会制定的文件，在美国，要由各个州的立法通过才能成为法律性的文件。在美国以外，有的国家干脆通过立法把 ASME 规范作为该国的规范。

1.5.2　欧盟压力容器规范 EN13445 介绍

借鉴于美国的 ASME 规范，其他主要工业国家也先后制定了本国的压力容器规范。在英国，英国标准学会（BSI）是制定国家标准的机构。其在 1969 年组建了压力容器标准委员会，组织了大量研究工作，在 1976 年初次公布了英国压力容器标准，即 BS 5500，后改为 PD 5500[26]。PD 5500 的特点是，它既包括“按常规设计”也包括“按分析设计”。PD 5500 也包含疲劳设计，但它采用的疲劳曲线与 ASME 不同。PD 5500 采用统一的许用应力值，并且以抗拉强度为基准的安全系数低于 ASME Ⅷ-1 规范。

随着欧洲统一市场的建立与完善，为了确保承压设备在欧盟范围内的自由贸易，欧洲议会于 1997 年 5 月通过了强制性法规，承压设备法令（Pressure Equipment Directive 97/23/EC，简称 PED），制定了工作压力大于 0.05MPa 的锅炉、压力容器、管道、承压附件和安全附件等的基本安全要求（Essential Safety Requirements，简称 ESR）及其他相关规定。这些法规已于 2002 年 5 月 29 日起强制执行。另一方面，欧盟委员会还委托欧洲标准化组织（European Committee for Standardization，简称 CEN）等技术组织制定了相关的协调标准（Harmonized Standard），这些协调标准按照 PED 中规定的基本安全要求，制定了更为具体的技术要求。欧盟非直接火压力容器（Unfired Pressure Vessel）协调标准——EN 13445[27]，便是其中最主要的产品协调标准，第一版于 2002 年 5 月发行。欧盟各成员国的原有压力容器标准，包括英国 PD 5500、法国的 CODAP[28] 和德国的 AD[29] 等还继续存在，与 EN13445 并行使用，也接受使用 ASME 的标准。

EN 13445 正文包括以下七大部分：

① 总论；

② 材料；

③ 设计，这是 EN13445 中最庞大的部分，称为 EN 13445.3；

④ 制造；

⑤ 检测与试验；

⑥ 用球墨铸铁建造的压力容器和承压部件的设计与制造的要求；

⑦ 适应性评定方法指南。

EN 13445 标准适用于最大许用工作压力大于 0.05MPa（表压）的压力容器，也适用于有真空存在的操作压力较低的容器。EN 13445 标准适用的最高许用温度以不考虑蠕变作用的最高温度为限。对于铁素体钢来说，这个蠕变限用温度约为 380℃。EN 13445 标准不适用于以下承压设备：

① 可移动承压设备；

② 失效时会引起核泄漏的设备；

③ 生成 110℃以上蒸汽或过热水的承压设备；

④ 铆接压力容器；

⑤ 用灰口铸铁，或未被 EN 13445-2 或 EN 13445-6 收录的材料建造的容器；

⑥ 多层容器和自增强或预应力容器；

⑦ 管线和工业管道。

EN 13445 融入了欧洲和全世界压力容器技术的诸多成功经验，并加入了一些新的设计思想与理念。欧盟颁发的法令以及随后发布的标准会被认为是压力容器技术发展史上的又一个里程碑。可以说进入 21 世纪后，国际压力容器规范已形成美国与欧盟两大体系。EN 13445 中确实体现了不少先进性的内容，例如在分析设计法方面提出了新的“直接法”，即对压力容器结构进行直接的弹塑应力应变分析，对应力分析的结果不再进行应力分类，而是针对这些应力可能导致的变形和失效模式，再采用相应的强度或刚度设计准则进行校核。这种做法既还原了事物的本来面貌，又避免了在应力分类时出现不同结果的麻烦。另外，EN 13445 对法兰设计方法作出重大改进，除法兰的强度设计方法保持原有的 Waters 法外，直接收录了 EN 1591-1 的内容，作为其附录 G，该方法考虑了法兰-垫片-螺栓整个系统，既要满足强度设计要求，又要满足紧密性的要求。

由于 ASME 规范在国际上的巨大影响，EN 13445 在采用分析设计法的直接法的同时还列入了传统的 ASME 的应力分类法。ASME 为保持国际上在锅炉压力容器市场的影响力，很多方面又吸收了 EN 13445 的新内容。两大规范体系不断进行着相容和互补，推动着这一领域内国际技术的进步。EN 13445 到 2021 年公布了第 3 版新版。

1.5.3 我国压力容器规范介绍

我国第一本压力容器规范是 1959 年颁布的《多层高压容器设计与检验规程》，它是四个工业部的联合标准。1960 年，原化工部等颁布了适用于中低压容器的《石油化工设备零部件标准》。这两个文件相互配套，暂时满足了生产需要。20 世纪 60 年代初开始，我国工程界开始着手进行较为完整的设计规范制订工作，1967 年完成了第一版《钢制化工压力容器设计规定》试用本，1985 年有了修订版。1988 年正式完成国家标准 GB 150《钢制压力容器》的编制工作，于 1989 年颁布，并于 1998 年、2011 年和 2024 年更新了相关版本。与此同时，我国还颁布了国家标准《钢制管壳式换热器》与国家标准《球形贮罐》，等等。由于我国工业生产对压力容器的需求不断增长，1995 年，原机械工业部等三个部和石化总公司联合发布了行业标准：JB 4732—95《钢制压力容器——分析设计标准》。该标准于 2005 年颁布了确认版。2024 年，国家市场监督管理总局和国家标准化管理委员会颁布了 GB/T 4732.1～6《压力容器分析设计》。我国还制订了一系列与压力容器质量保证及安全监督有关的标准与规范。下面做一简要的介绍。

（1）GB/T 150《压力容器》

这是我国的压力容器国家标准。已由强制性国标于 2011 年改为推荐性国标。标准的基本思路与 ASMEⅧ-1 相类似，即“按规则设计”。

GB/T 150 适用于设计压力不大于 35MPa 的钢制压力容器的设计、制造、检验与验收。该标准适用的设计温度范围根据钢材的使用温度确定（从－269℃到钢材的蠕变限用高温）；适用于固定的承受恒定载荷的压力容器。标准中指明有 7 种情况不属于其适用范围，其中有：直接火加热的容器、经常搬运的移动式容器和需做疲劳分析的容器等。

GB/T 150 包括四个部分：

GB/T 150.1 压力容器　第 1 部分：通用要求（包括 4 个附录）；

GB/T 150.2 压力容器　第 2 部分：材料（包括 6 个附录）；

GB/T 150.3 压力容器　第 3 部分：设计（包括 7 个附录）；

GB/T 150.4 压力容器　第 4 部分：制造、检验和验收（包括 5 个附录）。

GB/T 150 是一个相对完整的体系，可以确保按此建造的压力容器符合国家法规的要求，基本达到本质安全，但不能理解为是最高标准。相应的设计人员必须有专业的基础，又要经过工程实践锻炼及相关的培训与考核，才能获得不同类型压力容器的设计资质。

2024 版 GB/T 150 标准反映了我国数十年的技术进步。首先以国内的高品质压力容器钢板、锻件、配套焊接材料及成套制造装备与技术为基础；具备了高水平检测技术和检验技术以保证容器安全；在设计计算技术上已经掌握了国内外的传统方法及当今最成熟的理论与方法，并具有足够的经验与把握。在 2011 版中反映出敢于将设计的许用应力明显提高，即已将抗拉强度的安全系数从 3.0 降到 2.7，将屈服强度的安全系数从 1.6 降到 1.5。这既节省了材料，又提高了压力容器产品在国际市场的竞争力。在 2024 版中，增加了失效模式的类别，更改了圆筒许用轴向压缩应力确定方法，完善了超压泄放装置动作压力设定、泄放面积计算，增加了更多的钢板、锻件、焊材进入国标，基于断裂力学方法增加了防止低温脆断校核方法，增加了相控阵超声检测（PAUT）等先进的无损检测方法，等等。

但 GB/T 150 标准不可能是包罗万象的。它有一定的温度、压力和服役条件的限制。设计理论基本按弹性理论，容器的总体应力被限制在弹性范围内，不涉及塑性变形及塑性理论问题，因而被称为“规则设计法”。

(2) GB/T 4732《压力容器分析设计》

为弥补 GB/T 150 的不足，我国还制定了另一标准，即 JB 4732《钢制压力容器——分析设计标准》，它与 ASME Ⅷ-2 类似（ASME Ⅷ-1 相应于 GB/T 150）。JB 4732 比 GB/T 150 更加严格，并解决交变载荷下防止疲劳失效的设计方法。JB 4732 最早于 1995 年颁布，2005 年发布确认版。2024 年，在 JB 4732 的基础上，参照 ASME 及 EN 13445 标准，我国颁布了 GB/T 4732。

按 GB/T 4732 设计的容器，对其材料要求、设计准则、制造与检验等方面均有特殊规定。该标准与 GB/T 150 同时实施，在满足各自要求的条件下，设计者可选择其中之一使用，但不得混合使用。

JB 4732 标准的基本依据是：依靠弹性或弹塑性应力分析，可选用弹性失效准则、塑性失效准则、弹塑性失效准则设计，同时对选材、制造、检验及验收有比 GB/T 150 更为严格的要求。适用于：

① 设计压力≥0.1MPa 且小于 100MPa 的容器；

② 真空度高于或等于 0.02MPa 的容器。

GB/T 4732 不适用的范围与 GB/T 150 基本相同，不同的是，它能适用于需作应力分析设计和疲劳分析的容器，同时给出了 GB/T 150 所没有的 35MPa 以上和 100MPa 以下的高压容器壳体强度设计方法。

关于 GB/T 4732 的更多介绍，可参照本书第 6 章相关内容。

纵观国内外压力容器规范，ASME 和 EN 13445 这两大体系的规范详细包含了材料、设计计算、结构设计、制造及检验、验收等规定，构成了完整的系统，规范庞大，可以认为这些标准属于压力容器的建造标准（Construction standard）。相比之下，我国压力容器的标准以 GB/T 150 和 GB/T 4732 为核心和基础，也包括了 GB/T 151、GB 12337 等多品种压力容器标准，但规范的详细程度还达不到欧美的建造标准，仍较多的以设计计算为核心。但比 1967 年的“钢制化工压力容器设计规定”已改进了许多，那时的标准更为突出的是规定了设计计算方法。我国压力容器标准今后还有很长的发展过程。

进入 21 世纪以来，我国压力容器的相关规范在 GB/T 150 的基础上出现了长足发展，已制定或修改了许多新型压力容器的技术标准，如管壳式换热器、卧式容器、塔式容器、球形储罐、常压容器、固体料仓等设计规范，而且在新材料的容器方面也显现出新的突破，如铝制压力容器、防腐蚀衬里压力容器、石墨压力容器、塑料压力容器，等等。专门针对化工压力容器设计也制定了一些专用的技术规定。

第2章 压力容器钢材的选用

压力容器设计人员必须深入了解压力容器建造材料的选用规则。最大宗的工程金属材料无疑是钢材，来源丰富，价格低廉，强度及加工性能优良，历来是压力容器材料的首选。在有特殊耐腐蚀要求时，则选择有色金属铜、铝、镍、钛、锆、钽等；在深冷温度下的容器，选用铜、铝、奥氏体不锈钢等材料；要求轻质容器时，会采用铝质内胆，外以玻璃纤维或碳纤维缠绕加强。压力容器设计人员只有了解容器用材（特别是钢材）的基本性能后，才能设计出适合于所服役工况的压力容器结构。

2.1 压力容器用钢的选用要求

由于压力容器服役载荷主要是介质压力的特殊性，所用钢材必须有理想的强度才能防止爆炸；建造方法的特点是钢板弯卷成型，再施以焊缝连接。因此不是随便什么钢材都可用来建造压力容器的。世界各国都有锅炉压力容器的专用钢标准，我国有 GB/T 713《承压设备用钢板和钢带》[30] 等。最主要的特殊要求是：①足够高的强度；②确保足够高的塑性和韧性，防止脆断；③优良的可焊性。至于介质的耐腐蚀性，应采用防护的方法解决，如涂层、镀层、衬里层或堆焊层。

由于压力容器操作及使用条件的复杂性，材料的选择要综合考虑压力容器的压力、温度、介质等因素，还要考虑容器制造过程中的焊接及机械加工因素，以及材料经济性等因素。

为抵抗压力及其他载荷在容器不同部件中产生的应力，容器材料应具有足够的强度，同时考虑到承载的安全性及制造过程中的卷板等机加工因素，材料还应具有良好的塑性和韧性，以及机械加工性能及焊接性能。温度的变化会导致材料的性能改变，一般情况下，温度越高，材料的强度（包括屈服强度和抗拉强度）越低，塑性、韧性越好；反之，温度越低，材料的强度越高，塑性、韧性越差。并且当温度高于材料蠕变温度时，材料会发生与时间相关的变形或断裂。而当温度低于材料的韧脆转变温度时，很多材料变脆，一旦有缺陷，往往易发生低温脆断。因此，选材时要充分考虑温度对材料性能的影响。压力容器会有各种各样的介质，有些介质对材料有腐蚀作用，有些介质会导致材料力学性能的劣化，如高压氢环境及核辐照条件下，造成材料塑性、韧性变差。考虑到制造成本，实际工程中还要充分考虑材料的经济性因素。

用于制造压力容器的材料多种多样，包括黑色金属、有色金属、非金属材料以及复合材料，但使用最多的还是钢材。压力容器用钢的主要形式是钢板、钢管和锻件。钢板主要用于压力容器的筒节及封头的制造，钢管主要用于压力容器的接管，锻件常用于一些重要容器的筒体、封头或接管、高压容器的平盖、端部法兰及接管法兰等。

近年来，随着材料技术的进步，越来越多的复合材料被用于压力容器的制造。复合材料包括金属与金属复合的材料、金属与非金属复合的材料、全（非金属）复合材料。常见的压力容器金属复合板有钢-不锈钢复合板、钢-钛或钛合金复合板、钢-镍和镍合金复合板等。一般基体金属用于承压，而复合层金属则用于抵抗介质腐蚀等。金属与金属复合的材料通常采用热轧压、浇注轧制、爆炸复合、扩散法、表面堆焊法和钎焊复合法等制造。常见的金属-非金属复合材料有碳纤维/环氧树脂缠绕铝内胆、碳纤维/环氧树脂缠绕钢内胆等，可应用于车载储氢气瓶、潜艇用高压气瓶等。全（非金属）复合材料压力容器是为了满足某些特殊需要（例如轻量化）发展起来的，衬里由橡胶或塑料等非金属材料制成，缠绕层则由碳纤维/环氧树脂组成，目前在国外已用于高压车载天然气及氢气瓶。碳纤维由于强度极高而质量又轻，特别适用于制造运输用的轻质承压气瓶。

2.1.1 压力容器用钢概述

工业发达国家对压力容器用钢的生产给予特别重视，由于工程师与冶金学家的紧密结合，对各种压力容器用钢的生产开展了大规模的协作研究，积累了大量的数据，筛选出多种成熟的钢种。当前主要是对一些性能较好的钢种不断加以改进和优化，以适应新的、更高、更严苛的要求。手段是改进钢中合金元素成分，采用更严格的脱杂质、脱气、脱渣工艺，精细化改善热处理工艺控制钢材的金相组织以获得最理想的材料性能。其中的重点不在追求新的钢种，重在冶炼工艺的细节和热处理的精细与可控。

我国压力容器用钢的生产从无到有，特别近几十年已取得长足发展，品种、尺寸规格大幅增多，基本满足大多数压力容器的要求。在质量的稳定性和基础数据的积累上，与工业发达国家相比，差距大大减小。我国压力容器用钢（以 R 字母为标记）已形成三大基本类型，即碳素钢类、低合金钢类和高合金钢类，下面稍作简介。

（1）碳素钢类压力容器用钢

在钢中，除碳之外不再刻意增添合金元素的称为碳素钢。若含碳量低于 0.20%的低碳钢，能符合压力容器用钢化学成分及力学性能各种要求，便可以作为压力容器用钢。GB/T 713—2023《承压设备用钢板和钢带》[30] 中仅纳入一个屈服强度等级的碳素钢钢号 Q245R，屈服强度的保证值为 245MPa。强度较低，塑性好，适合冷卷加工成型，焊接性能优良。适合于低压容器使用，使用温度不宜低于－10℃，最高不能超过 475℃，以 371℃以下更宜。但必须采用镇静钢，可以热轧状态使用。

（2）低合金类压力容器用钢

在低碳钢中加入少量强化及韧化合金元素，如 Mn、Mo、V、Nb 等，可以显著提高强度并同时改善韧性而成本增加不多。这些低合金钢的低温韧性和高温强度亦明显优于碳素钢，从而扩大了使用温度的范围。各种合金元素的作用将在下一小节中阐述。GB/T 713 中的低合金类压力容器用钢共有 11 个钢号，大体可以分成以下几类。

① 强度用钢　有 Q345R（相当于过去的 16MnR）、Q370R（相当于 15MnNbR 或 15MnVR）、Q420R（相当 15MnVNR，但 GB/T 150.2 中已不推荐，焊后易生冷裂纹）、18MnMoNbR、13MnNiMoR，共 5 种。

② 中高温强度用钢　15CrMoR（相当于1Cr-0.5Mo钢）、14Cr1MoR（相当1.25Cr-0.5Mo钢）、12Cr1MoVR（传统的锅炉汽包用钢）共3种。这几种Cr-Mo钢可用于371℃以上中高温条件下服役的压力容器，12Cr1MoVR可用到540℃，其热强性能比碳素钢要好，也没有明显的回火温度下长期服役后显现出的回火脆化，但不适合于高温高氢分压下有氢腐蚀的环境。

③ 中高温下抗氢腐蚀用钢　当钢中含Cr-Mo量达2.25Cr-1Mo时便具有在中高温度范围下和高氢分压下的抗氢腐蚀的能力。已有丰富工程应用经验的是GB/T 713中12Cr2Mo1R（即美国ASTM A387标准中的2.25Cr-1Mo钢），以及添加V元素的12Cr2Mo1VR（即2.25Cr-1Mo-0.25V）。后者可用到580℃高温含氢环境中，不但热强性好，而且有害杂质Sn、P、Si、Mn、As含量大幅降低，从而防止中高温下的回火脆化。其在石化加氢反应器中被广泛应用。

④ 低强度含铝抗湿硫化氢应力腐蚀用钢　07Cr2AlMoR。压力容器用钢的强度提高不是依靠提高含碳量，含碳量最高也不超过0.12%，主要依靠提高含Mn量来提高强度，必要时也可用Nb、V、Ni来增韧。合金成分的总含量均不超过5%，故称为低合金钢。屈服强度在≥370MPa时均应正火或正火+回火热处理。

为解决大型压力容器厚度太厚导致的制造不便，GB/T 713.6《承压设备用钢板和钢带　第6部分：调质高强度钢》规定了屈服强度大于等于490MPa的8个牌号。成品的热处理状态均为淬火+回火的调质状态。主要用于大型储存类压力容器，并适应于现场拼接组装焊接，且适应−50～−20℃低温使用。

以上是GB/T 713中碳素钢类及低合金钢类压力容器用钢板的概况，它们的化学成分、力学性能、规定的出厂热处理状态以及冷弯等工艺性能要求可参见表2-1及表2-2。

表2-1　承压设备用碳素钢和低合金钢板的化学成分（GB/T 713.2—2023）

牌号	化学成分(质量分数)/%													
	C①	Si	Mn	Cu	Ni	Cr	Mo	Nb	V	Ti	Alt②	P	S	其他
Q245R	≤0.20	≤0.35	0.50～1.10	≤0.30	≤0.30	≤0.30	≤0.08	≤0.050	≤0.050	≤0.030	—	≤0.025	≤0.010	Cu+Ni+Cr+Mo≤0.70
Q345R	≤0.20	≤0.55	1.20～1.70	≤0.30	≤0.30	≤0.30	≤0.08	≤0.050	≤0.050	≤0.030	—	≤0.025	≤0.010	
Q370R	≤0.18	≤0.55	1.20～1.70	≤0.30	≤0.30	≤0.30	≤0.08	0.015～0.050	≤0.050	≤0.030	—	≤0.020	≤0.010	
Q420R	≤0.20	≤0.55	1.20～1.60	≤0.30	0.20～0.50	≤0.30	≤0.08	0.015～0.050	≤0.100	≤0.030	—	≤0.020	≤0.010	Nb+V+Ti≤0.22 Cu+Cr+Mo≤0.45
Q460R	≤0.20	≤0.60	1.30～1.70	≤0.20	0.20～0.80	≤0.30	≤0.10	≤0.05	0.10～0.20	≤0.030	≤0.035	≤0.020	≤0.010	Nb+V+Ti≤0.22 Cu+Cr+Mo≤0.45
18MnMoNbR	≤0.21	0.15～0.50	1.20～1.60	≤0.30	≤0.30	≤0.30	0.45～0.65	0.025～0.050	—	—	—	≤0.020	≤0.010	—
13MnNiMoR	≤0.15	0.15～0.50	1.20～1.60	≤0.30	0.60～1.00	0.20～0.40	0.20～0.40	0.005～0.020	—	—	—	≤0.020	≤0.010	—
15CrMoR	0.08～0.18	0.15～0.40	0.40～0.70	≤0.30	≤0.30	0.80～1.20	0.45～0.60	—	—	—	—	≤0.025	≤0.010	—
14Cr1MoR	≤0.17	0.50～0.80	0.40～0.65	≤0.30	≤0.30	1.15～1.50	0.45～0.65	—	—	—	—	≤0.020	≤0.010	—

续表

牌号	化学成分(质量分数)/%												
	C[①]	Si	Mn	Cu	Ni	Cr	Mo	Nb	V	Ti	Alt[②]	P	S	其他
12Cr2Mo1R	0.08～0.15	≤0.50	0.30～0.60	≤0.20	≤0.30	2.00～2.50	0.90～1.10	—	—	—	—	≤0.020	≤0.010	—
12Cr1MoVR	0.08～0.15	0.15～0.40	0.40～0.70	≤0.30	≤0.30	0.90～1.20	0.25～0.35	—	0.15～0.30	—	—	≤0.025	≤0.010	—
12Cr2Mo1VR	0.11～0.15	≤0.10	0.30～0.60	≤0.20	≤0.25	2.00～2.50	0.90～1.10	≤0.07	0.25～0.35	≤0.030	—	≤0.010	≤0.005	B≤0.0020 Ca≤0.015
07Cr2AlMoR	≤0.09	0.20～0.50	0.40～0.90	≤0.30	≤0.30	2.00～2.40	0.30～0.50	—	—	—	0.30～0.50	≤0.020	≤0.010	—

① 经供需双方协议，并在合同中注明，C含量下限可不作要求。

② 未注明的不作要求。

表 2-2 承压设备用碳素钢及低合金钢钢板力学性能和工艺性能（GB/T 713.2—2023）

牌号	交货状态	钢板厚度/mm	拉伸试验			冲击试验		180°弯曲试验 $b=2a$
			抗拉强度 R_m/MPa	下屈服强度 R_{eL}[①]/MPa	断后伸长率 A/%	温度/℃	冲击吸收能量 KV_2/J	
				不小于			不小于	
Q245R	热轧、正火轧制或正火	3～16	400～520	245	25	0	34	$D=1.5a$
		＞16～36		235				
		＞36～60		225				
		＞60～100	390～510	205	24			$D=2a$
		＞100～150	380～500	185				
		＞150～250	370～490	175				
Q345R	热轧、正火轧制、正火或正火加回火	3～16	510～640	345	21	0	41	$D=2a$
		＞16～36	500～630	325				$D=3a$
		＞36～60	490～620	315				
		＞60～100	490～620	305	20			
		＞100～150	480～610	285				
		＞150～250	470～600	265				
Q370R	正火或正火加回火	6～16	530～630	370	20	－20	47	$D=2a$
		＞16～36		360				$D=3a$
		＞36～60	520～620	340				
		＞60～100	510～610	330				
Q420R		6～20	590～720	420	18	－20	60	$D=3a$
		＞20～30	570～700	400				
Q460R		6～20	630～750	460	17	－20	60	$D=3a$
		＞20～30	610～730	440				
18MnMoNbR	正火加回火	30～60	570～720	400	18	0	47	$D=3a$
		＞60～100		390				
13MnNiMoR		6～100	570～720	390	18	0	47	$D=3a$
		＞100～150		380				
15CrMoR		6～60	450～590	295	19	20	47	$D=3a$
		＞60～100		275				
		＞100～200	440～580	255				
14Cr1MoR		6～100	520～680	310	19	20	47	$D=3a$
		＞100～200	510～670	300				
12Cr2Mo1R		6～200	520～680	310	19	20	47	$D=3a$

续表

<table>
<tr><td rowspan="3">牌号</td><td rowspan="3">交货状态</td><td rowspan="3">钢板厚度/mm</td><td colspan="3">拉伸试验</td><td colspan="2">冲击试验</td><td rowspan="3">180°弯曲试验 $b=2a$</td></tr>
<tr><td rowspan="2">抗拉强度 R_m /MPa</td><td>下屈服强度 R_{eL}①/MPa</td><td>断后伸长率 A /%</td><td rowspan="2">温度/℃</td><td>冲击吸收能量 KV_2/J</td></tr>
<tr><td colspan="2">不小于</td><td>不小于</td></tr>
<tr><td rowspan="2">12Cr1MoVR</td><td rowspan="3">正火加回火</td><td>6～60</td><td>440～590</td><td>245</td><td rowspan="2">19</td><td rowspan="2">20</td><td rowspan="2">47</td><td rowspan="2">$D=3a$</td></tr>
<tr><td>>60～100</td><td>430～580</td><td>235</td></tr>
<tr><td>12Cr2Mo1VR</td><td>6～200</td><td>590～760</td><td>415</td><td>17</td><td>−20</td><td>60</td><td>$D=3a$</td></tr>
<tr><td rowspan="2">07Cr2AlMoR</td><td rowspan="2">正火加回火</td><td>6～36</td><td>420～580</td><td>260</td><td rowspan="2">21</td><td rowspan="2">20</td><td rowspan="2">47</td><td rowspan="2">$D=3a$</td></tr>
<tr><td>>36～60</td><td>410～570</td><td>250</td></tr>
</table>

① 当屈服现象不明显时，可采用规定塑性延伸强度 $R_{p0.2}$ 代替。

注：D 为弯曲压头直径；b 为试样宽度；a 为试样厚度。

(3) 高合金钢压力容器用钢板

高合金钢主要用于抗腐蚀、抗高温氧化或耐特别高的温度。600℃以上及1100℃左右是化工与石化中常见的。Cr元素的加入可以使钢的表面自动生成致密的 Cr_2O_3 保护层，便可起到很好的防护作用。即使表面破损，也会自行再氧化而修复。低碳钢中加入13%的Cr(质量百分数) 便具有很好的抗大气腐蚀作用。Cr含量愈高，抗腐蚀能力愈强，但钢材愈硬、愈脆，不适合制成需做冷加工变形的钢板，焊接性能也更差。此时需要大量添加可促进形成面心立方晶体（γ体）的Ni。在含Cr达18%的钢中必须加入至少8%的Ni，则可使钢变为全部为奥氏体的晶体结构，塑性、韧性及可焊性均非常好。由于Ni的资源较少，价格贵，从而出现了三种基本类型的不锈钢：铁素体型、奥氏体型和双相型（即同时存在铁素体和奥氏体)，分别用于不同防腐蚀需求的场合。

① 铁素体型不锈钢　腐蚀不严苛时可以采用铁素体不锈钢板材建造容器。0Cr13及0Cr19是两种基本型钢号。为了增塑、增韧和可焊性更好，除降C外，还可再少许添加Ni、Al元素，形成的3个钢号是06Cr13Al、019Cr19Mo2NbTi和06Cr13。其中，Mo可提高抗点蚀能力，Nb及Ti可形成稳定碳化物以防晶间腐蚀。

② 奥氏体型不锈钢　Ni是促进钢材形成奥氏体相的元素，Cr-Ni奥氏体不锈钢中加入9%的Ni便可保证钢材在固溶化（1050℃下固溶后水淬火）后全部形成奥氏体相。奥氏体型不锈钢一般具有耐金属全面腐蚀或点腐蚀的能力，但抗应力腐蚀（SCC）能力很差，在 Cl^-、湿 H_2S、高温水（微量 Cl^- 及 O_2)、连多硫酸等环境中极易形成应力腐蚀开裂。

③ 双相型不锈钢　降低含Ni量或提高含Cr量，固溶化处理后获得铁素体与奥氏体两相等量共存的双相不锈钢，大大改善奥氏体不锈钢易发生应力腐蚀开裂的缺点。这类钢的焊接技术要求很高，焊缝区得不到理想组织仍会发生应力腐蚀开裂。

表2-3～表2-8分别介绍了铁素体型、奥氏体型及奥氏体-铁素体双相型三类不锈钢的牌号、化学成分及力学性能等指标。其中奥氏体型及奥氏体-铁素体双相型不锈钢热轧成型后必须经固溶化后供货。而铁素体型不锈钢轧制后必须在退火状态下才能使用。在冷加工及焊接性能上，奥氏体型最佳，双相型次之，而铁素体型最差（且随含Cr量的增加而下降）。

表 2-3　承压设备用奥氏体型不锈钢的化学成分(GB/T 713.7—2023)

统一数字代号	牌号	化学成分(质量分数)/%										
		C	Si	Mn	P	S	Cr	Ni	Mo	Cu	N	其他
S30408	06Cr19N10	0.08	0.75	2.00	0.035	0.015	18.00～20.00	8.00～10.50	—	—	0.10	—
S30403	022Cr19Ni10	0.030	0.75	2.00	0.035	0.015	18.00～20.00	8.00～12.00	—	—	0.10	—
S30409	07Cr19Ni10	0.04～0.10	0.75	2.00	0.035	0.015	18.00～20.00	8.00～10.50	—	—	0.10	—
S30458	06Cr19Ni10N	0.08	1.00	2.00	0.035	0.015	18.00～20.00	8.00～11.00	—	—	0.10～0.16	—
S30478	06Cr19Ni9NbN	0.08	1.00	2.50	0.035	0.015	18.00～20.00	7.50～10.50	—	—	0.15～0.30	Nb:0.15
S30453	022Cr19Ni10N	0.030	1.00	2.00	0.035	0.015	18.00～20.00	8.00～11.00	—	—	0.10～0.16	—
S30450	05Cr19Ni10Si2CeN	0.04～0.06	1.00～2.00	0.80	0.035	0.020	18.00～19.00	9.00～10.00	—	—	0.12～0.18	Ce:0.03～0.08
S30908	06Cr23Ni13	0.08	0.75	2.00	0.035	0.015	22.00～24.00	12.00～15.00	—	—	—	—
S31008	06Cr25Ni20	0.08	1.50	2.00	0.035	0.015	24.00～26.00	19.00～22.00	—	—	—	—
S31252	015Cr20Ni18Mo6CuN	0.020	0.80	1.00	0.030	0.010	19.50～20.50	17.50～18.50	6.00～6.50	0.50～1.00	0.18～0.22	—
S31608	06Cr17Ni12Mo2	0.08	0.75	2.00	0.035	0.015	16.00～18.00	10.00～14.00	2.00～3.00	—	0.10	—
S31603	022Cr17Ni12Mo2	0.030	0.75	2.00	0.035	0.015	16.00～18.00	10.00～14.00	2.00～3.00	—	0.10	—
S31609	07Cr17Ni12Mo2	0.04～0.10	1.00	2.00	0.035	0.015	16.00～18.00	10.00～14.00	2.00～3.00	—	0.10	—
S31668	06Cr17Ni12Mo2Ti	0.08	0.75	2.00	0.035	0.015	16.00～18.00	10.00～14.00	2.00～3.00	—	—	Ti≥5×C～0.70
S31658	06Cr17Ni12Mo2N	0.08	1.00	2.00	0.035	0.015	16.00～18.00	10.00～13.00	2.00～3.00	—	0.10～0.16	—
S31653	022Cr17Ni12Mo2N	0.030	1.00	2.00	0.035	0.015	16.00～18.00	10.00～13.00	2.00～3.00	—	0.10～0.16	—
S39042	015Cr21Ni26Mo5Cu2	0.020	1.00	2.00	0.030	0.010	19.00～21.00	24.00～26.00	4.00～5.00	1.20～2.00	0.10	—
S30859	08Cr21Ni11Si2CeN	0.05～0.10	1.40～2.00	0.80	0.035	0.020	20.00～22.00	10.00～12.00	—	—	0.14～0.20	Ce:0.03～0.08
S31708	06Cr19Ni13Mo3	0.08	0.75	2.00	0.035	0.015	18.00～20.00	11.00～15.00	3.00～4.00	—	0.10	—
S31703	022Cr19Ni13Mo3	0.030	0.75	2.00	0.035	0.015	18.00～20.00	11.00～15.00	3.00～4.00	—	0.10	—
S32168	06Cr18Ni11Ti	0.08	0.75	2.00	0.035	0.015	17.00～19.00	9.00～12.00	—	—	—	Ti≥5×C～0.70
S32169	07Cr19Ni11Ti	0.04～0.10	0.75	2.00	0.035	0.015	17.00～19.00	9.00～12.00	—	—	—	Ti:4×(C+N)～0.70
S34778	06Cr18Ni11Nb	0.08	0.75	2.00	0.035	0.015	17.00～19.00	9.00～12.00	—	—	—	Nb:10×C～1.00
S34779	07Cr18Ni11Nb	0.04～0.10	0.75	2.00	0.035	0.015	17.00～19.00	9.00～12.00	—	—	—	
S38240	16Cr20Ni14Si2	0.20	1.50～2.50	1.50	0.035	0.020	19.00～22.00	12.00～15.00	—	—	—	—
S38340	16Cr25Ni20Si2	0.20	1.50～2.50	1.50	0.035	0.020	24.00～27.00	18.00～21.00	—	—	—	—
S35656	05Cr19Mn6Ni5Cu2N	0.06	1.00	4.00～7.00	0.035	0.010	17.50～19.50	3.50～5.50	0.60	0.50～3.00	0.20～0.30	

注：1. 表中成分与 GB/T 3280、GB/T 4237、GB/T 4238 同牌号的成分有所调整。

2. 表中所列成分除标注范围或最小值外，其余均为最大值。

3. 不锈钢牌导对照见 GB/T 713.7 附录 B。

表 2-4 承压设备用奥氏体-铁素体型不锈钢的化学成分（GB/T 713.7—2023）

统一数字代号	牌号	化学成分(质量分数)/%										
		C	Si	Mn	P	S	Cr	Ni	Mo	Cu	N	其他
S21953	022Cr19Ni5Mo3Si2N	0.030	1.30～2.00	1.00～2.00	0.030	0.015	18.00～19.50	4.50～5.50	2.50～3.00	—	0.05～0.12	—
S22253	022Cr22Ni5Mo3N	0.030	1.00	2.00	0.030	0.015	21.00～23.00	4.50～6.50	2.50～3.50	—	0.08～0.20	—
S22053	022Cr23Ni5Mo3N	0.030	1.00	2.00	0.030	0.015	22.00～23.00	4.50～6.50	3.00～3.50	—	0.14～0.20	—
S23043	022Cr23Ni4MoCuN	0.030	1.00	2.00	0.030	0.015	21.50～24.50	3.00～5.50	0.05～0.60	0.05～0.60	0.05～0.20	—
S22553	022Cr25Ni6Mo2N	0.030	1.00	2.00	0.030	0.020	24.00～26.00	5.50～6.50	1.50～2.50	—	0.10～0.20	—
S25554	03Cr25Ni6Mo3Cu2N	0.04	1.00	1.50	0.030	0.015	24.00～27.00	4.50～6.50	2.90～3.90	1.50～2.50	0.10～0.25	—
S25073	022Cr25Ni7Mo4N	0.030	1.00	2.00	0.030	0.015	24.00～26.00	6.00～8.00	3.00～5.00	0.50	0.24～0.32	—
S27603	022Cr25Ni7Mo4WCuN	0.030	1.00	1.00	0.030	0.010	24.00～26.00	6.00～8.00	3.00～4.00	0.50～1.00	0.20～0.30	W:0.50～1.00
S22294	03Cr22Mn5Ni2MoCuN	0.040	1.00	4.00～6.00	0.030	0.015	21.00～22.00	1.35～1.70	0.10～0.80	0.10～0.80	0.20～0.25	—
S38240	16Cr20Ni14Si2	0.20	1.50～2 50	1.50	0.035	0.020	19.00～22.00	12.00～15.00	—	—	—	—
S38340	16Cr25Ni20Si2	0.20	1.50～2.50	1.50	0.035	0.020	24.00～27.00	18.00～21.00	—	—	—	—
S35656	05Cr19Mn6Ni5Cu2N	0.06	1.00	4.00～7.00	0.035	0.010	17.50～19.50	3.50～5.50	0.60	0.50～3.00	0.20～0.30	

注：1. 表中成分与 GB/T 3280、GB/T 4237、GB/T 4238 同牌号的成分有所调整。

2. 表中所列成分除标注范围或最小值外，其余均为最大值。

表 2-5 承压设备用铁素体型不锈钢的化学成分（GB/T 713.7—2023）

统一数字代号	牌号	化学成分(质量分数)/%									
		C	Si	Mn	P	S	Cr	Ni	Mo	N	其他
S11348	06Cr13Al	0.08	1.00	1.00	0.035	0.020	11.50～14.50	0.60	—	—	Al:0.10～0.30
S11972	019Cr19Mo2NbTi	0.025	1.00	1.00	0.035	0.020	17.50～19.50	1.00	1.75～2.50	0.035	(Ti+Nb):[0.20+4×(C×N)]～0.80
S11306	06Cr13	0.08	1.00	1.00	0.035	0.020	11.50～13.50	0.60	—	—	—
S12361	019Cr23Mo2Ti	0.025	1.00	1.00	0.040	0.030	21.00～24.00	—	1.50～2.50	0.025	Ti、Nb、Zr 或其组合：8×(C+N)～0.80
S12362	019Cr23MoTi	0.025	1.00	1.00	0.040	0.030	21.00～24.00	—	0.70～1.50	0.025	Ti、Nb、Zr 或其组合：8×(C+N)～0.80
S12763	022Cr27Ni2Mo4NbTi	0.030	1.00	1.00	0.040	0.030	25.00～28.00	1.00～3.50	3.00～4.00	0.040	Ti+Nb:0.20～1.00 且 Ti+Nb≥6×(C+N)

注：1. 表中成分与 GB/T 3280、GB/T 4237、GB/T 4238 同牌号的成分有所调整。

2. 表中所列成分除标注范围或最小值外，其余均为最大值。

表 2-6　经固溶处理的奥氏体型钢室温下的力学性能（GB/T 713.7—2023）

统一数字代号	牌号	规定塑性延伸强度 $R_{P0.2}$/MPa	规定塑性延伸强度[①] $R_{P1.0}$/MPa	抗拉强度 R_m/MPa	断后伸长率[②] A/%	冲击吸收能量（KV_2）/J			硬度值		
						不小于			HBW	HRB	HV
		不小于				20℃		−196℃	不大于		
						纵向	横向	横向			
S30408	06Cr19Ni10	230	260	520～720	45	100	60	60	201	92	210
S30403	022Cr19Ni10	220	250	500～700	45	100	60	60	201	92	210
S30409	07Cr19Ni10	220	250	520	40	100	60	60	201	92	210
S30458	06Cr19Ni10N	240	310	550	40	100	60	60	201	92	220
S30478	06Cr19Ni9NbN	275	—	585	30	—	—	—	241	100	242
S30453	022Cr19Ni10N	205	310	515	40	100	60	60	201	92	220
S30450	05Cr19Ni10Si2CeN	290	—	600	40	—	—	—	217	95	220
S30908	06Cr23Ni13	205	—	515	40	—	—	—	217	95	220
S31008	06Cr25Ni20	205	240	520	40	—	—	—	217	95	220
S31252	015Cr20Ni18Mo6CuN	310	—	655	35	100	60	60	223	96	225
S31608	06Cr17Ni12Mo2	220	260	520～680	45	100	60	60	217	95	220
S31603	022Cr17Ni12Mo2	210	240	520～680	45	100	60	60	217	95	220
S31609	07Cr17Ni12Mo2	220	—	515	40	100	60	60	217	95	220
S31668	06Cr17Ni12Mo2Ti	205	260	520	40	100	60	60	217	95	220
S31658	06Cr17Ni12Mo2N	240	—	550	35	100	60	60	217	95	220
S31653	022Cr17Ni12Mo2N	205	320	515	40	100	60	60	217	95	220
S39042	015Cr21Ni26Mo5Cu2	220	260	490	35	100	60	60	190	90	200
S30859	08Cr21Ni11Si2CeN	310	—	600	40	—	—	—	217	95	220
S31708	06Cr19Ni13Mo3	205	260	520	35	—	—	—	217	95	220
S31703	022Cr19Ni13Mo3	205	260	520	40	—	—	—	217	95	220
S32168	06Cr18Ni11Ti	205	250	520	40	—	—	—	217	95	220
S32169	07Cr19Ni11Ti	205		515	40				217	95	220
S34778	06Cr18Ni11Nb	205	—	515	40	—	—	—	201	92	210
S34779	07Cr18Ni11Nb	205	—	515	40	—	—	—	201	92	210
S38240	16Cr20Ni14Si2	220	—	540	40	—	—	—	217	95	220
S38340	16Cr25Ni20Si2	220	—	540	35	—	—	—	217	95	220
S35656	05Cr19Mn6Ni5Cu2N	355	—	650	40	100	60	60	—	100	250

① 规定塑性延伸强度 $R_{P1.0}$，仅当需方要求并在合同中注明时才进行检验。

② 厚度不大于 3.00mm，测 A_{50mm}，试样号按照 GB/T 228.1 中的 P5 执行。

表 2-7　经固溶处理的奥氏体-铁素体型钢的室温力学性能（GB/T 713.7—2023）

统一数字代号	牌号	拉伸试验			硬度试验	
		规定塑性延伸强度 $R_{P0.2}$/MPa	抗拉强度 R_m/MPa	断后伸长率[①] A/%	HBW	HRC
		不小于			不大于	
S21953	022Cr19Ni5Mo3Si2N	440	630	25	290	31
S22253	022Cr22Ni5Mo3N	450	620	25	293	31
S22053	022Cr23Ni5Mo3N	450	620	25	293	31
S23043	022Cr23Ni4MoCuN	400	600	25	290	32
S22553	022Cr25Ni6Mo2N	450	640	25	295	31
S25554	03Cr25Ni6Mo3Cu2N	550	760	20	302	32
S25073	022Cr25Ni7Mo4N	550	800	20	310	32
S27603	022Cr25Ni7Mo4WCuN	550	750	25	270	—

续表

统一数字代号	牌号		拉伸试验			硬度试验	
			规定塑性延伸强度 $R_{P0.2}$/MPa	抗拉强度 R_m/MPa	断后伸长率①A/%	HBW	HRC
			不小于			不大于	
S22294	03Cr22Mn5Ni2MoCuN	厚度≤5.0mm	530	700	30	290	—
		厚度>5.0mm	450	650	30	290	—
S22153	022Cr21Ni3Mo2N	厚度≤5.0mm	485	690	25	293	31
		厚度>5.0mm	450	655	25	293	31

① 厚度不大于 3.00mm，测 A_{50mm}，试样号按照 GB/T 228.1 中的 P5 执行。

表 2-8 经退火处理的铁素体型钢室温下的力学性能和工艺性能（GB/T 713.7—2023）

统一数字代号	牌号	拉伸试验			硬度试验			弯曲试验②
		规定塑性延伸强度 $R_{P0.2}$/MPa	抗拉强度 R_m/MPa	断后伸长率①A/%	HBW	HRB	HV	180°
		不小于			不大于			
S11348	06Cr13Al	170	415	20	179	88	200	$D=2a$
S11972	019Cr19Mo2NbTi	275	415	20	217	96	230	$D=2a$
S11306	06Cr13	205	415	20	183	89	200	$D=2a$
S12361	019Cr23Mo2Ti	245	410	20	217	96	230	$D=2a$
S12362	019Cr23MoTi	245	410	20	217	96	230	$D=2a$
S12763	022Cr27Ni2Mo4NbTi	450	585	18	241	100	242	$D=2a$

① 厚度不大于 3.00mm，测 A_{50mm}，试样号按照 GB/T 228.1 中的 P5 执行。

② 表中产品的最大厚度为 25.0mm。D 为弯曲压头直径，a 为弯曲试样厚度。

以上仅从钢材标准的角度介绍了压力容器用钢的类型，另外也提到了压力容器用钢的特殊性。但也仅是最大宗的板材概况，不包括锻件、铸件及螺栓类紧固件。下面将从钢材的成分、强度、尤其是韧性和可焊性方面阐述压力容器用钢的特殊要求。实际上本节之后的各节仍旧是对保证钢的韧性这一核心问题的进一步阐述。

2.1.2 压力容器用钢的化学成分要求

压力容器用钢对化学成分的控制比较严格，尤其是强度高、服役温度很高或很低时，就更为严格。这是因为钢的化学成分对钢的许多性能有重要影响。钢实际上是铁基合金，最起码是铁碳合金，实际上是多成分合金。有些元素是有害的，例如磷和硫，一般是矿石中原本含有的，是视需去除的有害元素。硅和锰也是矿石中原有的，一定的含量对钢的性能有益，而量需控制。有时是为改善钢某方面性能而特加的，为有用的合金元素。

（1）常见合金元素

① Mn　最常用的强化作用元素，可固溶到晶体内起固溶强化作用，也可提高淬透性。但当钢中含 S 量过高时会形成 MnS，易以夹杂物存在于晶粒之间，使钢材变脆。

② Cr　强化作用元素，也增强淬透性，可提高钢在氧化性介质中的抗腐蚀性（易形成致密的氧化铬保护层）。Cr 还可阻止钢内 Fe_3C 在高温下发生石墨化。

③ Mo　增加淬透性，增加钢的热强性，提高抗蠕变变形能力，也可提高奥氏体不锈钢的抗点蚀能力。

④ V　固溶后易形成细小碳化矾质点，可细化晶粒，提高钢的韧性，淬火时提高淬透性。

⑤ Nb　固溶强化作用强，易形成细小碳化铌质点，细化晶粒，起到强韧化作用。

⑥ Ni　强化作用与淬透性均为中等，但可提高钢的塑性与韧性。也是促进形成奥氏体组织的元素，在多类不锈钢中广泛应用。

⑦ Re　多种稀有元素的总称，易与碳形成碳化物，有脱气、脱硫和消除其他有害杂质影响的作用，提高钢的品质。不锈钢中加入 Re 可提高耐蚀性。

⑧ P　有害元素。可使钢脆化，增加冷脆性，钢冷作硬化明显，还是引起回火脆化的重要元素。优质量应使含 P 量降到 0.030%以下，低温钢应降到 0.020%以下。

⑨ S　有害元素。在冶炼时极易与钢中的 Mn 形成 MnS 夹杂物，存在于晶界上，极易引发钢的热裂纹。焊接时易形成 SO_2 气泡和疏松缺陷。近代高品质钢力图在冶炼时脱硫，含量应低于 0.035%，甚至≤0.020%。

(2) 对含碳量的特殊要求

碳是钢的主要合金成分，但也是易形成碳化物渗碳体（Fe_3C）的主要元素。总体上说，压力容器用钢必须是含碳量≤0.20%的低碳钢。低碳钢及低合金钢用钢强度的提高不依靠增加含碳量，所以含碳量并无下限值规定。

中高温下使用的压力容器用钢，中温强度主要依靠添加 Cr、Mo 元素达到要求，不过对含碳量却提出了下限要求，此时碳的下限值是 0.08%。

对于 Cr13 型铁素体类不锈钢、奥氏体类不锈钢及双相不锈钢，含碳量有特殊意义。当使用温度>425℃时，铁钢中的 Cr 是不稳定的，极易形成碳化物 $Cr_{23}C_6$，且特别易在晶粒的晶界附近首先形成这种碳化物，使晶界处的基体含量急剧减少，抗蚀性骤降，这就是“晶间腐蚀”现象，故称 425～850℃这个温度区间为不锈钢的“敏化”反应温度区间。起初克服晶间腐蚀的方法是添加 Ti 元素，并在 850～900℃下进行热处理，使 Ti 与 C 有足够长的时间完成 TiC 的结合反应，这称为稳定化反应，这样可避免晶间腐蚀。但工程上即使经稳定化处理之后再经焊接高温，超过 900℃的高温下 TiC 又分解，冷却于 425～850℃又出现敏化反应，仍不可防止晶间腐蚀。20 世纪 70 年代，出现了低碳及超低碳不锈钢的冶炼技术。将含碳量≤0.08%的不锈钢称为低碳不锈钢；将含碳量≤0.03%的不锈钢称为超低碳不锈钢。从此不再依靠添加 Ti 的方法获得广谱抗晶间腐蚀的不锈钢。

(3) 对其他元素的特殊要求

P、S 是钢中极为有害的杂质元素，均会使钢的脆性增大，塑性、韧性降低，近代压力容器用钢必须采用先进的脱硫脱磷冶金技术，做成非常纯粹的压力容器用钢。以 Q345R 为例，其 P、S 的含量必须达到≤0.020%及 0.010%，而 Q345 其他非容器用钢的 P、S 含量则要高得多。有特殊低温韧性及焊接性能要求时还可再降低一个数量级。

另外，磷、砷、锑、锡等杂质也应控制，长期在中温回火温度（400～650℃）使用时，这些元素在回火温度下析出并向晶界扩散，造成晶界弱化，从而使得材料脆性上升、韧性下降，这一现象统称为“回火脆化”。

国外一些号称“抗氢致开裂”（HIC）的抗氢脆钢，其关键技术是将硫磷杂质在冶炼时降到 0.0030%（质量）以下，更加纯净化了。

2.1.3　压力容器用钢的力学性能要求

材料的力学性能主要是指强度、塑性与韧性。这些性能指标常常被误解为材料的一种属性，类似于物理常数，这是错误的。材料的力学性能固然取决于化学成分，但还取决于材料热处理后的组织状态，往往有一定的分散性。并且，在非单轴拉伸的复杂受力状态或载荷循环下有特定的表现。对于循环载荷情况，通常将材料性能的特定表现称为材料在一定条件下的“力学行为”[31]。

下面将对压力容器用钢常用的力学性能指标进行分析，其中有些属于一般钢材普遍要求的，而有的则属于压力容器用钢所必须具备的。

（1）拉伸强度

强度是衡量材料抵抗外载荷能力大小的力学指标。通常用拉伸试样测得抗拉强度 R_m 和屈服强度 R_{eL}（屈服点不明显的用 $R_{P0.2}$）。这两个指标可表征材料的强度，也是容器设计计算中用以确定许用应力的主要依据。屈服强度与抗拉强度之比称为屈强比，屈强比可反映材料屈服后强化能力的高低。高强钢的屈强比数值较高，可达 0.8 以上，而低强钢的屈强比可低到 0.6 以下。屈强比愈低表示屈服后仍有较大的强度裕量。

要注意 R_m 和 R_{eL} 是用光滑试样（通常是圆棒）在单向应力条件下测得的数据，工程设计上可以把双向或三向应力问题用强度理论换算成为“应力强度”，再与单向拉伸测得的强度指标来比较，视其是否安全。

设计在中、高温条件下工作的容器时，应当采用设计温度下的 R_m 和 R_{eL}。低温下强度明显增高，但仍应采用常温耐压试验温度下的强度指标。

在一般设计中，这些数据可以从手册中查到，但应注意这些数据仅为规定必须保证的下限值。制造容器时，有时还有必要抽样检查实际使用的材料是否符合要求，而不仅仅查看钢材的质保书。如果设计中要作详细的应力分析，单有这些指标的数据有时还不够，而需要完整的真应力-应变曲线，而这曲线必须用实际的材料来测试。

因为强度更高的钢焊接性能更差，不能片面追求高强度而忽视可焊性及韧性。

（2）塑性

由于中低压容器制造中一般采用冷作弯卷成型工艺，要求材料必须具备充分的塑性。通常衡量材料塑性的指标是断后伸长率（前称延伸率）A 及断面收缩率 Z，它们都可通过拉伸试验同时测得。压力容器应选用 $A=15\%\sim20\%$ 的材料来制造。更能直接反映钢板冷弯性能的则是冷弯试验，即对某一厚度的钢板采用某一直径的弯芯做常温下的弯曲试验，规定在冷弯 180°之后不裂，方可用于制造容器。$A\leqslant14\%$ 的钢板不得用于压力容器。虽然压力容器钢材标准中并不会提及对断面收缩率 Z 的要求，但从反映材料的塑性性能来说 Z 值更有意义。因定义断后伸长率 A 的计算方法中，其基准的标记长度是人为选定的，当试样取 10 倍直径为基准长度时计算出的 A 值要明显低于取 5 倍直径为基准长度所计算出的 A 值，所以 A 值的大小与试样的基准长度的规定有关。现行的国内外 A 值的计算均基于 5 倍直径的试样。但 A 值的算法与试样长度的选值无关，能更客观地反映材料的塑性，即延展性，只是不够直观，无法用于工程计算。

（3）韧性

韧性，亦称韧度，是压力容器用钢的必要要求。

韧性不同于塑性，但与材料的塑性有关，还与强度有关。肖纪美[32] 提出“韧性应是材料强度性能和塑性变形能力的综合体现”。单纯强度高不代表韧性好，例如含碳量高的铸铁（如白口铸铁）比灰口铸铁强度高得多，但很脆，被认为是比灰口铸铁更脆的材料，做成压力容器后一旦压力太大会炸成碎片，因此不能用于制作压力容器。下面介绍几种检验钢材韧性的方法。

① 冲击韧性　早期由压力容器脆性爆炸事故认识到：钢材较脆时会对结构应力集中较为敏感，易发生脆断事故，故设计了带U型缺口试样做摆锤冲击试验，测量出被吸收的冲击能量，用来表达钢材的韧性。摆锤冲断后再上扬的高度愈低，被吸收能量愈高，钢材的韧性愈好。后来发现试样上开出V型的尖锐缺口，比U型的钝缺口更能灵敏地反映材料对缺口的敏感性。现今各国钢材韧性测试的标准都认定用V型缺口试样在夏比（Charpy）冲击试验机上测得冲断时被吸收的冲击能量来表征钢材的韧性。我国标准中也采用这一方法，用符号 KV_2 代表V型缺口冲击吸收能量。

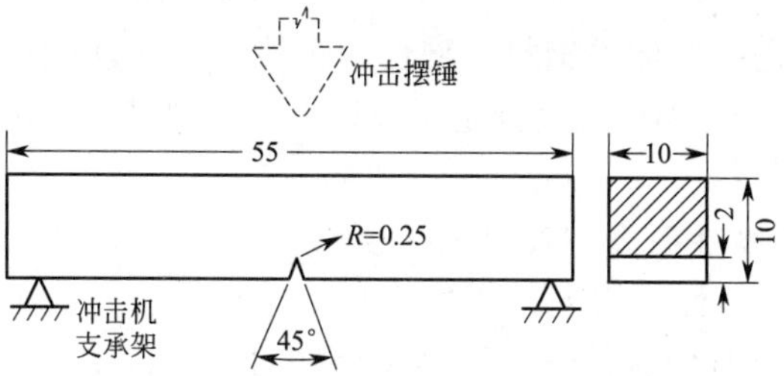

图 2-1　V型缺口冲击试验标准试样

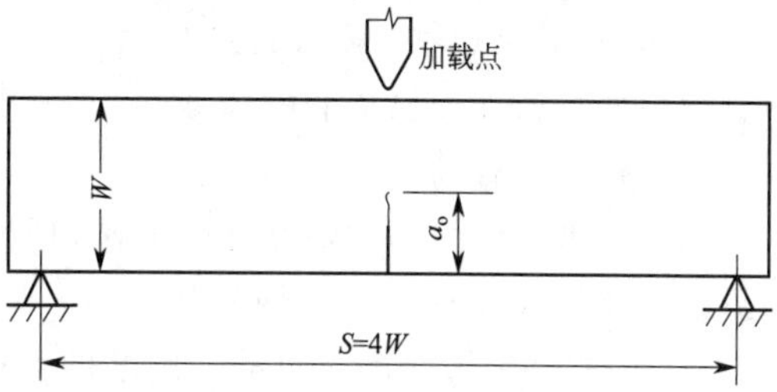

图 2-2　带有预制裂纹的三点弯曲断裂试样

图2-1是常规冲击韧性试验中的V型缺口冲击试样的标准尺寸。GB/T 713列出了不同牌号的铁素体类压力容器用钢板必须保证的冲击试验吸收能量最低要求，可参见表2-9。

表 2-9　铁素体类压力容器用钢板 KV_2 值的要求[30]

牌号	板厚举例/mm	屈服强度 R_{eL}/MPa	抗拉强度 R_m/MPa	热处理状态	吸收能量不低于/J(℃)
Q245R	3～16	345	570～640	热轧或正火	41(0)
Q370R	10～30	370	530～630	正火	47(−20)
13MnNiMoR	30～100	380	570～720	正火加回火	47(0)
…	…	…	…	…	…

若测得的 KV_2 值低于表2-5的值，则认为韧性不达标，不能用于建造压力容器，只能用于非承压部件。但也不能误解为 KV_2 高的钢比 KV_2 低的钢韧性好。比如Q370R钢的强度比Q245R高许多，将强度高的缺口试样冲击打断理应需要消耗更高的冲击能量。因此只能理解为Q370R的 KV_2 为47J时与Q245R的 KV_2 为34J时具有相当的冲击韧性，都视为满足韧度的要求。

② 断裂韧性　单纯依靠缺口冲击试验获得的材料冲击韧性可指导选材工作，但不能反映当材料中含有裂纹性缺陷时的抗脆断能力。尤其冲击能量不能直接用于设计计算，而且许多压力容器的脆性断裂事故也可以在塑性与冲击值足够的情况下发生。为了能更科学地判断容器存在较大宏观缺陷，特别是裂纹性缺陷时，是否会发生低应力脆断，近年来已引入断裂力学中的断裂韧性指标用于压力容器的防脆断设计或安全评定。目前用得较多的是应力强度因子临界值 K_{IC}，近年来更趋向采用J积分断裂参量的临界值 J_{IC}。K_{IC} 和 J_{IC} 都是钢材的断裂韧性值，用来衡量材料的韧性情况，即可看出存在裂纹时材料所具有的防脆断能力，但目前尚未列入容器标准之中，因为还未有公认的应满足的断裂韧性指标值。另一方面，若有 K_{IC} 或 J_{IC} 的可靠数据，便可对缺陷作出定量的安全分析。断裂韧性实验测定时要注意试件的拘束条件，这与冲击韧性测试的要求有所不同。所以，材料的断裂韧性是有条件的，也属

于“力学行为”的范畴。这些用于材料各种断裂韧性指标测定的试样必须带有预制好的裂纹（图 2-2），裂纹的预制较为复杂，测试后的临界断裂点确定也较复杂。断裂韧性值可以用于参与含缺陷结构的应力强度因子 K_I 或 J 积分等断裂推动力参数的计算，可以预测结构断裂时的临界应力（或载荷）或临界裂纹尺寸（a_c）。

断裂韧性虽比冲击韧性有较多合理性，但测试方法较复杂，且目前各种钢材积累的数据远比不上冲击韧性，所以工程上仍采用冲击韧性作为钢材韧性衡量与验收的指标。只是在核电压力容器、超高压容器及石化加氢反应器等重大工业装备的安全评价或防脆断设计中才应用断裂韧性评价方法。这种方法已被美国 ASME 规范采用，从 1968 年至今已五十余年，是结构完整性理论的核心内容。

③ 韧脆转变温度　这也是评价钢材（主要是铁素体类钢材）韧性的手段之一。韧脆转变温度越低，钢在常温下的韧性越好。如果韧脆转变温度已高到室温或以上，说明钢材在常温下已经较脆，容易发生脆断事故。

第二次世界大战中有约 250 艘焊接舰船发生脆性断裂，其中 19 艘断成两段。战后美国海军研究所研究发现，这些钢材（船板）的低温韧性都很差，断裂都只发生在低温，高于 72°F（22.2℃）就没有断裂事故。脆断的船板在常规的拉伸试验下仍有很好的塑性。在船板的 V 型缺口冲击试验中，吸收冲击能与试验温度之间的相关性普遍如图 2-3 所示。曲线具有两个明显平台，在上平台温度区间都表现出很高的韧性，而下平台处韧性大为降低，因此上、下平台之间对应的温度区间称为韧脆转变温度区间。从保证使用温度下或耐压试验时钢材能有足够韧性出发，当然希望钢材发生韧脆转变的温度区间越低越好。从图 2-3 可以看出，随着温度下降，韧性值几乎是陡降的。钢材的断裂机制随着温度下降逐步出现准解理、解理机制的断裂，到下平台时使整个断裂面全部为解理机制的断裂，此时整个断口全部显示出“结晶状”的白亮色，并带有金属闪光光泽的脆性断口。

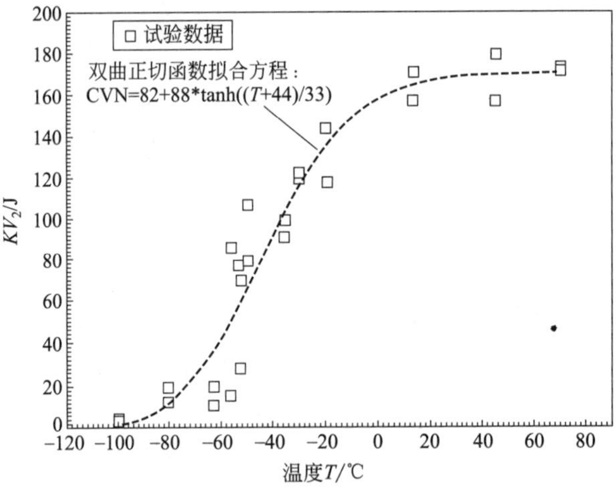

图 2-3　Q345R 的夏比冲击吸收能 KV_2 随温度变化的曲线

工程上希望通过试验，在转变温度区间确定一个标志性的“韧脆转变温度”。由于试验方法多样，主张各异，所以出现了多种韧脆转变温度的定义和试验方法。下面介绍三种确定这一转变温度的方法。

(a) 冲击试验断口的 FATT 法。进行钢材 V 型缺口夏比冲击试验时，按温度由高渐低逐个冲断后，断口上灰暗色纤维状断口的百分占比随着温度降低而逐渐减小，断口上白亮色的准解理或解理断口区随着温度降低而渐增。在韧脆转变温度区间随着温度降低，象征韧断的纤维区断口占比从 100%渐降到 0%，而象征脆断的解理断口却从 0%渐增到 100%。这一断口变化情况如图 2-4 所示。于是建立一个规则，即认为脆性断口占比为 50%（韧性断口占比也为 50%）所对应的温度可定义为韧脆转变温度（fracture appearance transition temperature，FATT）。冲击试验后用图 2-5 所示方法确定 FATT。这一方法试验比较简便，国际上已通用多年。

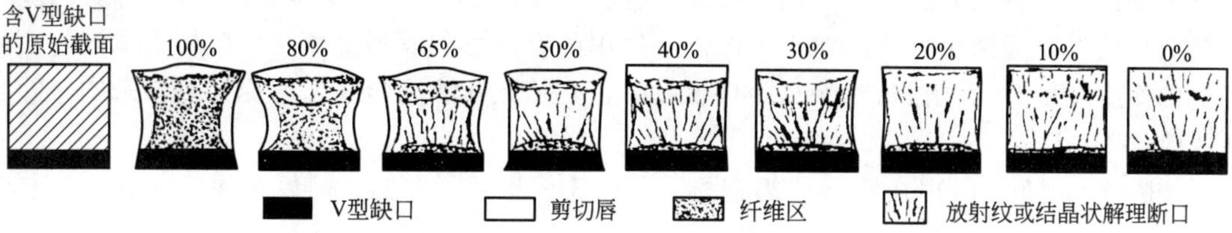

图 2-4　冲击试样断口形貌随温度下降韧性断裂区所占比例下降的示意图

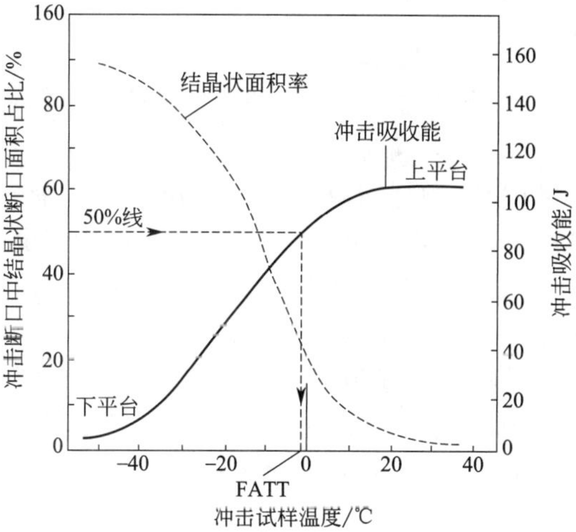

图 2-5　V 型缺口冲击吸收能、结晶状断口%-温度曲线及 FATT 确定方法

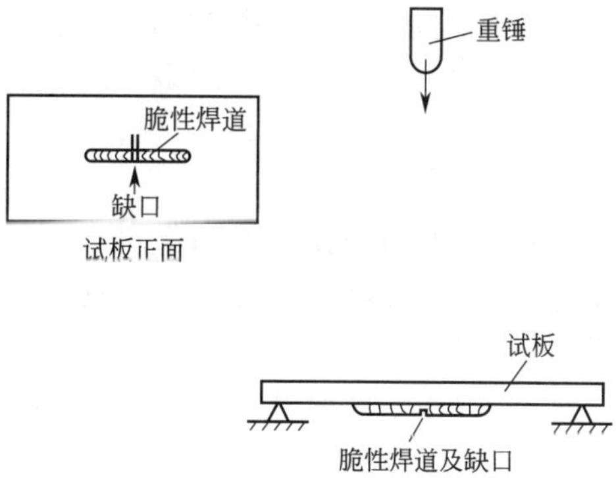

图 2-6　NDT 法

（b）落锤试验确定无延性转变温度法。第二次世界大战后，美国海军研究所专门针对 250 艘沉船脆断事故研究后所提出的方法就是无延性转变温度法。用规定尺寸的钢板原材料试样，如图 2-6 所示，在试板正面用脆性焊条于中央焊出一条表面脆性焊道，焊道中央横切一个缺口。试验时将试板反放在试验机支架上，上方在一定高度的地方放一重锤。不同厚度的钢板有规定的试板尺寸和重锤高度。并规定重锤自然落下对准缺口冲击时，视其能否将试板打断，若不能将其打断并分成两块，则必须重取一块同批材料的试板，再冷却 5℃，直到断成两段时的温度便可认定为无延性转变温度，即 NDT（nil-ductility temperature）。该试验需要用较多原材料做成一大批待测试板，耗材较多。同时这种测试方法看似测试精度可达 5℃，但同一钢板的实测 NDT 温度仍很分散。该方法在船用钢板及核电材料中曾有不少应用，锅炉压力容器钢板中也有应用，常规应用中不如 FATT 法普遍。

（c）断裂韧性主曲线法中的韧脆转变温度 T_0。上述的材料断裂韧性测试研究中也发现相似的规律，即随着测试温度下降，材料的断裂韧性值也会下降，也可以反映材料的冷脆转变温度。核电压力容器领域极为关注铁素体类压力容器用钢长期（30～60 年）受高通量中子辐照后引发的钢材脆化问题。核电行业认定必须采用断裂韧性测试法获得韧脆转变温度才是可靠的。Wallin[33] 提出了基于断裂韧性的韧脆转变温度 T_0 测试方法，ASTM[34] 于 1997 年发布了用断裂韧性概念测定 T_0 的主曲线（master cuver）法。可参见本书第 8 章 8.1 节。

上述 3 种韧脆转变温度测试方法相互独立，也无法相互换算。当说明某钢材的冷脆温度时一定要注明其测试方法。当使用温度比冷脆温度高许多时（例如 30℃以上），就表明基本不会出现低温冷脆断裂事故。对于中温以上使用的容器可能较高温度会导致析出脆性相而使钢材的冷脆温度升高，在急冷停车处理事故时，必须顾及冷脆转变温度提高后带来的急冷脆断风险。

冷脆转变现象只出现在铁素体类钢材上，奥氏体不锈钢、铝、铜仅在深冷下有冷脆转变问题。

综上所述，压力容器选材上不能只顾选用强度高的钢材，更要保证压力容器用钢的韧性，必须满足韧性指标（通常用 KV_2）的要求。

（4）疲劳特性

材料的疲劳特性明显也是一种“力学行为”。材料及结构的疲劳寿命，即在达到断裂时所能承受的应力循环数主要与外加交变应力的应力幅有关，同时平均应力也有重要影响，并且数据的分散性很大。由光滑圆棒单向拉压所得到的疲劳数据当用于分析压力容器中承受三向应力的部位时，试件与实际结构的受力条件并不一致，因而不得不作一些实用性的假设，并采用较大的安全系数。经过几乎无限次循环而不发生疲劳断裂的这一最低交变应力幅值，被定义为金属材料的疲劳持久强度，这是重要的材料性能指标。

其他如材料在高温蠕变、腐蚀-应力共同作用、疲劳-蠕变交互作用以及腐蚀-疲劳交互作用下的特定力学行为，则情况更为复杂，设计者遇到这些情况时必须收集和研究有关的资料，判断压力容器的使用寿命。由于以上这些情况都属于与时间有关的材料退化和损伤积累问题，也属于材料的“力学行为”范畴。

2.1.4 压力容器用钢的可焊性要求

可焊性是钢的焊接性能的重要考核指标。所谓可焊性，主要是指钢在焊接时及焊缝冷却后是否会淬硬及是否会开裂的性能。

绝大多数钢制压力容器都是卷焊式或锻焊式结构，因此压力容器用钢必须具有良好的焊接性能。钢的可焊性主要取决于化学成分，同时还与焊接方法、工艺、环境及构件的拘束条件有关。化学成分中影响最大的是碳，含碳量小于 0.3%的低碳钢及含碳量小于 0.25%的低合金钢一般有良好的可焊性。低合金高强度钢由于加入了一些强化元素使可焊性下降。这些合金元素对可焊性的影响可以用碳当量来评价，焊接碳当量 C_d 不超过 0.45%的合金钢有较好的可焊性。中碳钢，尤其是高碳钢及强化元素过多的超高强度钢，可焊性极差。

压力容器用低合金高强度钢以产生焊接冷裂纹为主，因而出现了一个评价焊接冷裂倾向的经验指标，即焊接裂纹敏感性指数 P_{cm}，由各元素的质量含量百分数组成的经验式

$$P_{cm}=[C]+[Si]/30+[Mn]/20+[Ni]/60+[Cr]/20+[Mo]/15+[V]/10+5[B]$$

若 P_{cm} 值达到 0.20%以下，钢的冷裂纹倾向很低，可焊性优良。近年来还以 $t/600$（t 为厚度）和含氢量［H］/60 计入 P_{cm} 值，以衡量钢板厚度带来的拘束度和钢材焊接带来的

含氢量导致开裂的影响。可见含碳量的影响最大、最直接，硼的影响其次，合金元素的含量折算为碳当量。

这一 P_{cm} 值的算式中并未计入硫、磷杂质的含量，这是因为 S、P 主要会对焊接热裂纹（即高温状态下结晶和冷却中形成的裂纹）产生重要影响。随着现代冶金工业中脱 S、脱 P 技术提高、焊接热裂纹已很少出现，冷裂纹控制成为主要问题。

以上仅仅是从化学成分角度的分析，实际焊接时是否开裂和淬硬倾向如何还与实施焊接时的焊接工艺、构件的拘束程度、焊接环境有关，因此还要通过一系列焊接工艺评定试验来确定能保证焊接接头不裂且性能优良的工艺条件。

综上所述，对压力容器用钢的综合要求是：强度足够高、塑性确保、韧性优良以及可焊性良好。GB/T 713 中所列的压力容器用钢都能满足这些要求。由于压力容器用钢要求较严，作为钢厂出厂的必检项目是：化学成分、抗拉强度、屈服强度、断后伸长率、180°冷弯、冲击吸收能。制造厂接受钢材来货时必须检查钢厂的质保书，对制造重要容器的钢材甚至还要进行抽样复验，以致逐张进行超声波 100%面积检测以确定其轧制质量。

作为设计者，选用钢材时不应片面追求采用高强度材料，要做到强度与塑性、韧性的综合考虑及强度与可焊性的综合考虑；还应注意厚度与性能的关系，厚度增加，各项指标值均有所下降；至于介质的腐蚀性也切不可忽视，需要通过资料查阅、走访调查以及试验研究才能做到选材合理。

与压力容器钢板配套使用其他受压元件用材，包括钢管、锻件、螺栓等紧固件均有相类似的要求，可以参阅相关的资料与标准，此处不再赘述。

2.1.5 压力容器用钢的热处理要求

（1）铁素体类压力容器用钢热处理状态的规定

这类压力容器用钢中仅有碳素钢 Q245R 允许在热轧状态下投入建造和运行，低合金钢类压力容器钢一般要求在热轧之后进行正火热处理，即在 910℃高温充分固溶转变成单一奥氏体相之后，再立即在空气或鼓风状态下冷却完成铁素体转变，得到较细晶粒度的铁素体+珠光体组织，且组织均匀，并消除轧制态的条带组织，此时材料的强度、塑性及韧性会处于最佳状态。低合金压力容器用钢中仅有 Q345R 可以容许热轧态投用，但更提倡正火态投用。

比正火态要求更高的是作正火处理后再作回火处理，以消除由奥氏体组织转变成铁素体+珠光体时晶体体积变化所形成的内应力，保证材料的力学性能更为优良。表 2-2 中 18MnMoNbR 以后的各种钢材都要求这样做，为的是保证韧性，也优化了可焊性，减少冷裂纹形成的机会。

经正火处理的钢材中，微观组织为细小的索氏体（或称粒状贝氏体）+细小残余铁素体。与热轧后的条带状组织有明显区别，性能得到了优化。

强度更高的 490/610MPa 级压力容器可焊接钢材则是调质钢，即热轧成型后必须作调质（淬火+回火）处理。淬火的快速冷却过程中会出现低碳马氏体（细小条带状），再用高温回火将其组织改变为更为细小的屈氏体组织，从而获得高强度高韧性，并保持可焊性。这类高强钢的规定见 GB/T 19189—2011[46]。

小型且可移动的高压气瓶可采用锻压结构建造，其钢材的选用不受可焊性限制。整体锻造、厚壁无缝钢管两端热旋压收口、小块状锻坯冲孔引伸等方法制造的小型可移动式高压储气钢瓶所选用的均为含碳量超过 0.20%的中碳钢或中碳低合金钢，例如 35 号碳素钢、

40MnB、40Cr、35CrMoA 或 40CrNiMoA 等，其强度远高于 490/610MPa 级的焊接容器用钢。锻压成型粗加工后必须进行调质热处理，其回火温度可选择高温回火、中温回火或低温回火，以保证达到所需要韧性。回火温度愈高则韧性愈好，但强度损失愈多。所有热处理工艺均需经试验研究后才可确定。

（2）不锈钢的热处理状态规定

压力容器建造中选用不锈钢时大部分首选奥氏体不锈钢或双相（奥氏体＋铁素体）不锈钢，或单层使用，或作衬里层、堆焊层、复合层使用。其热处理状态规定为热轧后必须经固溶化处理，即将不锈钢件整体加热到 1050℃左右，足时保温保证全部转变为高温铁素体相，此时原有的所有析出相也全部被固溶消失，然后快速用水激冷，从而快速转变为奥氏体相，只允许残存极少的高温铁素体 α 相。快冷到 300℃以下时具有单一奥氏体相组织，也不会析出 Cr 的碳化物相，这就是固溶化处理后所追求的组织状态。不但塑性、韧性优良，耐腐蚀性也优良，且不会形成晶间腐蚀。奥氏体型及双相型不锈钢板均应以固溶化状态供货。

2.2 铁素体类压力容器用钢强化与韧化

从上一节的分析可知，焊接式压力容器用钢成分设计的基本思路应该是在保证可焊性的条件下采用中低强度类的钢材，在此基础上冶炼出不同强度等级的压力容器用钢，并保证具有良好的塑性、优良的韧性。为此要进行合金元素的品种、含量、有害元素的排除，热处理的调整。

2.2.1 合金强化机理

碳含量的高低对钢材的强度有非常直接的影响。但含碳量的增高对钢的可焊性有很明显的不利影响，同时钢的塑性与韧性也会明显下降。故铁素体类压力容器用钢只能采用在低碳钢（C≤0.20%）的基础上再添加能起到强化并同时保持韧性的合金元素，并保持可焊性。只有非焊接元件才可用碳增强，但也要韧化。

合金元素能起强化作用机理分为三类：固溶强化、晶界强化、第二相强化。现阐述如下。

（1）固溶强化

Mn、Si、Cr、Ni、Mo、W 这 6 种元素少量加入钢中可起到固溶强化作用。当合金元素的原子体积大于原有的 Fe 原子体积时，高温固溶之后占据了晶格位置，在之后的受力变形时可阻碍金属原子的位错运动，从而起到强化作用。从经济性而言，Mn 和 Si 是使用最多的，Mo 较贵，W 较少被采用。

（2）晶界强化

晶界是原子位错运动的阻碍，显然细晶粒钢比粗晶粒钢拥有更多的晶界，可以起到增强的作用。冶金时添加 V、Ti、Nb、Zr 等元素，在高温下会迅速形成各自的碳化物，既细小又分散，在结晶过程中可成为形核的中心，且在整个结晶过程和随后的冷却过程中都很稳定，从而形成细晶钢。在使用受载时，位错运动难以跨越晶界而达到强化目的。其中 V 和

Nb 被应用得最多。我国拥有丰富的铌矿资源。

除合金化可以细化晶粒，热处理的多种方法也可以细化晶粒，最常用的是正火热处理。还有反复快速奥氏体化及控制轧制法等。

（3）第二相强化

钢在结晶过程中由奥氏体相转为铁素体相后若能再形成铁素体相之外的第二相，例如常见的珠光体相，可以阻碍晶体内的位错及滑移，起到强化作用。因为第二相粒子与基体不存在共格关系，不会参与基体晶粒的位错、滑移和变形，体现出强化作用。珠光体的出现是基于碳含量已达到过饱和而出现渗碳体小片，然后形成珠光体相。除碳之外，合金元素 V、Ti、W、Mo、Nb 等，都可形成碳化物相，这些元素的碳化物相在制造的高温回火条件下可以生成，细小而分散，使第二相均匀弥散分布，可称为第二相的弥散强化作用。

对于会形成珠光体相的钢，再添加一些可以增加过冷奥氏体稳定性的元素，如 Cr、Mn、Mo 等，使 C 曲线右移，在同等冷却条件下可以得到片间距更细小的珠光体，获得良好的沉淀强化效果。

（4）提高钢材高温强度

钢材在高温下的强度低于常温强度，温度愈高则强度愈低，但塑性会更好，不易发生脆断。不仅如此，温度高到一定程度后，钢在恒定载荷作用下还会发生与时间相关的变形，即蠕变变形。温度愈高，蠕变变形的速率愈快。因此高温下服役的钢材，既要设法提高钢的短时抗拉强度，还要提高长期服役下的抗蠕变的性能。

最早采用的合金化方法是添加 Mo 元素。Mo 元素可以防止钢中的珠光体强化相发生球化的损伤。随着高温服役温度的不断提高，采用不同含量的 Cr-Mo 钢是重要的合金化方法。同时还采用第二相强化法，即设法使珠光体耐热钢中的珠光体相演变为片间距更细密的索氏体相，并用高温回火方法使片状索氏体转化为粒状回火索氏体，亦称粒状贝氏体，其高温强度和抗蠕变性能更好。这就是在高温高氢分压工况及高压高温锅炉蒸汽环境下采用的 2.25Cr-1Mo 类型的钢。

在 600～700℃下长期服役的耐热钢，其合金化方法主要是增加 Cr、Ni 含量，必要时再添加更耐热的 W。同时还利用增加含 C 量，凝固时依靠高温下快速形成的碳化物在晶界上构成网状骨架结构。其中主要是碳化钨骨架。在高温下这种网状骨架结构稳定，能较好地维持高温下的强度。

Ni 在高温用钢中不会起到高温强化作用。因为 Ni 不会形成高温碳化物，也不会形成氧化物，Ni 有很好的抗腐蚀性能。600℃以上时所用的钢材中经常使用 Ni，且含量均不低。这是因为 Ni 具有使合金钢组织奥氏体化的作用，使高含 Cr 量的钢变成奥氏体组织的钢材，使其具有良好的塑性、韧性和可焊性，以适应锅炉压力容器制造的需求。例如 700℃以上常用的 06Cr25Ni20 高温炉管用钢是最常见的，俗称 25-20 钢。单纯的镍钢要成为单一奥氏体组织时，含 Ni 量应在 20%以上。Cr-Ni 奥氏体不锈钢的最低含镍量是 8%。随着 Cr 含量的提高，奥氏体化所需的含 Ni 量也应提高。

2.2.2 压力容器用钢的韧化

首先需理解压力容器用钢常见的脆化现象，并明白脆化的原因，才可以寻找到正确的防脆增韧的途径。

常见的脆化有：低温脆化，与夹杂物多少、大小、形态有关，也与钢中含气量（O_2、

N_2、H_2）有关；回火脆化，即长期在回火热处理温度下运行，发生了各种回火温度下的时效脆化效应，这与钢中的有害杂质（P、S、Sn、Sb、As等）有关；粗晶脆化，晶粒粗大的钢材韧性较低，焊接输入线能量过大也会使粗晶区更加粗化；长期中温、高温运行，因析出相聚集长大而脆化，称之为析出相脆化，如石墨化与含量元素形成有害碳化物析出等。压力容器钢的回火脆化主要是第二类回火脆化（450～600℃），是可逆的回火脆性，防止这些脆化或增韧的途径有以下几种。

（1）去有害杂质——纯净化增韧

大幅度降低P、S等有害元素含量可以明显提高钢材的常温韧性，可使钢的韧脆转变温度大幅降低。20世纪初，用当时最优良船板建造的泰坦尼克号游轮发生了冰山撞船事故，直到20世纪90年代沉船打捞后的分析研究才解开谜底：固硫磷含量高形成夹杂物，在冰冷海水中碰上冰山而脆断。脱S脱P的技术直到20世纪60～70年代才渐趋成熟。我国现今压力容器用钢冶炼时可以使P≤0.020%和S≤0.010%。所制定的锅炉压力容器用钢标准[30,35] 成为国际上最严格的标准，钢材的常温冲击吸收能量 KV_2 也是国际上要求最高的标准。

至于加氢反应器用到的高温抗氢腐蚀钢12Cr2Mo1VR，即ASTM A387的2.25Cr-1Mo-0.25V，存在中温回火脆化的问题，冶金中致力于大幅降低P、S及Sn、Sb、As等杂质元素含量，其中P≤0.010%，S≤0.005%，大幅提高了钢纯净度，有力地解决了回火脆化对安全的危害。

（2）真空脱气增韧

炼钢的初期必须吹氧脱碳，然后再用Si、Mn、Al作脱氧剂脱氧，同时多余部分便作为允许的合金成分。钢水中最后有多余的、未溶解的 O_2、N_2、CO、H_2 等气体，如不脱除，凝固后在钢中成为气孔缺陷，影响强度性能。现代炼钢已采用钢水最终真空脱气，钢水包顶部显著的真空负压有利于游离残余气体的扩散脱除。

当然钢水中高温下对氢原子的溶解度较大，真空脱气时已溶入钢水内的氢原子是无法脱除的。凝固后更难脱除，特别是已进入钢中夹杂物内分子态氢，到常温下更不具有扩散性。钢内含氢会使钢材在常温下就出现氢脆，特别是高强度钢。要进一步脱氢必须加热到200～300℃，氢分子又呈原子态时才会从钢内扩散出去而脱氢。

（3）合金化增韧

碳含量增加有利于提高钢的强度，但含碳量超过0.3%后塑性、韧性将明显降低，而且可焊性明显下降。要增加韧性，必须降低含碳量。

直接可以用以增强韧性的合金元素是Mn、Al、V、Nb、Ti及Ni。这些元素中最常用于合金化增韧的是Mn，降C加Mn是增强又增韧的最佳合金化途径。低合金碳锰钢正是基于这一理念而大量用于工程的。用Al增韧的效果很好，即炼钢时加Al，一部分Al用于脱氧，起到了部分增韧作用，多余的Al可进一步增韧，使韧脆转变温度进一步下降。但不利因素是随着Al含量的增多，钢的强度会下降。不过一些低温钢种是依靠加Al获得更低的韧脆转变温度，使其在低温下既有较高的强度又有很理想的低温冲击韧性。

－70℃以下的低温压力容器用钢的合金化增韧主要是依靠添加Ni元素。Ni是促进形成奥氏体组织的元素，当然可用来提高钢的韧性。但含镍钢变成常温下全部为奥氏体时，含Ni量要增大到25%以上，使钢的价格大增。

(4) 细化晶粒增韧

细晶粒钢要比粗晶粒钢有更好的韧性。这是因为当处于晶界强度高于晶内强度的温度区间（即非中高温）时，晶界可以阻止晶内位错的增殖和滑移运动发展，促使启动新的位错和滑移面形成，从而让钢材表现出更强的塑性变形能力，钢材吸收更多能量之后才会断裂，亦即提高了韧性。细化晶粒既可以用正火热处理，也可以用合金化手段达到。

正火热处理是钢处于奥氏体相区时快速冷却（空冷或风冷），形成更多形核中心从而形成细小晶粒，亦即来不及长成大晶粒时就已冷却到铁素体相区并已完成珠光体（或索氏体）相变了，达到了细化晶粒的作用。

合金化细化晶粒应在冶炼中进行。需添加一些在高温奥氏体相区时就会进行碳化物反应的元素，如V、Ti、Nb。V在高温下可与钢中的C及N元素化合成极其稳定的V_4C_3及V_3N_4，它们仅在更高的温度下分解再溶入奥氏体中。通常以极细小的微粒成为奥氏体形核，后续转化成铁素体的中心，保证所形成的铁素体晶粒非常细小，可抑制钢内晶界的迁移和晶粒长大，即使用于中温或高温下，只要不超过最终热处理温度（正火温度，或正火后再回火的温度），仍可以稳定保持细晶高韧性状态。一般加V量为0.25%～0.3%，超过1%后其作用减弱，甚至起相反作用。

Ti可在高温下形成TiC细颗粒相，促进细晶增韧。TiC很稳定，要在1000℃以上才会重新溶入奥氏体。Ti还可提高钢在600℃以上抗氢腐蚀的能力，是高温热强钢中重要的合金元素。

Nb与C、N、O在冶炼高温下都有极强的化合能力，可在钢水凝固结晶时先行形成晶核，同样可以起到细化晶粒的作用。Nb能极好地固定钢中的碳，在高温含氢环境中可以增强抗氢腐蚀（即防止生成CH_4）能力。近代低合金压力容器用钢，甚至低温钢及高温钢都会采用Nb或V增强、增韧及增加高温下金相组织的稳定性。

2.3 压力容器用钢中的其他几个问题

2.3.1 压力容器锻件用钢材及管材

一般压力容器除承压壳体采用板材之外，许多法兰、接管与管件（弯头、三通、接管、变径段等）则多采用锻件。作为可与壳体焊接连接的锻件钢材，一般采用强度等级及可焊性与壳体相匹配的同钢号或相近钢号的钢材制作。

厚壁无缝钢管常被用来做一些中小型的管件，如弯管接头—弯头，视具体情况或冷弯或热弯。原则上无缝钢管的钢材应与壳体非常匹配。虽然无缝钢管本身就是锻件，但冷加工或热加工后的金相组织及性能会有变化，必要时必须采用热处理的方法给予修复。

现代压力容器制造业中，对一些有轴对称性的零部件，如封头、法兰、变径段，常采用旋压成型或环锻成型，加工效率大幅提高，但也出了不少断裂事故。归纳起来主要是两类问题：一是锻造比不足引起严重的材料各向异性，例如环锻法兰的圆环锻坯只注重在环向不断扩大延伸而忽视轴向的锻造比，轴向锻造比不足，法兰件的轴向强度过低，导致耐压试验时法兰发生环向的脆性断裂。二是锻造后的热处理考虑不周，例如热旋压环锻是高温热态下的热加工，在潮湿环境下钢材极易将空气中的氢原子大量吸收到钢内，成为铁原子间隙中的固溶氢，而冷却后变为分子态氢，无法通过铁原子之间的间隙排到钢构件之外，间隙内的分子氢气团形成巨大的内压力致使钢材呈现氢脆。环锻或热旋压工艺中往往不注意防止氢脆的“热消氢”环节（加热到300℃左右足时保温脱氢），以节约制造成本，在设备制造到最终耐压试验时极易发生因氢脆致裂的断裂事故。所以锻压成型中的各向锻造比必须均匀，热加工后的消氢热处理也不可忽视。

另一类锻件钢材是追求高强度而牺牲焊接性能但又必须保证韧性的锻钢，最常用的是含碳量≥0.30％的中碳型的碳钢或低合金 Cr-Mo 钢，如中碳钢 30 钢、35 钢、40 钢，中低强度合金钢 30CrMo、35CrMo，40MnB 等。这类锻钢常用于小型移动式高压贮氧钢瓶，只能依靠冲压成型、冲孔引伸成型或无缝钢管双端热旋压收口成型等一次性成型的建造方法，不可进行焊接，在粗加工连接螺纹后则必须对钢瓶进行调质热处理，将钢材的强度和韧性发挥到极致。这类锻钢的强度可提高到 $R_m=800\sim1000$MPa 之间。以上这些锻造成型的高强钢焊接性能差，容器成型后均不允许再焊接接管。

压力容器锻件（可用于焊接的）有 3 个推荐标准：

NB/T 47008—2017《承压设备用碳素钢和合金钢锻件》；

NB/T 47009—2017《低温承压设备用低合金钢锻件》；

NB/T 47010—2017《承压设备用不锈钢和耐热钢锻件》。

无缝钢管（用于流体输送用，非传热用）常用以下 3 个标准：

GB/T 6479—2013《高压化肥设备用无缝钢管》；

GB/T 8163—2018《输送流体用无缝钢管》；

GB/T 9948—2013《石油裂化用无缝钢管》。

无缝钢管的尺寸（外径、壁厚、公差）通用标准可参见：

GB/T 17395—2008《无缝钢管尺寸、外形、重量及允许偏差》。

此外，超高压（≥100MPa）容器所需壁厚更厚，为降低壁厚而力求采用更高强度性能且必须保证韧性以防止脆断的高强钢或超高强度（$R_m\geqslant1000$MPa）的钢材，这时可以考虑制造大炮筒的炮钢及飞机起落架等超高强度锻造用钢，如 En 26（欧标）、ANSI 4340（美标），适用于不焊接的锻造式圆筒体及封头。这将在第 10 章中再叙述。

2.3.2 复合钢板

为解决压力容器腐蚀问题，需要采用一些耐腐蚀材料，最常见的是采用各式各样的不锈钢。但不锈钢的耐腐蚀性能不是万能的，苛刻环境的防腐蚀有时需要用高镍钢、镍基钢、纯 Ni 钢，甚至使用锆（Zr）材。这些材料价格高，性价比低。况且这些材料的强度都不如钢材高，当容器的承压压力愈高或直径愈大时，容器的壁厚就愈厚。此时价格就高得惊人，工程上无法接受。为此，工业技术大发展时期诞生了复合钢板技术，即用钢板作为承压的主体材质，在钢板一面设法牢靠地复合一层不太厚的不锈钢板或耐腐蚀的有色金属板，从而成为复合钢板，这大大提高了钢板的性价比。其中最关键的技术是复合方法，需在有色金属或不锈钢接近熔融温度的高温将复合材料与钢板热压复合，困难是钢板被加热到如此高温时会形成表面氧化层，不予清除将使复合不牢靠，后来研发了爆炸复合工艺，将待复合钢板表面清理光洁之后放上复合薄板，再铺上足量的炸药，点爆后，在冲击波压力作用下瞬间完成复合操作，复合层与基层钢板的锯齿状咬合得很牢固。这个爆炸复合需足够大的安全距离和空间，通常选择城郊的山野。

2.4 压力容器设计选材中应考虑的几个问题

压力容器用材一般在工程建设项目初步设计时已经选定，但压力容器设计进入施工设计阶段仍要审议被选定的材料能否在设计温度下长期运行，材料性能是否劣化，材料是否经得住使用环境（介质、温度）长期腐蚀损耗。另外，施工设计者还应从以下几方面考虑。

2.4.1 钢材的各向异性问题

钢板基本上是单向轧制材料，锻件是否各向均有足够的锻造比，是构件中的钢材是否出现各向异性的关键。图 2-7 所示的钢板在取样检验力学性能时应沿什么方向取样？*L*、*T*、*Z* 分别代表沿轧制方向（纵向）、横向、厚度向。*L* 向经多道轧制，其表面强度、塑性、韧性均比 *T* 向和 *Z* 向更优，但会掩盖横向性能的不足。因此必须强行规定钢板检验时采用横向取样做拉伸及冲击试验。即使进行过正火处理或调质处理，金相上的条带组织状况得到消除，各向性能差异有所减少，但还会残留，因此仍按上述规定方向取样。

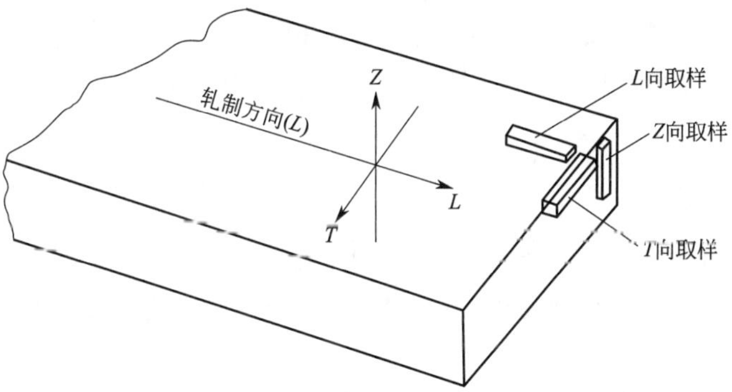

图 2-7 钢板拉伸试样的三向取样示意图

在钢板轧制 *L* 向延伸时，横向 *T* 也有延伸，只是较少。轧制后厚度 *Z* 向压缩减薄，此时夹杂物会变得扁平，夹杂物大且多时很可能导致钢板局部分层。所幸薄壳结构在板厚方向并不存在拉伸应力，因此板材的检验不作 *Z* 向取样。对于三向受力的锻压构件，应当视情况作三向取样，三向皆测出力学性能。

2.4.2 钢材厚度对钢材性能的影响

压力容器的钢板或锻压件的厚度尺寸对力学性能有重要的影响，材料越厚，钢的强度、塑性、韧性下降得越明显。因为钢板在热轧及热处理时高温下冷却的速度与厚度有明显关系。厚度（*T*）值越大，厚度的中心部位（*T*/2）冷却速度比两个表面处越低，调质或正火所希望出现的相转变内外差异越明显，这就是热处理所述的淬透性影响问题。研究统计，36mm 厚度以上钢板的中心部位（*T*/2 处）会逐步出现明显的强度、塑性、韧性值下降。冶炼时添加可增加淬透性的元素，如 C、Mn、Cr、Mo 等，但这些元素的添加量又受到各种限制。在淬火时还可采用双面水（或油）淬，正火时双面吹风冷却，以提高冷却速度，促进即时进行的固态相变。但这一手段也是有限的。36mm 以上的厚件，愈厚则性能愈差。设计者必须认识到这一点。在 GB/T 150.2[7] 中可看到同一钢号的容器用钢，在 36mm 厚以上的厚钢板，其屈服强度及为设计计算中推荐的许用应力是随着厚度的增大而逐渐降低的。

36mm 厚度以上的厚钢板，性能检验时的取样方法必须按规定，不能在随意位置取样。规定在 $T/4$ 厚度的横向方向取样，测出的性能数据作为钢板代表性的性能数据。

2.4.3 压力容器用钢的耐蚀性

压力容器用钢有两个大类，一是铁素体的强度用钢，不注重抗蚀性；二是抗腐蚀的不锈钢，但强度性能有限，塑性韧性良好，可焊性也好，包括铁素体不锈钢（如 06Cr13）、奥氏体不锈钢（如 06Cr19Ni10）和双相不锈钢。在钢的耐蚀性和价格上，即性价比上，应有全面和正确的认识。当容器的使用年限不长，介质有轻微腐蚀性，且即使腐蚀泄漏后对安全性和环境破坏及人身危害不太大的也可选用价廉的碳素钢。仅有大气腐蚀环境的可选用价廉的不锈钢——铁素体不锈钢。高 Cr、Ni 含量的奥氏体不锈钢和双相不锈钢的耐腐蚀性不是万能的，各种不同钢号的不锈钢的“不锈”是有局限性的。例如奥氏体不锈钢一旦含碳量稍高（不满足≤0.08%的要求），焊接时输入的线能量偏大，就有可能导致在某些腐蚀环境下出现焊缝热影响区的晶面腐蚀；奥氏体不锈钢还在 70℃以下、含氯离子或含湿 H_2S 的环境中产生应力腐蚀开裂。奥氏体不锈钢尤其不可用在含 20mg/L 以上 Cl^{-1} 的含水环境中。另外，奥氏体不锈钢在 450～850℃的高温下长期使用时，还必须注意碳化物相析出脆化，500～950℃间还存在金属间化合物相（σ 相、θ 相）的析出脆化。不能迷信不锈钢的耐蚀性。设计选用奥氏体不锈钢时必须按照有关腐蚀手册和设计手册，同时参考工程经验。

2.4.4 焊接材料选用

壳体成型后的组装拼焊所用的手工焊条或自动焊焊丝，原则上应采用与母材成分及强度性能相匹配的材料，设计者可在图纸及文件资料中明确指定焊接材料的牌号，甚至指定品牌。焊接过程本质上是小型的冶金过程，熔化及凝固冷却之后，焊缝金属呈铸造态的金相组织，因此，与母材匹配的焊接材料应在化学成分配比上既要保持与母材接近，又要微量添加强化和韧化合金元素，保证凝固后的强度与韧性略高于母材，以保证焊缝的安全性。但禁止焊接材料的“高匹配”，即选用强度等级比母材高许多的焊接材料，这会适得其反，焊后极易开裂。焊缝的安全绝不是靠选用高匹配的焊接材料来解决的，焊缝真正的风险是焊接热影响区母材性能劣化引起的，将在 2.5 节讨论。

2.4.5 承压法兰密封接头中紧固螺栓材料的选用

法兰密封接头的紧固螺栓是压力容器结构中重要的承载部件。螺栓不参与焊接，因此主要选材原则是强度高和韧性好。低碳钢不在考虑之中，应考虑中碳钢及以上的低合金钢中高强度的钢材，特殊防腐蚀或温度要求时也可采用各种不锈钢材料。原则上应采用锻造棒材作为原材料，但我国至今未制定过螺栓的专用材料标准（如美国有 ASTM A193、A320 等），且仍允许采用一般热轧钢棒制造，更多的是直接从市场采购螺栓。大型高压容器及超高压容器的紧固螺栓，还是用锻造方法，各向性能均匀锻压形成棒状坯料，经无损检测确认合格后进行粗加工；再进行精确温控下的调质热处理，并作硬度检验或金相分析，最后完成精加工，检验合格方可作为螺栓产品。

2.5 焊接接头对结构安全性的影响

现代压力容器大多数都采用焊接结构，焊接接头的安全问题主要是焊接缺陷（气孔、夹渣、未焊透、裂纹）给安全带来的危害，被全世界密切关注，且注意力都放在无损检测方面。但除此之外，焊接热影响给母材带来的组织损伤和对结构完整性的危害却被忽视。本小节将着重阐述焊接接头在焊接热影响下母材的组织变化和对性能的危害。

2.5.1 焊接接头在焊接热循环中的组织变化及脆裂

在焊接加热与冷却（结晶再冷却的热循环过程中，焊缝金属是被加热到熔化温度以上再填充到坡口中之后的。焊缝金属从液态向周边金属散热冷却过程中完成结晶和结晶固化后的固态相变。此时会形成柱状晶，一般都晶粒粗大。但由于焊丝（或焊条）的冶炼十分讲究成分配比，希望在即使是粗大柱状晶的情况下，其强度、塑性、韧性也不会低于母材钢板，而且焊接工艺基本可以做到焊缝中不出现焊接裂纹、超标夹杂与气孔。这里必须强调坡口侧母材金属在焊接热循环中的组织变化。焊接时必然在母材部分的坡口侧依次出现熔合区—粗晶区（过热区）—细晶区（重结晶正火区）—不完全重结晶区—时效脆化区—母材未受热影响的区域。图 2-8 中的文字注释了各区的大致温度范围。从熔合区到不完全重结晶区之间的四个相变区统称为焊接接头的热影响区。其中经历过重结晶的正火区晶粒变得比原先更细，强度与塑、韧性均变得更好。而熔合区和粗晶区（由于高温使晶粒长大所致）的强度比原母材更低，塑、韧性更差，是整个热影响区内性能被严重劣化的区域，还是焊接接头中最薄弱的脆化区，也是无法再用热处理予以再度韧化的区域，加上焊接残余应力的作用，此处是最容

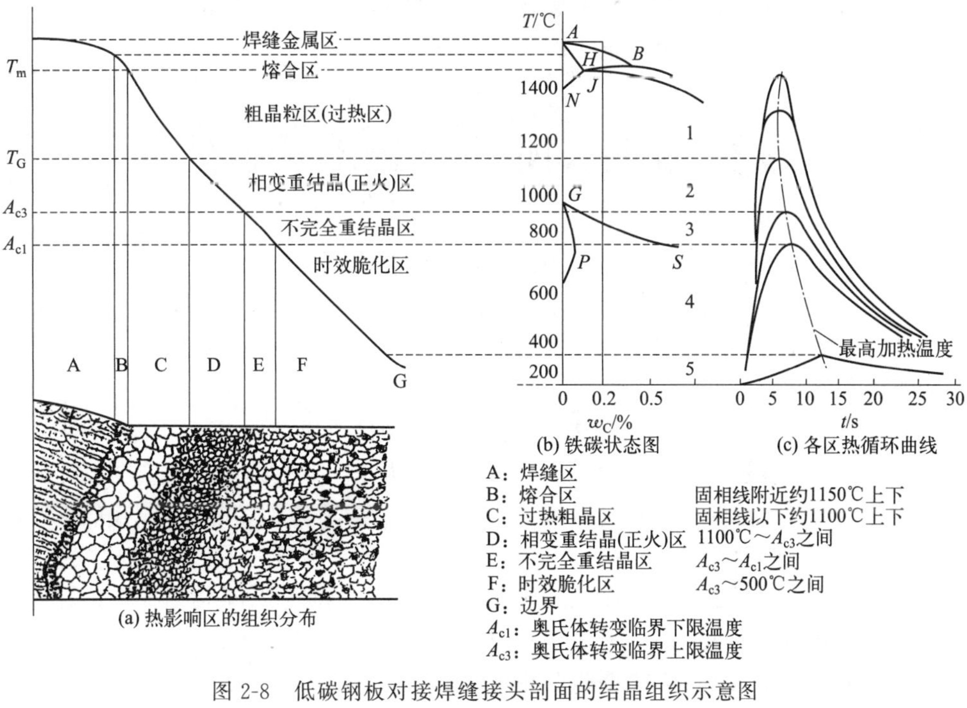

图 2-8　低碳钢板对接焊缝接头剖面的结晶组织示意图

易在冷却之后萌生延迟裂纹（冷裂纹）的区域，是结构安全上最危险的区域。焊后立即作消氢热处理，再立即作消除残余应力的退火热处理是非常重要的。

厚板焊接接头的熔合区和粗晶区同样存在，形态更复杂一些，对安全的威胁同样巨大。焊接的热影响将母材正火或调质获得的优异韧性及强度全部消除，尽管只有几个毫米的宽度范围，但对压力容器的结构安全有非常大的影响。壁厚愈厚时，焊缝坡口的熔池体量愈大，熔池的热容量也愈大，促使冷却速度愈慢，粗晶区则会更宽，晶粒也会更粗，脆化愈加严重，即焊接接头的安全可靠性愈差。厚板的焊接愈应注重采用窄间隙的坡口，同时焊接时输入线能量愈小愈好，可以明显改善热影响区的韧性。

我国 GB/T 19189 推荐的高强度（$R_m \geqslant 610$MPa，$R_{eL} \geqslant 490$MPa）压力容器用钢板，其推荐厚度不超过 60mm（可保证调质热处理时的淬透性）。但母材热影响区的韧性仍需依靠设计和制造者设法控制。

2.5.2 焊接接头热影响区抗腐蚀性能下降

工程上早就发现奥氏体不锈钢在焊接接头处最容易发生晶间腐蚀现象。这是一种局部腐蚀形态，焊接热影响使受热区凡温度能达到 425℃以上的局部区域“敏化”，即奥氏体不锈钢 425～850℃温度区间内，本已在固溶化热处理时消失的碳化物（$Cr_{23}C_6$）相重新快速析出，并存在于晶界区附近。于是晶界处大量的 Cr 元素转入碳化物相中，晶界区出现了贫铬带，使晶界处抗腐蚀能力大大降低，便出现了晶间腐蚀。焊后出现晶间腐蚀是很难用重新固溶化处理来解决，因为要将整个不锈钢设备整体加热到 1050℃左右（此时析出的碳化物重新被溶入奥氏体），这是很难做到的。只有冶炼时大幅降低不锈钢的含 C 量，使其无法在敏化温度区间形成 $Cr_{23}C_6$，这就是超低碳不锈钢，即含碳量（质量百分数）降低到 0.03%以下。

另外，奥氏体不锈钢的焊接接头还会在含 Cl^- 的介质环境中发生沿溶合线的应力腐蚀裂纹，而且是沿晶界的裂纹，即使超低碳的不锈钢也不能幸免。

2.6 钢材长期服役后的性能退化

这是一个涉及设备设计中的寿命预测的问题。但容器设计规范中能提供寿命预测的方法极其有限，GB/T 150 只能针对介质对钢材发生全面腐蚀（类似均匀腐蚀）的情况给出壁厚的腐蚀裕量。若腐蚀裕量用完后则安全寿命终止。GB/T 4732 中也仅能给出交变载荷作用下的安全疲劳寿命。

通常在设计时，钢材的选用规则是：设备的使用温度不应接近更不应超过钢材最终热处理温度。但上述两个容器设计规范都不能解决钢材高温发生蠕变损伤下的安全设计问题，所以相关材料容器的设计温度不可超过防蠕变的规定是：碳素钢及锰钼钢≤371℃；铬钼钢≤475℃；奥氏体不锈钢≤425℃。中高温下金属的蠕变变形实质上是晶界或晶内发生了滑移，形成空洞，再连接成微观裂纹，继而发展成为宏观裂纹，这是一种结构性损伤。蠕变下的容器设计是个极其复杂的问题，设计方法还不完善。

钢材长期服役性能退化问题主要指金相组织受中、高温长期影响而缓慢变化，导致强度下降和性能脆化的问题，俗称材料老化或劣化问题。主要指以下几种组织变化。

① 珠光体组织中片状 Fe_3C 逐步球化　珠光体球化将导致强度下降。

② 石墨化　在珠光体球化后进一步发展成 Fe_3C 分解，析出的石墨再聚成球状的石墨团，石墨团会愈长愈大，钢材的脆性愈明显，导致脆断。

③ 回火脆化　中温抗氢腐蚀钢 2.25Cr-1Mo 类的钢材常用于 375～575℃的范围内，相当于在回火温度区间长期运行，会逐渐变脆，故称为回火脆化，并属于可逆性（即可以恢复型）回火脆化。主要是杂质元素 P、Sn、As、Sb 在中温下活度增大，逐渐向晶界迁移和析出，造成晶界弱化，易形成沿晶型脆性断裂。

④ 碳化物析出脆化　中温用的 Cr-Mo 钢在 580℃以上长期服役中会出现碳化物析出、聚积并使钢材脆化问题。

⑤ σ 相析出脆化　σ 相指金属间化合物。以 Cr-Ni 奥氏体不锈钢为例，425～850℃区间碳化物 $Cr_{23}C_6$ 析出，860℃以上碳化物重又溶入奥氏体相中。但在 550～950℃区间会形成的 FeCr 为主的 σ 相，950℃以上重又溶入奥氏体相。σ 相从原奥氏体中逐步析出并长大之后，会在奥氏体中形成不规则的块状、条状的第二相。在 600～700℃之间长期服役的 Cr-Ni 奥氏体不锈钢，会同时存在 $Cr_{23}C_6$ 及 σ 相，混杂共存，钢材脆化得非常严重，失去金属的清脆声，甚至一敲便断裂。除 σ 相以外的金属间化合脆性相不一一赘述。

以上几种因中、高温度的影响导致金属固态相变的问题，本质上服从热力学的相平衡规律。设计人员在压力容器与管道选材中应注意。

这些问题都最终涉及设计寿命问题，或在用设备剩余寿命评估问题，在现有的工程设计规范中往往找不到关于材料老化状态的评价及寿命评价的规范方法。设计人员在设计时可以做的是：当存在材料退化而又无法给出恰当安全寿命时，建议在建造时制备预留试样（包括母材及焊缝），放入设备合适位置，投用后随机（随罐）运行，每 3～5 年取出一组试样进行检验及测试，获得材料多种参量的演变历史记录。同时给出容器或管道停工检验的周期，到适当年份再委托权威单位及专家作系统评价。

关于寿命问题的一个最基本的概念是：在 371℃以下使用的钢材，不会发生金相组织的改变。只要不受环境的损伤（腐蚀的损失、氢脆的伤害），在强度上始终控制在弹性范围之内，其结构的寿命理论上是无限寿命。即使是受低幅交变载荷的循环应力作用，只要符合疲劳校核的无限寿命条件，也能具有实际上的无限寿命。但服役中的定期检验还是必需的。应该知道，钢材从液态降温到凝固冷却过程中，不同的冷却速度所形成的固态相变均是处于非平衡冷却状态完成组织转变的，这些组织许多属于亚稳态组织。只要服役温度较高（超过最终热处理温度，如回火温度），这些组织就会趋向于平衡组织发生相变或形成析出相组织。由于这些固态相变过程十分复杂，又总体上符合热力学第二定律（熵值自动向降低方向变化），故属于金属物理学领域问题。温度愈高，原子、分子的活度愈高，相变过程愈快，劣化过程及寿命愈短。而交变载荷的材料损伤即使在常温低温下也会形成疲劳损伤，主要集中在结构的应力集中处，裂纹尖端的疲劳损伤也更严重，机理是尖锐处会发生高应变的、交替循环反复的位错、滑移、局部塑性变形，形成裂纹并扩展，寿命就大大降低。

第3章 中低压容器的规则设计

3.1 压力容器壳体的应力分析

3.1.1 概述

(1) 应力分析的意义

如第 1 章所述，容器必须满足化工过程规定的压力、温度和处理介质等操作条件的功能特性要求，从而提出了精确设计的问题。设计不仅意味着对容器尺寸做出规定，容器设计的核心问题是研究容器在各种外载荷作用下，有效地抵抗变形和破坏的能力，即处理外载荷和容器承载能力之间的关系，进行强度、刚度和稳定性计算，以保证容器既安全又可靠地运行。因此，对容器进行充分的载荷、应力和变形分析和计算，构成了容器设计的重要基础。

对容器进行应力分析的目的不仅是确定应力、变形的大小，评述所使用的应力分析方法和公式及其结果的含义，比它们重要得多。例如用韧性较好的材料制造的容器，当承受静载荷作用时，应力集中不是最主要考虑的问题；而同样的材料，当承受循环载荷作用时，必须对应力集中加以限制。然而，对于高强度材料，通常它们具有较低韧性，在静载荷或循环载荷下，对应力集中就十分敏感了。从下面的分析将会看到，确定应力的基本计算公式仅限于容器承受外载荷，而在容器加工制造过程中产生的残余应力，例如焊接收缩、铸件冷却和金属热处理等过程所形成的残余应力，通常是不考虑的。虽然这些应力大小不会无限升高，但它们对脆性材料或者受循环载荷的延性材料却具有重要意义[36]。

对于实际的容器，应力求解的结果和由它得到的设计公式在部分结构上不能直接采用，因为在能够进行应力分析之前，它们尚是一些没有确定下来的结构。此外，结构的几何尺寸和形状直接影响应力计算和设计的经济性，所以结构设计是容器设计的重要组成部分。

(2) 应力分析的方法

容器的应力分析有三种基本的研究方法，一种是解析法，即以固体力学中的弹性与塑性力学等为基础的数学解，这个解是问题的精确解，如厚壁圆筒在内压作用下的弹塑性分析等。当问题适合于这种解时，这是一种最直接而节省的方法。但不是所有问题都可以求解的。如果所研究的问题比较复杂，就很难求得精确解，因此解析解具有很大的局限性。另外一种是数值解，最常用的是差分法和有限单元法。由于计算机技术的迅速发展，有限单元法已成为应力分析的强有力工具。精确解可以得到材料内各点连续的应力或位移的数学表达式，而有限元法得出的是一组离散值，是真实问题的近似解，因此可解决许多实际结构复杂的应力分析问题。虽然有限单元法获得了广泛应用，但不能完全代替实验应力分析法。当问题过于复杂并超出了上述方法的适用范围或当它们的解需要做验证和评定时，实验应力分析是唯一方法，只有它才是解决问题的最终方案。实验应力分析法中以电阻应变计法、光弹性法最为常用。

(3) 壳体的定义和分类

容器通常是由球形、圆筒形、椭球形或这些形状组合而成的金属结构。实际上，容器是由主要承受压力载荷的完整壳体和其他零部件组成。壳体是一种以两个曲面为界，且曲面之间的距离，即壳体的厚度，比其他两个方向尺寸在数量级上小得多的物体。平分壳体厚度的曲面称为壳体中面。中面、厚度和边缘合起来就完全决定了壳体的形状。根据中面的形状，壳体分为柱形壳体、回转壳体和平移壳体。当壳体的厚度 t 与中面的最小曲率半径 R 的比值远远小于 1，即 $t/R \ll 1$ 时，称为薄壳，否则为厚壳。就工程而言，$t/R \leqslant 1/20$，则视为薄壳，否则为厚壳[37]。实际情况中，大多数中低压容器属于薄壳范畴，因此本章主要分析薄壳容器的应力分析和设计计算。

3.1.2 回转壳体的无力矩理论[38, 39]

3.1.2.1 引言

(1) 轴对称问题

通常容器的壳体为回转壳体，回转壳体的中面是回转曲面，回转曲面是由一条平面曲线（或直线）围绕其平面内的一根轴线回转一周而成的。显然，回转壳体的几何形状对称于回转轴，属于轴对称结构。压力容器一般承受轴对称载荷作用，所谓轴对称载荷就是指壳体任意一个横截面上的载荷相对回转轴对称，但是沿着回转轴方向的载荷可以按照任意规律变化，例如均匀的气体压力或液体静压力等。如果容器承受轴对称载荷作用，且支承容器壳体的边缘也是轴对称的，则壳体的内力和变形也必定对称于回转轴。这类容器壳体的应力和变形问题，称为轴对称问题。因此，本节仅就回转薄壳的轴对称问题进行讨论。

(2) 无力矩理论与有力矩理论

壳体在外载荷的作用下发生变形，壳体内部抵抗这种变形引起附加的内力。在回转薄壳的轴对称问题中，若在壳体上截取一个微小单元体（简称微元体），其上下面为壳体的表面，如图 3-1 所示。该微元体中面的四个侧边上，如图 3-1 (a) 所示，分别作用有两类内力，即法向力 N_φ 和 N_θ（由于轴对称，不存在剪力 $N_{\varphi\theta}$ 和 $N_{\theta\varphi}$），以及横向力 Q_φ、弯矩 M_φ 和 M_θ（在轴对称问题中，不存在横向力 Q_θ 和转矩 $M_{\varphi\theta}$、$M_{\theta\varphi}$）。法向力来自中面的拉伸和压缩变形，横向力、弯矩是由中面的弯曲变形产生的，故将法向力称为薄膜内力（如有剪力也称为薄膜内力），而将横向力、弯矩称为弯曲内力。在壳体理论中，如果考虑上述全部内力，这种理论称为“有力矩理论”或“弯曲理论”。但对部分容器，在某些特定的壳体形状、载荷和边界支承条件下，其弯曲内力与薄膜内力相比很小，如果略去不计，将使壳体计算大大简化，此时壳体的应力状态仅由法向力 N_φ、N_θ 确定，如图 3-1 (b) 所示。基于这一近似假设求解这些薄膜内力的理论，称为“无力矩理论”或“薄膜理论”。本节对回转薄壳的应力分析和强度计算都是以无力矩理论为基础的。中低压容器中的圆柱形筒体、半球形、椭圆形封头和圆锥形封头及其过渡段一般按回转薄壳的无力矩理论分析和设计。

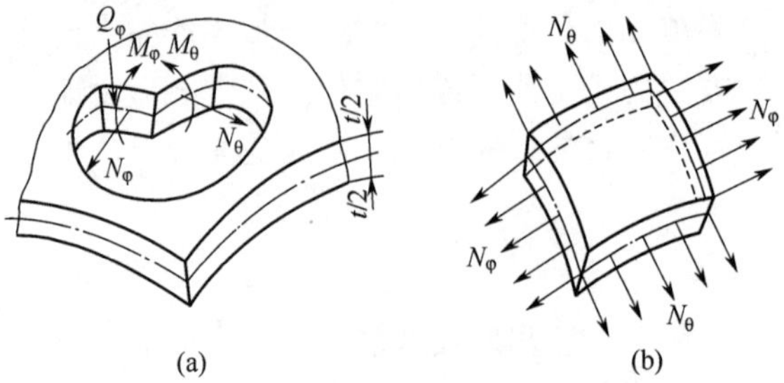

图 3-1 回转壳体轴对称问题中的内力

3.1.2.2 回转壳的几何特征

如前所述，回转壳体的中面是回转曲面，它是由一根平面曲线绕一根在曲线平面内的定轴旋转一周而成，这一根曲线称为母线。如图 3-2（a）所示回转壳体的中面，是由平面曲线 OA 绕轴线 OO'旋转而得，OA 即母线。通过回转轴的平面叫经线平面，经线平面与中面的交线，称为经线，如 OA'，显然对于回转壳体来说，母线即经线。垂直于回转轴的平面与中面的交线形成的圆，称为平行圆，该圆的半径叫做平行圆半径，以 r 表示。经线 OA'上任一点 a 的曲率半径，称为第一主曲率半径，以 R_1 表示，在图上为线段 O_1a。过点 a 与经线垂直的平面切割中面也形成一曲线 BaB'，此曲线在 a 点的曲率半径称为第二主曲率半径，以 R_2 表示，它等于沿 a 点法线 n 的反方向至与旋转轴相交的距离 O_2a。同一点 a 的第一主曲率半径与第二主曲率半径都在 a 点的法线上。根据图 3-2（b）的几何关系，可得

$$r=R_2\sin\varphi \tag{3-1a}$$

$$\mathrm{d}s=R_1\mathrm{d}\varphi \tag{3-1b}$$

$$\mathrm{d}r=\mathrm{d}s\cos\varphi \tag{3-1c}$$

3.1.2.3 无力矩理论的基本假设[39]

推导回转壳体无力矩理论之前，采用以下基本假设：

ⅰ. 壳体为均质和各向同性的物体；

ⅱ. 壳体厚度与其曲率半径相比小得多；

ⅲ. 弯曲变形忽略不计，仅考虑中面变形；

ⅳ. 施加载荷引起的壳体变形是小的。

3.1.2.4 无力矩理论的基本方程

（1）壳体微元及其薄膜内力

在上述回转壳体中面上，用两根相邻的经线 ab 和 cd 以及两个相邻的平行圆 ac 和 bd 截取壳体微元 $abcd$，该微元的经线弧长为

$$\mathrm{d}l_1=R_1\mathrm{d}\varphi \tag{3-2a}$$

微元的平行圆弧长为

$$\mathrm{d}l_2=r\mathrm{d}\theta \tag{3-2b}$$

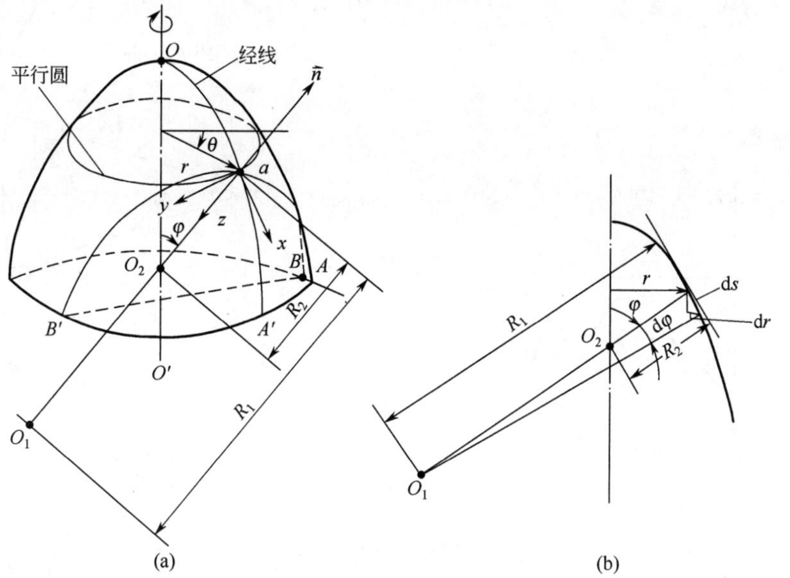

图 3-2 回转壳中面的几何参数

式中，φ 角是 a 点的法线与回转轴所夹的角，θ 角是平行圆上自某一起点算起的圆心角，它们是确定中面上任意点 a 位置的两个坐标。于是微元面积为

$$dA = R_1 d\varphi \times r d\theta \tag{3-3}$$

现仅考虑壳体受轴对称载荷，例如与壳体表面垂直的压力，即 $p_z = p_z(\varphi)$。

根据无力矩理论和轴对称性，壳体微元上有以下内力分量：

N_φ——经向薄膜内力，即作用在单位长度的平行圆上的拉伸或压缩力，力的方向沿经线的切线方向，单位为 N/mm，拉伸为正，压缩为负；

N_θ——周向薄膜内力，即作用在单位长度的经线上的拉伸或压缩力，力的方向沿平行圆的切线方向，单位为 N/mm，拉伸为正，压缩为负。

因为轴对称，N_φ、N_θ 不随 θ 变化。对于微小单元，可以假设 N_θ 沿微元经线方向不变化，而 N_φ 的对应边上，因 φ 增加了微量，故有相应的增量 $(dN_\varphi/d\varphi)d\varphi$，如图 3-3 所示。

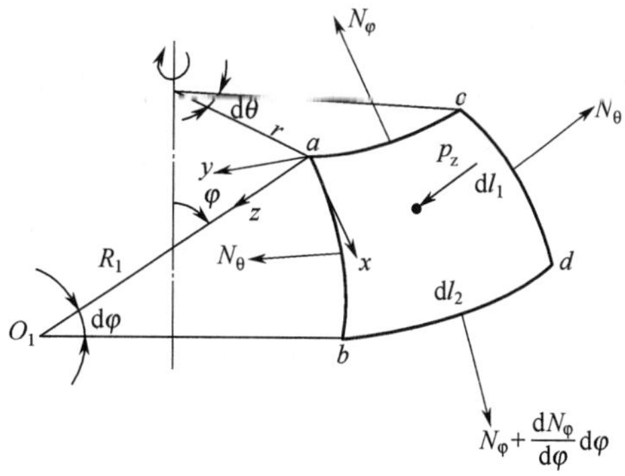

图 3-3 回转壳微元的外力与内力

（2）基本方程

作用在壳体微元上的薄膜内力和外载荷组成一平衡力系，根据平衡条件可得到各个薄膜内力与外载荷的关系式。先将坐标轴规定为：x、y 轴在 a 点分别与经线和平行圆相切，z 轴与中面垂直，它们彼此正交。以 z 轴指向作为旋转轴正方向，按右手规则，图示 x、y 轴方向为正方向。为了求解薄膜内力 N_φ 与 N_θ，只要列出壳体中面微元在 x 轴和 z 轴方向的力平衡条件，即 $\sum F_x = 0$ 和 $\sum F_z = 0$。

首先考察 $\sum F_z = 0$ 的平衡条件。由图 3-4（a）可见，在 ac 边有经向力，指向 x 的负方向

$$N_\varphi r d\theta$$

它因与 z 方向垂直，在 z 方向没有分力。

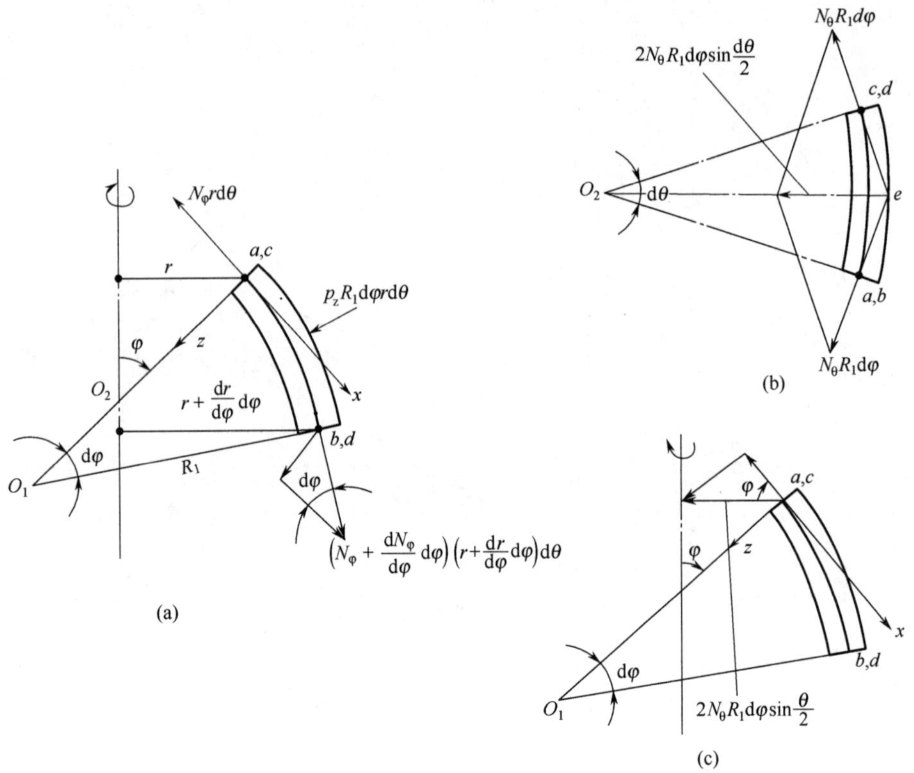

图 3-4　微元力平衡关系

在 bd 边有经向力，指向 x 的正方向

$$[N_\varphi+(\mathrm{d}N_\varphi/\mathrm{d}\varphi)\times\mathrm{d}\varphi][r+(\mathrm{d}r/\mathrm{d}\varphi)\times\mathrm{d}\varphi]\mathrm{d}\theta$$

它在 z 方向有投影，故在 z 方向的分力为

$$[N_\varphi+(\mathrm{d}N_\varphi/\mathrm{d}\varphi)\times\mathrm{d}\varphi][r+(\mathrm{d}r/\mathrm{d}\varphi)\times\mathrm{d}\varphi]\mathrm{d}\theta\sin\mathrm{d}\varphi$$

在 ab 边和 cd 边有周向力，分别指向 y 的正方向和负方向，大小均为

$$N_\theta(R_1\mathrm{d}\varphi)$$

它们处于同一平行圆平面内，且与半径 O_2e 成 $\mathrm{d}\theta/2$ 角度，如图 3-4（b）所示，于是它们在 O_2e 方向都有分力

$$N_\theta(R_1\mathrm{d}\varphi)\sin(\mathrm{d}\theta/2)$$

且都指向 O_2，则上面两个分量之和为

$$2N_\theta R_1\mathrm{d}\varphi\ \sin(\mathrm{d}\theta/2)$$

因这一合力在平行圆平面内，所以参见图 3-4（c），从经线平面考察这一合力，显然在 z 方向有分力

$$2N_\theta R_1\mathrm{d}\varphi\ \sin(\mathrm{d}\theta/2)\sin\varphi$$

最后，考虑作用于微元上 z 方向的外力分量，这个分量是单位面积载荷分量 p_z 与微元面积的乘积，即

$$p_z(R_1\mathrm{d}\varphi)(r\mathrm{d}\theta)\cos(\mathrm{d}\varphi/2)$$

将上述在 z 方向的力相加，即得 z 方向力的平衡方程为

$$[N_\varphi+(\mathrm{d}N_\varphi/\mathrm{d}\varphi)\times\mathrm{d}\varphi][r+(\mathrm{d}r/\mathrm{d}\varphi)\times\mathrm{d}\varphi]\mathrm{d}\theta\sin\mathrm{d}\varphi+2N_\theta R_1\mathrm{d}\varphi\times\sin(\mathrm{d}\theta/2)\sin\varphi+p_z(R_1\mathrm{d}\varphi)(r\mathrm{d}\theta)\cos(\mathrm{d}\varphi/2)=0$$

在此式中忽略高阶小量，且因 $\mathrm{d}\varphi$ 和 $\mathrm{d}\theta$ 很小，$\sin\mathrm{d}\varphi \approx \mathrm{d}\varphi, \sin(\mathrm{d}\theta/2) \approx \mathrm{d}\theta/2, \cos(\mathrm{d}\varphi/2) \approx 1$，并代入 $r = R_2 \sin\varphi$，经整理后得

$$\frac{N_\varphi}{R_1} + \frac{N_\theta}{R_2} = -p_z \tag{3-4}$$

其次，考察 $\sum F_x = 0$ 的平衡条件。已如前述，在 x 方向除有与 x 方向相反的 ac 边的经向力 $N_\varphi r \mathrm{d}\theta$ 外，在 bd 边的经向力在 x 正方向的投影为［参见图 3-4（a）］

$$[N_\varphi + (\mathrm{d}N_\varphi/\mathrm{d}\varphi) \times \mathrm{d}\varphi][r + (\mathrm{d}r/\mathrm{d}\varphi) \times \mathrm{d}\varphi]\mathrm{d}\theta \cos\mathrm{d}\varphi$$

而作用在平行圆平面内 ab 边和 cd 边的周向合力，在 x 负方向的投影则为

$$2N_\theta R_1 \mathrm{d}\varphi \ \sin(\mathrm{d}\theta/2)\cos\varphi$$

将上述力相加，得 x 方向力的平衡方程为

$$[N_\varphi + (\mathrm{d}N_\varphi/\mathrm{d}\varphi) \times \mathrm{d}\varphi][r + (\mathrm{d}r/\mathrm{d}\varphi) \times \mathrm{d}\varphi]\mathrm{d}\theta \cos\mathrm{d}\varphi - N_\varphi r \mathrm{d}\theta - 2N_\theta R_1 \mathrm{d}\varphi \ \sin(\mathrm{d}\theta/2)\cos\varphi = 0$$

同理，忽略高阶小量，且因 $\mathrm{d}\varphi$ 和 $\mathrm{d}\theta$ 很小，$\cos\mathrm{d}\varphi \approx 1, \sin(\mathrm{d}\theta/2) \approx \mathrm{d}\theta/2$，进行整理后得

$$\frac{\mathrm{d}}{\mathrm{d}\varphi}(N_\varphi r) - N_\theta R_1 \cos\varphi = 0 \tag{3-5}$$

式(3-4) 和式(3-5) 即是回转薄壳无力矩理论的轴对称问题的两个基本方程式。

按式(3-5) 求解将比较麻烦，简便的办法是以 φ 角确定的平行圆以上有限壳体的平衡条件代替原来的微元平衡关系。现对于顶部封闭的回转壳体，变换式(3-4) 如下

$$N_\theta = -\frac{N_\varphi}{R_1} R_2 - p_z R_2 \tag{3-6}$$

将式(3-6) 代入式(3-5)，两边乘以 $\sin\varphi$，经整理后得

$$\frac{\mathrm{d}(N_\varphi r \sin\varphi)}{\mathrm{d}\varphi} + r p_z R_1 \cos\varphi = 0$$

对上式从 0 至 φ 进行积分，同时两边乘以 2π，得

$$2\pi r N_\varphi \sin\varphi = -\int_0^\varphi 2\pi r p_z R_1 \cos\varphi \ \mathrm{d}\varphi \tag{3-7}$$

显然，等式右边积分代表作用在 φ 角确定的平行圆所截壳体的外载荷在竖直方向的全部合力，而左端则是作用在该平行圆上所有内力 N_φ 在竖直方向的合力（注意 N_φ 在平行圆周边上沿经线的切线方向）。如用 F 表示外载荷合力的竖直分量，即

$$F = -\int_0^\varphi 2\pi r p_z R_1 \cos\varphi \ \mathrm{d}\varphi$$

则式(3-7) 可改写为

$$F = 2\pi r N_\varphi \sin\varphi \tag{3-8}$$

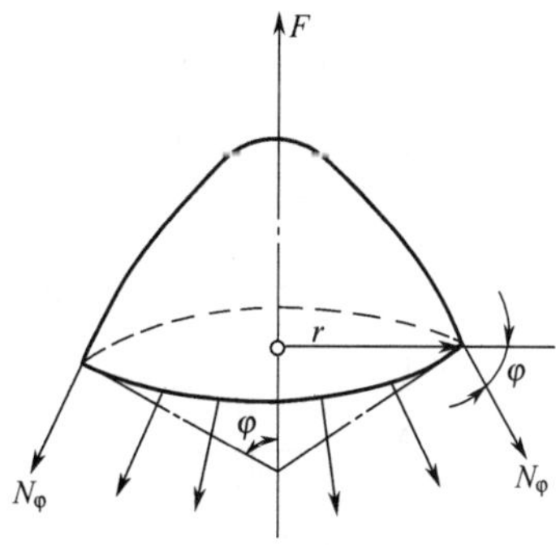

图 3-5　部分壳体的力平衡关系

对于每一具体问题来说，可按图 3-5 所示 φ 角确定的平行圆截取的部分壳体，由竖直方向的力平衡关系，直接求得 F，再利用式(3-8) 确定 N_φ。N_φ 确定后，即可由式(3-4) 计算出 N_θ。

3.1.2.5　薄壁容器的薄膜应力

当壳体厚度与其中面最小主曲率半径之比较小时，薄膜应力相当于矩形截面梁承受轴向载荷所引起的应力，按材料力学方法，这一应力沿壳体厚度呈均匀分布。因此，薄壁壳体的应力为

$$\left.\begin{aligned}\sigma_\theta=\frac{N_\theta}{t}\\ \sigma_\varphi=\frac{N_\varphi}{t}\end{aligned}\right\}\tag{3-9}$$

式中，σ_θ 和 σ_φ 分别定义为周向薄膜应力和经向薄膜应力；t 为壳体的厚度。于是，式(3-4) 和式(3-8) 可写成如下常见形式

$$\frac{\sigma_\varphi}{R_1}+\frac{\sigma_\theta}{R_2}=-\frac{p_z}{t}\tag{3-10}$$

$$F=2\pi r\sigma_\varphi t\sin\varphi\tag{3-11}$$

以上两式即为薄壁壳体轴对称问题中薄膜应力的计算公式。

(1) 受均匀气体内压作用的容器

当容器承受气体内压 p 作用时，压力垂直作用在容器壳体的内表面，因方向与 z 相反，即 $p_z=-p$，且 $p=$常数。对于顶部不开口的容器壳体，当由 φ 角所确定的平行圆 r 以上部分壳体在 p 作用下，由式(3-8) 可得

$$F=\int_0^\varphi 2\pi rpR_1\cos\varphi\ \mathrm{d}\varphi=2\pi p\int_0^r r\mathrm{d}r=\pi r^2 p$$

故
$$\sigma_\varphi=\frac{F}{2\pi rt\sin\varphi}=\frac{pr}{2t\sin\varphi}=\frac{pR_2}{2t}\tag{a}$$

$$\sigma_\theta=\frac{pR_2}{t}-\frac{R_2}{R_1}\sigma_\varphi=\sigma_\varphi\left(2-\frac{R_2}{R_1}\right)\tag{b}$$

① 球形容器　如图 3-6 所示，球形容器的壳体受均匀内压 p 作用，且因球壳几何形状对称于球心，$R_1=R_2=R$，故代入式(a) 和式(b)，得

$$\sigma=\sigma_\varphi=\sigma_\theta=\frac{pR}{2t}\tag{3-12}$$

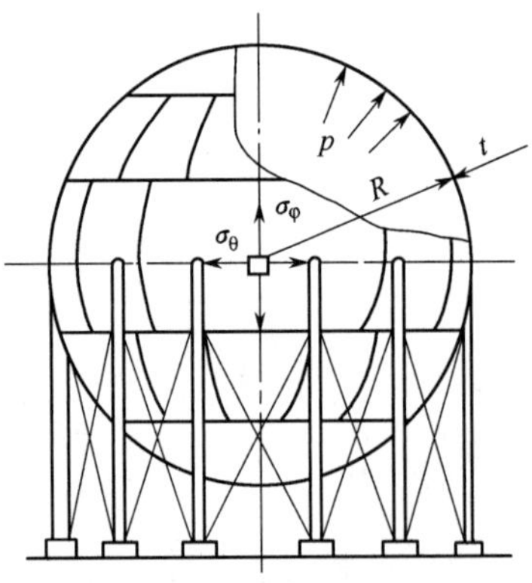

图 3-6　承受内压的球壳

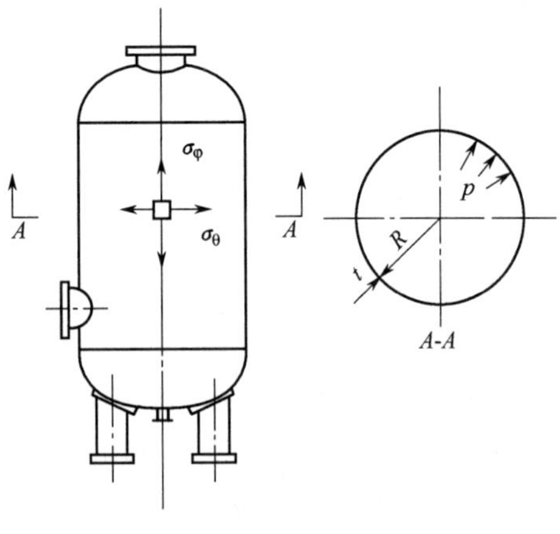

图 3-7　承受内压的圆柱壳

② 圆柱形容器　对于圆柱形容器的壳体（图 3-7）因 $R_1=\infty$，$R_2=R$，故由式(a) 和式(b) 得

$$\left.\begin{aligned}\sigma_\varphi&=\frac{pR}{2t}\\ \sigma_\theta&=\frac{pR}{t}=2\sigma_\varphi\end{aligned}\right\}\tag{3-13}$$

③ 圆锥形容器　图 3-8 是一圆锥形容器壳体，$R_1=\infty$，$R_2=x\tan\alpha$，α 为半锥顶角，$\varphi=\frac{\pi}{2}-\alpha$，将它们代入式(a) 和式(b) 得

$$\left.\begin{aligned}\sigma_\varphi&=\frac{pR_2}{2t}=\frac{p\tan\alpha}{2t}x=\frac{pr}{2t\cos\alpha}\\ \sigma_\theta&=2\sigma_\varphi=\frac{p\tan\alpha}{t}x=\frac{pr}{t\cos\alpha}\end{aligned}\right\}\tag{3-14}$$

由上式可知，σ_φ 和 σ_θ 与 x 呈线性关系，随着离开锥顶距离的增加而增大，锥底处应力为最大值。

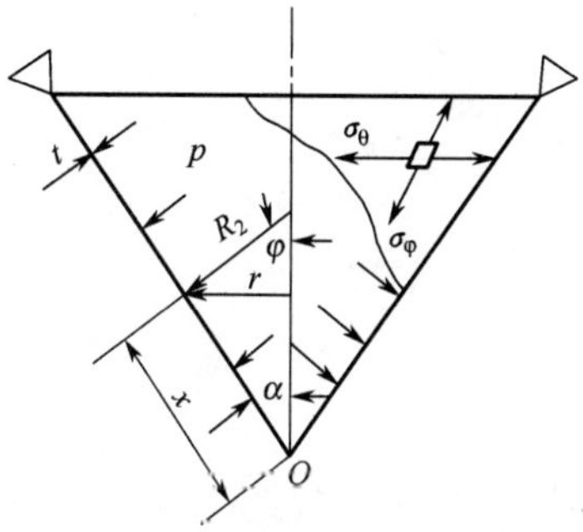

图 3-8　承受内压的圆锥壳

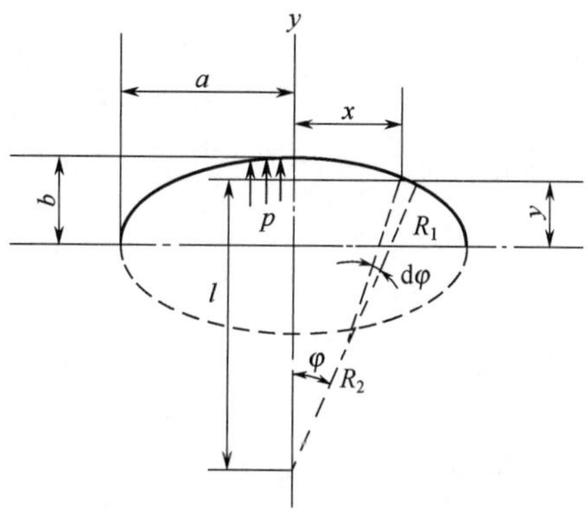

图 3-9　承受内压的椭球壳

④ 椭球形封头　椭球形壳体常用作压力容器的封头，如图 3-9 所示，图中 a 和 b 分别为其长、短轴。在气体内压作用下，壳体中的应力也可按式(a) 和式(b) 计算，但 R_1 和 R_2 沿经线各点变化。

有椭圆曲线方程
$$\frac{x^2}{a^2}+\frac{y^2}{b^2}=1$$

或
$$y=\pm\frac{b}{a}\sqrt{a^2-x^2}$$

其一阶和两阶导数为
$$y'=\frac{-bx}{a\sqrt{a^2-x^2}}=-\frac{b^2x}{a^2y}$$

和
$$y''=-\frac{b^4}{a^2y^3}$$

由图 3-9 可知
$$\tan\varphi=y'=\frac{x}{l}$$

故
$$l=\frac{x}{y'}=-\frac{a}{b}\sqrt{a^2-x^2}$$

而
$$R_2=\sqrt{l^2+x^2}$$

据此可得
$$R_2=\frac{(a^4y^2+b^4x^2)^{1/2}}{b^2} \tag{c}$$

应用微分学得到
$$R_1=\left|\frac{[1+(y')^2]^{3/2}}{y''}\right|=\frac{(a^4y^2+b^4x^2)^{3/2}}{a^4b^4} \tag{d}$$

显然
$$R_1=R_2^3\frac{b^2}{a^4} \tag{e}$$

因此，将式(c) 和式(d) 代入前面的式(a) 和式(b)，得

$$\sigma_\varphi=\frac{pR_2}{2t}=\frac{p(a^4y^2+b^4x^2)^{1/2}}{2tb^2}$$
$$\sigma_\theta=\sigma_\varphi\left(2-\frac{R_2}{R_1}\right)=\frac{p(a^4y^2+b^4x^2)^{1/2}}{tb^2}\left[1-\frac{a^4b^2}{2(a^4y^2+b^4x^2)}\right] \tag{3-15}$$

在壳体顶点处（$x=0$，$y=b$），$R_1=R_2=\frac{a^2}{b}$，由式(3-15) 得

$$\sigma_\varphi=\sigma_\theta=\frac{pa^2}{2bt} \tag{3-16}$$

在壳体的赤道上（$x=a$，$y=0$），$R_1=\frac{b^2}{a}$，$R_2=a$，于是得到

$$\left.\begin{aligned}\sigma_\varphi&=\frac{pa}{2t}\\ \sigma_\theta&=\frac{pa}{t}\left(1-\frac{a^2}{2b^2}\right)\end{aligned}\right\} \tag{3-17}$$

由上式的结果可见，椭球壳承受均匀内压时，在任何$\frac{a}{b}$值下，σ_φ 恒为正值，即拉伸应力，且由顶点处最大值向赤道逐渐递减至最小值；σ_θ 在$\frac{a^2}{2b^2}>1$，即$\frac{a}{b}>\sqrt{2}$时，应力将变号，即从拉应力变为压应力。图 3-10 列举了四种不同的$\frac{a}{b}$比值的σ_φ、σ_θ 值，其中$\frac{a}{b}=1$ 即是半球形壳体。化工容器常用$\frac{a}{b}=2$ 的标准椭圆形封头，此时 σ_θ 的数值在顶点和赤道处大小相等但符号相反，即顶点处为$\frac{pa}{t}$，赤道上为$-\frac{pa}{t}$，而 σ_φ 恒是拉伸应力，在顶点处达到最大值$\frac{pa}{t}$。

当 a/b 值大于 2 后，随着 a/b 值的增大时，在转角区和赤道处的环向压缩应力 σ_θ 在数值上已远远超过顶点处的最大应力。正是该压缩应力能引起薄壁封头发生局部屈曲（buckling)，或由于高切应力导致局部破坏［图 3-10(e)］。因此，为了防止这种局部屈曲，通常采取局部加强（增加厚度或刚性件）以增加弯曲刚度，或通过减小或消除可能发生失稳处的压缩应力，即修改容器端盖的形状的办法[36]。

（2）贮存液体的容器

当容器盛装液体时，壳体内壁面法向将受到液体静压强的作用，它同样是一种轴对称载荷，但随液面深度而变化，有时液面上方还同时受到气体压力的作用，求这些容器壳体中的薄膜应力仍可利用式(3-10)和式(3-11)，下面列举两例加以说明。

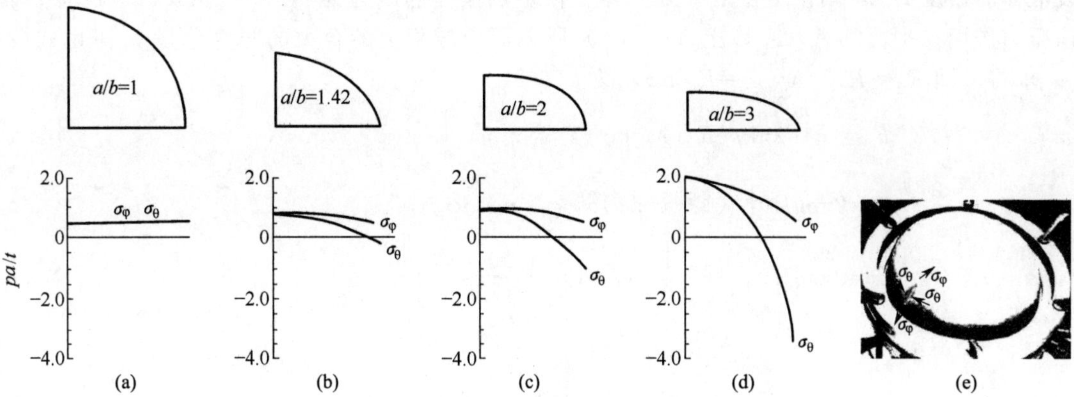

图 3-10 不同$\frac{a}{b}$值下内压椭球壳中的应力

① 圆柱形贮液罐 现考察图 3-11（a）所示的贮液罐，假设罐的底部自由，顶部密闭。在圆筒壳体上任意一点 a 受到 $p_z=-[p_0+\rho g(H-h)]$ 的作用，其中，p_0 为液面上方的气体内压，ρ 为内充液体的密度，g 为重力加速度，因 $R_1=\infty$，$R_2=R$，$\varphi=\frac{\pi}{2}$，故由式（3-10）得

$$\sigma_\theta=-\frac{p_z R_2}{t}=\frac{[p_0+\rho g(H-h)]R}{t} \tag{3-18}$$

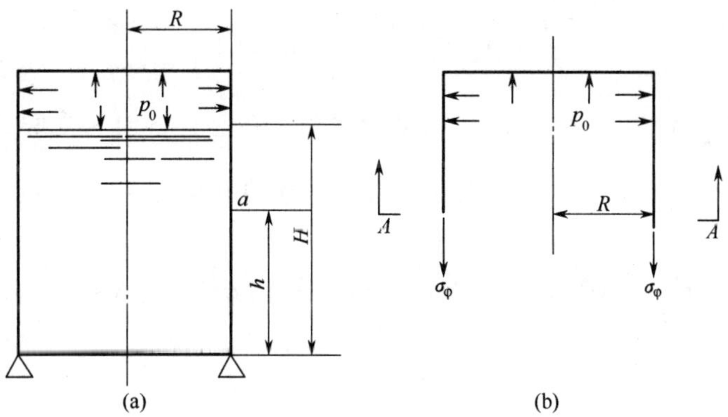

图 3-11 圆筒形贮液罐

求 σ_φ 时，若按图 3-11（b）所示的从 A—A 处截开，考察上部壳体的平衡，则作用在这部分壳体上载荷的垂直合力为

$$F=\pi R^2 p_0$$

由式(3-11) 解得

$$\sigma_\varphi=\frac{F}{2\pi Rt}=\frac{p_0 R}{2t} \tag{3-19}$$

对于敞口的贮液罐，则 $p_0=0$，故 $\sigma_\varphi=0$，而

$$\sigma_\theta=\frac{\rho g(H-h)R}{t}$$

② 球形贮液罐 图 3-12 为一充满液体的球形贮罐，沿对应于 φ_0 的平行圆 A—A 支承。

设液体的密度为 ρ，则作用在角 φ 处壳体上任一点液体静压力为 $p_z=-[\rho gR(1-\cos\varphi)]$。该压力作用在平行圆 A—A 以上（$\varphi<\varphi_0$）所截部分球壳上的合力的竖直分量 F 可由式(3-8）求得，因 $R_1=R_2=R$，$r=R\sin\varphi$，故

$$
\begin{aligned}
F&=-\int_0^{\varphi}2\pi r p_z R\cos\varphi\,\mathrm{d}\varphi\\
&=2\pi\rho gR^3\int_0^{\varphi}(1-\cos\varphi)\cos\varphi\ \sin\varphi\ \mathrm{d}\varphi\\
&=2\pi\rho gR^3\left[\frac{1}{6}-\frac{1}{2}\cos^2\varphi\left(1-\frac{2}{3}\cos\varphi\right)\right]
\end{aligned}
\tag{f}
$$

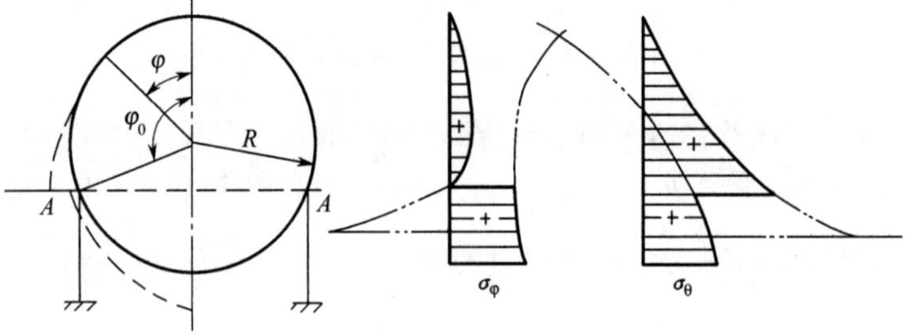

图 3-12　球形贮液罐

故

$$
\left.
\begin{aligned}
\sigma_\varphi&=\frac{F}{2\pi rt\sin\varphi}=\frac{\rho gR^2}{6t}\left(1-\frac{2\cos^2\varphi}{1+\cos\varphi}\right)\\
\sigma_\theta&=-\frac{p_zR}{t}-\sigma_\varphi=\frac{\rho gR^2}{6t}\left(5-6\cos\varphi+\frac{2\cos^2\varphi}{1+\cos\varphi}\right)
\end{aligned}
\right\}
\tag{3-20}
$$

对于支承环 A—A 以下（$\varphi>\varphi_0$）的部分壳体，在竖直方向所受的外力除式(f）的 F 外，还受到支承环的反力 G，显然 G 等于球壳内液体的全部重量，即 $G=\frac{4}{3}\pi R^3\rho g$，所以

$$
F=\frac{4}{3}\pi R^3\rho g+2\pi\rho gR^3\left[\frac{1}{6}-\frac{1}{2}\cos^2\varphi\left(1-\frac{2}{3}\cos\varphi\right)\right]
$$

据此得到

$$
\left.
\begin{aligned}
\sigma_\varphi&=\frac{\rho gR^2}{6t}\left(5+\frac{2\cos^2\varphi}{1-\cos\varphi}\right)\\
\sigma_\theta&=\frac{\rho gR^2}{6t}\left(1-6\cos\varphi-\frac{2\cos^2\varphi}{1-\cos\varphi}\right)
\end{aligned}
\right\}
\tag{3-21}
$$

比较式(3-20）和式(3-21）可以看出，在支承环处（$\varphi=\varphi_0$）σ_φ 及 σ_θ 不连续，突变量分别为 $\pm\frac{2\rho gR^2}{3t\sin^2\varphi_0}$，而 σ_θ 在支承处的突变表明，在平行圆 A—A 两边存在周向膨胀的突变，可以预料，支承环附近有局部弯曲发生，以保持应力与位移的连续性，因此不能用无力矩理论计算支承处应力，必须用有力矩理论进行分析。

3.1.2.6　薄壁容器的薄膜变形

为了下面计算容器不连续应力的需要，此处简要讨论回转薄壳的轴对称变形，因系薄膜

理论导出，也称薄膜变形。

（1）变形的几何描述

回转薄壳在均匀压力作用下，壳体中面将产生对称于轴线的变形，该变形仅是坐标 φ 的函数。在小变形情况下［参见图 3-13(a)］，中面上任意一点 a 的位移可以分解为经向线位移 u 和法向线位移 w 两个分量。现假设 u 和 w 沿坐标轴的正向为正值，ab 为变形前中面上的一段经线，a_1b_1 是其变形后的位置。根据函数的增值定理，b 点到 b_1 点的位移有经向分量 $u+\frac{\mathrm{d}u}{\mathrm{d}\varphi}\mathrm{d}\varphi$ 和法向分量 $-\left(w+\frac{\mathrm{d}w}{\mathrm{d}\varphi}\mathrm{d}\varphi\right)$，因此线段 ab 的长度的改变量为

$$\Delta l=\left(u+\frac{\mathrm{d}u}{\mathrm{d}\varphi}\mathrm{d}\varphi-u\right)-w\mathrm{d}\varphi$$

其中 $-w\mathrm{d}\varphi$ 项是因位移 w 引起 ab 长度的改变，由此可得经线的应变 ε_φ 为

$$\varepsilon_\varphi=\frac{\Delta l}{R_1\mathrm{d}\varphi}=\frac{1}{R_1}\left(\frac{\mathrm{d}u}{\mathrm{d}\varphi}-w\right) \tag{3-22}$$

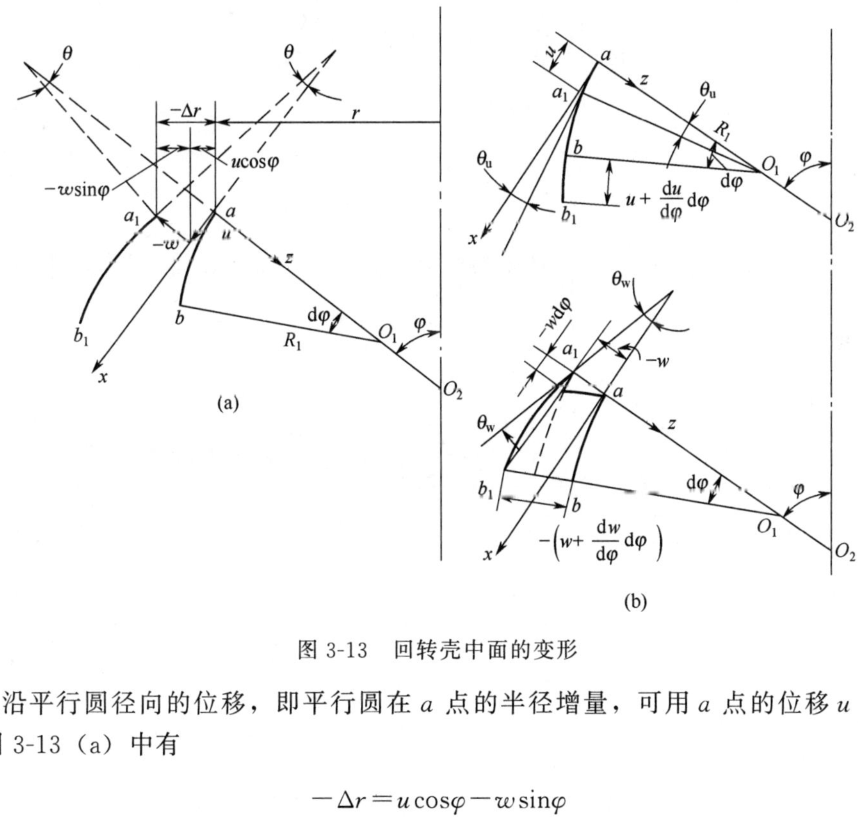

图 3-13　回转壳中面的变形

a 点沿平行圆径向的位移，即平行圆在 a 点的半径增量，可用 a 点的位移 u 和 w 来表示，在图 3-13（a）中有

$$-\Delta r=u\cos\varphi-w\sin\varphi \tag{3-23}$$

故平行圆单位长度的改变，即周向应变 ε_θ 为

$$\varepsilon_\theta=\frac{2\pi(r-\Delta r)-2\pi r}{2\pi r}=-\frac{\Delta r}{r}=\frac{1}{R_2}(u\cot\varphi-w)$$

或

$$w=-R_2\varepsilon_\theta+u\cot\varphi \tag{3-24}$$

其次，计算经线发生的转角 θ。如图 3-13（b）所示，该转角由位移 u 引起的转角 $\theta_u=\frac{u}{R_1}$ 和由位移 w 引起的转角 $\theta_w=\frac{-[w+(\mathrm{d}w/\mathrm{d}\varphi)\times\mathrm{d}\varphi]-(-w)}{R_1\mathrm{d}\varphi}=\frac{-\mathrm{d}w}{R_1\mathrm{d}\varphi}$ 所组成，即

$$\theta=\theta_u-\theta_w=\frac{1}{R_1}(u+\mathrm{d}w/\mathrm{d}\varphi) \tag{3-25}$$

Δr 与 θ 的正负号规定如下：平行圆半径增大为负，缩小为正；转角以回转轴左侧为准，逆时针转角为正，顺时针转角为负。因此，在图 3-13 中，u 沿 x 方向为正，w 沿 z 的反方向为负，它们使平行圆产生径向的位移为负；而 θ_u 和 θ_w 转向相反，θ_w 为负，θ_u 为正。

（2）平行圆径向位移和转角

在容器的应力分析中，应用较多的是平行圆径向位移和转角。如已由薄膜理论求得薄膜应力，根据两维应力场的胡克（Hooke）定律，可以算出 ε_φ 与 ε_θ，然后由式(3-22) 和式(3-24) 解出 u 和 w，进而由式(3-23) 和式(3-25) 得到平行圆径向位移 $\Delta=\Delta r$ 及经线转角 θ，最后结果如下（推导过程从略）[40]

$$\Delta=-r\varepsilon_\theta \tag{3-26}$$

$$\theta=\frac{1}{R_1}\left[(R_1\varepsilon_\varphi-R_2\varepsilon_\theta)\cot\varphi-\frac{\mathrm{d}(R_2\varepsilon_\theta)}{\mathrm{d}\varphi}\right]$$

式中，ε_φ 和 ε_θ 分别为

$$\varepsilon_\varphi=\frac{1}{E}(\sigma_\varphi-\mu\sigma_\theta),\varepsilon_\theta=\frac{1}{E}(\sigma_\theta-\mu\sigma_\varphi)$$

在均匀内压作用下的常用容器壳体的薄膜应力和变形分量一并列于表 3-1 中。

表 3-1　常用容器壳体的薄膜应力与变形分量

壳体类型		圆柱壳	球　壳	椭球壳	圆锥壳
受力图 / 应力与变形		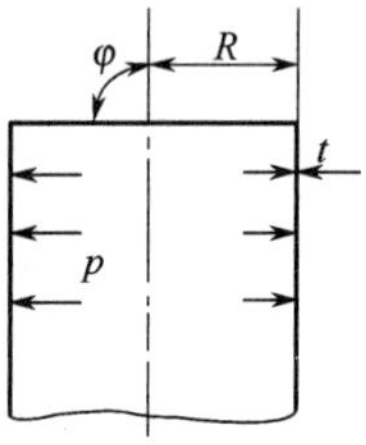	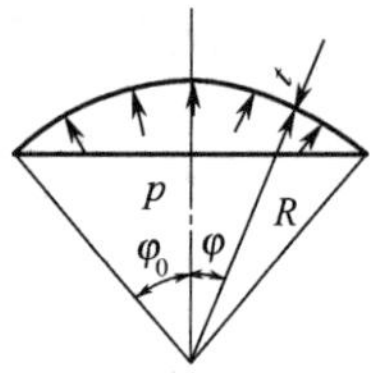	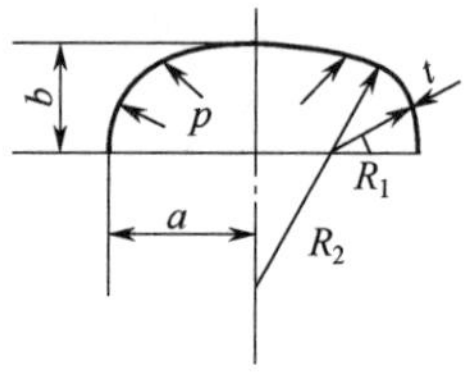	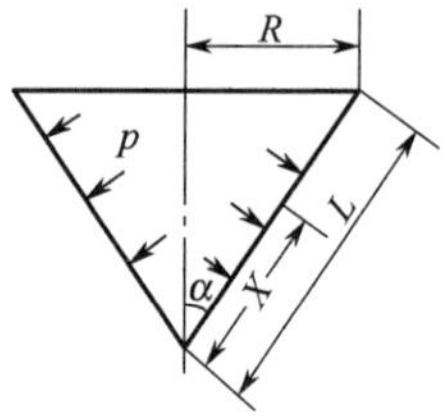
应力	σ_φ	$\frac{pR}{2t}$	$\frac{pR}{2t}$	$\frac{pR_2}{2t}$	$\frac{pX}{2t}\tan\alpha$
	σ_θ	$\frac{pR}{t}$	$\frac{pR}{2t}$	$\frac{pR_2}{2t}\left(2-\frac{R_2}{R_1}\right)$	$\frac{pX}{t}\tan\alpha$
变形	$(\Delta)_\varphi$		$-\frac{pR^2}{2Et}(1-\mu)\sin\varphi$	$-\frac{pR_2^2\sin\varphi}{2Et}\left(2-\frac{R_2}{R_1}-\mu\right)$	$-\frac{pX^2}{2Et}\sin\alpha\tan\alpha(2-\mu)$
	$(\Delta)_\varphi=\frac{x}{2}$ 或 $x=L$	$-\frac{pR^2}{2Et}(2-\mu)$	$-\frac{pR^2}{2Et}(1-\mu)$	$-\frac{pa^2}{2Et}\left(2-\frac{a^2}{b^2}-\mu\right)$	$-\frac{pR^2(2-\mu)}{2Et\cos\alpha}$
	$\theta_\varphi=\frac{\pi}{2}$ 或 $x=L$				$\frac{3}{2}\times\frac{pR\tan\alpha}{Et\cos\alpha}$

3.1.2.7 无力矩理论的应用条件

按无力矩理论假设，轴对称条件下的回转薄壳中只有薄膜内力 N_φ 和 N_θ，没有弯矩和横向力。对于非常薄的壳体，因为完全不能承受弯曲变形，无矩应力状态是它唯一的应力状态；但对于实际的容器，壳体总有一定的弯曲刚度，必定要引起伸长（或压缩）和弯曲变形，但在一定条件下，壳体内产生的薄膜内力比弯矩和横向力大得多，以致后者可略去不计，此时也近似为无矩应力状态。实现这种无矩应力状态，壳体的几何形状、加载方式和边界条件必须满足以下三个条件：

① 壳体的厚度、曲率与载荷没有突变，构成同一壳体的材料物理性能（如 E、μ 等）相同。对于集中载荷区域附近无力矩理论不能适用；

② 壳体边缘不受垂直于壳面的法向力和弯矩的作用；

③ 壳体边缘只在沿经线切线方向有约束，而边缘处的转角与挠度不受任何约束。

如果壳体不满足上述条件，壳体内将引起显著的弯曲变形，而弯矩和薄膜内力属同一数量级，此时无力矩理论不适用，必须按有力矩理论分析。

3.1.3 圆柱壳轴对称问题的有力矩理论

3.1.3.1 引言

如上所述，实际容器的壳体必须在特定的形状、受载和边界条件下尽可能达到无矩应力状态。一般来说，要使壳体中只产生薄膜内力的边界条件更难实现。如在壳体边缘附近，因壳体经线曲率急剧变化而存在明显的弯曲变形，壳体内不仅有薄膜内力，还存在不可忽略的弯曲内力，因此在壳体的应力分析中必须加以考虑[41,42]。

圆柱形容器因适应性广、制造方便，在化工容器中占据绝大多数，而且经常遇到的是圆柱形容器受轴对称载荷作用的情况，如沿容器纵轴对称的均匀气体压力或线性分布的液体静压力等，所以壳体的变形和内力也对称于纵轴。虽然它们沿壳体纵轴方向可因载荷变化而改变，但同一截面上的应力和位移处处相等，不随 θ 角而变化。分析这种圆柱壳的弯曲问题，称为圆柱壳轴对称问题的有力矩理论。一般回转壳的有力矩理论比较复杂，但研究方法与圆柱壳相同，所以下面只就圆柱壳的轴对称弯曲问题进行讨论。

3.1.3.2 圆柱壳轴对称弯曲问题的基本方程

(1) 圆柱壳的内力分量

因为圆柱壳的经线是直线，故把一般回转壳中标明经线方向的下标 φ 改为 x。当圆柱壳受轴对称载荷 $p_z=p_z(x)$ 作用时，壳体中将产生薄膜内力 N_x 和 N_θ；因考虑存在弯曲变形，故还有弯曲内力 Q_x、M_x、M_θ。这些力只是 x 的函数，不随 θ 而变化，弯矩的量纲是［力·长度/长度］，单位为［N］；力的量纲是［力/长度］，单位为［N/m］。于是，从圆柱壳中面上用两条相隔 $d\theta$ 的经线和两个垂直于 x 轴、相距 dx 的平行圆截出的微元上，存在以上这些内力，如图 3-14（b）所示。图中的符号规定如下：壳体截面的外法线与坐标轴方向一致，此截面定为正截面，反之定为负截面。在正截面上指向坐标轴正方向的力为正，在负截面上指向坐标轴反方向的力也为正，反之为负。弯矩是以使壳体向外弯曲，即内壁面受拉，外壁面受压为正，反之为负。或者以弯矩矢量表示，如图 3-14（a）所示，弯曲方向按右手规则，拇指方向即为弯矩矢量方向，以双箭头表示。在正截面上指向坐标轴正方向的弯矩矢量为正，在负截面上指向坐标轴反方向的弯矩矢量也为正，反之均为负。

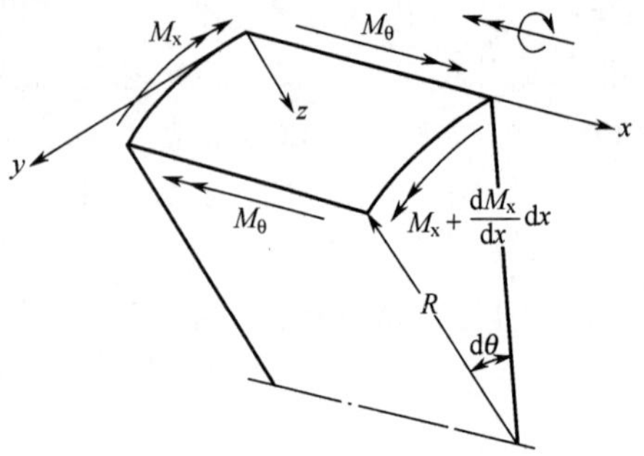

（a）力矩矢量

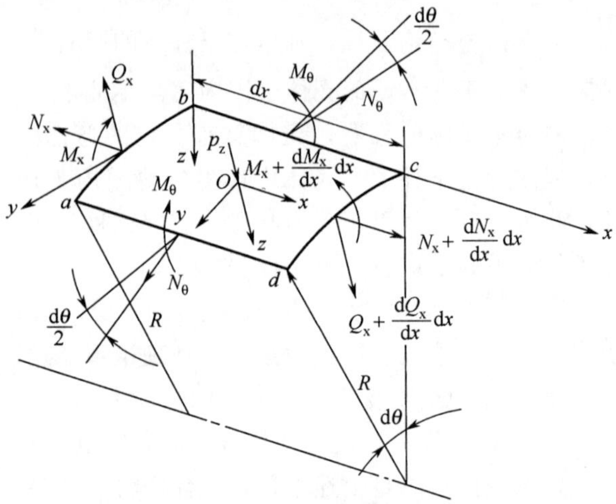

（b）圆柱壳中微元的内力分量

图 3-14　内力分量

（2）基本方程

回转壳的无力矩理论因是静定问题，仅考虑力平衡关系可求出 N_φ 和 N_θ。对于有力矩问题，平衡方程数目将少于未知内力数，成为静不定问题。因此，必须借助应变和位移之间的几何关系以及应力和应变之间的物理关系，才能由挠度微分方程求解所有内力，这就是应用有力矩理论求解壳体弯曲问题的基本方法。

① 平衡方程　参见图 3-14，根据力和力矩的平衡关系，理应有六个静力平衡方程式，即$\sum F_x=0$，$\sum F_y=0$，$\sum F_z=0$；$\sum M_x=0$，$\sum M_y=0$，$\sum M_z=0$。但在轴对称载荷下，$\sum F_y=0$，$\sum M_x=0$，$\sum M_z=0$ 三个方程式自动满足，只余下三个平衡方程需要满足。

现先考察 x 方向的力平衡方程，$\sum F_x=0$，有下述力存在：在 ab 边上有 $N_x R\mathrm{d}\theta$，指向 x 的负方向；在 cd 边上有$[N_x+(\mathrm{d}N_x/\mathrm{d}x)\mathrm{d}x]R\mathrm{d}\theta$，指向 x 的正方向。将上述力相加，则得x 方向的平衡方程

$$[N_x+(\mathrm{d}N_x/\mathrm{d}x)\mathrm{d}x]R\mathrm{d}\theta-N_x R\mathrm{d}\theta=0$$

整理后成为

$$\mathrm{d}N_x/\mathrm{d}x=0 \tag{3-27}$$

其次考察 z 方向的平衡方程，$\sum F_z=0$，有下述力存在：在 ab 边上有 $Q_x R\mathrm{d}\theta$，指向 z 的负方向；在 cd 边上有$[Q_x+(\mathrm{d}Q_x/\mathrm{d}x)\mathrm{d}x]R\mathrm{d}\theta$，指向 z 的正方向；在壳中面上有 $p_z R\mathrm{d}\theta\mathrm{d}x$，指向 z 的正方向。此外，ad 边和 bc 边上的 $N_\theta\mathrm{d}x$ 都在 z 方向有投影，它们与水平方向夹角为 $\mathrm{d}\theta/2$，因此在 z 方向有合力

$$2N_\theta\mathrm{d}x\sin(\mathrm{d}\theta/2)$$

因 $\mathrm{d}\theta$ 很小，故有 $\sin(\mathrm{d}\theta/2)\approx\mathrm{d}\theta/2$，则上述合力成为

$$N_\theta\mathrm{d}x\mathrm{d}\theta$$

指向 z 的正方向。

将上述三个力的分量相加，便得到 z 方向的平衡方程

$$[Q_x+(\mathrm{d}Q_x/\mathrm{d}x)\mathrm{d}x]R\mathrm{d}\theta-Q_x R\mathrm{d}\theta+N_\theta\mathrm{d}x\mathrm{d}\theta+p_z R\mathrm{d}\theta\mathrm{d}x=0$$

整理后成为

$$dQ_x/dx + N_\theta/R + p_z = 0 \tag{3-28}$$

最后考察 y 轴的力矩平衡方程，$\sum M_y = 0$，有以下力矩存在（注意此时将坐标轴 y 的原点移至微元中心 O）：在 ab 边上有 $M_x R d\theta$，其力矩矢量指向 y 的负方向；在 cd 边上有 $[M_x + (dM_x/dx)dx]\ R d\theta$，其力矩矢量指向 y 的正方向；在 ab 边上有 $Q_x R d\theta(dx/2)$，其力矩矢量指向 y 的负方向；在 cd 边上有$[Q_x + (dQ_x/dx)dx]R d\theta(dx/2)$，其力矩矢量亦指向 y 的负方向，将上述力矩加在一起，得到绕 y 轴的力矩平衡方程

$$[M_x + (dM_x/dx)dx]R d\theta - M_x R d\theta - [Q_x + (dQ_x/dx)dx]R d\theta \times (dx/2) - Q_x R d\theta(dx/2) = 0$$

整理后忽略三阶小量，则得

$$dM_x/dx - Q_x = 0 \tag{3-29}$$

式(3-27) 表明 N_x 为常量或为零，仅与轴向载荷有关，是独立方程式，可以单独研究它。这样只需要研究式(3-28) 和式(3-29)。这两个方程式包含三个未知量 N_θ、Q_x 和 M_x，故问题具有超静定性质，必须研究壳体的变形，才能确定它们。

② 几何方程　如在式(3-22) 和式(3-24) 中代入 $dx = R_1 d\varphi$，$R_1 = \infty$，$R_2 = R$ 和 $\varphi = \frac{\pi}{2}$，则得到圆柱壳中面的正应变为

$$\left.\begin{aligned} \varepsilon_x &= \frac{du}{dx} \\ \varepsilon_\theta &= -\frac{w}{R} \end{aligned}\right\} \tag{a}$$

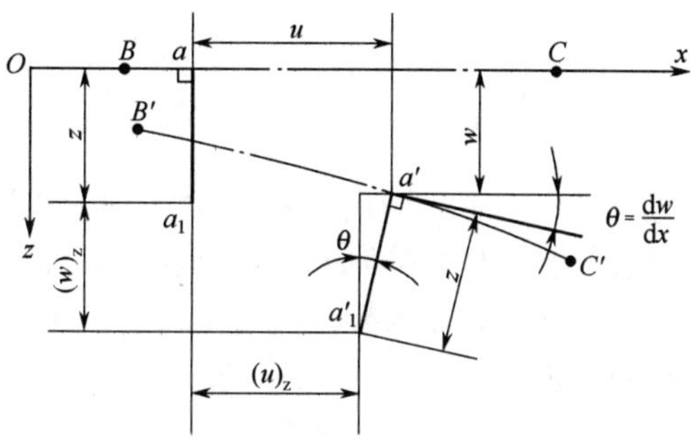

图 3-15　圆柱壳变形的几何关系

图 3-15 表示沿经线的一个径向截面，BC 是其中面在变形前的位置，$B'C'$是它在变形后的位置。因下述假定，中面上的任一点没有面内位移，仅有法向位移，即挠度 w，因此变形后的 $B'C'$ 的斜率为 $\theta = dw/dx$。在中面上作 a 点的法线 aa_1，取其长度为 $z < t/2$（t 为壳体的厚度）。$a'a_1'$是 aa_1 在变形后的位置。由图可见，a_1 点的位移 $(u)_z$ 等于 a 的位移 u 减去由于 aa_1 旋转后使 a_1 点后退的距离，即

$$\left.\begin{aligned} (u)_z &= u - z(dw/dx) \\ (w)_z &= w \end{aligned}\right\} \tag{b}$$

利用式(a)，并将其中的 R 变为 $R-z$，便可得到 a_1 点的应变表示成中面位移的函数，即

$$\left.\begin{aligned} (\varepsilon_x)_z &= \frac{d(u)_z}{dx} = \frac{du}{dx} - z\frac{d^2 w}{dx^2} \\ (\varepsilon_\theta)_z &= -\frac{(w)_z}{R-z} = -\frac{w}{R} \times \frac{1}{1-\frac{z}{R}} \approx -\frac{w}{R} \end{aligned}\right\} \tag{3-30}$$

上面第二式中，由于（对于薄壳）$\frac{t}{R} \ll 1$，$\frac{z}{R} \ll 1$，因而 $1 - \frac{z}{R} \approx 1$。

比较式(a) 和式(3-30)，得到 a_1 点的应变与中面应变和位移的关系式

$$\left.\begin{aligned} (\varepsilon_x)_z &= \varepsilon_x - z\frac{d^2 w}{dx^2} \\ (\varepsilon_\theta)_z &= \varepsilon_\theta \end{aligned}\right\} \tag{c}$$

应当指出，在导出式(b) 时采用了壳体有力矩理论中的一个重要假设——“直法线假设”，即假定变形前垂直于中面的法线线段在变形后保持为直线，仍垂直于变形后的中面，且长度保持不变或 $\varepsilon_z=0$。

式(c) 第二式和第一式中第一项是沿壳体厚度均匀分布的应变，即中面的薄膜变形，而第一式中第二项是自中面算起沿厚度线性分布的弯曲变形，中面即中性面。

③ 物理方程　对于薄壁容器可以假定 σ_z 与 σ_θ、σ_x 相比很小，即假设沿壳体各层纤维之间无挤压，因而可以忽略不计。按照材料力学中两向应力状态的胡克定律，a_1 点的应力与应变有如下的关系

$$\left.\begin{aligned}(\sigma_x)_z&=\frac{E}{1-\mu^2}[(\varepsilon_x)_z+\mu(\varepsilon_\theta)_z]\\(\sigma_\theta)_z&=\frac{E}{1-\mu^2}[(\varepsilon_\theta)_z+\mu(\varepsilon_x)_z]\end{aligned}\right\}\tag{d}$$

将式(3-30) 代入上式，得到

$$\left.\begin{aligned}(\sigma_x)_z&=\frac{E}{1-\mu^2}\left(\frac{du}{dx}-z\frac{d^2w}{dx^2}-\mu\frac{w}{R}\right)\\(\sigma_\theta)_z&=\frac{E}{1-\mu^2}\left(-\frac{w}{R}+\mu\frac{du}{dx}-\mu\frac{zd^2w}{dx^2}\right)\end{aligned}\right\}\tag{3-31}$$

④ 位移微分方程　至此平衡方程表达了外载荷与中面内力之间的关系，式(3-31) 关联了壳体中任一点应力与中面位移的关系。因壳体中面的内力是微元截面上应力的合力，故将内力代替式(3-31) 中的应力，然后代入平衡方程式，便可建立外载荷与中面位移的关系式，即位移微分方程式。参见图 3-16，中面内力与微元各侧面上的应力有如下关系

$$\left.\begin{aligned}N_x&=\int_{-t/2}^{t/2}(\sigma_x)_z\left(1-\frac{z}{R}\right)dz\approx\int_{-t/2}^{t/2}(\sigma_x)_z dz\\N_\theta&=\int_{-t/2}^{t/2}(\sigma_\theta)_z dz\\M_x&=\int_{-t/2}^{t/2}(\sigma_x)_z z\left(1-\frac{z}{R}\right)dz\approx\int_{-t/2}^{t/2}(\sigma_x)_z z dz\\M_\theta&=\int_{-t/2}^{t/2}(\sigma_\theta)_z z dz\end{aligned}\right\}\tag{e}$$

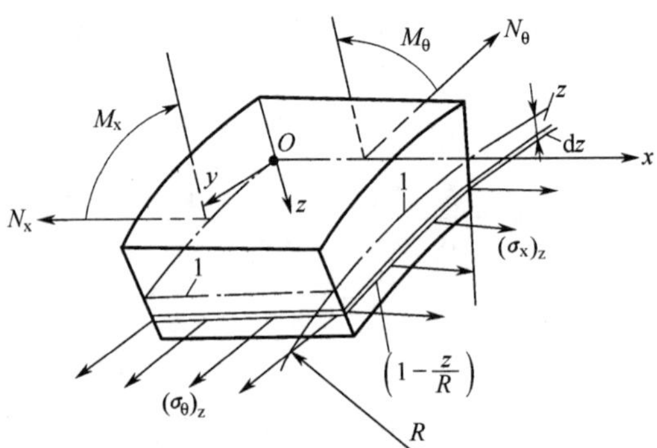

图 3-16　圆柱壳微元应力的合力

在式(e) 的第一式和第三式中，再次利用了$\frac{z}{R}\ll 1$的假定。

将式(3-31) 代入式(e)，并积分，得到

$$\left.\begin{aligned}N_x&=\frac{Et}{1-\mu^2}\left(\frac{\mathrm{d}u}{\mathrm{d}x}-\mu\frac{w}{R}\right)\\N_\theta&=\frac{Et}{1-\mu^2}\left(-\frac{w}{R}+\mu\frac{\mathrm{d}u}{\mathrm{d}x}\right)\\M_x&=-D\frac{\mathrm{d}^2w}{\mathrm{d}x^2}\\M_\theta&=-\mu D\frac{\mathrm{d}^2w}{\mathrm{d}x^2}=\mu M_x\end{aligned}\right\}\tag{3-32}$$

其中，$D=\frac{Et^3}{12(1-\mu^2)}$为壳体的抗弯刚度。式(3-32) 是轴对称情况下圆柱壳的弹性方程，表明中面内力与位移之间的关系。

联合式(3-28) 和式(3-29)，消去Q_x得到如下方程式

$$\frac{\mathrm{d}^2M_x}{\mathrm{d}x^2}+\frac{1}{R}N_\theta=-p_z\tag{f}$$

而由式(3-32) 第一式和第二式可得到

$$N_\theta=-Et\frac{w}{R}+\mu N_x\tag{3-33}$$

将式(3-33) 和式(3-32) 的第三式代入式(f)，于是

$$D\frac{\mathrm{d}^4w}{\mathrm{d}x^4}+\frac{Etw}{R^2}=p_z+\frac{\mu}{R}N_x\tag{3-34}$$

令$\beta^4=\frac{Et}{4R^2D}=\frac{3(1-\mu^2)}{R^2t^2}$，式(3-34) 可改写成如下的形式

$$\frac{\mathrm{d}^4w}{\mathrm{d}x^4}+4\beta^4w=\frac{p_z}{D}+\frac{\mu}{DR}N_x\tag{3-35}$$

式(3-35) 即为轴对称加载的圆柱壳有力矩理论的基本微分方程式。除了N_x可直接由圆柱壳纵向的力平衡关系求得外，其余内力可在解出w后由式(3-33)、式(3-32) 和式(3-29) 等确定，即

$$\left.\begin{aligned}N_\theta&=-Et\frac{w}{R}+\mu N_x\\M_x&=-D\frac{\mathrm{d}^2w}{\mathrm{d}x^2}\\M_\theta&=-\mu D\frac{\mathrm{d}^2w}{\mathrm{d}x^2}\\Q_x&=\frac{\mathrm{d}M_x}{\mathrm{d}x}=-D\frac{\mathrm{d}^3w}{\mathrm{d}x^3}\end{aligned}\right\}\tag{3-36}$$

(3) 应力计算

一旦求出以上各内力分量后，就可以按照材料力学方法计算各应力分量。圆柱壳弯曲问题中的应力由两部分组成，一部分是薄膜内力引起的薄膜应力，它相当于矩形截面的梁（高为 t，宽为单位长度）承受轴向载荷所引起的正应力，这一应力沿厚度呈均匀分布；另一部分是弯曲应力，包括弯曲内力在同样矩形截面上引起的沿厚度呈线性分布的正应力和抛物线分布的横向切应力。因此，圆柱壳轴对称弯曲的应力计算公式为

$$\left.\begin{aligned}\sigma_x&=\frac{N_x}{t}\pm\frac{12M_x}{t^3}z\\ \sigma_\theta&=\frac{N_\theta}{t}\pm\frac{12M_y}{t^3}z\\ \sigma_z&=0\\ \tau_x&=\frac{6Q_x}{t^3}\left(\frac{t^2}{4}-z^2\right)\end{aligned}\right\}\tag{3-37}$$

显然，正应力的最大值在壳体的表面上$\left(z=\mp\frac{t}{2}\right)$，横向切应力的最大值发生在中面上（$z=0$），即

$$\left.\begin{aligned}(\sigma_x)_{max}&=\frac{N_x}{t}\mp\frac{6M_x}{t^2}\\ (\sigma_\theta)_{max}&=\frac{N_\theta}{t}\mp\frac{6M_\theta}{t^2}\\ (\tau_x)_{max}&=\frac{3Q_x}{2t}\end{aligned}\right\}\tag{3-38}$$

横向切应力与正应力相比数值较小，故一般不予计算。

3.1.4 压力容器的不连续分析

3.1.4.1 引言

(1) 不连续效应或边缘效应

工程实际中容器的壳体大部分是由圆筒形、球形、椭球形、圆锥形等几种简单的壳体组合而成，例如图 3-17 所示的容器由椭圆形封头-圆筒-圆锥-圆筒-球形底-圆筒形裙座等不同几何形状壳体组成。不仅如此，沿壳体轴线方向的壁厚、载荷、温度和材料的物理性能也可能出现突变，这些因素均可表现为容器在总体结构上的不连续性。又如图中所示的壳体中面，在各个形状不相同的壳体连接处，如果毗邻的壳体允许分别作为一个独立的元件在内压的作用下自由膨胀，则连接处壳体的经线转角以及径向位移一般不相等。因为实际的壳体在连接处必须是连续结构，毗邻壳体在结合截面处不允许出现间隙，即其经线转角以及径向位移必须相等。因此在连接部位附近就造成一种约束，迫使壳体发生局部的弯曲变形，这样势必在该边缘部位引起附加的边缘力 Q_0 和边缘力矩 M_0，以及相应的抵抗这些外力的局部弯曲应力，从而在总体结构上增加了该不连续区域的总应力。

虽然这些附加应力只限靠近连接边缘的局部范围内，并随着离开连接边缘的距离增

加而迅速衰减，但其数值有时相当可观。容器由于这种总体结构的不连续而在连接边缘的局部地区出现衰减很快的应力升高现象，称为“不连续效应”或“边缘效应”。由此而引起的局部应力称为“不连续应力”或“边缘应力”。分析容器不连续应力的方法，在工程上称为“不连续分析”。

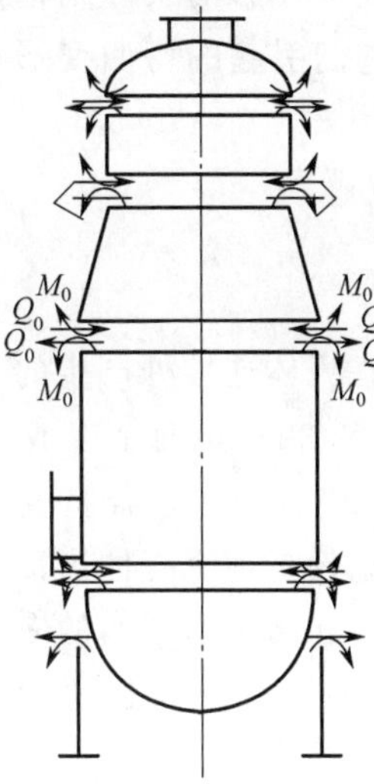

图 3-17　组合容器壳体

（2）不连续分析的基本方法

容器的不连续应力可以根据一般壳体理论计算，但要复杂得多。对于简单壳体形状和受载的容器，工程上采用一种比较简便的解法，即所谓“力法”。该法是把壳体的解分解为两个部分，一是薄膜解或称主要解，即壳体的无力矩理论的解，由此求得的薄膜应力，又称“一次应力”；二是有矩解或称次要解，即在壳体不连续部位切开后的自由边界上受到边缘力和边缘力矩作用时的有力矩理论的解，求得的应力又称“二次应力”，将上述两种解叠加后就可以得到保持总体结构连续的最终解，而总的应力由上述一次应力和二次应力叠加而成。这种方法可用下面一半球形封头与圆筒组合容器的壳体为例说明。

图 3-18 为一在内压作用下的半球形封头与圆筒连接处的部分壳体。现将半球形封头与圆筒在连接处沿平行圆切开，在内压作用下，两壳体各自的薄膜应力与边界处中面的薄膜变形见表 3-2。

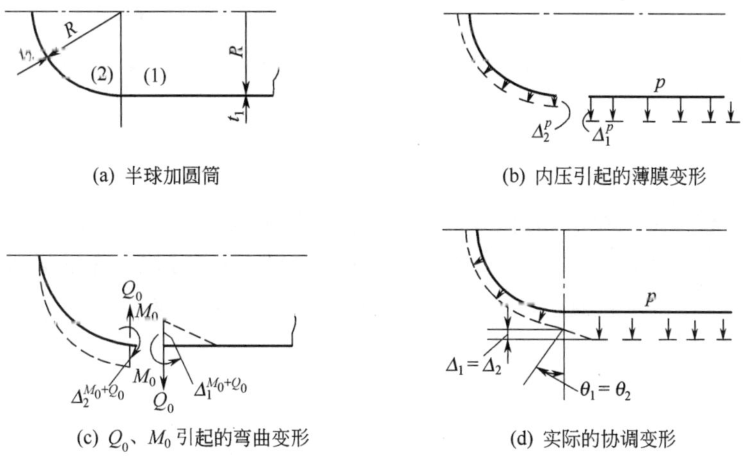

图 3-18　容器不连续分析方法

表 3-2　两壳体各自应力与变形

	经向应力	周向应力	平行圆径向位移	转角
圆筒	${}_1\sigma_x^p=\dfrac{pR}{2t_1}$	${}_1\sigma_\theta^p=\dfrac{pR}{t_1}$	$\Delta_1^p=-\dfrac{pR^2}{Et_1}\left(1-\dfrac{\mu}{2}\right)$	$\theta_1^p=0$
半球	${}_2\sigma_\theta^p=\dfrac{pR}{2t_2}$	${}_2\sigma_\theta^p=\dfrac{pR}{2t_2}$	$\Delta_2^p=-\dfrac{pR^2}{2Et_2}(1-\mu)$	$\theta_2^p=0$

显然，两壳体的平行圆径向位移不相等，$\Delta_1^p \neq \Delta_2^p$，但是两者连成一体后的实际结构是连续体，因此两部分在连接处将产生边缘力 Q_0 和边缘力矩 M_0，由它们引起的弯曲变形与薄膜变形叠加后，两部分壳体的总变形量一定相等，即

$$\left.\begin{aligned}\Delta_1^p+\Delta_1^{Q_0}+\Delta_1^{M_0}&=\Delta_2^p+\Delta_2^{Q_0}+\Delta_2^{M_0}\\ \theta_1^p+\theta_1^{Q_0}+\theta_1^{M_0}&=\theta_2^p+\theta_2^{Q_0}+\theta_2^{M_0}\end{aligned}\right\} \tag{3-39}$$

式中，Δ^p、Δ^{Q_0}、Δ^{M_0} 和 θ^p、θ^{Q_0}、θ^{M_0} 分别表示 p、Q_0 和 M_0 在壳体连接处产生的平行圆径向位移和经线转角，下标 1 表示圆筒，下标 2 表示半球壳。式(3-39) 是两个以 M_0、Q_0 为未知量的二元一次联立方程组，解此方程组可求得 M_0、Q_0。这组方程表示保持壳体中面连续的条件，所以称为变形协调方程或连续性条件。虽然上述讨论仅是两个壳体连接的情况，但也可以用于多个壳体相连的场合，此时需要解满足连续性条件和结点力平衡的多个未知边缘载荷的线性联立方程组，读者可参阅文献 [42]。求得 M_0、Q_0 后，于是边缘弯曲解即可求出。它与薄膜解叠加，即得问题的全解。

3.1.4.2 长圆柱壳受边缘力和边缘力矩作用的弯曲解

由以上讨论可知，为了确定连接处的不连续应力，关键的问题是求出满足变形协调的边缘力 Q_0 和边缘力矩 M_0（图 3-19），这种边缘力和边缘力矩对壳体来说是内力，而对于分离后壳体而言则属于边缘外力，因此实质是一对大小相等的平衡力系，即方向相反的作用力与反作用力。在下面的公式演绎中，规定 Q_0 沿平行圆半径方向，指向回转轴为负，反之为正，单位为 N/mm；M_0 使壳体内表面受拉为正，反之为负，单位为 N·mm/mm。因为无表面载荷 p 存在，且 $N_x=0$，于是式(3-35) 变为

$$\frac{d^4 w}{dx^4}+4\beta^4 w=0 \tag{3-40}$$

此齐次方程的通解为

$$w=e^{\beta x}(C_1\cos\beta x+C_2\sin\beta x)+e^{-\beta x}(C_3\cos\beta x+C_4\sin\beta x) \tag{3-41}$$

式中，C_1、C_2、C_3 和 C_4 为积分常数，由圆柱壳两端的边界条件确定。

当圆筒有足够长度时，随着 x 的增加，弯曲变形逐渐衰减以致消失，这要求式(3-41) 中含有 $e^{\beta x}$ 项为零，亦即要求 $C_1=C_2=0$，于是式(3-41) 可写成

$$w=e^{-\beta x}(C_3\cos\beta x+C_4\sin\beta x) \tag{3-42}$$

由边界条件

$$\left.\begin{aligned}(M_x)_{x=0}&=-D\left(\frac{d^2 w}{dx^2}\right)_{x=0}=M_0\\ (Q_x)_{x=0}&=-D\left(\frac{d^3 w}{dx^3}\right)_{x=0}=Q_0\end{aligned}\right\} \tag{3-43}$$

将式(3-42) 代入后，可解得

$$C_3=-\frac{1}{2\beta^3 D}(Q_0+\beta M_0)$$

$$C_4=\frac{M_0}{2\beta^2 D}$$

因此 w 的最后表达式为

$$w=\frac{e^{-\beta x}}{2\beta^3 D}[\beta M_0(\sin\beta x-\cos\beta x)-Q_0\cos\beta x] \tag{3-44}$$

令 $A=e^{-\beta x}(\cos\beta x+\sin\beta x)$

$B=e^{-\beta x}(\cos\beta x-\sin\beta x)$

$C=e^{-\beta x}\cos\beta x$

$D=e^{-\beta x}\sin\beta x$

则有

$$w_x=\frac{-1}{2\beta^3 D}(\beta M_0 B+Q_0 C)$$

$$\theta_x=\frac{dw}{dx}=\frac{1}{2\beta^2 D}(2\beta M_0 C+Q_0 A)$$

最大挠度发生在 $x=0$ 的边缘

$$\left.\begin{aligned}w_{x=0}&=\Delta=-\frac{1}{2\beta^2 D}M_0-\frac{1}{2\beta^3 D}Q_0\\ \theta&=\theta_{x=0}=\frac{1}{\beta D}M_0-\frac{1}{2\beta^2 D}Q_0\end{aligned}\right\} \tag{3-45}$$

上述两式中的 Δ 和 θ 即为 M_0 和 Q_0 在连接处引起的平行圆径向位移和经线转角，并可改写为如下形式

$$\left.\begin{aligned}\Delta^{M_0}&=-\frac{1}{2\beta^2 D}M_0\\ \Delta^{Q_0}&=-\frac{1}{2\beta^3 D}Q_0\\ \theta^{M_0}&=\frac{1}{\beta D}M_0\\ \theta^{Q_0}&=\frac{1}{2\beta^2 D}Q_0\end{aligned}\right\} \tag{3-46}$$

将式(3-44) 及其各阶导数代入式(3-36)，就可得到圆筒中各内力的计算公式

$$\left.\begin{aligned}N_x&=0\\ N_\theta&=-Et\frac{w}{R}=2\beta R(\beta M_0 B+Q_0 C)\\ M_x&=-D\left(\frac{d^2 w}{dx^2}\right)=\frac{1}{2\beta}(2\beta M_0 A+2Q_0 D)\\ M_\theta&=\mu M_x\\ Q_x&=-D\left(\frac{d^3 w}{dx^3}\right)=-(2\beta M_0 D-Q_0 B)\end{aligned}\right\} \tag{3-47}$$

表 3-3 为不同 βx 的 $A\sim D$ 计算值。图 3-19(b) 和(c) 分别为仅受边缘力矩 M_0 的长圆筒及其 M_x 沿筒长分布图。由式(3-47) 可得知 $M_x=M_0 A$。当 $\beta x=2.0$ 或 $x=1.56\sqrt{Rt}$（当 $\mu=0.3$）时，由表 3-3 查取 $A=0.0667$，即在离开边缘 $x=1.56\sqrt{Rt}$ 处，M_x 迅速衰减至 M_0 的 6.7%。因此，某些设计规范用此值或类似方法确定圆筒的有效长度。

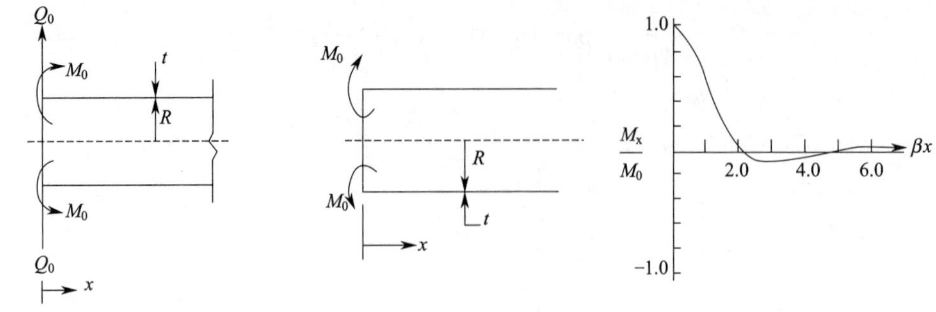

(a) 边缘力矩M_0和边缘力Q_0　(b) 受边缘力矩M_0　(c) 边缘力矩M_0作用下M_x沿筒长分布

图 3-19　承受边缘载荷的长圆筒

表 3-3　A、B、C、D 值

βx	A	B	C	D
0	1.0000	1.0000	1.0000	0.0000
0.10	0.9907	0.8100	0.9003	0.0903
0.20	0.9651	0.6398	0.8024	0.1627
0.40	0.8784	0.3564	0.6174	0.2610
0.60	0.7628	0.1431	0.4530	0.3099
0.80	0.6354	−0.0093	0.3131	0.3223
1.00	0.5083	−0.1108	0.1988	0.3096
2.00	0.0667	−0.1794	−0.0563	0.1231
3.00	−0.0423	−0.0563	−0.0493	0.0070
4.00	−0.0258	0.0019	−0.0120	−0.0139
5.00	−0.0045	0.0084	0.0019	−0.0065
6.00	0.0017	0.0031	0.0024	−0.0007
7.00	0.0013	0.0001	0.0007	0.0006

由这些内力在壳体中产生的应力为

$$\sigma_x^M=\frac{12M_x}{t^3}z$$

$$\sigma_\theta^M=\frac{N_\theta}{t}+\frac{12M_\theta}{t^3}z$$

式中，应力符号右上角标注 M 表示由边缘力矩引起的应力。如以 σ_x^p 和 σ_θ^p 表示内压 p 产生的薄膜应力，则发生在圆筒连接边缘区域壳体内外表面$\left(z=\pm\frac{t}{2}\right)$上的总应力为

$$\left.\begin{aligned}\sum\sigma_x&=\sigma_x^p+\sigma_x^M=\frac{pR}{2t}\pm\frac{6M_x}{t^2}\\ \sum\sigma_\theta&=\sigma_\theta^p+\sigma_\theta^M=\frac{pR}{t}+\frac{N_\theta}{t}\pm\frac{6M_\theta}{t^2}\end{aligned}\right\}\tag{3-48}$$

3.1.4.3　一般回转壳的边缘弯曲解

当一般回转壳（如球形壳、椭球壳、锥形壳等）与圆柱壳连接时，将产生不连续效应，在这些壳体的边缘处同样存在边缘力和边缘力矩。求这些边缘力和边缘力矩引起的内力和变形需要应用一般回转壳的有力矩理论，若作精确分析远比圆柱壳复杂，超出了本书的范围[41,43]。

由前面分析可知，边缘效应仅局限在边缘附近的狭窄地区，因此在某些情况下可以用近似解代替精确解。例如当球形壳对应的中心角 α 不很小（$\alpha > 30°$）或锥形壳半顶角 α 不很大（$\alpha < 60°$）时，球形壳边界处可用一与其相切的同样厚度的锥形壳代替。后者又可用半径等于锥形壳第二曲率半径的圆柱壳（也称“等效圆柱壳”）来代替，如图 3-20 所示。半椭球壳也可以同样方式处理。于是，上述圆柱壳边缘弯曲解的公式近似适用，只要将式中的 R 分别以球形壳、半椭球壳或锥形壳边界处各点的第二曲率半径代替，圆柱壳的 x 即圆锥壳的母线长度或半球壳的经线弧长，而 $dx = R_2 d\varphi$。下面将举例说明之。

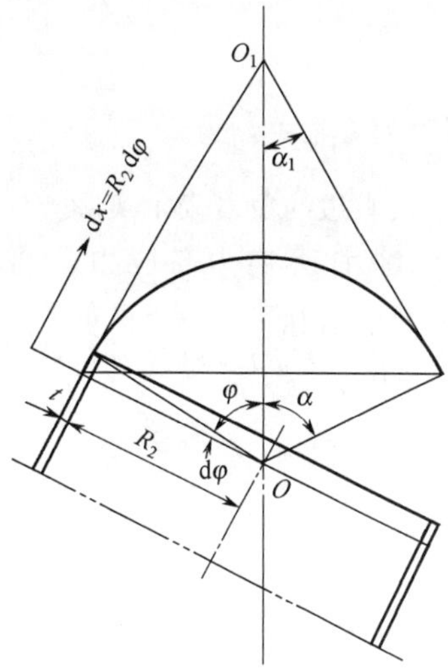

图 3-20　等效圆柱壳

3.1.4.4　容器不连续应力的计算举例

（1）具有半球形封头的圆筒

① 求解边缘载荷 Q_0、M_0　如图 3-18 所示，设内压为 p，筒体和封头的半径为 R，厚度均为 t。已如前述，各种载荷在边缘处引起的变形正负号规定如图 3-19 所示：平行圆径向位移以指向回转轴为正，反之为负；转角则以左侧图为准，逆时针旋转为正，反之为负。在 p 作用下，由表 3-1 知，圆筒的平行圆径向薄膜位移和经线转角为

$$\Delta_1^p = -\frac{pR^2}{2Et}(2-\mu), \theta_1^p = 0 \tag{a}$$

而球壳为

$$\Delta_2^p = -\frac{pR^2}{2Et}(1-\mu), \theta_2^p = 0 \tag{b}$$

显而易见，两者在连接处的平行圆径向位移不连续。如取 $\mu = 0.3$，$\frac{\Delta_1^p}{\Delta_2^p} = 2.43$，就是说同样厚度的圆柱壳比球壳膨胀大 2.43 倍，因此为使两者在连接处变形连续，则必须依靠边缘力 Q_0 和边缘力矩 M_0 产生的附加弯曲变形使之协调，即上述的变形连续条件。Q_0、M_0 在圆筒与球壳连接截面产生的平行圆径向位移和经线转角由式(3-46) 得到；当将球壳的边缘区域视为半径等于第二曲率半径（$R_2 = R$）的等效圆筒时，则 Q_0、M_0 在连接截面产生的平行圆径向位移与经线转角大小与式(3-46) 一样，但方向不完全相同，这是因为球壳边缘的 Q_0、M_0 的方向与圆筒边缘的不同。

$$\left.\begin{aligned} \Delta_2^{M_0} &= -\frac{1}{2\beta^2 D}M_0 \\ \Delta_2^{Q_0} &= \frac{1}{2\beta^3 D}Q_0 \\ \theta_2^{M_0} &= -\frac{1}{\beta D}M_0 \\ \theta_2^{Q_0} &= \frac{1}{2\beta^2 D}Q_0 \end{aligned}\right\} \tag{c}$$

因此，根据连续性条件，即式(3-39)，得到

$$-\frac{pR^2}{2Et}(2-\mu) - \frac{M_0}{2\beta^2 D} - \frac{Q_0}{2\beta^3 D} = -\frac{pR^2}{2Et}(1-\mu) - \frac{M_0}{2\beta^2 D} + \frac{Q_0}{2\beta^3 D}$$

$$\frac{M_0}{\beta D}+\frac{Q_0}{2\beta^2 D}=-\frac{M_0}{\beta D}+\frac{Q_0}{2\beta^2 D} \tag{d}$$

解上列方程组，得

$$M_0=0, Q_0=-\frac{p}{8\beta} \tag{3-49}$$

Q_0 式右边的负号表示实际方向与图 3-19 所示方向相反。

② 计算内力与应力　将上述求得的 Q_0、M_0 代入式(3-47)，并取 $\mu=0.3$，于是 $\beta=\frac{1.285}{R}\sqrt{\frac{R}{t}}$，圆筒中的边缘内力为

$$\left.\begin{aligned} N_\theta &= 2\beta R Q_0 C=-\frac{pR}{4}C \\ M_x &= -\frac{p}{8\beta^2}D=-0.0757pRtD \\ M_\theta &= \mu M_x \end{aligned}\right\} \tag{3-50}$$

因此圆筒中的应力为

$$\left.\begin{aligned} \Sigma{}_1\sigma_x &= {}_1\sigma_x^p+{}_1\sigma_x^M=\frac{pR}{2t}\pm 0.454\frac{pR}{t}D \\ \Sigma{}_1\sigma_\theta &= {}_1\sigma_\theta^p+{}_1\sigma_\theta^N+{}_1\sigma_\theta^M=\frac{pR}{t}-0.25\frac{pR}{t}C\pm \\ & \qquad 0.136\frac{pR}{t}D \end{aligned}\right\} \tag{e}$$

取 $\frac{d}{dx}$（$\Sigma{}_1\sigma_x$）$=0$ 和 $\frac{d}{dx}$（$\Sigma{}_1\sigma_\theta$）$=0$，得到

$$\left.\begin{aligned} (\Sigma{}_1\sigma_x)_{max} &= 0.646\frac{pR}{t}\left(\text{在 }\beta x=\frac{\pi}{4}\text{ 处，外表面}\right) \\ (\Sigma{}_1\sigma_\theta)_{max} &= 1.032\frac{pR}{t}(\text{在 }\beta x=1.85\text{ 处，外表面}) \end{aligned}\right\} \tag{3-51}$$

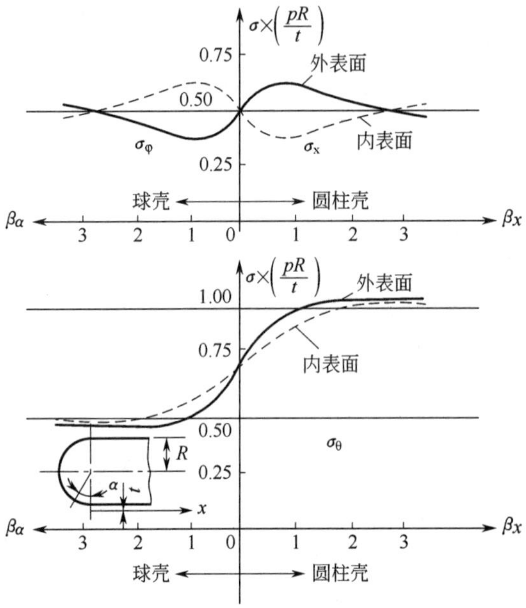

图 3-21　半球壳与圆柱壳连接时应力分布曲线

同理，可以近似求出球壳边界上的应力，图 3-21 为半球壳与圆柱壳连接时的应力变化曲线。

（2）具有椭圆形封头的圆筒

计算具有椭圆形封头的圆筒中的应力的过程与上法相同。圆筒因内压引起的平行圆径向位移与经线转角由式(a) 给出，椭圆形封头边缘由内压 p 引起的平行圆径向位移和经线转角由表 3-1 查得。

$$\left.\begin{aligned} \Delta_2^p &= -\frac{pa^2}{2Et}\left(2-\frac{a^2}{b^2}-\mu\right) \\ \theta_2^p &= 0 \end{aligned}\right\} \tag{f}$$

于是两部分径向的膨胀差为 $\frac{pR^2}{2Et}\left(\frac{a}{b}\right)^2$，与具有半球形封头的圆筒相比要高出 $\left(\frac{a}{b}\right)^2$ 倍。

因其余做法与前相同，显然边缘剪力与弯矩（图 3-22）也增加相同比例，即

$$\left.\begin{aligned}M_0&=0\\Q_0&=\frac{p}{8\beta}\left(\frac{a}{b}\right)^2\end{aligned}\right\}\tag{3-52}$$

若$\dfrac{a}{b}=2$，则$Q_0=\dfrac{p}{2\beta}$，因而圆筒体中最大径向应力和周向应力同上法算得为

$$(\Sigma_1\sigma_x)_{\max}=1.086\frac{pR}{t}\quad(\text{在 }\beta x=\frac{\pi}{4}\text{处,外表面})$$

$$(\Sigma_1\sigma_\theta)_{\max}=1.128\frac{pR}{t}\quad(\text{在 }\beta x=1.85\text{ 处,外表面})$$

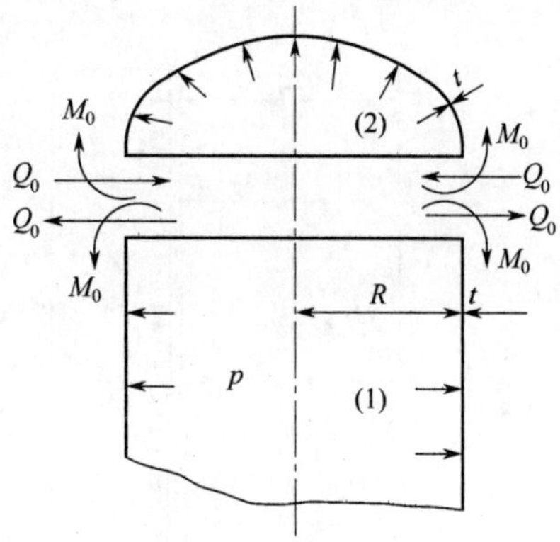

图 3-22　椭球壳与圆柱壳连接处的内力

(1)—筒体；(2)—封头

由此可知，最大应力比与球形封头连接的圆筒大 10%左右。

（3）具有厚度突变的圆筒

图 3-23 是两个厚度不同的圆柱壳所组成的圆筒，由于厚度发生突变，在连接处同样存在不连续效应，每一圆筒的连接处作用有边缘剪力 Q_0 和边缘弯矩 M_0。现设两个圆筒的中面一致，中面半径为R；圆筒的材料一样，即 $E_1=E_2=E$，$\mu_1=\mu_2=\mu$。两个圆筒在内压 p 及Q_0、M_0 作用下的平行圆径向位移与经线转角分别为：

对圆筒（1）

$$\left.\begin{aligned}&\Delta_1^p=-\frac{pR^2}{2Et_1}(2-\mu),\theta_1^p=0\\&\Delta_1^{M_0}=-\frac{1}{2\beta_1^2D_1}M_0,\ \theta_1^{M_0}=-\frac{1}{\beta_1D_1}M_0\\&\Delta_1^{Q_0}=-\frac{1}{2\beta_1^3D_1}Q_0,\ \theta_1^{Q_0}=-\frac{1}{2\beta_1^2D_1}Q_0\end{aligned}\right.\tag{a}$$

对圆筒（2）

$$\left.\begin{aligned}&\Delta_2^p=-\frac{pR^2}{2Et_2}(2-\mu),\theta_2^p=0\\&\Delta_2^{M_0}=-\frac{1}{2\beta_2^2D_2}M_0,\theta_2^{M_0}=\frac{1}{\beta_2D_2}M_0\\&\Delta_2^{Q_0}=\frac{1}{2\beta_2^3D_2}Q_0,\theta_2^{Q_0}=-\frac{1}{2\beta_2^2D_2}Q_0\end{aligned}\right.\tag{b}$$

将式(a) 及式(b) 代入变形协调条件式(3-39) 得

$$\left.\begin{aligned}&-\frac{pR^2}{2Et_1}(2-\mu)-\frac{1}{2\beta_1^2D_1}M_0-\frac{1}{2\beta_1^3D_1}Q_0=-\frac{pR^2}{2Et_2}(2-\mu)-\frac{1}{2\beta_2^2D_2}M_0+\frac{1}{2\beta_2^3D_2}Q_0\\&-\frac{1}{\beta_1D_1}M_0-\frac{1}{2\beta_1^2D_1}Q_0=\frac{1}{\beta_2D_2}M_0-\frac{1}{2\beta_2^2D_2}Q_0\end{aligned}\right\}\tag{c}$$

解式(c) 这一方程组，并代入 $t_2/t_1=n$，$D_2/D_1=n^3$，$\beta_2/\beta_1=1/\sqrt{n}$，经整理后得

$$\left.\begin{aligned}Q_0&=-\frac{p}{4\beta_1}(n-1)(2-\mu)\Big/\left[n+\frac{1}{\sqrt{n}}-\frac{(n^2-1)^2}{2(n^3+\sqrt{n})}\right]\\M_0&=-\frac{Q_0}{2\beta_1}(n^2-1)\Big/\left(n^2+\frac{1}{\sqrt{n}}\right)\end{aligned}\right\}\tag{3-53}$$

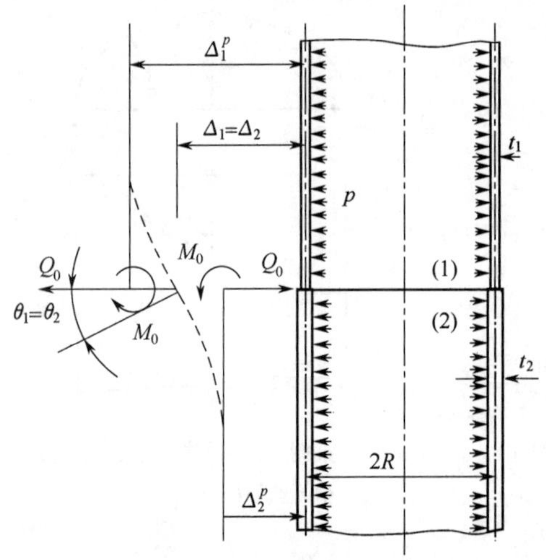

图 3-23 厚度突变圆筒的连接

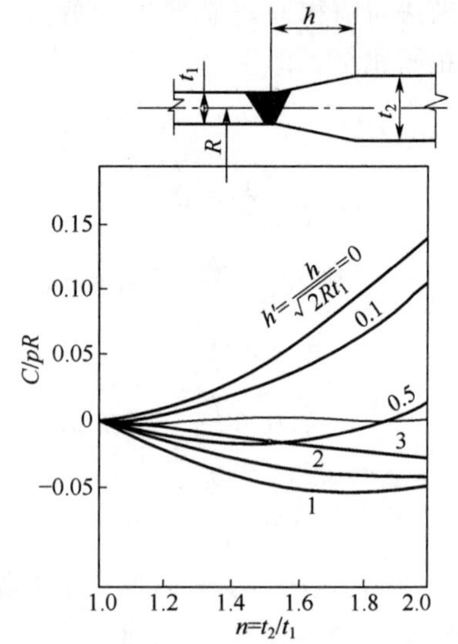

图 3-24 C/pR 系数

式中，$\beta_1=\dfrac{\sqrt[4]{3(1-\mu^2)}}{\sqrt{Rt_1}}$，$Q_0$ 式中的负号表示图 3-23 中假定的 Q_0 方向与实际方向相反。

如 $n=2$，则有

$$Q_0=-0.112\frac{p(2-\mu)}{\beta_1}$$

$$M_0=0.036\frac{p(2-\mu)}{\beta_1^2}$$

取 $\mu=0.3$

$$\left.\begin{aligned}Q_0&=-0.148p\sqrt{Rt_1}\\M_0&=0.037pRt_1\end{aligned}\right\}\qquad(3\text{-}54)$$

同前做法可算得筒体连接处的应力（计算过程从略）

$$\Sigma_1\sigma_x=(0.5\pm0.222)\frac{pR}{t_1}$$

$$\Sigma_1\sigma_\theta=(1-0.258\pm0.067)\frac{pR}{t_1}$$

和

$$\Sigma_2\sigma_x=(0.5\pm0.111)\frac{pR}{t_2}$$

$$\Sigma_2\sigma_\theta=(1+0.502\pm0.033)\frac{pR}{t_2}$$

如将上述 $\Sigma_1\sigma_x$ 表示为下列形式

$$\Sigma_1\sigma_x=\left(\frac{1}{2}\pm1.54\frac{C}{pR}\right)\frac{pR}{t_1}$$

则如图 3-24 所示，降低 n 或将厚壁侧端部削薄到与薄壁侧厚度一致，其不连续应力随之下降，所以在压力容器设计中，当两筒节板厚相差太大时，需要考虑采用类似的过渡结构。

3.1.4.5 不连续应力的局部性与自限性

由上述分析可以看出，在壳体的不连续区域由内压和边缘效应产生的应力由两部分组成，一是内压引起的薄膜应力，它们是根据无力矩理论由静力平衡方程直接导出，该应力沿壳体厚度均匀分布；二是由 Q_0、M_0 产生的弯曲变形引起的不连续应力，这部分应力又可细分为两类，一类是因边缘弯曲使边缘附近平行圆径向膨胀或收缩产生的拉伸或压缩内力 N_θ 所代表的应力，它也是沿厚度均匀分布的应力，故也属于薄膜应力分量，但不同于压力引起的薄膜应力遍及整个筒体；第二类是 Q_x、M_x 引起的弯曲应力，这种应力沿厚度呈线性分布。但两类应力都随 x 的增加呈指数函数迅速衰减以至消失，这种性质称为不连续应力的局部性。对圆柱壳而言，其作用范围与 $\sqrt{Rt}$ 同一量级。

不连续应力是由于毗邻壳体薄膜变形不相等和两部分的变形受到弹性束缚所致，因此对于用塑性材料制造的容器，当不连续边缘区应力过大，一旦出现部分屈服变形时，这种弹性约束即自行缓解，变形不会继续发展，不连续应力也不再无限制地增加，这种性质称为不连续应力的“自限性”。

由于不连续应力具有局部和自限两种特性，除了分析设计法必须作详细的应力分析外，对于静载荷下的塑性材料的容器，在设计中一般不作具体计算，而采取结构上作局部调整的方法，限制其应力水平。这些方法不外是在连接处采用挠性结构，如不同形状壳体的圆弧过渡、不等厚壳体的削薄连接等，其次是采取局部加强措施，此外是减少外界引起的附加应力，如焊接残余应力、支座处的集中应力、开孔接管的应力集中等。但是对于承受低温或循环载荷的容器，或用脆性较大的材料制造的容器，因过高的不连续应力使材料对缺陷十分敏感，可能导致容器的疲劳失效或脆性破坏，因而在设计中必须核算不连续应力。

3.2 圆平薄板中的应力

3.2.1 概述

部分容器的封头、人孔或手孔盖、反应器触媒床的支承板以及板式塔的塔盘等，它们的形状通常是圆形平板或中心有孔的圆环形平板，这是组成容器的一类重要构件。与讨论壳体问题一样，描述圆板几何特征也用中面、厚度和周边支承条件。如图 3-25 所示，对于薄板，其厚度与直径之比小于或等于十分之一，否则为厚板[44]。

大多数圆板或圆环形板承受对称于圆板中心轴的横向载荷，所以圆板的应力和变形具有轴对称性质。圆板在横向载荷作用下，其基本受力特征是双向弯曲，即径向弯曲和周向弯曲，所以板的强度主要取决于厚度。大多数实际问题中，板弯曲后中面上的点在法线方向的位移，即挠度远小于板厚，本节主要讨论圆平薄板在轴对称横向载荷下小挠度弯曲的应力和变形问题。

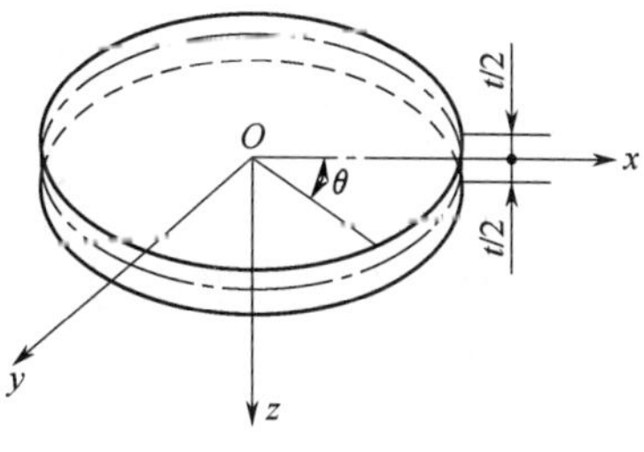

图 3-25 圆平薄板

对于弹性小挠度薄板，采用类似材料力学中直梁理论的近似假设，可大大简化理论分析。这些假设为：

① 板弯曲时其中面保持中性，即板中面内的点无伸缩和剪切变形，只有沿中面法线的挠度；

② 板变形前中面的法线，在弯曲后仍为直线，且垂直于变形后的中面；

③ 垂直于板面的正应力与其他应力相比可略去不计；

④ 材料各向同性并均匀。

因为问题具有静不定性质，所以与推导圆柱薄壳有力矩理论的方法相似，需要建立平衡方程、几何方程和物理方程，最后得到挠度微分方程，解得圆板中的应力。

3.2.2 圆板轴对称弯曲的基本方程

（1）圆板中的内力

如图 3-26 所示的微元是用相距 dr 的两同心圆柱截面和夹角 $d\theta$ 的两半径平面截出，微元的上下面即是圆板的表面。因轴对称，板内无转矩，且除同心圆柱截面上有横向剪力 Q_r 外，其他截面上剪力均为零，在微元侧面上还有径向弯矩 M_r、周向弯矩 M_θ 作用，它们都与 θ 无关，仅是坐标 r 的函数。如同上一节圆柱薄壳的有力矩理论分析，这些内力为沿中面单位长度均匀连续分布，力单位为［N/mm］，力矩单位为［N·mm/mm］。在垂直板面方向承受轴对称表面载荷 $p_z=p_z(r)$ 的作用。

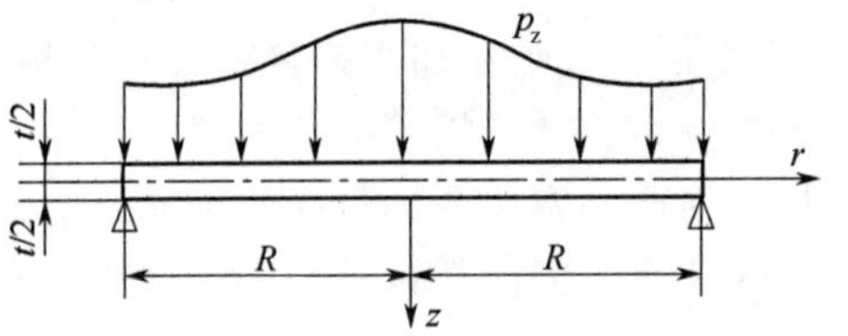

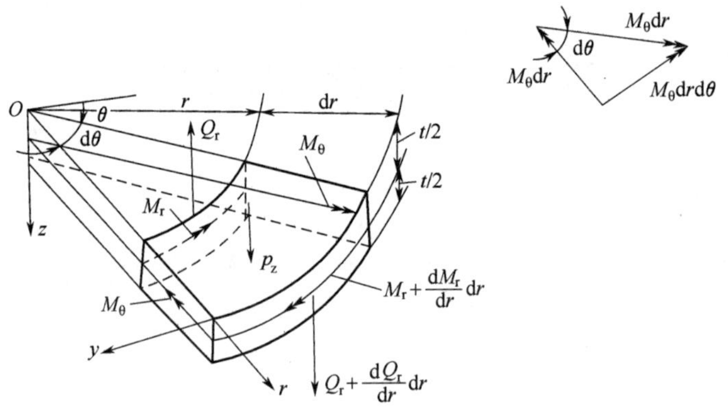

图 3-26　圆板中的内力分量

（弯矩以双箭头矢量表示，弯曲方向按右手规则）

对于圆板通常采用圆柱坐标系 r、θ 和 z，将变形前中面的圆心作为坐标原点；z 通过圆心垂直于中面，取向下为正方向，r 为中面上的点离开圆心的距离；θ 为极角。若建立流动直角坐标，x 与 r 对应，y 则沿 θ 的切向，内力方向的规定与上一节薄壳分析中一样，故图示内力皆为正值。

（2）平衡方程

根据图示微元上的力和力矩，可列出六个平衡条件：$\sum F_x=0$，$\sum F_y=0$，$\sum F_z=0$；$\sum M_x=0$，$\sum M_y=0$，$\sum M_z=0$。但因 x 和 y 方向无力，也无对 z 轴的力矩，而对 x 轴的力矩平衡条件又是自动满足，所以只留下两个平衡方程。由 $\sum F_z=0$，得

$$\left(Q_r+\frac{dQ_r}{dr}dr\right)(r+dr)d\theta-Q_r r d\theta+p_z r d\theta dr=0$$

展开上式，合并同类项，略去三阶小量，则简化为

$$Q_r \mathrm{d}r \mathrm{d}\theta + r\frac{\mathrm{d}Q_r}{\mathrm{d}r}\mathrm{d}r \mathrm{d}\theta + p_z r \mathrm{d}\theta \mathrm{d}r = 0$$

消去因子 $\mathrm{d}r\mathrm{d}\theta$，使得

$$\frac{\mathrm{d}(Q_r r)}{\mathrm{d}r} = -p_z r \tag{3-55}$$

由$\sum M_y = 0$，有

$$\left(M_r + \frac{\mathrm{d}M_r}{\mathrm{d}r}\mathrm{d}r\right)(r+\mathrm{d}r)\mathrm{d}\theta - M_r r \mathrm{d}\theta - 2M_\theta \mathrm{d}r \sin\left(\frac{\mathrm{d}\theta}{2}\right) - Q_r r \mathrm{d}\theta \mathrm{d}r + \frac{1}{2}p_z r \mathrm{d}\theta \mathrm{d}r^2 = 0$$

经展开后略去三阶小量，$\sin\left(\frac{\mathrm{d}\theta}{2}\right) \approx \frac{\mathrm{d}\theta}{2}$，并消去因子 $\mathrm{d}r\mathrm{d}\theta$，最后得

$$M_r + r\frac{\mathrm{d}M_r}{\mathrm{d}r} - M_\theta - Q_r r = 0$$

或

$$\frac{\mathrm{d}(rM_r)}{\mathrm{d}r} - M_\theta = Q_r r \tag{3-56}$$

式(3-55) 和式(3-56) 中含有 M_r，M_θ 和 Q_r 三个未知内力，显然要解出它们需借助补充方程。

(3) 几何方程

受轴对称载荷圆板的弯曲变形也对称于中心轴，挠度 w 仅取决于坐标 r，与 θ 无关，所以只需考虑图 3-27 所示圆板的直径截面的变形情况。$\overline{AB}$ 是此截面上任一沿半径 r 方向并与中面相距 z 的极短纤维，$\overline{AB}=\mathrm{d}r$。在板变形后，根据第二个假设，$A$ 点和 B 点的横截面 $m-n$ 和 $m'-n'$ 仍垂直于变形后的中曲面，并分别转过角 φ 和 $\varphi+\mathrm{d}\varphi$，故纤维$\overline{AB}$ 的径向应变为

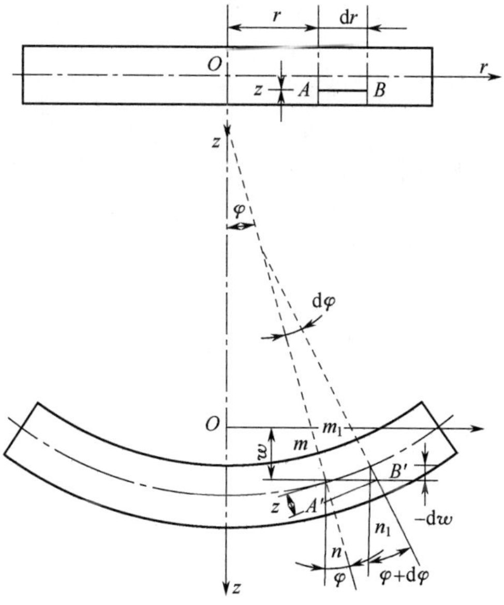

图 3-27　圆板对称弯曲的变形关系

$$\varepsilon_r = \frac{z(\varphi + \mathrm{d}\varphi) - z\varphi}{\mathrm{d}r} = z\,\frac{\mathrm{d}\varphi}{\mathrm{d}r} \tag{a}$$

而过 A 点的圆周线的周向应变为

$$\varepsilon_\theta = \frac{2\pi(r + z\varphi) - 2\pi r}{2\pi r} = z\,\frac{\varphi}{r} \tag{b}$$

作为小挠度

$$\varphi = -\frac{\mathrm{d}w}{\mathrm{d}r} \tag{c}$$

等式右边的负号表示随着半径 r 的增大，w 却减小。

将式(c) 代入式(a) 和式(b)，得

$$\left.\begin{aligned} \varepsilon_r &= -z\,\frac{\mathrm{d}^2 w}{\mathrm{d}r^2} \\ \varepsilon_\theta &= -\frac{z}{r}\,\frac{\mathrm{d}w}{\mathrm{d}r} \end{aligned}\right\} \tag{3-57}$$

上式即是轴对称变形下，表示应变与挠度关系的几何方程。

(4) 物理方程

根据基本假设③，$\sigma_z = 0$，圆板呈两向应力状态。在圆柱坐标下，由胡克定律可得圆板的物理方程为

$$\left.\begin{aligned} \sigma_r &= \frac{E}{1-\mu^2}(\varepsilon_r + \mu\varepsilon_\theta) \\ \sigma_\theta &= \frac{E}{1-\mu^2}(\varepsilon_\theta + \mu\varepsilon_r) \end{aligned}\right\} \tag{3-58}$$

式中，E、μ 为圆板材料的弹性模量和泊松比。

(5) 圆板轴对称弯曲的挠度微分方程

将式(3-57) 代入式(3-58)，得

$$\left.\begin{aligned} \sigma_r &= -\frac{Ez}{1-\mu^2}\left(\frac{\mathrm{d}^2 w}{\mathrm{d}r^2} + \frac{\mu}{r}\frac{\mathrm{d}w}{\mathrm{d}r}\right) \\ \sigma_\theta &= -\frac{Ez}{1-\mu^2}\left(\frac{1}{r}\frac{\mathrm{d}w}{\mathrm{d}r} + \mu\,\frac{\mathrm{d}^2 w}{\mathrm{d}r^2}\right) \end{aligned}\right\} \tag{d}$$

如图 3-28 所示，σ_r、σ_θ 沿板厚线性分布，中性面处应力为零。它们的合力即为沿微元中面周边作用的径向弯矩 M_r 和周向弯矩 M_θ，故

$$\left.\begin{aligned} M_r &= \int_{-\frac{t}{2}}^{\frac{t}{2}} \sigma_r z\,\mathrm{d}z \\ M_\theta &= \int_{-\frac{t}{2}}^{\frac{t}{2}} \sigma_\theta z\,\mathrm{d}z \end{aligned}\right\} \tag{e}$$

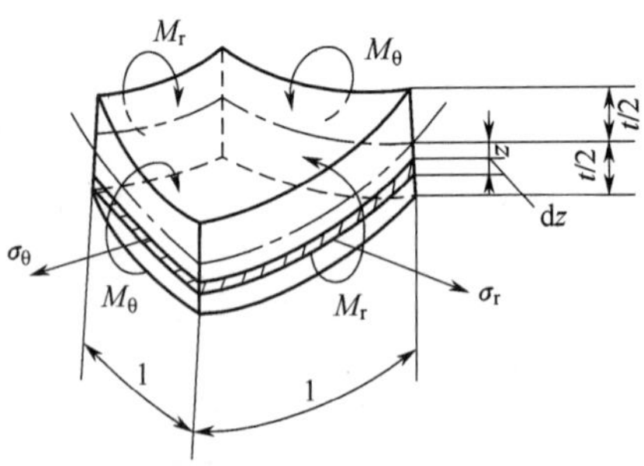

图 3-28　圆板的应力和合成内力矩

将式(d) 代入上式，积分后得

$$\left.\begin{aligned} M_r &= -D\left(\frac{\mathrm{d}^2 w}{\mathrm{d}r^2} + \frac{\mu}{r}\frac{\mathrm{d}w}{\mathrm{d}r}\right) \\ M_\theta &= -D\left(\frac{1}{r}\frac{\mathrm{d}w}{\mathrm{d}r} + \mu\,\frac{\mathrm{d}^2 w}{\mathrm{d}r^2}\right) \end{aligned}\right\} \tag{3-59}$$

式中，D 为圆板抗弯刚度，$D = \dfrac{Et^3}{12(1-\mu^2)}$，表示圆板抵抗弯曲的一种性能。

比较式(3-59)与式(d)，可得

$$\left.\begin{aligned}\sigma_r&=\frac{12M_r}{t^3}z\\ \sigma_\theta&=\frac{12M_\theta}{t^3}z\end{aligned}\right\}\tag{3-60}$$

上式是由圆板内弯矩 M_r、M_θ 求应力的公式。

最后，把式(3-59)代入平衡方程式(3-56)即得

$$\frac{d^3w}{dr^3}+\frac{1}{r}\frac{d^2w}{dr^2}-\frac{1}{r^2}\frac{dw}{dr}=-\frac{Q_r}{D}$$

上式可改写为

$$\frac{d}{dr}\left[\frac{1}{r}\frac{d}{dr}\left(r\frac{dw}{dr}\right)\right]=-\frac{Q_r}{D}\tag{3-61}$$

如把式(3-61)代入式(3-55)，则得到

$$\frac{1}{r}\frac{d}{dr}\left\{r\frac{d}{dr}\left[\frac{1}{r}\frac{d}{dr}\left(r\frac{dw}{dr}\right)\right]\right\}=\frac{p_z}{D}\tag{3-62}$$

式(3-62)是轴对称载荷作用下小挠度圆板的挠度微分方程式。它是一个四阶常微分方程，在由边界条件确定积分常数后，便可得到确定的 w 解，将 w 代入式(3-59)，即得 M_r 和 M_θ，进而由式(3-60)计算圆板中任一点的应力。如剪力 Q_r 可直接由力平衡条件求得，也可利用式(3-61)求解 w。

3.2.3 均布载荷下的圆板中的应力

用于容器的圆板通常受到均布的横向载荷的作用，即 $p_z=p=$ 常数，则式(3-62)的一般解为

$$w=C_1r^2\ln r+C_2r^2+C_3\ln r+C_4+\frac{pr^4}{64D}\tag{3-63a}$$

式中，C_1、C_2、C_3 和 C_4 为积分常数，可由圆板中心和周边条件决定。将式(3-63a)代入式(3-61)，得

$$Q_r=-D\left(\frac{4C_1}{r}+\frac{pr}{2D}\right)\tag{3-63b}$$

对于实心圆板，在板中心 $r=0$ 处，由于 p 为有限量，该处的挠度和剪力应是有限量，故必有 $C_1=C_3=0$，此时式(3-63a)简化为

$$w=C_2r^2+C_4+\frac{pr^4}{64D}\tag{3-64}$$

并有

$$-\varphi=\frac{dw}{dr}=2C_2r+\frac{pr^3}{16D}\tag{3-65}$$

$$\left.\begin{aligned}M_r&=-D\left[2(1+\mu)C_2+\frac{(3+\mu)pr^2}{16D}\right]\\ M_\theta&=-D\left[2(1+\mu)C_2+\frac{(1+3\mu)pr^2}{16D}\right]\\ Q_r&=-\frac{pr}{2}\end{aligned}\right\}\tag{3-66}$$

以上各式中 C_2，C_4 将由圆板周边的支承条件确定。下面讨论两种典型支承情况。

(1) 周边简支的圆板

圆板周边简支图 3-29(a) 表示周边不允许有挠度，但可以自由转动，因而不存在弯矩，

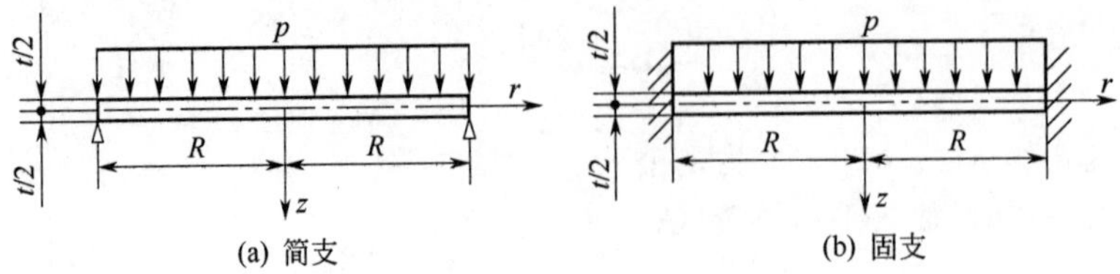

图 3-29 承受均布横向载荷的圆板

此时边界条件为：

当 $r=R$ 时
$$w=0,\quad M_r=0$$

或
$$C_2R^2+C_4+\frac{pR^4}{64D}=0$$

$$2D(1+\mu)C_2+\frac{(3+\mu)pR^2}{16}=0$$

解此方程组，求得
$$C_2=-\frac{(3+\mu)pR^2}{(1+\mu)32D}$$

$$C_4=\frac{(5+\mu)pR^4}{(1+\mu)64D}$$

将上述积分常数代入式(3-64)，得圆板的挠度

$$w=\frac{p}{64D}(R^2-r^2)\left(\frac{5+\mu}{1+\mu}R^2-r^2\right) \tag{3-67}$$

且有
$$\frac{\mathrm{d}w}{\mathrm{d}r}=-\frac{pr}{16D}\left(\frac{3+\mu}{1+\mu}R^2-r^2\right)$$

在圆板中心（$r=0$）处有最大挠度，即

$$w_{\max}=(w)_{r=0}=\frac{(5+\mu)pR^4}{(1+\mu)64D}=\frac{3(1-\mu)(5+\mu)}{16Et^3}pR^4 \tag{3-68}$$

在圆板周边处（$r=R$），转角为

$$\varphi=\left(-\frac{\mathrm{d}w}{\mathrm{d}r}\right)_{r=R}=\frac{pR^3}{8D(1+\mu)} \tag{3-69}$$

将积分常数 C_2 代入式(3-66)，就可得到板中的弯矩和横向力

$$\left.\begin{aligned}M_r&=\frac{p}{16}(3+\mu)(R^2-r^2)\\M_\theta&=\frac{p}{16}[(3+\mu)R^2-(1+3\mu)r^2]\\Q_r&=-\frac{pr}{2}\end{aligned}\right\} \tag{3-70}$$

和

$$\left.\begin{aligned}\sigma_r&=\frac{3pz}{4t^3}(3+\mu)(R^2-r^2)\\\sigma_\theta&=\frac{3pz}{4t^3}[(3+\mu)R^2-(1+3\mu)r^2]\\\tau_{r\theta}&=\frac{3pr}{t^3}\left(z^2-\frac{t^2}{4}\right)\end{aligned}\right\} \tag{3-71}$$

在板的上下表面$\left(z=\mp\frac{t}{2}\right)$处，其弯曲应力值为

$$\left.\begin{aligned}\sigma_r&=\mp\frac{3p}{8t^2}(3+\mu)(R^2-r^2)\\\sigma_\theta&=\mp\frac{3p}{8t^2}[(3+\mu)R^2-(1+3\mu)r^2]\end{aligned}\right\}\qquad(3\text{-}72)$$

显然，在板中心σ_r、σ_θ为最大，它们的数值为

$$(\sigma_r)_{max}=(\sigma_\theta)_{max}=\mp\frac{3(3+\mu)}{8t^2}pR^2\qquad(3\text{-}73)$$

式中，正号表示拉应力，负号表示压应力。

图 3-30(a) 是周边简支板下表面的σ_r、σ_θ分布曲线。

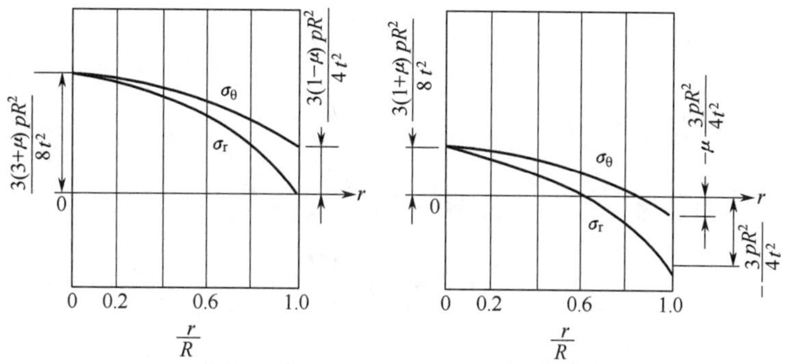

图 3-30 圆板的弯曲应力分布（板下表面）

在工程设计中，重视的是最大挠度和最大正应力，挠度反映板的刚度，应力则反映强度。由式(3-68) 和式(3-73) 可知，最大挠度和最大应力与圆板的材料、半径、厚度有关。因此，若构成板的材料和载荷已确定，则减小半径或增加厚度都可减小挠度和降低最大正应力，当圆板的几何尺寸和载荷一定，则选用E、μ较大的材料，可减小最大挠度值。然而最大应力只与（$3+\mu$）成正比，与E无关，而μ的数值变化范围小，故改变材料并不能获得有利的应力状态。

(2) 周边固支的圆板

周边固支的圆板[图 3-29(b)]其支承处不允许有转动和挠度，这样的边界条件为：

当$r=R$时
$$w=0,\varphi=0,\text{即}\frac{dw}{dr}=0$$

在式(3-64) 和式(3-65) 中代入上述边界条件，得

$$C_2R^2+C_4+\frac{pR^4}{64D}=0$$

$$2C_2R+\frac{pR^3}{16D}=0$$

解得

$$C_2=-\frac{pR^2}{32D}$$

$$C_4=\frac{pR^4}{64D}$$

因而
$$w=\frac{p}{64D}(R^2-r^2)^2 \tag{3-74}$$
显然，最大挠度仍发生在板中心处，为
$$w_{\max}=\frac{pR^4}{64D}=\frac{3(1-\mu^2)}{16Et^3}pR^4 \tag{3-75}$$
将积分常数 C_2 代入式(3-66)，得
$$\left.\begin{aligned}M_r&=\frac{p}{16}[(1+\mu)R^2-(3+\mu)r^2]\\M_\theta&=\frac{p}{16}[(1+\mu)R^2-(1+3\mu)r^2]\end{aligned}\right\} \tag{3-76}$$
和
$$\left.\begin{aligned}\sigma_r&=\frac{3pz}{4t^3}[(1+\mu)R^2-(3+\mu)r^2]\\\sigma_\theta&=\frac{3pz}{4t^3}[(1+\mu)R^2-(1+3\mu)r^2]\end{aligned}\right\} \tag{3-77}$$
在板中心（$r=0$），则有
$$M_r=M_\theta=\frac{1+\mu}{16}pR^2$$
在板边缘（$r=R$），弯矩为
$$M_r=-\frac{pR^2}{8}$$
$$M_\theta=-\mu\frac{pR^2}{8}$$
因此，最大弯矩是边缘的径向弯矩，相应的最大应力在板上下表面$\left(z=\mp\frac{t}{2}\right)$上，即
$$(\sigma_r)_{\max}=\mp\frac{3}{4t^2}pR^2 \tag{3-78}$$
图 3-30(b) 是周边固支板下表面的应力分布曲线。

比较两种边界条件下的最大挠度与最大应力可知，如 $\mu=0.3$，简支圆板的最大挠度约为固支板的四倍。固支板的最大应力是板周边表面上的径向弯曲应力，其大小与材料物理性质（E、μ）完全无关；简支圆板的最大应力位置在板中心，大小与材料的物理性质 μ 有关，数值上是固支板的 1.65 倍。因此要使圆板在承受载荷后有较小的最大挠度和最大应力值，首先应该使圆板接近固支条件下受载。但实际的圆板实现真正的固支并不总是现实的，某些板的支承都可能有某种程度的挠曲，趋向简支的变形。因此设计中往往将本来接近固支的模型简化为简支或作部分修正，使其得到偏保守的结果。

3.2.4 轴对称载荷下环形板中的应力

如图 3-31 所示，具有中心孔的薄圆板称为环形薄板。若环形板的外半径与内半径分别用 a 和 b 表示，则$\frac{a-b}{2a}$的比值不太小时，环形板仍主要受弯曲，故可利用上述圆板的基本方程式的解式(3-63)，只是其中的积分常数 C_1、C_3 不再等于零，四个积分常数将分别由内外边缘的边界条件决定。下面列举两种轴对称载荷作用下的环形薄板的弯曲问题加以讨论。

(1) 承受均布边缘弯矩的环形板

图 3-31 中的环形板，其内边为自由边，外边为简支，弯矩 M_1 和 M_2 分别沿内外圆周

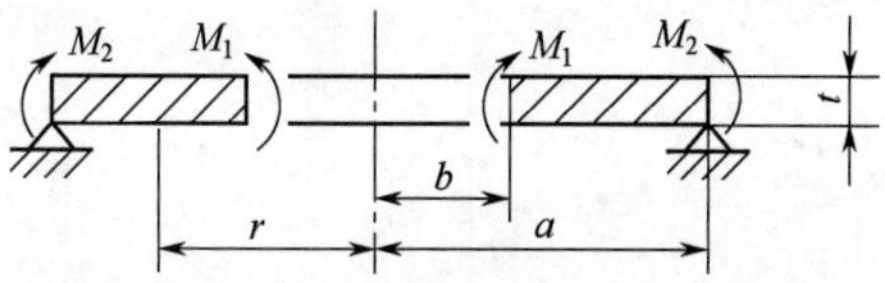

图 3-31　内外周边受均布弯矩的环形板

均匀分布。这种环板的边界条件由下式表示：

$$\text{当 } r=b \text{ 时}\quad \left.\begin{aligned} Q_r&=0\\ M_r&=M_1 \end{aligned}\right\} \tag{a}$$

$$\text{当 } r=a \text{ 时}\quad \left.\begin{aligned} w&=0\\ M_r&=M_2 \end{aligned}\right\} \tag{b}$$

因 $p=0$，由式(3-63)、式(3-59) 和式(3-61) 得

$$\left.\begin{aligned}
&w=C_1r^2\ln r+C_2r^2+C_3\ln r+C_4\\
&M_r=-D\left(\frac{d^2w}{dr^2}+\frac{\mu}{r}\frac{dw}{dr}\right)=-D\Big[2(1+\mu)C_2+(3+\mu)C_1+\\
&\qquad 2(1+\mu)C_1\ln r-\frac{(1-\mu)}{r^2}C_3\Big]\\
&M_\theta=-D\left(\frac{1}{r}\frac{dw}{dr}+\mu\frac{d^2w}{dr^2}\right)=-D\Big[2(1+\mu)C_2+(1+3\mu)C_1+\\
&\qquad 2(1+\mu)C_1\ln r+\frac{(1-\mu)}{r^2}C_3\Big]\\
&Q_r=-D\frac{d}{dr}\left[\frac{1}{r}\frac{d}{dr}\left(r\frac{dw}{dr}\right)\right]=-\frac{4DC_1}{r}
\end{aligned}\right\} \tag{3-79}$$

将上述 w、M_r 和 Q_r 代入边界条件式(a) 和式(b)，应有 $C_1=0$，且

$$\left.\begin{aligned}
2(1+\mu)C_2-\frac{1-\mu}{b^2}C_3&=-\frac{M_1}{D}\\
a^2C_2+\ln aC_3+C_4&=0\\
2(1+\mu)C_2-\frac{1-\mu}{a^2}C_3&=-\frac{M_2}{D}
\end{aligned}\right\} \tag{c}$$

解此方程组后，得

$$\left.\begin{aligned}
C_2&=\frac{(M_1b^2-M_2a^2)}{2D(1+\mu)(a^2-b^2)}\\
C_3&=\frac{a^2b^2(M_1-M_2)}{D(1-\mu)(a^2-b^2)}\\
C_4&=-\frac{a^2}{D(a^2-b^2)}\left[\frac{M_1b^2-M_2a^2}{2(1+\mu)}+\frac{(M_1-M_2)b^2\ln a}{1-\mu}\right]
\end{aligned}\right\} \tag{d}$$

将这些常数代回式(3-79)，得到如下挠度与内力矩的关系式

$$\left.\begin{aligned}
w&=\frac{1}{D(a^2-b^2)}\left[\frac{a^2b^2(M_1-M_2)}{1-\mu}\ln\frac{r}{a}-\frac{M_1b^2-M_2a^2}{2(1+\mu)}-(a^2-r^2)\right]\\
M_r&=\frac{M_2a^2(r^2-b^2)-M_1b^2(r^2-a^2)}{r^2(a^2-b^2)}\\
M_\theta&=\frac{M_2a^2(r^2+b^2)-M_1b^2(r^2+a^2)}{r^2(a^2-b^2)}\\
Q_r&=0
\end{aligned}\right\} \tag{3-80}$$

现讨论几种特殊情况：

① 若 $M_1=0$，式(3-80) 成为

$$
\left.\begin{aligned}
&w=\frac{M_2a^2}{D(a^2-b^2)}\left[\frac{a^2-r^2}{2(1+\mu)}-\frac{b^2}{1-\mu}\ln\frac{r}{a}\right] && \text{(a)}\\
&M_r=\frac{M_2a^2}{a^2-b^2}\left(1-\frac{b^2}{r^2}\right) && \text{(b)}\\
&M_\theta=\frac{M_2a^2}{a^2-b^2}\left(1+\frac{b^2}{r^2}\right) && \text{(c)}\\
&Q_r=0 && \text{(d)}
\end{aligned}\right\}\qquad(3\text{-}81)
$$

② 若 $M_2=0$，由式(3-80) 得

$$
\left.\begin{aligned}
&w=\frac{M_1b^2}{D(a^2-b^2)}\left[\frac{a^2}{1-\mu}\ln\frac{r}{a}-\frac{a^2-r^2}{2(1+\mu)}\right] && \text{(a)}\\
&M_r=\frac{M_1b^2(a^2-r^2)}{r^2(a^2-b^2)}=\frac{M_1b^2}{a^2-b^2}\left[\left(\frac{a}{r}\right)^2-1\right] && \text{(b)}\\
&M_\theta=-\frac{M_1b^2(a^2+r^2)}{r^2(a^2-b^2)}=\frac{M_1b^2}{a^2-b^2}\left[\left(\frac{a}{r}\right)^2+1\right] && \text{(c)}\\
&Q_r=0 && \text{(d)}
\end{aligned}\right\}\qquad(3\text{-}82)
$$

③ 若 $M_1=0$，且 $b=0$，此相当于简支圆板外周边受纯弯矩作用的情况，如图 3-32 所示。由式(3-81)，并令 $a=R$，$M_2=M$，得

$$
\left.\begin{aligned}
&w=\frac{M(R^2-r^2)}{2D(1+\mu)}\\
&M_r=M_\theta=M
\end{aligned}\right\}\qquad(3\text{-}83)
$$

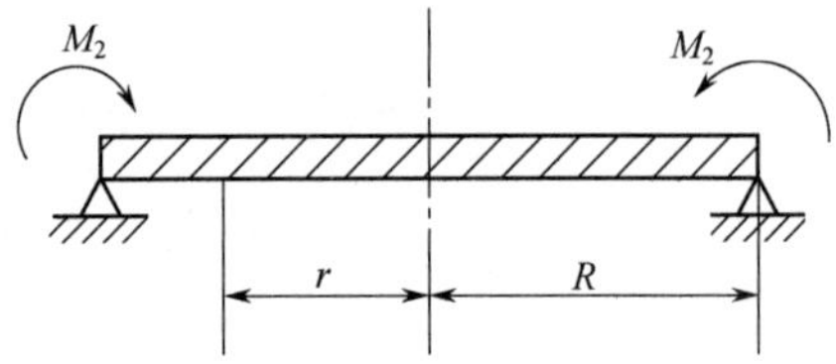

图 3-32　外周边受均布弯矩的圆板

且有

$$
\frac{\mathrm{d}w}{\mathrm{d}r}=-\frac{Mr}{D(1+\mu)}
$$

(2) 内周边承受均布横剪力的环形板

如图 3-33 所示的环形板，内周边受均匀分布的横向剪力 Q 的作用。同上述环形板一样，内周边自由，外周边简支，此时边界条件为

$$
\left.\begin{aligned}
&\text{当 } r=b \text{ 时}\quad \left.\begin{aligned}M_r&=0\\ Q_r&=-Q\end{aligned}\right\}\\
&\text{当 } r=a \text{ 时}\quad \left.\begin{aligned}w&=0\\ M_r&=0\end{aligned}\right\}
\end{aligned}\right.\qquad\text{(e)}
$$

因 $p=0$，故用式(3-79) 解的形式，并代入上列边界条件，得到四个关于积分常数的代数方程式

$$
\left.\begin{aligned}
&2(1+\mu)C_2+(3+\mu)C_1+2(1+\mu)C_1\ln b-\frac{1-\mu}{b^2}C_3=0\\
&\frac{4D}{b}C_1=Q\\
&a^2C_1\ln a+a^2C_2+C_3\ln a+C_4=0\\
&2(1+\mu)C_2+(3+\mu)C_1+2(1+\mu)C_1\ln a-\frac{1-\mu}{a^2}C_3=0
\end{aligned}\right\}\qquad\text{(f)}
$$

解此方程组，得到各积分常数为

$$\left.\begin{aligned}
C_1&=\frac{Qb}{4D}\\
C_2&=\frac{Qb}{4D}\left[\frac{b^2}{a^2-b^2}\ln\frac{b}{a}-\ln a-\frac{(3+\mu)}{2(1+\mu)}\right]\\
C_3&=\frac{Qa^2b^3(1+\mu)}{2D(1-\mu)(a^2-b^2)}\ln\frac{b}{a}\\
C_4&=\frac{Qa^2b}{2D}\left[\frac{(3+\mu)}{4(1+\mu)}-\frac{b^2}{a^2-b^2}\left(\frac{1}{2}+\frac{1+\mu}{1-\mu}\ln a\right)\ln\frac{b}{a}\right]
\end{aligned}\right\}\qquad(g)$$

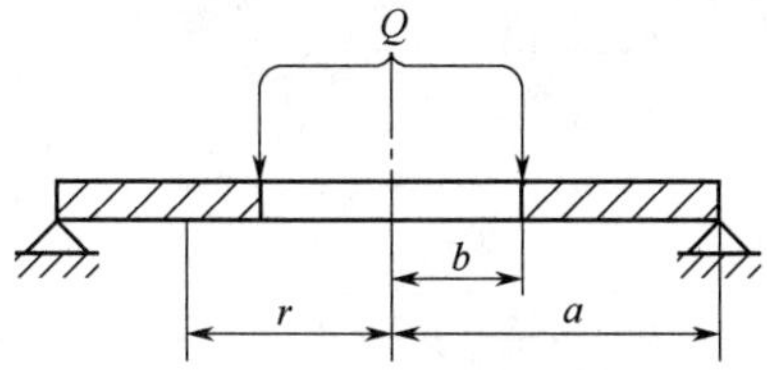

图 3-33　内周边受均布横向剪力的环形板

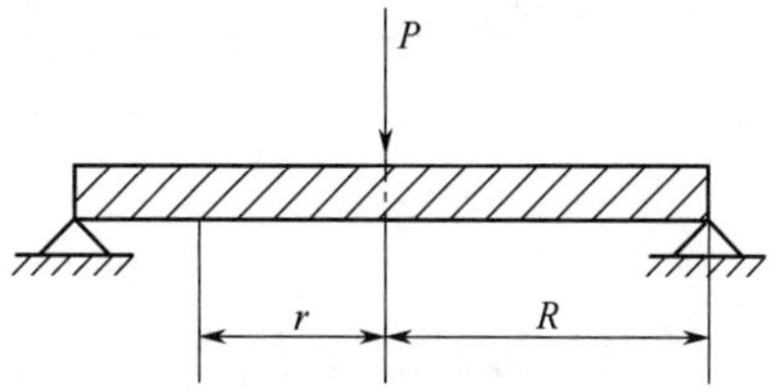

图 3-34　中央受集中载荷的简支板

将上述积分常数代回式(3-79)，则得

$$\left.\begin{aligned}
w&=\frac{Qb}{2D}\left\{\frac{1}{2}\left[\frac{b^2}{a^2-b^2}\ln\frac{b}{a}+\ln\frac{r}{a}-\frac{3+\mu}{2(1+\mu)}\right]r^2+\right.\\
&\left.\frac{a^2b^2}{a^2-b^2}\left(\frac{1+\mu}{1-\mu}\ln\frac{r}{a}-\frac{1}{2}\right)\ln\frac{b}{a}+\frac{a^2(3+\mu)}{4(1+\mu)}\right\} &(a)\\
M_r&=-\frac{Qb(1+\mu)}{2}\left[\frac{b^2}{a^2-b^2}\left(1-\frac{a^2}{r^2}\right)\ln\frac{b}{a}+\ln\frac{r}{a}\right] &(b)\\
M_\theta&=-\frac{Qb(1+\mu)}{2}\left[\frac{b^2}{a^2-b^2}\left(1+\frac{a^2}{r^2}\right)\ln\frac{b}{a}+\ln\frac{r}{a}-\frac{1-\mu}{1+\mu}\right] &(c)\\
Q_r&=-\frac{Qb}{r} &(d)
\end{aligned}\right\}\qquad(3\text{-}84)$$

如令上式中 b 趋于零，略去 $b^2\ln\frac{b}{a}$，并取 $P=2\pi bQ$，$a=R$，则可得到中央受集中载荷 P 的简支圆板的挠度和内弯矩方程式(图 3-34)，即

$$\left.\begin{aligned}
w&=\frac{P}{16\pi D}\left[2r^2\ln\frac{r}{R}+\frac{3+\mu}{1+\mu}(R^2-r^2)\right]\\
M_r&=\frac{P}{4\pi}(1+\mu)\ln\frac{R}{r}\\
M_\theta&=\frac{P}{4\pi}\left[(1+\mu)\ln\frac{R}{r}+1-\mu\right]
\end{aligned}\right\}\qquad(3\text{-}85)$$

(3) 叠加法求环形板的挠度和应力[45]

应用叠加法，由前述关于环形板的解以及实心圆板的解，可以在弹性范围内得到在其他支承情况和其他载荷作用下的解。例如图 3-35(a) 所示的环形圆板，其外周边简支，内周边自由，上表面承受均布载荷。这一情况首先可看成是图 3-35 中(b)、(c) 两种情形的叠加结

果。对于图 3-35(b) 可以看成是在一板面承受均布载荷 p 的周边简支实心圆板中央挖去 $r=b$ 的部分圆板，留下的一简支环形圆板，在其内周边的环形柱面上作用着与取走的部分圆板外圆柱面上作用的弯矩 M 与剪力 Q 大小相等、方向相反的反作用弯矩 M 与剪力 Q，它们可由式(3-70) 导出，即

$$M=\frac{p}{16}(3+\mu)(a^2-b^2)$$

$$Q=-\frac{pb}{2}$$

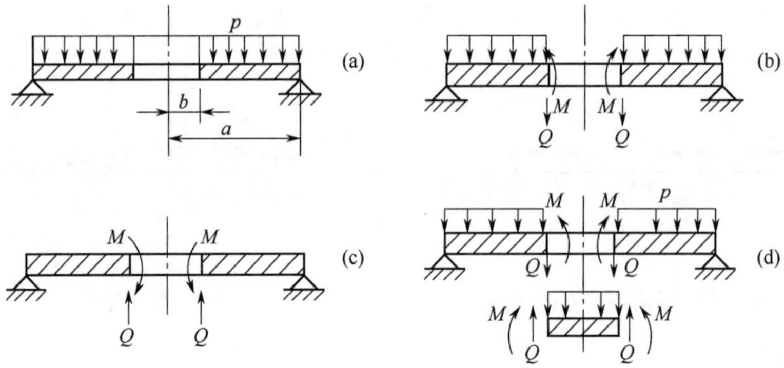

图 3-35　叠加法求环形板弯曲问题

这样可以将本问题的解转化成由图 3-35(c) 和 (d) 叠加为 (a) 的结果。于是有

$$\left.\begin{aligned}w&=(w)^p[\text{式(3-67)}]-(w)^M[\text{式(3-82)}]-(w)^Q[\text{式(3-84)}]\\M_r&=(M_r)^p[\text{式(3-70)}]-(M_r)^M[\text{式(3-82)}]-(M_r)^Q[\text{式(3-84)}]\\M_\theta&=(M_\theta)^p[\text{式(3-70)}]-(M_\theta)^M[\text{式(3-82)}]-(M_\theta)^Q[\text{式(3-84)}]\end{aligned}\right\}\tag{3-86}$$

式中，上标“p”“M”“Q”分别表示实心板受均布压力 p 作用以及圆环板受 M 和 Q 作用引起的挠度和弯矩。式(3-82) 与式(3-84) 中的 M_1 与 Q 用上述 M、Q 的数值代入（注意，力与力矩的方向）。

现以挠度为例，由式(3-67)、式(3-82)、式(3-84) 顺序可得

$$w^p=\frac{p}{64D}(a^2-r^2)\left(\frac{5+\mu}{1+\mu}a^2-r^2\right)$$

$$\begin{aligned}w^M&=\frac{Mb^2}{D(a^2-b^2)}\left[\frac{a^2}{1-\mu}\ln\frac{r}{a}-\frac{a^2-r^2}{2(1+\mu)}\right]\\&=\frac{p(3+\mu)b^2}{16D}\left[\frac{a^2}{1-\mu}\ln\frac{r}{a}-\frac{a^2-r^2}{2(1+\mu)}\right]\end{aligned}$$

$$\begin{aligned}w^Q=\frac{Qpb^2}{4D}\Bigg\{&\frac{1}{2}\left[\frac{b^2}{a^2-b^2}\ln\frac{b}{a}+\ln\frac{r}{a}-\frac{3+\mu}{2(1+\mu)}\right]r^2+\\&\frac{a^2b^2}{a^2-b^2}\left(\frac{1+\mu}{1-\mu}\ln\frac{r}{a}-\frac{1}{2}\right)\ln\frac{b}{a}+\frac{a^2(3+\mu)}{4(1+\mu)}\Bigg\}\end{aligned}$$

于是代入式(3-86)，并设 $\alpha=\frac{a}{b}$，$\zeta=\frac{r}{b}$，整理后得

$$w=\frac{pa^4}{Et^3}\frac{3(1-\mu^2)}{2\alpha^4}\left\{\frac{1}{8}(\alpha^2-\zeta^2)\left[\frac{5+\mu}{1+\mu}\alpha^2-\zeta^2-\frac{2(3+\mu)}{1+\mu}-\frac{8}{\alpha^2-1}\ln\alpha\right]+\right.$$

$$\left[\frac{3+\mu}{2(1-\mu)}\alpha^2+\zeta^2-\frac{2(1+\mu)}{1-\mu}\frac{\alpha^2}{\alpha^2-1}\ln\alpha\right]\ln\frac{\alpha}{\zeta}\Bigg\}$$

当 $\zeta=1$，即 $r=b$ 处

$$w=(w)_{\max}=k_1\frac{pa^4}{Et^3}$$

式中
$$k_1=\frac{3}{2}\frac{(1-\mu^2)}{\alpha^4}\left\{\frac{1}{8}(\alpha^2-1)\left[\frac{5+\mu}{1+\mu}\alpha^2-1-\frac{2(3+\mu)}{1+\mu}-\frac{8}{\alpha^2-1}\ln\alpha\right]+\left[\frac{3+\mu}{2(1-\mu)}\alpha^2+1-\frac{2(1+\mu)}{1-\mu}\frac{\alpha^2}{\alpha^2-1}\ln\alpha\right]\ln\alpha\right\}$$

当 $\mu=0.3$ 时，取不同的 α 值可得各个 k_1 值。如 $\alpha=3$，则 $k_1=0.824$。

同理可求得弯矩和相应的应力。

应用类似的过程可以处理承受不同载荷和具有不同边界条件的环形板。表 3-4 列举了几种典型环形板最大挠度和最大应力（$\mu=0.3$），可供设计计算参考。

表 3-4　各种加载情形下的环形板

均布荷载：	$w_{\max}=k_1\dfrac{pa^4}{Et^3}$	$\sigma_{\max}=k_2\dfrac{pa^2}{t^2}$	
集中荷载：	$w_{\max}=k_3\dfrac{Pa^2}{Et^3}$	$\sigma_{\max}=k_4\dfrac{P}{t^2}$	
A. 外边简支	a/b	k_1	k_2
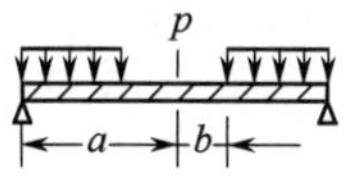	1.5	0.414	0.976
	2.0	0.682	1.44
	3.0	0.824	1.88
	4.0	0.830	2.08
	5.0	0.813	2.19
B. 内边和外边固定	a/b	k_1	k_2
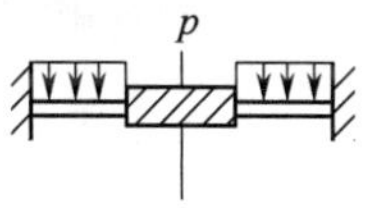	1.5	0.0062	0.273
	2.0	0.0329	0.71
	3.0	0.110	1.54
	4.0	0.179	2.23
	5.0	0.234	2.80
C. 内边和外边固支	a/b	k_3	k_4
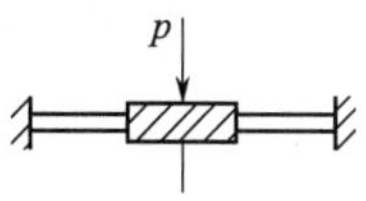	1.5	0.0064	0.22
	2.0	0.0237	0.405
	3.0	0.062	0.703
	4.0	0.092	0.933
	5.0	0.114	1.13
D. 内边简支，外边自由	a/b	k_1	k_2
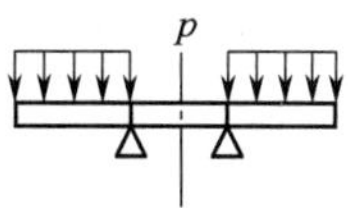	1.5	0.491	1.19
	2.0	0.902	2.04
	3.0	1.220	3.34
	4.0	1.300	4.30
	5.0	1.310	5.10
E. 内边固定，外边自由	a/b	k_3	k_4
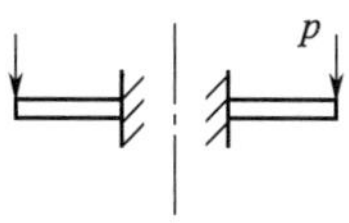	1.5	0.0249	0.428
	2.0	0.0877	0.753
	3.0	0.209	1.205
	4.0	0.293	1.514
	5.0	0.350	1.745

3.2.5 带平封头圆筒的不连续分析

圆形平（板）封头常用作圆筒形容器的封头。平封头除受横向均布内压造成弯曲之外，在封头与圆筒连接处存在着不连续应力，此值有时相当大而不容忽视。下面将利用以上所学知识给出计算方法。

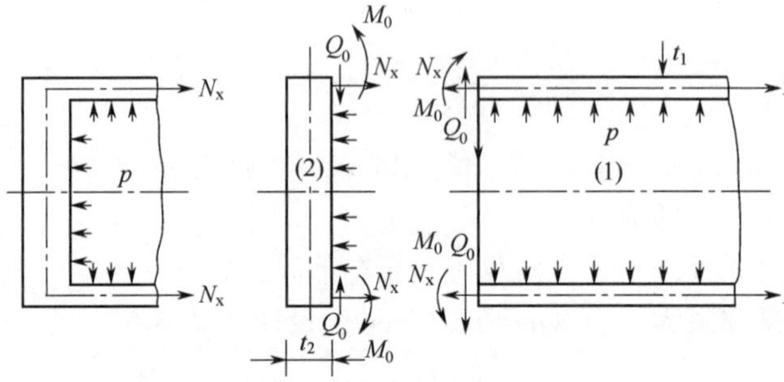

图 3-36　带圆形平封头的圆筒

(1)—封头；(2)—筒体

带圆形平封头的圆筒如图 3-36 所示，内部作用均匀分布的压力 p。用一假想截面将圆筒与封头在连接部位切开，则它们之间有相互作用的内力 N_x、Q_0 和 M_0。N_x 由封头所受轴向力的平衡条件求得，即

$$N_x=\frac{\pi R^2 p}{2\pi R}=\frac{1}{2}pR \tag{a}$$

而 Q_0、M_0 由封头与圆筒在连接处的变形协调条件给出。

圆筒在内压 p、Q_0 和 M_0 作用下连接处的径向位移与经线转角（正负向规定见 3.1.4 节），由表 3-1 与式(3-46) 得到

$$\left.\begin{aligned}
&\Delta_1^p=-\frac{pR^2}{2Et_1}(2-\mu),\theta_1^p=0\\
&\Delta_1^{M_0}=-\frac{1}{2\beta^2 D_1}M_0,\theta_1^{M_0}=\frac{1}{\beta D_1}M_0\\
&\Delta_1^{Q_0}=-\frac{1}{2\beta^3 D_1}Q_0,\theta_1^{Q_0}=\frac{1}{2\beta^2 D_1}Q_0
\end{aligned}\right\} \tag{b}$$

式中　D_1——圆筒的抗弯刚度，$D_1=\dfrac{Et_1^3}{12(1-\mu^2)}$。

对于圆形平封头，在横向均布压力 p 和弯矩 $\left(M_0-\dfrac{Q_0 t_2}{2}\right)$ 作用下，连接处圆形平板中面的转角可由式(3-69) 和式(3-83) 得到（此处假设圆板周边简支）

$$\left.\begin{aligned}
&\theta_2^p=\frac{pR^3}{8D_2(1+\mu)}\\
&\theta_2^{\left(M_0-\frac{Q_0 t_2}{2}\right)}=-\left(M_0-\frac{Q_0 t_2}{2}\right)\frac{R}{(1+\mu)D_2}
\end{aligned}\right\} \tag{c}$$

式中　D_2——圆板的抗弯刚度，$D_2=\dfrac{Et_2^3}{12(1-\mu^2)}$。

而因转角在板表面引起的径向位移为

$$\left.\begin{aligned}\Delta_2^p&=\theta_2^p\frac{t_2}{2}\\ \Delta_2^{M_0-\frac{Q_0t_2}{2}}&=\theta_2^{M_0-\frac{Q_0t_2}{2}}\frac{t_2}{2}\end{aligned}\right\}\tag{d}$$

圆板承受边缘剪力 Q_0 作用时，其中面的径向位移 Δ_2^p 可利用本书第10章厚壁圆筒的位移表达式(10-9)导得（令该式中 $R_i=0$，$R_0=R$，$p_i=0$，$p_0=\dfrac{Q_0}{t_2}$，即近似地将圆板视作内半径为零、受沿厚度均布的外压力$\dfrac{Q_0}{t_2}$作用的厚壁筒）

$$\Delta_2^{Q_0}=\frac{(1-\mu)RQ_0}{Et_2}\tag{e}$$

上述各径向位移与转角应满足以下连续性条件

$$\left.\begin{aligned}\Delta_1^p+\Delta_1^{M_0}+\Delta_1^{Q_0}&=\Delta_2^p+\Delta_2^{M_0-\frac{Q_0t_2}{2}}+\Delta_2^{Q_0}\\ \theta_1^p+\theta_1^{M_0}+\theta_1^{Q_0}&=\theta_2^p+\theta_2^{M_0-\frac{Q_0t_2}{2}}\end{aligned}\right\}\tag{f}$$

或

$$\left.\begin{aligned}&-\frac{pR^2}{2Et_1}(2-\mu)-\frac{1}{2\beta^2D_1}M_0-\frac{1}{2\beta^3D_1}Q_0\\ &=\frac{pR^3}{8D_2(1+\mu)}\frac{t_2}{2}-\left(M_0-\frac{Q_0t_2}{2}\right)\frac{R}{(1+\mu)D_2}\frac{t_2}{2}+\frac{(1-\mu)RQ_0}{Et_2}\\ &\frac{1}{\beta D_1}M_0+\frac{1}{2\beta^2D_1}Q_0=\frac{pR^3}{8(1+\mu)D_2}-\left(M_0-\frac{Q_0t_2}{2}\right)\frac{R}{(1+\mu)D_2}\end{aligned}\right\}\tag{g}$$

或

$$\left.\begin{aligned}&\left[-\frac{1}{2\beta^2D_1}+\frac{Rt_2}{2(1+\mu)D_2}\right]M_0-\left[\frac{1}{2\beta^3D_1}+\frac{(1-\mu)R}{Et_2}+\frac{Rt_2^2}{4(1+\mu)D_2}\right]Q_0\\ &=\frac{pR^2}{2Et_1}(2-\mu)+\frac{pR^3t_2}{16(1+\mu)D_2}\\ &\left[\frac{1}{\beta D_1}+\frac{R}{(1+\mu)D_2}\right]M_0+\left[\frac{1}{2\beta^2D_1}-\frac{Rt_2}{2(1+\mu)D_2}\right]Q_0=\frac{pR^3}{8(1+\mu)D_2}\end{aligned}\right\}\tag{h}$$

由此解得 M_0、Q_0，如将 D_1、D_2 和 β 的表达式代入，则得

$$\left.\begin{aligned}M_0&=\frac{p}{4\beta^2\Delta}\left[(2-\mu+\alpha_3)(1-\alpha_1)+\frac{2\alpha_3}{\alpha_2}\left(1+\frac{2}{3}\alpha_1\alpha_2\right)\right]\\ Q_0&=-\frac{p}{2\beta\Delta}\left[(2-\mu+\alpha_3)\left(1+\frac{\alpha_1}{\alpha_2}\right)+\frac{\alpha_3}{\alpha_2}(1-\alpha_1)\right]\end{aligned}\right\}\tag{3-87}$$

式中　$\alpha_1=\dfrac{3(1-\mu)}{\sqrt{3(1-\mu^2)}}\left(\dfrac{t_1}{t_2}\right)^2$

$$\alpha_2=\sqrt[4]{3(1-\mu^2)}\frac{t_2/t_1}{\sqrt{R/t_1}}$$

$$\alpha_3=\frac{3(1-\mu)}{2}\left(\frac{t_1}{t_2}\right)^2\left(\frac{R}{t_1}\right)$$

$$\Delta=1+\alpha_1\left(2+\frac{4}{3}\alpha_2+\frac{2}{\alpha_2}\right)+\frac{1}{3}\alpha_1^2$$

表 3-5 为不同的 R/t_2 及 t_2/t_1 比值下的$\frac{M_0}{4pR^2}$和$\frac{Q_0}{2pR}$值，由表中数值和进一步计算表明，在表列参数范围内，最大应力位于连接处的壳体中，而封头中应力的最大值一般出现在边缘处，当板厚相对于壳厚增加时，变为中心最大，且当壳体尺寸不变时，这些最大应力值随板厚增加而减少。

表 3-5 带圆形平封头边缘弯矩和剪力

(a) $M_0/(4pR^2)$

R/t_2 \ t_2/t_1	0.8	1.0	1.2	1.6	2.0
20	−0.0260	−0.0248	−0.0235	−0.0207	−0.0179
40	−0.0274	−0.0264	−0.0253	−0.0228	−0.0201
50	−0.0278	−0.0268	−0.0258	−0.0234	−0.0209
150	−0.0292	−0.0286	−0.0278	−0.0261	−0.0241
250	−0.0296	−0.0291	−0.0285	−0.0271	−0.0254

(b) $Q_0/(2pR)$

R/t_2 \ t_2/t_1	0.8	1.0	1.2	1.6	2.0
20	0.3106	0.3349	0.3508	0.3627	0.3555
40	0.4344	0.4740	0.5022	0.5308	0.5305
50	0.4855	0.5313	0.5647	0.6009	0.6048
150	0.8476	0.9371	1.0082	1.1041	1.1477
250	1.1004	1.2201	1.3178	1.4583	1.5357

根据式(3-87) 解出 M_0、Q_0 值后，可由以下各式求平封头与圆筒中的应力。

平封头中的应力为

$$\left.\begin{aligned}\sigma_{r_2}&=-\frac{Q_0}{t_2}\mp\frac{6\left(M_0-Q_0\frac{t_2}{2}\right)}{t_2^2}\pm\frac{3(3+\mu)}{8t_2^2}p(R^2-r^2)\\ \sigma_{\theta^2}&=-\frac{Q_0}{t_2}\mp\frac{6\left(M_0-Q_0\frac{t_2}{2}\right)}{t_2^2}\pm\frac{3p}{8t_2^2}[(3+\mu)R^2-(1+3\mu)r^2]\end{aligned}\right\}\tag{3-88a}$$

圆筒中的应力为

$$\left.\begin{aligned}\sigma_{x_1}&=\frac{pR}{2t_1}\pm\frac{6}{\beta t_1^2}e^{-\beta x}[\beta M_0(\cos\beta x+\sin\beta x)+Q_0\sin\beta x]\\ \sigma_{\theta^1}&=\frac{pR}{t_1}-\frac{2R\beta}{t_1}e^{-\beta x}[\beta M_0(\sin\beta x-\cos\beta x)-Q_0\cos\beta x]\mp\\ &\frac{6\mu e^{-\beta x}}{\beta t_1^2}[\beta M_0(\cos\beta x+\sin\beta x)+Q_0\sin\beta x]\end{aligned}\right\}\tag{3-88b}$$

当 $t_2\gg t_1$ 时，即相当于筒体与刚性平板封头相连接，此时式(3-87) 中 α_1、α_3 趋于零，

而 $\Delta=1$，故

$$\left.\begin{aligned}M_0&=\frac{p}{4\beta^2}(2-\mu)\\Q_0&=-\frac{p}{2\beta}(2-\mu)\end{aligned}\right\}\tag{3-89}$$

式中，Q_0 等式右边的负号表示图 3-36 中假定的 Q_0 方向与实际方向相反。

对于低碳钢，$\mu=0.3$，$\beta=\frac{\sqrt[4]{3(1-\mu^2)}}{\sqrt{Rt_1}}=\frac{1.285}{\sqrt{Rt_1}}$，则

$$M_0=0.257pRt_1$$

$$Q_0=-0.66p\sqrt{Rt_1}$$

连接处筒体经向的不连续应力和薄膜应力叠加后的应力为

$${}_1\sigma_x=\frac{pR}{2t_1}\pm\frac{6M_0}{t_1^2}=\begin{matrix}+2.05\\-1.05\end{matrix}\times\frac{pR}{t_1}\left(\begin{matrix}内\\外\end{matrix}壁\right)\tag{3-90}$$

由此可见，${}_1\sigma_x$ 比薄膜周向应力大两倍，不连续应力在这种情况下是十分严重的。但这种应力的影响范围不大，例如当 $\beta x\approx\pi$，即 $x=\frac{\pi}{\beta}=\frac{\pi}{\frac{1.285}{\sqrt{Rt_1}}}\approx2.45\sqrt{Rt_1}$ 时，根据式(3-47) 可知，$|M_x|\approx e^{-\pi}M_0=0.043M_0$，即经向弯矩已衰减掉 95.7%。

3.3 内压薄壁容器的设计计算

3.3.1 引言

前两节讨论了回转薄壁容器的应力求法。本节将在上述基础上介绍承受内压（钢制压力容器设计压力不大于 35MPa）的容器筒体和封头等元件的强度计算方法。和其他工程设计一样，容器设计应根据工艺过程要求和条件，进行包括结构设计和强度计算两个方面。结构设计需要选择适用、合理、经济的结构型式，同时满足制造、检测、装配、运输和维修等要求；而强度计算的内容包括选择容器的材料，确定主要结构尺寸，满足强度、刚度和稳定性等要求，以保证容器安全可靠地运行。

如在绪论中已介绍过的，中国压力容器常规设计依据 GB/T 150《压力容器》。该标准主要以弹性失效为设计准则，即认为容器只有完全处于弹性状态才是安全的，一旦结构中某一点计算的最大应力进入塑性范围，整个容器就认为是失效了。因此这种设计是以壳体主体的基本（薄膜）应力不超过材料的许用应力值为原则，而对于结构不连续引起的附加应力，则以应力增强系数形式引入壁厚计算式，或在结构上加以各种限制，或在材料选择、制造工艺等方面给以不同要求的控制。

实际的容器不仅受内部介质压力作用，而且受容器及其物料和内件的重量、风载、地震、温度差、附加外载荷等作用。设计中一般以介质压力作为确定壁厚的基本载荷，然后校核在其他载荷下器壁中应力，使容器对它们有足够的安全裕度。此外，作为常规设计，一般仅考虑静载荷，不考虑循环载荷和振动的影响，若必须考虑该类载荷，则应按分析设计要

求，作进一步的疲劳分析和评定[8]。

按照材料力学中的强度理论，对于钢制容器适宜采用第三、四强度理论，但是由于第一强度理论在容器设计历史上使用最早，有成熟的实践经验，而且由于强度条件不同而引起的误差已考虑在安全系数内，所以至今在容器常规设计中仍采用第一强度理论，即

$$\sigma_1 \leqslant [\sigma]$$

式中，σ_1 是器壁中三个主应力中最大一个主应力。对于内压薄壁容器的回转壳体，通常第一主应力（最大）为周向应力 σ_θ，第二主应力为经向应力 σ_φ，另一个主应力是径向应力 σ_z，由于 σ_z 与 σ_φ 和 σ_θ 相比可忽略不计，按 $\sigma_3=\sigma_z\approx 0$ 计，所以第三强度理论与第一强度理论一致。在对容器壳体各元件进行强度计算时，主要是确定 σ_1，并将其控制在许用应力范围以内，进而求得容器的厚度。

3.3.2 圆筒和球壳的设计计算

（1）圆筒

圆筒承受均匀内压作用时，其器壁中产生如下薄膜应力（设圆筒的平均直径为 D，壁厚为 t）

$$\sigma_\theta=\frac{pD}{2t}$$

和

$$\sigma_x=\frac{pD}{4t}$$

而

$$\sigma_z \approx 0$$

显然，$\sigma_1=\sigma_\theta$，故按照第一强度理论可得

$$\sigma_1=\frac{pD}{2t}\leqslant[\sigma]^t \tag{a}$$

因工艺设计中一般给出内直径 D_i，$D=D_i+t$，将此代入式(a)，得

$$\frac{p(D_i+t)}{2t}\leqslant[\sigma]^t \tag{b}$$

实际圆筒由钢板卷焊而成,焊缝区金属强度一般低于母材,所以上式中$[\sigma]^t$ 应乘以系数 φ,得

$$\frac{p(D_i+t)}{2t}\leqslant[\sigma]^t\varphi$$

对上式进行整理，并以 p_c 代替 p，得

$$t=\frac{p_c D_i}{2[\sigma]^t\varphi-p_c} \tag{c}$$

式中 t——计算厚度，mm；

p_c——计算压力，MPa；

D_i——圆筒内直径，mm；

φ——焊接接头系数，$\varphi\leqslant 1.0$；

$[\sigma]^t$——设计温度下材料的许用应力，MPa。

考虑容器内部介质或周围大气腐蚀，计算厚度应增加一腐蚀裕量 C_2。于是式(c) 改写为

$$t_d=\frac{p_c D_i}{2[\sigma]^t\varphi-p_c}+C_2 \qquad \text{mm} \tag{3-91}$$

式中 t_d——设计厚度，mm；

C_2——腐蚀裕量，mm。

设计厚度 t_d 是为了与仅按强度计算得到的计算厚度 t 相区别而定义的，由于供货钢板有可能出现负偏差，实际采用钢材标准规格的厚度是圆整值，故又定义 t_n 为名义厚度，它是设计厚度加上钢板厚度负偏差，并向上圆整到钢板标准规格的厚度。t_n、t_d 和 t 三者的关系为

$$t_n \geqslant t_d + C_1$$

$$t_d = t + C_2$$

或写作

$$t_n = t + C + \text{圆整值}$$

式中 C_1——钢材厚度负偏差，mm；

C——厚度附加量，$C=C_1+C_2$，mm。

式(3-91) 即是内压圆筒厚度的计算式。

另一种情况是当已知圆筒尺寸 D_i、t_n 或者需要对现有圆筒计算器壁中的应力是否在安全范围内，即强度校核问题。此时式(b) 可改写为

$$\sigma^t = \frac{p_c(D_i + t_e)}{2t_e} \leqslant [\sigma]^t \varphi \tag{3-92a}$$

式中 σ^t——设计温度下圆筒的计算应力；

t_e——圆筒的有效厚度，$t_e = t_n - C_1 - C_2$。

设计温度下圆筒的最大允许工作压力为

$$[p_w] = \frac{2t_e[\sigma]^t \varphi}{D_i + t_e} \tag{3-92b}$$

国外容器设计规范，如 ASME Ⅷ-1，采用不同于式(c) 的计算内压圆筒壁厚的计算式

$$t = \frac{p_c R_i}{[\sigma]^t \varphi - 0.6 p_c} \tag{d}$$

或

$$p_c = \frac{[\sigma]^t \varphi t}{R_i + 0.6t} \tag{e}$$

式(c) 可改写为

$$t = \frac{p_c R_i}{[\sigma]^t \varphi - 0.5 p_c} \tag{f}$$

由此可见，两者在分母中第二项系数存异，此改变系基于两者适用范围的不全相同。

以上式(d) 和 (f) 可以写成如下通式，并取 $\varphi=1$，有

$$t = \frac{p_c R_i}{[\sigma]^t - X p_c}$$

式中 X——待定系数。

上式可改写为

$$[\sigma]^t = p_c(R_i + Xt)/t \tag{g}$$

以上各式是基于薄壁内压圆筒，根据薄膜理论导得的圆筒周向和轴向应力，这些应力沿壁厚均匀分布。当壁厚增加时，应力沿壁厚不再均匀分布。基于厚壁圆筒理论得到内径处的最大周向应力为（参见第 10 章）

$$\sigma_\theta = \frac{p_c(R_o^2 + R_i^2)}{R_o^2 - R_i^2} \tag{h}$$

令式(g) 和式(h) 相等，解得

$$X = \frac{(R_i/t) + 1}{(2R_i/t) + 1} \tag{i}$$

将 $t/R_i=0.1$ 和 $t/R_i=0.5$ 分别代入式(i)，则解得 $X=0.5$ 和 $X=0.6$。因此，式(f) 适用于 $t/R_i \leqslant 0.1$ 或 $K=R_o/R_i \leqslant 1.1$ 的薄壁圆筒，而式(d) 适用的圆筒壁厚范围为 $t/R_i \leqslant 0.5$ 或 $K=R_o/R_i \leqslant 1.5$，即适用范围更宽，而应力更趋近实际应力。由式(e) 可得到式(d) 的适用范围为 $p_c \leqslant 0.385[\sigma]^t\varphi$[39]。

(2) 球壳

球形容器的壳体是球壳，在受均匀内压作用时，按 3.1 节分析，经向薄膜应力与周向薄膜应力相等，即

$$\sigma_\varphi=\sigma_\theta=\frac{pD}{4t}, \sigma_z \approx 0$$

故有

$$\sigma_1=\frac{pD}{4t} \leqslant [\sigma]^t$$

同上法，其计算厚度的计算式可写成

$$t=\frac{p_c D_i}{4[\sigma]^t\varphi-p_c} \tag{3-93}$$

若校核应力，则用下式计算

$$\sigma^t=\frac{p_c(D_i+t_e)}{4t_e} \leqslant [\sigma]^t\varphi \tag{3-94a}$$

设计温度下球壳的最大允许工作压力为

$$[p_w]=\frac{4t_e[\sigma]^t\varphi}{D_i+t_e} \tag{3-94b}$$

将式(3-93) 与式(c) 比较可知，当压力、直径相同时，球壳的壁厚仅为圆筒之半，所以用球壳做容器，材料节省，占地面积小；但球壳是非可展曲面，拼接工作量大，所以制造工艺比圆筒复杂得多，对焊接技术的要求也高，大型带压的液化气或氧气等贮罐常用球罐型式。

3.3.3 设计参数的规定

(1) 设计压力、工作压力、最大允许工作压力和设计温度

容器的设计压力是指设定的容器顶部的最高压力，与相应的设计温度一起作为基本设计载荷条件，其值不得低于容器的工作压力。容器的工作压力是指在正常工作情况下，容器顶部可能出现的最高压力。而计算压力是指在相应设计温度下，按规范或标准相应公式计算容器壳体和元件的最小厚度的压力。最大允许工作压力（MAWP）是指在指定的温度下，容器顶部允许的最大工作压力。该压力高于或等于设计压力。这里的压力都是指表压力。

对盛装液化气体的容器，设计压力应根据所装介质在容器可能达到的最高温度相应的饱和蒸汽压力确定。

若容器装有液体，当容器各部位或受压元件所承受的液柱静压力大于设计压力的 5% 时，液柱静压力应计入该部位或元件的计算压力内。

当容器上装有超压泄放装置时，其设计压力应根据不同型式的超压泄放装置确定。装设安全阀的容器，考虑到安全阀开启动作的滞后，容器不能及时泄压，设计压力不应低于安全阀的整定压力及偏差；装设爆破片时，则设计压力等于爆破片的设计爆破压力。

设计温度系指容器在正常工作情况和相应设计压力下设定的受压元件的金属温度，其值不得低于元件金属可能达到的最高温度。对于低温容器，则设计温度不得高于元件金属可能

达到的最低金属温度。金属温度可以通过传热学计算或实测，但除非另有规定，一般容器则以器内介质的最高（最低）温度作为设计温度，或在此基准上增加（减少）一定值。具体数值要视器壁受加热（冷却）情况、有无保温和周围环境温度而定。

（2）焊接接头系数

绝大多数容器采用焊接结构，焊接时由于可能出现的焊接缺陷（如未焊透、气孔、夹渣等），焊缝往往是容器强度比较薄弱的环节，因此在设计中用焊接接头系数 φ 表示焊缝金属与母材强度的比值，反映容器强度受削弱的程度。焊接接头系数的大小视焊缝接头型式和无损探伤检验的要求。具体可按表 3-6 规定选取。

表 3-6　焊接接头系数 φ 值

焊缝型式	无损探伤要求	φ 值	焊缝型式	无损探伤要求	φ 值
双面焊或相当于双面焊的全焊透对接接头	100%	1.00	带垫板的单面焊的对接接头	100%	0.90
	局部	0.85		局部	0.80

（3）厚度附加量

厚度附加量由两部分组成：钢板或钢管厚度的负偏差 C_1(mm) 和腐蚀裕量 C_2(mm)。C_1 按相应钢板或钢管标准选取。C_2 由介质腐蚀性和容器使用寿命确定。在无特殊腐蚀情况下，对于碳素钢和低合金钢，C_2 不小于 1mm；对于不锈钢，当介质的腐蚀性很微小时，可取 $C_2=0$。

（4）许用应力和安全系数

许用应力是指容器壳体等受压元件的材料许用强度，取材料的极限强度与相应的安全系数之比。极限强度要根据失效类型来确定，安全系数则受操作工况、材料、制造质量和计算方法等因素的影响。采用过大的安全系数，会使设计的部件过分笨重而浪费材料，反之会使部件过于单薄而破损。因此，合理选择许用应力或安全系数是关系设计先进和可靠与否的问题[46]。

材料的极限强度由试验求得。对于低碳钢之类的塑性材料，它们有明显的比例极限 R_p、屈服强度 R_{eL} 和抗拉强度 R_m。为了使容器不产生过大的弹性或塑性变形，许用应力常以 R_{eL} 或 R_m 作为极限强度。当材料无明显屈服点时，用规定残余伸长应力 $R_{p0.2}$，即产生 0.2%残余伸长时的应力值。有些材料在拉伸曲线上既无明显屈服点，又无明显的服从弹性关系区，如铜、铸铁或高强度钢（屈强比高的材料），在温度不很高条件下，极限强度则取抗拉强度。

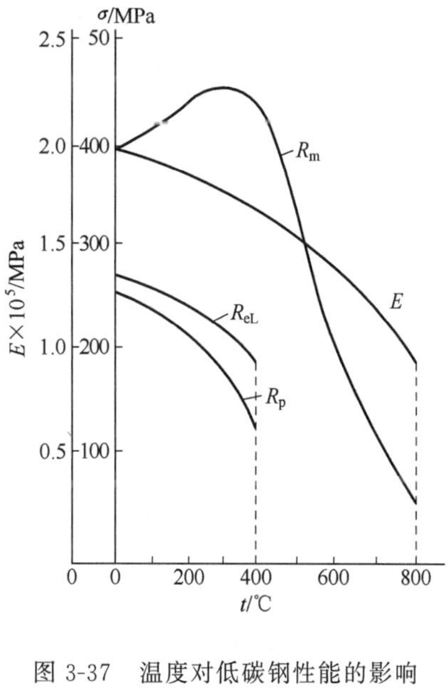

图 3-37　温度对低碳钢性能的影响

随着温度的变化，各种材料的力学性能也将产生不同的变化。如铜、铝、铅等材料，其抗拉强度随温度的升高而下降。对于低碳钢材料，温度升高，材料的抗拉强度也升高，但当温度达到一定值时（250～300℃），抗拉强度会很快下降，而屈服强度始终随温度升高均匀下降，如图 3-37 所示。因此在温度较高时，极限强度用设计温度下的屈服强度 R_{eL}^t。

当碳钢和普通低合金钢制容器温度高于 420℃，铬钼合金钢容器高于 450℃，不锈钢制容器高于 550℃时，抗拉强度和屈服强度都不能作为极限强度。因为在高温下工作的容器，其失效往往不是由于强度不足，而是由于“蠕变”。蠕变是材料在高温下应力不增加情况下，它的应变随时间而增加的现象。要求金属在高温下不蠕变是不可能的，只能选用蠕变速度较慢的材料或控制应力水平，因此高温时材料的极限强度要以蠕变极限 R_n^t 为依据。用于容器的材料，要求在恒定温度下，蠕变速度不超过 10^{-7}mm/(mm·h) 的最大应力，或在 10^5h 下，蠕变总应变量不超过 1%的最大应力作为条件蠕变极限。

按蠕变极限设计的容器，尽管限制了它的蠕变速度，但是材料还是以一定的蠕变速度在伸长，而实际上不允许材料无限制地伸长下去，因为材料伸长到一定量时，材料就要断裂，因为在高温下还以材料的持久强度 R_D^t 来表征材料的抗蠕变能力。持久强度的定义是材料在恒定温度条件下，经过规定时间（1.0×10h、1.5×10h、2.0×10h 等）发生断裂的相应应力。由于材料拉伸试验结果有一定分散性，受载情况的统计特性和理论计算方法与容器实际应力不同，以及制造的允许偏差等因素，若用计算应力不超过极限强度来校核仍带有很大的冒险性，所以为了保证受压元件有足够安全储备量，引入安全系数的概念。安全系数是一个反映包括设计分析、材料试验、制造运行控制等水平不同的质量保证参数。确定安全系数的数值不仅需要一定的理论分析，更需要长期实践经验积累，GB/T 150 对安全系数作了如下规定：

$$n_b \geqslant 2.7, n_y \geqslant 1.5, n_D \geqslant 1.5, n_n \geqslant 1.0$$

对奥氏体高合金钢钢制受压元件，当设计温度在蠕变范围以下，且允许有微量残余变形而不影响使用时，可适当提高许用应力至 $0.9R_{p0.2}^t$，但不超过 $R_{p0.2}/1.5$。此规定不适用于法兰或其他有微量泄漏或故障的场合。

螺栓的安全系数比相同钢号的容器用钢高，即其许用应力较低。它除与温度有关外，还与螺栓直径有关。直径小的螺栓容易在预紧时被拉断，因而许用应力比直径大的要低一些。从以上分析可知，根据不同的失效类型，对不同材料计算许用应力的极限强度是不同的，而且同一种材料，在不同的试验条件下，它的极限强度取法也不同。对不同的极限强度选取相应的安全系数，就可以得到材料的各种许用应力，欲防止各种类型的失效和保证各种条件下的设计安全，实际许用应力取下列二者中之最小值

$$[\sigma]^t = \min\left\{\frac{R_m}{n_b}, \frac{R_{eL}(R_{eL}^t)}{n_y} \text{或} \frac{R_{p0.2}(R_{p0.2}^t)}{n_y}\right\}$$

$$[\sigma]^t = \min\left\{\frac{R_D^t}{n_D}, \frac{R_n^t}{n_n}\right\}$$

此外，当设计温度低于 20℃时，取 20℃时的许用应力值。

为方便设计，压力容器标准直接给出常用钢板、钢管、锻件和螺栓材料在不同温度下的许用应力值。

（5）最小壁厚

当容器压力很低或处于常压时，若按上述壁厚计算公式得到的厚度很小，不能满足安装、制造、运输等对刚度的要求，因此这种容器还有一个最小壁厚的规定，按照我国压力容器标准，最小壁厚 t_{min}（已包括 C_1，但不包括 C_2）按下列方法确定：

ⅰ. 对碳钢和低合金钢容器不小于 3mm。

ⅱ. 对高合金钢容器不小于 2mm。

3.3.4 耐压试验

容器制成后需进行耐压试验。耐压试验是指在超工作压力下进行液压（或气压）试验，

目的是检查容器在超工作压力下的宏观强度，包括检查材料的缺陷、容器各部分的变形、焊接接管的强度和容器法兰连接的泄漏检查等。

用于液压试验的介质一般是水，对于奥氏体不锈钢容器，由于结构原因而不能将水渍去除干净时，为了防止氯离子的腐蚀，试压用水应当控制 $Cl^- \leqslant 25mg/L$。为了避免试验时发生低温脆性破坏，对于 Q345R、Q370R 和 Q490R 钢制容器，液体温度不得低于 5℃；其他碳素钢和低合金钢容器，液体温度不得低于 15℃。上述温度是以该类材料的无延性转变温度（NDT）为依据的，所以如果因板厚造成 NDT 升高，则需相应提高试验液体温度。

内压容器的液压试验压力 p_T 规定为

$$p_T = 1.25p\frac{[\sigma]}{[\sigma]^t} \tag{3-95}$$

式中 p_T——内压容器的试验压力，MPa；

p——设计压力，MPa；

$[\sigma]$——试验温度下材料的许用应力，MPa；

$[\sigma]^t$——设计温度下材料的许用应力，MPa。

直立容器卧置试压时，试验压力应为立置时试验压力加上液柱静压力。

不宜做液压试验的容器，例如容器不允许残留微量液体或由于结构原因不能充满液体的容器，可用洁净的干空气、氮气或其他惰性气体代替液体进行耐压试验，气压试验的压力为

$$p_T = 1.10p\frac{[\sigma]}{[\sigma]^t} \tag{3-96}$$

对碳素钢和低合金钢容器，气压试验时，介质温度不得低于 15℃。

液压或气压试验时，还需按下式校核圆筒的应力

$$\sigma_T = \frac{p_T(D_i + t_e)}{2t_e\varphi} \tag{3-97}$$

耐压试验包括液压（或气压）试验。对液压试验，此应力值不得超过该试验温度下材料屈服强度的 90%；对气压试验，则不得超过屈服强度的 80%。

对介质的毒性程度为极度或高度危害的容器或对密封性有特殊要求的容器，在耐压试验合格后进行泄漏检查。泄漏试验包括气泡检漏试验、氨检漏试验、卤素检漏试验和氦检漏试验等。

耐压试验的程序可参见 GB/T 150，泄漏试验方法和要求参见 NB/T 47013.8 或 ASME-Ⅴ

3.3.5 封头的设计计算

最常见的容器封头包括半球形、椭圆形、碟形和无折边球形等凸形封头以及圆锥形、平板封头（平封头）等数种，如图 3-38 所示。

受均匀内压封头的强度计算，由于封头和圆筒形器身相连接，所以不仅需要考虑封头本身因内压引起的薄膜应力，还要考虑与筒身连接处的不连续应力。连接处总应力的大小与封头的几何形状和尺寸、封头与筒身壁厚的比值大小有关。封头设计中采用了比较简单的方法，在导出基本公式时利用内压薄膜应力作为强度判据中的基本应力，而把因不连续效应产生的应力增强影响以应力增强系数的形式引入厚度计算公式。应力增强系数由有力矩理论解析导出，并辅以实验修正。

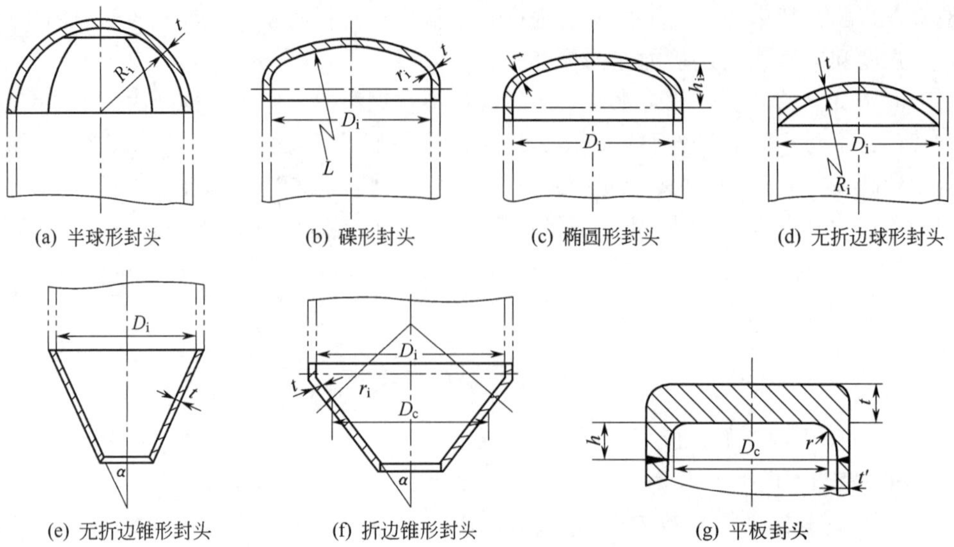

图 3-38　常见容器封头的型式

3.3.5.1　封头的结构特性

封头的结构型式是应工艺过程、承载能力、制造技术方面的要求而形成的。

半球形封头[图 3-38(a)]是半个球壳，故按无力矩理论计算，需要的厚度是同样直径的圆筒的二分之一。若厚度取与圆筒一样大小，则由前面的不连续分析可知，两者连接处的最大应力比圆筒周向薄膜应力大 3.1%，故从受力来看，球形封头是最理想的结构，但缺点是深度大，直径小时，整体冲压困难，大直径采用分瓣冲压其拼焊工作量亦较大。

碟形封头[图 3-38(b)]是由球面、过渡段以及圆柱直边段三个不同曲面组成。虽然由于过渡段的存在降低了封头的深度，方便了成型加工，但在三部分连接处，由于经线曲率发生突变，在过渡区边界上不连续应力比内压薄膜应力大得多，故受力状况不佳。

椭圆形封头[图 3-38(c)]是由半个椭球面和一圆柱直边段组成，它吸取了半球形封头受力好和碟形封头深度浅的优点。由于椭圆部分经线曲率平滑连续，故封头中的应力分布比较均匀。对于 $a/b=2$ 的标准形封头，封头与直边连接处的不连续应力较小，可不予考虑，所以它的结构特性介于半球形封头和碟形封头之间。

无折边球形封头[图 3-38(d)]是部分球面封头（球冠）与圆筒直接连接，它结构简单、制造方便，常用作容器中两独立受压室的中间封头，也可用作端盖。封头与筒体连接处的角焊缝应采用全焊透结构。在球面与圆筒连接处其曲率半径发生突变，且两壳体因无公切线而存在横向推力，所以产生相当大的不连续应力，这种封头一般只能用于压力不高的场合。

锥形封头有两种形式，一种是无折边锥形封头[图 3-38(e)]，允许用于 $\alpha \leqslant 45°$，一般用于 $\alpha \leqslant 30°$的场合。当用于 $30°<\alpha \leqslant 45°$时，锥壳大端与圆筒连接处应采用全焊透的焊接接头，并进行 100%的射线或超声探伤。另一种是与筒体连接处有一过渡圆弧和一圆柱直边段的折边锥形封头[图 3-38(f)]。就强度而论，锥形封头的结构并不理想，但是封头的型式在很多场合还取决于容器的使用要求。对于气体的均匀进入和引出、悬浮或黏稠液体和固体颗粒等排放、不同直径圆筒的过渡，锥形封头则是理想的结构型式，而且在厚度较薄时，制造亦较方便。

平板封头[图 3-38(g)]是各种封头中结构最简单、制造最容易的一种封头。从前述圆平板应力分析可知，因其仅受弯曲，所以同样直径和压力的容器，采用平板封头会厚度很大，材料耗费过多而显得十分笨重。

综上所述，从受力情况来看，半球形最好，椭圆形、碟形其次，锥形更次之，而平板最差；从制造角度来看，平板最容易，锥形其次，碟形、椭圆形更次，而半球形最难；就使用而论，锥形有其特色。因此在实际生产中，大多数中低压容器采用椭圆形封头，常压或直径不大的高压容器常用平板封头，半球形封头一般用于低压，但随着制造技术水平的提高，高压容器中亦逐渐采用这种封头，锥形封头用于压力不高的设备。

3.3.5.2 设计计算公式

(1) 凸形封头

① 半球形封头　受均匀内压的半球形封头的计算壁厚可用球形壳体的公式(3-93) 计算，即

$$t=\frac{p_c D_i}{4[\sigma]^t\varphi-p_c} \tag{3-98}$$

② 椭圆形封头　椭圆形封头中的应力，包括由内压引起的薄膜应力和封头与筒体连接处的不连续应力。按照胡根伯格（Huggenberger）对薄膜应力和柯茨（Coates）对不连续应力的分析[47]，椭圆形封头中的最大应力对圆筒周向薄膜应力的比值可表示为$\left(\frac{a}{b}\right)$的函数关系，如图 3-39(a) 所示。由图可知，封头中最大应力的位置和大小均随$\left(\frac{a}{b}\right)$的改变而变化，故在$\frac{a}{b}=1.0\sim2.5$ 范围内，采用以下简化式近似代替该曲线

$$K=\frac{1}{6}\left[2+\left(\frac{D_i}{2h_i}\right)^2\right] \tag{3-99}$$

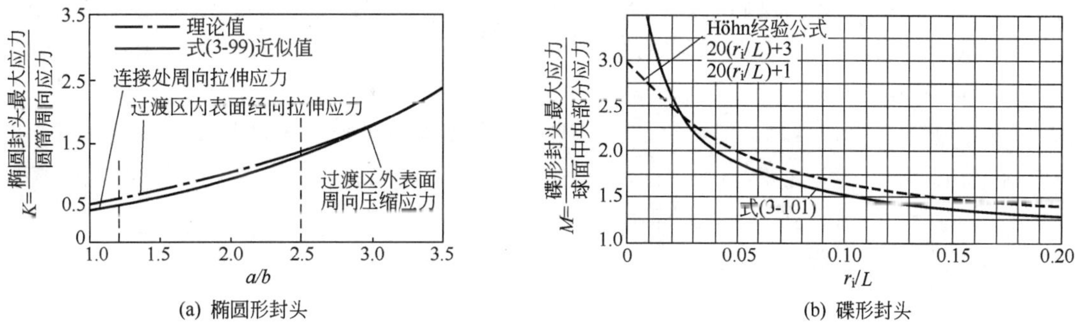

图 3-39　凸形封头的应力增强系数

式中，K 为应力增强系数或形状系数。因此椭圆形封头的计算厚度取为与其连接的圆筒计算厚度的 K 倍，即

$$t=\frac{Kp_c D_i}{2[\sigma]^t\varphi-p_c}$$

GB/T 150 中的计算公式与此稍有不同

$$t=\frac{Kp_c D_i}{2[\sigma]^t\varphi-0.5p_c}$$

上式右边分母中的系数 0.5 是考虑内压球形封头随壁厚的增加，应力水平相应提高而做的修改。

对于标准椭圆形封头（$a/b=2$），此时 $K=1$，则

$$t=\frac{p_c D_i}{2[\sigma]^t\varphi-0.5p_c} \tag{3-100}$$

③ 碟形封头　碟形封头的壁厚计算方法是以赫恩（Höhn）所做的试验为依据的。他的试验表明，在内压作用下过渡区的应力首先达到屈服，并测得产生此屈服所需的压力，同时计算了在该压力下球面中央部分的薄膜应力，然后把屈服应力与该薄膜应力之比（应力增强系数）作为过渡区半径与球面半径$\left(\frac{r_i}{L}\right)$的函数进行标绘，得到了如图 3-39(b) 中虚线所示的曲线，并建立了关联式。图中实线是迈克（Maker）对赫恩实验曲线的建议曲线，可用下式表示[47]

$$M=\frac{1}{4}\left(3+\sqrt{\frac{L}{r_i}}\right) \tag{3-101}$$

因此容器标准中也采用了与椭圆形封头相似的应力增强系数 M 而引入碟形封头的计算壁厚式，即

$$t=\frac{Mp_c L}{2[\sigma]^t\varphi-0.5p_c} \tag{3-102}$$

由图示曲线可知，碟形封头的强度与过渡区半径 r_i 有关，不宜把 r_i 做得太小：$r_i\geqslant 0.01D_i$，$r_i\geqslant 3t_n$，且 $L\leqslant D_i$。对于标准封头：$L=0.9D_i$，$r_i=0.17D_i$。

对于大直径薄壁容器的碟形或椭圆形封头，在过渡区域出现压应力时需要考虑发生弹性和塑性屈曲的可能性。ASME Ⅷ-1 的附录 1-4（c）（d）和 GB/T 150 中基于弹性分析的最大应力准则，给出了碟形或椭圆形封头（$t/L>0.002$）的壁厚计算公式，未考虑过渡区域的屈曲失效，而 ASME Ⅷ-1 的附录 1-4（f）列出 $0.0005\leqslant t/L<0.002$ 的碟形和椭圆形封头（等效碟形封头）过渡区域预期产生弹性屈曲内压和在最大应力点处导致屈服应力的内压计算公式，从而根据二者之比确定过渡区域失效的内压。ASME Ⅷ-2 中使用类似上述的公式（$0.0005\leqslant t/L\leqslant 0.05$）计算过渡区域发生失效的内压。两者的计算过程比较复杂。ASME Ⅷ-2 按分析设计中采用弹塑性数值分析方法确定屈曲垮塌载荷。此外，ASME Ⅲ利用图 3-40（$0.05>t/L>0.002$，$p_c/[\sigma]^t\leqslant 0.8$）给出了考虑碟形封头或椭圆形封头（$a/b=2$）的过渡区域出现屈曲可能性需要的壁厚。设计时，先计算 $p_c/[\sigma]^t$ 和 r_i/D_i 的值，然后从图中查得 t/L 的值，即可得到 t。考虑标准形椭圆封头（$a/b=2$）时，取 $r_i/D_i=0.17$ 的曲线。图中的曲线是根据下列公式绘制的

$$t=Le^A \tag{3-103}$$

$$\begin{aligned}A=&-1.26176643-4.5524592(r_i/D_i)+28.933179(r_i/D_i)^2+[0.66298796-2.2470836(r_i/D_i)+\\&15.682985(r_i/D_i)^2][\ln(p_c/[\sigma]^t)]+[0.26878909\times10^{-4}-0.42262179(r_i/D_i)+\\&1.8878333(r_i/D_i)^2][\ln(p_c/[\sigma]^t)]^2\end{aligned}$$

式中　L——球冠内半径，mm；

r_i——过渡段内半径，mm；

t——封头厚度，mm。

当 $t/L<0.002$ 时，按 ASME Ⅲ规定性附录Ⅱ分析设计。EN 13445-3 也给出了计算内压下碟形封头和椭圆形封头（$1.7<D_i/2h_i<2.2$，等效碟形封头）限制中央区域因薄膜应力破裂、避免过渡区域轴对称屈服和塑性屈曲（$t/L<0.005$）的壁厚公式，取三者最大值为需要厚度。EN 13445-3 相对 ASME Ⅷ-1 和-2 形式较为简单，应用更方便。此外，GB/T

150.3—2024 给出了椭圆形和碟形封头内压屈曲的解析解。

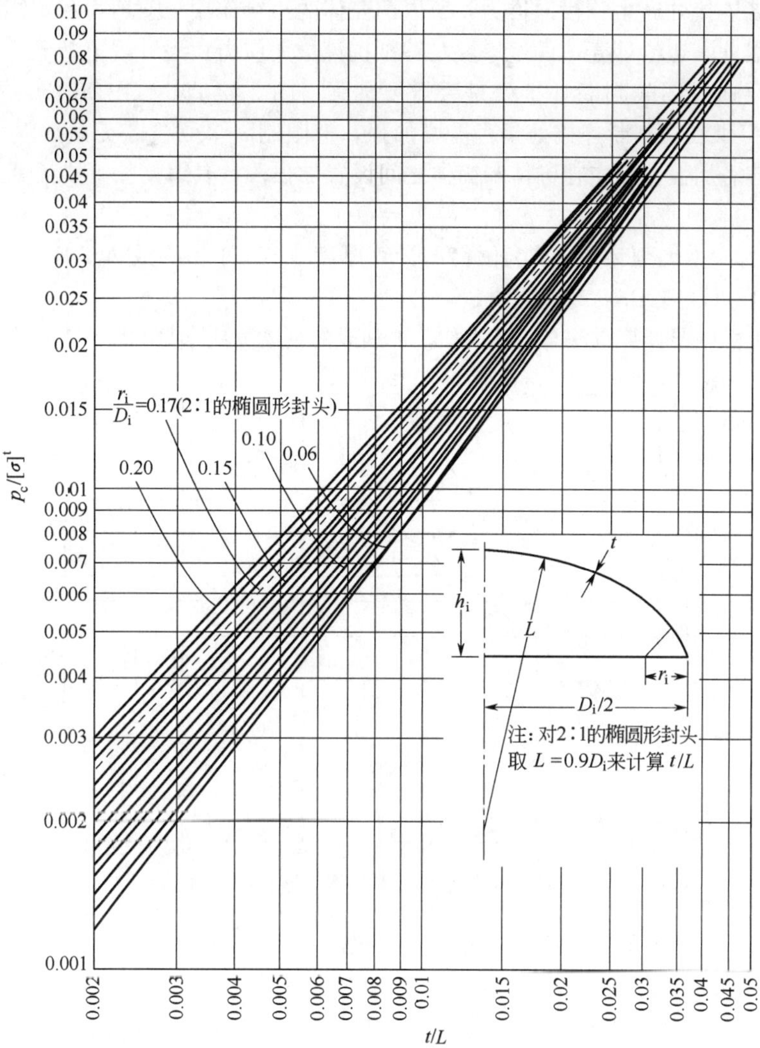

图 3-40 $p_c/[\sigma]^t$-t/L 曲线

(2) 锥形封头

锥形封头包括无折边锥形封头和折边锥形封头两种。前者的强度由锥体部分内压引起的薄膜应力和锥体两端与圆筒连接处的不连续应力决定，而后者还需考虑折边区的强度。

① 无折边锥形封头　锥体的主体部分在内压 p 作用下，按照 3.1 节无力矩理论，最大薄膜应力发生在大端，即

$$\sigma_{\varphi}=\frac{pD}{4t\cos\alpha}$$

$$\sigma_{\theta}=\frac{pD}{2t\cos\alpha}$$

由第一强度理论，并取 $D=D_i+t\cos\alpha$，p_c 代替 p，其壁厚计算式如下

$$t=\frac{p_c D_i}{2[\sigma]^t\varphi-p_c}\frac{1}{\cos\alpha} \tag{3-104a}$$

在锥体大端与圆筒连接处，因为锥壳与圆柱壳曲率不同，两侧壳体的经向薄膜内力不能完全平衡，在两者连接处产生一横向推力，所以两壳体的边缘作用一双剪力和弯矩，造成局部应力显著增大。因此，边缘处壳体的壁厚要足够抵抗该最大应力。设计规范基于不连续应力的分析结果，先需要通过图表判断连接处是否需要加强，图 3-41 即为 GB/T 150 提供的判别图，ASME Ⅷ-1 则提供表格判断连接处是否需要加强，但限制 $\alpha<30°$。若无须加强，壁厚按式(3-104a）计算，若需加强，则应在锥体和筒体之间设置加强段，其厚度按下式计算

$$t_r = Qt \tag{3-104b}$$

式中，Q 为应力增强系数；t 为圆筒的计算厚度。GB/T 150 或 ASME Ⅷ-1 提供选取 Q 系数图，图 3-42 即是 GB/T 150 选图。

锥体小端处的壁厚计算方法与上述类似，加强段的具体算法参见 GB/T 150 或 ASME Ⅷ-1。

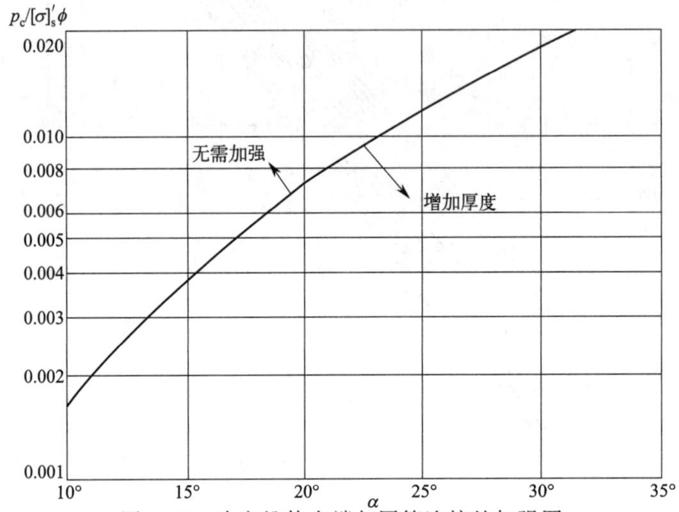

图 3-41　确定锥体大端与圆筒连接处加强图

式中，系数 Q 的含义与上述 K、M 相似，也是应力增强系数，由图 3-42 选取。

锥体小端处的壁厚计算方法与上述类似，具体算法参见 GB/T 150。

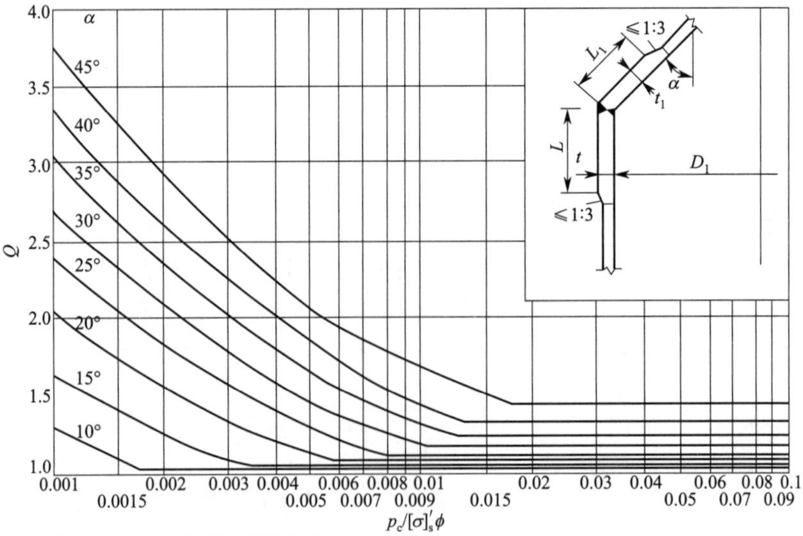

注：L_1为锥壳加强段长度，L为圆筒加强段长度。

图 3-42　锥体大端与圆筒连接处的 Q 值

② 折边锥形封头　当 $\alpha>45°$时，为了改善锥体与筒体连接处的受力状况，常采用折边锥形封头。锥体大端过渡区的壁厚类似碟形封头的计算公式，即

$$t=\frac{K_c D_i p_c}{2[\sigma]^t\varphi-0.5p_c} \tag{3-105}$$

式中　K_c——应力增强系数，由$\frac{r}{D_i}$和 α 角的大小查表 3-7 确定。

表 3-7　折边锥体的系数 K_c 值

α	r_i/D_i					
	0.10	0.15	0.20	0.30	0.40	0.50
10°	0.6644	0.6111	0.5789	0.5403	0.5168	0.5000
20°	0.6958	0.6357	0.5986	0.5522	0.5223	0.5000
30°	0.7544	0.6819	0.6357	0.5749	0.5329	0.5000
35°	0.7980	0.7161	0.6629	0.5914	0.5407	0.5000
40°	0.8547	0.7604	0.6981	0.6127	0.5506	0.5000
45°	0.9253	0.8181	0.7440	0.6402	0.5635	0.5000
50°	1.0270	0.8944	0.8045	0.6765	0.5804	0.5000
55°	1.1608	0.9980	0.8859	0.7249	0.6028	0.5000
60°	1.3500	1.1433	1.0000	0.7923	0.6337	0.5000

与过渡区相连接处的锥体壁厚按下式计算

$$t=\frac{p_c D_c}{2[\sigma]^t\varphi-p_c}\times\frac{1}{\cos\alpha} \tag{3-106}$$

式中，$D_c=D_i-2r_i(1-\cos\alpha)$。

对锥体小端，当锥体半顶角 $\alpha\leqslant45°$时，若采用小端无折边，其小端的厚度与无折边锥形封头的计算公式一样，如 $\alpha>45°$需采用折边时，其过渡段厚度则要另行计算，可参见 GB/T 150。

(3) 平板封头

圆形平板封头或端盖厚度的计算以第 3.2 节中圆形平板的应力分析为基础。对受横向均布内压的圆板，其最大应力（$\mu=0.3$）应不小于材料许用应力，即

$$\left.\begin{aligned}&\text{对于周边固支}\quad \sigma_{max}=\pm\frac{3}{4}p\left(\frac{R}{t}\right)^2=\pm0.188p\left(\frac{D}{t}\right)^2\leqslant[\sigma]^t\varphi\\&\text{对于周边简支}\quad \sigma_{max}=\pm\frac{3}{8}(3+\mu)p\left(\frac{R}{t}\right)^2=\pm0.31p\left(\frac{D}{t}\right)^2\leqslant[\sigma]^t\varphi\end{aligned}\right\} \tag{a}$$

由于实际平板封头与圆筒相连接，真实的支承既不是固支，也不是简支。在承受内压时，危险应力可能出现在平板封头的中心部分，也可能出现在圆筒与平板封头的连接部位，取决于具体的连接结构型式和筒体的尺寸参数，所以式(a) 可写成如下的一般形式

$$\sigma_{max}=\pm Kp_c\left(\frac{D}{t}\right)^2\leqslant[\sigma]^t\varphi$$

于是，根据强度条件，圆形平板封头的计算厚度可按下式计算

$$t_p=D_c\sqrt{\frac{Kp_c}{[\sigma]^t\varphi}} \tag{3-107}$$

式中　K——结构特征系数，对大多数圆形平板封头，$K=0.17\sim0.30$；

　　D_c——封头的计算直径。

K 和 D_c 同封头与圆筒连接的具体结构有关，表 3-8 给出了部分结构和 K 值。

表 3-8　结构特征系数 K 选择表

固定方法	序号	简图	结构特征系数 K	备注
与圆筒一体或对焊	1	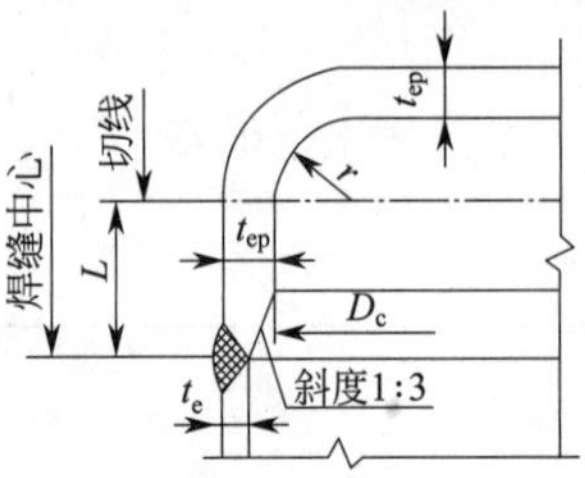	0.145	仅适用于圆形平盖 $p_c \leqslant 0.6\text{MPa}$ $L \geqslant 1.1\sqrt{D_c t_{ep}}$ $r \geqslant 3t_{ep}$
	2	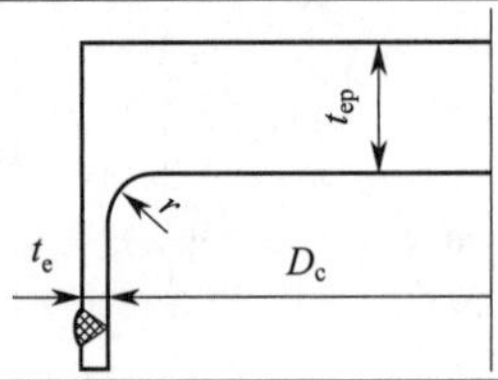	见 GB/T 150	$t_e \leqslant 38\text{mm}$ 时，$r \geqslant 10\text{mm}$； $t_e > 38\text{mm}$ 时，$r \geqslant 0.25t_e$，且不超过 20mm
	3	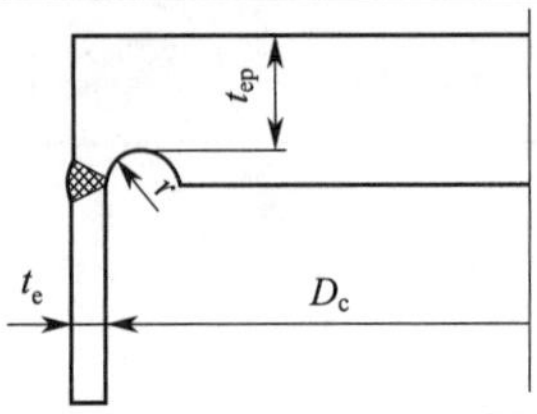		
与圆筒角焊或其他焊接	4	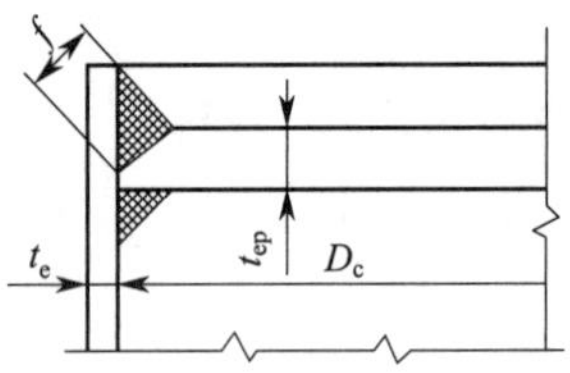	圆形平盖：$0.44m$（$m=t/t_e$）且不小于 0.3；非圆形平盖：0.4	$f \geqslant 1.4t_e$
	5	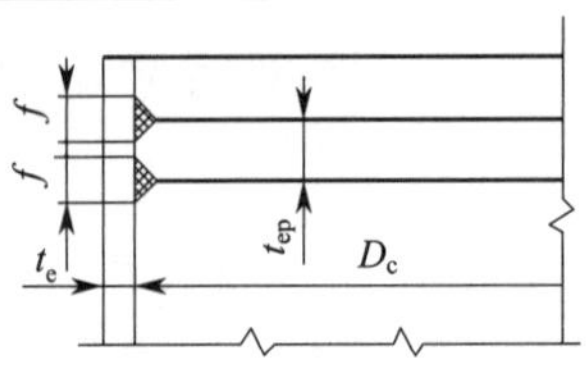		$f \geqslant t_e$
	6	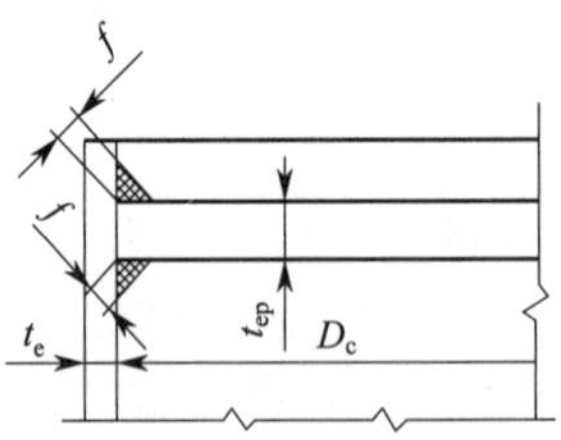	圆形平盖：$0.5m$（$m=t/t_e$）且不小于 0.3；非圆形平盖：0.44	$f \geqslant 0.7t_e$
	7	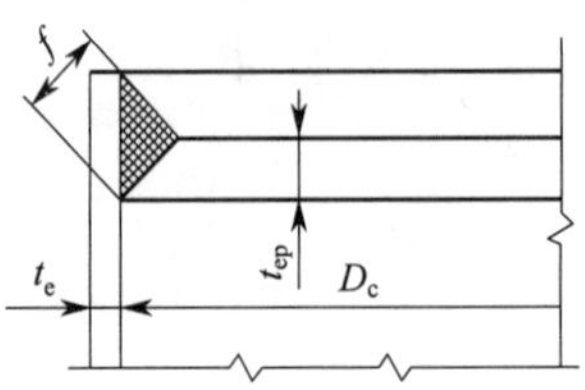		$f \geqslant 1.4t_e$

续表

固定方法	序号	简图	结构特征系数 K	备注
螺栓连接	8	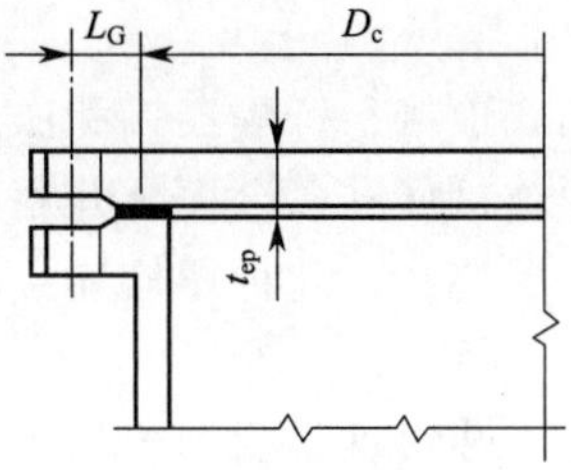	圆形平盖 操作时：$0.3+\dfrac{1.78WL_G}{p_cD_c^3}$ 预紧时：$\dfrac{1.78WL_G}{p_cD_c^3}$ 非圆形平盖 操作时：$0.3Z+\dfrac{6WL_G}{p_cLa^2}$ 预紧时：$\dfrac{6WL_G}{p_cLa^2}$	
	9	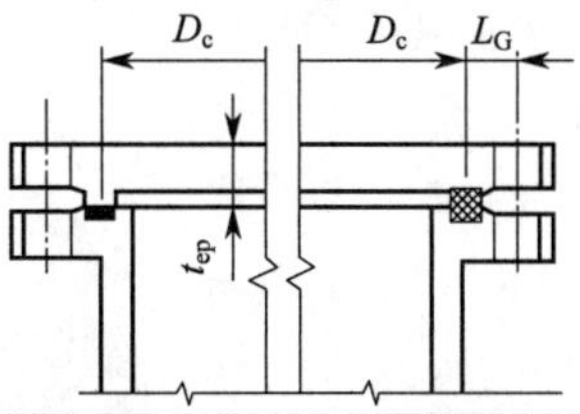		

对于正方形、矩形、椭圆形等非圆形平板封头，若按照平板理论分析，其解比较复杂，所以将上述同样结构的圆形平盖厚度计算公式中的系数乘以一修正系数 Z，作为这种特殊形状的平板封头的计算厚度，即

$$t_p=D_c\sqrt{\frac{KZp_c}{[\sigma]^t\varphi}} \tag{3-108a}$$

式中　Z——形状系数，$Z=3.4-2.4\left(\frac{a}{b}\right)$，且 $Z\leqslant2.5$；

a，b——分别为非圆形平盖的短轴和长轴长度。

对于表 3-8 中序号 8、9 所示平盖，按下式计算

$$t_p=a\sqrt{\frac{Kp_c}{[\sigma]^t\varphi}} \tag{3-108b}$$

当预紧时，$[\sigma]^t$ 取常温时的许用应力。

3.4　内压法兰的设计计算

3.4.1　引言

设备的壳体可以采用铸造、锻造或焊接成一个整体，但大多数过程设备是做成可拆的几个部件，然后把它们连接起来。这一方面是工艺操作需要设备开各种孔，并使之与工艺管道或其他附件相连接；另一方面也是为了便于设备制造、安装和检修。压力容器和承压设备中的可拆连接应当满足下列基本要求：

ⅰ. 能保证在运行工况（压力、温度及其波动、物料等）下，满足生产工艺和环境保护允许的紧密性要求；

ⅱ. 有足够的强度，不因可拆连接的存在而削弱了整个压力容器和承压设备的强度，并保证本身能抵抗所有外加载荷的作用，即满足结构的完整性要求；

ⅲ. 能迅速并便于多次装拆；

ⅳ. 合理的性价比。

可拆连接的型式很多，如螺纹连接、承插式连接、钎焊连接和法兰连接等。如技术上和经济上可行，能够制造出十分光滑和精细的两连接件的接合面，并用螺栓连接起来，使两接合面始终保持接触，则接合面之间就不需要放置垫片，此种螺栓连接称为无垫螺栓连接，常用于汽车、飞机、钢结构、重型设备等领域。

但是由于设备结构和尺寸的限制，加工和安装很难得到理想的光滑接合面；其次，接合面也会随时间产生腐蚀或磨损而变得不光滑。因此，需要在两接合面之间安放垫片作为过渡元件，使其与接合面形成紧密的接触，提供连接必需的密封，且与无垫螺栓连接相比，可以在较低螺栓载荷下经济地实现密封，该种螺栓连接称为垫片螺栓连接。由于两被连接件通常采用一对法兰，法兰一端分别与壳体或管道相连，并用一组螺栓将两法兰紧固在一起。通常把此类螺栓连接称为螺栓法兰连接（bolt flange connection）或法兰接头（flange joint），如图 3-43 所示。螺栓法兰连接的强度和紧密性比较好，装拆也较方便，在大多数场合比其他型式的可拆连接优越，因而是压力容器、管道和承压设备应用最广泛、使用最频繁的可拆连接。两个法兰可以是同样型式和材料的法兰，也可以是不同型式和（或）材料的法兰，或者其中一个是用螺栓连接的平盖。

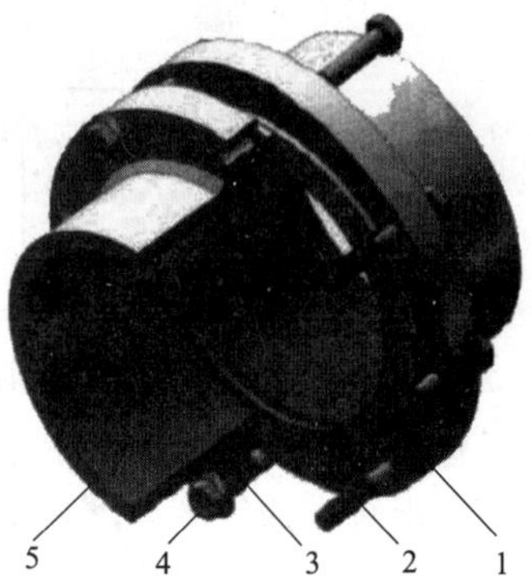

图 3-43　螺栓法兰连接

1—法兰；2—垫片；3—螺栓/螺母；4—垫圈；5—容器/管道

在压力容器设计中，法兰具有特殊性，因为法兰不仅本身就是一个承受外载荷的结构部件，需要满足结构完整性的要求，而且法兰连同螺栓和垫片一起成为一个承受初始预应力的组装结构，它们的失效主要表现为泄漏，即紧密性问题。因此要解决螺栓法兰连接的问题，需要考虑螺栓、垫片和法兰相互作用的特性，即螺栓法兰连接的系统性。事实上，没有绝对的不漏，不漏是相对的，人们常说的“紧密不漏”，从定量角度而言，应指物料的泄漏量在压力容器或承压设备正常操作和环境保护所允许的范围内。而泄漏的机理比较复杂，引起泄漏的因素也众多，包括材料、设计、制造、安装和使用等各个方面，要保证螺栓法兰连接紧密不漏，必须从上述各个方面分别去解决[48,49]。

一般情况下，法兰按照国家或工业部门认定的标准选取。在不能使用标准法兰的场合或不符合标准法兰规定的适用范围时，必须根据设计条件按照法定设计规范对其进行设计计算或校核，或通过数学力学解析和数值分析解法进行详细分析，必要时通过实验方法验证。

从设计角度来说，如果把螺栓法兰连接作为一个系统来考虑，且把泄漏失效作为其设计准则之一，无论从理论或实践上讲都是合情合理的，且一直是理论研究和工程设计人员所关注的课题。近四十多年来，国内外对此进行了广泛而深入的工作，已经取得了许多重要成果[50～53]，纳入某些国外压力容器设计规范。尽管如此，至今国内外压力容器设计规范中主导法兰设计的仍是 ASMEⅧ-1 的方法，即华脱尔斯（Waters）法，又称为泰勒-福格（Taylor-Forge）法[22]，我国的 GB/T 150.3 也是采用该方法。这一方法以控制法兰中的最大应力值作为设计准则，因除特殊情况外，罕见法兰连接发生强度失效，而常见的是泄漏失效，故 ASMEⅧ-1 等又从控制泄漏角度对法兰刚度，即变形（回转）做了限制，并对螺栓法兰连接的安装提出了要求[54]。

本节主要介绍法兰设计方法，包括以下两个基本问题：

① 法兰选用　包括法兰标准及其应用；法兰及其密封面的结构型式；法兰、垫片和螺栓的选用原则。

② 法兰设计

ⅰ. 密封设计　按照运行工况，选取法兰型式、密封面形状和垫片型式，计算在预紧工况和操作工况下，达到设计密封要求所需的预紧螺栓载荷和操作载荷，从而确定螺栓尺寸和数量。

ⅱ. 强度和刚度校核　即初定法兰的结构尺寸，根据计算得到法兰设计螺栓载荷，对法兰进行上述两种工况下的强度和刚度校核，以确定法兰的厚度等主要尺寸。

3.4.2　两种螺栓法兰连接型式

根据密封原理，将螺栓法兰连接分为浮动型和金属与金属接触型（metal to metal contact，MMC）密封两大类。如图 3-44(a) 所示，浮动型的螺栓法兰连接指垫片夹持在一对法兰的两个密封面之间，从预紧螺栓的安装开始，直到法兰连接的整个服役期内，两法兰密封面不发生任何接触，因此预紧螺栓载荷通过法兰完全作用于压缩垫片上，当进入运行后，垫片上的压缩载荷将随系统压力和（或）外载荷作用增加或减少。因此，如系统压力增加时，需要较高的压缩垫片载荷，即提高预紧螺栓载荷，垫片将承受更大的压缩，而作用在法兰上的由于弯矩导致的内应力也会增加，且垫片上载荷分布更趋于不均匀。而金属与金属接触型密封的螺栓法兰连接可使用与浮动型密封的螺栓法兰连接同样的法兰，只是以法兰的某种结构型式，或单独设置一构件（也可作为垫片构件的一部分）放在法兰的螺栓中心圆内，起限制垫片压缩的作用，如图 3-44(b) 所示。因此，当螺栓预紧后，法兰之间或法兰与压缩限制构件之间发生金属机械接触。相比浮动型密封而言，金属与金属接触型密封的主要特点是螺栓必须被施加到足够高的载荷，除了达到金属接触外，且保证在其后任何外加载荷作用下，在整个法兰连接的服役期内始终保持金属接触而不发生脱离，这样垫片上载荷总是基本保持固定，且沿法兰周向均匀分布。这一限制压缩构件起了承揽外部载荷的作用，提供了螺栓法兰接头最佳的密封性能。因此，金属与金属接触型密封与浮动型密封的螺栓法兰连接的主要区别在于：ⅰ 环境的改变不会产生垫片载荷大小和分布变动的风险，因这些干扰（包括自重、流体压力、外弯矩和温度变化等载荷及其波动）都被转移到螺栓和机械接触部件上。ⅱ 金属与金属接触型密封的螺栓法兰连接也减少了螺栓因承受循环载荷而发生疲劳或松脱的危险。ⅲ 它还提高了法兰的刚性，减少了法兰的转角。金属与金属接触型密封的螺栓法兰连接主要用于密封要求很高，高温、高压（压力大于 1.6MPa）和高外载荷，温度/压力频繁波动的苛刻工况，以及热膨胀差不同、拧紧螺栓载荷分散性大等场合，如核电、采油和石化部分生产装置等，而大多数场合还是应用浮动型密封的螺栓法兰连接。对于金属与金属接触型密封的螺栓法兰连接，不论垫片的型式和材料如何，垫片压缩量是预定的，两法兰又存在金属机械接触，与浮动型密封的螺栓法兰连接用的垫片和法兰的设计是不一样的。通常压力容器设计规范或标准中的法兰设计限于浮动型密封的螺栓法兰连接，所以本节仅介绍浮动型密封的螺栓法兰连接（下文统称螺栓法兰连接）的设计方法，有关金属与金属接触型密封的螺栓法兰连接的应用和设计方法可参阅参考文献［49］。

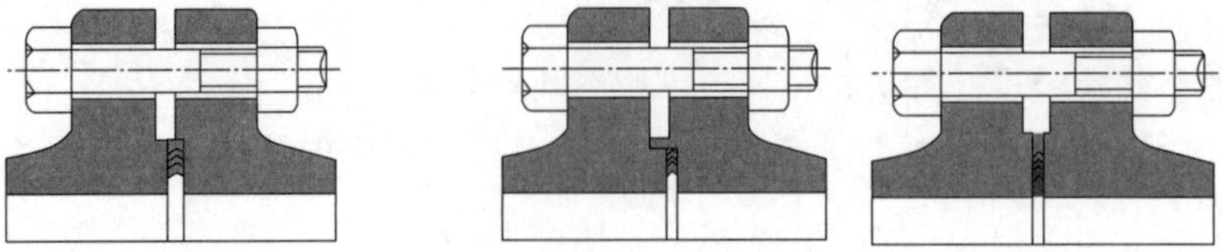

(a) (b)

图 3-44　浮动型和金属与金属接触型密封的螺栓法兰连接

3.4.3 公称直径、公称压力、法兰标准及其应用

如前所述，法兰是一种广泛使用在压力容器和管道，以及换热器、塔器和反应釜等过程设备中的重要部件，为了降低制造成本，大多数法兰已经标准化，以适合大量制造，并便于互换。对于标准的法兰，只要在标准额定的压力和温度范围内，一般不需要更多考虑垫片、螺栓和法兰的要求，因为这些标准基于工业认可和接受，综合考虑了经济、安全和标准化的要求。当标准法兰不能使用时，例如超出标准规定的使用范围，特殊的操作工况［如极端高温、压力或（和）温度波动、螺栓和法兰之间存在过大的温度差等］，或者不能达到环境保护的标准，才需要按照法定的压力容器设计规范或标准进行详细的法兰设计。

出于标准化的要求，选用法兰的规格便有了公称直径、公称压力的规定。一般将容器和管道的直径划分为一系列的公称直径，由字母 *DN*（diameter normal）和后跟无因次的整数组成，例如 *DN* 25、*DN* 50 等；对于英制单位的标准，以字母 NPS（normal piping size）后跟无因次的整数表示，例如 NPS 1、NPS 2 等。*DN* 和 NPS 后的数字与端部接口或外径等物理尺寸间接相关，通常以 mm 或 in 为单位。表 3-9 为以 *DN* 和 NPS 表示的管道公称直径的分级表，以及 *DN* 和 NPS 的对应关系。容器的公称直径一般等于容器的内径，管子则不然，其公称直径既不等于管子的内径，也不等于其外径，而是接近它们的某个整数。例如 *DN*100 的无缝钢管，其外径为 108mm，而内径视管壁厚度而定。法兰的公称直径与其相连接的容器或管子的公称直径相一致。

表 3-9　管道公称直径

DN	15	20	25	32	40	50	65	80	100	125	150	200
NPS	1/2	3/4	1	1 1/4	1 1/2	2	2 1/2	3	4	5	6	8
DN	250	300	350	400	450	500	600	650	700	750	800	850
NPS	10	12	14	16	18	20	24	26	28	30	32	34
DN	900	950	1000	1050	1100	1150	1200	1250	1300	1400	1450	1500
NPS	36	38	40	42	44	46	48	50	52	56	58	60

表 3-10　容器、管道法兰公称压力

PN	0.25	0.6	1.0	1.6	2.5	4.0	6.3	10.0	16.0
Class	—	—	—	—	—	—	—	—	—
PN	2.0	5.0	11.0	15.0	26.0	42.0			
Class	150	300	600	900	1500	2500			

公称压力是按容器或管道所受的压力分为若干等级而设定的，由字母 *PN*（pressure normal）后跟无因次的整数组成，同样，对于英制单位的标准，以字母 Class 和后跟无因次的整数表示。表 3-10 为以 *PN* 和 Class 表示的容器与管道公称压力的分级表，以及它们之间的对应关系。法兰的最大允许工作压力取决于公称压力大小、法兰的材料及其设计温度，在相应的法兰

标准中给出。如容器法兰的公称压力是以16Mn材料在200℃时的最大工作压力为依据制定的，当法兰材料和操作温度不同时，最大工作压力将降低或升高。例如*PN*1.6的16Mn材料制造的长颈对焊法兰（NB/T 47023），用在−20～200℃时的最大工作压力为1.6MPa，但将它用于350℃时，它的最大工作压力为1.30MPa；若改用20号钢，则最大工作压力为1.16MPa，如温度提高到350℃，最大工作压力降低为0.88MPa。管法兰也有类似的规定。

法兰标准按管法兰和容器法兰区分。现今，国内外的管法兰标准可归属两个系列，即分别以*PN*和Class标示的两个压力级别的管法兰。*PN*是以德国制定的DIN标准为基础，而Class是以美国制订的ASME标准为基础。后者以ASME B16.5《管法兰和法兰管件（NPS 1/2～NPS 24》和ASME B16.47《大直径钢法兰（NPS 26～NPS 60）》的应用最普遍。ASME B 16.47有两个系列：系列A和系列B。系列A包括了制造者标准协会（MSS）的MSS-SP44《钢管线法兰》；系列B包括了石油标准协会（API）的API605《大直径碳钢法兰》。国内的标准GB/T 9124.1～2和HG/T 20592～20635，以及欧盟标准EN 1092和EN 1759《法兰及其接头 管道、阀门和管件用圆形法兰》，分别采用上述*PN*和Class两个系列编制。国内的压力容器法兰标准为NB/T 47020～47027，标准中给出了甲型平焊法兰、乙型平焊法兰和长颈对焊法兰等三种法兰的分类、技术条件、结构型式和尺寸，以及相关的垫片和紧固件型式等。

标准法兰的连接尺寸，如法兰的外径、螺栓中心圆的直径、螺栓的数量和螺栓（孔）的直径，对同一*DN*（或NPS）和*PN*（或Class）的法兰，不论其结构型式，都是一致的，即具有相同的连接尺寸。因此，设计容器和管道法兰时，应尽量选用标准法兰，一旦根据公称直径和公称压力选定标准法兰后，法兰的具体尺寸就完全确定了。此外，在选用时，法兰尺寸应符合公称直径的规定；公称压力的选取，应使设计压力不超过标准中给出的额定压力。如前所述，此额定压力是在设计温度和法兰材料下给定的。

3.4.4 法兰的结构类型与应用场合

（1）法兰结构型式和选用

从设计角度，法兰按其固定在容器上的方法可分成以下三类。

① 松式法兰　法兰不直接固定在容器或管道，或虽固定但不能保证法兰与其共同承受施加于法兰上的载荷，均划归为松式法兰，如活套法兰（法兰套在壳体或管道的对焊环或平焊环上）、螺纹法兰、搭接法兰，这些法兰可以采用带颈或不带颈的[图3-45(a)～(c)]。活套法兰尤适用于有色金属（如铜、铝）和不锈钢制造的容器或管道上，因法兰可用碳钢制造，节省了贵重金属的用量。松式法兰不会或较少对壳体附加弯曲应力，这一点使高压设备和管道特别偏爱螺纹法兰。但由于法兰的刚度偏低，其厚度比较厚一些。除螺纹法兰外，松式法兰一般用于压力不高的场合。

② 整体法兰　法兰不可拆地固定在容器或管道上。固定的方式包括将法兰与壳体锻造或铸造成一个整体[图3-45(d)]，或者通过焊接与壳体连接，但必须是完全焊透，如带颈对焊法兰和全焊透的平焊法兰[图3-45(e)、(f)]。整体法兰结构能使壳体与法兰同时受力，因而法兰环的厚度可以减薄，但会在壳体上产生附加应力。带颈的对焊法兰能提高法兰的强度，且与壳体的对接焊接提高了焊缝质量。因此，整体法兰可用于较高压力的场合。

③ 任意式法兰　这种法兰介于以上两种法兰之间。从结构来看，它们与壳体间有一定联系，但又不完全形成整体，典型的是不完全焊透的平焊法兰[图3-45(g)～(i)]。任意式法

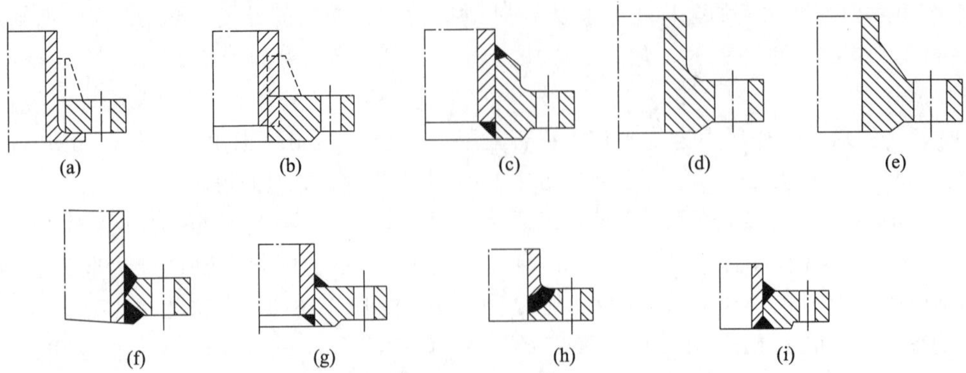

图 3-45 法兰型式

兰按整体法兰计算，当法兰颈部厚度 $g_0 \leqslant 15\text{mm}$，法兰内直径 $D_i/g_0 \leqslant 300$，$p \leqslant 2\text{MPa}$，$t \leqslant 370℃$时，可按松式法兰简化计算。

（2）密封面型式与选用

要保证螺栓法兰连接的紧密性，必须合适地选择密封面的形状。常用的密封面形状有全平面、突面、凹凸面、榫槽面和环连接面等几种，如图 3-46 所示。

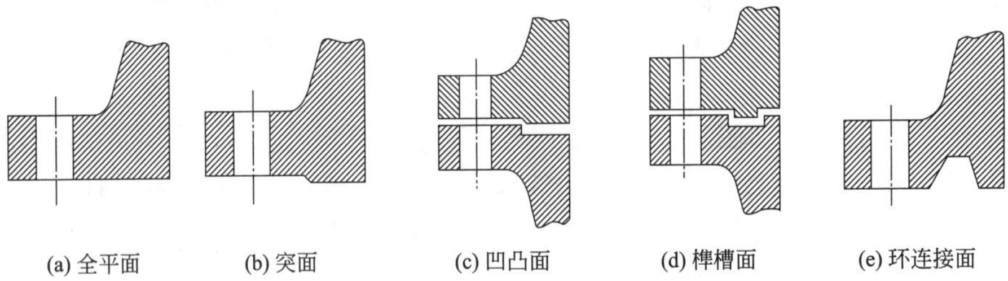

图 3-46 密封面的型式

① 全平面密封面 垫片铺满整个法兰密封面，即垫片的内外径与法兰环的内外圆柱表面相一致。由于垫片与法兰密封面的接触面积较大，在给定的螺栓载荷下，作用在垫片上的载荷较低，因此可使用软质材料制造的垫片，适用于低压场合或脆性材料制造的法兰，如铸铁、搪瓷、塑料等材料制造的法兰，以防止预紧螺栓时损坏法兰。

② 突面密封面 垫片的外径延伸到螺栓或螺栓孔边，即垫片置于法兰螺栓孔中心圆内，以满足对中定位的需要。相对全平面密封面，由于与法兰密封面的接触面积减小，垫片载荷较高，所以适用于硬性材料制造的垫片和较高压力的法兰。为了使非金属垫片易变形并防止挤出，其突面上有 2～4 条同心的三角形沟槽，但柔性（膨胀）石墨垫片或缠绕式垫片无须此沟槽。

③ 凹凸面密封面 分别由一个凸面和凹面配合而成，其优点是垫片便于对中，并且不易被内压吹出，但宽度仍较大，故需较大的预紧螺栓载荷，法兰尺寸也要大一些。

④ 榫槽面密封面 由一对榫面和槽面配合而成。这种密封面较窄，用于压力更高、密封要求较严的场合。这种密封面不与介质接触，垫片不会挤入设备或管道内，但对榫槽配合的精度要求较高，装拆比较困难，垫片被挤压在槽内不易清除。

⑤ 环连接面密封面 其梯形环槽与椭圆环形垫或八角环形垫配用。其梯形环槽的锥面与环形垫形成线（或窄面）接触密封，因此用于高压力场合。梯形槽材料的硬度值宜比环垫材料硬度高 HB 30～40。

上述各种密封面的机械加工要求和加工后法兰与壳体的焊接必须保证准确对中，并需控制翘曲变形。有关上述密封面的表面粗糙度和法兰的安装对中要求等，可参见文献［54］。

3.4.5 垫片结构类型和应用场合

垫片是螺栓法兰连接的核心元件，密封效果的好坏取决于垫片的密封性能。垫片性能通常是物理非线性的，影响因素很多且相互作用，主要根据温度、压力、与物料的相容性和应用场合来选择垫片的结构型式、材料和尺寸，同时考虑价格低廉、制造容易和更换方便等要求。

（1）垫片类型和选用

垫片按所用的主体材料可分成以下三种。

① 非金属垫片　常用的非金属垫片有橡胶垫片、石棉橡胶垫片、无石棉橡胶垫片、聚四氟乙烯垫片和柔性（膨胀）石墨垫片等。断面形状一般为矩形[图 3-47(a)]。

天然橡胶垫片仅适用于压力低于 1MPa 和温度低于 70℃的水、蒸汽、非矿物油类等无腐蚀性物料。合成橡胶（如丁腈橡胶、氯丁橡胶、硅橡胶、氟橡胶等）则在耐高低温、耐化学性、耐油性、耐老化、耐天候性等方面各具特点，应用场合视品种而异。石棉橡胶垫片因其能耐较高温度，有较好耐化学性，价格低廉，曾使用相当普遍，最高使用温度为 450℃，最大使用压力为 6MPa，主要用在水、油、蒸汽和中等强度酸、碱物料，对强腐蚀物料，使用温度在－180～＋260℃范围内，使用压力不超过 2MPa。由于石棉对人体健康的危害性，近年来出现用合成纤维或非石棉矿物纤维单独或混合替代石棉纤维的无石棉橡胶板垫片。目前其最高使用温度为 300℃，最高使用压力为 9MPa，根据所采用的纤维种类和黏结剂品种，适用于不同的应用场合。基于合成纤维的普通无石棉橡胶垫片，出于安全考虑，连续使用温度限制在－100～150℃，压力不超过 4MPa。由于聚四氟乙烯突出的耐化学腐蚀性和高洁净性，单质、膨胀或填充聚四氟乙烯垫片是化学、石油化工中广泛使用的密封材料，包括食品和医药行业。由于双向拉伸的膨胀聚四氟乙烯垫片的高压缩性，填充无机填料的聚四氟乙烯的抗蠕变性，其可适用于较宽广的应用场合，视产品品种不同。此外，近年来迅速发展起来的柔性石墨垫片也视为一种普适性的石棉垫片替代物，具有耐高温、耐辐照、耐腐蚀、抗松弛、良好的回弹性和密封性，在蒸汽场合用到 650℃，氧化性物料为 450℃。

② 金属垫片　当压力和温度较高时，金属垫片是理想的选择。常用的金属垫片和金属环形垫材料有软铝、铜、纯铁、软钢（08、10 号钢）、铬钢（0Cr13）和不锈钢（022Cr19Ni10、022Cr17Ni12Mo2）等，其断面形状有平面形、波纹形、锯齿形、椭圆形和八角形等[图 3-47(f)～(j)]。其中，八角环形垫和椭圆环形垫属于线接触或接近线接触密封，并且有一定的径向自紧作用，密封可靠，可以重复使用，因此适用于高温（T＝240～600℃）、高压（p＝2.5～4.2MPa）的重油、渣油等热交换器和管路上，然而对密封面的加工质量和精度要求较高，制造成本也较高。金属垫片的最高使用温度取决于材料，例如铝为 430℃，铜为 320℃，一般不锈钢高至 700℃等。

③ 金属-非金属组合　也称半金属垫片，相对于单质材料做成的垫片而言，金属-非金属组合垫片兼容了两者的优点，提高了机械强度、回弹性、耐蚀性、耐热性和密封性能，适用于较高压力和温度的场合。常用的组合垫片有聚四氟乙烯包覆垫片、金属加强石墨垫片、金属包覆垫片、金属缠绕垫片、具有覆盖层的齿形或波形金属垫片等[图 3-47(b)～(e)]。

金属包覆垫片是以石棉或无石棉、柔性石墨、陶瓷纤维等为芯材，外包覆镀锌铁皮或不锈钢薄板，其断面形状有平面形和波纹形两种，其特点是填料不与物料接触，提高了耐热性和垫片强度，且不会发生渗漏。为了改善密封性能，在高温部位，还可在金属包覆垫片密封面上覆以柔性石墨带。金属包覆垫片常用于中低压（$p \leqslant 6.4$MPa）和较高温度（$T \leqslant 450$℃）。金属包覆垫片广泛应用于过程工业的管壳式换热器上，当用于热循环的换热器时，因存在径向剪切问题，故目前多被金属缠绕垫片和具有覆盖层的金属齿形或波形垫片取代。

金属缠绕垫片是由金属薄带（022Cr19Ni10、022Cr17Ni12Mo2、蒙乃尔合金等）和填充带（柔性石墨、聚四氟乙烯等）相间缠绕而成，因此具有多道密封的作用，且回弹性好，蠕变松弛小，不易渗漏，对法兰密封面表面质量和尺寸精度要求不高。金属缠绕垫片适用较高的温度和压力范围，它的最高使用温度取决于所用的钢带与非金属填充带的极限温度，例如常用的不锈钢带与柔性石墨带缠绕垫片的使用温度为 450（氧化性介质）～650℃（蒸汽），压力可用到 20MPa。

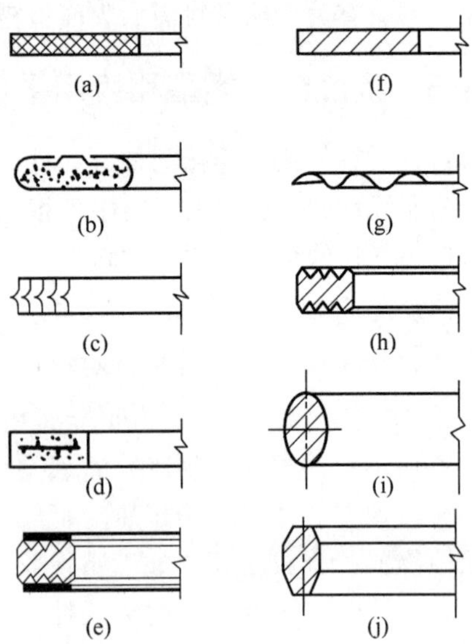

图 3-47　垫片断面形式

具有覆盖层的齿形金属垫片是在金属齿形垫片上下表面各覆一层非金属薄层（柔性石墨或膨胀聚四氟乙烯等），其优点是密封比压不高、结构整体性佳、密封性能良好，在大尺寸情况下用以替代金属缠绕垫片。

垫片型式、材料的选择除了考虑上述的使用压力、使用温度和密封介质外，其厚度的选择取决于垫片的可压缩性、法兰密封表面粗糙度和垫片需要的压力。薄垫片比厚垫片具有更好的承压能力、抗蠕变性、抗挤出性和抗渗透性。垫片越容易压缩，密封面越平整光滑，垫片压力越大，宜选用较薄垫片。因此，对于结构不十分致密的非金属垫片在较高密封压力时，如果密封面表面质量较好，也宜用较薄垫片。对直径较大的法兰，因变形较大，可采用较厚垫片。在达到连接要求的密封性下，垫片宽度直接影响螺栓载荷的大小，因此对于较高密封压力的场合，为了使法兰结构紧凑，垫片压力较高，在垫片不致被压溃的前提下，宜选用较窄垫片。

（2）垫片标准和应用

同法兰标准化一样，垫片也制订了标准，并与法兰标准配套使用。对于同一公称直径和公称压力的法兰，配以与其适配的垫片标准中的同一公称直径和公称压力的垫片。如对应 ASME B16.5 和 ASME B16.47 法兰的非金属垫片标准为 ASME B16.21，金属缠绕垫片、金属包覆垫片、具有覆盖层的齿形金属垫片和金属环形垫标准为 ASME B16.20。国内在 HG/T 20592～20635 中已经包含了与法兰适配的多种类型垫片标准，而与欧盟法兰标准相应的垫片标准为 EN1514 和 EN12560，它们都是以 PN 和 Class 两个系列编制的。垫片标准中的部分结构尺寸和法兰的连接尺寸，如垫片内、外圆直径，密封面型式和尺寸，螺栓中心圆直径，螺栓孔数量和螺栓直径，两者是一致的。国内压力容器现行的垫片标准为 NB/T 47020～47027。

3.4.6　螺栓及其选用

螺栓作为紧固件，是螺栓法兰连接中的一个重要部件。足够的螺栓载荷是连接紧密性的必要保证。螺栓因强度不足而导致的断裂更意味着密封的破坏。对螺栓材料的要求是强度高，韧性好，耐物料腐蚀。按螺栓材料的许用应力的大小，分高强度、中强度和低强度螺栓三个级别。螺栓应与法兰和垫片配合使用，如选择螺栓强度时，公称压力高的法兰，需要密封性能好的垫片，也需要选配强度级别高的螺栓。若螺栓强度级别偏低，便没有足够的螺栓载荷提供垫片密封所需要的压力，不适合用于严重循环工况的场合。如最小屈服强度低于207MPa 的螺栓不得用于 Class＞300 或 $PN>63$ 的法兰，也不得用于金属垫片。而强度级别选得偏高，当螺栓数量一定时，螺栓的直径太小，导致螺栓应力过高，一不小心容易造成螺栓折断。在高温情况下，过高的螺栓应力，会导致过快松弛。为避免螺栓与螺母咬死，螺母的硬度一般比螺栓低 HB30，所以它们也存在一个选配的问题。此外，尽量使用钢垫圈，且为整体硬化的垫圈，以提高紧固螺栓扭矩转化螺栓载荷的效率。

除了对材料的要求外，还应选择螺栓的数目和它在法兰上的布置，此时不仅要考虑连接的紧密性，还要考虑螺栓安装的方便。螺栓数量多了，垫片受力比较均匀，密封性好；螺栓数目太多，除了存在上述螺栓直径偏小的缺点（通常不应小于 12mm)，还会造成螺栓间距太小，可能放不下安装用的工具，如普通的扳手，最小螺栓间距通常为 $(3.5\sim4)d_B$ 或参照 GB/T 150.3 中的规定。若螺栓间距太大，在螺栓孔之间将引起附加的法兰弯矩，且导致垫片受力不均，使连接密封性能降低，所以一般要求螺栓最大间距不超过 $2d_B+[6t_f/(m+0.5)]$（t_f 为法兰的厚度)。此外，螺栓的数量至少应为 4 个，且为 4 的倍数。

螺栓的许用应力取决于材料、螺栓直径和操作温度，容器法兰常用的螺栓与螺母用钢及螺栓材料的许用应力值参见 GB/T 150.2。

至此，可以看出设计或选用螺栓法兰连接时，应将其作为一个整体，法兰、垫片和螺栓之间需要有一个合适的选配，可详见文献 [49]。

3.4.7 法兰设计

当不能使用标准法兰的场合或不符合标准法兰规定的适用范围时，必须根据设计条件按照设计规范或标准对其进行设计计算或校核。

3.4.7.1 螺栓法兰连接密封机理

如上所述，螺栓法兰连接通过预紧螺栓压紧垫片实现密封。一般来说，流体在垫片处的泄漏以两种形式出现，即所谓“渗透泄漏”和“界面泄漏”，如图 3-48 所示。渗透泄漏是流体通过垫片材料本体毛细管的泄漏，故除了物料压力、温度、黏度、分子结构等流体状态和性质外，主要与垫片的结构与材质有关；而界面泄漏是流体从垫片与法兰密封面间泄漏，泄漏大小主要与密封面间隙尺寸有关。由于加工时的机械变形与振动加工后的法兰密封面总会存在凹凸不平的间隙，如果压紧力不够，界面泄漏就是连接的主要泄漏来源。对螺栓法兰连接密封机理作简单分析：预紧螺栓时，螺栓力通过法兰密封面压缩垫片，使垫片发生弹性或（和）弹塑性变形，以填满法兰密封面上的凹凸不平间隙，从而阻止流体泄漏。显然，初始压紧力的大小受垫片材料和结构以及密封表面粗糙度的影响。压紧力过小，垫片压不紧不能阻漏；压紧力过大，往往使垫片挤出或损坏。当设备运行时，由于内压升起，在容器或管道端部轴向力的作用下，螺栓被拉伸，法兰密封面趋向分开，这时密封面上压紧力下降。垫片虽产生部分回弹，但如垫片与密封面之间没有残余足够的压紧力，就不能封住流体，即密封失效。

基于以上简单的密封机理分析，为了简化法兰设计，在确立法兰设计条件时，把预紧工况与操作工况分开处理。为此，对两个不同的工况分别引进两个垫片性能参数，即“最小预紧压力”或“垫片比压力”y以及“垫片系数”m。垫片比压力y定义为预紧时迫使垫片发生变形与法兰密封面密合，以形成初始密封条件，此时垫片单位密封表面积上所必需的最小压紧力称为“垫片比压力”，单位为MPa。垫片系数m是指操作时达到紧密不漏，垫片上所必须保持的比压力与介质压力p的比值。几种常用垫片的垫片比压力y和垫片系数m见表3-11，这些数据仅作为推荐值，不是规定性的。当有其他基于试验或文献的数据，经过设计者和用户同意也可以采用。

表 3-11 垫片性能参数

垫片材料		垫片系数 m	比压力 y /MPa	简图	适用压紧面序号（见表 3-10）	列号
无纤维或高含量矿物纤维的橡胶	肖氏硬度＜75	0.50	0	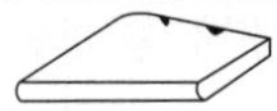	1(a、b、c、d)、4、5	Ⅱ
	肖氏硬度≥75	1.00	1.4			
具有符合操作工况黏结剂的矿物纤维	3mm 厚	2.00	11	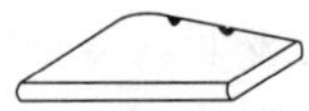		
	1.5mm 厚	2.75	26			
	0.75mm 厚	3.50	45			
内有棉纤维的橡胶		1.25	2.8	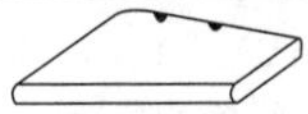		
内有矿物纤维织物的橡胶（有或没有金属丝增强）	3 层	2.25	15			
	2 层	2.50	20			
	1 层	2.75	26			
植物纤维		1.75	7.6	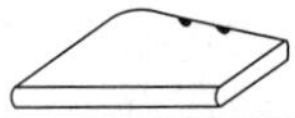		
填充矿物纤维金属缠绕垫片	碳钢	2.50	69		1(a、b)	
	不锈钢或蒙乃尔和镍基合金	3.00	69			
填充矿物纤维金属波纹垫片或包覆矿物纤维金属波纹垫片	软铝	2.50	20	 		
	软铜或黄铜	2.75	26			
	铁或软钢	3.00	31			
	蒙乃尔或4%～6%铬钢	3.25	38			
	不锈钢和镍基合金	3.50	45			
金属波纹垫片	软铝	2.75	26		1(a、b、c、d)	
	软铜或黄铜	3.00	31			
	铁或软钢	3.25	38			
	蒙乃尔或4%～6%铬钢	3.50	45			
	不锈钢和镍基合金	3.75	52			
包覆矿物纤维平金属垫片	软铝	3.25	38	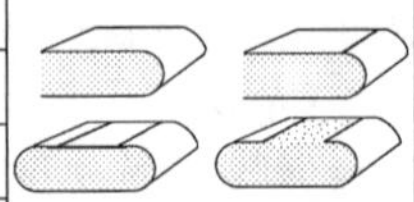	1(a、b、c、d)、2	
	软铜或黄铜	3.50	45			
	铁或软钢	3.75	52			
	蒙乃尔	3.50	55			
	4%～6%铬钢	3.75	62			
	不锈钢和镍基合金	3.75	62			

续表

垫片材料		垫片系数 m	比压力 y /MPa	简图	适用压紧面序号（见表 3-10）	列号
槽形金属垫片	软铝	3.25	38	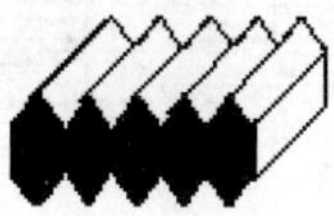	1(a、b、c、d)、2、3	Ⅱ
	软铜或黄铜	3.50	45			
	铁或软钢	3.75	52			
	蒙乃尔或4%～6%铬钢	3.75	62			
	不锈钢和镍基合金	4.25	70			
实心金属平垫片	软铝	4.0	61	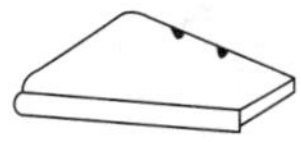	1(a、b、c、d)、2、3、4、5	Ⅰ
	软铜或黄铜	4.75	90			
	铁或软钢	5.50	124			
	蒙乃尔或4%～6%铬钢	6.00	150			
	不锈钢和镍基合金	6.50	180			
金属环垫	铁或软钢	5.50	124	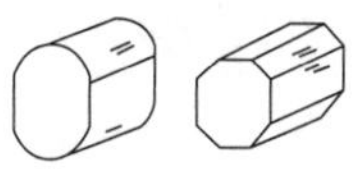	6	Ⅰ
	蒙乃尔或4%～6%铬钢	6.00	150			
	不锈钢和镍基合金	6.50	180			

由此可见，保证法兰连接紧密不漏有两个条件：

ⅰ. 必须在预紧时，使螺栓力在压紧面与垫片之间建立起不低于 y 值的比压力；

ⅱ. 当设备工作时，螺栓力应能够抵抗内压的作用，并且在垫片表面上维持 m 倍内压的比压力。

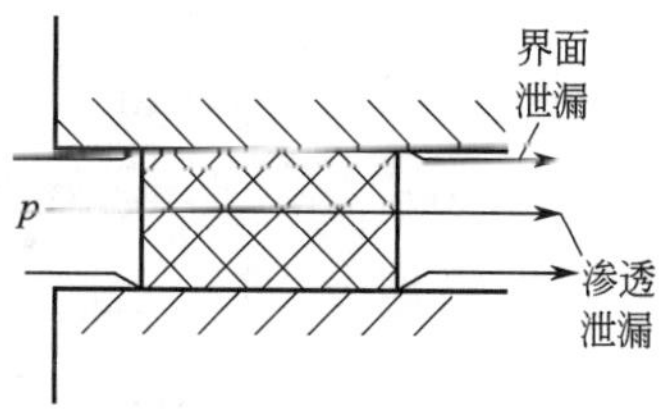

图 3-48 界面泄漏和渗透泄漏

3.4.7.2 密封计算

(1) 螺栓载荷计算

如前所述，螺栓法兰连接依靠拧紧螺栓压紧垫片实现密封。所谓密封计算是确定需要多大的螺栓载荷，即在此螺栓载荷下，预紧时垫片必须有足够的预变形，操作时保证垫片起密封作用，因此，螺栓载荷计算也分为预紧和操作两种工况。

在预紧工况，螺栓拉力 W_a 应等于压紧垫片所需的最小压紧载荷，即

$$W_a = 3.14 b D_G y \tag{3-109}$$

式中 W_a——预紧工况下最小螺栓载荷，N；

D_G——垫片的平均直径，取垫片反力作用位置处的直径，mm；

b——垫片的有效密封宽度，mm；

y——垫片的比压力，MPa。

式(3-109) 中用以计算接触面积的垫片宽度不是垫片的实际宽度 N，而是它的一部分，称为基本密封宽度 b_0，其大小与压紧面形状有关，参见表 3-12。在 b_0 的宽度范围内，y 视作均匀分布。当垫片较宽时，由于螺栓载荷和内压的作用使法兰发生回转，因此垫片外侧比内侧压得紧一些，为此，实际计算中垫片宽度要比 b_0 更小一些，称为有效密封宽度 b。b 与 b_0 有如下关系：

表 3-12　垫片基本密封宽度 b_0

序号	压紧面形状（简图）	垫片基本密封宽度 b_0	
		Ⅰ	Ⅱ
1a	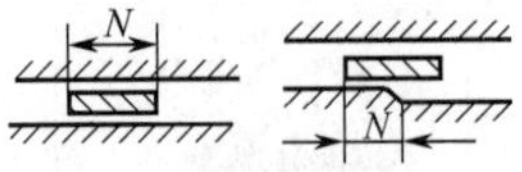	$\frac{N}{2}$	$\frac{N}{2}$
1b	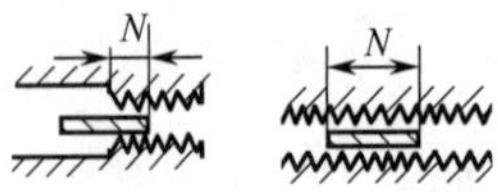		
1c	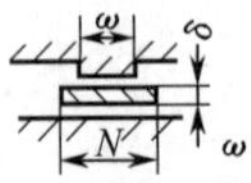	$\frac{\omega+\delta}{2}$ $\left(\frac{\omega+N}{4}最大\right)$	$\frac{\omega+\delta}{2}$ $\left(\frac{\omega+N}{4}最大\right)$
1d	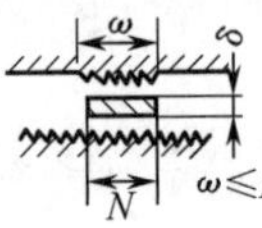		
2	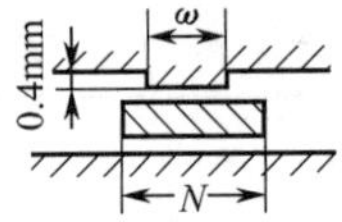	$\frac{\omega+N}{4}$	$\frac{\omega+3N}{8}$
3	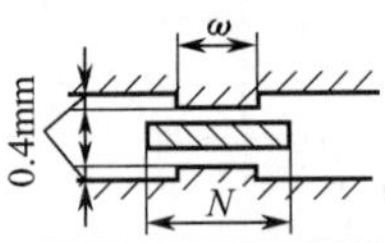	$\frac{N}{4}$	$\frac{3N}{8}$
4	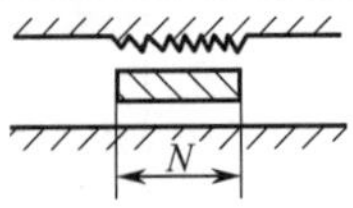	$\frac{3N}{8}$	$\frac{7N}{16}$
5	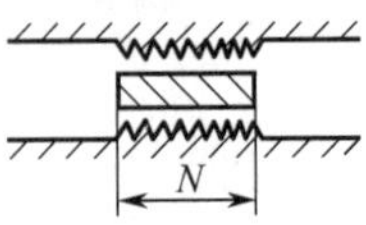	$\frac{N}{4}$	$\frac{3N}{8}$
6	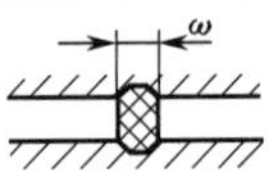	$\frac{\omega}{8}$	

当 $b_0 \leqslant 6.4$mm 时，$b=b_0$；

当 $b_0 > 6.4$mm 时，$b=2.53\sqrt{b_0}$。

因而用以计算的垫片平均直径 D_G 相应确定如下：

当 $b_0 \leqslant 6.4$mm 时，D_G＝垫片接触面的平均直径；

当 $b_0 > 6.4$mm 时，D_G＝垫片接触面外径$-2b$。

在操作工况时，螺栓载荷 W_p 应等于抵抗内压推开的轴向载荷和维持密封垫片必需的压紧力之和，即

$$W_p = 0.785D_G^2 p_c + 6.28bD_G m p_c \tag{3-110}$$

式中　W_p——操作工况下的最小螺栓载荷，N；

m——垫片系数，无因次；

p_c——计算压力，MPa。

等式右边后一项中，由于原始定义 m 时是取 2 倍垫片有效接触面积上的压紧力等于计算压力 m 倍，故需乘以 2。

(2) 螺栓尺寸与数目

上述 W_a 和 W_p 是在两种不同工况下的螺栓载荷，故在确定螺栓截面尺寸时应分别求出两种工况下的螺栓总截面积，择其大者为所需螺栓总截面积，从而确定选用螺栓直径与个数。预紧工况时，按常温计算，由强度条件得

$$A_a=\frac{W_a}{[\sigma]_b} \quad mm^2 \tag{3-111}$$

式中 $[\sigma]_b$——常温下螺栓材料的许用应力，MPa。

在操作工况时，按螺栓设计温度计算，则为

$$A_p=\frac{W_p}{[\sigma]_b^t} \quad mm^2 \tag{3-112}$$

式中 $[\sigma]_b^t$——设计温度下螺栓材料的许用应力，MPa。

螺栓所需的总截面积 A_m 取上述两种工况下的较大值。

在选定螺栓数目 n 后，即可按下式得到螺栓直径 d_B

$$d_B \geqslant \sqrt{\frac{A_m}{0.785n}} \quad mm \tag{3-113}$$

式中，d_B 应圆整到标准螺纹的根径，并据此确定螺栓的公称直径。

(3) 螺栓设计载荷

法兰设计中需要确定螺栓设计载荷。在预紧工况，由于实际的螺栓尺寸可能大于式(3-113) 的计算值，在拧紧螺栓时有可能造成实际螺栓载荷超出式(3-109) 所给出的数值，所以确定预紧工况螺栓设计载荷时，螺栓总截面积取 A_m 与实际选用的螺栓总截面积 A_b 的算术平均值，即

$$W=\frac{A_m+A_b}{2}[\sigma]_b \quad N \tag{3-114}$$

而操作工况，螺栓设计载荷仍按式(3-110) 计算，即 $W=W_p$。

3.4.7.3 法兰的强度计算

法兰的强度计算必须考虑两个不同的问题：一是连接结构中的各部件必须有足够的强度，二是连接本身必须保证密封。结构强度的问题比较简单，但连接的密封性远比强度复杂，更具有近似性和经验性。对于法兰的强度计算，若按照如前所述的螺栓-法兰-垫片连接系统来考虑各零件的真实受力和变形，并最终以泄漏作为设计准则显然是符合实际的，但在缺乏对垫片真实性能完全了解之前，仍有不少困难。因此法兰的计算方法仍以弹性强度分析或塑性极限分析为基础，借控制法兰中的最大应力，保证法兰的强度和刚度。弹性应力分析中最有代表性的是华脱尔斯（Waters）等提出的方法，即 ASME Ⅷ-1 规定性附录 2 的法兰设计方法，目前仍为国内外大部分容器规范所应用，包括我国 GB/T 150.3 在内。本节主要介绍 Waters 的设计方法。

(1) 力学计算模型

Waters 法是 1937 年 Waters 和泰勒（Taylor）首先提出的，后又经 Waters 等人的发展

后被纳入 ASME 规范。这个方法基于弹性应力分析，不考虑系统的变形特性和垫片的复杂行为，而根据前述的 m 和 y 系数，在法兰受力确定的条件下，计算出法兰中最大应力，控制在规定的许用应力以下，并间接控制法兰系统的刚度，从而达到连接的密封要求。

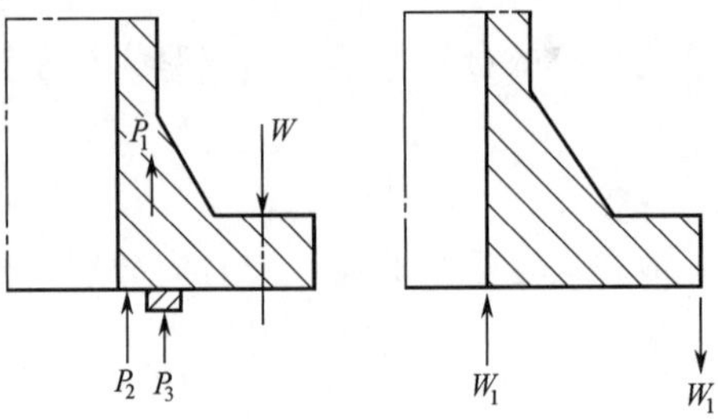

图 3-49 法兰受力简图

Waters 法包含了以下的假设和简化：

ⅰ. 所有组成法兰连接的部件的材料假定是均匀的，并在设计载荷条件下保持完全弹性；

ⅱ. 所有施加于法兰上的载荷（螺栓载荷 W，垫片反力 P_3 和流体静压力的轴向力 P_1、P_2）归结为一对作用在法兰环内外周边上的均布力 W_1 所组成的力偶，如图 3-49 所示；

ⅲ. 忽略螺栓的影响，假设问题是轴对称的；

ⅳ. 不计螺栓孔的影响；

ⅴ. 假设壳体和锥颈为薄壳结构；

ⅵ. 壳体理论分析中，以法兰和锥颈的内孔表面为中性面；

ⅶ. 当法兰环挠曲时，壳体与锥颈大端（图 3-50 中 A'点）的径向位移为零；

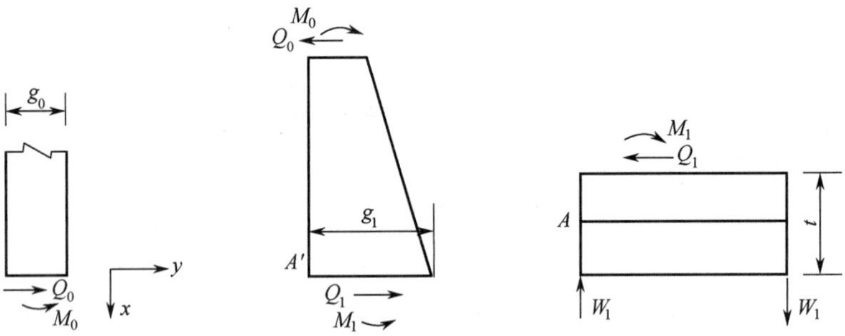

图 3-50 Waters 的法兰力学分析模型

ⅷ. 法兰环中面因所施加的力偶而引起的伸长可忽略不计；

ⅸ. 内压以及由其引起的各部分相邻边缘处产生的应力与法兰环力偶产生的弯曲应力相比，可忽略不计；

ⅹ. 法兰的位移很小，叠加原理可以应用。

于是，这一方法的力学计算模型如图 3-50 所示，法兰在两个不连续处被分为三个部件，即圆筒体、锥颈和法兰环，各部件之间存在因上述力偶的弯曲作用引起的边缘力和边缘力矩。基于弹性板壳理论，把圆筒体视作一端受边缘力和边缘力矩作用的半无限长圆柱薄壳，将锥颈作为两端分别受边缘力和边缘力矩作用的线性变厚度圆柱薄壳，而法兰环则视为受力矩弯曲作用的环形薄板。然后由各连接处内力平衡和变形协调条件，求出各边缘力和边缘力矩，最终求出各部分应力。

上述解法过程十分烦琐，Waters 等分析了法兰中应力分布后，确定三个主要应力校核法兰强度：法兰环内圆柱面与锥颈连接处的最大径向应力、切向应力；以及锥颈两端外表面的轴向弯曲应力，当斜度较大时，出现在小端，反之位于大端（图 3-51）。在经过一系列推演与简化后，最后给出了一组曲线，利用这些图表决定最大法兰应力。具体推导过程可参阅文献［55］。

（2）法兰设计方法

① 法兰力矩的计算　法兰的外力矩由如下作用于法兰的外力产生（图 3-52）。

ⅰ. 内压作用在内径截面上的轴向力 P_1

$$P_1=0.785D_i^2p_c \quad \text{N} \tag{3-115}$$

式中　p_c——计算内压，MPa；

D_i——法兰内直径，mm。

对于整体法兰，P_1 通过筒壁作用于高颈中央；对于活套法兰，此力可看成作用在法兰环的内圆周。

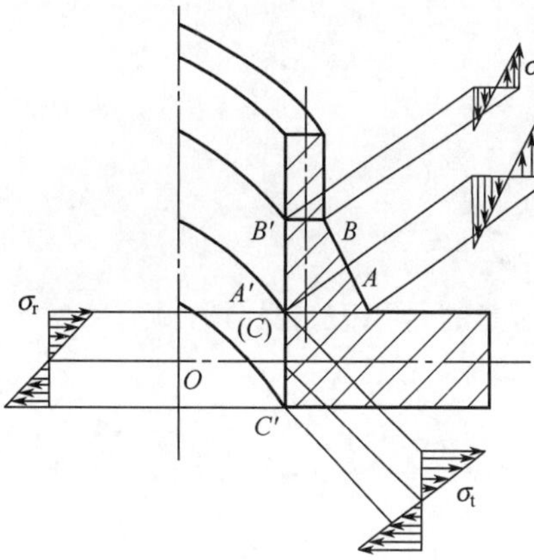

图 3-51　整体法兰中的最大应力

ⅱ. 内压作用在法兰端面上的轴向力 P_2

$$P_2=0.785(D_G^2-D_i^2)p_c \quad \text{N} \tag{3-116}$$

式中　D_G——垫片反力作用位置的直径，mm。

ⅲ. 垫片反力 P_3，等于螺栓设计载荷与内压产生的总轴向力之差，即

$$P_3=W-P_1-P_2 \quad \text{N} \tag{3-117}$$

式中，W 取预紧或操作时的螺栓总载荷。

这些力的作用位置不同，故其力臂视整体法兰和松式法兰取法不同。对于整体法兰或按整体法兰计算的任意式法兰［图 3-52(a)］

$$\left.\begin{aligned} l_1&=R+0.5g_1\\ l_2&=\frac{R+g_1+l_3}{2}\\ l_3&=\frac{D_b-D_G}{2}\\ R&=\frac{D_b-D_i}{2}-g_1 \end{aligned}\right\} \tag{3-118}$$

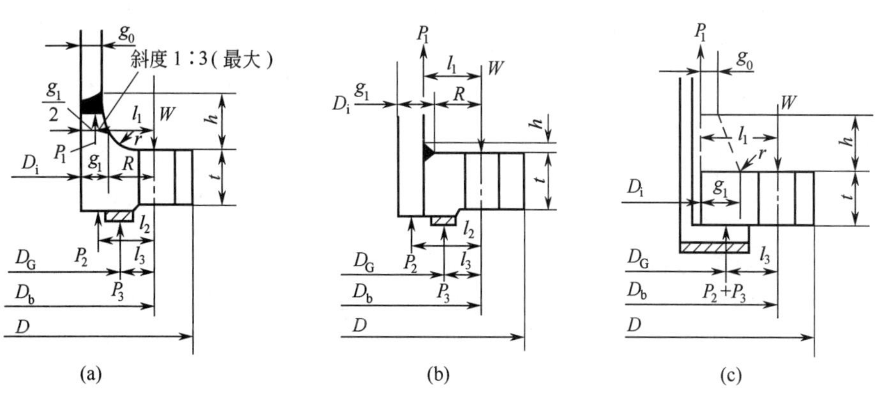

图 3-52　法兰受力图

对于除活套法兰外的松式法兰或按松式法兰计算的任意式法兰［图 3-52(b)］

$$\left.\begin{aligned} l_1&=\frac{D_b-D_i}{2}\\ l_3&=\frac{D_b-D_G}{2}\\ l_2&=\frac{l_1+l_3}{2}\end{aligned}\right\}\tag{3-119}$$

对于活套法兰[图 3-52(c)]，则

$$\left.\begin{aligned} l_1&=\frac{D_b-D_i}{2}\\ l_2&=\frac{D_b-D_G}{2}\\ l_3&=\frac{D_b-D_G}{2}\end{aligned}\right\}\tag{3-120}$$

于是，法兰力矩为 $M_1=P_1l_1$，$M_2=P_2l_2$，$M_3=P_3l_3$

预紧时，因 $p_c=0$，故 $P_1=P_2=0$，$P_3=W$，总力矩为

$$M_a=M_3=P_3l_3=Wl_3\tag{3-121}$$

式中，W 按式(3-114) 取值。

操作时，总力矩为

$$M_p=M_1+M_2+M_3=P_1l_1+P_2l_2+P_3l_3\tag{3-122}$$

计算法兰应力时，取以下两者中较大值为计算外力矩

$$\left.\begin{aligned} M_o&=M_p \qquad \text{N·mm}\\ M_o&=M_a\frac{[\sigma]_f^t}{[\sigma]_f} \qquad \text{N·mm}\end{aligned}\right\}\tag{3-123}$$

式中　$[\sigma]_f$，$[\sigma]_f^t$——常温和设计温度下法兰材料的许用应力，MPa。

② 法兰应力的计算　按照 Waters 法得到的整体法兰的三种主要应力的计算式如下。

ⅰ. 锥颈上与法兰连接处的轴向弯曲应力

$$\sigma_z=\frac{fM_o}{\lambda g_1^2D_i} \qquad \text{MPa}\tag{3-124}$$

ⅱ. 法兰环上的径向应力

$$\sigma_r=\frac{(1.33te+1)M_o}{\lambda t^2D_i} \qquad \text{MPa}\tag{3-125}$$

ⅲ. 法兰环上的切向应力

$$\sigma_t=\frac{YM_o}{t^2D_i}-Z\sigma_r \qquad \text{MPa}\tag{3-126}$$

式中　M_o——法兰计算力矩，N·mm；

f——法兰颈部应力校准系数，即法兰颈部小端应力与大端应力的比值，$f>1$ 表示最大轴向应力在小端处；反之，$f<1$ 时表示最大轴向应力在大端，此时取 $f=1$，无须对 f 进行修正，f 值按 $\frac{g_1}{g_0}$ 和 $\frac{h}{\sqrt{D_ig_0}}$ 由图 3-53 查取；

λ——系数，$\lambda=\frac{te+1}{T}+\frac{t^3}{d_1}$；

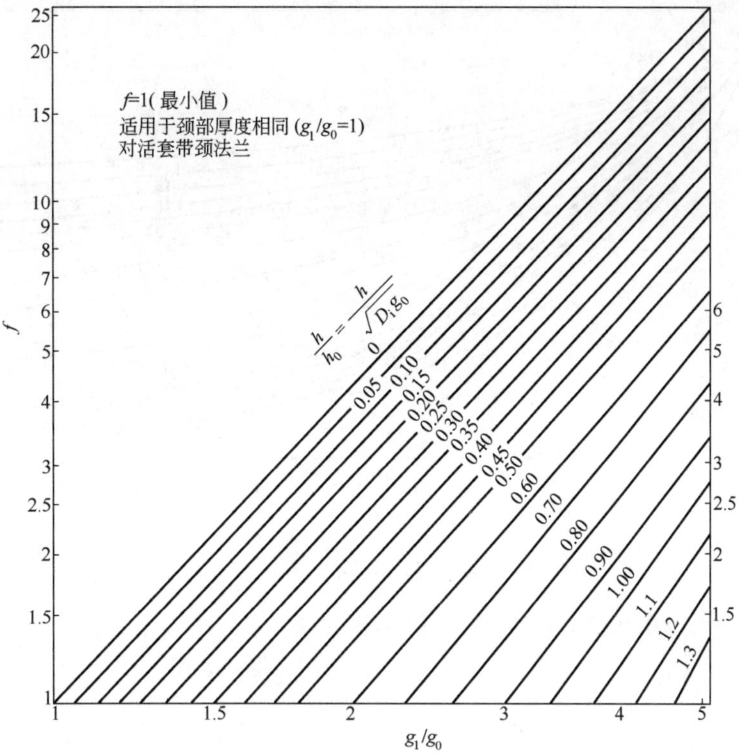

图 3-53　f 值

e——系数，$e=\frac{F}{h_0}$，$\frac{1}{\text{mm}}$；

d_1——系数，$d_1=\frac{U}{V}h_0 g_0^2$，mm^3；

F，V——无因次系数，根据$\frac{g_1}{g_0}$和$\frac{h}{\sqrt{D_i g_0}}$由图 3-54 和图 3-55 查得；

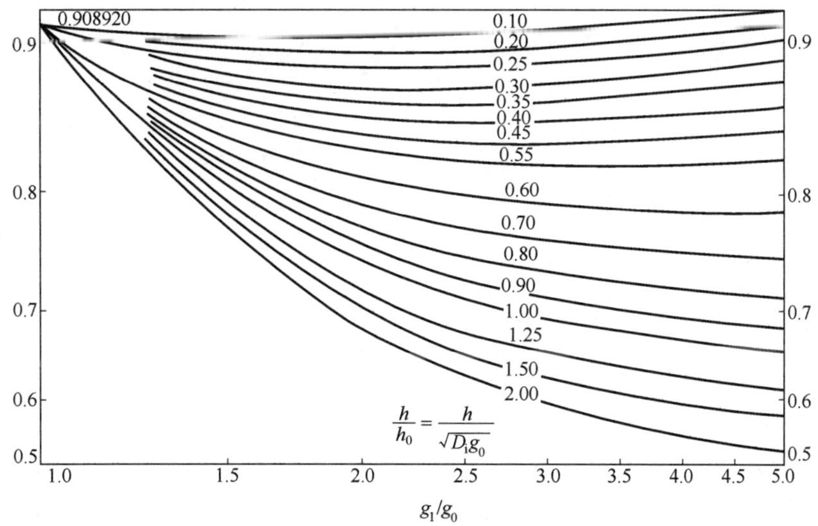

图 3-54　F 值

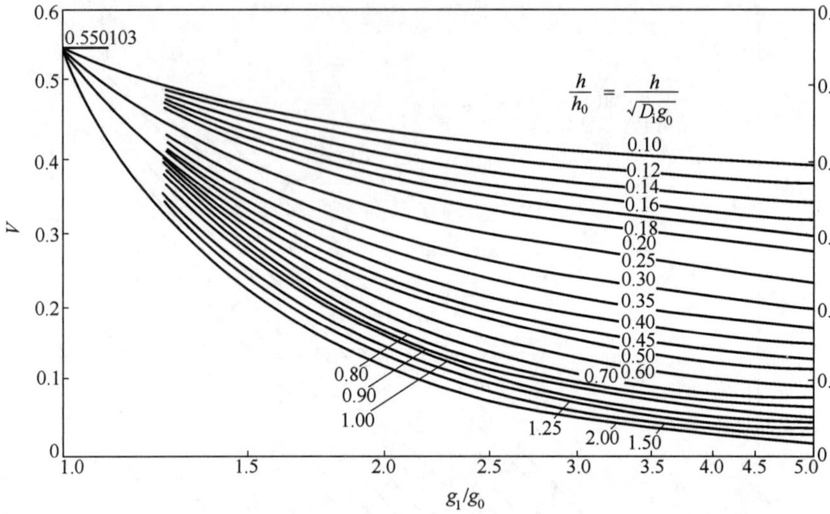

图 3-55　V 值

T，U，Y，Z——无因次系数，根据 $K=\dfrac{D}{D_i}$ 查图 3-56；

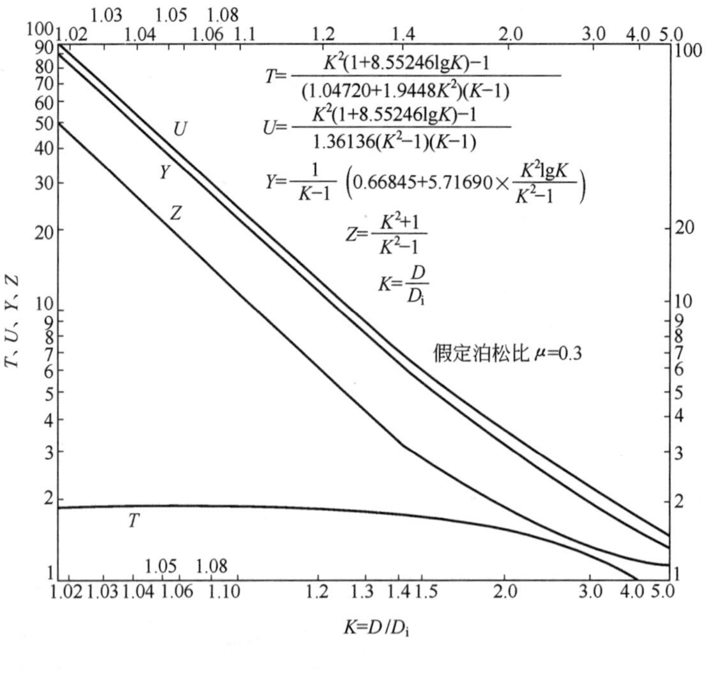

图 3-56　T、U、Y、Z 值

h_0——系数，$h_0=\sqrt{D_i g_0}$，mm。

上述 Waters 整体法兰的计算公式包括按整体法兰计算的任意法兰或考虑颈部影响的松式法兰。后者的 F、V 系数相应改为 F_1、V_1，查图 3-57、图 3-58。对于无颈部的松式法兰或虽有颈部但计算时不考虑其影响的松式法兰，以及按松式法兰计算的任意法兰，也可以应用，此时因 $\sigma_z=\sigma_r=0$，仅有

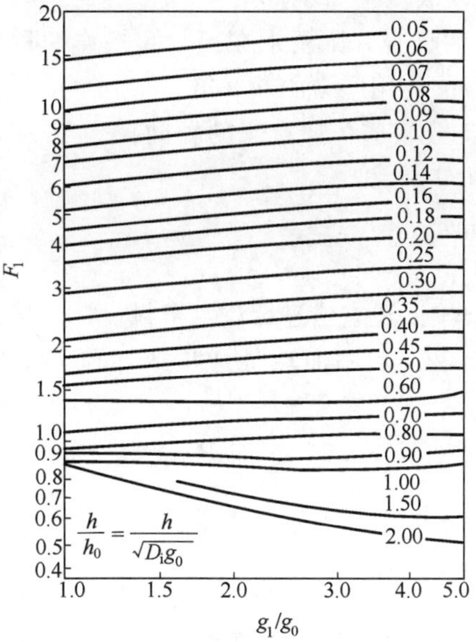

图 3-57　F_1 值

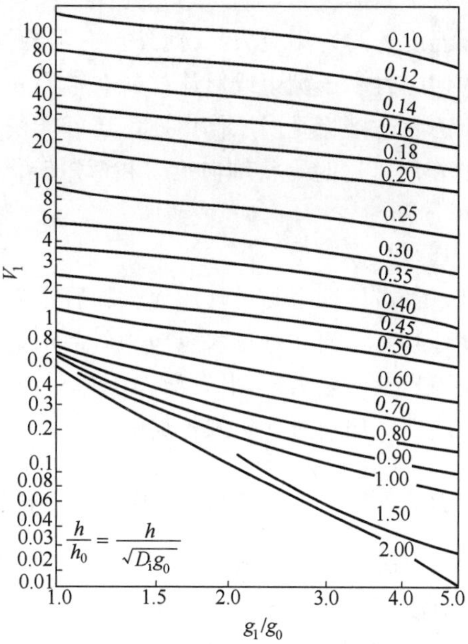

图 3-58　V_1 值

$$\sigma_t = \frac{YM_o}{D_i t^2} \quad \text{MPa} \tag{3-127}$$

此外，还需校核法兰内径 D_i 处其翻边部分或焊缝处的切应力，即

$$\tau = W/A_\tau \quad \text{MPa}$$

式中　A_τ——剪切面积，mm^2；

　　W——预紧或操作时螺栓设计载荷，N。

③ 法兰的强度校核　如按弹性失效准则，以上各应力都应小于材料的许用应力，但按应力的实际分布形态和对失效的影响，规定不同的应力限制条件则更为实际。从保证密封的角度出发，如果法兰产生屈服，则希望不在法兰环而在锥颈，因为对于锥颈的轴向弯曲应力 σ_z，一方面它是沿截面线性分布的弯曲应力，另一方面具有局部的性质，小量屈服不会对法兰环密封部位的变形产生较大影响而导致泄漏，所以采用极限载荷设计法，取 1.5 倍材料许用应力作为它的最大允许应力。法兰环中的应力 σ_r 和 σ_t 则应控制在材料的弹性范围以内。但如果允许颈部有较高的应力（超过材料屈服极限），则颈部的载荷因应力重新分配会传递到法兰环，而导致法兰环材料部分屈服，故对锥颈和法兰环的应力平均值也须加以限制。例如若 σ_z 达到 1.5 倍许用应力，σ_r 或 σ_t 只允许 0.5 倍许用应力。由此，法兰的强度校核应同时满足如下条件

$$\left.\begin{aligned} \sigma_z &\leqslant 1.5[\sigma]_f^t \\ \sigma_r &\leqslant [\sigma]_f^t \\ \sigma_t &\leqslant [\sigma]_f^t \\ \frac{\sigma_z+\sigma_t}{2} &\leqslant [\sigma]_f^t \\ \frac{\sigma_z+\sigma_r}{2} &\leqslant [\sigma]_f^t \end{aligned}\right\} \tag{3-128}$$

对于整体法兰，当σ_z发生在锥颈小端时，σ_z可以放宽至2.5 $[\sigma]_n^t$（$[\sigma]_n^t$为圆筒材料在设计温度下的许用应力）。此外，在需要校核切应力的场合，则要求在预紧和操作两种工况下的切应力小于翻边或筒体材料在常温和设计温度下的许用应力的0.8倍。

法兰连接除受内压作用外，还可能受到外接设备或管道传递过来的轴向拉力F和弯矩M的作用，这时可将轴向拉力和弯矩转化为当量压力P_e，即

$$P_e=\frac{4F}{\pi D_G^2}+\frac{16M}{\pi D_G^3} \tag{3-129}$$

于是，将当量压力与设计压力叠加后作为计算压力，按上述方法进行法兰密封设计，确定螺栓设计载荷。而在进行法兰应力计算时，则在式(3-122)后添加轴向力F或（和）弯矩M转化为当量法兰力矩M_e，M_e的计算详见文献[23]。

此外，如前所述，螺栓最大间距$B_s>2d_B+[6t_f/(m+0.5)]$，如$B_s>2a+t$，计算法兰应力的力矩［式(3-123)］应乘以一修正系数$\sqrt{\frac{B_s}{2a+t}}$。

研究表明，Waters法在法兰直径超过2000mm时，计算应力低估25%，在1000mm以下没有改变，1000～2000mm之间逐渐变化。EN 13445对此进行了修正，即在法兰直径大于1000mm时，将按上述Waters法计算得到的三个应力乘以一修正系数k。k取值为：$D_i\leqslant 1000\text{mm}$，$k=1.0$；$D_i\geqslant 2000\text{mm}$，$k=1.333$；$1000\text{mm}<D_i<2000\text{mm}$，$k=\frac{2}{3}\frac{1+D_i}{2000}$。

3.4.7.4 法兰刚度计算

实践表明，因法兰刚度不足，在法兰力矩作用下将会引起法兰过大的回转，导致法兰接头泄漏，故除限制法兰和螺栓应力外，法兰刚度也成为控制法兰接头泄漏的附加要求。因此，2007版ASME Ⅷ-1规范，将1995版的非规定性附录S中对法兰刚度的核算纳入了规定性附录2，并增加了法兰接头应按ASME PCC-1[54]中的正确安装程序和合格安装人员进行安装的条款。

① 不带颈松式法兰的刚度指数　矩形截面圆环承受沿其中心线圆周均布的单位长度的力矩M_t作用下，在其平面内的回转角ϕ（单位为弧度）为[56]

$$\phi=\frac{12M_tR}{Et^3\ln(K)} \tag{3-130}$$

式中　R——圆环中心线的半径，mm；

E——法兰材料的弹性模量，MPa；

t——圆环的厚度，mm；

M_t——沿圆环中心线圆周均布的力矩，N·m/mm；

K——圆环的外半径和内半径的比值。

设M_o为作用在松式法兰环上预紧工况或操作工况的总力矩，则上式中M_t改写为

$$M_t=\frac{M_o}{2\pi R}$$

为了把式(3-130)的ϕ弧度单位转换为度(°)单位，故ϕ需乘以$180/\pi$，于是

$$\theta=\frac{12\frac{M_o}{2\pi R}R}{Et^3\ln(K)}\frac{180}{\pi}=\frac{109.4M_o}{Et^3\ln(K)} \tag{3-131}$$

将上式两边分别除以 θ_{max}，则

$$\frac{\theta}{\theta_{max}}=\frac{109.4M_o}{Et^3\ln(K)\theta_{max}}$$

规范定义 θ/θ_{max} 为刚度指数 J，J 必须等于或小于 1.0。若刚度指数 $J>1.0$，则应增加法兰厚度，重新计算，直至在预紧和操作工况下 $J\leqslant1.0$。

令 K_L 为不带颈松式法兰的允许回转角 θ_{max}，单位为度（°），称之为刚度系数，则上式改写为

$$J=\frac{\theta}{K_L}=\frac{109.4M_o}{Et^3K_L\ln(K)}\leqslant1.0 \tag{3-132}$$

此式即是不带颈松式法兰设计的刚度准则。如允许回转角 $\theta_{max}=0.2°$，则 $K_L=0.2$。

② 整体法兰的刚度指数　对于圆柱形壳体与矩形截面法兰环的连接处存在边缘力矩 M_1（沿圆柱壳体端部单位圆周长度的力矩），在其作用下法兰环产生的回转角 θ 为[55]

$$\theta=\frac{M_1}{2\beta D} \tag{3-133}$$

$$\beta=\sqrt[4]{\frac{12(1-\mu^2)}{D_i^2g_o^2}}$$

$$D=\frac{Eg_o^3}{12(1-\mu^2)}$$

式中　D_i——法兰环内直径，mm；

g_o——圆柱形壳体端部厚度，mm；

μ——泊桑比。

当 $\mu=0.3$ 时

$$\beta=\frac{1.817}{\sqrt{D_ig_o}};D=\frac{Eg_o^3}{10.92}$$

将 β 和 D 代入式(3-133)，则有

$$\theta=\frac{M_1\sqrt{D_ig_o}}{0.333Eg_o^3}$$

由文献［55］可知，$M_1=M/6\lambda$，$M_1=M_o/D_i$ 和 $h_o=\sqrt{D_ig_o}$，代入上式，并将 θ 弧度单位转换为度（°）单位，即 θ 乘以 180/π，于是

$$\theta=\frac{M_oh_o}{0.333\times6D_i\lambda Eg_o^3}\frac{180}{\pi}=\frac{28.68M_o}{\lambda Eg_o^2h_o} \tag{3-134}$$

上式为计算不带颈的整体法兰[即与法兰环连接的是等厚度圆柱形壳体($g_1=g_o$)]的回转角公式。对于带颈整体法兰，即法兰环与圆锥形壳体（$g_1\neq g_o$）相连接，则采用 V 对上式进行修正。因 $g_1=g_o$ 的 $V=0.55$，故式(3-134) 改写为

$$\theta=\frac{28.68M_o}{\lambda Eg_o^2h_o}\frac{V}{0.55}=\frac{52.14M_oV}{\lambda Eg_o^2h_o}$$

同上，将上式两边分别除以 θ_{max}，则

$$\frac{\theta}{\theta_{max}}=\frac{52.14M_oV}{\lambda Eg_o^2h_o\theta_{max}}$$

按规范定义 θ/θ_{max} 为刚度指数 J，J 必须等于或小于 1.0。若刚度指数 $J>1.0$，则增

加法兰厚度，重新计算，直至在预紧和操作工况下 $J\leqslant1.0$。

同上，令 K_{I} 为整体法兰的允许回转角 θ_{max}，单位为度（°），称之为刚度系数，则上式改写为

$$J=\frac{\theta}{K_{\mathrm{I}}}=\frac{52.14M_{o}V}{\lambda Eg_{o}^{2}K_{\mathrm{I}}h_{o}}\leqslant1.0 \tag{3-135a}$$

此式即整体法兰设计的刚度准则。如允许回转角 $\theta_{max}=0.3°$，$K_{\mathrm{I}}=0.3$。

由此，对于带颈松式法兰，只要在上式中用 V_{L} 替代 V，并用 K_{L} 代替 K_{I}，即可得其设计刚度准则

$$J=\frac{\theta}{K_{\mathrm{L}}}=\frac{52.14M_{o}V_{\mathrm{L}}}{\lambda Eg_{o}^{2}K_{\mathrm{L}}h_{o}}\leqslant1.0 \tag{3-135b}$$

实际上，刚度指数 J 是法兰设计力矩下法兰回转角的计算式。因此，法兰设计刚度准则为：整体法兰或按整体法兰设计的任意法兰的回转角应不大于 0.3°，松式法兰或按松式法兰设计的任意法兰的回转角应不大于 0.2°。表 3-13 汇总了上述法兰刚度的计算公式，计算时分别按预紧和操作工况的法兰设计力矩和常温或设计温度的弹性模量进行。

这一法兰设计刚度准则基于设计和运行工况下用户的经验，仅作为法兰接头设计和安装提供密封的一种保证，不保证泄漏率在规定范围内。对于非致命、非易燃、设计温度范围在－29～186℃和设计压力低于 1035kPa 的流体场合，有成功使用经验的可以免除上述刚度核算。

至此，ASME Ⅷ-1 附录 2 法兰设计的基本原则是达到密封必需的操作垫片应力，一是螺栓必须有足够的预紧载荷；二是法兰必须有足够的强度和刚度。

表 3-13　法兰刚度计算公式

法兰型式	刚度准则
整体法兰或按整体法兰设计的任意法兰	$J=\frac{52.14VM_{o}}{\lambda Eg_{o}^{2}K_{\mathrm{I}}h_{o}}\leqslant1.0$
带颈松式法兰	$J=\frac{52.14V_{\mathrm{L}}M_{o}}{\lambda Eg_{o}^{2}K_{\mathrm{L}}h_{o}}\leqslant1.0$
不带颈松式法兰或按松式法兰设计的任意法兰	$J=\frac{109.4M_{o}}{Et^{3}K_{\mathrm{L}}\ln K}\leqslant1.0$

从上述法兰的应力分析中可知，三个方向的应力计算公式中都包含与法兰几何尺寸有关的参数，因此除直接采用标准法兰外，对非标法兰的设计实质是强度和刚度核算，即先要确定法兰的结构参数和法兰环的厚度，决定其螺栓载荷和法兰力矩，然后计算出法兰中的最大应力，使之满足各项强度条件，并满足刚度要求。如不满足，则适当调整包括法兰环厚度在内的其他结构尺寸（各圆筒或锥颈厚度、斜率和高度等）或更换垫片型式、材料等，直到满足要求为止。

3.4.7.5　计算示例

图 3-59 示出一对焊带颈法兰，其设计条件如下。

设计压力：$p=1\mathrm{MPa}$，计算压力 $p_{c}=p$；

设计温度：$T=250℃$；

连接尺寸：$D=1255\mathrm{mm}$，$D_{i}=1000\mathrm{mm}$，$D_{b}=1145\mathrm{mm}$，$g_{1}=30\mathrm{mm}$，$g_{0}=10\mathrm{mm}$，$h=77\mathrm{mm}$，$t=38\mathrm{mm}$，螺栓 M36　20 只；

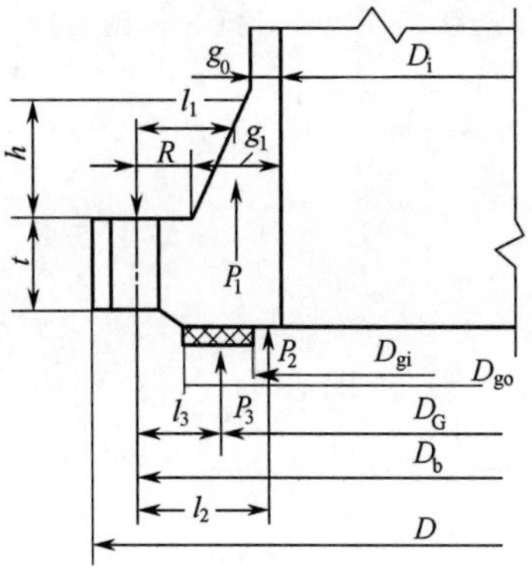

图 3-59　对焊带颈法兰

法兰材料：20 钢锻件，$[\sigma]_f=152\text{MPa}$，$[\sigma]_f^{250}=111\text{MPa}$；筒体材料 345R，$[\sigma]_n^t=157\text{MPa}$；

螺栓材料：20 钢，$[\sigma]_b=94\text{MPa}$，$[\sigma]_b^{200}=74\text{MPa}$；

垫片：无石棉橡胶板，$D_{go}=1054\text{mm}$，$D_{gi}=1010\text{mm}$，$\delta=3\text{mm}$。

试校核法兰的强度。

解　(1) 垫片宽度计算

垫片实际宽度　$N=(D_{go}-D_{gi})/2=(1054-1010)/2=22(\text{mm})$

垫片基本密封宽度　$b_0=\dfrac{N}{2}=\dfrac{22}{2}=11$ (mm) >6.4 (mm)（表 3-12）

垫片有效密封宽度　$b=2.53\sqrt{b_0}=2.53\times\sqrt{11}=8.4$ (mm)

(2) 螺栓载荷计算

查表 3-11 得石棉橡胶板（$\delta=3\text{mm}$）的 $y=11.0\text{MPa}$，$m=2$。

ⅰ. 操作条件下的螺栓载荷

$$W_p=0.785D_G^2p+6.28D_Gmbp_c=0.785\times1037.2^2\times1+6.28\times1037.2\times2\times8.4\times1$$
$$=844919+109484=954403(\text{N})$$

式中　$D_G=D_{go}-2b=1054-2\times8.4=1037.2$ (mm)

ⅱ. 操作前螺栓的预紧载荷

$$W_a=3.14D_Gby=3.14\times1037.2\times8.4\times11=301082(\text{N})$$

ⅲ. 螺栓强度校核：M36 螺栓的根径 $d_0=31.67\text{mm}$，$A_b=0.785d_0^2n=0.785\times31.67^2\times20=15755(\text{mm}^2)$，但 $A_p=\dfrac{W_p}{[\sigma]_b^{200}}=\dfrac{954403}{74}=12897(\text{mm}^2)$，$A_a=\dfrac{W_a}{[\sigma]_b}=\dfrac{301082}{94}=3203(\text{mm}^2)$，故 $A_b>A_p>A_a$，螺栓强度足够。

(3) 总力矩计算

预紧时　M_a-Wl_3

其中　$W=0.5(A_b+A_p)[\sigma]_b=0.5\times(15755+12897)\times94=1346644(\text{N})$

操作时　$M_p=P_1l_1+P_2l_2+P_3l_3$

因　$P_1=0.785D_i^2p_c=0.785\times1000^2\times1=785398(\text{N})$

$P_2=0.785(D_G^2-D_i^2)p_c=0.785\times(1037.2^2-1000^2)\times1=59520(\text{N})$

$P_3=W_p-(P_1+P_2)=954403-(785398+59520)=109485(\text{N})$

和　$R=\dfrac{D_b-D_i}{2}-g_1=\dfrac{1145-1000}{2}-30=42.5(\text{mm})$

$l_1=R+0.5g_0=42.5+0.5\times10=47.5(\text{mm})$

$l_2=\dfrac{R+g_1+l_3}{2}=\dfrac{42.5+30+53.9}{2}=63.2(\text{mm})$

$l_3=\dfrac{D_b-D_G}{2}=\dfrac{1145-1037.2}{2}=53.9$ (mm)

所以 $M_a = 1346644 \times 53.9 = 72584112 (\text{N} \cdot \text{mm})$

$$M_p = 785398 \times 47.5 + 59520 \times 63.2 + 109485 \times 53.9 = 46969311 (\text{N} \cdot \text{mm})$$

取 $M = M_p$ 或 $M_a \dfrac{[\sigma]_f^{250}}{[\sigma]_f} = 72584112 \times \dfrac{111}{152} = 53005503$（N·mm）中较大值，故 $M = 53005503\text{N} \cdot \text{mm}$。

（4）应力计算与校核

因 $g_1/g_0 = 3$，$h/\sqrt{D_i g_0} = 0.77$，由图 3-53 查得 $f = 1.48$；由图 3-54 查得 $F = 0.74$；由图 3-55 查得 $V = 0.1$；由 $K = D/D_i = 1.255$ 查图 3-56 得 $T = 1.8$，$U = 9.5$，$Y = 8.6$，$Z = 4.7$，并分别计算

$$e = F/h_0 = F/\sqrt{D_i g_0} = 0.0074 (\text{mm}^{-1})$$

$$d_1 = \frac{U}{V} h_0 g_0^2 = \frac{U}{V} \sqrt{D_i g_0}\ g_0^2 = 950000 (\text{mm}^3)$$

$$\lambda = \frac{te + 1}{T} + \frac{t^3}{d_1} = 0.77$$

按式(3-124)～式(3-126) 计算各应力如下

$$\sigma_z = \frac{fM}{\lambda g_1^2 D_i} = \frac{1.48 \times 53005503}{0.77 \times 30^2 \times 1000} = 113.2 (\text{MPa})$$

$$\sigma_r = \frac{(1.33te + 1)M}{\lambda t^2 D_i} = \frac{(1.33 \times 38 \times 0.0074 + 1) \times 53005503}{0.77 \times 38^2 \times 1000} = 65.4 (\text{MPa})$$

$$\sigma_t = \frac{YM}{t^2 D_i} - Z\sigma_r = \frac{8.6 \times 53005503}{38^2 \times 1000} - 4.7 \times 65.4 = 8.30 (\text{MPa})$$

强度校核：因 $[\sigma]_f^t = 111\text{MPa}$，故

$$\sigma_z < 1.5[\sigma]_f^t = 1.5 \times 111 = 165.5 (\text{MPa}) (2.5[\sigma]_n^t = 2.5 \times 157 = 392.5 (\text{MPa}) > 1.5[\sigma]_f^t)$$

$$\sigma_r < [\sigma]_f^t$$

$$\sigma_t < [\sigma]_f^t$$

$$\frac{\sigma_z + \sigma_r}{2} = \frac{113.2 + 65.4}{2} = 89.3 (\text{MPa}) < [\sigma]_f^t$$

$$\frac{\sigma_z + \sigma_t}{2} = \frac{113.2 + 8.3}{2} = 60.75 (\text{MPa}) < [\sigma]_f^t$$

法兰强度满足要求。

（5）刚度计算和校核

操作工况下，$E^t = 1.88 \times 10^5 \text{MPa}$，则

$$J = \frac{52.14 V M_o}{\lambda E g_o^2 K_I h_o} = \frac{52.14 \times 0.1 \times 72584112}{0.77 \times 1.88 \times 10^5 \times 10^2 \times 0.3 \times 100} = 0.87 < 1.0$$

预紧工况下，$E = 2.01 \times 10^5 \text{MPa}$，则

$$J = \frac{52.14 V M_o}{\lambda E g_o^2 K_I h_o} = \frac{52.14 \times 0.1 \times 46969311}{0.77 \times 1.88 \times 10^5 \times 10^2 \times 0.3 \times 100} = 0.57 < 1.0$$

法兰刚度满足要求。

3.4.8 其他设计考虑因素

经过多年实践，按 Waters 法设计的绝大多数法兰没有因设计问题发生明显的泄漏事故。但在实际使用中，发现该方法依旧存在如下几个问题，导致少数泄漏发生[57]。

ⅰ. Waters 法采用垫片比压力 y 和垫片系数 m 来简化法兰设计计算，未能真实反映垫片复杂的密封行为。虽然在实际使用中表明基于有效垫片宽度可以满足一般密封性要求，但目前规范推荐的 y 和 m 系数基于经验和某些试验，缺乏理论依据和测试方法，也不能通过这些系数确定的垫片应力来预测法兰接头的泄漏大小，且自 ASME 规范纳入 Waters 法以来，这些数据几无变化，也未对替代石棉材料和新型结构垫片给出相应的数据。

ⅱ. Waters 法无法得到实际密封所需要的螺栓载荷，由其计算得到的设计螺栓载荷仅用于确定螺栓和法兰的尺寸，与安装时所需的实际螺栓载荷不一致，后者往往远大于前者，这也是 Waters 法能满足一般性密封要求的原因之一。对泄漏要求严格的法兰接头必须预紧螺栓到设计螺栓载荷以上，以保证在运行工况下达到和保持密封。如果将设计螺栓载荷作为安装螺栓载荷的依据，会因螺栓载荷不足或过大而不能保证在所有变动工况下都能满足密封要求。因此，ASME Ⅷ-1 的规定性附录 2 专门增加了安装法兰时应遵循 ASME PCC-1 的条款，对安装螺栓载荷的确定、安装程序和方法，以及安装人员资格等都作出了详尽指导。

ⅲ. Waters 法没有考虑流体静压力作用下垫片-螺栓-法兰间的相互机械作用，以及温度瞬变时螺栓与法兰不同热膨胀可能引起的螺栓载荷变化，也没有考虑各个部件材料高温下随时间的蠕变/松弛的影响。这些因素都将在温度、压力及其波动时因螺栓载荷的松弛导致法兰接头的泄漏。因此，ASME Ⅷ-1 的非规定性附录 S 提供了对设计未考虑的安装、高温、法兰回转等实际问题的指导。

ⅳ. 鉴于环境保护和大气治理对有害气体泄漏，特别是对发挥性有机化合物（VOCs）逸散排放的控制要求，对法兰接头的密封设计从一般定性变成严格定量控制。因此，近年来国内外提出了基于允许泄漏率的法兰设计方法，以及基于最大安装螺栓载荷的法兰连接安装技术规定，而 Waters 法未能回答这些问题[58,59]。

3.4.9 基于允许泄漏率准则的法兰设计方法

针对上述问题，近年来国际上先后出现了另外一些法兰设计方法，有的进入了压力容器或压力管道计算规范或标准，基于允许泄漏率准则的法兰设计方法就是其中的代表。其兼顾结构完整性和连接密封性两个设计准则，即法兰失效原因出于强度失效或（和）泄漏失效。因此，除了满足强度失效设计准则外，更核心的是满足泄漏失效或密封设计准则，即设计人员需要选定一个允许泄漏率，以设计法兰接头的泄漏率不超过允许泄漏率作为泄漏失效判据，这一指导思想引领了始于 20 世纪末的法兰设计方法的变革。

这些设计方法的最突出的代表之一是美国压力容器研究委员会（PVRC）在 20 世纪 70 年代对垫片系数的历时四十多年的研究工作总结出的“PVRC 方法”，PVRC 一直致力将 PVRC 方法作为非规定性附录进入 ASME 规范，但因一些细节还在审查和认同中，迄今尚未纳入规范。PVRC 认识到所有法兰接头都会发生泄漏，法兰设计的宗旨是使设计的法兰接头在所有载荷工况下，达到和保持可接受的泄漏率，所以 PVRC 方法目的是提供一个更符合实际的垫片载荷计算方法，而提议的计算方法需要通过一系列垫片试验，建立起表征垫片密封性能的设计参数[60]。PVRC 方法最显著特征是引入了紧密度概念，即将法兰设计的泄漏失效判据定义为 T1～T5 几个紧密度等级，每个紧密度等级对应一定水平的质量泄漏率，例如 T2 级为标准级，相应的单位垫片直径的质量泄漏率为 2×10^{-3}mg/(mm·s)；T3 级为紧密级，相应的单位垫片直径的质量泄漏率为 2×10^{-5}mg/(mm·s)，每个紧密度等级相差两个数量级。因此，法兰设计人员首先要选择紧密度等级，使设计的法兰接头泄漏率不超过该紧密度等级下的允许泄漏率。这就意味着更高的紧密度等级需要更大的螺栓和更厚的法兰，而选取哪一紧密度等级作为设计法兰的密封判据，则取决于所设计设备的工艺条件、运行工况和生态环保等要求。螺栓法兰连接的核心是垫片，垫片的特性是十分复杂的。因此，PVRC 方法在定义紧密度等级的基础上建立了新的设计垫片参数（a、G_b、G_s 等），替代 Waters 法使用的 y 和 m 系数。这些新的垫片系数出自 PVRC 对垫片进行的大量试验数据，并与上述紧密度等级对应的允许泄漏率相关，以此确立预紧工况和操作工况等需要的最小垫片应力和螺栓载荷。至此，PVRC 方法为解决法兰设计与密封之间的定量关系提供了一条路径。实践表明，设计不单要解决经济合适的法兰尺寸，而且要解决比理论计算更广泛的实际问题。但 PVRC 方法未根本解决与 Waters 法类似的实际问题，包括安装载荷的确定、各部件的不同热膨胀和机械相互作用，以及螺栓的弹性交互行为等。

第二个典型代表是欧洲标准协会（CEN）在 2001 年形成的 EN 1591-1《法兰及其接头-带垫片的圆形法兰连接设计规则 第一部分：计算方法》，并收录在 EN 13445 的第三部分，以非规定性附录 G（以下简称“EN 方法”）[27]，与 Waters 方法一起作为可供选择的两种法兰设计方法。但鉴于需要实际应用的积累，尚未被欧盟国家普遍接受。

EN 方法同样改革了垫片设计基础，类似于 PVRC 方法，按照允许泄漏率划分三个紧密度等级，发展了基于泄漏率的新的设计垫片系数，包括最小垫片应力、最大垫片应力、回弹模量、蠕变系数和轴向热膨胀系数等，相比 PVRC 方法提出的垫片系数，它更直接和周全地表征了垫片的力学和密封行为。与此同时，CEN 颁布了 EN 13555，作为测试这些垫片系数的标准方法，也颁布了可供设计选取的 EN 1591-2。EN 方法另一个很明显的特点是力学分析和计算的着眼点是法兰接头的加载和卸载过程达到要求的密封性，通过螺栓-垫片-法兰整个系统的弹性力平衡和变形协调关系，计算了螺栓载荷下法兰的变形和有效垫片应力。EN 方法还考虑了温度瞬变引起的轴向热膨胀差对螺栓载荷和垫片应力的影响，也考虑了外加弯矩和轴向力的影响，以及紧固螺栓时的弹性交互作用，给出了安装螺栓载荷和力矩。此外，EN 方法的评定采用极限载荷法和泄漏失效准则，兼顾整个法兰接头的结构完整性和密封性。

EN 方法相比 Waters 法和 PVRC 方法，在设计准则、参数选择、计算方法和失效评定等方面考虑更加周全、计算更趋精确、结果更为合理，更加符合法兰接头的实际情况。由于 EN 方法考虑了更多的因素，计算过程需要多次迭代运算，一般需要通过计算机程序才能完成。因此，主要用于法兰承受热循环载荷，且该影响是主要的；需要采用规定的拧紧方法控制螺栓载荷；存在较大的附加载荷或对密封特别重要的场合。

习　题

1. 一承受均匀气体压力 p 作用的圆筒形容器，其内直径 $D_i=2000$mm，壁厚 $t=10$mm，试用无力矩理论计算。

① 离开端盖足够距离之筒体器壁中的周向应力和经向应力。

② 若端盖采用标准椭圆形封头（壁厚同为 10mm），封头器壁中的薄膜应力的最大值及

其位置。

2. 如图 3-60 所示一装有液体的圆筒形敞口容器，上部周边自由悬挂，圆柱壳体的中面半径为 R，壁厚为 t，液体密度为 ρ，试计算壳体中的薄膜应力。

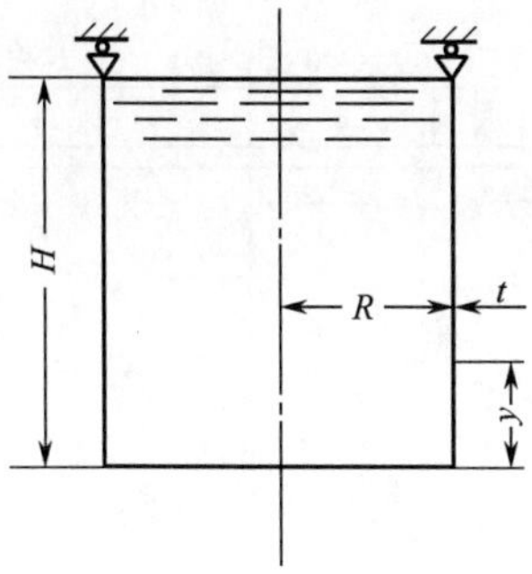

图 3-60　题 2 图

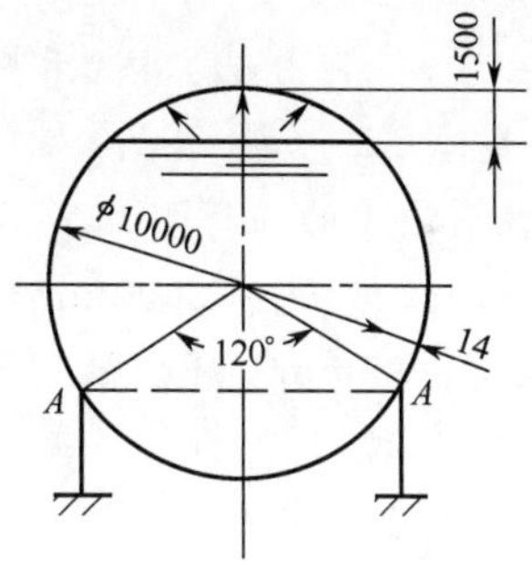

图 3-61　题 3 图

3. 有一球形贮罐，如图 3-61 所示。已知：$D_i=10$m，壁厚 $t=14$mm，内贮液氨，密度为 638kg/m^3。球罐上部尚留高度为 1500mm 的空间，其中气态氨的压力为 0.4MPa。球罐沿平行圆 A-A 支承，其对应的中心角为 120°。试确定该球罐壳体中的薄膜应力。

4. 如图 3-62 所示的一带厚平盖的钢质圆筒，承受 $p=2.0$MPa 的均匀气体压力。已知 $D_i=300$mm，$t=10$mm，试计算平盖与筒体连接处的边缘力矩和边缘力（视平盖为刚性平板）及其最大应力。

5. 某一半径为 R 的钢制不等厚的圆筒体，如图 3-63 所示，上筒体和下筒体的厚度分别为 t_1 和 t_2。试计算：

① 在均匀内压 p 作用下的边缘力和边缘力矩的一般表达式。设两筒体材料，即 $E_1=E_2=E$，$\mu_1=\mu_2=\mu$，且令 $f=t_2/t_1$，则 $D_2/D_1=f^3$，$\beta_2/\beta_1=1/\sqrt{f}$。

② 若 $2R=3500$mm，$t_1=40$mm，$t_2=50$mm，$p=3.0$MPa，两筒体连接处的总应力及总应力与筒体环向薄膜应力的比值（$E=2\times10^5$MPa，$\mu=0.3$）。

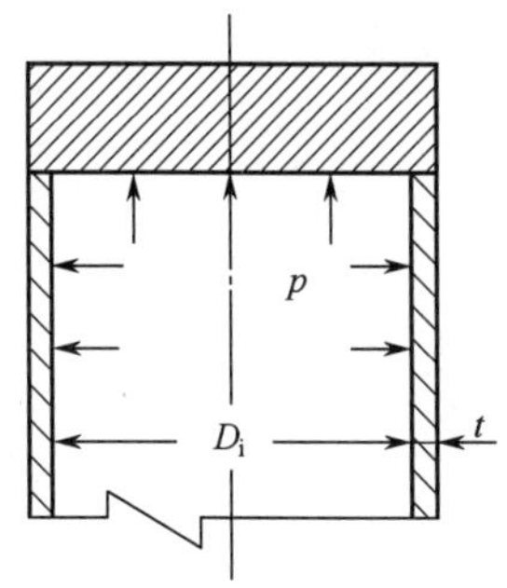

图 3-62　题 4 图

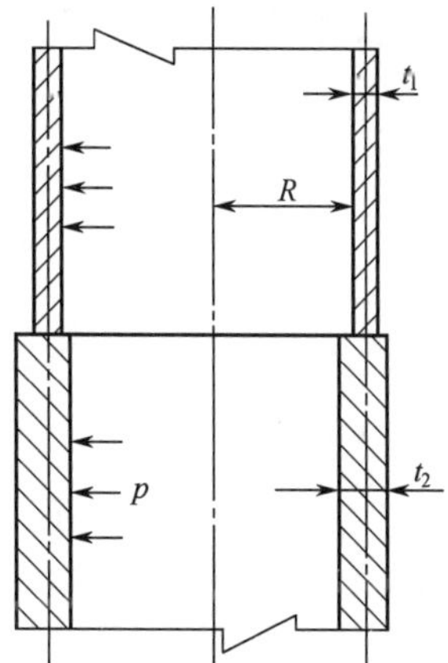

图 3-63　题 5 图

6. 一周边刚性固定的圆形平板，半径 $R=500$mm，板厚 $t=38$mm，板的上表面作用 $p=0.3$MPa 的均匀分布压力，试求该圆板的最大挠度、最大应力和位置（$E=2\times10^5$MPa，

$\mu=0.3$)。

7. 上题中的圆形平板如周边改为简支，计算其最大挠度、最大应力和位置，并将计算结果与上题作一比较。

8. 一实心圆形平板，沿两个同心圆架起，板上作用均布压力 p（图 3-64），试用叠加法计算圆板中央的挠度。

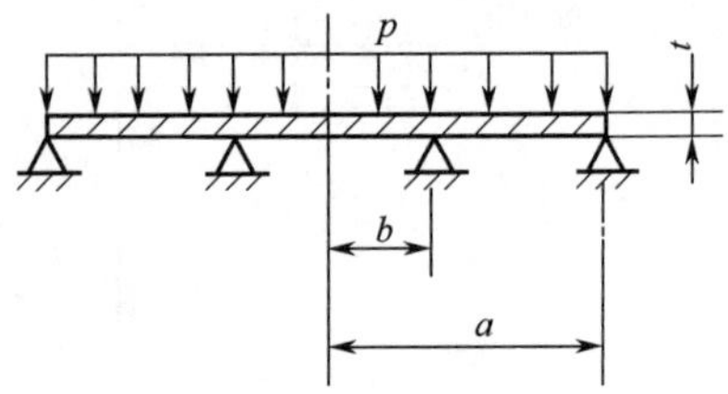

图 3-64　题 8 图

9. 一装有液体的圆筒形立式贮罐，上下为标准椭圆形封头，罐体 $D_i=2000$mm，材料为 Q245R，腐蚀裕量为 $C_2=2$mm，焊接接头系数 $\varphi=0.85$。罐底至罐顶高度为 3200mm，罐底至液面高度为 2500mm，液面上气体压力不超过 0.15MPa，罐内最高操作温度为 50℃，液体密度为 1160kg/m^3。试计算罐体和封头的厚度，并确定液压试验的压力和校核罐体压力试验的应力。

10. 一库存圆筒形贮气瓶，两端为半球形封头，材料为 Q345R，圆筒外直径 $D_o=219$mm，实测其最小壁厚为 6.5mm，今欲充气压 10MPa，并在常温下使用，试问其强度是否足够？如若不够，则最大允许工作压力为多少（取腐蚀裕量为 $C_2=1$mm)？

11. 一反应器筒体上段内直径 $D_1=3500$mm，下段内直径 $D_2=2000$mm，中间用无折边锥形壳体（半锥角为 30°）过渡连接。壳体材料选用 Q245R。反应器操作压力为 0.55MPa，操作温度为 200℃。取腐蚀裕量为 $C_2=2$mm，焊接接头系数 $\varphi=0.85$。试确定该锥形过渡段的壁厚。

12. 某容器和端盖用法兰连接，试校核法兰的强度和刚度。已知条件如下：计算压力 $p_c=2.5$MPa，操作温度 150℃，筒体内直径 $D_i=1000$mm，腐蚀裕量 $C_2=1$mm。选用带颈平焊法兰，凹凸密封面，法兰材料为 16Mn，法兰各部分尺寸为：外直径 $D=1195$mm，厚度 $t=64$mm，螺栓中心圆直径 $D_b=1140$mm，锥颈小端厚度 $g_0=20$mm，大端厚度 $g_1=32$mm，锥颈高度 $h=50$mm。采用 36 个 M27 螺栓，螺栓材料为 35CrMoA。密封垫片为金属缠绕垫片，垫片外直径 $d_o=1087$mm，内直径 $d_i=1047$mm，厚度为 4.5mm。

第4章 压力容器的整体设计问题

压力容器除内件之外主要是由基本的受压部件（回转壳体）组合而成的，对这些基本受压部件单独进行设计之后并非就已经解决了容器设计的全部问题。因为由基本受压部件组合成容器整体之后，原来各部件的薄膜应力分布在连接部位可能发生变化，在强度或结构上应如何考虑；容器除受压力载荷之外再受到集中载荷或局部载荷，在强度或结构上又应如何考虑；当各部件组合装配时需要焊接，此时如何进行容器焊接结构的设计。因此容器设计不仅是各单一部件设计的问题。本章从由部件组合为容器整体的角度，即从容器设计的整体角度，来进一步讨论容器设计问题。

当然容器整体设计是一个涉及面相当广的问题，例如如何满足过程工艺要求、合理选用材料，如何考虑制造工艺以及如何进行制造检验等，甚至还有复杂的内件设计问题。但容器设计的各个环节中最核心的问题仍是保证容器的安全可靠不发生失效，且经济合理，符合国家各种规范和标准，但这也是最低要求。本章仅着重从应力和强度角度考虑由基本受压部件组合成容器整体时带来的各种局部应力、应力强度校核、结构设计及焊接结构设计问题。

4.1 容器设计中的整体设计问题概述

4.1.1 整体结构分析及局部应力问题

容器可以分解为许多基本部件，例如图4-1(a)所示的卧式容器即可分解为圆筒体、凸形封头、人孔上的平板盖、人孔管、各种接管、法兰及鞍式支座。除支座以外的各种部件都是承受压力载荷的部件，可称为基本受压部件。而不受压力载荷的部件（如支座）则称为非受压部件。卧式容器分解为部件的情况如图4-1(b)所示。补强圈也是承压部件。

容器基本受压部件的应力分析和设计计算已在第3章中阐述过。当将各个部件组合成容器整体时则会碰到一系列在单独作为承压部件设计时所没有的问题。

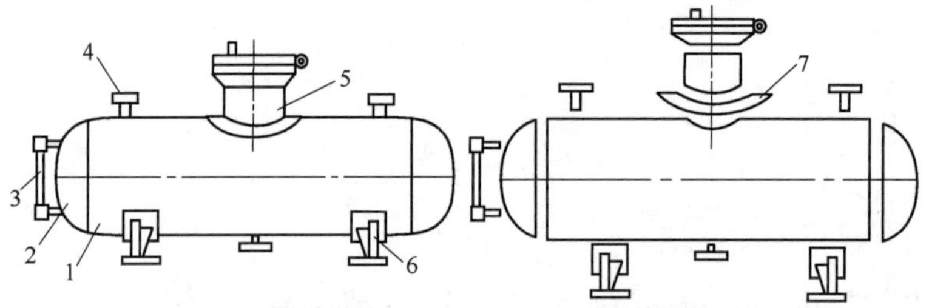

(a) 典型卧式容器的整体结构　　(b) 结构的基本部件分解

图 4-1　卧式容器的结构分解

1—筒体；2—封头；3—液位计；4—接管；5—人孔；6—支座；7—补强圈

如图 4-1(a) 所示的圆筒体与两端封头的连接，在不同工况下会有不同的结构选择。设计压力较高的中压或高压容器，在不需拆卸的情况下均采用半球形封头[图 4-2(a)]。中低压容器较多采用半椭圆形封头[图 4-2(b)]。低压容器更多采用碟形封头[图 4-2(c)]。压力很低时采用无折边的部分球形封头，称为球冠形封头[图 4-2(d)]。这 4 种均属凸形封头。极低压力的容器有时采用圆形平封头[图 4-2(e)]。但一些小型的高压容器，不论可拆或不可拆，也会采用圆形平封头[图 4-2 (f)、(g)]。一些气相物料或液相物料中含有部分固相体时，为便于底部出料而采用锥形封头[图 4-2(h)]。

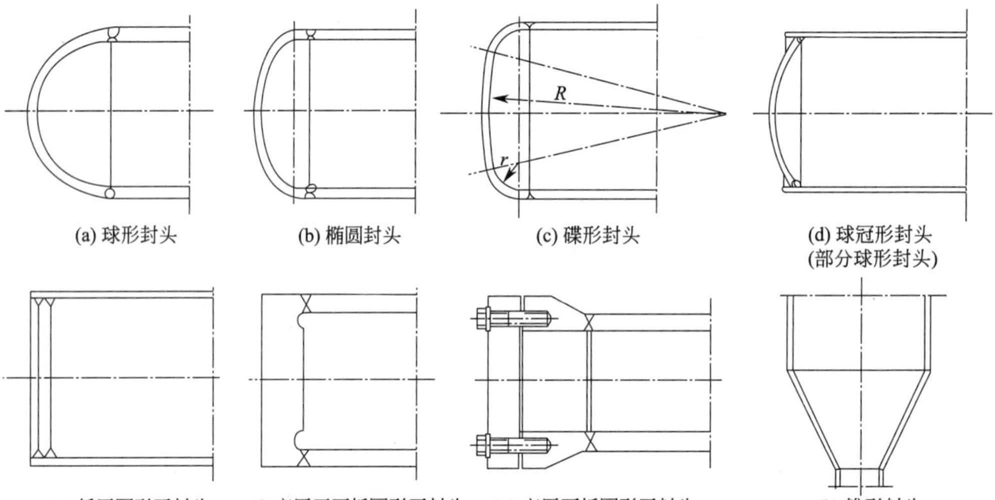

(a) 球形封头　(b) 椭圆封头　(c) 碟形封头　(d) 球冠形封头(部分球形封头)

(e) 低压圆形平封头　(f) 高压不可拆圆形平封头　(g) 高压可拆圆形平封头　(h) 锥形封头

图 4-2　与圆筒体相连接的各种结构类型的封头

压力容器通常以圆筒体为主体，两端配以各种形式的封头。可以认为任何一台容器均可以分解为几个基本的回转壳体，有时也会包含板形承压部件。一旦承受压力载荷，各个回转壳或板均承受同一压力，各个壳体所形成的薄膜变形是不一致的，板的弯曲变形也与相邻的壳的变形不一致。但在连接线上又是相互焊死的，这虽保证了在相连处结构的变形连续性，但在连接处也必然会产生两种形态的内力——边缘剪力 Q_0 及边缘力矩 M_0，这在第 3 章中已经分析过。对于回转壳体及圆平板，边缘剪力 Q_0 及力矩 M_0 一般在圆周方向上是均匀分布的，但必然在壳或板的边缘区域产生弯曲应力，同时也产生一定的沿壁厚均匀分布的正应力（薄膜应力）及剪应力。需要注意的是这两种边缘应力（弯曲应力及薄膜应力）不是由压力载荷直接产生的，而是由边缘区域薄膜变形不一致导致的，此时相互间以变形协调的方式自行协调变得一致，以维护结构的完整性。这种边缘应力的大小首先取决于相邻两个壳体元件的刚度之差。压力作用下薄膜变形差愈大则变形协调中的 Q_0 及 M_0 愈大，产生的边缘应力也愈大。同时边缘应力的影响范围也是局部的，通常在回转母线第二曲率半径 R 与壁厚 t 乘积开平方根（$\sqrt{Rt}$）的量级上。

多数凸形封头与圆筒体相连接部位的边缘应力不是很大，在规则设计法中并不需要特意作应力强度校核，只要在结构设计中对焊缝位置的设置加以注意即可，即不要在不同回转壳的交切线上设置焊缝。但对图 4-2(d)、(e)、(f) 及 (h) 所必须要做连接部位的过渡段结构设计，甚至做应力强度校核。

另一类结构设计问题涉及壳体开孔和管道连接问题，还有壳体在承受压力载荷之外还受其他载荷时又如何作应力分析及强度校核。前者是开孔补强设计方法，而后者的其他载荷是指通过连接管道传递过来的集中载荷，如轴向载荷、横向载荷或各个方向的弯曲或扭转载荷。它们不会像压力载荷那样均布在壳壁上，而是仅作用在局部较小区域，使壳体产生局部应力。

局部应力常常是叠加在由压力引起的薄膜应力之上的应力，多数是局部弯曲应力，也有沿壁厚均匀分布的薄膜应力。局部应力有时会达到很高的数值，而且一般不具备轴对称性，局部应力过高可能导致结构出现局部的过度变形而使结构发生弹塑性失效。另外，由于局部应力的作用范围有限，一般应经局部强度校核来确定是否需要局部加强及如何加强。

本章专设一节阐述壳体结构设计时如何分析壳体上的局部应力问题，如何处理局部应力的计算，如何进行局部应力强度的校核，工程上又如何降低局部应力的影响。

压力容器是板壳结构，如何安放固定，必涉及支座。壳体的支座各式各样。容器放在支座上，支座又将容器的重力反作用在壳体上。这也是一种局部应力的问题。本章主要涉及卧式容器的支座。至于立式支座主要是塔类直立设备的裙式支座，将在“化工设备设计”课程中讲解。

卧式容器支座处总会受到支座反力的作用，相当于圆筒壳上承受了局部载荷。这是不同于压力载荷的机械载荷，在圆筒形壳体上所引起的应力不再是单一的均布的薄膜应力，而是在壳体局部范围内存在的弯曲应力。所以，由各种局部载荷作用在容器壳体上所产生的应力是叠加在内压薄膜应力之上的局部应力。容器上存在局部应力的情况是很多的，大型球罐的立式支柱也将其支承反力作用在球壳上构成一种局部载荷，将引起球壳中的局部应力；立式高塔的塔体一侧悬挂着再沸器或冷凝器这一类重物时，相当于塔体受到一偏心力和力矩，这些局部载荷都将在壳体上造成局部应力；此外，容器上的接管联系着过程装置的许多管道，将会传递不同大小和方向的力和力矩，作用在壳体上也形成局部载荷，而造成局部应力。

壳体上还有另一类局部更小范围内的应力集中问题，例如承载截面突然发生改变（如开孔、接上接管、法兰盘与筒体连接处），局部将出现很高的应力，甚至高到超过材料的屈服强度，结构在应力集中区甚至出现很小的塑性区。但这类应力集中问题在静载荷下不会出现大范围的塑性变形，对结构的安全不形成威胁。所以在规则设计法中不讨论具体的应力集中，只是在结构设计中注意采用过渡圆角以减小应力集中。其根本原因在于相信压力容器钢材具有充分的塑性变形能力，局部区域有限塑性变形不会导致开裂和脆断。至于存在交变载荷而必须作疲劳设计时，则必须计及应力集中问题。这将在第 6 章中阐述。

局部应力的求解方法比较复杂，没有统一方法。局部应力只能按具体对象分别求解，有的甚至无法求解，或只能按实验测定或数值计算方法求出。目前较为成熟甚至已被编入规范的主要有三种局部应力问题：ⅰ 开孔接管区的局部应力；ⅱ 卧式容器鞍式支座处的局部应力；ⅲ 壳体上几种典型的集中载荷（力或力矩）引起的局部应力。本章 4.2 节～4.4 节将对这三类问题分别加以讨论，并介绍考虑这些局部应力或应力集中作用的设计计算方法。在此基础上进一步讨论如何减小局部应力与应力集中效应以及结构设计中应注意的问题。除开孔应力集中问题外，其他问题在规则设计中不要求计算分析。

4.1.2 局部应力问题处理原则

4.1.2.1 基本原则

压力容器规则设计规范中已建立一些典型局部应力的计算和校核方法，然而仍不可能针对所有情况下的局部应力都能建立计算和校核的工程算法。但有若干已得到公认的原则必须遵守，这些原则如下。

① 在总体结构不连续应力作用区尽可能使结构圆滑过渡，并避开焊缝。

② 在局部结构不连续区（如接管根部）更应有圆滑过渡的结构。若无法避开焊缝，则焊缝形状也应设计成圆滑过渡结构。

③ 在有局部载荷作用的地方应对集中载荷作适当分散处理，如加衬垫板以减小局部应力，既使局部载荷造成的应力强度下降，又增大局部刚性，不易过度变形。

④ 焊缝位置的布置必须或尽量避开局部应力的高值区及应力集中区；焊接接头的结构设计必须遵循承压部件焊接结构要求，以保证焊接质量和焊接接头无损检测的要求。

4.1.2.2 具体原则使用案例

（1）凸形封头边缘直边段的分析

凡碟形、椭圆形或球形封头，在封头与圆筒交接的切线处（图 4-3）总存在结构不连续应力，理应在不连续应力最大的地方避免设置焊缝，因此必须使封头具有一直边段。在直边段之外，不连续应力已得到一定的衰减，这样焊缝中即使存在一些小的缺陷以及焊接残余应力，也不致对安全有太大的影响。

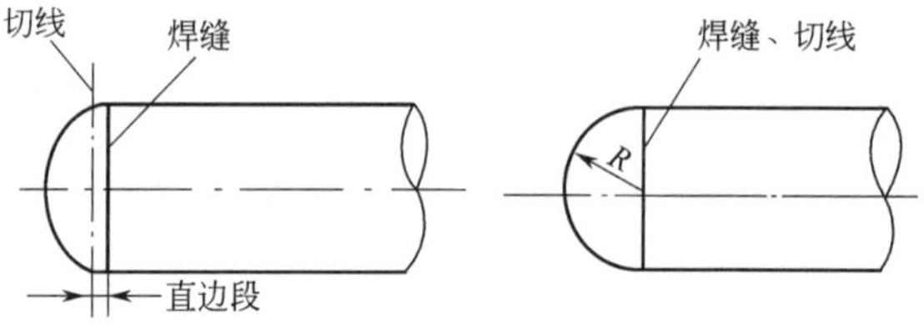

图 4-3　凸形封头与圆筒体连接焊缝的布置

对于球形封头，由于封头本身的深度已较深，制造时再要增加一直边段就更难冲压，因此一般不设直边段。这样就使球与圆筒的切线也同时成为焊缝（见图 4-3）。但不应忽视环焊缝也是球封头上的焊缝，因此即使球封头本身没有拼接焊缝，在计算壁厚时也应考虑焊接接头系数的选取，此种情况不考虑焊接接头系数是不合理的。

切线与环焊缝之间的直边段的长度以多少为宜，在工程设计规范中并未给出明确规定。一般是以长为好，但考虑到冲压封头的可能性，一般中小型压力容器应使直边段长度以 25～40mm 为宜。虽然这个长度已达到焊缝热影响区宽度的 10 倍以上，同时也差不多有边缘应力半衰范围，工程上可以接受。现代压力容器圆筒体直径已达数米之上，封头边缘应力的半衰范围随之也很大，此时直边段长度应明显大于 40mm。

(2) 变径段结构分析

化工设备往往需要使直径不同的两段筒体连接在一起，连接部位必须考虑圆滑过渡的问题。图 4-4(a) 所示结构将使上下连接部位的结构不连续应力过大，仅能用于 $\alpha \leqslant 30°$ 的情况。当半锥角 $30° < \alpha \leqslant 45°$ 时，大端应采用带过渡区的折边锥壳，见图 4-4(b)。当 $\alpha > 45°$ 时，小端也应采用如图 4-4(c) 所示的带过渡区的折边锥壳，或者采用如图 4-4(d) 所示的反向曲线形式的回转壳——变径段。

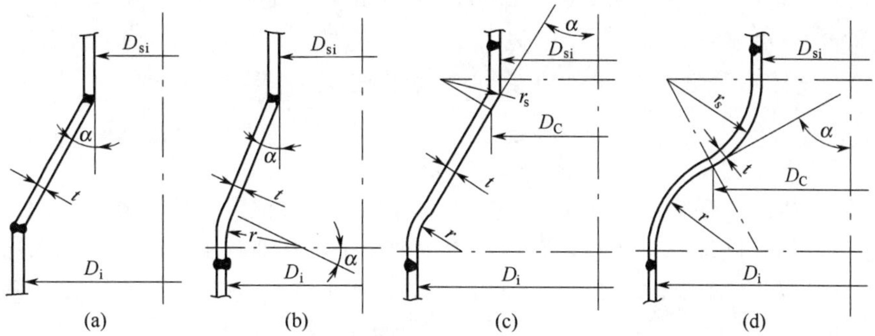

图 4-4 不同直径筒体之间圆滑过渡的变径段结构图

变径段的结构设计与强度设计方法在 GB/T 150.3 中有具体规定。

所有带过渡段折边的焊缝均不布置在几何不连续的切点处，所有折边都有一直边段。

(3) 支座与容器的连接结构

卧式容器的鞍式支座结构如图 4-1 所示。鞍座板垫在容器与鞍座之间，以焊接固定住，有效地降低了支座反力在容器中产生的局部应力。

对用于支承立式容器的悬挂式支座（亦称耳式支座）和支承式支座，其结构见图 4-5 及图 4-6。这些支座的反力作用在容器被支承的部位，容器便承受了局部载荷，将产生局部应力。但对于较小较轻的容器，如果容器本身已有足够的厚度，则可不加垫板。如果设备很重，例如重达数百吨的大型固定床反应器，则应在支座与容器之间焊上垫板，以减小壳体中的局部应力。

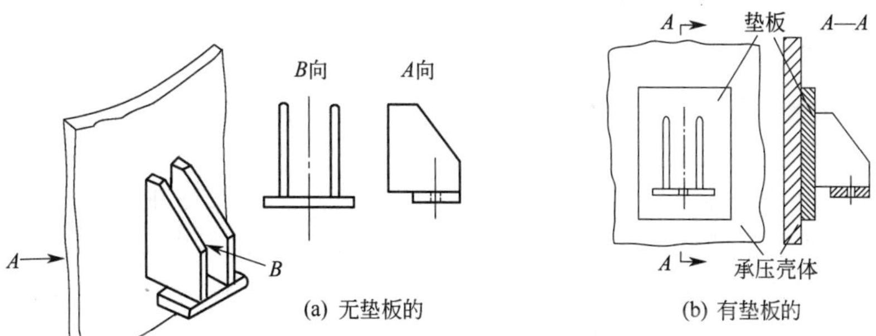

图 4-5 悬挂式支座

加垫板有时不完全是出于减小局部应力的目的，例如不锈钢容器，其支座当然不需要用不锈钢材料而用碳钢即可，但为了避免不锈钢壳体与碳钢支座直接焊接，可以在支座处衬上不锈钢的垫板。

对于大型立式容器及塔设备一般不用悬挂式支座及支承式支座，而是采用裙式支座。裙式支座一般由一圆筒体和底部支承圈组成，圆筒体部分的顶端则与立式容器的底封头焊接相连。圆筒体的直径可以与容器直径相同。裙式支座对立式容器的反力作用比较均匀，局部应力不是很大，但裙座本身却要承受立式容器的重量（包括内部物料重量）和风载荷、地震载荷。裙座结构设计和强度与稳定性计算可参见化工设备设计课程。

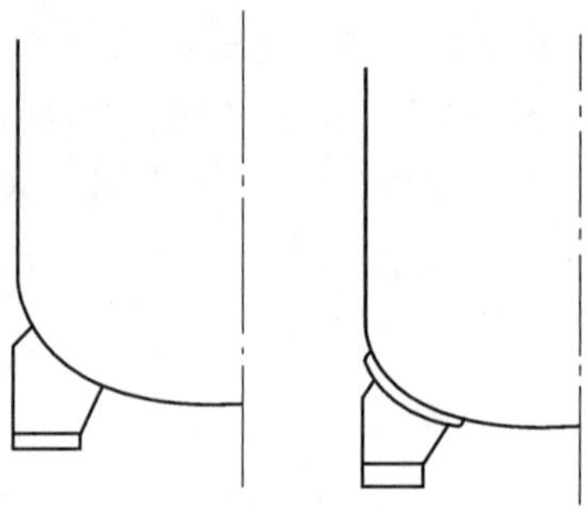

(a) 无垫板支座　　(b) 有垫板支座

图 4-6　支承式支座

球形容器在工业上常常被用于大型的贮藏带有压力的气体或液化气体的贮存容器，它比同样压力同样容积的其他形状的容器消耗的钢材少，占地面积也最小，具有显著的经济性，因此在大型的化工、石油化工、城市煤气和冶金企业中被广泛应用。如图 4-7 所示，小型的（例如 50m^3）球形容器常采用小的裙式支座。而大型的工程上应用最多 400m^3、1000m^3 及 2000m^3 的球形容器常采用结构更为经济合理的立柱支承。而立柱又布置在正切于球形容器的赤道线上，此时立柱承受着容器及物料的全部重量，以及由风载荷和地震载荷构成的倾倒力。支柱间用拉杆相连，以增加稳定性。由于支柱在赤道处与球壳相切，支柱对球壳的法向作用力极小，因此支承处壳体中的局部应力最小，而且一般可以不加垫板，更大型的（例如 8250m^3 的）球形容器在立柱与球壳板之间衬上了垫板，但也有 2000m^3 的球罐也加上了垫板。

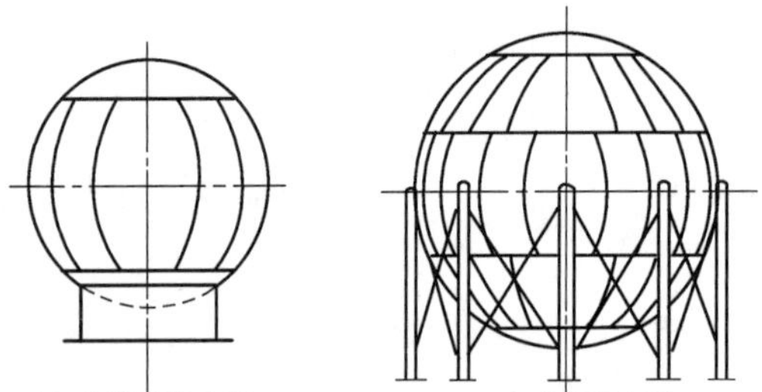

(a) 小型球形容器的裙式支座　　(b) 大型球形容器的立式支座

图 4-7　球形容器的支承

(4) 化工容器的人孔、视孔、手孔等开孔结构

化工容器上的开孔除安置接管以外，还常设置必要的人孔、手孔及视孔（窥镜），它们有不同的用途，需要合理地设置。

人孔、手孔与视孔本身的结构有许多标准或手册可以参照，现讨论如何合理地设置。

① 人孔　人孔是为便于人员进入容器的内部而设置的。主要的用途除人员进出以外还便于容器内构件的吊进或吊出。而从容器的安全角度来说则是进行内部检验、无损检测所必需的人员及装备进出口。因此人孔的公称直径不得小于 ϕ450mm，最常用的是 ϕ500mm。由此也决定了内构件的宽度尺寸不得等于或超过人孔的内径。人孔的设置增加了容器的泄漏点，这是不利的一方面，因此一台容器上不要设置过多的人孔。离地较高的人孔，不论是设置在卧式容器还是立式容器上，都要附设扶梯和站立或操作的平台。

人孔本身是个组合式结构部件，包括接管、法兰、人孔盖及螺栓垫片。接管大小应考虑人员进出方便，长短必须方便紧固螺栓的装卸，接管厚度符合承压要求，且材质与壳体相一致。人孔盖必须可拆卸，可以采用圆平板盖，压力较高时可以用椭圆形封头盖。人孔盖上必备把手以便开闭操作。

卧式容器的人孔应垂直放置，立式圆筒的人孔应水平放置，但此时的把手宜便于左右开闭。人孔盖应与人孔接管之间设置铰接连接，如图 4-8 所示。

壳体有保温层时，接管的长度应保证法兰及紧固螺栓能伸出保温层之外。

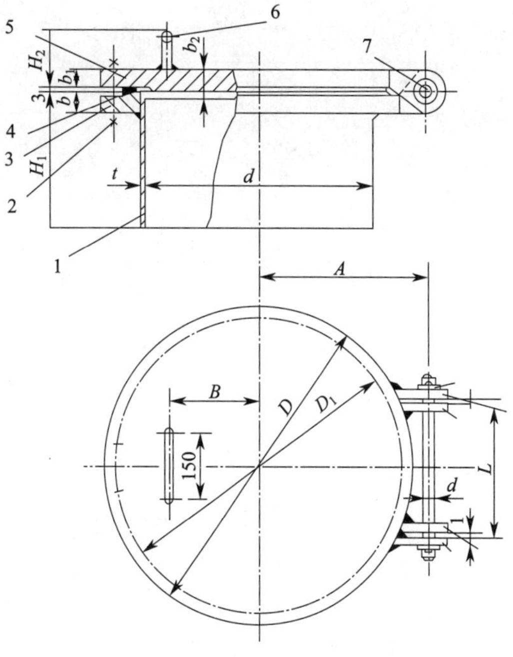

图 4-8　人孔

1—接管；2—螺栓；3—法兰；4—垫片；5—平盖；6—把手；7　铰链

② 视孔　是对容器内部物料情况进行肉眼观察所需要的开孔。视孔必然要装有透明视镜并有可靠的法兰密封。此时必须从实际使用温度与压力选用合适的透明材料。为观察方便，一般在容器的同一水平高度上在直径方向的两端各开一视孔，以便于采光。必要时，可在视孔结构上专门设置照明灯。特别是视孔放置在顶封头上时，应有一视孔专门用于人工照明。

视孔也是一个组合部件，也有专门的产品标准可选，根据压力、温度及介质选用。视孔组合件的结构示意如图 4-9 所示。同样需用接管与壳体相焊接，也有法兰、垫片、螺栓的可拆式密封接头，但被夹持的视镜是玻璃制品，有专门的供货，适用压力和温度都受到限制。视镜的压盖是中间空心的圆环。

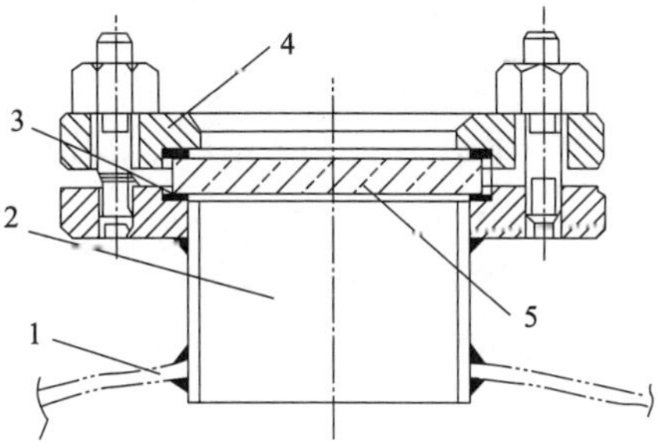

图 4-9　视孔

1—壳体；2—接管；3—垫片；4—法兰；5—视镜

③ 手孔　一些直径较小的容器无须人员进出，但为对内壁状况进行观察与检查应设置必要的手孔。许多容器既无人孔又无手孔，封头又不可拆，这给投运后的在役定期检验带来了极大麻烦，既无法观察，又不能到内壁贴片做 X 射线检测，将无法对容器的安全状况做出正确评价，无法执行质量监察部门对容器进行定期检查的规定。手孔的公称直径一般在 ϕ200mm 左右。

手孔的结构较为简单，但必须具备一个可以打开及封闭的承压平板封盖。由于尺寸较小，有时不用接管而采用凸缘结构，如图 4-10 所示。凸缘可以做成内伸的 A 型和外壁座式的 B 型。

容器壳体上除以上人孔、视孔及手孔之外，还有一些少不了的开孔，例如仪表孔、物料进出的开孔、安全泄放装置开孔，顶部的排气孔、底部的排污孔。它们都需要开孔、接管、法兰密封接头等。只有特别小尺寸的开孔，例如压力表接口、温度计接口、物料分析取样接口等可以采用如图 4-10（b）所示的带有管螺纹的管接头。

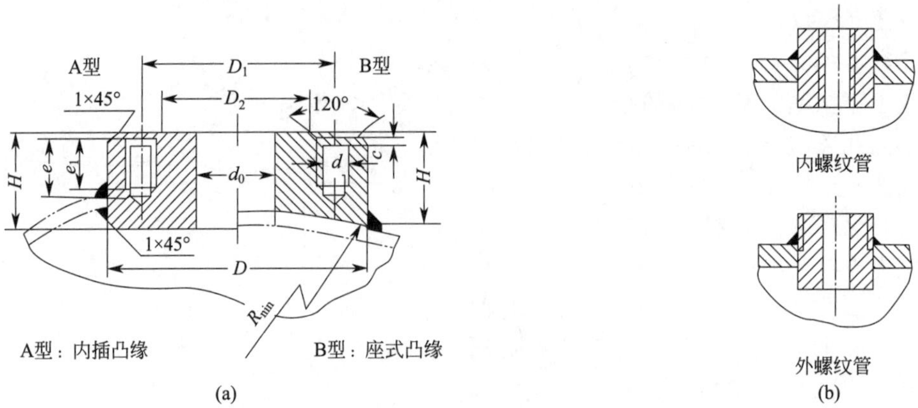

图 4-10　手孔的凸缘结构和温度计取样管螺纹接头

4.1.3　焊接结构带来的不连续问题

容器焊缝设计包括焊缝总体布置设计和焊接接头设计。现代压力容器绝大部分均采用焊接结构，设计者必须熟悉承压焊缝焊接结构设计的有关规程，还必须了解焊接结构的安全性。须知现代焊接容器许多重大安全事故均缘于焊接缺陷带来的结构件不连续及热影响区材料性能的损伤，将在 4.5 节予以详述。

4.2　开孔及开孔补强设计

化工容器不可避免地要开孔并且再接有管子或凸缘，容器开孔接管后在应力分布与强度方面将带来如下影响：ⅰ开孔破坏了原有的应力分布并引起应力集中；ⅱ接管处容器壳体与接管形成结构不连续应力；ⅲ壳体与接管连接的拐角处因不等截面过渡（即小圆角）而引起应力集中。这三种因素均使开孔或开孔接管部位的应力比壳体中的薄膜应力为大，统称为开孔或接管部位的应力集中。

常用应力集中系数 K_t 来描述开孔接管处的力学特性。若未开孔时的名义应力为 σ，开孔后按弹性力学方法计算出的最大应力为 σ_{max}，则弹性应力集中系数的定义为

$$K_t=\frac{\sigma_{max}}{\sigma} \tag{4-1}$$

压力容器设计中对于开孔问题一是研究开孔应力集中程度（即估算 K_t 值）；二是研究如何使因开孔受到的强度削弱得到合理的补强，这是本节要讨论的两大问题。

4.2.1　开孔应力集中及应力集中系数

4.2.1.1　开孔的应力集中

（1）平板开小圆孔的应力集中

这是最简单的开孔问题，弹性力学中已有无限板开小圆孔的应力集中问题的解。

单向拉伸平板开小圆孔时的应力集中如图 4-11 所示，只要板宽在孔径的 5 倍以上，就可以不计板边缘对孔附近应力场的影响。孔附近任意点（r，θ）的应力分量为[37]：

$$\left.\begin{aligned}\sigma_{\mathrm{r}}&=\frac{\sigma}{2}\left(1-\frac{a^2}{r^2}\right)+\frac{\sigma}{2}\left(1-\frac{4a^2}{r^2}+\frac{3a^4}{r^4}\right)\cos2\theta\\\sigma_{\theta}&=\frac{\sigma}{2}\left(1+\frac{a^2}{r^2}\right)-\frac{\sigma}{2}\left(1+\frac{3a^4}{r^4}\right)\cos2\theta\\\tau_{\mathrm{r}\theta}&=-\frac{\sigma}{2}\left(1+\frac{2a^2}{r^2}-\frac{3a^4}{r^4}\right)\sin2\theta\end{aligned}\right\}\tag{4-2}$$

孔边缘 $r=a$ 处：$\sigma_{\mathrm{r}}=0$，$\tau_{\mathrm{r}\theta}=0$，$\sigma_{\theta}\mid_{\theta=\pm\frac{\pi}{2}}=\sigma_{\max}=3\sigma$。应力集中系数：$K_{\mathrm{t}}=\frac{3\sigma}{\sigma}=3$。

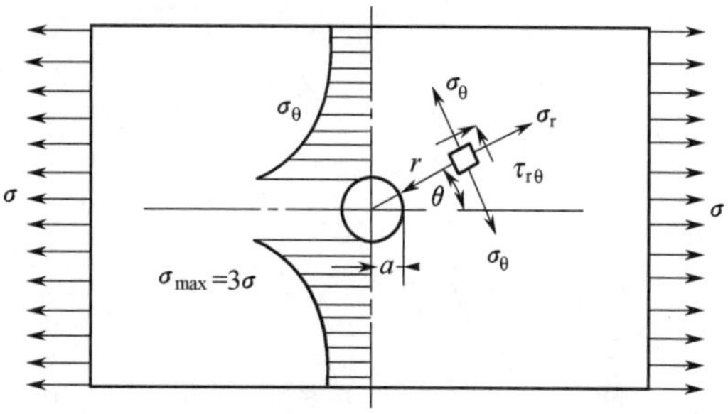

图 4-11　平板开小圆孔受单向拉伸时的应力集中

由此可知，平板开孔的最大应力总是在孔边 $\theta=\pm\frac{\pi}{2}$处，当 $r>a$ 后应力便迅速衰减，孔附近的应力分布如图 4-11 中曲线所示，表现出孔边应力集中及局部性的特点。

（2）薄壁球壳开小圆孔的应力集中

如图 4-12 所示，球壳受双向均匀拉伸应力作用时，孔边附近任意点的两向应力（$\tau_{\mathrm{r}\theta}=0$）为[37]

$$\sigma_{\mathrm{r}}=\left(1-\frac{a^2}{r^2}\right)\sigma,\qquad \sigma_{\theta}=\left(1+\frac{a^2}{r^2}\right)\sigma\tag{4-3}$$

显然当离孔足够远时（$r\rightarrow\infty$），$\sigma_{\mathrm{r}}=\sigma_{\theta}=\sigma$。孔边处 $r=a$，$\sigma_{\max}=\sigma_{\theta}=2\sigma$。可得应力集中系数 $K_{\mathrm{t}}=2$。

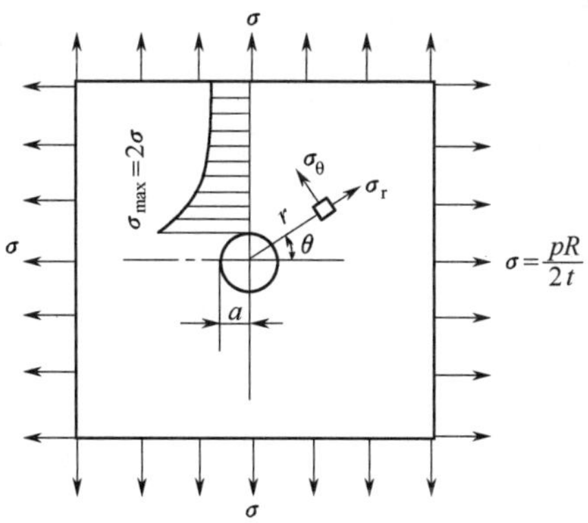

图 4-12　球壳开孔的应力集中

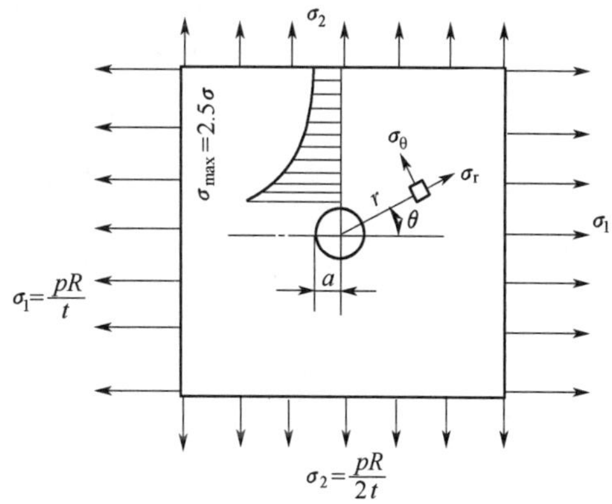

图 4-13　圆柱壳开孔的应力集中

（3）薄壁圆柱壳开小圆孔的应力集中

如图 4-13 所示，薄壁柱壳两向薄膜应力 $\sigma_1=\frac{pR}{t}$ 及 $\sigma_2=\frac{pR}{2t}$，若开有小圆孔，孔附近任意点的应力分量为

$$\left.\begin{aligned}\sigma_{\mathrm{r}}&=\left(1-\frac{a^2}{r^2}\right)\frac{3\sigma}{2}+\left(1-\frac{4a^2}{r^2}+\frac{3a^4}{r^4}\right)\frac{\sigma_2}{2}\cos2\theta\\\sigma_\theta&=\left(1+\frac{a^2}{r^2}\right)\frac{3\sigma_1}{4}-\left(1+\frac{3a^4}{r^4}\right)\frac{\sigma_1}{4}\cos2\theta\\\tau_{\mathrm{r}\theta}&=-\left(1+\frac{2a^2}{r^2}-\frac{3a^4}{r^4}\right)\frac{\sigma_1}{4}\sin2\theta\end{aligned}\right\}\tag{4-4}$$

孔边处 $r=a$，$\sigma_{\mathrm{r}}=0$，$\sigma_\theta=(\frac{3}{2}-\cos2\theta)\ \sigma_1$，$\tau_{\mathrm{r}\theta}=0$。但在孔边 $\theta=\pm\frac{\pi}{2}$ 处 σ_θ 最大，即 $\sigma_{\max}=\sigma_\theta\big|_{\theta=\pm\frac{\pi}{2}}=2.5\sigma_1$。于是孔边经向截面处的应力集中系数 $K_{\mathrm{t}}=2.5$。而在另一截面，即轴向截面的孔边 $\theta=0$ 及 π 处的最大应力 $\sigma_\theta=0.5\sigma_1$，此处应力集中系数 $K_{\mathrm{t}}=0.5$，这比经向截面的 K_{t} 小得多。

其他情况，如平板上开椭圆孔、平板上开排孔的应力场解不一一讨论，可参阅文献[37]等。但由以上讨论，可得：

ⅰ. 最大应力在孔边，是应力集中最严重的地方；

ⅱ. 孔边应力集中有局部性，离开孔边，很快下降。

4.2.1.2 开孔并带有接管时的应力集中

上述内容仅涉及开孔，若开孔处有接管相连时，开孔处因壳体与接管之间在内压作用下发生变形协调而导致不连续应力出现。这种问题在 3.1 节的有力矩理论中已有介绍，现以球壳与圆管连接为例再加阐述。如图 4-14 所示，在内压作用下，球壳与接管各自在自由状态下的薄膜变形如图中（a）的虚线所示。球壳上的 A 点将变到 B 点，接管上的 A 点将变到 C 点。然而变形后实际上还是连在一起的，其中就有一变形协调过程，原 A 点经变形协调而变到图（b）中的 D 点。经图（c）的进一步分析，在球壳开孔处的边缘弯矩 M_0 和边缘

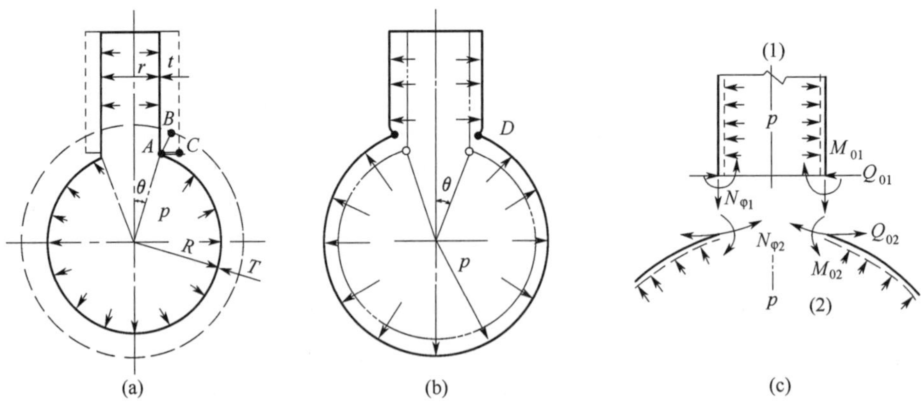

图 4-14 球壳开孔接管处的变形协调与内力

剪力 Q_0 均会对球壳和接管端部产生附加弯曲应力。这种由不连续而产生的附加应力也是局部的，并很快衰减。这种变形协调解的基本方法第 3 章已介绍过。这种情况下的最大应力是球壳开孔外侧的环向应力，应力集中系数在 2 以上。

圆柱壳开孔后与接管之间的变形协调及附加弯矩的应力集中问题也具有同样的性质。但由于结构出现了三向应力应变，使理论分析复杂，未必都能得到满意而精确的理论解，例如图 4-15 所示的开孔补强结构，其连接处应力为三向状态，其最大应力可能位于接管根部内壁的拐角处，也可能位于外壁拐角过渡圆弧的某点。有的结构呈轴对称性，（如球壳或凸形封头中心轴处的正交接管），有的则非对称（如圆筒壳，圆锥壳体上的正交或斜交接管）。有时在接管相关部位厚度不足或内压载荷过高，接管拐角部位的内壁拐角或外壁拐角圆弧处最大应力超出屈服强度而发生局部塑性变形，因而结构的弹塑性或小区域内的塑性应变分析比较麻烦，此时的应力集中系数就带有弹塑性状态下的虚拟弹性分析后的结果。若考虑真正的弹塑性分析，可借助计算机作数值计算时，最大应力点上的应力会超过材料的屈服强度，此时的最大应力不如改为最大应变，但这又不符合应力集中系数的弹性应力定义，问题尤为复杂。

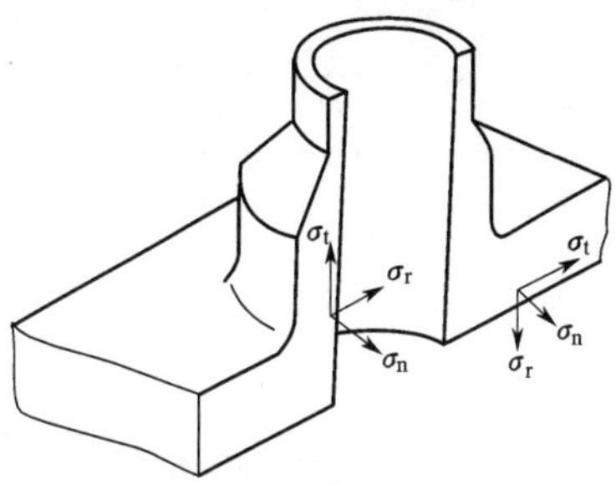

图 4-15　接管连接处的三向应力分量

开孔接管处壳体与支管的直径及壁厚会有无数的组合。但从结构设计计算出发，若能采用一些无量纲参量，便可以简化设计计算方法。若以大写的 R_m 和 T 以及小写的 r_m 和 t 分别代表主壳及接管平均直径及壁厚，可以组成以下几种无量纲的几何参数：

开孔率　　$\rho=d/D=r_m/R_m$

壁厚比　　t/T

开孔接管参数　　$\lambda=\dfrac{r_m}{R_m}\sqrt{\dfrac{R_m}{T}}=\dfrac{r_m}{\sqrt{R_m T}}$

通常认为 $r_m/R_m<0.5$ 时为小开孔率；而 $r_m/R_m\geqslant 0.5$ 时为大开孔率，开孔削弱更为严重，开孔补强更应认真对待；$r_m/R_m=1.0$ 为等径开孔，系开孔极限。

开孔接管根部的应力集中系数 K 与 λ 之间的关系相当复杂，只能以两个壁厚各自均匀的圆筒正交的情况为研究的模型，采用解析方法求解出根部应力表达式，再求应力集中系数[61]。

PD 5500[26] 曾针对球壳带平齐接管和内伸接管两种简单情况（图 4-16）绘制 ρ 和 K 的关系曲线图，图中的曲线族即厚度比 t/T 分别为 0、0.25、0.5 及 1.0 的 4 条曲线。根据此图可以简捷地查出 K 值，以用于接管的最大应力校核。此处应力集中系数的定义是接管根部的最大主应力 σ_{max} 与球壳薄膜应力（$pR/2T$）之比。但这种方法较为粗糙，不区别有无补强圈的情况，也不考虑补强圈焊缝的补强作用。ASME Ⅷ 及 GB/T 150.3 均不采用，但在分析设计时应采用。

4.2.1.3　开孔补强概述

壳体上一旦有开孔，就会出现局部强度削弱，即使补强、接管也要看接管是否真的足够起到补强作用。但从图 4-16 可以看出，内伸式接管的应力集中系数小于平齐式接管。

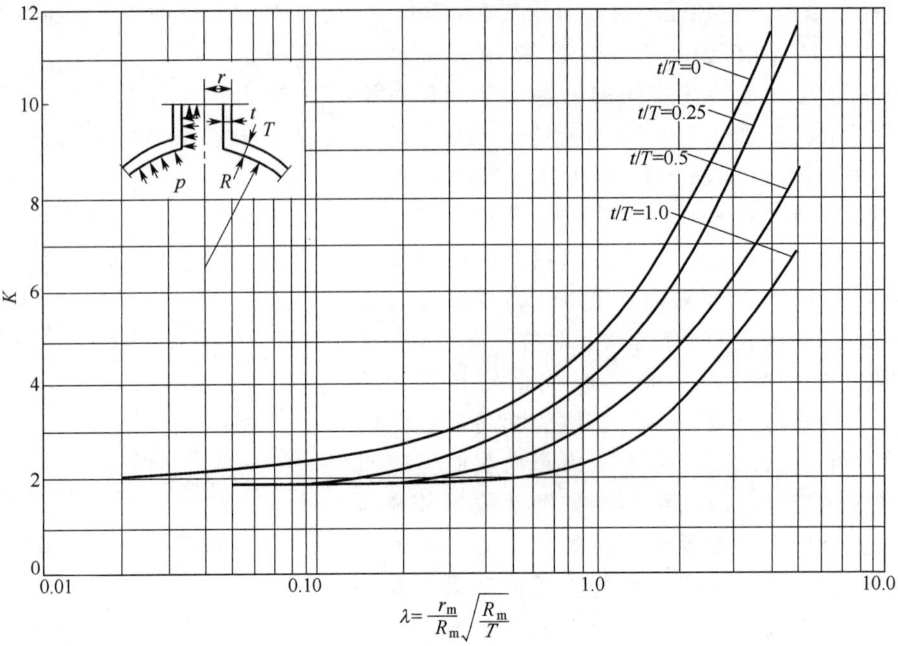

(a) 球壳带平齐式接管

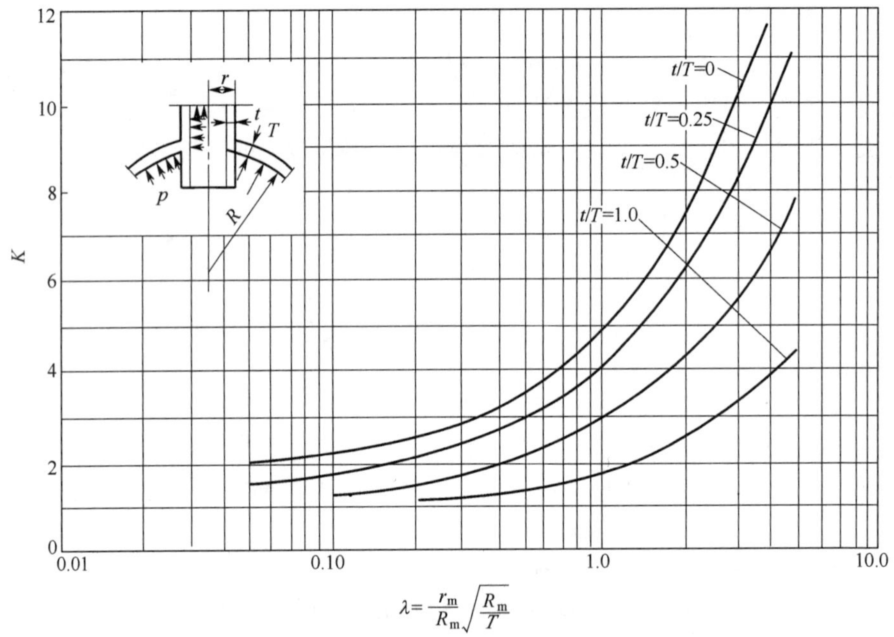

(b) 球壳带内伸式接管

图 4-16　球壳接管根部的应力集中系数计算曲线[26]

开孔补强结构大体分为三种类型，如图 4-17 所示。中低压容器一般将补强圈焊在接管根部以起补强作用，要求补强圈与壳体壁贴得愈紧愈好。中压容器用厚壁管补强效果更好，在应力集中的孔边可以得到最有效的补强。高压的及非常重要的容器一般应采用特制的整锻件接管补强，可以做到在应力集中的最大应力处得到最多的金属的有效降低最大应力，亦称密集补强。核反应堆压力容器及石化中的高强高压加氢反应器均用整锻件补强。

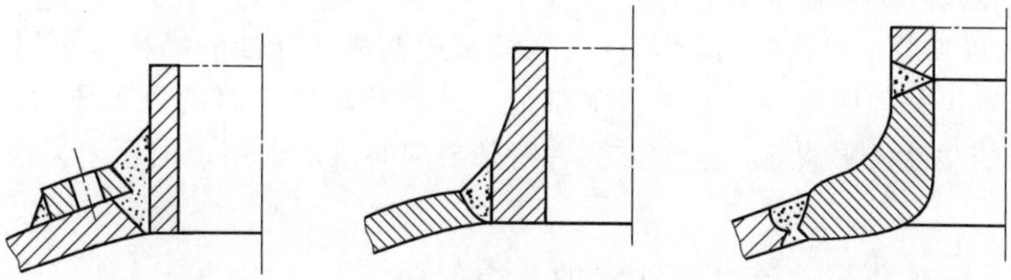

图 4-17　开孔补强元件的基本类型

补强圈补强的基本结构（图 4-18）有外补强、内补强、外补强接管内伸式、内外补强接管内伸式。最常用的是外补强的平齐接管式。只有在仅靠单向补强不足以达到补强要求时才采用内外双面补强结构。内伸式有利于降低应力集中系数，但与容器的内件相碰时则不宜采用。

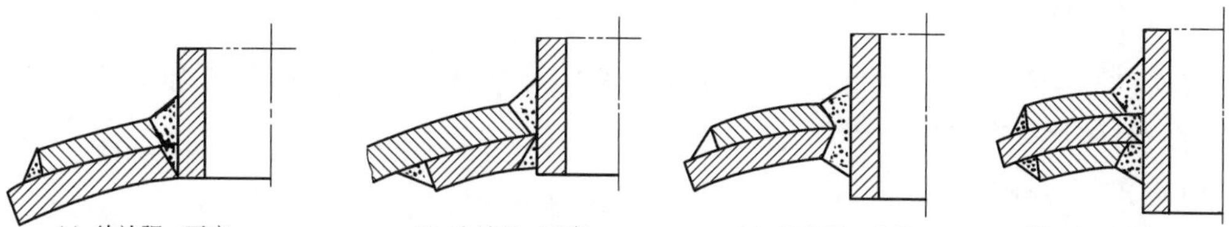

图 4-18　补强圈补强的基本结构

补强圈与接管及与壳体的焊接是填角焊及搭接焊，不一定都要求焊透，视容器操作条件与设计要求而定。但因为无法对补强圈内外圈焊缝的内部缺陷做详细检测，主要靠焊接结构设计和仔细施焊来保证焊缝质量。补强圈焊接结构设计可参见 4.5 节和 GB/T 150.3 附录 D。

4.2.1.4　开孔补强的设计方法

简单、有效、并足够安全，往往是工程设计中容易被接受的。开孔补强设计有以下方法，分别用在不同场合。

① 等面积补强设计法　即简单地认为开孔中损失了多少有效承载截面，补强设计时就在有效范围内补偿多少有效面积。这是在 $d/D<0.5$ 的小开孔情况中用得最多的设计准则，国内外锅炉压力容器的规则设计中很多都认可这种方法[6,22]。

② 压力面积补强设计法　这是欧洲规范中常用的方法，如德国的 AD 规范和法国的 CODAP 规范[28,29]。所用原理与等面积补强设计法相似，开孔补强区内由内压产生的某一方向上的推力，必须能由相应截面积的材料来安全地承受。这个能安全承压的材料截面包括未被开孔挖去的壳体和接管的有效截面及补强件的截面之和。此法简单，不考虑开孔处应力集中和局部弯曲应力。

③ 厚截面整体补强法　对于相邻多孔、单个大开孔（指封头上开了大孔，且 $d/D\geqslant 0.5$），不便采用局部补强时，可以用整体大范围增厚的方法达到补强。

④ 弹塑性补强设计法　并不是对开孔补强结构进行弹塑性应力应变分析，而仅仅作全弹性分析，对应力集中区计算出的虚拟弹性应力，其最高应力只要不会引起结构破坏，仅对

局部高应力放宽处理仍可保证安全[23,24]。

⑤ 补强区极限载荷分析　对较大开孔且又采用整锻件补强的结构，可以用塑性分析中的简便方法求解出补强区塑性失效的极限载荷（结构塑性垮塌时的极限压力），要求不高于未开孔时容器的塑性极限载荷。这种方法在特殊要求时可以采用，但还未见任何容器规范中有详细规定。

4.2.1.5　开孔补强设计中应注意的几个问题

不同的开孔补强设计方法对如下问题会有不尽相同的规定：

ⅰ. 适用的开孔率（指 d/D 值）范围有不同要求；

ⅱ. 不需另行补强的最大开孔直径；

ⅲ. 补强的有效作用范围。

关于补强所用材料基本上都应符合一个原则，即补强材料宜与壳体材料相同。当补强材料许用应力小于壳体材料许用应力时，在补强材料的补强面积应予补偿。

4.2.2　等面积补强设计法

等面积补强设计方法主要用于补强圈结构的补强计算。基本原则已如前述，即要求 $A \geqslant A_0$，具体计算方法如下[7]。

（1）开孔削弱的截面积 A_0

该面积是指沿壳体纵向截面上的开孔投影面积，对圆筒体来说即为轴向截面上的开孔投影面积，如图 4-19 所示。

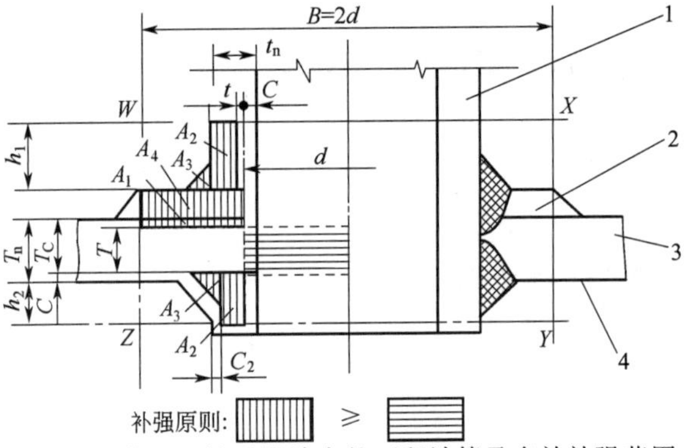

图 4-19　等面积补强设计中的面积计算及有效补强范围

1—接管；2—补强圈；3—壳体；4—壳体内侧面；▥—补强面积；▤—损失面积

$$A_0 = dT + 2T(t_n - C)(1 - f_r) \tag{4-5}$$

式中　d——开孔直径或接管内径加上壁厚附加量 C 以后的直径，$d = d_i + 2C$；

T——壳体按内压或外压计算所需的计算厚度，当开孔不在焊缝上时，不需考虑焊接接头系数 φ；

f_r——材料强度削弱系数，即设计温度下接管材料与壳体材料许用应力之比，$f_r \leqslant 1.0$。

（2）有效补强范围

等面积补强法认为在图 4-19 所示的 $WXYZ$ 的矩形范围内实施补强是有效的，超过此范围的补强是没有作用的。

补强区宽度

$$\left.\begin{aligned}B&=2d\\B&=d+2T_n+2t_n\end{aligned}\right\}\text{两者中取大值}\tag{4-6}$$

补强区外侧高度

$$\left.\begin{aligned}h_1&=\sqrt{dt_n}\\h_1&=\text{接管实际外伸长度}\end{aligned}\right\}\text{两者中取小值}\tag{4-7}$$

补强区内侧高度

$$\left.\begin{aligned}h_2&=\sqrt{dt_n}\\h_2&=\text{接管区实际内伸长度}\end{aligned}\right\}\text{两者中取小值}\tag{4-8}$$

式中 t_n——接管的名义厚度；

T_n——壳体的名义厚度。

(3) 补强区内补强金属面积 A

在有效补强区 $WXYZ$ 内可计作有效补强金属的面积有以下几种。

① A_1 承受内压或外压时容器壳体设计计算厚度之外的多余金属截面积。

$$A_1=(B-d)(T_n-T-C)-2(t_n-C)(T_n-T-C)(1-f_r)\tag{4-9}$$

式中 T_n，t_n——分别为容器壳体及接管的名义厚度；

T——容器壳体的计算厚度；

C——壁厚的附加量；

f_r——材料的强度削弱系数，同式(4-5)。

② A_2 接管承受内压或外压所需计算厚度之外的多余金属截面积。

$$A_2=2h_1[(t_n-C)-t]f_r+2h_2[(t_n-C)-C_2]f_r\tag{4-10}$$

式中 t，C_2——接管按内压或外压计算所需的厚度及接管外壁腐蚀附加量。

③ A_3 在有效补强区内焊缝金属的截面积。

④ A_4 在有效补强区内另外再增加的补强元件的金属截面积。

如果

$$A=A_1+A_2+A_3\geqslant A_0\tag{4-11}$$

则开孔后不需要另行补强。

如果

$$A=A_1+A_2+A_3<A_0\tag{4-12}$$

则说明还需另外增加补强圈或用厚壁管补强，所增加的补强金属截面积 A_4 应满足

$$A_4=A_0-(A_1+A_2+A_3)\tag{4-13}$$

具体的承压壳体（包括内压壳体、外压壳体及凸形封头）的开孔补强的等面积补强法见 GB/T 150.3。

(4) 不另行补强的最大开孔直径

关于开孔较小可不需补强的最大开孔直径，GB/T 150.3 的规定如下，即壳体开孔满足以下 5 个条件时可不另行补强。

ⅰ. 设计压力≤2.5MPa；

ⅱ. 两相邻孔中心间距（曲面时以弧长计）≥两孔直径之和的 2 倍；

ⅲ. 接管外径≤89mm；

ⅳ. 接管最小壁厚满足表 4-1 要求；

表 4-1 接管最小壁厚 单位：mm

接管外径	25、32、38	45、48	57、65	76、89
接管壁厚	≥3.5	≥4.0	≥5.0	≥6.0

ⅴ. 开孔不得位于壳体的承压焊缝上。

(5) 等面积法补强的适用条件

等面积法适用于压力容器的筒体与凸形封头上，可以是圆形孔，也可以是椭圆形或长圆形孔（长径与短径之比不大于 2.0）。适用范围有如下规定：

ⅰ. 圆筒内径≤1500mm 时，最大开孔率 $d/D \leqslant 0.5$，且 $d \leqslant 520$mm；

圆筒内径>1500mm 时，最大开孔率 $d/D \leqslant 1/3$，且 $d \leqslant 1000$mm。

ⅱ. 球壳及凸形封头开孔的最大开孔率 $d/D \leqslant 0.5$。

ⅲ. 锥形封头开孔的最大开孔率 $d/D \leqslant 1/3$，此处 D 是开孔中心处锥壳内径。

4.2.3 平板封头的开孔补强设计

(1) 平封头上小开孔的补强

平盖封头上开小孔，即 $d/D \leqslant 0.5$ 时，允许按等面积补强法进行补强校核，补强结构上也允许采用补强圈补强。由于平板封头受内压时的计算厚度明显大于凸形封头，只需凸形封头补强面积算法的一半，即所需最小补强面积为

$$A = 0.5dt \tag{4-14}$$

式中，d 为开孔处接管的内径，t 为平板盖的计算厚度[7]。

(2) 大开孔平盖的补强

因开孔直径过大（$d/D > 0.5$），干脆将平盖整体加厚，即采用整体补强法补强。平盖中心开孔并整体增厚补强的几何模型近似于整体锻造法兰，但不开螺栓孔。简化的力学模型类似于法兰的 Waters 法的模型，可参见图 4-20。

此模型中主要作用力是压力载荷 p 沿支管轴向形成的作用在支管壁的力 F_D，以及压力作用在平盖开孔后剩余环面上的轴向力 F_T。补强校核的目标是获得一个既能保证安全、又较为经济的整体开孔补强的平盖厚度。需先设定一个厚度，应力校核后再增厚或再减厚。而关注点一般有两处，一处是接管的法兰颈 A 点，另一处是平盖外缘与主壳交汇处的法兰颈 B 点。根据平盖开孔的具体情况计算 F_D 及 F_T 引起的弯矩 M_0，再计算 A 及 B 处的三向应力，即法兰颈部的轴向应力 σ_H、法兰环的径向应力 σ_R、法兰环的切向应力 σ_t。再用法兰计算中给出的最大应力强度值，与许用应力值作校核。本章节对此不再给予详述，可参见第 3 章的法兰节及 GB/T 150.3。

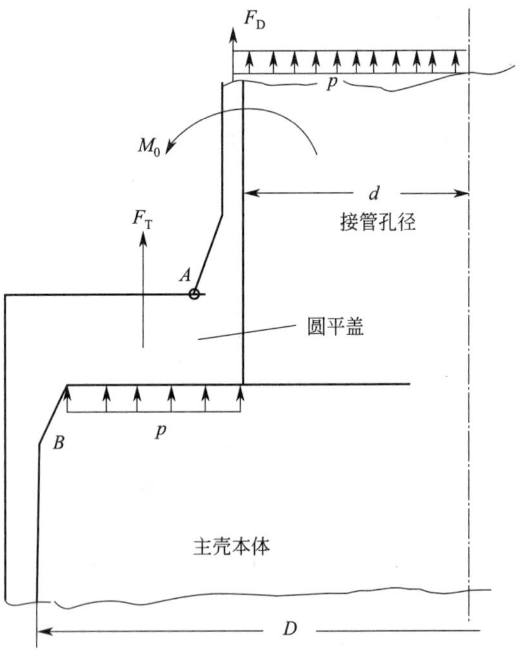

图 4-20 大开孔（$d/D > 0.5$）平盖计算简化模型

4.2.4 压力面积补强设计法

压力面积补强设计法的原理如图 4-21 所示。

压力面积是指在有效补强范围之内，压力 p 在图示平面垂直方向上的投影面积，即

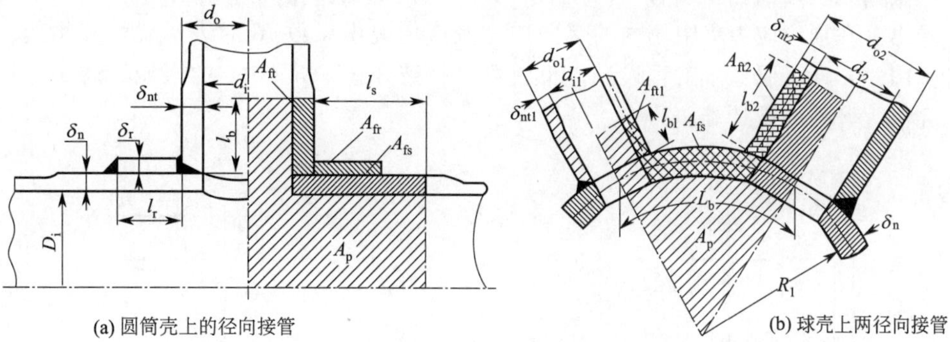

图 4-21　压力面积法的补强面积算法计算原理图

图中所示的面积 A_p。实际包括支管内的投影面积（$l_b d_i/2$）和主壳内的投影面积[$(l_s+d_o/2)D_i$]两个部分，即

$$A_p=l_b d_i/2+(l_s+d_o/2)D_i \tag{4-15}$$

压力作用在这一投影面积上的总作用力为 pA_p。

能够承受这一压力作用力的管壁材料的截面积有 3 个部分：ⅰ. 支管有效承载面积 A_{ft}；ⅱ. 主壳有效承载截面积 A_{fs}；ⅲ. 补强圈有效截面积 A_{fr}，均在图 4-21 中标示出。计算中壁厚为有效厚度。

按力平衡原理可以建立平衡方程

$$[\sigma]^t(A_{ft}+A_{fs}+A_{fr})=pA_p \tag{4-16}$$

这就是压力面积法补强的原理。上式成立的前提是假设支管、主壳和补强圈材料相同，因而采用同一的许用应力值 $[\sigma]^t$。补强设计校核时可调整项是 A_{fr} 及 δ_n。

压力面积法补强设计被允许使用的界限是开孔率 $\rho\leqslant 0.6$，也有用 $\sqrt{D_i\delta}$ 的某一倍数加以限定。

对于有效补强范围 l_b 及 l_s，压力面积也是按边缘应力影响范围来规定的，即 $l_b=\sqrt{d_m\delta_t}$，$l_s=\sqrt{D_m\delta_n}$，式中，$d_m=d_i+\delta_{nt}$，$D_m=D_i+\delta_n$。

4.2.5　开孔补强设计的分析法

等面积补强法及压力面积法虽然常用，但被限制在开孔率 $\rho\leqslant 0.5$ 的条件下，且一旦进入中高压容器，又不放心沿用这两种补强设计方法。其基本原因在于没有体现开孔区的应力集中这一特殊规律。即使做了补强面积的强度核算，仍不知道补强后的应力集中减弱了多少。

我国学者钱令希在 20 世纪 60 年代获得了圆筒开孔接管的薄壳弹性解，欧美学者得到了理论解，尚不完善的是求解方法均为简化求解而选用了扁壳的薄壳方程，将主壳与支管的相贯线简化为近似于一个平面的圆周线。仅当主壳直径很大且开孔率较低时，扁壳方程求解出的应力集中系数才接近实际，所以这些结果都不理想。

清华大学的黄克智和薛明德等在 20 世纪 80 年代开展这一薄壳开孔与接管问题弹性求解的长期研究，其成果在国内外学术界和工程界获得认可[61~64]。我国压力容器设计标准中吸收了这些成果，并称为“开孔补强设计的分析法”。这一方法首先出现在 JB 4732—1995（2005 确认）中，后被编入 GB/T 150.3—2011。

（1）“分析法”基本概念

薛明德、黄克智等所追求的是薄壁圆筒开孔补强的弹性求解，不再基于扁壳方程，直接针对薄壁圆筒壳上开圆孔并带有径向支管，其基本模型见图 4-22 和图 4-23。如果能获得理论解，导出开孔周边应力集中场内的多向应力及应力集中系数 K 的表达式，并构造出工程可用计算图表，即可服务于工程设计，也就可以打破开孔率 $\rho \leqslant 0.5$ 的限制，解决工程中压力容器壳体大开孔的设计难题。

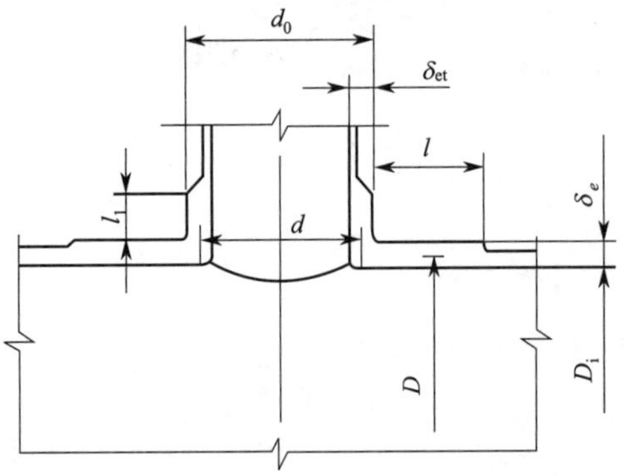

图 4-22　受内压圆柱壳径向开孔接管

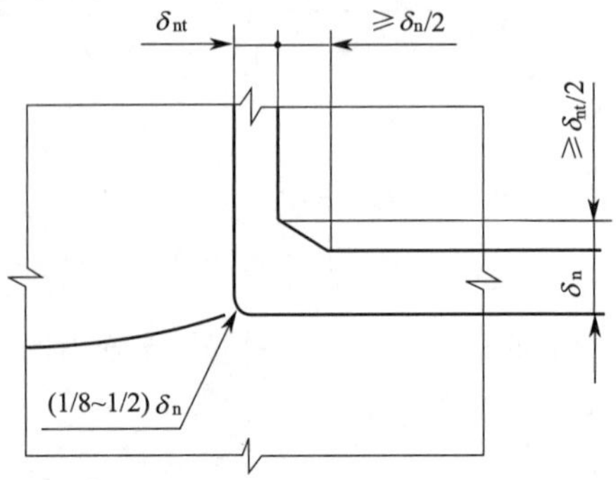

图 4-23　几何模型

其中最复杂的问题是两个圆柱壳径向相交时形成的相贯线是一条形状复杂的三维空间曲线。前人正是为回避这一空间复杂曲线而采用扁壳方程和小开孔率。因此求解这一问题时必先解决这个空间相贯曲线的几何表达式。另一个问题是在进一步求解压力作用下位移表达、边缘内力引起壳体边界处剪应力表达及弯曲应力表达时，必然出现一系列的偏导偏微分高阶方程。还有一个无法回避的问题是两个圆筒各有自己的三维坐标系，求解方程时还必须建立坐标系的相互转换。构建方程时必然会用到薄壁圆筒的 Morley 方程，即圆柱壳常用的复变函数形式的位移应力函数方程，但开孔后这一方程由张丕辛、黄克智加以修正，称 Morley 修正方程。这比过去采用 Donnell 扁壳方程大大提高了解析的精度。这一研究获得了在内压与外载荷作用下圆柱壳开孔接管相贯区应力场的薄壳理论解，证实开孔率的适用范围扩大到 $\rho \leqslant 0.9$ 及开孔接管参数 $\lambda \leqslant 12$，$\lambda = \gamma_m \sqrt{R_m/T}$（见 4.2.1.2 节）。

在获得理论解的同时还进行了相应的有限元数值分析求解和一定量的实验测试，结果证实与美国橡树岭国家实验室获得的实验结果相当吻合。

(2) *分析法在工程规范中的应用*

开孔补强的分析法可以通过应力场的解析解表达式求出接管应力集中部位的最大应力，当然也可以计算出应力集中系数 K 值。于是在工程设计规范中将开孔结构几何尺寸组合成几个无量纲参数，如开孔率 ρ，开孔接管参数 λ，管壳壁厚比 δ_{et}/δ_e 等。通过得到的最大应力除以壳体（即主壳圆筒）在压力作用下无开孔时的最大薄膜应力，得到一系列开孔补强结构的应力集中系数 K 的曲线图。具体设计方法可详见 GB/T 150.3[6]。

按分析设计法中的应力分类法，接管补强区的局部应力可以分为一次应力和二次应力（均可包含薄膜应力和弯曲应力），但接管根部区局部应力集中的峰值应力用上述解析法是求解不出来的。但这个应力集中引起的峰值应力是结构疲劳分析中的关键应力，GB/T 150.3 中的“分析法”不能解决。如果采用数值分析的有限元方法，可以较为精确地获得局部应力集中点上的数值解，进一步的安全性评价则可以采用 ASME Ⅷ-2 的基于应力分类的安全评价，或采用 EN 13445.3 中基于直接法的安全性评价。

实际工程上的问题远不止这些，例如除垂直于壳体表面的径向接管之外，还有倾斜接管，甚至还有与壳体切向相交的接管，此外还有承压筒壳体上成排开孔，甚至多排开孔并带接管的。这些结构的开孔补强的设计计算在 GB/T 150.3 也有相应的简要的工程方法，也可参照第 6 章介绍的分析设计方法。

重要的压力容器，即我国分类为第Ⅲ类压力容器及核电压力容器上的开孔接管补强是不会采用补强圈结构的，应采用整锻件补强结构，此时更应采用有限元三维应力分析，再按分析设计法的各种强度准则进行校核。

4.3 卧式容器支座设计

4.3.1 鞍座结构及载荷分析

化工厂的贮槽、换热器等设备一般都是两端具有成型封头的卧式圆筒形容器。卧式容器由支座来承担其重量及固定在某一位置上。常用卧式容器支座主要有鞍式支座、圈座和支腿三种，如图 4-24 所示。支腿的主要优点是结构简单，但其支腿反力给壳体造成很大的局部

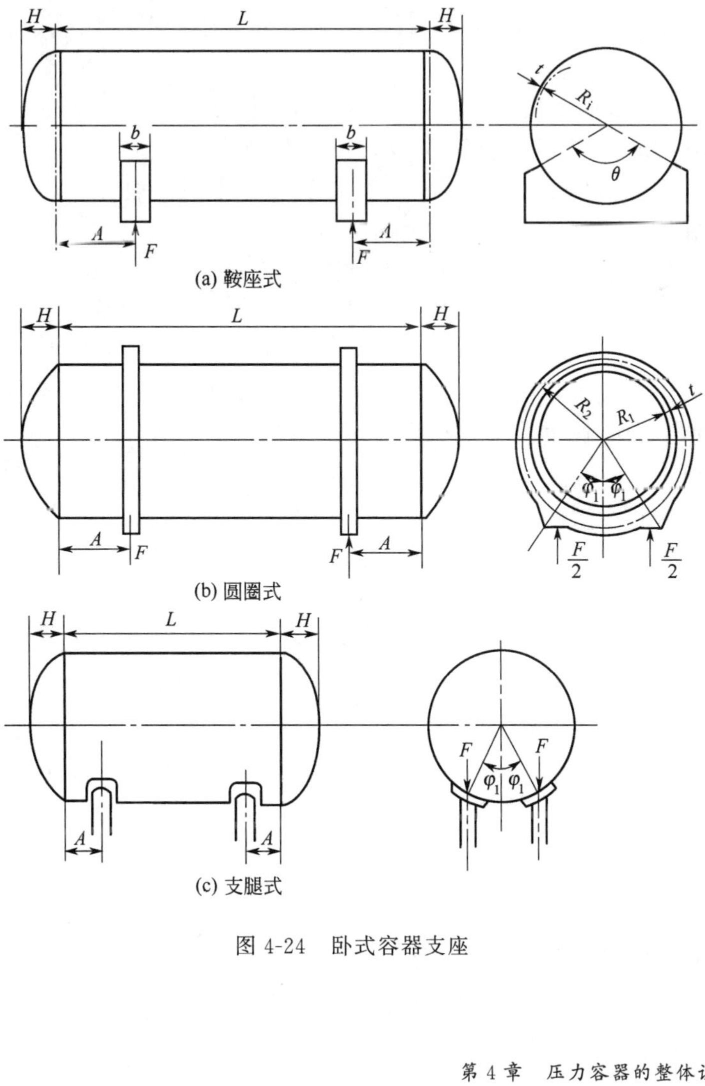

图 4-24　卧式容器支座

应力，因而只用于较轻的小型设备。对于较重的大设备，通常采用鞍式支座。鞍座的结构与系列尺寸，除特殊情况需另外设计外，一般可根据设备的公称直径选用标准型式，目前常用的鞍式支座标准为 NB/T 47065.1。因为对于卧式容器，除了考虑工作压力（内压、外压）引起的薄膜应力外，还要考虑容器重力载荷在壳体上引起的弯曲应力，所以即使选用标准鞍座，必要时也要对容器进行强度和稳定性的校核，这正是本节所要讨论的问题。

置于鞍座上的圆筒形容器与梁相似，由材料力学分析可知，梁弯曲产生的应力与支点的数目和位置有关。当尺寸和载荷一定时，多支点在梁内产生的应力较小，因此支座数目似乎应该多些好。但当容器采用两个以上的鞍座时，由于支承面水平高度不等、壳体不直和不圆等微小差异以及容器不同部位在受力挠曲的相对变形不同，使支座反力难以为各支点平均分摊，导致壳体应力趋大，因此一般设置对称双支座形式。大型设备也可采用多支座，如对称三支座等[65]。

采用双支座时，支座位置的选择一方面要考虑到利用封头的加强效应，另一方面又要考虑到不使壳体中因荷重引起的弯曲应力过大，所以按下述原则确定支座的位置：

ⅰ. 双支座卧式容器的受力状态可简化为受均布载荷的外伸简支梁，按材料力学计算方法可知，当外伸长度 $A=0.207L$ 时，跨度中央的弯矩与支座截面处的弯矩绝对值相等，所以一般近似取 $A\leqslant 0.2L$，其中 L 取圆筒体长度（两封头切线间距离），A 为鞍座中心线至封头切线的距离[图 4-24(a)]。如 $A>0.2L$，则由于外伸作用而使支座截面处壳体的弯矩太大，A 最大不得大于 $0.25L$。

ⅱ. 当鞍座邻近封头时，则封头对支座处筒体有加强作用。为了充分利用这一加强效应，在满足 $A\leqslant 0.2L$ 条件下应尽量使 $A\leqslant 0.5R_i$（R_i 为筒体内半径）。

鞍座包角 θ 的大小对鞍座处筒体上的应力有直接关系，因此一般采用 120°、135°、150°三种。

此外，卧式容器由于温度和载荷变化等原因使容器产生轴向移动，如果支座全部是固定的，由于自由伸缩受阻使容器器壁中可能引起过大的附加应力，如热应力，所以双鞍座中一个鞍座为固定支座，另一个鞍座应为活动支座。活动支座可以是鞍座底板上的地脚螺栓孔沿容器轴向开成长圆形的滑动形式；或者采用滚动支座。后者克服了滑动摩擦力大的缺点，然而结构复杂，造价较高，故一般用于受力大的重要设备上（图 4-25）。

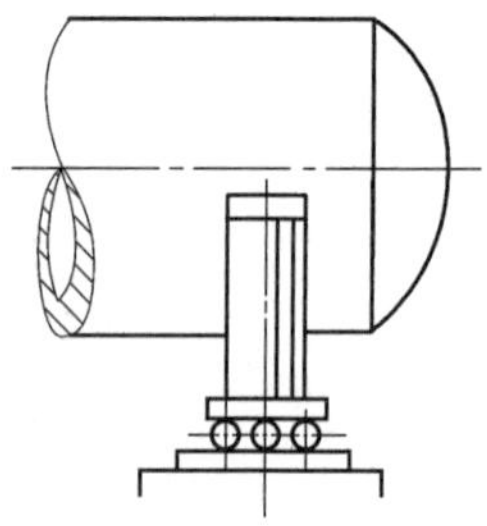

图 4-25　滚动支座

对于双鞍座上卧式容器的应力作精确的理论分析十分繁复，目前国内外有关容器支座的设计规范包括 ASME Ⅷ-1、PD 5500、EN 13445-3 和 NB/T 47042 等。其中，PD 5500 对于双鞍座卧式容器给出了详细的分析和计算方法[26]，它是基于齐克（Zick）1951 年在实验研究基础上提出的近似分析和计算方法[66,67]。ASME Ⅷ-1 附录 G 提出了一些工程实践建议和用于设计的参考文献（包括 PD 5500）[26]，而 EN 13445-3 对鞍式支座给出了不同于 PD 5500 的计算方法[27]。国内的 NB/T 47042《卧式容器》标准的鞍式支座除包含 PD 5500 双鞍座卧式容器计算外，还增加了非对称双鞍座和对称三鞍座的校核计算的两个附录。本节介绍 Zick 的基本思路、主要应力的计算公式和控制条件。详细的公式推导可参见文献［55］。

（1）载荷分析

置于对称分布的鞍座上卧式容器所受的外力包括载荷和支座反力。载荷除了操作内压或外压（真空）外，主要是容器的重量（包括自重、附件和保温层重等），内部物料或水压试验充水的重量。容器受重力作用时，双鞍座卧式容器可以近似看成支承在两个铰支点上受均布载荷的外伸简支梁。当解除支座约束后，梁上受到如下外力的作用。

① 均布载荷 q 和支座反力 F　容器本身的重量和容器内物料的重量可假设为沿容器长度的均布载荷。因为容器两端为凸形封头，所以确定载荷分布长度时，首先要把封头折算成和容器直径相同的当量圆筒。对于半球形、椭圆形和碟形等凸形封头可根据容积相等的原则，折算为直径等于容器直径，长度为$\frac{2}{3}H$（H 为凸形封头深度）的圆筒，故重量载荷作用的长度为$L+\frac{4}{3}H$。如容器总重量为 $2F$，则作用在外伸梁上（梁全长仍为 L）单位长度的均布载荷为

$$q=\frac{2F}{L+\frac{4}{3}H}\quad \text{N/mm} \tag{4-17}$$

对于平封头，$H=0$，则

$$q=\frac{2F}{L}\quad \text{N/mm}$$

显然，由静力平衡条件，对称配置的双鞍座中每个支座的反力就是 F，或写成

$$F=\frac{q\left(L+\frac{4}{3}H\right)}{2}\quad \text{N} \tag{4-18}$$

② 竖直剪力 V 和力偶 M　参见图 4-26(a)，封头本身和封头中物料的重量为$\left(\frac{2}{3}H\right)q$，此重力作用在封头（含物料）的重心上。对于半球形封头，可算出重心的位置 $e=\frac{3}{8}H$，e 为封头重心到封头切线的距离，这一关系也近似用于其他形式的凸形封头。按照力线平移法则，此重力可用一个作用在梁端点的横向剪力 V 和一个附加力偶 m_1 来代替，即

$$V=\frac{2}{3}Hq\quad \text{N} \tag{4-19}$$

和

$$m_1=\left(\frac{2}{3}Hq\right)\left(\frac{3}{8}H\right)=\frac{H^2}{4}q\quad \text{N·mm} \tag{4-20}$$

对于平封头的 V 与 m_1 皆为零。

此外，当封头中充满液体时，液体静压力对封头作用一水平向外推力。因为液柱静压沿容器直径呈线性变化，所以水平推力偏离容器轴线，对梁的端部则形成一个力偶 m_2。如对液体静压力进行积分运算，可得到如下结果

$$m_2=(qR_\text{i})\left(\frac{R_\text{i}}{4}\right)=\frac{R_\text{i}^2}{4}q\quad \text{N·mm} \tag{4-21}$$

将式(4-20) 的 m_1 与式(4-21) 的 m_2 两个力偶合成一个力偶 M，即

$$M=m_2-m_1=\frac{q}{4}(R_\text{i}^2-H^2)\quad \text{N·mm} \tag{4-22}$$

显而易见，对于半球形封头，$R_\text{i}=H$，$M=0$；而对于平封头，$H=0$，$M=\frac{q}{4}R_\text{i}^2$。

因此，双鞍座卧式容器力学简化为一受均布载荷的外伸简支梁，而梁的两个端部还分别受到横剪力 V 和力偶 M 的作用，如图 4-26(b) 所示。

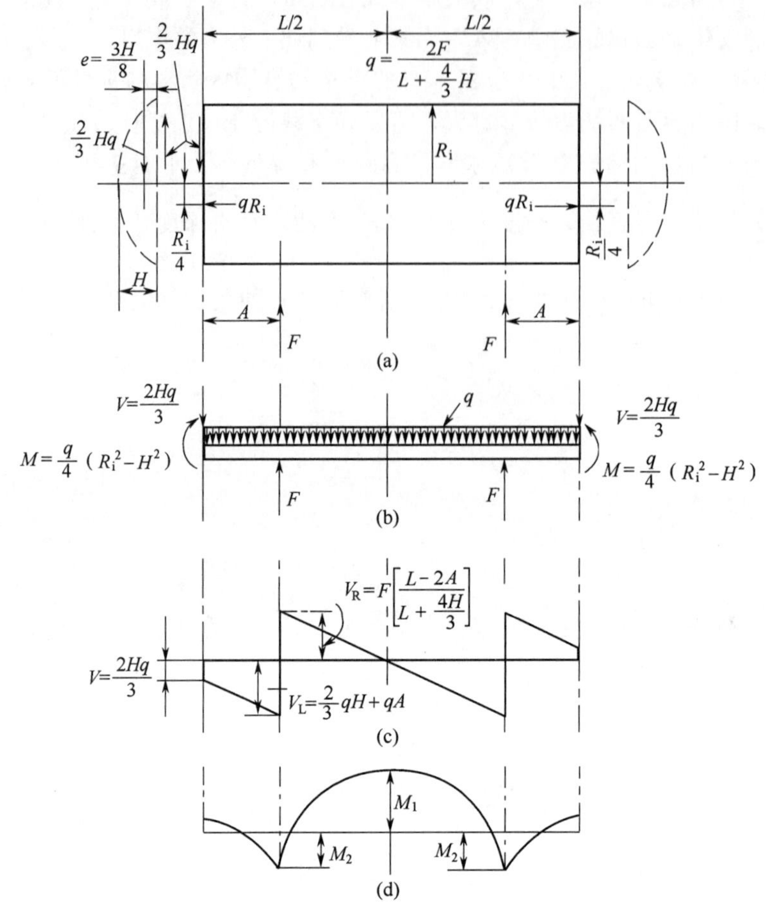

图 4-26　双鞍座卧式容器的受载分析

(2) 内力分析

和材料力学梁受弯曲分析相似，上述外伸简支梁在重量载荷作用下，梁截面上有弯矩和剪力存在，其剪力图和弯矩图如图 4-26(c)、(d) 所示。由图可知，最大弯矩发生在梁跨度中央的截面和支座截面上，而最大剪力在支座截面附近，它们可按下述方法计算。

① 弯矩　筒体在支座跨中截面的弯矩，可分析图 4-26(b) 所示梁的平衡条件得到

$$M_i=\frac{q}{4}(R_i^2-H^2)-\frac{2}{3}Hq\left(\frac{L}{2}\right)+F\left(\frac{L}{2}-A\right)-q\left(\frac{L}{2}\right)\left(\frac{L}{4}\right)$$

以 $q=\dfrac{2F}{L+\dfrac{4}{3}H}$ 代入则得

$$M_1=\frac{FL}{4}\left[\frac{1+2(R_i^2-H^2)}{1+\dfrac{4}{3}\dfrac{H}{L}}-\frac{4A}{L}\right]=F\ (C_1L-A)\quad \mathrm{N\cdot mm} \tag{4-23}$$

式中

$$C_1=\frac{1+\dfrac{2(R_i^2-H^2)}{L^2}}{4\left(1+\dfrac{4}{3}\dfrac{H}{L}\right)} \tag{4-24}$$

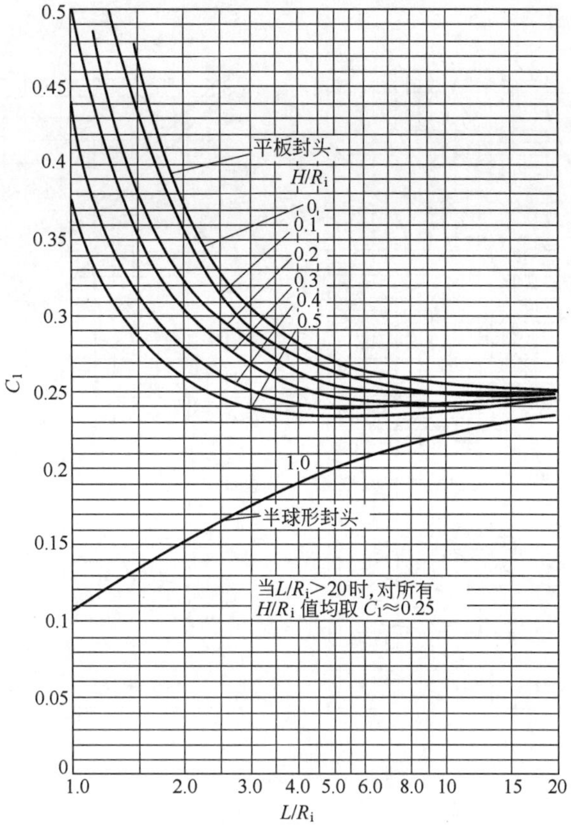

图 4-27　系数 C_1

可由图 4-27 按$\frac{L}{R_i}$和$\frac{H}{R_i}$的比值查取。M_1 为正值，表示上半部筒体受压缩，下半部筒体受拉伸。

筒体在支座截面处的弯矩为

$$M_2=\frac{q}{4}(R_i^2-H^2)-\frac{2}{3}HqA-qA\left(\frac{A}{2}\right)=-FA\left[1-\frac{1-\frac{A}{L}+\frac{(R_i^2-H^2)}{2AL}}{1+\frac{4}{3}\frac{H}{L}}\right]$$

$$=\frac{FA}{C_2}\left[1-\frac{A}{L}+C_3\frac{R_i}{A}-C_2\right]\quad \text{N}\cdot\text{mm} \tag{4-25}$$

式中

$$C_2=1+\frac{4}{3}\frac{H}{L} \tag{4-26}$$

$$C_3=\frac{R_i^2-H^2}{2R_iL} \tag{4-27}$$

C_2，C_3 可由图 4-28、图 4-29 按$\frac{H}{R_i}$和$\frac{L}{R_i}$的比值查得。M_2 一般为负值，表示筒体上半部受拉伸，下半部受压缩。

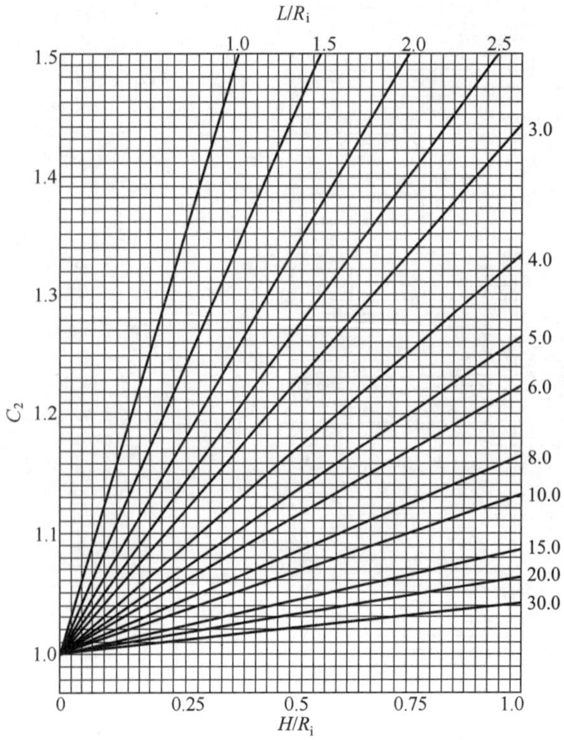

图 4-28　系数 C_2

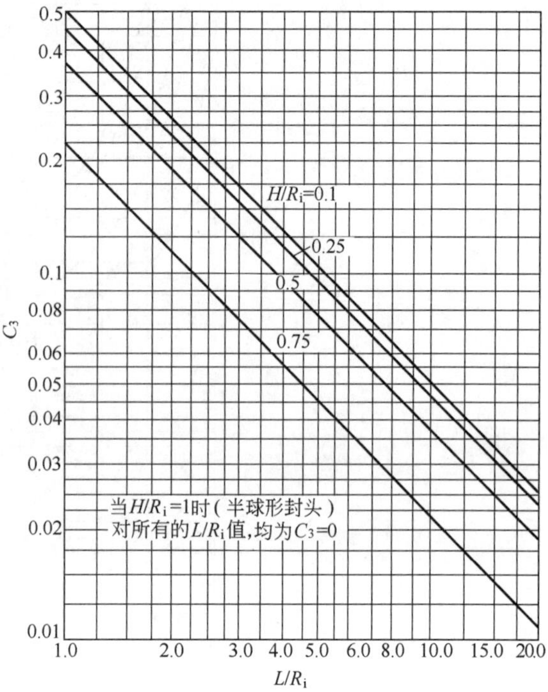

图 4-29　系数 C_3

② 剪力　剪力最大值出现在支座处筒体上，以图的左支座为例，在支座左侧的筒体截面上剪力为

$$V_L = \frac{2}{3}qH + qA \quad \mathrm{N} \tag{4-28}$$

而支座右侧筒体截面上剪力为

$$V_R = F - q\left(\frac{2}{3}H + A\right) = F\left[\frac{L-2A}{L+\frac{4}{3}H}\right] \quad \mathrm{N} \tag{4-29}$$

通常 $V_R > V_L$。

4.3.2 筒体的应力计算与校核

由以上分析可知，对于卧式容器，除了考虑由操作压力引起的薄膜应力外，还要考虑容器总重导致筒体横截面上的纵向弯矩和剪力，而且跨中截面和支座截面是容器可能发生失效的危险截面。因此，为了进行强度或稳定性校核，需要确定危险截面上的最大应力的位置与大小。

4.3.2.1 筒体的轴向应力

(1) 鞍座跨中截面上筒体的最大轴向应力

对充满液体的卧式容器进行试验表明，由于除鞍座附近筒体截面外，在其余截面上没有周向弯矩，故整个跨中截面能够承受纵向弯矩，抗弯断面模数为 $W_1=\pi R_i^2 t_e$，式中，t_e 为容器的有效厚度。筒体上的应力由两部分引起，一为操作压力 p 引起的轴向拉伸或压缩应力，其值为

$$\sigma=pR_i/(2t_e) \quad \text{MPa} \tag{4-30}$$

此应力在圆筒各个截面上都相同；二为纵向弯矩 M_1 引起的轴向弯曲应力，因此，最大合成应力发生在跨中截面的最高点和最低点，即

截面最高点 $$\sigma_1=\sigma-\frac{M_1}{W_1}=\frac{pR_i}{2t_e}-\frac{M_1}{\pi R_i^2 t_e} \quad \text{MPa} \tag{4-31}$$

截面最低点 $$\sigma_2=\sigma+\frac{M_1}{W_1}=\frac{pR_i}{2t_e}+\frac{M_1}{\pi R_i^2 t_e} \quad \text{MPa} \tag{4-32}$$

显然，当 p 为正压或外压时，σ 分别为拉应力或压应力。

(2) 支座截面上筒体的最大轴向应力

筒体在支座截面上由于剪力的作用，壳壁中产生沿切向的剪应力。这种切向剪应力导致筒体经向截面出现周向弯矩（详见后述），如果筒体横截面上既无加强圈又不被封头加强（即 $A>0.5R_i$），该截面在周向弯矩作用下，筒体的上半部分截面发生变形，使该部分截面实际成为不能承受纵向弯矩的“无效截面”，而剩下的下半部分截面才是承受弯矩的“有效截面”，如图 4-30(a) 所示，这种现象称为“扁塌效应”。因此计算支座处筒体的轴向弯曲正应力时，分为两种情况进行：一种情况是鞍座平面上筒体有加强圈或已被封头加强（$A\leqslant 0.5R_i$），此时由整个圆筒截面承受弯矩，不存在“扁塌效应”，该截面的抗弯断面模数仍为 $\pi R_i^2 t_e$；第二种情况是鞍座截面上筒体既未设置加强圈又 $A>0.5R_i$，由于上述“扁塌效应”筒体截面仅有一部分能有效地承受弯矩，此有效截面的弧长和 2Δ 角对应，据实验测定此 $2\Delta=2\left(\frac{\theta}{2}+\frac{\beta}{6}\right)$［见图 4-30(b)］，最大弯曲应力就在该截面 2Δ 的角点和最低处。在计算这些应力时，因为有效截面对其形心的惯性矩为 $I_{o-o}=I_{x-x}-Se^2$，所以计算截面最高点弯曲应力的抗弯断面系数为 $W_{21}=I_{o-o}/y_1=K_1(\pi R_i^2 t_e)$ 和计算截面最低点弯曲应力的抗弯断面系数为 $W_{22}=I_{o-o}/y_2=K_2(\pi R_i^2 t_e)$，式中，$K_1$、$K_2$ 分别是因“扁塌效应”而使圆筒整截面抗弯断面系数减小的折扣系数，与鞍座包角大小有关，数值列于表 4-2，显然有加强的筒体它们都为 1.0。于是鞍座有效截面最高和最低点的轴向合成正应力为：

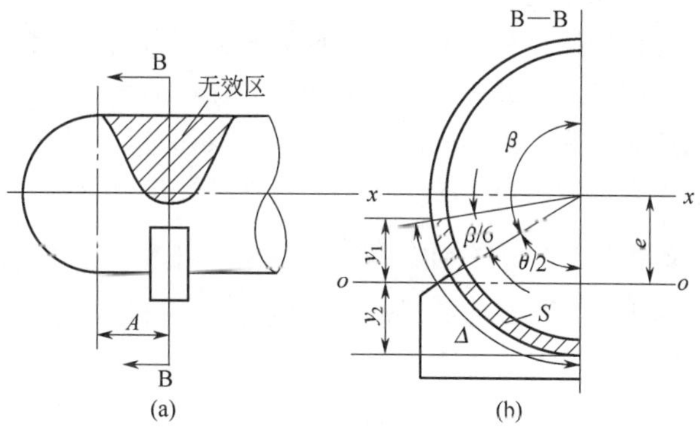

图 4-30 扁塌效应

在截面最高点 $$\sigma_3\ (\text{或}\ \sigma_3')=\sigma-\frac{M_2}{W_{21}}=\frac{pR_i}{2t_e}-\frac{M_2}{K_1\pi R_i^2 t_e} \quad \text{MPa} \tag{4-33}$$

在截面最低点 $\sigma_4=\sigma+\frac{M_2}{W_{22}}=\frac{pR_i}{2t_e}+\frac{M_2}{K_2\pi R_i^2 t_e}$ MPa (4-34)

注意式中 M_2 为负值。

表 4-2 系数 K_1、K_2

条 件	鞍座包角 θ/(°)	K_1	K_2	条 件	鞍座包角 θ/(°)	K_1	K_2
筒体被封头加强	120	1.0	1.0	筒体未被封头加强	120	0.107	0.192
$\left(A\leqslant\frac{R_i}{2}\right)$或	135	1.0	1.0	$\left(A>\frac{R_i}{2}\right)$且在	135	0.132	0.234
在鞍座平面有加强圈	150	1.0	1.0	鞍座平面无加强圈	150	0.161	0.279

(3) 筒体轴向应力的校核

由以上分析可知，卧式筒体上最大轴向应力为 $\sigma_1\sim\sigma_4$，其位置如图 4-31 所示。计算得到的轴向拉应力不得超过材料在设计温度下的许用应力 $[\sigma]^t$；压应力不应超过按第 5 章计算的轴向许用临界应力 $[\sigma]_{cr}$ 和材料的 $[\sigma]^t$。

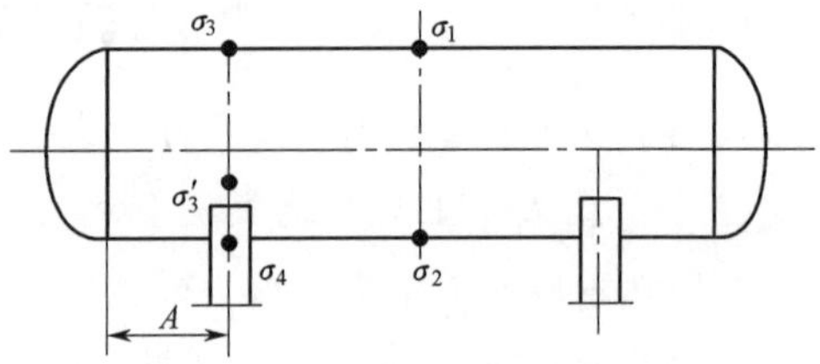

图 4-31 筒体的轴向应力

此外，按式(4-31) ～式(4-34) 计算 $\sigma_1\sim\sigma_4$ 时，应根据操作和非操作时（指无操作压力装满物料或水的情况）等不同工况，找出危险工况下可能产生的最大应力。例如对有加强的筒体，当 $|M_1|>|M_2|$ 时，只需校核跨中截面的应力，反之两个截面都要校核；又如对于正压操作的容器，在盛满物料而未升压时，其压应力有最大值，故对稳定应取这种工况进行校核。

4.3.2.2 筒体的切向剪应力

剪力在支座截面处为最大，该剪力在筒体器壁中引起切向剪应力。计算鞍座截面切向剪应力与该截面是否得到加强有关，所以应分为以下三种情况。

ⅰ. 支座处筒体有加强圈，但未被封头加强$\left(A>\frac{1}{2}R_i\right)$，由于筒体在鞍座处有加强圈加强，不存在“扁塌效应”，筒体的整个横截面都能有效地承担剪力的作用，此时截面上的切向剪应力分布呈正弦函数形式，如图 4-32(a) 所示，在水平中心线处有最大值

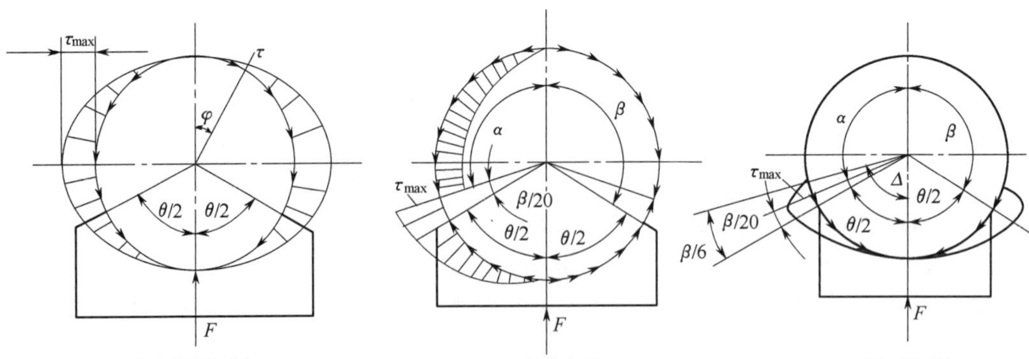

(a) 加强圈加强 (b) 封头加强 (c) 末加强

图 4-32 筒体的切向剪应力

$$\tau_{max}=\frac{K_3V_R}{R_it_e}=\frac{K_3F}{R_it_e}\left(\frac{L-2A}{L+\frac{4}{3}H}\right)\quad \text{MPa} \tag{4-35}$$

式中，系数 K_3 见表 4-3。

表 4-3　系数 K_3、K_4 值

条　件		鞍座包角 $\theta/(°)$	K_3	K_4
$A>\frac{R_i}{2}$，且筒体无加强圈或靠近鞍座处有加强圈		120	1.171	—
		135	0.958	—
		150	0.799	—
$A>\frac{R_i}{2}$，且鞍座平面内筒体有加强圈		120	0.319	—
		135	0.319	—
		150	0.319	—
筒体被封头加强	$b<A\leqslant\frac{R_i}{2}$	120	0.880	0.401
		135	0.654	0.344
		150	0.485	0.295
	$\frac{b}{2}<A\leqslant b$	120	0.880	0.880
		135	0.654	0.654
		150	0.485	0.485

ⅱ. 筒体被封头加强$\left(即\ A\leqslant\frac{1}{2}R_i\right)$，支座处筒体上无加强圈，但鞍座靠近封头，封头对筒体支座截面起加强作用。此时，大部分剪力先由支座（此处指左支座）的右侧跨过支座传至封头，然后又将载荷传回到支座靠封头的左侧筒体，此时筒体中切向剪应力的分布呈图 4-32(b) 所示的状态，最大剪应力位于 $2\Delta=2\left(\frac{\theta}{2}+\frac{\beta}{20}\right)$ 的支座角点处。

最大剪应力可按下式计算

$$\tau_{max}=\frac{K_3F}{R_it_e}\quad \text{MPa} \tag{4-36}$$

在封头中的最大剪应力由下式给出

$$\tau_{hmax}=\frac{K_4F}{R_it_{he}}\quad \text{MPa} \tag{4-37}$$

式中　t_{he}——凸形封头的有效厚度，mm；

K_3，K_4——系数，由表 4-3 查得。

ⅲ. 当支座截面上筒体既无加强圈，又未被封头加强时，则由于存在“扁塌效应”，筒体抗剪的有效截面减少。由实验测出，此有效截面的范围也为角 $2\Delta=2\left(\frac{\theta}{2}+\frac{\beta}{6}\right)$ 对应的弧段内，应力分布情况见图 4-32(c)，最大切向剪应力在 $2\Delta=2\left(\frac{\theta}{2}+\frac{\beta}{20}\right)$ 处。剪应力的计算式与式 (4-35) 相同，但 K_3 数值不相同。

ⅳ. 切向剪应力的校核。由以上分析可知，鞍座处筒体的最大切向剪应力 τ_{max} 的大小和位置取决于筒体的加强形式。求得的剪应力值不得超过材料在设计温度下许用应力的 0.8 倍和轴向许用临界应力 $[\sigma]_{cr}$，即

$$\tau_{max} \leqslant \begin{cases} 0.8\ [\sigma]^t \\ [\sigma]_{cr} \end{cases}$$

封头中的剪应力，其最大值不应超过下列限制

$$\tau_{hmax} \leqslant 1.25\ [\sigma]^t - \sigma_h$$

式中　σ_h——由操作压力在封头中引起的最大拉应力。例如对于椭圆形封头

$$\sigma_h = \frac{KpD_i}{2t_{he}} \quad \text{MPa} \tag{4-38}$$

式中　K——椭圆形封头的形状系数，见式(3-99)。

4.3.2.3　筒体的周向应力

支座反力在支座处筒体截面引起切向剪应力，这些剪应力导致在筒体径向截面产生周向弯矩 M_t。当支座截面上筒体有加强圈加强时，周向弯矩在鞍座边角处有最大值[图 4-33 (a)]。理论上最大周向弯矩为

$$M_{tmax} = M_\beta = K_6 FR_i$$

且作用在一有效计算宽度 l 的范围上，l 的取值根据不同的 l/R_i 比值而定。

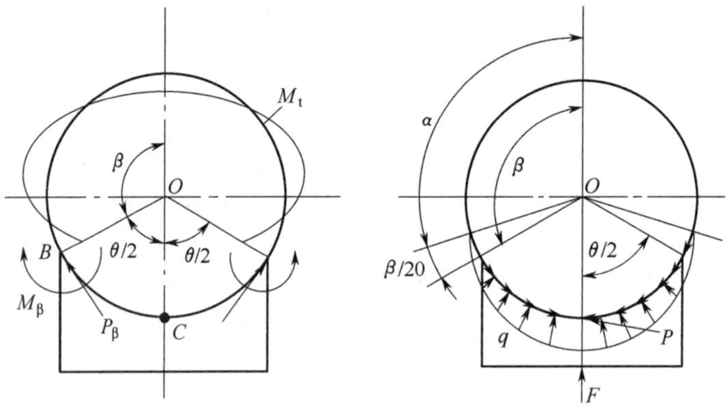

(a) 周向弯矩　　(b) 周向压缩力

图 4-33　支座处筒体的周向弯矩和周向压缩力

当筒体截面无加强圈，封头对支座处筒体也无加强作用，即 $A > 0.5R_i$；虽无加强圈但封头有加强作用，$A \leqslant 0.5R_i$。根据 Zick 的假设与推导，最大周向弯矩都在鞍座边角处，数值上都低于支座截面有加强圈的情况，这两种情况中的最大周向弯矩仍按上式计算，但其中系数 K_6 按表 4-4 选取。

表 4-4　系数 K_5、K_6

鞍座包角 θ/(°)	$K_5$①	$K_6$②		鞍座包角 θ/(°)	$K_5$①	$K_6$②	
		$\frac{A}{R_i} \leqslant 0.5$	$\frac{A}{R_i} > 1$			$\frac{A}{R_i} \leqslant 0.5$	$\frac{A}{R_i} > 1$
120	0.760	0.0132	0.0528	150	0.6733	0.0079	0.0316
135	0.711	0.0103	0.0413	165	0.6450	0.0059	0.0238

① 当鞍座与容器焊接时，K_5 取表列值的十分之一。

② 当 $0.5 < \frac{A}{R_i} < 1$ 时，K_6 可由表列值线性插值得到。

支座反力在与鞍座接触的筒体上还产生周向压缩力 P，当筒体未被加强圈或封头加强时，在鞍座边角处的周向压缩力假设为 $P_\beta=\frac{F}{4}$，且由 $b_2=b+1.56\sqrt{R_i t_e}$ 的壳体有效宽度来承受。

于是，鞍座边角处的最大合成周向压缩应力为

$$\sigma_6=-\frac{F}{4t_e b_2}-\frac{K_6 F R_i}{\frac{l t_e^2}{6}}\quad \text{MPa} \tag{4-39}$$

式中 l——鞍座处筒体承受周向弯矩的有效宽度，l 的取值与筒体的长径比有关。当 $L\geqslant 8R_i$ 时，$l=4R_i$；当 $L<8R_i$ 时，$l=\frac{1}{2}L$。

因此，式(4-39) 可写成以下形式：

当 $L\geqslant 8R_i$ 时

$$\sigma_6=-\frac{F}{4t_e b_2}-\frac{3K_6 F}{2t_e^2}\quad \text{MPa} \tag{4-40}$$

当 $L<8R_i$ 时

$$\sigma_6=-\frac{F}{4t_e b_2}-\frac{12K_6 F R_i}{L t_e^2}\quad \text{MPa} \tag{4-41}$$

其次，在支座截面筒体最低处，周向压缩力达到最大，$P_{max}=K_5 F$，但不存在周向弯矩 M_t[图 4-33(b)]，因此其最大周向压缩应力为

$$\sigma_5=-\frac{K_5 F}{t_e b_2}\quad \text{MPa} \tag{4-42}$$

式中 K_5——系数，见表 4-4；

b_2——圆筒的有效宽度，$b_2=b+1.56\sqrt{R_i t_e}$；

b——支座宽度，mm；

t_e——筒体有效厚度，mm。

周向压缩应力 σ_5 的计算值不得大于筒体材料设计温度下的许用应力 $[\sigma]^t$，即 $\sigma_5\leqslant[\sigma]^t$，而合成周向压缩应力 σ_6 应不大于设计温度下材料许用应力的 1.25 倍，即 $\sigma_6\leqslant 1.25[\sigma]^t$。如上述条件不满足，则可加宽支座宽度 b 或在筒体与支座之间加放加强板（图 4-34），加强板厚度可取与筒体厚度相同，宽度 b_1 不小于 $(b+10t_e)$，且包角不小于 $(\theta+12°)$。设置加强板以后，在计算式(4-40) 和式(4-41) 中，应以筒体计算厚度和加强板厚度之和代替式中的 t_e。由于加强板边缘处筒体并无加强板，所以还应以式(4-40) 和式(4-41) 检查该处的合成压缩应力，但式中的 K_6 应以 $(\theta+12°)$ 作为包角查表 4-3 中的对应值。如应力仍超出允许值，则相应增加鞍座宽度或（和）包角。当在鞍座平面或靠近鞍座平面的筒体上设置加强圈时，鞍座处筒体的应力校核参见文献［73］或［26］。

4.3.3 鞍座设计

4.3.3.1 基本公式

增大鞍座包角可以使筒体中的应力降低，但使鞍座相应变得笨重，同时也增加了鞍座所承受的水平推力；过分地减小包角，又使容器容易从鞍座上倾倒，因此在一般情况下建议取 $\theta=120°\sim150°$。

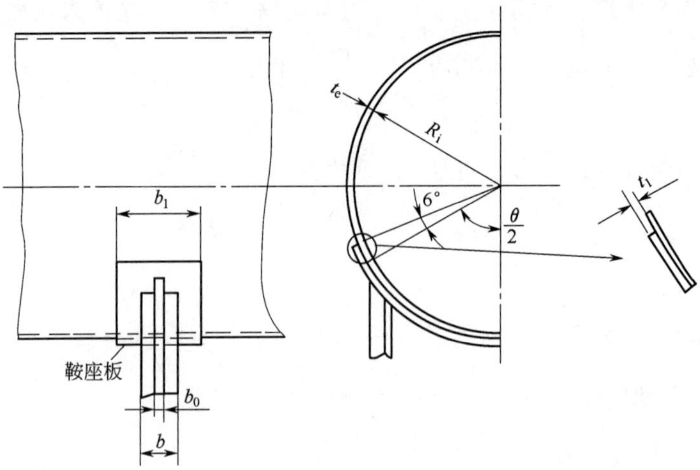

图 4-34　设置加强板的鞍座

鞍座宽度 b 的大小，一方面决定于设备给予支座的载荷大小，另一方面要考虑支座处筒体内周向应力不超过允许值。

设备给予鞍座的载荷为沿包角 θ 对应弧段的不均匀分布的径向力 q，此载荷的水平分力将使鞍座向两侧分开，故鞍座的宽度 b 必须具有足够大小。

半个鞍座的水平分力的总和为

$$F_s = K'F \quad \text{N}$$

式中　F——支座反力，N；

K'——系数，见表 4-5。

表 4-5　系数 K'

鞍座包角 θ/(°)	120	135	150	165
K'	0.204	0.231	0.259	0.288

承受此水平分力的有效截面的高度为 H_s，最大为筒体最低点以下 $\frac{1}{3}R_i$ 的范围内（图 4-35），此截面上的平均应力不应超过支座材料许用应力值的三分之二，即

$$\sigma = \frac{K'F}{H_s b_0} \leqslant \frac{2}{3}\ [\sigma]_{sa}^{t} \quad \text{MPa} \tag{4-43}$$

式中　b_0——对钢制鞍座取腹板厚度；对混凝土鞍座则为鞍座宽度 b，mm；

H_s——计算高度，取鞍座实际高度与 $\frac{R_i}{3}$ 中较小值，mm；

$[\sigma]_{sa}^{t}$——鞍座材料的许用应力，MPa。

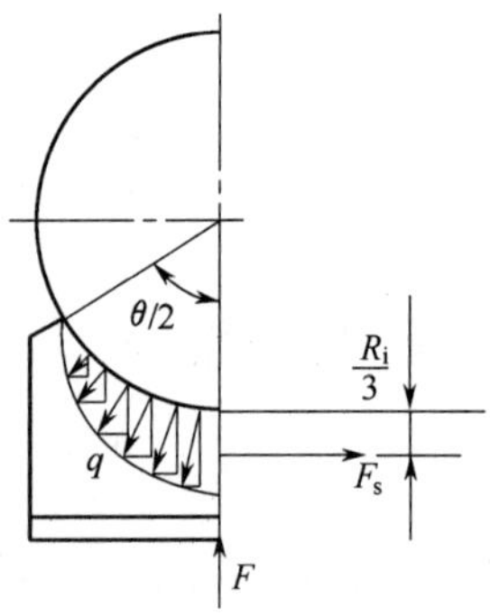

图 4-35　鞍座上的载荷

在大多数情况下，鞍座宽度 b 取 $\sqrt{30D}$（D 为容器的平均直径，mm）能满足要求。

4.3.3.2 计算示例

一卧式液体贮槽，两端为标准椭圆形封头，采用双鞍式钢制支座，其主要尺寸和设计条件如下：

设计压力 $p=1.2$ MPa

设计温度 $T\leqslant 200℃$

物料密度 $\rho=1100$ kg/m^3

筒体：内径 $D_i=3000mm$，长度 $L=20000mm$，公称厚度 $t_n=12mm$，壁厚附加量 $C=1.0mm$。

封头：深度 $H=750mm$，直边高度 $h=40mm$，公称厚度 $t_{hn}=14mm$，壁厚附加量 $C_b=3.0mm$。

鞍座：按 NB/T 47065.1 选用 DN3000-BⅠ的 F 型和 S 型各一个。

鞍座中心至封头切线的距离 $A=750mm$；

鞍座宽度 $b=300mm$，腹板厚度 $b_0=16mm$；

鞍座包角 $\theta=120°$。

容器与封头材料为 Q345R，$[\sigma]^{200}=170MPa$。

鞍座材料为 Q235A，$[\sigma]_{sa}^{200}=120MPa$。

经计算可得容器自重与充满物料的总重为

$$2F=2\times 934620=1869240(N)$$

该校核筒体各部分应力。

解 (1) 弯矩计算

弯矩按式(4-25) 和式(4-27) 计算，式中系数 C_1、C_2 和 C_3 按 $\frac{L}{R_i}=20000/1500=13.33$ 和 $\frac{H}{R_i}=0.5$ 由图 4-27～图 4-29 查得：$C_1=0.24$，$C_2=1.045$，$C_3=0.028$，故跨中截面弯矩为

$$M_1=F(C_1L-A)=934620\times(0.24\times 20000-750)=37.852\times 10^8(N\cdot mm)$$

$$M_2=\frac{FA}{C_2}\left(1-\frac{A}{L}+C_3\frac{R_i}{A}-C_2\right)=\frac{934620\times 750}{1.045}\times\left(1-\frac{750}{20000}+0.028\times\frac{1500}{750}-1.045\right)$$

$$=-17.776\times 10^6\ (N\cdot mm)$$

(2) 跨中截面处的轴向应力

因 $|M_1|>|M_2|$，$A=\frac{1}{2}R_i$，故仅需校核跨中截面筒体的轴向应力，且因正压操作，危险工况一是在非操作状态，即容器充满物料而无压力时，在筒体最高点有最大压应力

$$\sigma_1=-\frac{M_1}{\pi R_i^2 t_e}=-\frac{37.852\times 10^8}{\pi\times 1500^2\times(12-1)}=-48.68(MPa)$$

二是操作状态下，筒体最低处有最大拉应力

$$\sigma_2=\frac{pR_i}{2t_e}+\frac{M_1}{\pi R_i^2 t_e}=\frac{1.2\times 1500}{2\times(12-1)}+\frac{37.852\times 10^8}{\pi\times 1500^2\times(12-1)}=130.5(MPa)$$

因轴向许用临界应力由

$$A=\frac{0.094}{R_i/t_e}=\frac{0.094}{1500/(12-1)}=0.000689$$

查第 5 章图 5-13 可得 $B=87\text{MPa}$，即 $[\sigma]_{cr}=87\text{MPa}$，故

$$|\sigma_1|<[\sigma]^t,\quad |\sigma_1|<[\sigma]_{cr}$$

$$\sigma_2<[\sigma]^t$$

验算合格。

(3) 筒体和封头中的切向切应力

因 $A=\frac{R_i}{2}$，$\theta=120°$，$K_3=0.88$，$K_4=0.401$，故由式(4-36)、式(4-37) 得

$$\tau_{max}=\frac{K_3F}{R_it_e}=\frac{0.88\times934620}{1500\times(12-1)}=49.85(\text{MPa})$$

和 $$\tau_{hmax}=\frac{K_4F}{R_it_{he}}=\frac{0.401\times934620}{1500\times(14-3)}=22.71(\text{MPa})$$

封头内压引起的应力按式(4-38) 计算

$$\sigma_h=\frac{KpD_i}{2t_{he}}=\frac{1\times1.2\times3000}{2\times(14-3)}=163(\text{MPa})$$

因此 $$\tau_{max}<\begin{cases}0.8[\sigma]^t=0.8\times170=136(\text{MPa})\\ [\sigma]_{cr}=87\text{MPa}\end{cases}$$

$$\tau_{hmax}<1.25[\sigma]^t-\sigma_h=1.25\times170-163.6=48.9(\text{MPa})$$

(4) 筒体的周向应力

鞍座截面筒体最低处的周向应力按式(4-42) 计算，因 $A=\frac{R_i}{2}$，$\theta=120°$，$K_5=0.76$，故

$$\sigma_5=-\frac{K_5F}{t_e\left(b+1.56\sqrt{R_it_e}\right)}=-\frac{0.76\times934620}{11\times(300+1.56\sqrt{1500\times11})}=-129.1(\text{MPa})$$

鞍座边角处筒体的周向应力按式(4-40) 计算，因 $\frac{L}{R_i}=\frac{20000}{1500}=13.33>8$，$\theta=120°$，$K_6=0.0132$，故

$$\sigma_6=-\frac{F}{4t_e(b+1.56\sqrt{R_it_e})}-\frac{3K_6F}{2t_e^2}$$

$$=-\frac{934620}{4\times11\times(300+1.56\sqrt{1500\times11})}-\frac{3\times0.0132\times934620}{2\times11^2}=-195.39(\text{MPa})$$

因此 $$|\sigma_5|<[\sigma]^t$$

$$|\sigma_6|<1.25[\sigma]^t=1.25\times170=212.5(\text{MPa})$$

验算合格。

(5) 鞍座腹板应力

鞍座腹板厚度 $b_0=16\text{mm}$，垫板离地高度为 250mm，此值小于$\frac{R_i}{3}$，故取实际高度为 $H_s=250-16=234\text{mm}$ 代替$\frac{R_i}{3}$。因 $\theta=120°$，$K'=0.204$，故

$$\sigma=\frac{K'F}{H_{s}b_{0}}=\frac{0.204\times934620}{234\times16}=50.92(\text{MPa})$$

因此
$$\sigma<\frac{2}{3}\ [\sigma]_{sa}^{t}=\frac{2}{3}\times120=80(\text{MPa})$$

验算合格。

4.4 局部应力计算

4.4.1 引言

容器除了受内压或外压外，在其制造、安装和使用过程中还受到许多通过附件传来的其他载荷。这些附件包括支座、托架、吊耳和接管等，如图 4-36 所示。通过支座、托架、吊耳等附件传来的载荷主要是设备的自重及其内部物料等静重，由接管传来的载荷包括管道或管系的反力、自重以及由于受热膨胀引起的推力或力矩。这些载荷对壳件的影响通常仅限于附件与壳体连接处附近的局部地区，因此称为局部载荷。局部载荷将在壳体和接管等附件中产生较高的局部应力，除了上述局部载荷引起的应力外，当容器同时受到压力载荷时，在这些局部地区还有另外一些局部应力，如局部薄膜应力和弯曲应力，以及在截面尺寸突变的转角处的应力集中。这些局部应力的存在将成为容器发生强度或屈曲失效的主要原因。因为容器总有接管和支承附件，要想设计不受局部载荷的容器是不切实际的，所以计算局部载荷作用下壳体或接管中的局部应力变得十分必要。由于载荷类型或几何形状和载荷的非对称性，对局部应力作完整分析过于复杂，往往不便于应用。莱基（Leckie）和佩尼（Penny）在 20 世纪 60 年代对径向圆柱形接管与球壳相贯作过弹性分析，并绘制了应力集中系数曲线图，每张图对应一种类型的载荷，如推力、剪力、力矩或转矩。对于组合载荷，则简单地把每个单独载荷得出的最大应力相加，其结果显然是保守的。

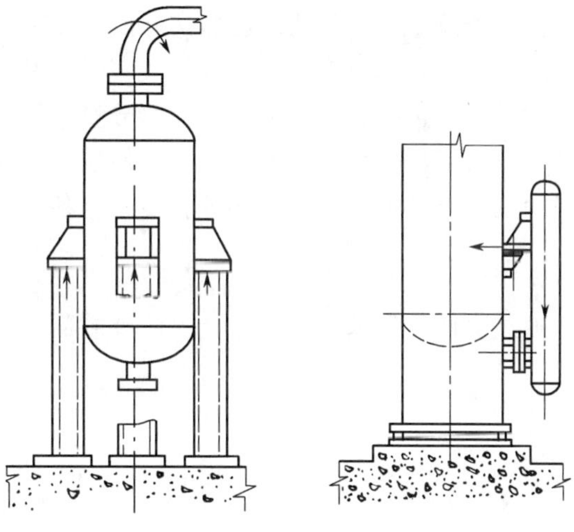

图 4-36　局部载荷的实例

皮拉德（Bijlaard）在 20 世纪 50 年代做了大量理论工作，分析了作用在球壳-圆形附件及圆柱壳矩形区域上受外载荷所引起的局部应力，奠定了英国压力容器设计标准 PD 5500 及美国焊接研究委员会（WRC）第 107 号通报和有关补充规定的这两个主要计算方法的理论基础。由于 WRC 107 局部应力计算方法的局限性，该方法只计算与实心或空心附件连接的圆柱壳和球壳上的局部应力，未包括接管的局部应力计算，而对于圆柱壳只考虑圆柱壳与圆形实心附件连接的局部应力，没有包括圆柱壳与圆形接管连接的局部应力计算。为了补充 WRC 107，1987 年梅辛（Mersion）等以 WRC 107 的增补形式公布了 WRC 297 公报，用于计算圆柱壳与圆形接管连接的壳体和接管上的局部应力[68]。这两个公报的适用范围不同，计算结果也不完全相同。2010 年 WRC 颁布了 WRC 537 公报，对 1979 年版的 WRC 107 公报中的差错给予了校订，对无因次应力图中的曲线进行了内插和外延，提高了查找精度并扩大了范围，且为了方便计算机运算，增加了这些图的计算公式[69]。因此，按照 WRC 107（WRC 537）和 WRC 297，可计算受外载荷作用的接管或球壳和圆柱壳的局部应力。ASME Ⅷ-1 附录 G 没有给出具体计算公式和图表，仅将 PD 5500、WRC 107 和 WRC 297 等列入局部应力设计的参考书目。2002 年，EN 13445 提供给设计人员不同于 WRC 107 和 WRC 297 的另一种局部应力计算方法。相比 WRC 107 和 WRC 297 方法，EN 13445 对几何结构和适用条件提供了更宽的范围，从而成为设计人员的一种选择[27]。此外，随着当前计算机技术水平的提高，针对某些结构特殊和载荷苛刻的场合，使用有限元方法作数值计算已成为工程技术人员常用的局部应力设计手段。为了对容器壳体局部应力计算方法的基本思路作一了解，本节仅介绍 WRC 第 537 公报的计算方法。其他圆柱壳和球壳与附件连接的局部应力计算方法可参考文献［26］和［27］。

4.4.2 球壳和圆柱壳局部应力的计算

WRC 计算球壳和圆柱壳的局部应力的方法采用了 Bijlaard 和其他研究者的理论研究结果，直到 1965 年 8 月其第 107 号通报以简便的形式发表后，才为设计人员广泛采用，此后又经几次修改，进一步从理论和实验两方面补充和扩大了它的使用范围。Bijlaard 在分析球壳时，采用了扁壳理论；对于圆柱壳，他所用的壳体方程是唐奈尔（Donnell）的圆柱壳方程，并做了修正，从而得到三个位移分量的微分方程，接着他把局部载荷展开为双重傅里叶级数，最后解出位移和内力。为了方便设计，他将分析结果表达为薄膜内力或内弯矩的无因次量曲线，对应不同的几何参数直接找出各种载荷单独作用下壳体中的最大内力[70]。

4.4.2.1 外载荷

通过附件传到球壳或圆柱壳上的外载荷（图 4-37）包括以下几种：

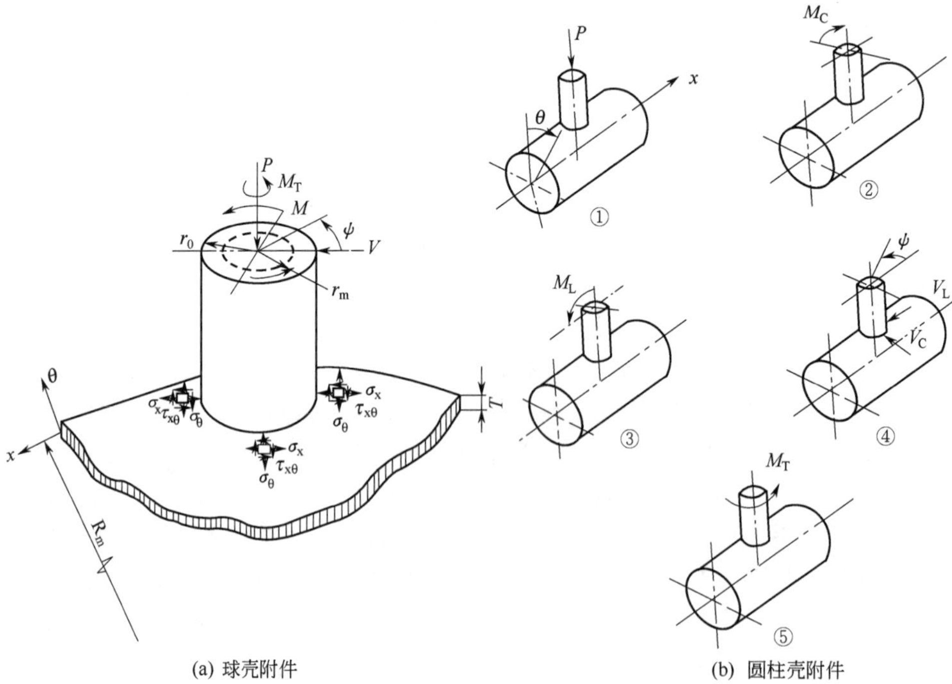

图 4-37 局部载荷的类型

ⅰ. 径向载荷 P；

ⅱ. 外力矩 M（球壳）或周向外力矩 M_C 和经向外力矩 M_L（圆柱壳）；

ⅲ. 切向载荷 V（球壳）或周向切向载荷 V_C 和经向切向载荷 V_L（圆柱壳）；

ⅳ. 扭转力矩 M_T；

ⅴ. 上述载荷的不同组合。

4.4.2.2 应力

(1) 一般计算式

由径向载荷和外力矩在薄壳中产生的正应力可按下式计算

$$\sigma_i = K_n \frac{N_i}{T} \pm K_b \frac{6M_i}{T^2} \quad \text{MPa} \tag{4-44}$$

式中 N_i——i 方向单位长度的薄膜内力，N/mm；

M_i——i 方向单位长度的内弯矩，N·mm/mm；

T——壳体厚度，mm；

K_n，K_b——分别为薄膜应力和弯曲应力的应力集中系数。对于脆性材料制成的容器或须做疲劳分析的容器，应计入此系数。图 4-38 列出了 K_n 和 K_b 的计算曲线；对于受静载荷的钢制容器，则取 $K_n=K_b=1.0$。

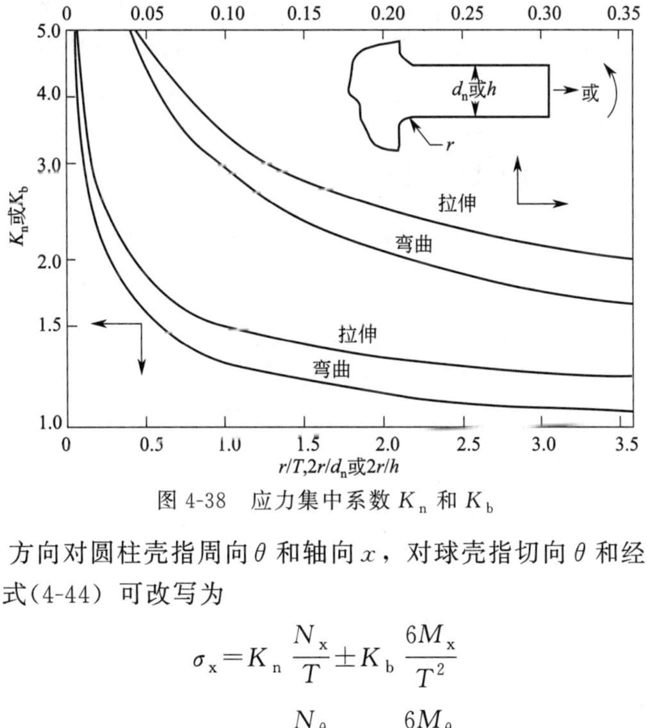

图 4-38 应力集中系数 K_n 和 K_b

式(4-44) 中 i 方向对圆柱壳指周向 θ 和轴向 x，对球壳指切向 θ 和经向 x，如图 4-37 所示，因此对球壳，式(4-44) 可改写为

$$\sigma_x = K_n \frac{N_x}{T} \pm K_b \frac{6M_x}{T^2}$$

$$\sigma_\theta = K_n \frac{N_\theta}{T} \pm K_b \frac{6M_\theta}{T^2} \tag{4-45}$$

对圆柱壳为

$$\sigma_x = K_n \frac{N_x}{T} \pm K_b \frac{6M_L}{T^2}$$

$$\sigma_\theta = K_n \frac{N_\theta}{T} \pm K_b \frac{6M_C}{T^2} \tag{4-46}$$

由切向载荷和转矩在壳体中产生的切应力则按下式计算：

$$\left.\begin{aligned}&\text{球壳}\qquad \tau=(\tau)_{M_T}+(\tau)_V\\&\text{圆柱壳}\qquad \tau=(\tau)_{M_T}+(\tau)_{V_L}+(\tau)_{V_C}\end{aligned}\right\}\tag{4-47}$$

式中 $(\tau)_{M_T}$——扭转力矩 M_T 在壳体与附件连接处壳壁中产生的切应力，对于圆柱形附件

$$(\tau)_{M_T}=\frac{M_T}{2\pi r_0^2 T}\tag{4-48}$$

对于矩形或方形附件，扭转力矩在壳壁中产生复杂应力场，尚无满意的分析方法可供计算，需要时可由实验测定；

$(\tau)_V$，$(\tau)_{V_L}$，$(\tau)_{V_C}$——切向载荷 V 或 V_C、V_L 在壳壁中产生的切应力，对于球壳-圆柱形附件

$$(\tau)_V=\frac{V}{\pi r_0 T}\sin\psi\tag{4-49}$$

对于球壳-方形附件

$$(\tau)_V=\frac{V}{4C_1 T}\ (\text{在}\ \psi=90°,\ 270°\text{处})\tag{4-50}$$

对于圆柱壳-圆柱形附件

$$\begin{aligned}(\tau)_{V_L}&=\frac{V_L}{\pi r_0 T}\sin\psi\\(\tau)_{V_C}&=\frac{V_C}{\pi r_0 T}\cos\psi\end{aligned}\tag{4-51}$$

对于圆柱壳-矩形附件

$$\begin{aligned}(\tau)_{V_L}&=\frac{V_L}{4C_2 T}\\(\tau)_{V_C}&=\frac{V_C}{4C_1 T}\end{aligned}\tag{4-52}$$

C_1，C_2——矩形附件周向和经向的边长之半；

r_0——圆柱形附件的外半径。

切应力的正负号按抗剪方向判断。

切应力比较小，通常可不予考虑，但径向载荷和外力矩引起的正应力往往是主要应力。

(2) 正应力位置和符号

在一般情况下，由局部载荷引起的最大正应力发生在附件与壳体连接处的壳壁内外表面上，如图 4-39 中的 A_U、B_U、C_U、D_U 和 A_L、B_L、C_L、D_L 八个点。这些点的应力状态为双向应力状态，即对球壳为经向应力 σ_x 和切向应力 σ_θ；对圆柱壳为轴向应力 σ_x 和周向应力 σ_θ。应力的正负号可以根据不同类型载荷引起的壳体变形情况来判断，如以图 4-40(a) 中受径向载荷 P 作用的圆柱壳为例，P 犹如局部外压力作用在壳体中，引起的薄膜内力为负，而弯曲应力在壳体 C、D 处的外表面为负，内表面为正；又如当受外力矩 M_C 或 M_L 时，力矩可视为由相等相反的两个径向载荷组成的力偶，然后根据径向载荷的方向判断应力的正负号。如图 4-40(b) 所示，M_L 在 A 处引起压缩薄膜应力，B 处为拉伸薄膜应力，同时由图示壳体的局部弯曲变形可知，B 处外表面和 A 处内表面产生拉伸弯曲应力，而 A 处

外表面和 B 处内表面产生压缩弯曲应力。表 4-6 是按照上述方式列出的球壳和圆柱壳在各种外载荷作用下的应力符号。

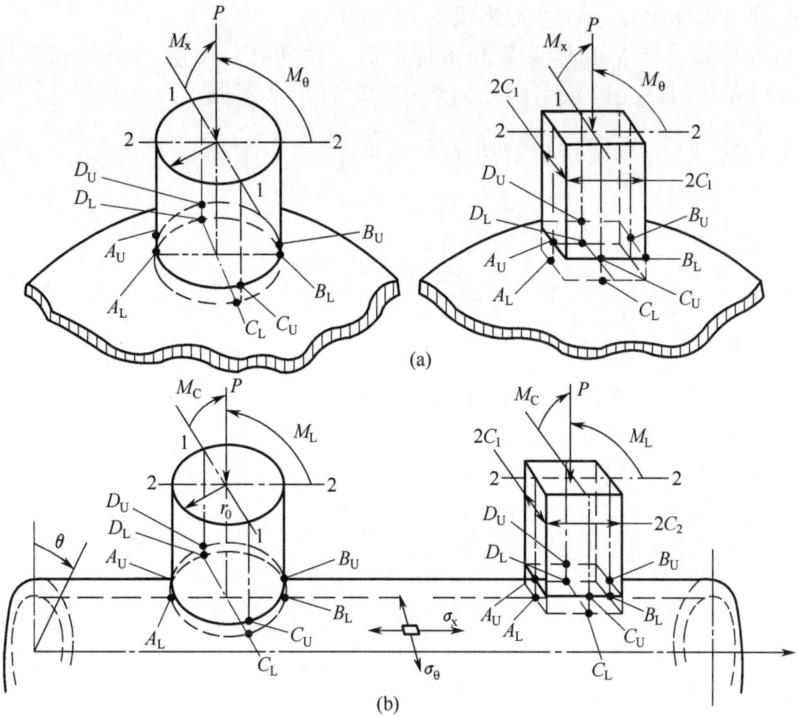

图 4-39　球壳和圆柱壳上局部应力方向和位置

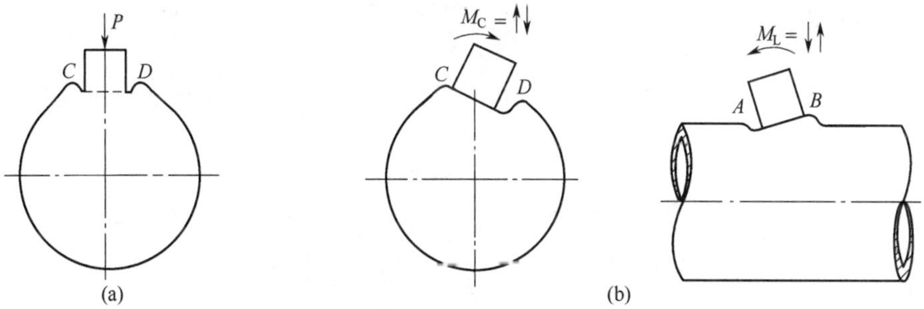

图 4-40　圆柱壳上局部应力的符号判断

表 4-6　径向载荷和力矩载荷在球壳和圆柱壳上引起的应力的符号规定

载荷 \ 应力 \ 位置		A_U	A_L	B_U	B_L	C_U	C_L	D_U	D_L
P↓	薄膜	−	−	−	−	−	−	−	−
	弯曲	−	+	−	+	−	+	−	+
M_x 或 M_L = ↓ ↑ A B	薄膜	−	−	+	+	/	/	/	/
	弯曲	−	+	+	−	/	/	/	/
M_θ 或 M_C = ↓ ↑ C D	薄膜	/	/	/	/	−	−	+	+
	弯曲	/	/	/	/	−	+	+	−

(3) 应力计算

WRC 方法的最大优点是把外载荷在壳体中引起的内力和内弯矩表示为由几个几何参数确定的无因次量，因此给设计计算带来极大方便。

① 计算几何参数　包括壳体参数和附件参数，这些几何参数与壳体和附件的几何尺寸有关，因此对球壳和圆柱壳以及不同几何形状的附件取法不同。

ⅰ. 壳体参数。对球壳-圆柱形附件 $U=\dfrac{r_0}{\sqrt{R_m T}}$ (4-53a)

对球壳-方形附件
$$U=\frac{C_1}{0.875\sqrt{R_m T}} \tag{4-53b}$$

对圆柱壳-附件
$$\gamma=\frac{R_m}{T} \tag{4-54}$$

式中　R_m——球壳或圆柱壳的平均半径，mm；
r_0——圆柱形附件的外半径，mm；
T——球壳或圆柱壳的壁厚，mm；
C_1——方形附件的边长之半，mm。

ⅱ. 附件参数。对球壳-空心圆柱形附件
$$\gamma=\frac{r_m}{t},\ \rho=\frac{T}{t} \tag{4-55}$$

对球壳-空心方形附件
$$\gamma=\frac{r_m}{0.875t},\ \rho=\frac{T}{t} \tag{4-56}$$

对于球壳-实心附件则不需计算附件参数。

对圆柱壳-圆柱形附件
$$\beta=\frac{0.875r_0}{R_m} \tag{4-57}$$

对圆柱壳-矩形附件，其参数 β 与外载荷类型有关，例如受径向载荷 P 作用时
$$\beta_1=\frac{C_1}{R_m},\ \beta_2=\frac{C_2}{R_m} \tag{4-58}$$

如
$$\frac{\beta_1}{\beta_2}>1,\ \beta=\left[1-\frac{1}{3}\left(\frac{\beta_1}{\beta_2}-1\right)(1-K_1)\right]\sqrt{\beta_1\beta_2}$$
$$\frac{\beta_1}{\beta_2}<1,\ \beta=\left[1-\frac{4}{3}\left(1-\frac{\beta_1}{\beta_2}\right)(1-K_2)\right]\sqrt{\beta_1\beta_2} \tag{4-59}$$

对圆柱壳-方形附件
$$\beta=\beta_1=\beta_2=\frac{C_1}{R_m}=\frac{C_2}{R_m} \tag{4-60}$$

式中　r_m——空心圆柱形附件的平均半径，mm；
C_1——矩形附件周向边长之半，mm；
C_2——矩形附件经向边长之半，mm；
t——空心附件的厚度，mm；
K_1，K_2——系数，见表 4-7，计算不同内力时取值不同；表中系数在 $4\geqslant\beta_1/\beta_2\geqslant1/4$ 范围内近似有效。

其余符号同前。对于承受力矩作用的 β 取法参见文献 [70]。

② 应力计算　应力计算分为正应力和切应力计算，切应力按式(4-48)～式(4-52) 计算，

正应力计算根据球壳或圆柱壳各自的几何参数和载荷类型在对应的曲线图中读出各种内力和内弯矩的无因次量，然后由式(4-45) 或式(4-46) 算出应力值。

表 4-7 系数 K_1、K_2

内 力	K_1	K_2	内 力	K_1	K_2
N_θ	0.91	1.48	M_θ	1.76	0.88
N_x	1.68	1.20	M_x	1.21	1.25

WRC 通报 537 公布的无因次曲线以半对数坐标绘制，纵坐标为各个内力和内弯矩的无因次量，对于球壳横坐标为壳体参数 U，按不同的空心附件参数 γ 和 ρ，提供了 10 幅由径向力 P 和 10 幅倾覆力矩 M 引起的内力和内弯矩的无因次曲线图，图 4-41 为一示例，同时对于实心的刚性件又给出 3 张不同的曲线图。对于圆柱壳，横坐标为附件参数 β，按不同的壳体参数 γ 绘制了径向力 P 和力矩 M_L、M_C 引起的各种内力和内弯矩的无因次曲线图，共 16 幅，其中部分图如图 4-42～图 4-47 所示。

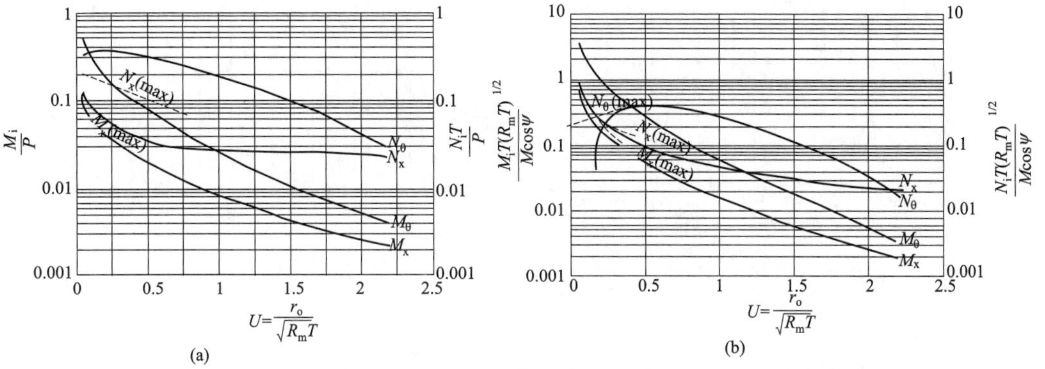

图 4-41 径向载荷 P 和倾覆力矩 M 作用在接管上球壳中的应力

ⅰ. 球壳-附件：几何参数 U、γ 和 ρ；内力和内弯矩的无因次量

$$\left(\frac{N_iT}{P}\right),\left(\frac{M_iT}{P}\right),\left(\frac{N_iT\sqrt{R_mT}}{M}\right),\left(\frac{M_i\sqrt{R_mT}}{M}\right)$$

$$\text{应力}\left.\begin{aligned}(\sigma_{im})_P&=\frac{N_i}{T}=\left(\frac{N_iT}{P}\right)\frac{P}{T^2}\\(\sigma_{ib})_P&=\frac{6M_i}{P}=\left(\frac{M_i}{P}\right)\frac{6P}{T^2}\\(\sigma_{im})_M&=\frac{N_i}{T}=\left(\frac{N_iT\sqrt{R_mT}}{M}\right)\frac{M}{T^2\sqrt{R_mT}}\\(\sigma_{ib})_M&=\frac{6M_i}{T^2}=\left(\frac{M_i\sqrt{R_mT}}{M}\right)\frac{6M}{T^2\sqrt{R_mT}}\end{aligned}\right\}\tag{4-61}$$

按照表 4-6 规定，将上述应力分量带上各自的正负号，必要时考虑相应的应力集中系数，由式(4-45) 和式(4-49) 计算前述 8 个特殊点上的正应力和切应力。当力矩 M 与坐标轴呈一夹角 ψ，则应以 $M\cos\psi$ 代替上式中的 M。

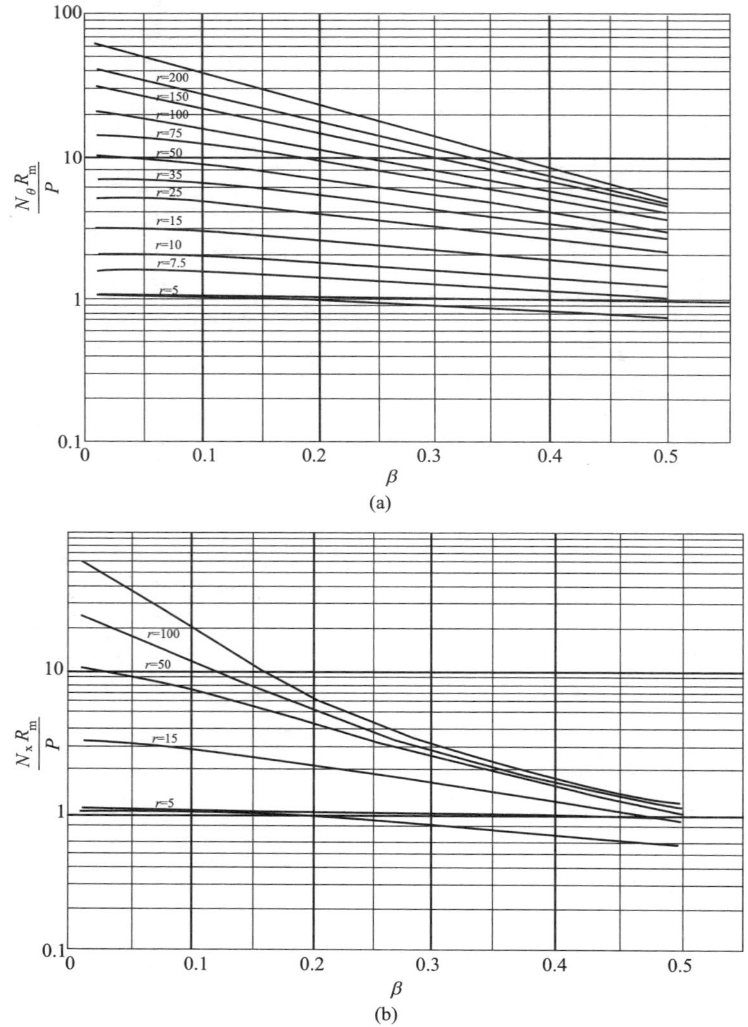

图 4-42　径向载荷 P 作用在附件上圆柱壳中薄膜内力

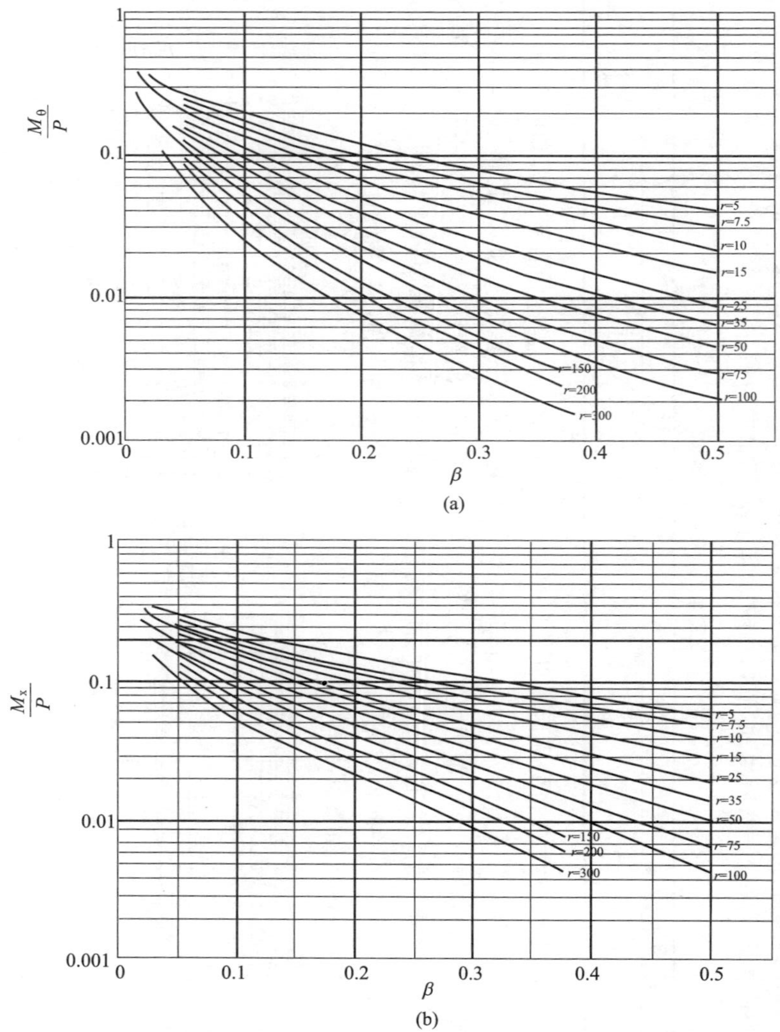

图 4-43　径向载荷 P 作用在附件上圆柱壳中内弯矩

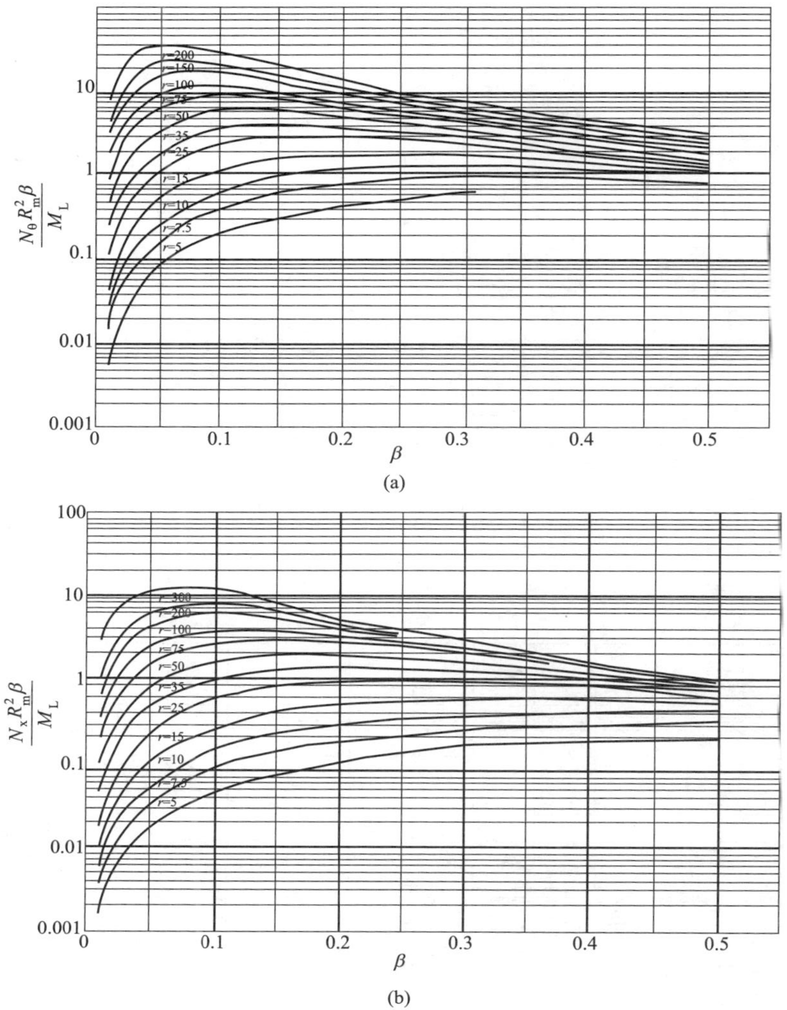

图 4-44　经向力矩 M_L 作用在附件上圆杆壳中薄膜内力

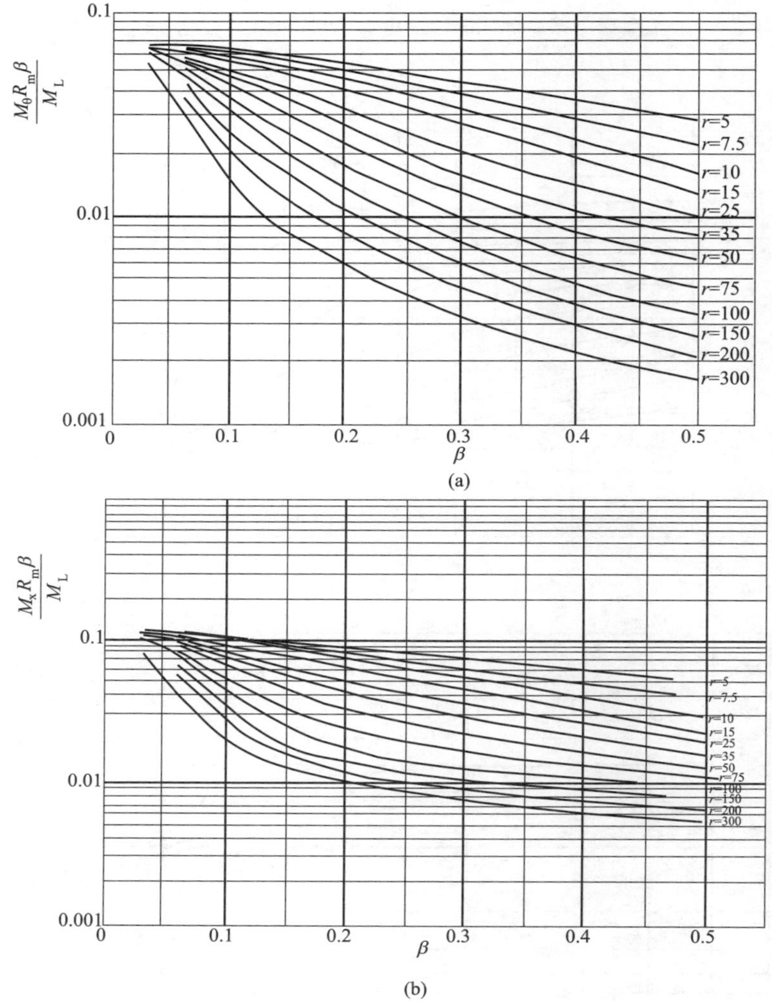

图 4-45　经向力矩 M_L 作用在附件上圆柱壳中内弯矩

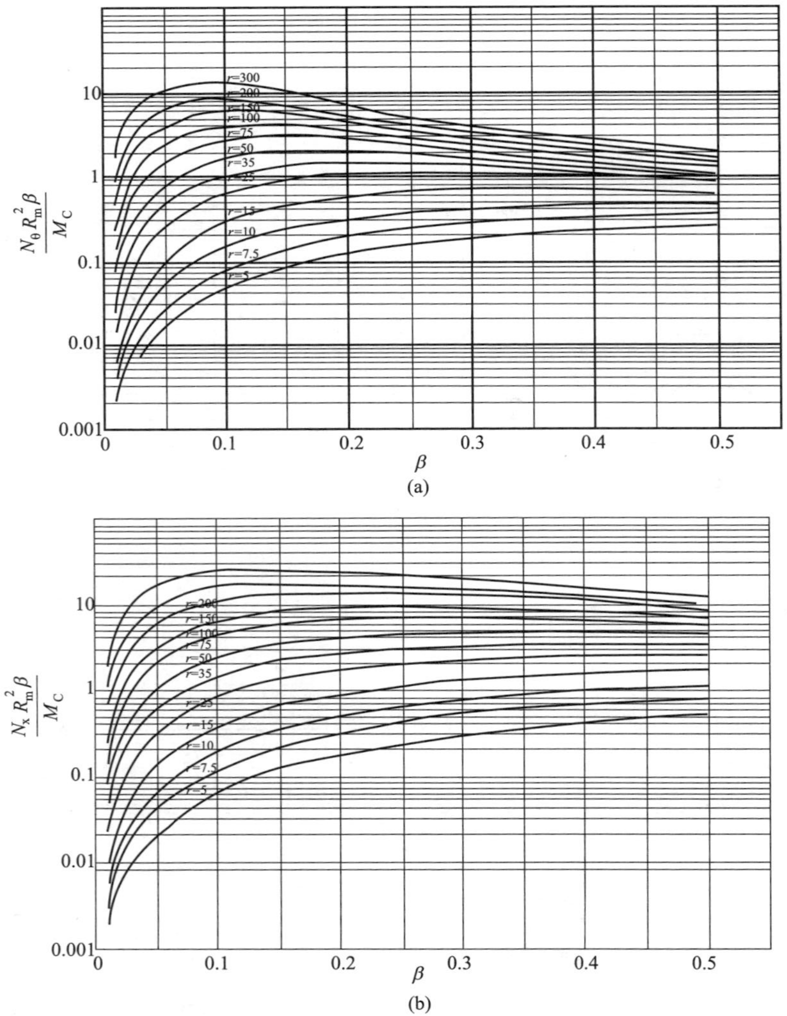

图 4-46 周向力矩 M_C 作用在附件上圆柱壳中薄膜内力

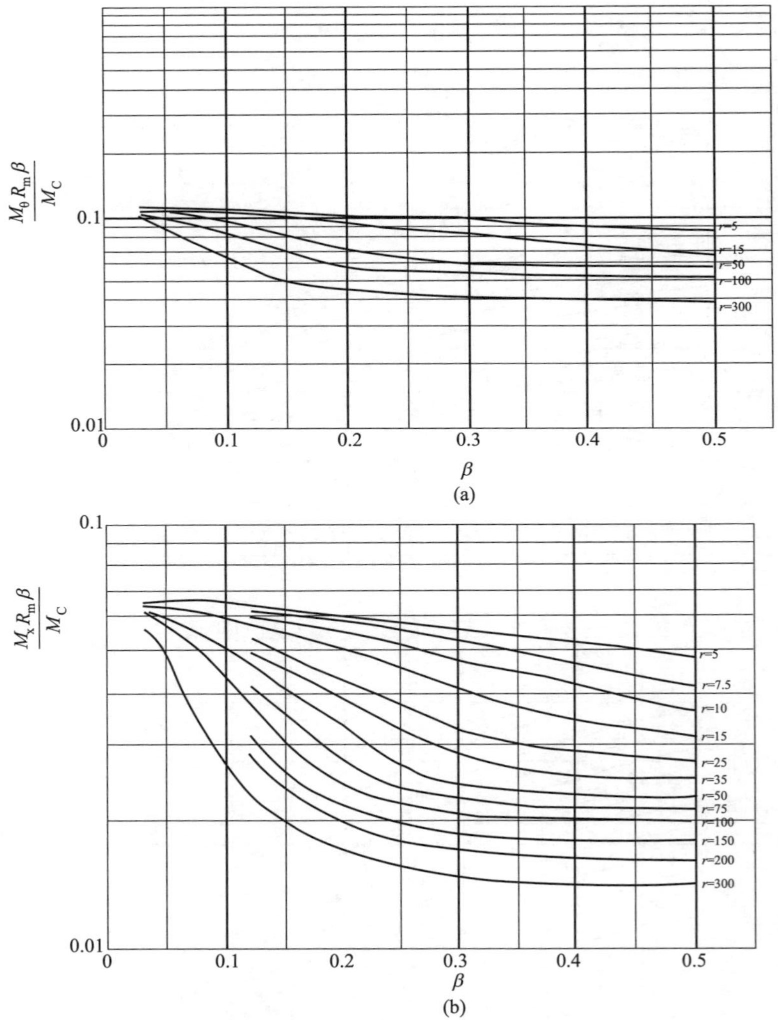

图 4-47 周向力矩 M_C 作用在附件上圆柱壳中内弯矩

ⅱ. 圆柱壳-附件：几何参数 β、γ；内力和内弯矩的无因次量

$$\left(\frac{N_iR_m}{P}\right),\left(\frac{M_i}{P}\right),\left(\frac{N_iR_m^2\beta}{M_L}\right),\left(\frac{M_iR_m\beta}{M_L}\right)$$

$$\left(\frac{N_iR_m^2\beta}{M_C}\right),\left(\frac{M_iR_m\beta}{M_C}\right)$$

应力

$$\left.\begin{aligned}(\sigma_{im})_P&=\frac{N_i}{T}=\left(\frac{N_iR_m}{P}\right)\frac{P}{R_mT}\\(\sigma_{ib})_P&=\frac{6M_i}{T^2}=\left(\frac{M_i}{P}\right)\frac{6P}{T^2}\\(\sigma_{im})_{M_L}&=\frac{N_i}{T}=\left(\frac{N_iR_m^2\beta}{M_L}\right)\frac{M_L}{R_m^2\beta T}\\(\sigma_{ib})_{M_L}&=\frac{6M_i}{T^2}=\left(\frac{M_iR_m\beta}{M_L}\right)\frac{6M_L}{R_m\beta T^2}\\(\sigma_{im})_{M_C}&=\frac{N_i}{T}=\left(\frac{N_iR_m^2\beta}{M_C}\right)\frac{M_C}{R_m^2\beta T^2}\\(\sigma_{ib})_{M_C}&=\frac{6M_i}{T^2}=\left(\frac{M_iR_m\beta}{M_C}\right)\frac{6M_C}{R_m\beta T^2}\end{aligned}\right\}\tag{4-62}$$

上述式中不包括矩形附件上的倾覆力矩引起的薄膜力，应另行计算。

上面求得的应力是单一载荷作用下的应力，当为组合载荷时，则需先将其分解为几个单独载荷，然后把各个应力叠加。当有压力载荷作用时，还应叠加压力引起的薄膜应力和弯曲应力。

对局部载荷（包括压力或其他载荷）引起的局部应力最大值的限制可按第 6 章应力分析设计法进行强度评定。

（4） 应用限制

Bijlaard 最初的理论工作是对作用在圆柱壳上矩形区的载荷作应力分析，对接管的处理是近似视作刚性件，不考虑管壁的挠性，然后 Bijlaard 又将此结果延伸到球壳，并以扁球壳理论为基础求解，因此由于理论分析的局限性，使用 WRC 的方法时，几何尺寸要受到一定的限制，例如对圆柱壳壳体长度 L 必须大于三倍壳体半径 R_m，即 $L>3R_m$，对于偏离壳体中心的附件，则要求附件边缘至筒体端部的距离 b 至少为壳体半径的二分之一，即 $b>\frac{R_m}{2}$；对于球壳，$\frac{D_m}{T}>55$，$\frac{d_i}{D_i}\leqslant\frac{1}{3}$。

4.4.2.3 计算示例

一圆柱壳与接管连接。圆柱壳尺寸为 $D_i=2100$mm，$T=25$mm；接管尺寸为 $d_i=200$mm，$t=25$mm。接管受到径向压缩载荷 $P=53300$N 和径向弯矩 $M_L=16947\times10^3$N·mm 的作用，计算由此两静载荷在壳体中引起的径向应力和周向应力。

解：（1）计算几何参数

ⅰ. 壳体参数为 $\gamma=\dfrac{R_m}{T}=\dfrac{(2100+25)/2}{25}=42.5$

ⅱ. 附件参数为 $\beta=\dfrac{0.875r_m}{R_m}=\dfrac{0.875\times(200+50)/2}{1062.5}=0.103$

（2）计算应力

ⅰ. 由 γ 和 β 从图 4-42～图 4-45 中查得如下无因次量

$$\frac{N_\theta R_m}{P}=6.0,\quad \frac{N_x R_m}{P}=7.3;$$

$$\frac{M_\theta}{P}=0.125,\quad \frac{M_x}{P}=0.088;$$

$$\frac{N_\theta R_m^2\beta}{M_L}=4.5,\quad \frac{N_x R_m^2\beta}{M_L}=1.3;$$

$$\frac{M_\theta R_m\beta}{M_L}=0.045,\quad \frac{M_x R_m\beta}{M_L}=0.072。$$

ⅱ. 根据 P、R_m 和 T 由式(4-62) 计算 P 作用下壳体中周向薄膜应力和弯曲应力，即

$$(\sigma_{\theta m})_P=\frac{N_\theta}{T}=\left(\frac{N_\theta R_m}{P}\right)\frac{P}{R_m T}=6.0\times\frac{53300}{1062.5\times25}=12.04(\text{MPa})$$

$$(\sigma_{\theta b})_P=\frac{6M_\theta}{T^2}=\left(\frac{M_\theta}{P}\right)\frac{6P}{R_m T^2}=0.125\times\frac{6\times53300}{25^2}=63.96(\text{MPa})$$

而 M_L 作用下的周向薄膜应力和弯曲应力为

$$(\sigma_{\theta M})_{M_L}=\frac{N_\theta}{T}=\left(\frac{N_\theta R_m^2\beta}{M_L}\right)\frac{M_L}{R_m^2\beta T}=4.5\times\frac{16947\times10^3}{(1062.5)^2\times0.103\times25}=26.23(\text{MPa})$$

$$(\sigma_{\theta b})_{M_L}=\frac{6M_\theta}{T^2}=\left(\frac{M_\theta R_m\beta}{M_L}\right)\frac{6M_L}{R_m\beta T^2}=0.045\times\frac{6\times16947\times10^3}{1062.5\times0.103\times25^2}=66.90(\text{MPa})$$

同理可得到 P、M_L 作用下壳体中经向薄膜应力和弯曲应力为

$$(\sigma_{xm})_P=14.65\text{MPa}$$
$$(\sigma_{xb})_P=45.03\text{MPa}$$
$$(\sigma_{xm})_{M_L}=7.58\text{MPa}$$
$$(\sigma_{xb})_{M_L}=107.04\text{MPa}$$

ⅲ. 按照表 4-5 的符号规定和式(4-46)，壳体与接管连接处壳体上的 A、B 点内外表面的应力和叠加后得到总的应力的结果汇总在表 4-8 中，因 P、M_L 为静载荷，计算中取 $K_n=K_b=1.0$。

表 4-8 总的应力

应 力	σ_θ/MPa				σ_x/MPa			
	A_U	A_L	B_U	B_L	A_U	A_L	B_U	B_L
$(\sigma_{tm})_P$	−12.04	−12.04	−12.04	−12.04	−14.65	−14.65	−14.65	−14.65
$(\sigma_{tb})_P$	−63.96	+63.96	−63.96	+63.96	−45.03	+45.03	−45.63	+45.63
$(\sigma_{tm})_{M_L}$	−26.23	−26.23	+26.23	+26.23	−7.58	−7.58	+7.58	+7.58
$(\sigma_{tb})_{M_L}$	−66.90	+66.90	+66.90	−66.90	−107.04	+107.04	+107.04	−107.04
$(\Sigma\sigma_t)_{P,M_L}$	−169.13	+92.59	+17.13	−8.25	−174.30	+129.84	+54.94	−69.08

4.5 承压壳体的焊接结构设计及焊接接头安全分析

承压壳体上的焊接结构设计包括焊缝布置和焊接接头设计规则。此外，设计人员必须深切认知承压焊接接头隐藏的安全风险。

4.5.1 承压壳体上焊缝布置的设计规则

将下料后的钢板在卷板机上轧制成筒节，对纵向焊缝进行对接焊。筒节与筒节之间、筒节与成型封头之间的拼接焊缝即为对接焊接而成的环向焊缝。如图 4-48 所示，这些承压焊缝的布置应符合几项规则。筒节之间组合不应出现十字形焊缝，必须是 T 字形焊缝；每条环向焊缝两侧筒节的两条纵向焊缝必须错开位置，且间隔必须大于 200mm，这可使相邻筒节的两条纵焊缝的焊接热影响区有足够间距；不允许跨焊缝（特别是纵缝）布置开孔和接管，尤其是开孔率 $\rho \geqslant 0.3$ 的较大开孔，如人孔及大直径支管。

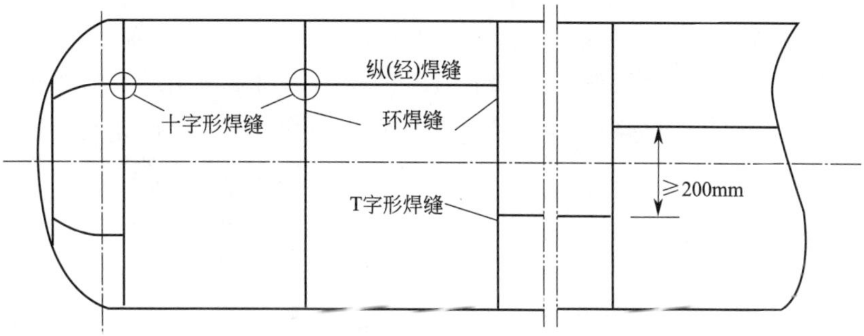

图 4-48 压力容器壳体上不容许出现的十字形焊缝

4.5.2 承压壳体焊接接头的分类规则

(1) 焊接接头的分类

焊接接头是指焊缝接头的结构。早先 ASME Ⅷ-1 及Ⅷ-2 提出承压壳体上焊缝接头的分类方法，中国根据自己的工程实践进行了补充，在 ASME Ⅷ A、B、C、D 分类法基础上增加了 E 类焊接接头。分类的目的是便于对不同类焊接接头结构提出要求，进行管理和监督。分类（图 4-49）如下。

A 类、B 类接头都是指圆筒与封头、接管之间的对接接头。A 类属纵向焊缝接头，B 类为环向焊缝接头。圆筒体上 A 类接头比 B 类接头承受的压力载荷应力大 1 倍，A 类接头的焊接质量尤为重要。球形壳体上的拼接焊缝及半球形封头与圆筒体之间的环向焊缝皆为 A 类接头。

球冠形封头、平板盖、管板这三种部件与圆筒体之间的非对接式焊接（如角焊）接头为 C 类接头；法兰与圆筒体之间的角焊缝也属 C 类；内封头与圆筒之间的搭接接头，多层包扎容器的层板对接的纵向焊接接头也属于 C 类接头。C 类接头均无法实施射线穿透检测。

D 类接头指接管（包括人孔接管）、凸缘、补强圈等与壳体焊接的接头，除非已设计成对接接头，此时分属为 A 类、B 类或 C 类的接头。

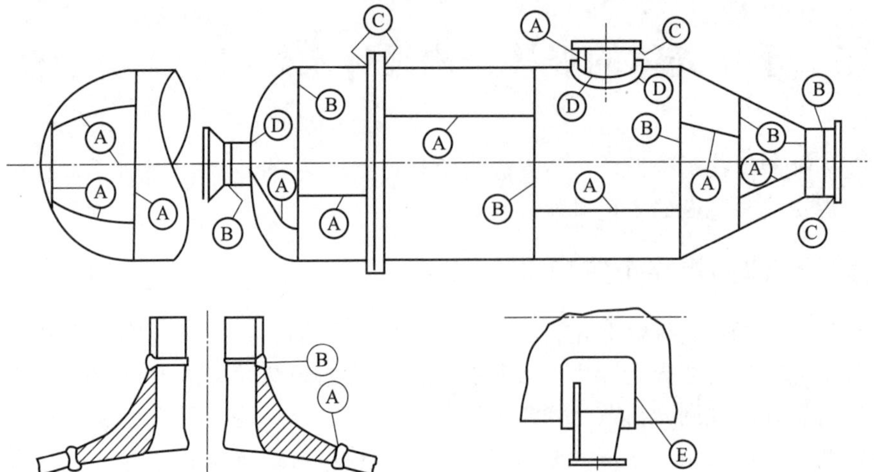

图 4-49　GB/T 150.1 规定的承压壳体焊接接头分类

E 类接头指与非直接承压件（如增加局部刚性的加强板）与承压壳体相焊接的接头。这类接头由于不是承压焊缝，往往易在建造时被忽视。

承压焊缝中的 A 类和 B 类接头必须采用对接接头，焊后可以采用射线检测及超声检测以掌控焊缝的焊接质量。在对接接头结构设计中最重要的是等厚度原则，具体方法可以参见图 4-50。

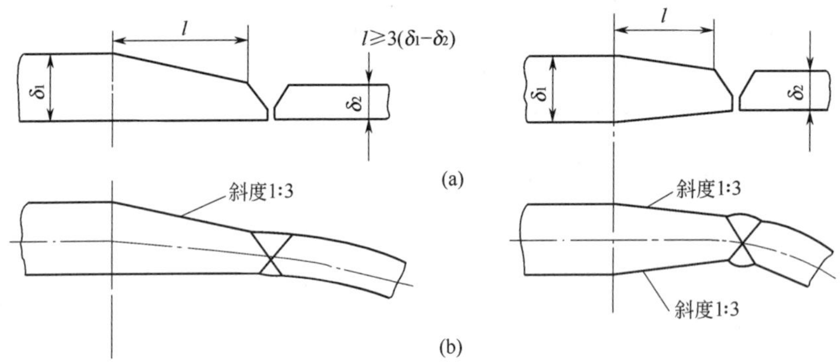

图 4-50　不等厚壳体对接接头实现等厚度原则的方法

接管与壳体之间相连的角接焊缝常为图 4-51(c) 所示的 C 类接头。接头处于几何拐角处，有应力集中问题存在，在重要压力容器（如Ⅲ类容器）设计中不能被接受。可以将结构改造成图 4-51(a) 或 (b) 所示的对接接头。这样焊缝和周边热影响区都避开了应力集中的影响，焊后又可实施周详的各种无损检测以保证焊接缺陷的检出。当然在制造时需采用锻造接管，从保证安全的角度是值得的。

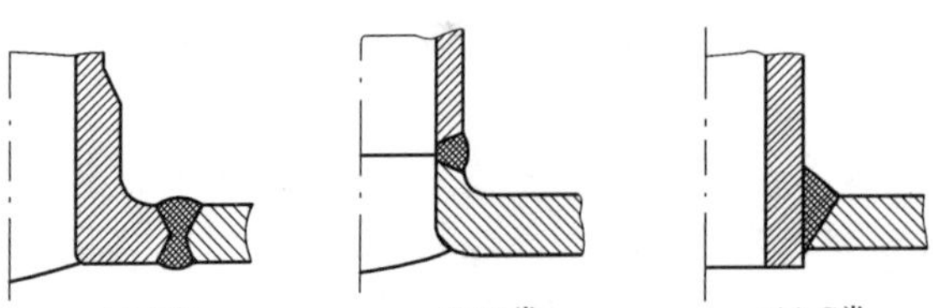

图 4-51　容器接管的角接与对接

(2) 焊接接头的坡口设计

承压容器焊接接头坡口设计是设计工程师必须承担的设计内容。越是重要的压力容器，在设计施工图中越要对焊接坡口作出实际结构和尺寸规定。坡口结构与焊接件的厚度有关。坡口的作用是确保整个接头焊透，并减少焊接材料（焊丝或焊条）的消耗和焊接工时的消耗。坡口加工可以用火焰切割、机械加工，低碳钢的坡口也允许采用碳弧气刨。低合金钢坡口为避免火焰切割产生的热影响损伤，应优先选用机械切削加工坡口，如铇削或铣削。

表 4-9　手工焊常用对接焊缝的坡口形式和尺寸

名　称	坡　口　形　式	坡　口　尺　寸	适　用　范　围
齐　边	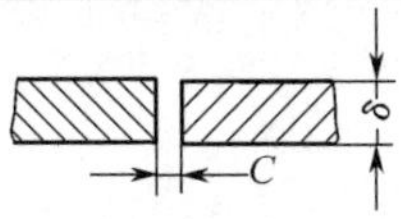	$\frac{\delta}{C}\Big\vert\frac{2}{0}\Big\vert\frac{3\sim5}{1\pm0.5}$	薄板的壳体纵环对接焊缝
V　形	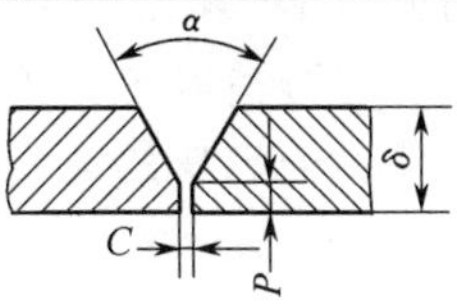	$\delta=6\sim30$ $P=2$ $C=2$ $\alpha=55°\sim60°$	壳体的纵环对接焊缝
X　形	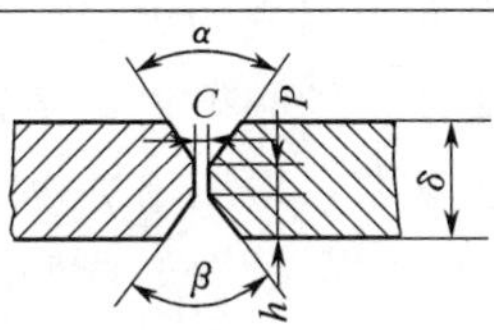	$\delta=20\sim30$ $P=2$ $h\geqslant3$ $C=2$ $\alpha=\beta=65°$	壳体的纵缝（常为内外对称的 X 形坡口） 壳体的环缝（常为内外不对称的 X 形坡口，内侧较小）
U　形	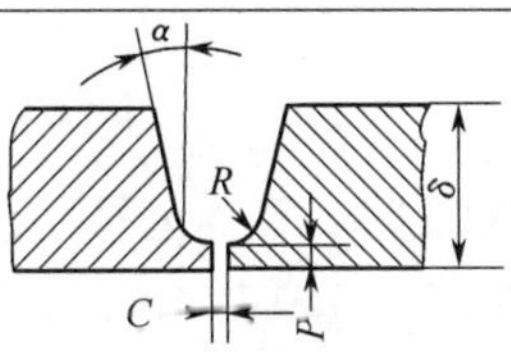	$\delta=20\sim50$ $P=2$ $C=0$ $R=6\sim8$ $\alpha=10°$	厚壁筒的单面焊环缝，但需氩弧焊打底
带垫板的 V 形	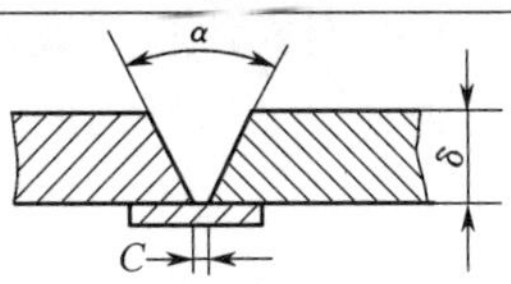	$\delta=6\sim30$ $C=4\sim8$ $\alpha=40°$	直径 500mm 以内的纵环焊缝（无法作双面焊的），可不清根

焊接坡口最重要的几何结构尺寸是夹角 α、焊根宽 C、焊根高 P，见图 4-52。承压焊接接头（手工对接焊）的坡口结构尺寸见表 4-9。仅很薄的板材才允许不开坡口便进行焊接，但必须留出间隙 C（≈2mm）。坡口的夹角通常为 55°～60°。板厚 20～30mm 时应开双面 V 形坡口。30mm 厚度以上应采用 U 形坡口，可节省焊接材料。50mm 以上厚度时应采用窄间隙单面坡口，如图 4-53 所示，这比 V 形坡口更节省焊材，此时焊枪只需做微小的横向摆动，多道重复焊接便可填满坡口。焊枪的摆动应由自动焊机执行。

GB/T 150.3 附录 D 详细介绍了压力容器所碰到的各种具体的接头结构和参数，便于设计者参阅，此处不予详述。

4.5.3　焊接接头焊接的质量保证

虽然现代压力容器的专用钢材都已具备了很好的可焊性，但强度级别愈高的铁素体类钢材焊接性能愈差，出现开裂的可能性愈高。因此设计者应从建造时所用的具体焊接工艺及焊后的缺陷检测两方面进行掌控，并明确设计图纸的技术要求。

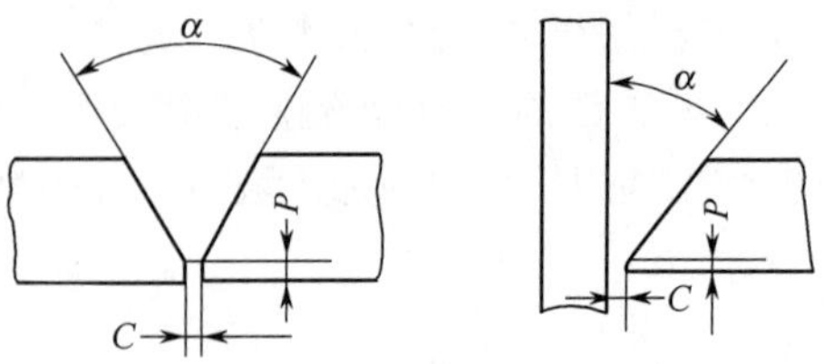

图 4-52　坡口的基本尺寸

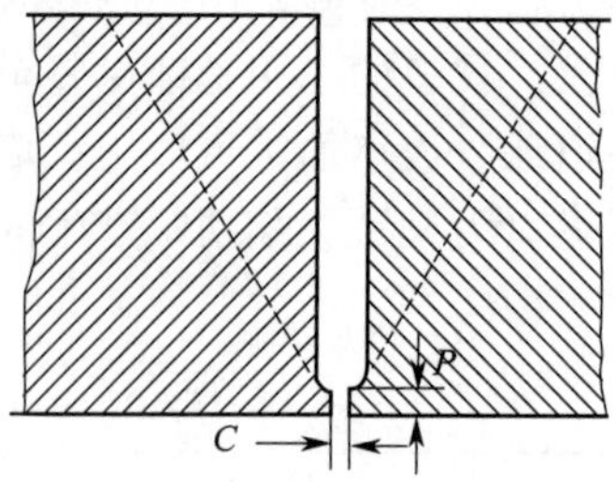

图 4-53　窄间隙单面坡口

（1）焊接工艺评定

针对容器设计指定的钢种、焊接件的厚度、具体的坡口形式，需给出施焊的工艺过程和施焊的工艺参数、预热温度、层间温度、焊接电流电压及焊接速度等，以及焊后是否需要消除残余应力热处理及消氢处理等。这些焊接参数可综合组成为焊接输入线能量，作为焊接工艺评定的重要指标。

对于常用钢材，施工单位已掌握这些焊接工艺，可套用现成的焊接工艺规程。如果是强度级别较高，或较少接触的钢种，或壁厚特别厚的焊接件，则必须由焊接施工单位的焊接工程师组织专门的焊接工艺试验，选择出最佳的焊接工艺参数，编制出焊接工艺评定文件，最终施焊人员必须严格按规执行，以保证焊接接头不会出现焊接裂纹，热影响区不会过分硬脆，焊后消应力处理时也不会出现再热裂纹。

（2）焊接接头的焊接缺陷及缺险的无损检测

焊接缺陷大体上分为两类，即平面型缺陷和体积型缺陷。平面型缺陷包括坡口处的未焊透和未熔合、焊接裂纹。体积型缺陷指坡口内填入熔融金属凝固时未能排出的气孔、熔渣。气孔多数呈球状，有大小和分布的密集程度之分。不论平面型或体积型缺陷，均可按存在的位置再可分为埋藏（于内部）缺陷及表面（开了口的）缺陷。无损检测的目的就是用各种物理手段（射线、超声波、磁场）探寻缺陷位置和尺寸（二维或三维）。但各种物理手段均有自身的局限性。例如 X 射线和 γ 射线穿透影像检测方法只能探查各种体积型缺陷的平面影像，也可探查平面型缺陷中的未熔合缺陷，亦即线形缺陷的长度尺寸，但无法确定缺陷深度（厚度）方向的位置和厚度方向的尺寸。至于裂纹缺陷，只有裂纹面与射线方向一致时，影像中才会呈线性的深色线条，一旦裂纹面与射线略有倾角，裂纹在影像中就查不到痕迹。可以说射线检测法对裂纹性缺陷不够敏感，易出现漏检。

超声波法对裂纹性缺陷较为敏感，只要焊接接头内存在裂纹，用斜探头作超声检测时就能搜寻到裂纹面的反射回波。除非操作粗糙，漏检一些小裂纹及 2mm 以下的小气泡、小夹杂物；离表面 2mm 的近表面缺陷，也属于超声波检测的盲区。

表面缺陷和近表面缺陷的检测方法有两种：磁粉检测和渗透检测。对于磁性金属（如铁素体类钢材）表面，人工施加电磁场，再向待检表面浇洒含磁性铁粉的悬浮液，就会在表面或近表面缺陷处显示磁粉的表面聚集，点状缺陷或线状缺陷就会显现。将红色渗透剂喷射到已清洁处理的表面，就会渗入表面缺陷（特别是裂纹）深处。待表面清理之后，再喷上白色的显示剂，干燥后渗于缺陷处的红色渗透剂反向回渗到白色显示膜上，出现点状或线状红色印记，缺陷便显露无疑。磁性或非磁性材料均可采用，不过渗透法的耗费成本较高，且对埋藏缺陷无效。

各种常用无损检测方法均有标准，各有对缺陷大小的分级，工程上也有各种规定，即什么样的缺陷是可以接受、不影响安全的。具体参见 GB/T 150.4。

4.5.4 焊接接头安全性评价

即使用各种无损检测方法对容器的全部焊缝都进行 100%长度的检测，并都被认为合格可用，也不能保证容器的绝对安全，需要从其他方面加深对焊缝安全性的理解。

(1) 焊接接头金相组织与性能的复杂性

焊接接头横向剖面金相组织的分布规律如图 2-8 所示。焊接接头中不同区域有不同的金相组织，是由焊缝中心部位被加热到熔融温度后，热量横向向周边母材传递时，由于被加热到的最高温度逐渐降低，以不同的降温速度被冷却时会形成不同金相组织。图中 A 区是焊缝从液态凝固后形成铸造大晶区，为与母材匹配，焊缝可以达到比母材的强度稍高，即使铸造态的强度与塑性韧性不会比母材有明显差别。B 区是母材边缘材料被焊接热量加热至近熔点时与焊缝相互熔合的熔合区，成分复杂，结晶组织不太规整。C 区也因受热过高进入奥氏体相区之后晶粒生长形成的粗晶区，冷到常温态时，强度降低，塑性与韧性下降。D 区在被加热后再冷却的过程相当于正火处理的重结晶过程，因冷却速度快，重结晶后细小晶粒，亦称细晶区。E 区指被加热到约 800～1000℃的受热区，冷却速度也快，称为不完全重结晶区，晶粒得不到细化改善。F 区是未受高温影响（在 400～800℃之间），但停留时间较长，容易引发一些脆性相的析出，故称时效脆化区。而 F 区外均在 400℃以下，无须列入热影响区。

与焊缝金属相邻的 B、C、D、E、F 区均是受热影响发生了不同相的区域，材料性能均有不同程度的变化，因此统称为焊接接头的热影响区。总的平均宽度是，手工电弧焊 6～8mm，埋弧自动焊 2.5～4mm，电渣焊 25～ 30mm。电渣焊输入线能量极大，速度快，热影响区宽，已逐渐被淘汰。

熔合区（B）虽很窄，是母材被加热熔融时溶入焊缝金属后的混合成分区，高温下又易吸入环境湿气的氢原子，常温下极易出现氢脆。C 区的粗晶是过热造成的，晶粒长大，性能变脆，高温下同样会吸氢加剧氢脆。因此，热影响区中的 B、C 区是焊接接头中最薄弱的区域，冷却后极易在焊接残余应力作用下形成冷裂纹，也称延迟裂纹。焊接输入线能量越高，B、C 区越宽、越脆、越易开裂。强度高的低合金压力容器压力用钢，焊接接头焊后最大的安全风险就是熔合区和粗晶区的脆化和冷裂。

正火区（D 区）是焊接热影响区性能得到明显改善的区域，强度高了，塑性韧性更好了，是热影响的受益区。但不经过焊后消应力处理，焊接残余应力仍高，焊接时不注意防潮避湿，焊后又不作消氢处理，仍有氢脆可能。在 300℃下保温 2h，可加速氢原子的扩散，是最佳消氢工艺。

E 区和 F 区虽有相变的可能，但历时较短，即使有脆性相析出也不严重。

(2) 焊接接头的安全性和风险的分析

焊接接头的无损检测帮助人们探知了接头存在“有形缺陷”。超标的缺陷，即工程上认为不可接受的缺陷给予修复了，就可以得到工程上的认可，工程师认为这符合了设计的传统理念，即保证了材料的连续性，所有结构的薄弱点均得到强度计算的保证，设计许用应力不需打折扣（焊接接头系数 $\phi=1.0$），以为设计无懈可击了，投用没有风险了。实际并非真的如此。单靠无损检测是检测不出接头金相劣化产生的损伤和风险。

至今工程上并未重视接头金相组织的检验和控制问题。B 区和 C 区的金相劣化虽不可避免，但可控制。重要压力容器的焊接必须禁止采用大线能量焊接工艺，将金相劣化控制到可以接受的程度，这就应当将焊缝金相检验提上议事日程。工程上许多重大容器事故的教训是，千辛万苦制造成的锻焊式重达千吨的高压厚壁反应容器，所有无损检测验收合格，最后的压力试验将容器打爆裂而报废，开裂位置就在环焊缝的熔合线附近，就是图 2-8 中的 B 区。焊接一不小心，或焊工有意无意改变了焊接规程中的参数（如输入线能量），使 B 区 C 区组织过劣，就造成承载时或少许过载时发生脆性断裂。说明除缺陷之外，局部材质损伤风险仍很大。

相对于无损检测来说，金相上的缺陷是“无形缺陷”，但焊缝的金相检验在显微镜下是有形的，正常与否、可否接受均是可以深入探讨的，并可工程实施。即使焊接工程师也在被现有设计规程引导，认为只要检测不到“有形缺陷”，就保证承载截面不被削弱，达到安全假象。

承压设备的本质安全，对于焊接结构来说除必须做接头的无损检测之外，还应考虑加上“接头金相检验”一条，才能得到更佳的本质安全。

习　题

1. 一双鞍座卧式容器，两端为标准椭圆形封头。已知其设计压力为 0.3MPa，设计温度为 50℃，容器的内直径 $D_i=1000$mm，壁厚 $t_n=6$mm，筒体长度（两端环焊缝之间距离）$L_0=4$m。筒体材料为 Q345R，腐蚀裕量 $C_2=2.5$mm。物料密度 $\rho=980\text{kg/m}^3$，容器附件质量 400kg。鞍座包角 120°，腹板厚度 6mm，鞍座高度 200mm，鞍座材料 Q235-F，鞍座中心线与封头与筒体切线之间的距离 $A=300$mm，鞍座轴向宽度 $b=186$mm，垫板不起加强作用。试校核容器和支座腹板的强度。

2. 一受均匀内压 $p=10$MPa 的圆筒，其内直径 $D_i=800$mm，壁厚 $t_n=30$mm。筒体上有一与筒体正交的垂直接管，内直径 $d_i=200$mm，管子壁厚为 30mm。接管受一周向弯矩 $M_L=6\text{kN}\cdot\text{m}$ 的作用，计算上述静载荷在筒体与接管连接处的最大局部应力。

3. 试述发生焊接延迟裂纹的三个必要条件。

4. 详述图 4-51 中（a）、（b）、（c）三种角焊接头的各自优缺点。

第5章 外压容器设计

5.1 外压容器的屈曲问题

第 3 章讨论了内压薄壁容器的强度问题。容器在均匀内压力的作用下，若薄壁壳体中的薄膜拉伸应力超过了材料的屈服强度，容器将发生显著的塑性拉伸变形。对同样的容器，若承受均匀外压力的作用，薄壁壳体中产生了与拉应力绝对值相等，但符号相反的薄膜压缩应力。此时，容器有两种可能的失效形式，一种是当壳体有足够厚度时，该压缩应力超过材料的屈服强度，产生塑性压缩变形，这仍属于强度问题，在弹塑性力学分析中与内压力作用容器的强度问题同称为塑性失稳（plastic instability ）或塑性垮塌（plastic collapse ）。但还可能出现另一种失效形式，即在壳体厚度相当薄的情况下，当外压力达到某一数值时，壳体会产生突然的压瘪或塌陷。图 5-1 示出在均匀外压力作用下圆筒形壳体发生向内压瘪的情形。此时，壳体中的压缩应力尚未达到材料的屈服强度。此现象如同细长杆件受轴向压缩载荷丧失稳定，所以把容器的这种失效现象称为外压容器的失稳（instability）或屈曲（buckling)。采用“屈曲”是出于不再与弹塑性力学分析的塑性失稳或塑性垮塌同用“失稳”这一词。

保证外压容器不发生屈曲是过程工业设备能够正常操作的必要条件。真空操作的冷凝器、结晶器、蒸馏塔等外壳，受到来自外部大气压力的作用；反应釜用于加热或冷却的夹套中的介质对内壳的外压力作用，都是外压容器的例子，而外压容器发生屈曲失效的例子也非属罕见[71]。

薄壁容器除了侧面受均匀外压力情况外，在受轴向压缩载荷时，同样会发生失稳。因此，如图 5-2 所示，薄壁圆筒受压缩载荷有三种情况，一是仅受侧向的均布外压力 p 作用；其次是在侧向和轴向同时受均布外压力 p 的作用；第三种是承受均匀轴向压缩载荷，压缩载荷的合力为 F[72]。

外压容器发生屈曲问题可以基于结构或构件在某种载荷作用下的平衡概念加以分析。物体的平衡状态可能有三种形式：稳定平衡状态、不稳定平衡状态和随遇平衡状态。所谓稳定平衡是当物体在其平衡位置附近作无限小的偏离后，物体仍能恢复到它的原来的位置。如果物体微小偏离其平衡位置后，不能回复到它原来的位置，反而继续偏离下去，则这种状态称为不稳定平衡状态或失稳状态。随遇平衡状态则是从稳定平衡状态向不稳定平衡状态过渡的一种状态。如前所述，对受均匀外压力作用的薄壁容器而言，在壳体未发生屈曲前，通常被认为处于压缩应力状态。当外压力不大时，壳体内部的基本应力状态仍是一种薄膜应力状态。此时，如果给予某种侧向干扰力，壳体将改变其原有的内部受力状态。然而，当取消这种干扰力之后，壳体内部的应力和外部的变形仍完全回复到干扰之前的情形。这种薄膜应力状态下的平衡显然是一种稳定的平衡形式。但当外压力逐渐增加到某一临界值时，壳体虽然可在原有的薄膜应力状态下暂时地维持其静力平衡，然而是不稳定的。此时，不论什么原因给以微小的（甚至是无限小的）侧向力或位移，都会引起壳体弯曲，使壳体产生突然的压瘪或塌陷，即屈曲失效。此时，即使完全撤去这些干扰，这种屈曲也不会消失。也就是说，在该临界外压力作用下，这种弯曲应力状态是该壳体的一种新的稳定平衡状态。这就是外压容器屈曲问题的物理概念。

(a)　　(b)

图 5-1　圆筒壳体在均匀外压作用下发生屈曲失效

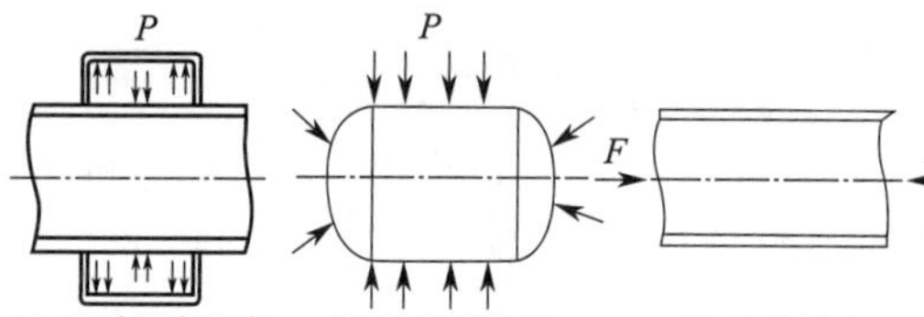

(a) 承受侧向均布外压的圆筒　(b) 承受侧向和轴向外压的圆筒　(c) 承受轴向压缩力的圆筒

图 5-2　承受压缩载荷的圆筒

上述使壳体的原有平衡状态失去稳定的最小外压力，称为临界载荷。所谓外压容器的防屈曲设计，实际上就是求解容器壳体的最小临界（外）压力，常以 p_{cr} 表示。外压薄壳容器的屈曲问题从本质上讲是几何非线性的，应该考虑壳体大挠度的影响。图 5-3 为基于非线性分析的受轴向压缩圆柱薄壳的载荷与挠度之间的关系，曲线表示壳体发生屈曲前后的平衡路径。一般情况下，存在两种类型的屈曲，即极值点屈曲和分歧点屈曲。由图 5-3 可见，屈曲前的平衡路径 OA（也称为前屈曲平衡状态），在开始时，随着载荷的增加，壳体发生缓慢的轴对称变形；当载荷接近最大值时，变形迅速增大，载荷随之变小。理想壳体超过 A 点对应的最大载荷值后，发生突然压塌失效，其对应的最大载荷称为极值点载荷，即临界载荷，这种屈曲称作极值点屈曲。但是，壳体也可以沿着 B D 路径，在超过 B 点后发生非轴对称变形，B 点即为分歧点。此种屈曲称作分歧点屈曲，B 点对应的最大载荷即为壳体的临界载荷。BD 路径也称为屈曲后的平衡路径（也称为后屈曲平衡状态）。因为真实结构总包含各种各样的缺陷，因此对于非理想壳体，没有真正意义上的分歧点屈曲存在，而往往遵循图示的 OEF 路径，屈曲发生在与 E 点对应的最大载荷值处。

对于薄壁壳体，按照非线性大挠度理论计算临界载荷是一个比较复杂的问题，为简便起见，当作线性小挠度问题求解，在有些情况下，理论计算的结果与实验结果比较接近，例如，承受横向均布外压力的圆筒壳体。有些情况则不然，两者很不一致，如轴向受压的圆筒壳体按线性小挠度理论得到的临界载荷与试验数据明显的不一致，试验值比理论值小 1/5～1/2 左右，而且数据相当分散。大量研究结果表明，造成这一差别的原因是这时的屈曲变形已不是小挠度，所以线性小挠度理论不适用，必须应用非线性大挠度理论；临界载荷对圆筒的初始缺陷十分敏感，在这种情况下必须考虑初始缺陷的影响；此外，发现在远低于线性临界载荷情况下，存在一种对应于最低载荷的后屈曲平衡位形，这个最低载荷接近当时许多实验结果的平均值。这些研究及以后的深入研究，极大地推进了近代薄壳稳定性理论的发展，如后屈曲非线性大挠度理论、非线性前屈曲一致理论、初始后屈曲理论和非线性缺陷理论等[73,74]。本章将主要讨论由线性小挠度理论处理承受压缩载荷的圆筒形壳体的临界载荷问题。

求解壳体的临界载荷（压力）主要有两种方法：静力法和能量法。静力法认为壳体在临界状态附近存在一种无限小的相邻平衡状态，即重新建立起在极微小的弯曲变形状态下的稳定平衡状态。然后写出它的平衡微分方程组，此时问题就归结为求解线性微分方程的本征值问题，从而获得需要的临界载荷。

因为物体平衡的稳定或不稳定性质，直接与承载系统的能量的变化相联系，一个承载系统的平衡位置就是该系统总势能最小的位置，也就是说，总势能为极小值是系统保持平衡的充分必要条件，这就是最小势能原理。所以，在能量法中，认为在承载结构中存在一个总势能，如果它对相邻状态的能量值来说是最小的，则可判断基本状态是稳定平衡的。而在平衡位置上，势能有极值（总势能的变分$\delta \Pi=0$），而当势能有极小值（$\delta^2 \Pi>0$）时，平衡是稳定的；当势能有极大值（$\delta^2 \Pi<0$）时，平衡是不稳定的。系统从稳定平衡状态向不稳定平衡状态过渡的中间状态，也就是临界状态，此时 $\delta^2 \Pi=0$，由此可计算出临界载荷[75]。用能量法可得到较精确的近似解。

对于几何形状复杂的实际壳体，或者载荷条件和边界约束条件相对复杂，理论上无法或工程上难以通过简化求得临界载荷，可以采用数值模拟方法进行求解[76]。

受侧向均布外压力作用的薄壁圆筒，在达到临界压力时，在其周向将产生几个波形，轴向为半个波，轴向半波远大于周向半波，如图 5-4 所示，较少的波数相应于最小的临界压力。对于给定尺寸的圆筒，波数主要决定于圆筒端部的约束条件和这些约束之间的距离。在一定的端部约束条件下，临界压力除与圆筒材料的 E、μ 有关外，主要和圆筒长度（确切地说应该是端部约束之间的距离）与直径的比值、壁厚与直径的比值有关。所谓圆筒端部的约束是指两端封头或加强圈等构件对圆筒部分的支持作用，理想情况的端部约束为简支或固支。

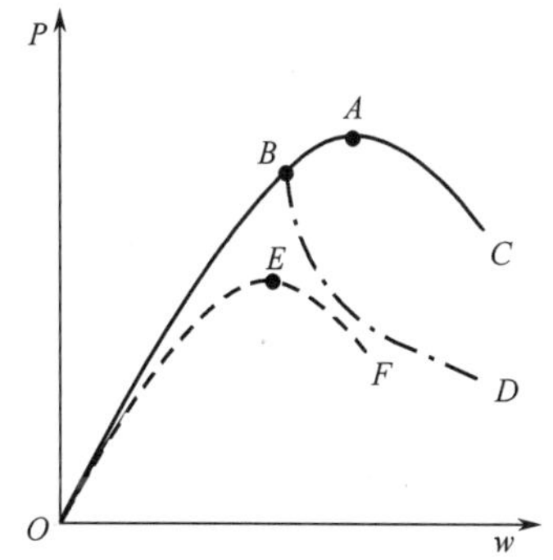

图 5-3　圆柱薄壳的载荷-挠度曲线

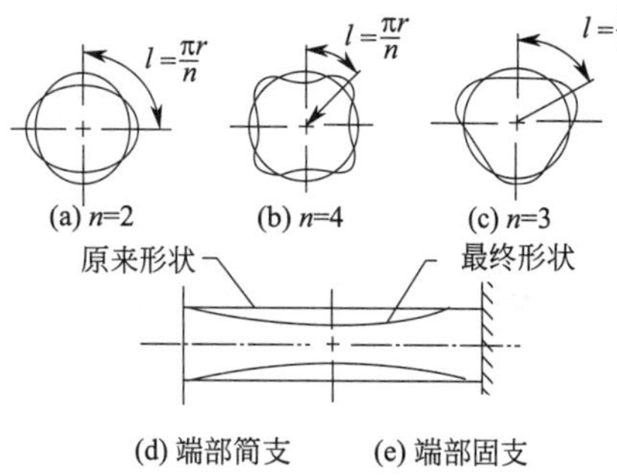

图 5-4　圆筒的屈曲模式

由于小挠度线性理论得到的临界压力，假定结构是完善的，即结构系统在几何上是无初始缺陷的，在载荷上是理想的（无偏心），材料是均匀一致的。然而实际结构总是在不同程度上存在各种各样的缺陷，以致线性理论预测的临界载荷不能直接作为设计依据。所以，在外压容器的设计规范中，容器的操作压力 p 不大于临界压力，即

$$p \leqslant [p]=\frac{p_{cr}}{m} \tag{5-1}$$

式中　$[p]$——许用设计外压，MPa；

p_{cr}——临界（外）压力，MPa；

m——屈曲（设计）安全系数。

纵然考虑了屈曲安全系数 m，对外压圆筒的形状偏差还是要有所限制。按照 GB/T 150 的规定，受外压及真空的筒体在同一断面一定弦长（按图 5-18 查得弧长的两倍所对应的弦长）范围内，实际形状与真正圆形之间的正负偏差不超过图 5-5 中查得的最大允许偏差值 e，图中曲线系基于下列经验公式[47]

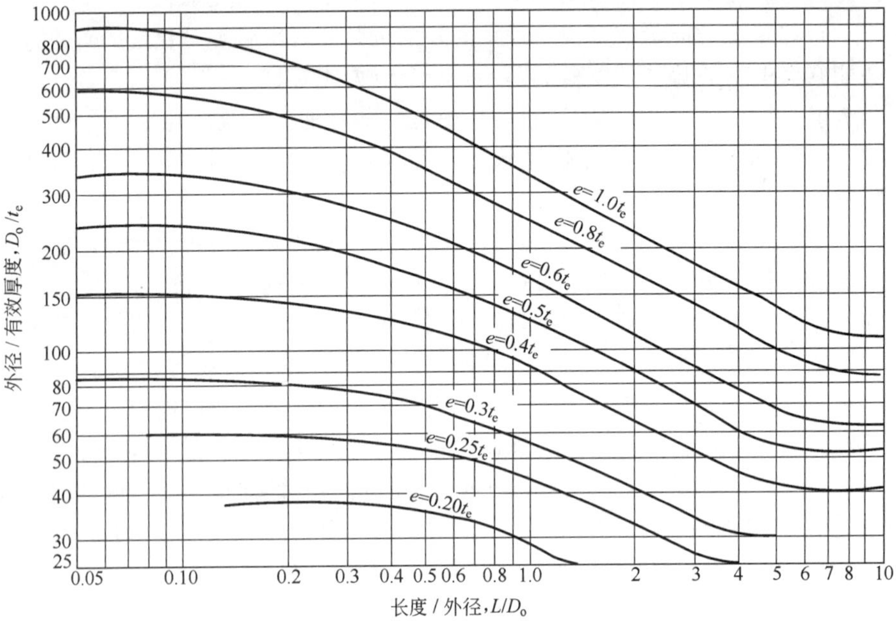

图 5-5　外压圆筒的最大允许圆形偏差

$$\frac{e}{t}=\frac{C_1}{n(t/D_o)}+C_2 n \tag{5-2}$$

式中　D_o——圆筒外径；

t——圆筒厚度（不包括壁厚附加量）；

n——屈曲时的波数，与 L/D_o 和 D_o/t 有关。

C_1，C_2——由实验决定的系数。在对临界压力考虑 20%安全裕度后，取 $C_1=0.018$，$C_2=0.015$，故式(5-2) 可写成

$$\frac{e}{t}=\frac{0.018}{n(t/D_o)}+0.015n \tag{5-3}$$

因此，这种要求使实际圆筒的临界压力不低于理想圆筒的 80%。

上述曾提到过线性或非线性只是指几何非线性因素，如果容器在屈曲之前已经发生塑性变形，则还需要考虑物理（材料）非线性因素。若同时考虑这两个因素，将使屈曲问题变得十分复杂。所以，对于壁厚与壳体直径相比是一很小量的圆筒，屈曲时器壁中的压缩应力在材料的比例极限以下，即不考虑物理非线性因素，称为弹性屈曲；对于壁厚与壳体直径相比不十分小，屈曲时器壁中的压缩应力已超过了材料的比例极限，处于弹塑性应力或塑性应力状态，这种屈曲称为非弹性屈曲，即弹塑性屈曲和塑性屈曲。容器发生非弹性屈曲时的压力与材料的屈服强度有关。非弹性屈曲的理论分析比弹性屈曲要复杂得多，工程上通常采用简化的计算方法，例如采用切线弹性模量等。

5.2 圆柱壳的屈曲理论

5.2.1 基本方程

受外压的圆柱壳，屈曲时临界压力的计算有多种方法。本节主要介绍斯特姆（Sturm）的方法，此方法被许多压力容器规范采纳。

(1) 基本假设

斯特姆在推导圆柱壳屈曲分析用基本方程时，作了如下假定：

ⅰ. 圆筒是正圆形的，壁厚相比半径很小；

ⅱ. 圆筒各处的壁厚均相同，是常量；

ⅲ. 材料为各向同件、弹性、均质的理想材料；

ⅳ. 与周向应力、轴向应力相比，径向应力很小，可忽略。

(2) 基本方程及其求解

在 3.1 节中，圆柱壳的有力矩理论基于轴对称弯曲问题，本节涉及圆柱壳的一般弯曲问题，故在圆柱薄壳中面上选取一个微元体，它承受如图 5-6 所示的所有内力和力矩的作用。

该微元的轴向长度为 dx，周向长度为 $rd\theta$。在微元上存在以下十个内力分量：轴向和周向力 N_x 和 N_θ，轴向和周向剪力 $N_{\theta x}$ 和 $N_{x\theta}$、横向剪力 Q_x 和 Q_θ；弯矩 M_x 和 M_θ，扭矩 $M_{x\theta}$ 和 $M_{\theta x}$。

对力和力矩分别在 x、y 和 z 方向上求和，得以下六个平衡方程

$$\frac{\partial N_x}{\partial x}+\frac{\partial N_{\theta x}}{\partial y}-Q_x\frac{\partial^2 w}{\partial x^2}=0 \tag{5-4}$$

$$\frac{\partial N_\theta}{\partial y}+\frac{\partial N_{x\theta}}{\partial x}+Q_\theta\frac{\partial \psi}{\partial y}=0 \tag{5-5}$$

$$\frac{\partial Q_\theta}{\partial y}+\frac{\partial Q_x}{\partial x}=p+N_\theta\frac{\partial \psi}{\partial y}-N_x\frac{\partial^2 w}{\partial x^2}-N_{x\theta}\frac{\partial^2 w}{\partial y\partial x}-N_{\theta x}\frac{\partial^2 w}{\partial x\partial y} \tag{5-6}$$

$$Q_x=\frac{\partial M_x}{\partial x}+\frac{\partial M_{\theta x}}{\partial y} \tag{5-7}$$

$$Q_\theta=\frac{\partial M_\theta}{\partial y}+\frac{\partial M_{x\theta}}{\partial x} \tag{5-8}$$

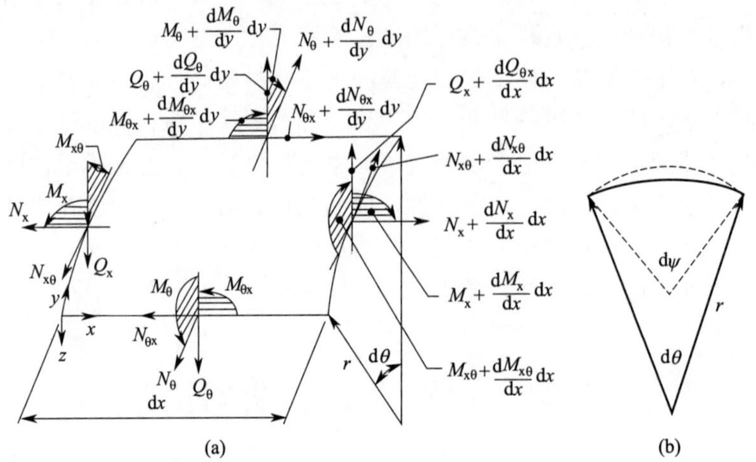

图 5-6　圆柱壳微元和内力分量

$$N_{\theta x}-N_{x\theta}+M_{\theta x}\frac{\partial\psi}{\partial y}+M_{x\theta}\frac{\partial^2 w}{\partial x^2}=0 \tag{5-9}$$

式中　w——z 方向位移。

因未知量多于平衡方程数，上述方程不能直接求解，需要附加方程，利用应力-应变关系式，可得到以下力与应变关系式

$$N_x=\frac{Et}{1-\mu^2}(\varepsilon_x+\mu\varepsilon_\theta) \tag{5-10}$$

$$N_\theta=\frac{Et}{1-\mu^2}(\varepsilon_\theta+\mu\varepsilon_x) \tag{5-11}$$

$$N_{\theta x}=\frac{Et}{2(1+\mu)}\gamma_{\theta x} \tag{5-12}$$

式中　ε_x，ε_θ——x、y 方向的应变；

$\gamma_{\theta x}$——切应变。

其次，力矩和位移存在以下关系式

$$M_x=-D(\frac{\partial^2 w}{\partial x^2}+\frac{\mu}{r^2}\frac{\partial^2 w}{\partial\theta^2}+\mu\frac{w}{r^2}) \tag{5-13}$$

$$M_\theta=-D(\mu\frac{\partial^2 w}{\partial x^2}+\frac{1}{r^2}\frac{\partial^2 w}{\partial\theta^2}+\frac{w}{r^2}) \tag{5-14}$$

$$M_{\theta x}=-D(1-\mu)\frac{1}{r}\frac{\partial^2 w}{\partial\theta\partial x} \tag{5-15}$$

此外，应变与位移关系式为

$$\varepsilon_x=\frac{\partial u}{\partial x} \tag{5-16}$$

$$\varepsilon_\theta=\frac{\partial\nu}{\partial y}+\frac{\nu}{r} \tag{5-17}$$

$$\gamma_{\theta x}=\frac{\partial u}{\partial y}+\frac{\partial\nu}{\partial x} \tag{5-18}$$

式中　u，ν——x、y 方向的位移。

图 5-6 中，角 $d\psi$ 的改变可表达为

$$\frac{\partial \psi}{\partial \theta}=1-\frac{1}{r}\frac{\partial^2 w}{\partial \theta^2}-\frac{w}{r}+\varepsilon_\theta \tag{5-19}$$

假定 $M_{x\theta}=M_{\theta x}$，上述 16 个方程中包含了下列未知量：N_x、N_θ、$N_{x\theta}$、$N_{\theta x}$、θ_x、θ_θ、M_x、M_θ、$M_{x\theta}$、ε_x、ε_θ、$\gamma_{x\theta}$、u、ν、w 和 ψ，经多次代换可得下列四个基本方程

$$\begin{aligned}&-D\left[\frac{\partial^4 w}{\partial \theta^4}+\frac{\mu}{r^2}\frac{\partial^2 w}{\partial x^2}+\frac{2}{r^2}\frac{\partial^4 w}{\partial \theta^2 \partial x^2}+\frac{1}{r^4}\frac{\partial^4 w}{\partial \theta^4}+\frac{1}{r^4}\frac{\partial^2 w}{\partial \theta^2}\right]\\&=p+N_\theta\frac{1}{r}\frac{\partial \psi}{\partial \theta}-N_x\frac{\partial^2 w}{\partial x^2}-N_{x\theta}\frac{1}{r}\frac{\partial^2 w}{\partial \theta \partial x}-N_{\theta x}\frac{1}{r}\frac{\partial^2 w}{\partial x \partial \theta}\end{aligned} \tag{5-20}$$

$$\frac{1}{r^2}\frac{\partial^2 N_\theta}{\partial \theta^2}-\frac{\partial^2 N_x}{\partial x^2}-\frac{(1+\varepsilon_\theta)}{r}D\left[\frac{1}{r^4}\frac{\partial^4 w}{\partial \theta^4}+\frac{1}{r^4}\frac{\partial^2 w}{\partial \theta^2}+\frac{(2-\mu)}{r^2}\frac{\partial^4 w}{\partial \theta^2 \partial x^2}\right]=0 \tag{5-21}$$

$$\frac{\partial^2 N_\theta}{\partial x^2}+(2+\mu)\frac{\partial^2 N_x}{\partial x^2}+\frac{1}{r^2}\frac{\partial^2 N_x}{\partial \theta^2}-\frac{\mu}{r^2}\frac{\partial^2 N_\theta}{\partial \theta^2}=\frac{Et}{r}\frac{\partial^2 w}{\partial x^2} \tag{5-22}$$

$$\frac{\partial^2 N_\theta}{\partial x^2}-\mu\frac{\partial^2 N_x}{\partial x^2}=\frac{Et}{r}\left(\frac{\partial^3 \nu}{\partial x^2 \partial \theta}+\frac{\partial^2 w}{\partial x^2}\right) \tag{5-23}$$

由上述四个基本方程，可求解圆柱壳屈曲时的临界压力。求解过程繁琐，下面仅给出一些结果。有兴趣的读者可参阅文献［39］。

5.2.2 外压圆筒的临界压力

(1) 承受均布周向外压的圆筒临界压力

如图 5-2(a) 所示的是仅承受均布周向外压的圆筒。假设圆筒两端简支时，利用基本方程得到其临界压力的计算公式为

$$p_{cr}=\frac{1}{8}KE\left(\frac{t}{r}\right)^3 \tag{5-24}$$

式中 E——圆筒材料弹性模量，MPa；

t——圆筒的壁厚，mm；

r——圆筒的平均半径，mm。

屈曲系数 K，可由图 5-7 查取。对于两端固支的圆筒，也可导出形式相同的临界压力计算公式，屈曲系数 K 可由图 5-8 查取。

(2) 承受均布周向和轴向外压的圆筒临界压力

如图 5-2(b) 所示，同时承受周向和轴向外压圆筒的临界压力计算公式为

$$p_{cr}=\frac{1}{8}K'E\left(\frac{t}{r}\right)^3 \tag{5-25}$$

对简支圆筒，公式(5-25) 的屈曲系数 K'可查图 5-9。对两端固支圆筒，可导得相似形式的公式，其 K'值可查图 5-10。

由图 5-7～图 5-10 可见，当长径比 L/r 达到一定值时，圆筒不受两端约束作用，其屈曲波数 n 为 2，K 或 K'变成常数（泊松比 $\mu=0.3$，$K=K'=2.2$），这种圆筒称为长圆筒。此与布莱恩（Bryan）基于仅受均匀外压无限长圆筒导出的弹性临界压力相一致，即

$$P_{cr}=\frac{2E}{1-\mu^2}\left(\frac{t}{2r}\right)^3 \tag{5-26}$$

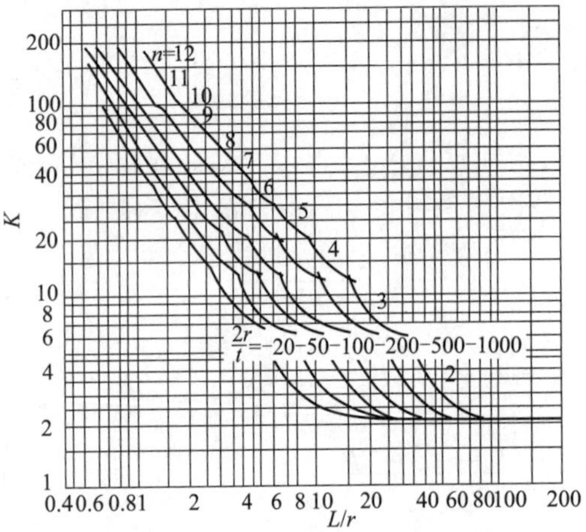

图 5-7　仅承受均布周向外压且两端简支圆筒的屈曲系数 K（μ=0.3）

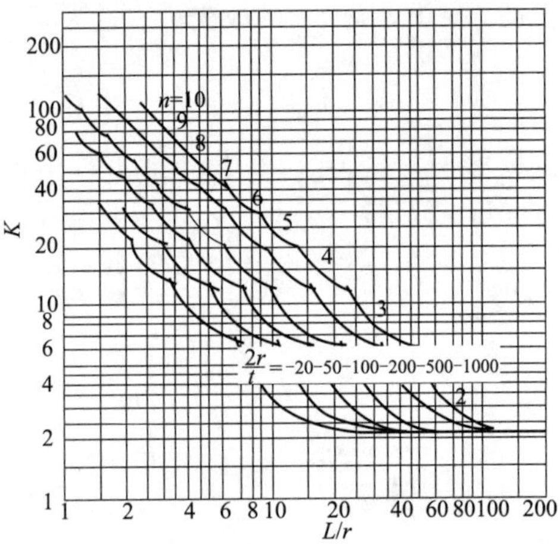

图 5-8　仅承受均布周向外压且两端固支圆筒的屈曲系数 K（μ=0.3）

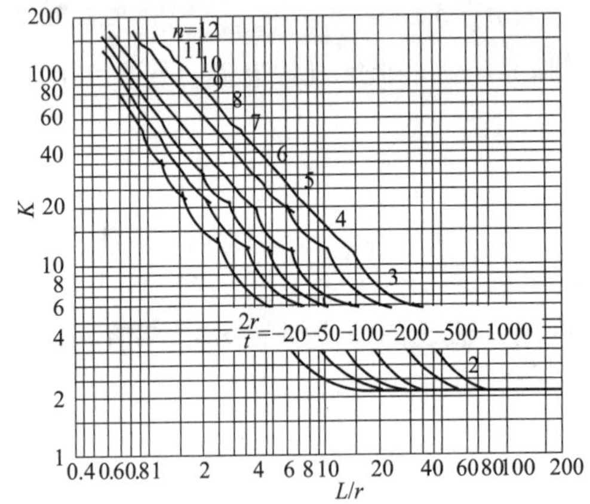

图 5-9　承受均布周向和轴向外压且两端简支圆筒屈曲系数 K'（μ=0.3）

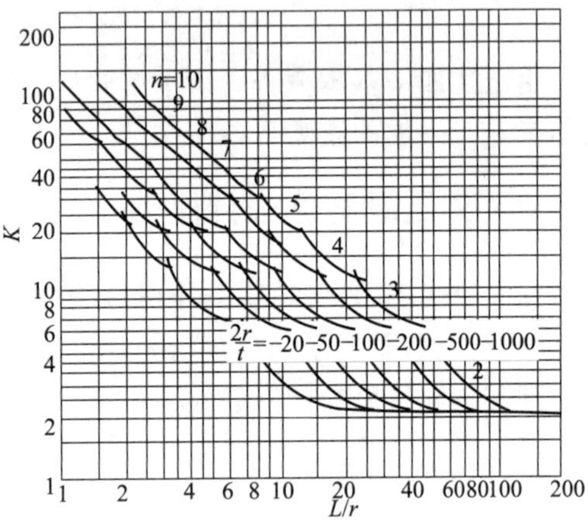

图 5-10　承受均布周向和轴向外压且两端的固支圆筒的屈曲系数 K'（μ=0.3）

对于钢质圆筒，取 $\mu=0.3$，则

$$P_{cr}=2.2E\left(\frac{t}{2r}\right)^3=2.2E\left(\frac{t}{D}\right)^3\approx 2.2E\left(\frac{t}{D_o}\right)^3 \tag{5-27}$$

式中，D 为圆筒的中径，近似可取圆筒的外径，$D=2r\approx D_o$。

由此可见，长圆筒的临界压力与长度无关，仅与圆筒壁厚和直径的比值以及材料的 E 值有关。

同样由图 5-7～图 5-10 可见，当圆筒的相对长度较小时，两端的约束作用不能忽视，K 或 K' 值，也即临界压力，不仅与和筒壁厚和直径的比值有关，且与长度和直径之比有关，屈曲时波数 n 大于 2，这种圆筒称为短圆筒。

雷茨（Raetz）给出如下弹性范围内承受周向和轴向圆筒临界压力的经验公式

$$p_{cr}=\frac{2.42E\left(\frac{t}{2r}\right)^{2.5}}{(1-\mu^2)^{\frac{3}{4}}\left[\frac{L}{2r}-0.45\left(\frac{t}{2r}\right)^{\frac{1}{2}}\right]} \tag{5-28}$$

此公式与式(5-25)十分接近。对于较大的 r/t 比值，式(5-28)可以简化为

$$p_{cr}=\frac{2.42E\left(\frac{t}{D_o}\right)^{2.5}}{(1-\mu^2)^{\frac{3}{4}}L/D_o} \tag{5-29}$$

当取 $\mu=0.3$ 时，上式变为

$$p_{cr}=\frac{2.59E\left(\frac{t}{D_o}\right)^{2.5}}{L/D_o} \tag{5-30}$$

此即为短圆筒临界压力的计算式，由上式可见，短圆筒的临界压力不仅与圆筒壁厚和直径的比值、材料的 E 值有关，而且与筒体的长度和直径的比值有关。

若令式(5-27)和式(5-30)相等，可以求得到区分长圆筒和短圆筒的界限，此特征尺寸称为临界长度，以 L_{cr} 表示，即

$$2.2E\left(\frac{t}{D_o}\right)^3=\frac{2.59E\left(\frac{t}{D_o}\right)^{2.5}}{L/D_o}$$

则

$$L_{cr}=1.17D_o\sqrt{\frac{D_o}{t}} \tag{5-31}$$

当 $L>L_{cr}$ 时属于长圆筒；当 $L<L_{cr}$ 时属于短圆筒。至此，由式(5-27)、式(5-30)和式(5-31)也可以计算受均匀外压钢质圆筒的临界压力。

(3) 受轴向压缩载荷圆筒的临界应力

如图 5-2(c) 所示，圆筒的端部承受轴向力或均布外压力，当压缩应力达到某一数值时，也会发生屈曲失效，在轴向截面上产生有规则的波纹。

对于具有较大 r/t 比值的长圆筒（端部简支），承受轴向压缩载荷的临界应力的工程简化公式为（$\mu=0.3$）

$$\sigma_{cr}=0.625Et/r \tag{5-32}$$

实验研究表明，对于 r/t 值较大的圆筒，以上的计算值与实测值存在较大偏差。圆筒卷板、焊接、装配过程中，r/t 值较大的圆筒，圆度不易保证，局部区域中可能存在的折皱、鼓胀或凹陷等形状缺陷。在内压作用下，圆筒有消除不圆的趋势，形状缺陷对内压圆筒承载能力的影响不大。对于外压圆筒，在缺陷处会产生附加的弯曲应力，使得圆筒的压缩应力增大，导致临界压力降低。因此，如上节所述应严格限制外压圆筒的初始不圆度。

图 5-11 显示了从不同试验得到的数据的分散性，基于这些试验数据的下包络线，归纳出以下临界应力的经验公式

$$\sigma_{cr}=0.625CEt/r \tag{5-33}$$

式中，$C=1-0.9\ (1-e^{(\frac{-1}{16})\sqrt{\frac{r}{t}}})$，可直接由图 5-11 查取。

5.2.3 非弹性屈曲的工程计算

在以上讨论中，假设薄壁圆筒的屈曲都在弹性范围内，即器壁中的压缩应力不大于材料的比例极限，当应力超过比例极限，圆筒已属于非弹性屈曲范畴。如按照弹塑性屈曲进行理论分析将十分复杂，工程中通常采用近似处理方法，即利用材料超过比例极限的压缩应力-应变曲线上的切线模量 E_t 和正割模量 E_s，代替以上弹性假设下确定临界压力的弹性模量

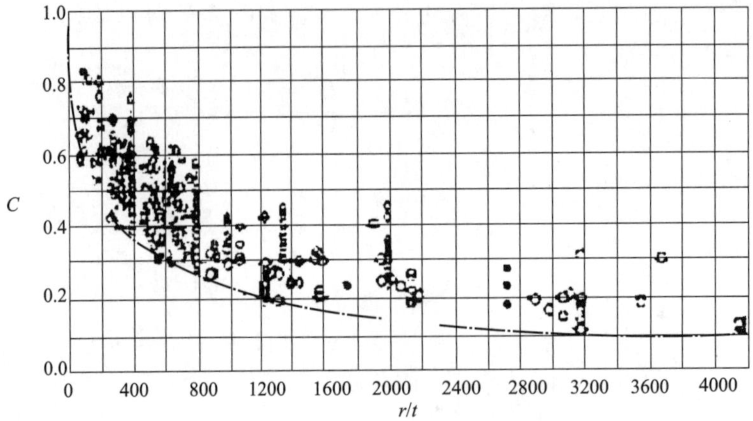

图 5-11　C 与 r/t 关系曲线

E。如上节承受轴向载荷的圆筒的临界应力为

$$\sigma_{cr}=\frac{[E_s E_t/3(1-\nu^2)]^{0.5}}{r/t} \tag{5-34}$$

式中，$\nu=0.5-(0.5-\mu)\left(\frac{E_s}{E}\right)$。

在弹性屈曲范围，$E_s=E_t=E$，$\mu=0.3$，式(5-34) 与式(5-32) 相同。在非弹性屈曲范围，可以假设 $E_s=E_t$。因此，在外压容器设计中，据此发展了下一节将会提到的弹性范围以外的外压容器设计图。

因为各种钢材的弹性模量十分接近，所以对于弹性屈曲，临界压力与材料强度无关，采用高强度的材料对提高筒体的屈曲承载能力没有效果。但对于非弹性屈曲，临界压力与材料的强度特性有关，高强度材料能够提高外压容器临界压力。

5.3　外压圆筒的设计计算

由外压圆筒屈曲分析可知，计算圆筒的临界压力首先要确定圆筒包括壁厚在内的几何尺寸，但在设计之前壁厚是未知量，所以需要一个反复的计算步骤。若用式(5-27)、式(5-30) 和式(5-31) 进行外压圆筒计算比较繁复，国内外有关设计规范推荐采用比较简便的图算法。本节介绍外压圆筒和具有加强圈的外压圆筒的图算法原理和用法。

5.3.1　图算法的原理

对于承受横向和轴向均匀外压的圆筒，在 p_{cr} 作用下产生的周向（临界）应力为

$$\sigma_{cr}=\frac{p_{cr}r}{t}\approx\frac{p_{cr}D_o}{2t}$$

式中，D_o 为圆筒外径，且 $D_o\approx D=2r$。将式(5-25) 代入上式，得到

$$\sigma_{cr}=\frac{K'}{2}E\left(\frac{t}{D_o}\right)^2 \tag{5-35}$$

而其所对应的周向（临界）应变为 $\varepsilon_{cr}=\frac{\sigma_{cr}}{E}$，则有

$$\varepsilon_{cr}=\frac{K'}{2}\left(\frac{t}{D_o}\right)^2 \tag{5-36}$$

令 $A=\varepsilon_{cr}$，显然 A 为 L/D_o、D_o/t 的函数，即 $A=f$（L/D_o，D_o/t）。若以 A 为横坐标的参变量，而以 L/D_o 为纵坐标的参变量，就可得到如图 5-12 所示的不同 L/D_o 和 D_o/t 比值与 A 的一簇关系曲线，该图称为几何参数的计算图。若已知 L、D_o 和 t，就从图上查得 A。显然，此图对任何材料的圆筒都适用。

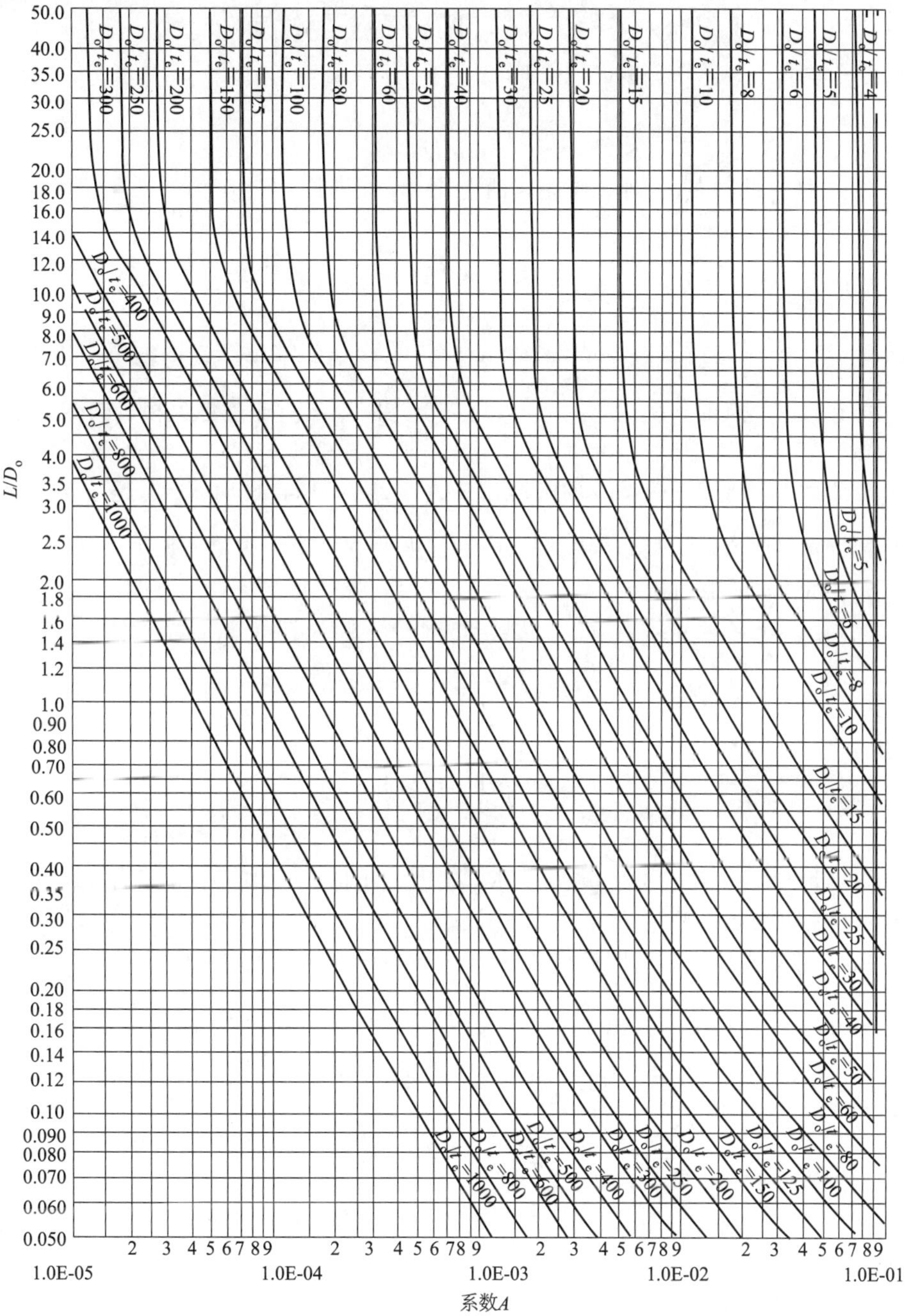

图 5-12　外压容器几何参数计算图

（适用于所有材料）

为了得到许用外压力 $[p]$，对不同材料作在各种温度下的应力-应变关系的双对数坐标图。将纵坐标设定为 B，并取为 $B=\frac{2}{3}\sigma_{cr}$（相当考虑非理想圆筒临界应力的折减系数 1.5）；横坐标为 $A=\varepsilon_{cr}$，此图称为材料温度图，如图 5-13～图 5-15 所示。显然，图 5-13～图 5-15 与图 5-12 有共同的横坐标 A，故由图 5-12 查得 A 后，即可在图 5-13～图 5-15 中查得 B 值，继而可以计算许用外压力 $[p]$，即

$$[p]=\frac{p_{cr}}{m}=\frac{2t\sigma_{cr}}{D_o m}=\frac{3B}{(D_o/t)m} \tag{5-37}$$

取屈曲安全系数 $m=3$，式(5-37) 可写成

$$[p]=\frac{B}{D_o/t} \tag{5-38}$$

如 A 落在材料曲线的左侧（弹性屈曲范围内），则许用外压力 $[p]$ 可直接按下式计算，即

$$[p]=\frac{2t\varepsilon_{cr}E}{D_o m}=\frac{2AE}{(D_o/t)m}=\frac{2AE}{3(D_o/t)} \tag{5-39}$$

因而，图 5-13～图 5-15 下方直线部分也被省略掉了。在塑性范围，因为使用了正切弹性模量，即曲线上的任一点的斜率为 $E_t=\frac{d\sigma}{d\varepsilon}$，所以上述图算法对非弹性失稳也同样适用。

由图 5-12 可知，对于 $\frac{D_o}{t}<10$ 的圆筒，其 $A=\varepsilon_{cr}>1\%$，此时 σ_{cr} 已超过 σ_y，圆筒可能发生塑性屈曲或塑性垮塌，所以要求按屈曲和强度两方面来考虑，即许用设计外压取下列两个压力 $[p]_1$ 和 $[p]_2$ 中的最小值

$$\left.\begin{aligned}[p]_1&=\left(\frac{1.625}{\frac{D_o}{t}}-0.0625\right)B\\ [p]_2&=\frac{2\sigma_0}{\frac{D_o}{t}}\left(1-\frac{1}{\frac{D_o}{t}}\right)\end{aligned}\right\} \tag{5-40}$$ [❶]

式中，σ_0 取 $2[\sigma]^t$ 和 $0.9R_{eL}^t$ 或 $0.9R_{p0.2}^t$ 中较小值，其中 R_{eL}^t 或 $R_{p0.2}^t$ 为相应温度下材料温度曲线右侧端点对应的 B 值的 1.5 倍。

式(5-40) 第二式是按厚壁圆筒受外压时内壁当量应力（见第 10 章）符合 Tresca 屈服条件导出；而式(5-40) 第一式出于对塑性屈曲采用稳定安全系数 m 为一变量，随 $\frac{D_o}{t}$ 作线性变化，其变化范围在 $m=3.0$（$D_o/t=10$）和 $m=1.5$（$D_o/t=4.0$）之间[47]，即

$$\frac{1}{m}=\frac{13}{24}-\frac{1}{48}\left(\frac{D_o}{t}\right)$$

于是将 $\frac{1}{m}$ 及 $B=\frac{2}{3}AE$ 代入式(5-39)，按下式整理后得到式(5-40)

$$[p]=\frac{2AE}{(D_o/t)m}=\frac{3B}{(D_o/t)}\left[\frac{13}{24}-\frac{1}{48}\left(\frac{D_o}{t}\right)\right]=\left(\frac{1.625}{D_o/t}-0.0625\right)B$$

❶ 因自 GB/T 150—1998 起将 $D_o/t<10$ 的圆筒修改为 $D_o/t<20$ 的圆筒，故式(5-40)中 $[p]_1$ 的计算式与其不同。

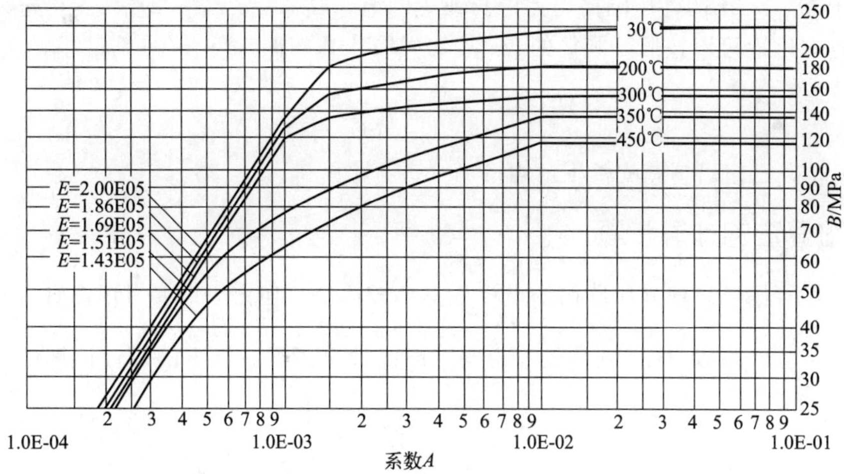

注：用于Q345R钢等屈服强度R_{eL}≥345MPa的合金钢的钢板。

图 5-13　外压圆筒和球壳壁厚计算图（Q345R）

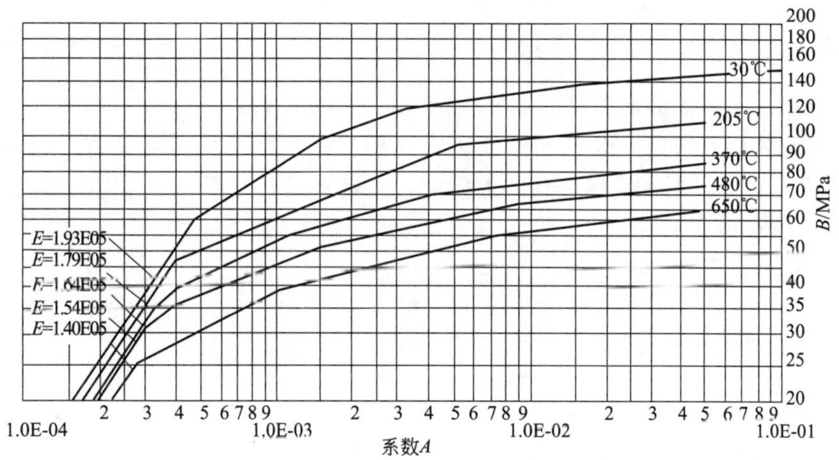

图 5-14　外压圆筒和球壳壁厚计算图（S30408）

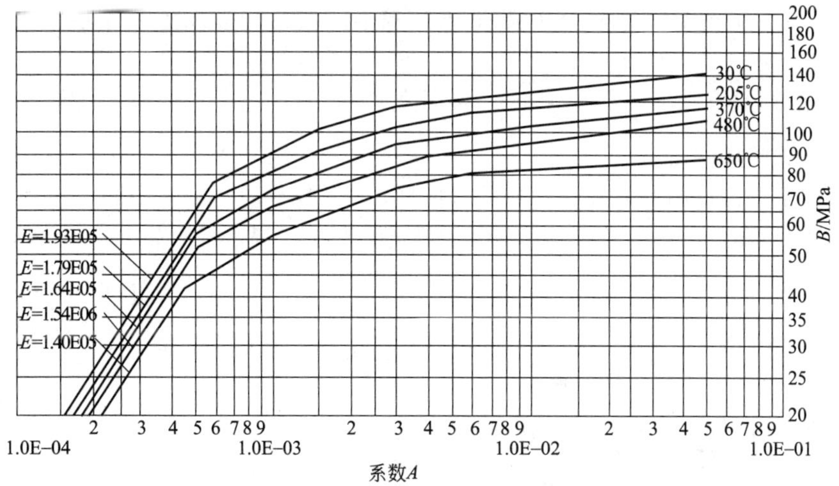

图 5-15　外压圆筒和球壳壁厚计算图（S31608）

但对于 $D_o/t<4$ 的外压圆筒，无论长或短圆筒，其 $A=\varepsilon_{cr}>6.875\%$，已进入屈服，故 B 值都一样，因而可以按照长圆筒的式(5-27) 计算 A，即

$$A=\varepsilon_{cr}=\frac{\sigma_{cr}}{E}=\frac{1.1}{(D_o/t)^2} \tag{5-41}$$

当 $A>0.1$ 时，已超出算图的范围，均按 $A=0.1$ 计算。

5.3.2 图算法的计算步骤

虽然利用算图可以使外压圆筒的设计计算比较简捷，但由于需要考虑多种因素，其计算过程还比较麻烦。现以$\frac{D_o}{t}\geqslant 10$为例，说明一般的计算步骤。以下的设计计算中，都以有效厚度 $t_e=t_n-C_1-C_2$ 代替 t。

ⅰ. 假设 t_n，计算出$\frac{L}{D_o}$和$\frac{D_o}{t_e}$。

ⅱ. 在图 5-12 的纵坐标上找到$\frac{L}{D_o}$值，由此点沿水平方向移动与$\frac{D_o}{t_e}$线相交（遇中间值用内插法）。若$\frac{L}{D_o}$大于 50，则用$\frac{L}{D_o}=50$查图；若 L/D_o 小于 0.05，则用$\frac{L}{D_o}=0.05$查图。

ⅲ. 由此点沿垂直方向向下移，在横坐标上读得系数 A。

ⅳ. 根据筒体材料选用图 5-13～图 5-15，在图的横坐标上找出系数 A。若 A 落在设计温度的材料线的右方，则将此点垂直向上移动，与材料温度线相交（遇中间温度用内插法），再沿此交点水平右移，在图的右方纵坐标上得到 B 值，并按下式计算许可设计外压 $[p]$

$$[p]=\frac{B}{D_o/t_e}$$

若所得 A 值落在材料温度线左方，则按下式计算 $[p]$

$$[p]=\frac{2AE}{3(D_o/t_e)}$$

ⅴ. 比较 p_c 与 $[p]$，若 $p_c>[p]$，则须再假设 t_n 重复上述计算步骤，直到 $[p]$ 大于且接近 p_c 时为止。

若是$\frac{D_o}{t_e}<10$的圆筒，则同上步骤求出 B 值后，按式(5-40) 计算 $[p]_1$ 和 $[p]_2$；但$\frac{D_o}{t_e}<4$时，系数 A 按式(5-41) 计算后，再用 B 值计算 $[p]_1$ 和 $[p]_2$，最后选取 $[p]$ 为 $[p]_1$ 和 $[p]_2$ 中的较小值。

对于轴向受压缩的圆筒，在弹性屈曲范围内，试验表明 R_o/t 大的圆筒，发生屈曲时的轴向压缩应力只有式 (5-32) 的 1/10，故取安全系数 10，规范采用如下近似计算式

$$[\sigma]_{cr}=\frac{0.0625E}{R_o/t_e} \tag{5-42}$$

或

$$[\varepsilon]_{cr}=\frac{0.0625}{R_o/t_e} \tag{5-43}$$

当包括非弹性屈曲，利用前述算图时，规定 $B=[\sigma]_{cr}$，则

$$B=\frac{2}{3}AE=0.0625\,\frac{Et_e}{R_o} \tag{5-44}$$

和
$$A=\frac{0.094}{R_o/t_e} \tag{5-45}$$

因此与受均匀外压圆筒的图算法步骤相似，在假定 t_n，计算出 R_o/t_e 后，代入式(5-45)求出 A，选用相应材料的图表查取 B，此 B 值即为 $[\sigma]_{cr}$。若落在材料线左方，则表明圆筒属于弹性屈曲，可直接由式(5-42) 计算 $[\sigma]_{cr}$（式中 E 为设计温度下的弹性模量）。$[\sigma]_{cr}$ 不得大于 $[\sigma]^t$。

5.3.3 有关设计参数的规定

(1) 设计压力和耐压试验压力

设计压力的定义与内压容器相同，但其取法不同。外压容器的设计压力应取在正常工况中可能出现的最大内外压力差；真空容器按外压容器计算，当装有安全控制装置时，取 1.25 倍最大内外压力差或 0.1MPa 两者中的较小值；当无安全装置时，取 0.1MPa。对于带夹套的容器，应考虑可能出现最大压差的危险工况，例如当内筒容器突然泄压而夹套内仍有压力时所产生的最大压差。对于带夹套的真空容器，则按上述真空容器选取的设计外压力加上夹套内的设计内压力一起作为设计外压。

外压容器的耐压试验分为两种情况：

① 不带夹套的外压容器和真空容器，以内压进行压力试验，所以试验压力取法同前面内压容器所述；

② 带夹套外压容器，则分别确定内筒和夹套的试验压力，除内筒试验压力按①确定，因夹套一般受内压，故在按内压容器确定了夹套的试验压力以后，必须按内筒的有效厚度校核在该试验压力下内筒的屈曲性。若内筒器壁不能保证抵抗屈曲失效的安全裕量，或增加内筒器壁厚度，或在压力试验过程中内筒器壁保持一定的压力，以保证整个试压过程中夹套和筒体的压差不超过确定的允许试验压差。

(2) 计算长度

圆筒的计算长度是指刚性构件，如封头、法兰、加强圈等之间的距离，取法如图 5-16 所示。当圆筒部分没有加强圈或可以作为加强的构件，则取直筒部分的长度加上每个凸形封头直边高度和封头的 1/3 深度作为计算长度。当圆筒部分有加强圈等时，则取相邻加强圈之间的最大距离为计算长度。圆筒与锥体相连接的计算长度取法参见 GB/T 150。

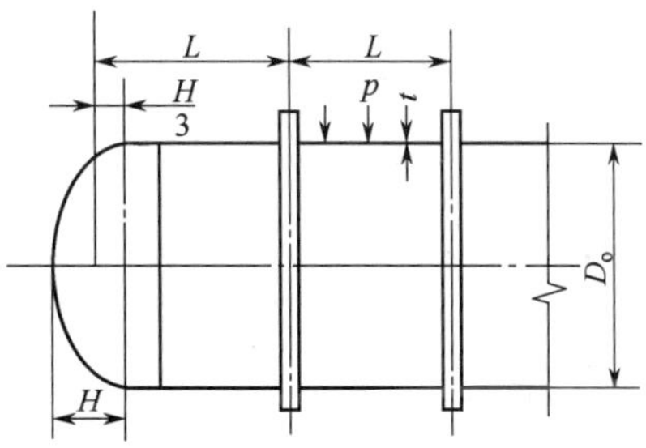

图 5-16　外压圆筒计算长度

5.3.4 加强圈的设计计算

由式(5-28) 可知，在既定直径和材料下，提高外压圆筒的临界压力，可增加筒体厚度或减小计算长度。因此，从减轻容器重量、节约贵金属的角度出发，减小计算长度更有利。在结构上即是在圆筒内部或外部相隔一定的距离焊接用型钢等做成的加强圈，如图 5-17 所示。

（1）加强圈尺寸

为了保证筒体和加强圈的抗屈曲能力，加强圈必须有合适的尺寸。若将加强圈视作承受均匀压缩载荷的圆环，圆环发生屈曲时的最小临界载荷可按式（5-46）计算[77]

$$p_{cr}=\frac{24EI}{D^3} \tag{5-46}$$

式中 p_{cr}——圆环单位周长的临界载荷，N/mm；

I——圆环截面对其中性轴的惯性矩，mm^4；

D——圆环中性轴的直径，mm；

E——圆环材料的弹性模量，MPa。

由上式可知，具有加强圈的外压圆筒不发生屈曲的必要条件是加强圈必须有足够的截面惯性矩。假设加强圈与圆筒同时发生屈曲，并考虑加强圈及能起加强作用的有效段圆筒（加强中心线圈两侧有效宽度各为 $0.55\sqrt{D_o t_e}$ 的圆筒）的组合截面惯性矩等效于一单层较厚圆筒（当量圆筒），其厚度称为当量厚度 t_ε。因此，最终可以导得具有加强圈外压圆筒不发生屈曲必需的最小组合惯性矩为[38]

$$I=\frac{D_o^2L_s}{10.9}\left(t_e+\frac{A_s}{L_s}\right)A \tag{5-47}$$

式中 D_o——圆筒的外径，mm；

L_s——加强圈间距，取加强圈中心线到相邻两侧加强圈中心线距离之和一半，mm；

A_s——加强圈的截面积，mm^2；

A——当量圆筒的周向临界应变，$A=\varepsilon_{cr}=\frac{\sigma_{cr}}{E}=\frac{p_{cr}D_o}{2t_eE}$；

t_ε——圆筒的当量厚度，$t_\varepsilon=t_e+\frac{A_s}{L_s}$，mm。

由前已知：

$$B=\frac{[p]D_o}{t_\varepsilon}$$

如计算外压力 $p_c=[p]$，并代入 $t_\varepsilon=t_e+\frac{A_s}{L_s}$和 $m=3$，则上式变成

$$B=\frac{p_cD_o}{t_e+\frac{A_s}{L_s}} \tag{5-48}$$

因此确定加强圈尺寸时，可先假定加强圈的个数与间距 L_s（$L_s\leqslant L_{cr}$），然后选择加强圈尺寸，计算或由手册查得 A_s，并确定有效壳体的作用宽度，从而计算加强圈与有效壳体实际的组合惯性矩 I_s。另一方面根据已知的 p_c、D_o 和选择的 t_e、L_s，按式(5-48) 计算 B，再应用上述外压圆筒的图 5-13～图 5-15 等算图，根据加强圈材料和相应的设计温度读取 A

值，最后按式(5-47) 计算 I，比较 I 与 I_s，若 I_s 大于并接近 I，则满足要求，否则重新选择加强圈尺寸，重复上述计算，直至满足为止。如查图时无交点，则 A 按 $A=\frac{3B}{2E}$ 计算。

(2) 加强圈的结构要求

加强圈可设置在圆筒的内侧或外侧，通常以间断焊缝与筒体连接。为了保证加强圈与筒体一起承受外压的作用。当加强圈焊在筒体外侧时，加强圈每侧间断焊缝的总长度不小于容器外圆周长度的$\frac{1}{2}$；当设置在容器内侧时，应不小于容器内圆周长度的$\frac{1}{3}$。加强圈两侧的间断焊缝可以错开或并排，但焊缝之间的最大间隙对外加强圈为 $8t_n$，对内加强圈为 $12t_n$，如图 5-17 所示，t_n 为筒体壁厚。

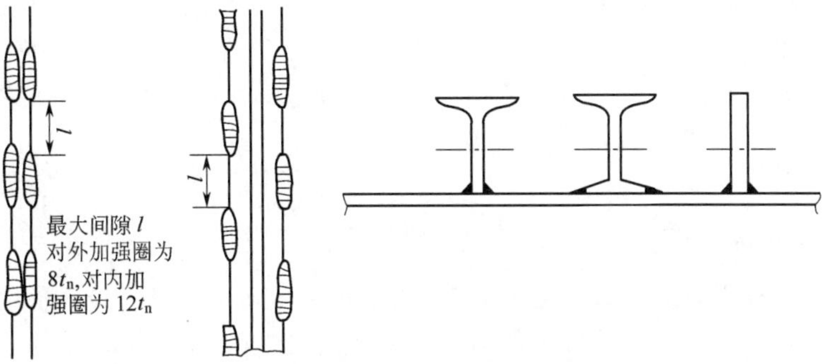

图 5-17　加强圈的型式及连接结构

为了保证加强圈对筒体的加强作用，加强圈不得任意削弱或割断。对内加强圈，由于排除残液、通过内件或液体等需要，往往难以做到这一点，则因此而留出的间隙弧长不得大于图 5-18 给出的数值。

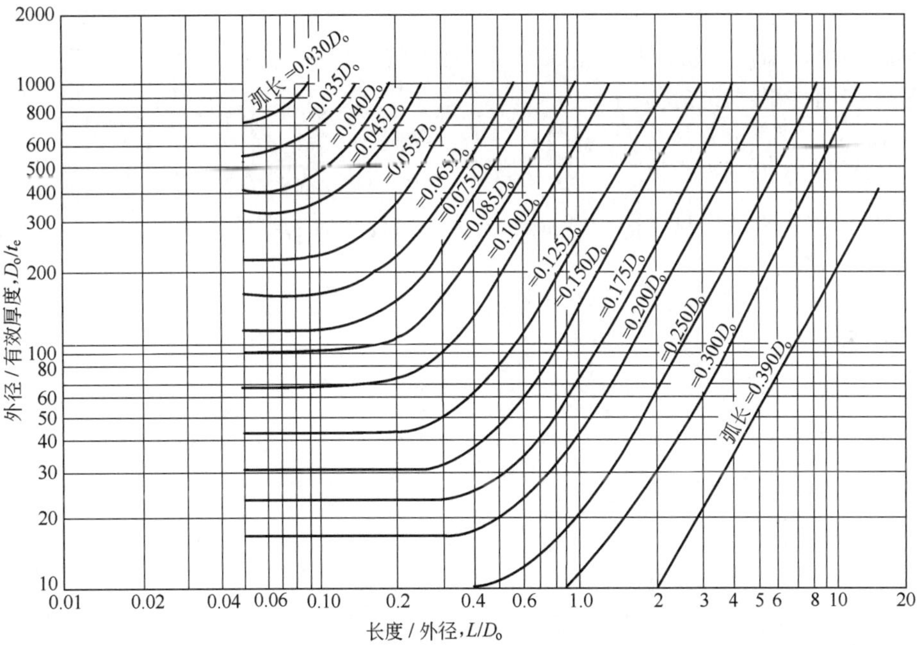

图 5-18　加强圈允许间断的弧长值

加强圈通常用扁钢、角钢、工字钢或其他型钢制成，因一方面型钢截面惯性矩较大，另一方面成型也较方便。加强圈材料多数为碳钢，因而不锈钢圆筒可设置碳钢加强圈，节省了不锈钢消耗量。对于塔器内部的塔盘等，倘被设计成起加强作用，也可视作加强圈。

5.4 外压封头的设计计算

外压容器封头的结构型式和内压容器一样，主要包括凸形封头，如半球形、椭圆形、碟形以及圆锥形封头等。在外压作用下，这些封头上的主要应力是压应力，故与筒体一样也存在发生屈曲的问题。正如前述，封头各种形状、材料等初始缺陷对其屈曲的影响更显著，所以对成型封头的屈曲研究在理论和实验上比圆筒复杂得多。外压封头的屈曲研究建立在球形壳体承受均布外压的弹性屈曲分析基础上，并结合实验数据给出半经验的临界压力计算公式，但是将它们直接用于设计欠成熟。因此设计中仍采用一些近似方法，如类同外压圆筒的图算法等。

5.4.1 凸形封头

(1) 半球形封头

受均匀外压的薄壁球壳被许多学者研究，1939 年 Karman 和钱学森采用非线性大挠度理论，导出如下与实验结果十分接近的临界应力计算式[38,47]

$$\sigma_{cr}=0.188Et/R \tag{5-49}$$

或

$$\varepsilon_{cr}=\frac{\sigma_{cr}}{E}=\frac{0.188}{R/t}$$

ASME 压力容器规范考虑形状缺陷的影响，对上式采用 1.5 的折减系数，即

$$\varepsilon_{cr}=\frac{\sigma_{cr}}{E}=\frac{0.125}{R/t} \tag{5-50}$$

在弹性屈曲范围内，取屈曲安全系数 $m=3$ 和 $R\approx R_o$，并用 t_e 替代 t，则由式(5-49)可以计算球壳的许用临界压力

$$[p]=\frac{p_{cr}}{m}=\frac{2\sigma_{cr}}{3(R_o/t_e)}=\frac{2E\varepsilon_{cr}}{3(R_o/t_e)}=\frac{0.0833E}{(R_o/t_e)^2} \tag{5-51}$$

式(5-51) 虽可用于半球形封头的弹性屈曲计算，但设计时若利用图算法也比较简便，且可用于弹塑屈曲计算。

在球壳设计中，定义 $B=\frac{[p]R_o}{t_e}$，因为 $B=\frac{2}{3}EA=\frac{[p]R_o}{t_e}$，故代入式(5-51) 得

$$A=\frac{0.125}{R_o/t_e} \tag{5-52}$$

于是

$$[p]=\frac{B}{R_o/t_e} \tag{5-53}$$

因此用图算法计算半球形封头时，只要先假设壁厚 t_n，而 $t_e=t_n-C_1-C_2$，按式(5-52)计算出 A，然后根据所用材料选用图 5-13～图 5-15 查取 B 值，再按式(5-53) 计算许用外压力，如所得 A 值落在材料温度线的左方，则直接按式(5-51) 计算 $[p]$，最后比较计算压力 p_c 与 $[p]$，如 $p_c>[p]$，则需重新假设 t_n，重复上述步骤，直到 $[p]$ 大于且接近 p_c 为止。

(2) 碟形和椭圆形封头

因为在均匀外压作用下，碟形封头的过渡区承受拉应力，而球冠部分是压应力，需防止发生屈曲的可能，确定封头厚度时仍可应用球壳屈曲的公式和图算法，只是其中 R_o 用球冠部分外半径代替。对于椭圆形封头，与碟形封头类似，取当量球壳外径 $R_o=KD_o$ 作计算，系数 K 由表 5-1 查得。

对于长短轴之比为 2 的标准椭圆形封头，由表 5-1 查知，$K=0.9$。

表 5-1 椭圆形封头的当量球壳外径折算表

$\dfrac{D_o}{2h_o}$	2.6	2.4	2.2	2.0	1.8	1.6	1.4	1.2	1.0
K	1.18	1.08	0.99	0.9	0.81	0.73	0.65	0.57	0.50

5.4.2 锥形封头

圆锥壳受均布外压的屈曲问题是一个在数学力学上很复杂的问题，因此工程上还是依赖于实验数据。比较锥壳与圆柱壳的试验结果，发现锥壳的屈曲类似于一个等效圆柱壳，其高度等于锥壳母线的长度，而半径等于锥壳的平均曲率半径（指第二曲率半径）。同时研究表明（$1-D_1/D_2$）这一数值对锥壳失稳有很大的影响（D_1——锥壳小端直径，D_2——锥壳大端直径）。因此锥壳的临界压力可表示为

$$p_{cr}=\bar{p}_{cr}f(1-D_1/D_2) \tag{5-54}$$

式中 $\bar{p}_{cr}$——等效圆柱壳的临界压力；

$f(1-D_1/D_2)$——与(D_1/D_2)有关的函数。

变换式(5-30) 为下式

$$\bar{p}_{cr}=\frac{2.59E(t_\varepsilon/2\bar{R})^3}{(L'/2\bar{R})\sqrt{t_\varepsilon/2\bar{R}}} \tag{5-55}$$

将 $t_\varepsilon=t\cos\alpha$，$\bar{R}=\dfrac{D_1+D_2}{4\cos\alpha}$，$L'=\dfrac{L}{\cos\alpha}$等几何关系代入上式，参见图 5-19 则得：

$$\frac{p_{cr}}{E}=\frac{2.59(\cos\alpha)^{2.5}}{L[(D_1+D_2)/2]^{1.5}}f\left(1-\frac{D_1}{D_2}\right) \tag{5-56}$$

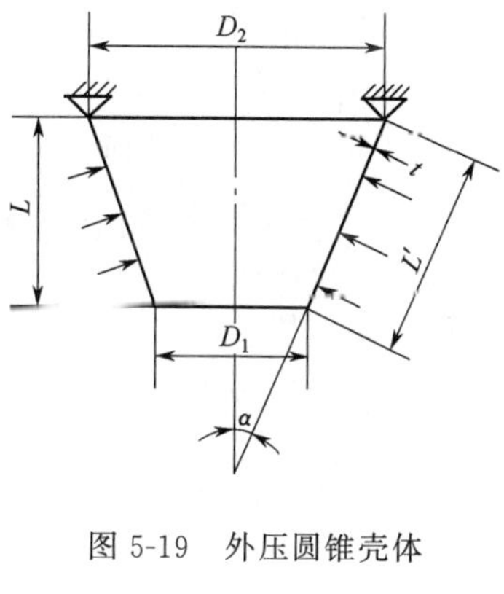

图 5-19 外压圆锥壳体

函数 $f\left(1-\dfrac{D_1}{D_2}\right)$可以由理论和实验决定，以$\dfrac{D_1}{D_2}=1.0$，$f=1.0$ 到$\dfrac{D_1}{D_2}=0$，$f=0.8$ 之间作线性变化，式(5-56) 变为

$$\frac{p_{cr}}{E}=\left[\frac{2.59\left(\dfrac{t\cos\alpha}{D_2}\right)^{2.5}}{L/D_2}\right]\left[\frac{2^{1.5}\left(0.8+0.2\dfrac{D_1}{D_2}\right)}{1+D_1/D_2}\right]$$

上式后一方括号中内容可近似等于$\dfrac{2}{1+D_1/D_2}$，则锥壳的临界压力为

$$p_{cr}=\frac{2.59E}{(L_\varepsilon/D_2)}\left(\frac{t_\varepsilon}{D_2}\right)^{2.5}\quad \text{MPa} \tag{5-57}$$

式中　L_{ε}——等效圆筒长度，$L_{\varepsilon}=(L/2)(1+D_1/D_2)$，$L$ 的取法见图 5-20（a）和（d），mm；

D_1——锥壳小端外直径，mm；

D_2——锥壳大端外直径，mm；

t_{ε}——等效圆筒壁厚，$t_{\varepsilon}=t\cos\alpha$，mm。

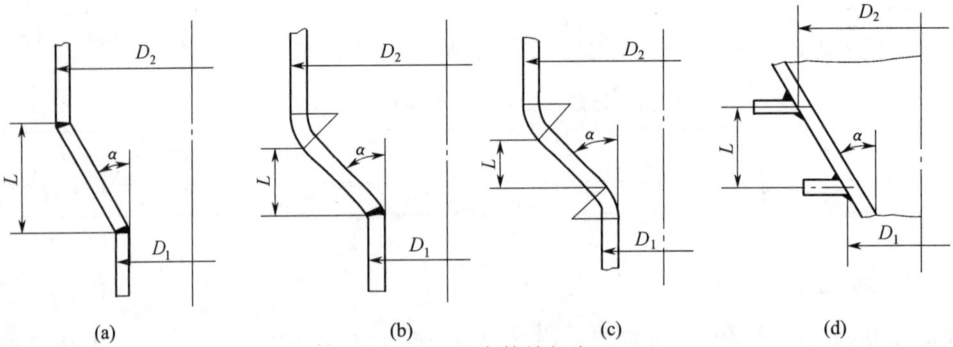

图 5-20　锥壳等效长度

比较式(5-30)可知，式(5-57)相当于等效短圆筒的临界压力公式，因而可以采用前述圆筒外压图算方法设计锥形封头，只是以 t_{ε}、L_{ε} 分别代替圆筒的 t、L。图 5-20 中图（b）和图（c）的等效长度见 GB/T 150。

以上方法适用于 $\alpha \leqslant 60°$ 的锥体，如 $\alpha > 60°$ 则按第二章平盖计算，平盖直径取锥壳最大直径。

5.4.3　设计举例

已知一减压塔的内径为 1000mm，塔体长度为 6500mm（不包括封头），其封头为椭圆形，直边高度为 40mm，长短轴比值 $D_o/(2h_o)=2$。减压塔在 0.00532MPa（绝对压力）及 150℃下操作，塔体与封头均由 Q345R 钢板制成。试确定：

① 无加强圈时塔体所需的壁厚；

② 若在塔体外壁设置 5 个加强圈，则塔体所需的壁厚及加强圈尺寸；

③ 封头的壁厚。

解　用图算法计算：

（1）无加强圈时

① 先假设筒体壁厚 $t_e=8\text{mm}$

筒体外径　$D_o=1000+2\times 8=1016(\text{mm})$

筒体计算长度　$L=6500+2\times\left(40+\dfrac{1}{3}\times\dfrac{1000}{4}\right)=6747(\text{mm})$

故

$$\frac{L}{D_o}=\frac{6747}{1016}=6.64$$

$$\frac{D_o}{t_e}=\frac{1016}{8}=127>10$$

② 由$\dfrac{L}{D_o}$、$\dfrac{D_o}{t_e}$查图 5-12，得 $A=0.00013$。查图 5-13 知 A 值在 150℃材料线左方，故许用外压力按下式计算

$$[p]=\frac{2AE}{3(D_o/t)}=\frac{2\times0.00013\times1.94\times10^5}{3\times127}=0.132(\text{MPa})$$

因真空容器无安全装置时，取计算压力 $p_c=0.1\text{MPa}$，现 $[p]>p_c$，故筒体取 $t_e=8\text{mm}$ 合适。若取 $C_1+C_2=2(\text{mm})$，则 $t_n=8+2=10(\text{mm})$。

（2）有加强圈时

① 设 5 个加强圈在筒体上均匀分布，故计算长度为：$L'=\frac{6747}{6}=1124.5(\text{mm})$，取壁厚 $t'_e=4\text{mm}$，则

$$\frac{L'}{D_o}=\frac{1124.5}{1000+8}=1.12$$

$$\frac{D_o}{t'_e}=\frac{1008}{4}=252>10$$

同以上方法求得　$A=0.00032$，查图 5-13 得 $B=45\text{MPa}$，则许用外压力为

$$[p]=\frac{B}{D_o/t'_e}=\frac{45}{252}=0.178\text{MPa}$$

因 $p_c<[p]$，故选用壁厚 $t'_e=4\text{mm}$，且 $t'_n=4+2=6(\text{mm})$ 合适。

上述两种情况的计算结果表明，由于设置加强圈增加了筒体的刚性，塔体壁厚减少 40%，相应钢材耗量也减少了。

② 加强圈设计，假设加强圈采用 L40×40×5 的角钢，材料为 Q345R，其截面尺寸：$A_s=379.1\text{mm}^2$，$I_s=55300\text{mm}^4$，加强圈间距 $L_s=L'=1124.5\text{mm}$。

加强圈中心线两侧有效圆筒的宽度

$$b=0.55\times\sqrt{1008\times4}=34.9(\text{mm})$$

有效圆筒截面积　$A_e=2bt'_e=2\times34.9\times4=279.2(\text{mm}^2)$

有效圆筒惯性矩　$I_e=\frac{2\times34.9\times4^3}{12}=372.27(\text{mm}^4)$

组合截面的综合惯性矩（见图 5-21）：

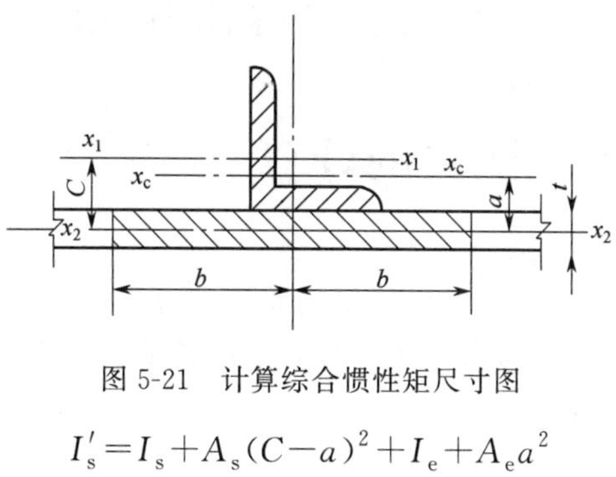

图 5-21　计算综合惯性矩尺寸图

$$I'_s=I_s+A_s(C-a)^2+I_e+A_ea^2$$

式中　a——组合截面形心离开 x_2-x_2 轴距离；

C——x_1-x_1 轴离开 x_2-x_2 轴距离。

因

$$a=\frac{A_sC}{A_s+A_e}=\frac{379.1\times13.7}{379.1\times279.2}=8.0(\text{mm})$$

$$C=11.7+2=13.7(\text{mm})$$

故 $$I_s'=55300+379.1\times5.7^2+372.27+279.2\times8^2=85858(\text{mm}^4)$$

为保持稳定，需计算加强圈与有效筒体所需的最小惯性矩 I。按式(5-48) 计算 B，得

$$B=\frac{0.1\times1008}{4+\dfrac{379.1}{1124.5}}=23.24(\text{MPa})$$

根据 Q345R 材料和 B 值查图 5-13，因无交点，按下式计算 A 值

$$A=\frac{3B}{2E}=\frac{1.5\times23.24}{1.94\times10^5}=0.000118$$

将 A 代入式(5-47)，得

$$I=\frac{D_o^2L_s}{10.9}\left(t_e'+\frac{A_s}{L_s}\right)A=\frac{(1008)^2\times1124.5}{10.9}\times\left(4+\frac{379.1}{1124.5}\right)\times0.000118=81833(\text{mm}^4)$$

因 $I_s'>I$，故加强圈选用∠40×40×5 合适。

(3) 封头壁厚核算

如果 $t_n=10\text{mm}$，$C_1+C_2=3\text{mm}$，则 $t_e=7\text{mm}$。由表 5-1，椭圆形封头的当量球壳外径为

$$R_o=0.9D_o=0.9\times1020=918(\text{mm})$$

按式(5-52) 求 A

$$A=\frac{0.125}{R_o/t_e}=\frac{0.125}{918/7}=0.00095$$

由 A 查图 5-13 得

$$B=130(\text{MPa})$$

将 B 代入式(5-53)，有

$$[p]=\frac{B}{R_o/t_e}=\frac{130}{918/7}=0.99(\text{MPa})$$

虽 $[p]>p_c$，且 $[p]$ 比 p_c 大得较多，但考虑制造方便，封头板材与筒体相同，仍取 $t_n=10\text{mm}$（因 $D_o/2h=2$，$t_e>0.0015D$，不存在内压屈曲可能性）。

5.5 外压法兰的计算

外压法兰仍可利用 Waters 法对内压法兰建立的应力公式进行计算。在预紧情况下，外压法兰与内压法兰的力矩计算相同，即

$$M_a=Wl_3 \quad \text{N}\cdot\text{mm} \tag{5-58}$$

式中，$W=\dfrac{1}{2}(A_m+A_b)[\sigma]_b$，N。

但在操作条件下，因流体轴向静压力 P_1 的方向恰与内压时相反，升压时螺栓力降低，垫片反力反而增加，从偏安全考虑，可以假定 $W=0$，因此 $P_3=P_1+P_2$，若对螺栓中心圆取力矩平衡式，则有（见图 5-22）

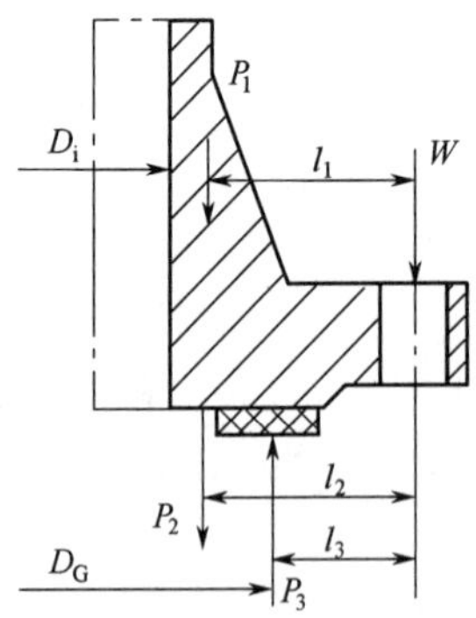

图 5-22 外压法兰

$$M_P = P_1 l_1 + P_2 l_2 - P_3 l_3$$
$$= P_1(l_1 - l_3) + P_2(l_2 - l_3) \quad \text{N} \cdot \text{mm} \tag{5-59}$$

式中，$P_1 = 0.785 D_i^2 p_c$，N；$P_2 = P_3 - P_1$，N；$P_3 = 0.785 D_G^2 p_c$，N；p_c 为计算外压力，MPa。其余符号及应力计算公式和强度条件与受内压时相同。

习　题

1. 一分馏塔由内径 $D_i = 1800$mm，长 $L = 6000$mm 的圆形筒节和上下两个标准椭圆形封头（直边段长度为 50mm）焊接而成。塔体材料为 Q345R。该塔在负压下操作，最高操作温度为 370℃，腐蚀裕量 $C_2 = 2$mm。试分别用解析法和图解法确定塔体厚度。

2. 某厂拟设计一真空塔，材料为 Q345R，圆筒形塔体内径为 $D_i = 2500$mm，顶部和底部为标准椭圆形封头，塔体部分高度为 20000mm（包括封头直边段高度）。操作温度为 250℃，腐蚀裕量 $C_2 = 2.5$mm。试确定：

（1）塔体壁厚和封头厚度；

（2）塔体上均匀设置 6 个加强圈（材料与塔体相同）时的塔体壁厚和加强圈结构尺寸。

3. 一负压塔中部为一无折边锥形壳体过渡段，半锥角 $\alpha = 15°$，大端内直径 $D_i = 2500$mm，小端内直径 $D_{is} = 1500$mm。壳体材料为 Q345R，操作温度为 150℃，腐蚀裕量 $C_2 = 2$mm。试确定该锥壳的壁厚，并校核液压试验时锥壳大端与圆筒连接处是否需要加强（$\phi = 1$）？

4. 一夹套反应釜，釜内圆筒与外部夹套底部的封头为标准椭圆形封头。内筒的内直径为 $D_i = 1400$mm，夹套的内直径为 $D_{ir} = 1500$mm，夹套与内筒焊接处至内封头直边的距离为 $H = 1300$mm。釜内工作介质温度为 100℃，压力为 0.2MPa。夹套内加热介质压力为 0.3MPa。釜体和夹套材料均为 Q345R，腐蚀裕量 $C_2 = 2$mm。试确定内筒和夹套的壁厚，并确定液压试验压力和校核试验时釜体的强度和稳定性。

第6章 压力容器的分析设计方法

6.1 对压力容器按规则设计方法的简要评述及分析设计方法的简介

压力容器的按规则设计方法主要基于板壳理论或弹性力学对压力容器进行线弹性分析，按照弹性失效设计准则，将容器中最大应力限制在弹性范围内，从而确保容器安全。这种方法设计的容器基本上是安全的，主要着眼于限制容器中的最大薄膜应力或其他由机械载荷直接产生的弯曲应力及剪应力等。应该说，对于中低压容器，这种方法仍是当今国内外压力容器设计规范的主流。但应当看到，随着压力容器向大型化、高参数发展的趋势，按规则设计方法在一些特殊容器的设计方面遇到了困难，例如：

ⅰ. 在设计理念上，将容器中最大应力限制在弹性范围内，一旦最大应力超过许用应力便认为“失效了”，一点失效即代表了整体失效。但事实上，对于厚壁筒高压容器，根据拉美公式可知，应力沿壁厚分布是不均匀，内壁的当量应力高，外壁的当量应力小，随着压力的增加，内壁会率先屈服，但此时，壁厚的其他部分仍然处于弹性，即使把材料假设为非常保守的弹性-理想塑性材料，容器仍然可以继续承受更大压力，随着压力的增加，屈服层逐渐增大，一直达到外壁也屈服，这时的压力（一般称为极限载荷）远比内壁刚达到屈服时的压力大。如果进一步考虑材料的应变强化，容器还能继续承受更大的载荷，一直达到爆破压力。可见，对于厚壁容器，按弹性失效设计准则会低估容器的承载能力。对于厚壁圆筒体容器，如果按照 Tresca 屈服准则，内壁达到屈服时所对应的压力为 $0.5R_{eL}(1-1/K^2)$，式中 R_{eL} 为材料屈服强度，K 为径比，可见无论如何增加壁厚（K 增加），内壁屈服所对应的压力也超不过 $0.5R_{eL}$；如果按照 Mises 屈服准则，内壁屈服所对应的压力不超过 $0.577R_{eL}$。因此，对于一些高压或超高压容器，如果仅按照弹性失效设计准则，即不允许有屈服现象发生，则所承受的压力很难提升上去。因此，按照规则设计方法设计的容器，GB/T 150 的适用范围压力上限是 35MPa。

ⅱ. 按规则设计主要考虑了静强度失效，对于交变载荷引起的疲劳失效无法解决。在交变载荷情况下，失效模式会与静载荷不同，在压力作用下，结构中应力集中部位出现最大应力，但这些高应力仅限于很小的局部区域，对结构整体的静态承载能力不会造成大的影响，基本上不会改变极限载荷或爆破压力，但是在交变载荷作用下，在这些高应力区域会引起疲劳裂纹的萌生及进一步的扩展，导致压力容器疲劳失效。因此，对这类应力如果仅按常规的弹性失效设计准则进行分析，显然是不能解决实际问题的。

ⅲ. 压力容器的应力产生的原因是多样的，有的是平衡外加机械载荷如压力产生的，有的是由于部件间的相互变形协调产生的。应力作用的部位是不一样的，有的是位于总体不连续区域，有的是位于局部不连续区域，有的应力是沿壁厚均匀分布的，有的是沿壁厚线性分布的，有的仅限于很小的局部范围。这些应力引起的失效模式也是不一样的，有的会引起结构整体的垮塌，有的会造成局部的破坏，有的则会造成容器的疲劳破坏。按规则设计很难区分这些应力，也无法按照可能的失效模式建立相应的设计准则，而只能按最保守的弹性失效设计准则统一限定，这样就使得设计过于保守。

ⅳ. 在分析手段上，按规则设计主要依靠材料力学、板壳理论等进行线弹性理论进行应力分析，分析方法过于单一，对于一些复杂结构，采用理论分析很困难，如果不借助于有限元数值方法或实验方法等，则很难分析。

压力容器分析技术的进步及设计思想的改变，使得人们认识到即使压力容器某些局部区域的最大主应力超过材料屈服强度也能安全操作。1955 年，ASME 锅炉与压力容器规范委员会成立了“评述规范应力基准特别委员会”，对元件的失效和应力状态进行了研究，提出了应力分类及其评定的思想，按照应力产生的原因不同、作用的部位不同，对失效的影响不同等对应力进行分类，按不同的失效准则分别予以评定的方法，并于 1965 年在 ASME Ⅲ 中引入该方法，接着于 1968 年在 ASME Ⅷ-2（压力容器另一规程）中引入该方法，这一思想广为国内外压力容器行业所接受。这一情况也引起了我国压力容器技术及学术届的高度重视，合肥通用机械研究所时任总工程师柳曾典领衔，与华东化工学院据定一教授、浙江大学王仁东教授组织全国多家高校、设计院、制造厂专家翻译编著了多册《压力容器国外技术进展》，并于 1972 年出版。其中大篇幅介绍了 ASME Ⅷ-2 中分析设计的新理论基础和设计、制造、检验及材料的进展，促成了我国压力容器分析设计行业标准 JB 4732—1995 的形成。

尽管这种设计方法解决了很多实际工程问题，但是仍然存在不足。提出这一设计思想时限于当时的技术条件，应力分析主要采用板壳理论，少数采用了弹性力学方法，随着容器向大型化、高参数发展，容器结构和载荷越来越复杂，板壳理论中的中性面、直法线，不挤压等假设使得板壳理论很难分析此类结构，而必须用逐步发展成熟的有限元方法。但在利用线弹性有限元进行结构应力分析时，如何合理地进行应力分类一直是分析的难点，例如，如何把一次应力和二次应力从总应力里面分解出来，如何合理找出峰值应力，很多往往取决于分析者的经验。鉴于此，在多年研究的基础上，欧洲标准化委员会率先于 1999 年提出草案，并于 2002 年首次正式公布了 EN 13445，保留了原 ASME Ⅷ-2 的应力分类及其评定的主要思想，但其亮点是提出了另外一套方法，即不再纠结于如何根据线弹性分析进行应力分类及评定，而是基于容器或部件的失效模式，直接采用弹性或弹塑性有限元方法（少数采用试验方法）对结构的总体塑性垮塌、局部过度应变失效、渐增塑性棘轮失效、外压失稳垮塌及疲劳失效等几种失效模式直接进行分析，也称为“直接法”(direct route)。美国机械工程师协会（ASME）锅炉及压力容器规范委员会从 20 世纪 90 年代也陆续投入大量精力进行研究，对 2007 版 ASME Ⅷ-2 进行全部改写，其总体布局和 EN 13445 相仿。第一部分（该标准第 4 章）称为按规则设计，一部分采用了应力分类及其评定的概念，与之前版本的 ASME Ⅷ-2

相似，以简单公式表示的方式列出，所包含的元件种类比之前版本的 ASME Ⅷ-2 的元件种类大为扩展，不仅把Ⅷ-1 所包括的元件全部列入，而且增加了卧式容器设计和疲劳设计。该部分的壁厚计算公式不再采用针对较薄壁厚比（外径/内径）的薄膜公式，而换成更适合于壁厚比更大的可考虑极限载荷的壁厚计算式。第二部分（该标准第 5 章）则类似于 EN 13445 标准中的直接法，但除了基于弹塑性应力分析对结构整体塑性垮塌、局部变形失效、外压失稳垮塌及疲劳失效等几种失效模式直接进行分析外，仍保留了基于弹性应力分析的应力分类法用于分析塑性垮塌，可用于分析第一部分未包括的某些更复杂结构、载荷的元件。但也指出，采用弹-塑性应力分析方法，比较接近结构的实际行为，对由于材料及结构非线性导致的应力再分布能直接体现，相对于弹性应力和极限载荷分析方法而言，具有更精确的评定，因此更倾向于推荐该方法。但在 ASME Ⅷ-2 中并不称为“直接法”，而是叫“分析设计”，在其中的整体塑性垮塌失效部分，仍保留了基于弹性分析的应力分类设计方法。此外，ASME Ⅷ-3（高压容器设计）主要针对高压容器和超高压容器设计，其主要设计思想也主要采用了直接法，并且增加了防脆断设计，以及裂纹疲劳扩展分析，实则都可视为直接法的进一步拓展。关于压力容器的防脆断设计及其在低温压力容器、高压容器及超高压容器中的工程应用在本书后续章节中详细介绍。ASME Ⅷ-2 在 2007 版之后也在不断更新和针对更多失效模式的安全设计制订出新规则。例如高温压力容器的抗蠕变设计、抗高温疲劳设计，甚至抗高温蠕变＋高温疲劳复合型损伤的分析设计方法，ASME 从最初的规范案例 N-47（1950 年代，最后一版是 1995 年版）[116]，2015 年更新为 ASME 规范案例 2005-2[119]，2017 年又新出了规范案例 2843[122]，甚至还推出了专用于气冷反应堆高温设计的且平行于 ASME Ⅲ 的另一规程，即 NH 规程。

我国于 2024 年 7 月颁布的 GB/T 4732.1～4732.6—2024《压力容器分析设计》（所有部分）标准是在原 JB 4732—1995（2005 年确认版）基础上，结合国际上 EN13445 标准以及 ASME 标准中分析设计方法的进展情况，进行了内容更新。该标准由 6 个部分组成：第 1 部分（GB/T 4732.1）为通用要求；第 2 部分（GB/T 4732.2）为材料；第 3 部分（GB/T 4732.3）为公式法，给出了按分析设计建造的压力容器的典型受压元件及结构设计要求，具体给出了常用容器部件按公式法设计的厚度计算公式；第 4 部分（GB/T 4732.4）为应力分类方法，给出了按分析设计建造的压力容器采用应力分类法进行设计的相关规定；第 5 部分（GB/T 4732.5）为弹塑性分析方法，给出了按分析设计建造的压力容器采用弹塑性分析方法进行设计的相关规定；第 6 部分（GB/T 4732.6）为制造、检验和验收，给出了按分析设计建造的压力容器所涵盖结构型式容器的制造、检验和验收要求。GB/T 4732.3 既可作为 GB/T 4732.4 和 GB/T 4732.5 的设计基础，也可以依据 GB/T 4732.3 自行完成简化的、完整的分析设计。纵观公式法中相关壁厚的计算公式，其计算壁厚的准则既包括了弹性失效设计准则，也包括了塑性失效设计准则，一些不连续部位的壁厚计算引入了应力增强系数，也主要是建立在结构的塑性极限压力前提下的。

鉴于分析设计的概念和内涵均随着历史及技术进步发生了变化，如不搞清历史的演变泛谈“直接法”或“分析设计”，都很容易搞混，为此，本章将主要按照设计思想的演化及其主要特征，根据笔者的理解和总结，概括介绍该两类分析设计方法：一是介绍“基于线弹性分析的应力分类法”，二是介绍“基于弹塑性分析的直接法”。

6.2 基于线弹性分析的“应力分类”法

6.2.1 概述

随着技术的发展，核容器和大型化的高参数化工容器的广泛使用，工程师们逐步认识到各种不同的应力对容器的失效有不同的影响，应从产生应力的原因、作用的部位以及对失效的影响几个方面将容器中的应力进行合理的分类，从而形成了“应力分类”的概念和相应的工程设计方法。其次，按不同类别的应力可能引起的失效模式建立起弹性失效、塑性失效、弹塑性失效及疲劳失效的设计与校核方法，并给出不同的应力限制条件。这就是应力分析设计的总体思想。但这套方法的基础首先要对容器中关键部位逐一进行应力分析，然后才能进行应力分类。下面首先介绍应力分析中的若干基本概念。

（1）容器的载荷与应力

前述各章均分别讨论过容器在各种载荷下的应力，这里再从应力产生的原因、求解的基本方法及应力的分布范围来进行归纳讨论。

① 由压力载荷引起的应力　指由内外介质均布压力载荷在回转壳体中产生的应力，可依靠外载荷与内力的平衡关系求解。在薄壁壳体中这种应力即为沿壁厚均匀分布的薄膜应力，并在容器的总体范围内存在。厚壁容器中的环向应力和径向应力沿壁厚呈非线性分布状态，其中可以分解为均布分量和非均布分量。

② 由机械载荷引起的应力　指由压力以外的其他机械载荷（如重力、支座反力、管道的推力）直接产生的应力。这种应力虽求解复杂，但也是符合外载荷与内力平衡关系的。这类载荷引起的应力往往仅存在于容器的局部，亦可称为局部应力。风载与地震载荷也是压力载荷以外的其他机械载荷，也满足载荷与内力的平衡关系，但作用范围不是局部的，而且与时间有关，作为静载荷处理时遍及容器整体，是非均布非轴对称的载荷。

③ 由不连续效应引起的不连续应力　这本书的总体不连续分析中已经讨论过。以下三种情况均会产生不连续应力：

ⅰ. 几何不连续（如曲率半径有突变）；

ⅱ. 载荷不连续；

ⅲ. 材质不连续。

例如夹套反应釜的内筒在与夹套相焊接的地方就同时存在几何不连续与载荷不连续（实际上还有轴向温度的不连续）。应该注意，结构不连续应力不是由压力载荷直接引起的，而是由结构的变形协调引起的，其在壳体上的分布范围较大，可称为总体不连续应力。其沿壁厚的分布有的是线性分布有的也呈均布的。

④ 由温差产生的热应力　由于壳壁温度沿经向（轴向）或径向（厚度方向）存在温差，在这些方向便引起热膨胀差，通过变形的约束与协调便产生应力，这就是温差应力或称热应力。引起热应力的“载荷”是温差，温差表明该类载荷的强弱，故称为热载荷，以区别于机械载荷。热应力在壳体上的分布取决于温差在壳体上的作用范围，有的属于总体范围，有的是局部范围。温差应力沿壁厚方向的分布可能是线性的或非线性的，有些则可能是均布的。

⑤ 由应力集中引起的集中应力　容器上的开孔边缘、接管根部、小圆角过渡处因应力集中而形成的集中应力，其峰值可能比基本应力高出数倍。数值虽大，但分布范围很小。应力集中问题的求解一般不涉及壳体中性面的总体不连续问题，主要是局部结构不连续问题，并依靠弹性力学方法求解。但实际很难求得理论的弹性解，常用实验方法测定或采用数值解求得。

(2) 应力分析设计中的名词术语

① 薄膜应力（membrane stress）　是沿截面厚度均匀分布的应力成分，等于沿所考虑截面厚度的应力平均值。

② 弯曲应力（bending stress）　是法向应力沿截面厚度上的变化分量。沿厚度的变化可以是线性的，也可以是非线性的。其最大值发生在容器的表面处，设计时取最大值。分析设计的弯曲应力是指线性的。

③ 法向应力（normal stress）　是垂直于所考虑截面的应力分量，也称为正应力。通常法向应力沿部件厚度的分布是不均匀的，此时可将法向应力视为由两种成分组成，一是均匀分布的成分，其值是该截面厚度应力的平均值（此即为薄膜应力）；另一是沿截面厚度各点而变化的成分，可能是线性的，也可能是非线性的。

④ 切应力（shear stress）　是与所考虑截面相切的应力分量。

⑤ 当量应力（equivalent stress）　按第四强度理论计算的当量应力。

⑥ 总体结构不连续（gross structural discontinuity）　是指几何形状或材料不连续，使结构在较大范围内的应力或应变发生变化，对结构总的应力分布与变形产生显著影响。总体结构不连续的实例，如封头、法兰、接管、支座等与壳体的连接处，以及不等直径、不等壁厚或弹性模量不等的壳体的连接处。

⑦ 局部结构不连续（local structural discontinuity）　是指几何形状和材料的不连续，但其仅使结构在很小范围内的应力或应变发生变化，对结构总的应力分布和变形无显著影响。例如小的过渡圆角处，壳体与小附件连接处，以及未全熔透的焊缝处。

(3) 各种应力对容器失效的影响

上述各种应力对容器失效的影响各不相同，或者说引起容器失效的形式各不相同，这便成了应力分类的重要依据。可以分析这样的例子，一台圆筒形容器，两端各有一封头，在做爆破实验时，如无特殊原因（如缺陷），爆破总是发生在远离封头的圆筒体中部，并从中央向两头撕裂。封头与筒体连接处虽存在较大的不连续应力，但爆破不从这里开始。可见不同的应力引起容器失效的形式不同。

上述各种应力对容器失效的影响大体可归纳如下。

ⅰ. 内压这种载荷产生的应力可以使容器在总体范围内发生弹性失效或塑性失效，即薄膜应力可使筒体屈服变形，以致发生爆破。外压则引起总体刚性失稳，即形状失稳。

ⅱ. 由其他机械载荷产生的局部应力可使容器发生局部范围内弹性失效或塑性失效。

ⅲ. 总体结构不连续应力，由于相邻部位存在相互约束，有可能使部分材料屈服进入弹塑性状态，可造成弹塑性失效。

ⅳ. 总体热应力也会造成容器的弹塑性失效。

ⅴ. 应力集中（局部结构不连续）及局部热应力可使局部材料屈服，虽然也可以造成弹塑性失效，但只涉及范围极小的局部，不会造成容器的过度变形。但在交变载荷作用下，这种应力再叠加上压力载荷的应力及不连续应力会使容器出现疲劳裂纹，因此主要危害是导致疲劳失效。

(4) 以应力分析为基础的设计方法

既然容器上存在不同载荷及不同的应力，而且对容器失效的影响又各不相同，因此就应当更为科学地将应力进行分类，并按不同的失效形式和设计准则进行应力强度校核。这就是应力分析设计的指导思想。

按这种设计思想进行容器设计时必先进行详细的应力分析，将各种外载荷或变形约束产生的应力分别计算出来，然后进行应力分类，再按不同的设计准则来限制，保证容器在使用期内不发生各种形式的失效，这就是以应力分析为基础的设计方法，或称分析设计法。

本节专门叙述分析设计法中的应力分类方法以及有关的设计准则。

6.2.2 容器的应力分类

压力容器中的应力进行分类的基本原则是：ⅰ应力产生的原因，是外载荷直接产生的还是在变形协调过程中产生的；ⅱ应力的分布，是总体范围的还是局部范围的，沿壁厚的分布是均匀的还是线性的或非线性的；ⅲ对失效的影响，即是否会造成结构过度的变形，及是否导致疲劳、塑性失效。

应力分类法将容器中的应力分为三大类：一次应力、二次应力、峰值应力。下面分别讨论。

6.2.2.1 一次应力 P (primary stress)

一次应力 P 亦称基本应力，是为平衡压力和其他机械载荷所必需的法向应力或剪应力，可由与外载荷的平衡关系求得，由此一次应力必然直接随外载荷的增加而增加。对于理想塑性材料，载荷达到极限状态时即使载荷不再增加，仍会产生不可限制的塑性流动，直至破坏，这就是一次应力的“非自限性”特征。

一次应力还可以再分为如下三种。

(1) 一次总体薄膜应力 P_m (general primary membrane stress)

这是指在容器总体范围内存在的一次薄膜应力，在达到极限状态的塑性流动过程中，其不会发生重新分布。沿壁厚（截面）均匀分布的法向应力即指薄膜应力，或者指沿壁厚截面法向应力的平均值。一次总体薄膜应力的实例有：圆筒形壳体及任何回转壳体的封头在远离结构不连续部位的由压力引起的薄膜应力、厚壁圆筒由内压产生的轴向应力以及周向应力沿壁厚的平均值。

(2) 一次弯曲应力 P_b (primary bending stress)

这是由内压或其他机械载荷作用产生的沿壁厚成线性分布的法向应力。例如平板封头远离结构不连续区的中央部位在压力作用下产生的弯曲应力。一次弯曲应力与一次总体薄膜应力的不同之处，仅在于沿壁厚的分布是线性的而不是均布的。对受弯的板，当两个表面的应力达到屈服强度时，内部材料仍处于弹性状态，可以继续承载，此时应力沿壁厚的分布将重新调整。因此这种应力不像总体薄膜应力那样容易使壳体失效，允许有较高的许用应力。对一次弯曲应力可以用极限分析方法作强度校核。

(3) 一次局部薄膜应力 P_L (primary local membrane stress)

这是指由内压或其他机械载荷在结构不连续区产生的薄膜应力（一次的）和结构不连续效应产生的薄膜应力（二次的）的统称，从保守考虑将此种应力划为一次局部薄膜应力。例如圆筒中由压力产生的薄膜应力在远离不连续区的地方称一次总体薄膜应力（P_m），而在不连续区则称为一次局部薄膜应力（P_L）。又如由总体不连续效应在壳体的边缘区域产生的周向薄膜应力，虽然具有二次应力的性质，但从方便和稳妥考虑仍保守地视为一次性质应力。永久性支座或接管给予壳体的局部力与力矩而产生的薄膜应力也是一次局部薄膜应力。

“局部”与“总体”是按经线方向的作用区域来划分的，如果当量应力超过 $1.1[\sigma]^t$ 的区域沿经线方向的延伸距离小于 $1.0\sqrt{Rt}$，或者两个超过 $1.1[\sigma]^t$ 的一次局部薄膜应力区在经线方向的距离不小于 $2.5\sqrt{Rt}$，都可以认为是局部的，否则划为总体的。此处 R 为壳体的第二曲率半径，t 为壁厚；若为两个相邻壳体，则 $R=0.5(R_1+R_2)$，$t=0.5(t_1+t_2)$。

当结构局部发生塑性流动时，这类应力将重新分布。若不加限制，则当载荷从结构的某一部分（高应力区）传递到另一部分（低应力区）时，会引起过度的塑性变形而失效。

6.2.2.2 二次应力 Q (secondary stress)

二次应力 Q 是指由相邻部件的约束或结构的自身约束所引起的法向应力或切应力，基本特征是具有自限性。

筒体与端盖的连接部位存在“相邻部件”的约束，厚壁容器内外壁存在温差时就形成“自身约束”。二次应力不是由外载荷直接产生的，即不是为平衡外载荷所必需的，而是在受载时在变形协调中产生的。当约束部位发生局部的屈服和小量的塑性流动使变形得到协调，产生这种应力的原因（变形差）便得到满足与缓和。亦即应力和变形也受到结构自身的抑制而不发展，这就是自限性。

二次应力的例子有：①总体结构不连续部位，如筒体与封头、筒体或封头与法兰连接处的不连续应力中的弯曲应力属二次应力；ⓘ总体热应力，如圆筒壳中轴向温度梯度所引起的热应力，由接管和与之相接壳体间的温差所引起的热应力，由壳壁径向温差引起的热应力的当量线性分量（见图 6-2）以及厚壁容器由压力产生的应力梯度，这些都属于二次应力。

6.2.2.3 峰值应力 F (peak stress)

峰值应力 F 是由局部结构不连续和局部热应力的影响而叠加到一次加二次应力之上的应力增量。峰值应力最主要的特点是高度的局部性，因而不引起任何明显的变形。其有害性仅是可能引起疲劳裂纹或脆性断裂。

局部结构不连续是指几何形状或材料在很小区域内的不连续，只在很小范围内引起应力和应变增大，即应力集中，但对结构总体应力分布和变形没有重大影响。结构上的小半径过渡圆角、部分未焊透及咬边、裂纹等缺陷处均有应力集中，均存在附加在一次与二次应力之上的峰值应力。以平板开孔为例，均匀拉伸膜应力为 σ，应力集中系数为 K_t，则 $F=\sigma(K_t-1)$。

局部热应力是指结构的局部热膨胀差几乎完全被限制的那种热应力，不可能引起结构显著变形。例如结构上的小热点处（加热蛇管与容器壳壁连接处）的热应力；碳钢容器内壁奥氏体堆焊层中的热应力，堆焊层中的热应力的分布从经线方向看无疑是均布的，但沿厚度方向却是局部的。另外，厚壁容器径向温差引起的热应力，其中非线性分量也是峰值应力（见图 6-2），从厚度上看，其分布是局部的，同时也是非均布的。

以上的应力分类方法可以用表 6-1 来说明。

表 6-1 压力容器典型零部件中的应力分类

序号	零部件名称	位置	应力的起因	应力分类	符号
1	圆筒形或球形壳体	远离不连续处的壳壁	内压	一次总体薄膜应力 沿壁厚的应力梯度(如厚壁筒)	P_m Q
			轴向温度梯度	薄膜应力 弯曲应力	Q Q
		与封头或法兰的连接处	内压	局部薄膜应力 弯曲应力	P_L Q
2	任何筒体或封头	沿整个容器的任何截面	外部载荷或力矩,或内压	沿整个截面平均的总体薄膜应力 应力分量垂直于横截面	P_m
			外部载荷或力矩	沿整个截面的弯曲应力 应力分量垂直于横截面	P_m
		在接管或其他开孔的附近	外部载荷或力矩,或内压	局部薄膜应力 弯曲应力 峰值应力	P_L Q F
		任何位置	壳体和封头间的温差	薄膜应力 弯曲应力	Q Q
3	碟形封头或锥形封头	顶部	内压	一次总体薄膜应力 一次弯曲应力	P_m P_b
		过渡区或与壳体连接处	内压	局部薄膜应力 弯曲应力	P_L Q
4	平封头	中央区	内压	一次总体薄膜应力 一次弯曲应力	P_m P_b
		与壳体连接处	内压	局部薄膜应力 弯曲应力	P_L Q
5	多孔的封头或筒体	均匀布置的典型管孔带	压力	薄膜应力(沿横截面平均) 弯曲应力(沿管孔带的宽度平均,但沿壁厚有应力梯度) 峰值应力	P_L Q F
		分离的或非典型的孔带	压力	薄膜应力 弯曲应力 峰值应力	P_L Q F
6	接管	垂直于接管轴线的横截面	内压或外部载荷或力矩	总体薄膜应力(沿整个截面平均) 应力分量与截面垂直	P_m
			外部载荷或力矩	沿接管截面的弯曲应力	P_m
		接管壁	内压	一次总体薄膜应力 局部薄膜应力 弯曲应力 峰值应力	P_m P_L Q F
			膨胀差	薄膜应力 弯曲应力 峰值应力	P_L Q F
7	复层	任意	膨胀差	薄膜应力 弯曲应力	F F
8	任意	任意	径向温度梯度	当量线性应力 应力分布的非线性部分	Q F
9	任意	任意	任意	应力集中(缺口效应)	F

下面再举例说明压力容器的应力分类方法。如图 6-1 所示的高压容器，外载荷有：ⓘ内压 p；ⓘⓘ端部法兰的螺栓力 N 及力矩 M_0 和推力 Q_0；ⓘⓘⓘ沿壁厚的径向温差 ΔT。现分析

A、B、C 三个部位的应力并加以分类。

① 部位 A　属远离结构不连续的区域，受内压及径向温差载荷。由内压产生的应力分两种情况：当筒体尚属薄壁容器时，其应力为一次总体薄膜应力（P_m）；当属厚壁容器时，内外壁应力的平均值为一次总体薄膜应力（P_m），而沿壁厚的应力梯度划为二次应力（Q）。这就是表 6-1 的序号 1 中内压引起的应力所指的两种应力分类情况。

由径向温差引起的温差应力沿壁厚呈非线性分布，如图 6-2 所示，近壁面（例如内壁）温差应力的梯度很大，局部区域虽有应力陡增但不会引起壳体发生显著变形。因此将非线性分布的温差应力作等效的线性化处理，即按对 Or 线净弯矩等效的原则作处理可得到等效的线性分布的温差应力，这就是表 6-1 序号 8 中的当量线性应力，该分类为二次应力 Q。另外，将线性与非线性间的差值（即表 6-1 序号 8 中的应力分布的非线性部分）应分类为峰值应力 F，图 6-2 中标出的 F 就是这种应力。

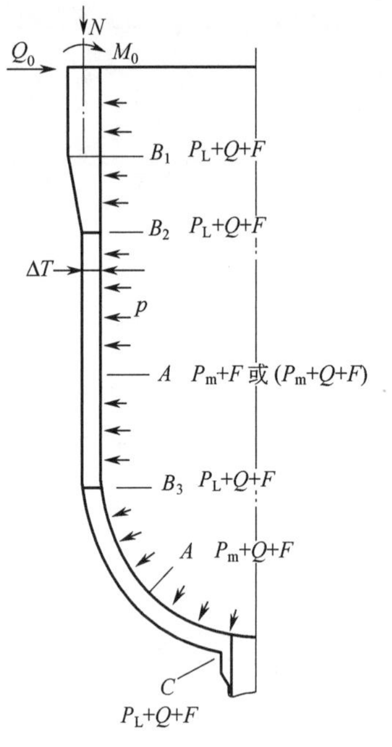

图 6-1　容器各部位应力的分类

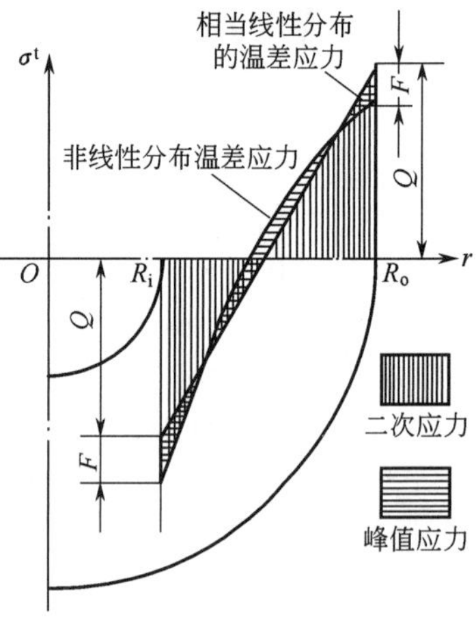

图 6-2　厚壁筒温差应力的分类

② 部位 B　包括 B_1、B_2 及 B_3 3 个几何不连续部位，均存在由内压产生的应力，但因处于不连续区，该应力沿壁厚的平均值应划为一次局部薄膜应力（P_L），应力沿壁厚的梯度为二次应力（Q）。由总体不连续效应产生的弯曲应力也为二次应力（Q），而不连续效应的周向薄膜应力应偏保守地划为一次局部薄膜应力（P_L）。表 6-1 序号 1 第 5 行所指的 P_L 就包含这里所分析的这两个 P_L。另外由径向温差产生的温差应力已如部位 A 所述，作线性化处理后分为二次应力和峰值应力（$Q+F$）。因此 B_1、B_2 和 B_3 各部位的应力分类为（P_L+Q+F）。

③ 部位 C　这里既有由内压在球壳与接管中产生的应力（P_L+Q）；也有球壳与接管总体不连续效应产生的应力（P_L+Q）；还有因径向温差产生的温差应力（$Q+F$）；另外再有因小圆角（局部不连续）应力集中产生的峰值应力（F）。总计应为（P_L+Q+F）。这里的分析可对照表 6-1 序号 6 中膨胀差引起的应力情况。由于部位 C 未涉及管端的外加弯矩，管子横截面中的一次弯曲应力 P_b 便不存在。又由于部位 C 为拐角处，内压引起的薄膜应力不应划分总体薄膜应力 P_m，应分类为一次局部薄膜应力 P_L。

另外，表 6-1 序号 7 的复层是指容器内壁的衬里层，例如加氢反应器及尿素合成塔内壁的奥氏体不锈钢堆焊层，由沿壁厚方向的温差引起的膨胀差或由于复层与基层之间热膨胀系数差异引起的膨胀差，所形成的温差应力对于很薄的复层来说可以视为薄膜应力，但它对很厚的基层来说几乎不会引起基层壳体的任何变形，因此应划为峰值应力 F。

6.2.3 各类当量应力及限制

在对容器进行弹性应力分析及应力分类之后，应力分类法将采用一系列合适的设计准则对各类应力强度进行限制，以保证容器的安全。在 JB/T 4732《钢制压力容器分析设计标准》(2005 年确认版）中采用第三强度理论确定当量应力（Tresca 应力），而新版的 GB/T 4732.1～4732.4—2024《压力容器分析设计》(所有标准）采用第四强度理论确定当量应力（Mises 应力）。本节介绍的当量应力是采用第四强度理论确定的当量应力。

6.2.3.1 当量应力

应力分类法中的 5 组应力分量，即 P_m 组、P_L 组、(P_L+P_b) 组、(P_L+P_b+Q) 组和 (P_L+P_b+Q+F) 组，按照式(6-1) 分别计算各组的当量应力。

当量应力 S_e 按下式计算：

$$S_e=\frac{1}{\sqrt{2}}\sqrt{(\sigma_1-\sigma_2)^2+(\sigma_2-\sigma_3)^2+(\sigma_1-\sigma_3)^2} \tag{6-1}$$

式中，σ_1、σ_2、σ_3 为校核点上的三向主应力。

6.2.3.2 5 个当量应力

① 一次总体薄膜当量应力 S_{I}（由 P_m 组算得）；

② 一次局部薄膜当量应力 S_{II}（由 P_L 组算得）；

③ 一次薄膜（总体或局部）加一次弯曲应力 S_{III}（由 P_L+P_b 组算得）；

④ 一次加二次应力范围的当量应力 S_{IV}（由 P_L+P_b+Q 组算得）；

⑤ 总应力范围的当量应力 S_{V}（由 P_L+P_b+Q+F 组算得）。

6.2.3.3 当量应力的许用极限

(1) 一次总体薄膜当量应力

$$S_{\mathrm{I}}\leqslant K[\sigma]^t \tag{6-2}$$

(2) 一次局部薄膜当量应力

$$S_{\mathrm{II}}\leqslant KS_{PL} \tag{6-3}$$

(3) 一次薄膜（总体或局部）加一次弯曲应力

$$S_{\mathrm{III}}\leqslant KS_{PL} \tag{6-4}$$

(4) 一次加二次应力范围的当量应力

$$S_{\mathrm{IV}}\leqslant S_{PS} \tag{6-5}$$

(5) 总应力范围的当量应力

$$S_{alt}\leqslant S_a \tag{6-6}$$

式中 K——载荷组合系数；当载荷组合中包含风载荷与地震载荷时，载荷组合系数 K 取

1.2，否则取 1；

$[\sigma]^t$——设计温度下的材料许用应力；

S_{PL}——一次局部薄膜当量应力 S_{II}、一次薄膜（总体或局部）加一次弯曲应力 S_{III} 的许用极限；当存在如下情况：材料的屈服强度（σ_y）与标准抗拉强度下限（σ_u）的比值大于 0.7、奥氏体高合金钢提高了许用应力、材料的许用应力 S_m^t 与时间相关时，$S_{PL}=1.5[\sigma]^t$。其他情况下，$S_{PL}=[\sigma]^t$。

S_{PS}——一次加二次应力范围的当量应力 S_{IV} 的许用极限；当存在如下情况：材料的屈服强度（σ_y）与标准抗拉强度下限（σ_u）的比值大于 0.7、奥氏体高合金钢提高了许用应力、材料的许用应力 S_m^t 与时间相关时，$S_{PS}=3[\sigma]^t$。其他情况下，$S_{PS}=2[\sigma]^t$。

S_{alt}——等幅循环中基于总应力范围的当量应力 S_V 计算得到的交变当量应力幅，具体计算可参见 GB/T 4732—2024 中的 6.6 节。

材料设计温度下的许用应力 $[\sigma]^t$ 是按材料的短时拉伸力学性能除以应力的安全系数而得。这些短期拉伸性能包括常温拉伸的抗拉强度 σ_u 及屈服强度 σ_y，高温下的屈服强度 σ_y^t，相应的安全系数分别为 n_b、n_y、n_y^t。这里重要的是安全系数的选取。分析设计规程中上述各安全系数可以取得与规则设计相同，也可以不同（一般取得低些）。ASME Ⅷ-2（1986 年版开始）取 $n_b=3.0$，而 ASME Ⅷ-1 原取 $n_b=4.0$，但 n_y 均为 1.5。根据 TSG 21—2016《固定式压力容器安全技术监察规程》对材料安全系数的相关规定，我国的规则设计规范即 GB/T 150《压力容器》中取 $n_b=2.7$，而分析设计的行业标准 JB/T 4732《钢制压力容器分析设计标准》(2005 年确认版）中取 $n_b=2.4$（详见表 6-2），GB/T 4732—2024《压力容器分析设计》对材料性能安全系数的要求与 JB/T 4732 是一致的。

表 6-2　确定许用应力所用的材料安全系数

材料	对常温下的最低抗拉强度，σ_u	对常温下的最低屈服强度，σ_y	对设计温度下的最低屈服强度，σ_y^t
碳素钢、低合金钢	$n_b=2.4$	$n_y=1.5$	$n_y^t=1.5$
奥氏体不锈钢	$n_b=2.4$	$n_y=1.5$	$n_y^t=1.5$ 或 $n_y^t=1.11$

我国分析设计规程中材料安全系数 $n_b=2.4$ 是在调研了以往的使用情况和参考国外同类规范的情况下确定的。在采用 σ_y/n_y 的同时再参考 σ_u/n_b 来确定许用应力，反映了防止发生拉伸断裂的意图。将 n_b 从 3.0 下降到 2.6，再降到 2.4，意味着许用应力的提高，容器按分析设计方法设计的厚度也将可能减薄。由于分析设计有详尽的理论计算，有较严格的材料、制造、检验和验收规程，所以将安全系数适量降低是合理的。对于奥氏体不锈钢，因无明显的屈服点，其规定塑性延伸强度 $\sigma_{p0.2}$ 是根据残余应变为 0.2%时的应力值来确定的。当其变形量高达 1%时，其条件屈服点可提高 20%，此时仍有良好的塑性和韧性，因此对于那些可以允许出现较大变形的奥氏体不锈钢部件，可以采用规定塑性延伸强度 $\sigma_{p1.0}$ 除以相应的安全系数来确定许用应力。

6.2.4　失效模式与当量应力限制条件之间的内在联系及技术原理

按照应力分类法进行容器的设计校核，应分别针对设计条件、工作条件和耐压试验条件下各载荷组合工况开展容器及部件的线弹性应力分析，进行应力线性化处理和应力分类，将得到的当量应力按照上述式(6-2)～式(6-6) 进行校核。本节将介绍这些当量应力限制条件与容器的失效模式如塑性垮塌、局部过度应变、疲劳失效之间内在的联系以及相关技术原理。

6.2.4.1 塑性垮塌评定

式(6-2) 规定了对一次总体薄膜当量应力 S_{I}（由 P_m 组算得）的限制要求，一次总体薄膜应力（P_m）在容器内呈总体分布，且无自限性，只要当量应力 S_{I} 屈服即意味着整个截面以致总体范围屈服并将引起显著的总体变形。因此像规则设计一样采用弹性失效设计准则，即以设计温度下材料的许用应力 $[\sigma]^t$ 作为当量应力 S_{I} 的限制条件，仅当考虑载荷组合中包含风载荷和地震载荷等极端工况时，将设计温度下材料的许用应力乘以 1.2 倍作为当量应力 S_{I} 的限制条件。

一次局部薄膜应力（P_L），其中有一次应力的成分（例如总体不连续区内由压力直接引起的薄膜应力），也有二次应力的成分（如不连续效应引起的周向薄膜应力）。它既有局部性，有的还有二次应力的自限性，因此不应限制过严，可比 P_m 放宽。但另一方面，局部薄膜应力过大，会使局部材料发生塑性流动，引起局部薄膜应力的重新分布，即把载荷从结构的高应力区向低应力区转移。若不加限制将导致过量的塑性变形而失效。因此式(6-3) 对 S_{II} 的限制中，$S_{PL}=1.5[\sigma]^t$ 或 $[\sigma]^t$ 反映了这一思想。

压力容器中的一次局部薄膜应力 P_m（或 P_L）常与一次弯曲应力（P_b）组合存在。组合的当量应力完全可能大到使材料发生局部屈服，但即使如此也不一定导致破坏，这是由于弯曲应力是沿截面线性分布，当表面的最大拉应力达到屈服时，其他区域还是弹性状态，能够继续承载，如果按照理想弹塑性材料本构考虑，直到整个截面都屈服达到极限载荷时，结构才不能继续承载，此时的极限载荷相较于一点屈服的载荷，会达到 1.5 倍。这也是为何可以将许用极限放宽至 $S_{PL}=1.5[\sigma]^t$（易应变强化材料仍严格限制在 $[\sigma]^t$）。详细的分析参见 6.2.4.5 小节极限载荷设计准则的介绍。

以上式(6-2)～式(6-3) 均从强度上保证了容器或部件避免发生塑性垮塌失效。

6.2.4.2 局部过度应变评定

在 ASME Ⅷ-2 及 GB/T 4732.4 中均提出了局部过度应变评定，如式（6-7）所示，这主要为限制在三向拉应力情况下发生断裂的潜在可能性，当三个主应力相等或接近时，Tresca 应力或 Mises 应力将等于或接近 0，所以需另设 1 个防止三向拉应力状态的极限值。

$$\sigma_1+\sigma_2+\sigma_3\leqslant 4[\sigma]^t \tag{6-7}$$

6.2.4.3 棘轮评定

当存在二次应力的情况下，其许用应力极限 $S_{PS}=3[\sigma]^t$（易应变强化材料仍严格限制在 $2[\sigma]^t$），其主要是考虑了安定性准则。详细的分析参见 6.2.4.6 小节安定性准则的介绍。

6.2.4.4 疲劳评定

由于峰值应力不会引起结构的显著变形。只要首先满足了对一次应力强度及一次加二次应力强度的限制条件，峰值应力不会引起结构在静载荷下的过度变形而破坏，因此静载荷下(包括循环次数有限的交变载荷）对峰值应力可不予考虑。但在交变载荷下存在峰值应力的地方就会出现疲劳失效，即萌生出疲劳裂纹以致扩展后造成疲劳断裂。因此式（6-6）给出了对总应力范围的当量应力 S_{V} 的限制条件。该部分涉及内容较多，在 6.3 节中详细介绍。

6.2.4.5 极限载荷设计准则[81, 82]

这是塑性分析中常用的强度设计准则。假设材料具有理想塑性材料的行为（即无应变硬化），在某一载荷下进入整体屈服或局部区域的全域屈服后，变形将无限制地增大，从而失去承载能力，这种状态即为塑性失效的极限状态，这一载荷即为塑性失效时的极限载荷。用这种塑性极限载荷即可以确定容器组合应力强度的极限控制条件。

极限载荷有许多求解方法，这里以最简单的矩形截面梁受弯曲直至出现“塑性铰”时的极限载荷求法来说明。

(1) 纯弯曲的矩形截面梁

梁在弹性情况下的截面应力是线性分布，中性层为0，表面层为最大。弯矩载荷 M 所对应的最大应力为

$$\sigma_{\max}=\frac{M}{W}=\pm\frac{6M}{bh^2} \tag{6-8}$$

式中 M——弯矩；

W——抗弯模量；

b——矩形截面宽度；

h——矩形截面高度。

当 $\sigma_{\max}=R_{eL}$，即表层材料屈服时，所对应的载荷为最大弹性承载能力

$$M=\frac{bh^2}{6}R_{eL} \tag{6-9}$$

此时梁刚达到弹性失效状态。但从塑性失效观点来看，此梁除上下表层材料屈服外，其余材料仍处于弹性状态，还可继续加载。

如果假设容器的材料为理想塑性材料，如图6-3所示，继续加载后屈服层增加，弹性层减少。当外加弯矩增大到使梁的整个截面都屈服时，梁的承载能力便达到了极限，不需再增加载荷也可使梁的变形无限地增大，即形成了“塑性铰”形式的塑性失效。此时的载荷 M' 即为极限载荷

$$M'=\left[R_{eL}\left(b\ \frac{h}{2}\right)\frac{h}{4}\right]\times 2=R_{eL}\ \frac{bh^2}{4} \tag{6-10}$$

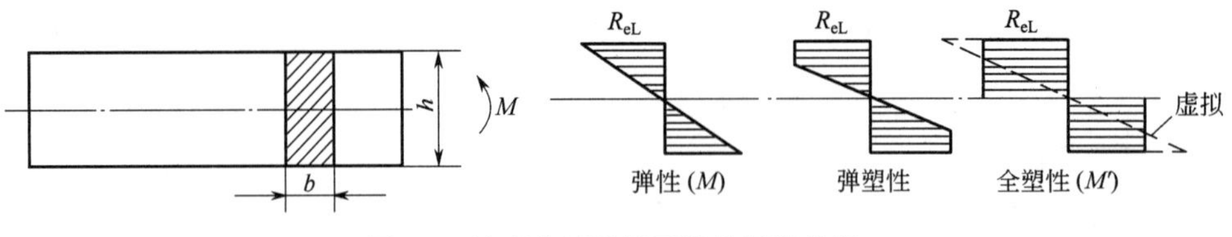

图6-3 纯弯曲矩形截面梁的极限分析

此式与式(6-9)相比可知 $M'=1.5M$，即塑性失效时的极限载荷比弹性失效时的载荷增大到1.5倍，为了便于与弹性分布的应力相比，若将极限载荷下的应力视为虚拟的线性分布的（图6-3中的虚线），则可计算出极限载荷下的虚拟弹性应力为

$$\sigma'_{\max}=\frac{M'}{W}=\frac{\frac{1}{4}R_{eL}bh^2}{\frac{bh^2}{6}}=1.5R_{eL} \tag{6-11}$$

若仍用 1.5 倍的安全系数，便可得到极限载荷法的纯弯曲矩形截面梁的应力限制条件

$$\sigma_{max} \leqslant \frac{\sigma'_{max}}{1.5} = \frac{1.5R_{eL}}{1.5} = R_{eL} = 1.5[\sigma] \tag{6-12}$$

(2) 拉弯组合的矩形截面梁

如图 6-4 所示的梁同时承受弯矩和拉伸载荷，截面上的应力可进行拉弯叠加。与纯弯曲相比，其中性层发生了偏离，偏离值 y 取决于拉伸载荷 P 的大小。

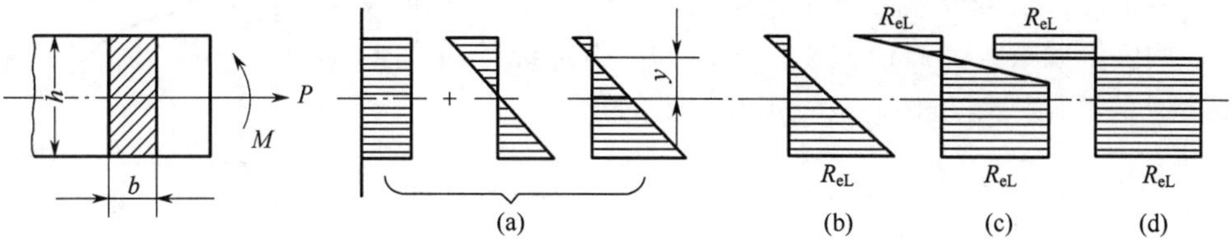

图 6-4　拉弯组合矩形截面梁的极限分析

当载荷增加时（可增加 P 或 M，也可两者同时增加），梁表面层应力达到屈服态，此时仍可继续加载，使屈服层增厚，直至整个截面的应力均达到屈服状态。此时的载荷（包括 P 和 M）便为该状态的极限载荷，该状态也为出现了“塑性铰”的塑性失效状态。图 6-4 中的图(b)→图(d) 反映了 P 保持不变、仅增加 M 时的情况。与纯弯曲相比，由于 P 的存在，中性层就会偏离。

在极限载荷下，利用力的静平衡关系可以导出偏心值 y

$$b\left(\frac{h}{2}+y\right)R_{eL} - b\left(\frac{h}{2}-y\right)R_{eL} = P \tag{6-13}$$

则

$$y = \frac{P}{2bR_{eL}} \tag{6-14}$$

拉伸载荷 P 愈大，则 y 也愈大，当 $P=0$ 时，$y=0$，即为纯弯曲。

再利用力矩平衡关系可导出极限载荷与虚拟应力值

$$Py + M = b\left(\frac{h}{2}+y\right)R_{eL} \times \frac{1}{2}\left(\frac{h}{2}+y\right) - b\left(\frac{h}{2}-y\right)R_{eL} \times \frac{1}{2}\left(\frac{h}{2}-y\right) = P \tag{6-15}$$

得

$$M = \frac{1}{4}bh^2R_{eL} - \frac{1}{4}\frac{P^2}{bR_{eL}} \tag{6-16}$$

变换上式，各项均乘以 $\frac{6}{bh^2R_{eL}}$，并以 $\sigma_t = \frac{P}{bh}$ 及 $\sigma_b = \frac{M}{W} = \frac{6M}{bh^2}$ 分别代表拉伸应力和弯曲应力代入上式，则得到

$$\frac{\sigma_b}{R_{eL}} = \frac{3}{2}\left[1 - \left(\frac{\sigma_t}{R_{eL}}\right)^2\right] \tag{6-17}$$

如果此式中的 σ_t 代表一次薄膜应力 P_L，σ_b 代表一次弯曲应力 P_b，则该式便是 P_L+P_b 组合应力强度在达到塑性失效极限载荷时应满足的关系。若将上式两端均加一项 $\frac{\sigma_t}{R_{eL}}$，有

$$\frac{\sigma_t + \sigma_b}{R_{eL}} = \frac{3}{2}\left[1 + \frac{2}{3}\left(\frac{\sigma_t}{R_{eL}}\right) - \left(\frac{\sigma_t}{R_{eL}}\right)^2\right] \tag{6-18}$$

此式可标绘成图 6-5 的曲线。纵坐标$\frac{\sigma_t+\sigma_b}{R_{eL}}$相当于一次薄膜应力加一次弯曲应力与屈服强度的比值，横坐标$\frac{\sigma_t}{R_{eL}}$相当于一次薄膜应力与屈服强度之比。曲线 ABC 即为式(6-18) 所表示的拉弯组合应力强度达到极限载荷时发生塑性失效的极限曲线。A 点表示纯弯曲时的极限载荷状态，B 点表示纯拉伸时的极限载荷状态，AB 曲线则为各种拉弯组合时达到的极限载荷状态。

设计时的允许值可以这样确定：以极限载荷曲线为基础给予 1.5 的安全系数。为简便起见以直线 DE 作为纯弯曲及拉弯组合时的共同限制条件。DE 线所代表的正是 $\sigma_t+\sigma_b=1.0R_{eL}$，相当于 $\sigma_t+\sigma_b=1.0R_{eL}=1.5\left(\frac{R_{eL}}{1.5}\right)=1.5[\sigma]$。对于一次薄膜应力 σ_t 仍应以 $[\sigma]$ 为限制条件，相当于$\frac{\sigma_t}{R_{eL}}=\frac{1}{1.5}=0.67$，相当于图中 EF 线所给予的限制。因此在 $ODEF$ 方框内均为设计允许的安全区。

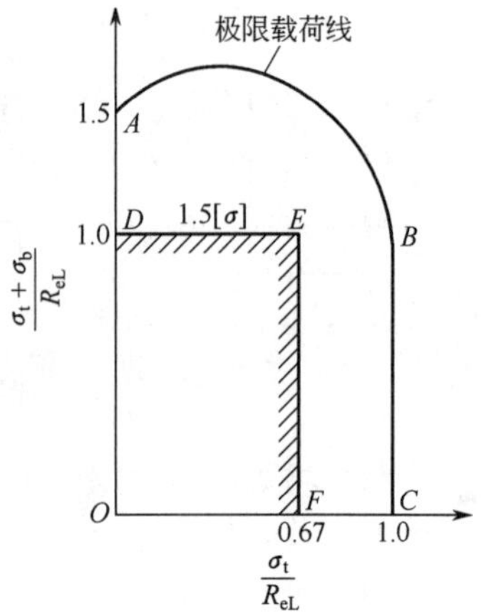

图 6-5 拉伸与弯曲组合作用时塑性失效极限载荷线与设计允许范围

以上便是由极限载荷设计准则导出含 P_L+P_b 的 $S_{Ⅲ}\leqslant KS_{PL}$（考虑到设计温度，$S_{PL}=1.5[\sigma]^t$，易应变强化材料仍限制在 $[\sigma]^t$）的概况。应当指出，该结论是由矩形截面梁导出的，当为圆形截面的梁时则为 $1.7[\sigma]$，而不再是 $1.5[\sigma]$。另外，以矩形截面直梁出现塑性铰作为极限状态导出的判据，可近似地用于板壳结构的压力容器拉弯组合应力强度的校核，而且是偏于安全的。因为对于梁来说，一旦出现一个塑性铰，其变形就会无限地发展下去，而压力容器上只有出现多个塑性铰时才会进入塑性失效状态，因而采用 $S_{PL}=1.5[\sigma]^t$（考虑到设计温度）是偏于安全的。

6.2.4.6 安定性准则

含二次应力（Q）的组合应力强度若仍采用由极限载荷准则导出的 $S_{PL}=1.5[\sigma]^t$ 来限制，则显得很保守。这是由于二次应力具有自限性，只要首先满足对一次应力强度的限制条件，则二次应力的高低对结构承载能力并无很显著的影响。在初始几次加载卸载循环中产生少量塑性变形，在以后的加载卸载循环中即可呈现弹性行为，即结构呈安定状态。但若载荷过大，在多次循环加载时可能导致结构失去安定。丧失安定后的结构并不立即破坏，而是在反复加载卸载中引起塑性交变变形，材料发生塑性损伤而引起塑性疲劳。此时结构在循环应力作用下会产生逐次递增的非弹性变形，称为“棘轮现象”（Ratcheting）。

因此“安定性”（Shakedown）的含义是，结构在初始阶段少数几个载荷循环中产生一定的塑性变形外，在继续施加的循环外载荷作用下不再发生新的塑性变形，即不会发生塑性疲劳，此时结构处于安定状态。

作为强度限制条件可以采用安定性准则。下面分析结构保持安定的条件，即导出安定性设计准则。

当某处包含二次应力在内的组合应力（P_L+P_b+Q）超过屈服强度后用弹性虚拟应力表示。现用图 6-6 进行安定性准则分析。

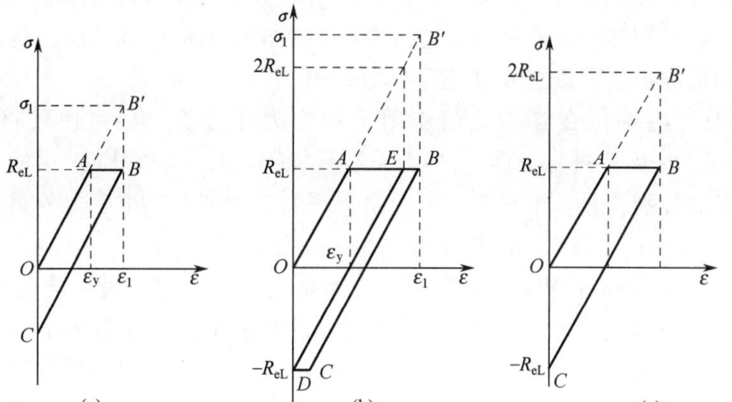

图 6-6　安定性分析图

① $R_{eL} \leqslant \sigma_1 \leqslant 2R_{eL}$　如图 6-6(a) 所示，第一次加载时，局部塑性区内的应力应变按 OAB 线变化，按虚拟应力 σ_1 计的应力应变线为 OAB'。卸载时则沿 BC 线下降。由于结构不连续区周围存在弹性约束，卸载时有可能使塑性变形回复到 C，此时必产生残余压应力，压应力的大小由 OC 线段代表。第二次加载卸载循环将沿 BC 线变化，这时不再发生新的塑性变形，结构表现出新的弹性行为，亦即进入安定状态。

② $\sigma_1 > 2R_{eL}$　如图 6-6(b) 所示，塑性区内的虚拟弹性应力超过两倍屈服强度值后，卸载时从 B 点沿 BC 线下降，此时可能由于约束而产生反向压缩屈服而达到 D 点。于是第二次加载卸载循环则沿 $DEBCD$ 回线变化。如此多次循环，反复出现拉伸屈服和压缩屈服，则可能引起塑性疲劳，结构便处于不安定状态。

③ $\sigma_1 = 2R_{eL}$　如图 6-6(c) 所示，这是安定与不安定的界限。第一次加载卸载的应力应变回线为 $OABC$，这是不出现反向屈服的最大回线，以后的加载卸载的应力应变循环均沿一条最长的 BC 线变化，不再出现新的塑性变形，表现出最大的弹性行为，即达到安定状态。与此对应的虚拟应力 σ_1 正好为 $2R_{eL}$，因此 $\sigma_1 \leqslant 2R_{eL}$ 即为出现安定的条件。

如前所述，只要能保持安定，二次应力的存在并不影响结构的承载能力，因此作为安定性设计准则并不需要再给安全系数。由于 $2R_{eL} = 2\times1.5[\sigma] = 3[\sigma]$，考虑到设计温度，则 $2R_{eL}^t = 3[\sigma]^t$，故用安定性准则来限制含二次应力的组合应力强度的表达式见式(6-5)。

满足这一条件结构就会安定，结构便靠自身的自限能力来限制不连续区或温差应力作用区的变形。

由于实际材料并非理想塑性材料，屈服后还有强化能力，因此上面导出的安定性条件是偏于保守的，使结构增加了一定的安全裕度。

6.2.5　应力分类法的程序及应用

(1)　应力分类法的一般程序

压力容器应力分类法的一般程序如下。

① 结构分析　详细考虑压力容器结构中有哪些部位需要按分析设计方法进行强度分析，这些部位大体上有哪些应力作用，可能产生什么形式的失效。

② 应力分析　应力分类法是按弹性应力分析方法计算各部位的应力，因此需正确确定各分析部位所受的载荷（压力的、机械的与热的）以及边界力学条件，并明确区别设计条件

和实际的操作条件。计算方法可以用解析法，无法解析时可以用数值方法。国内外的分析设计标准都规定可以采用弹性方法进行应力分析。当结构中局部区域的应力超出材料的屈服点时，允许采用弹性虚拟应力概念并可进行叠加。

③ 应力分类　各部位在各种载荷作用下的应力作分析之后，便可将所得应力按 P (P_m、P_L、P_b)、Q 及 F 进行分类。注意，这里的 P、Q、F 和图 6-7 中的 P、Q、F 所代表的是应力分类的类别符号，不只表示一个量，每类应力各有 6 个应力分量（其中有的应力分量亦可以为零），每一校核点的应力均应为三个法向应力（σ_x，σ_θ，σ_z）和三个切应力（$\tau_{x\theta}$，$\tau_{\theta z}$，τ_{zx}）为一组的 6 个应力分量。而叠加是指同种应力分量的向量叠加。应力分类时是针对每组应力分量的，然后按各类同种应力进行叠加。如果按容器的 r、θ、z 取向，基本上可将剪应力忽略不计，剩下的三个法向应力即为主应力。但特殊情况例外。

④ 计算当量应力　将应力按各向叠加和分类后的应力分量求得组合后的各向主应力，然后按第四强度理论求出各校核部位的最大当量应力，或称组合当量应力，以待进行强度校核。

⑤ 应力强度校核　按图 6-7 所示的程序进行各个单项及组合应力强度 S 的校核，即 P_m 的应力强度 $S_{\mathrm{I}} \leqslant K[\sigma]^t$，$P_L$ 的应力强度 $S_{\mathrm{II}} \leqslant 1.5KS_{PL}$，$P_L+P_b$ 的应力强度 $S_{\mathrm{III}} \leqslant 1.5KS_{PL}$，$P_L+P_b+Q$ 的应力强度 $S_{\mathrm{IV}} \leqslant 3S_{PS}$，以及 P_L+P_b+Q+F 的应力强度 $S_{\mathrm{V}} \leqslant S_a$。

应力种类	一次应力			二次应力	峰值应力
	总体薄膜	局部薄膜	弯　曲		
说明	沿实心截面的平均一次应力 不包括不连续和应力集中 仅由机械载荷引起的	沿任意实心截面的平均应力 考虑不连续但不包括应力集中 仅由机械载荷引起的	和离实心截面形心的距离成正比的一次应力分量。不包括不连续和应力集中 仅由机械载荷引起的	为满足结构连续所需要的自平衡应力 发生在结构的不连续处，可以由机械载荷或热膨胀差引起的 不包括局部应力集中	因应力集中（缺口）而加到一次或二次应力上的增量 能引起疲劳但不引起容器形状变化的某些热应力
符号	P_m	P_L	P_b	Q	F

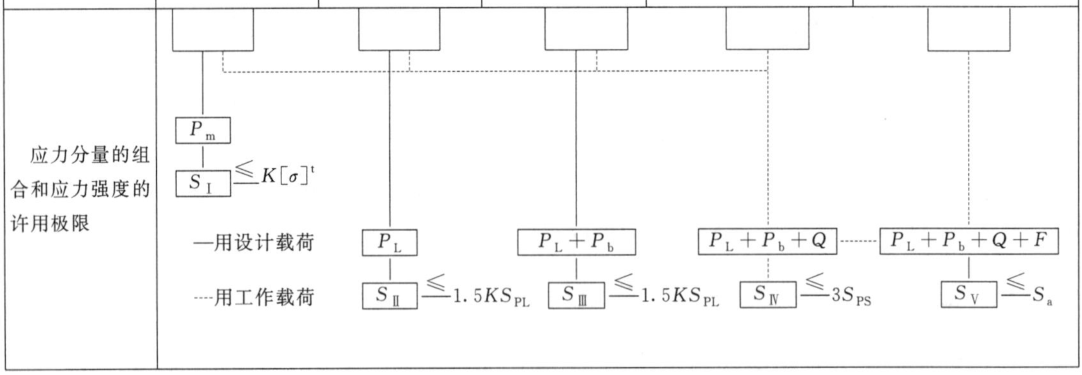

图 6-7　各类应力强度的校核程序及限制值

(2) 关于应力分类法与设计准则的讨论

① 关于应力分类法　对结构中校核点的应力分析是进行分析设计的必要前提，这是个繁杂的工作，有时甚至是很困难的。虽然允许作弹性分析也相当复杂。GB/T 4732.3 对一

些典型的回转壳体均给出了有力矩的解析解，也给出了各种不同的回转壳体相互连接部位的不连续效应的解析解。在没有解析解时，可以采用有限元法等数值解方法，也可以采用GB/T 4732.4 附录C的实验应力分析方法。

② 关于塑性设计准则的应用　采用弹性方法进行应力分析计算，但采用塑性的设计准则校核（除对 P_m 外），这是基于弹性应力分析的应力分类法。当应力超过屈服强度以后仍用弹性方法计算应力，并用塑性的设计准则来限制这种虚拟的弹性应力，其结果是偏安全和保守的。因此分析设计规范中一般都有说明，即如果采用塑性分析方法（包括假定材料为理想塑性材料或应变硬化材料）来求解给定载荷下结构的应力应变状态，此时对强度的限制条件可以作某些放松。假如还能运用极限分析方法计算出具体板壳结构的压力容器发生塑性失效时的极限载荷（可用解析法，也可用数值分析或实验测试方法），则可将限制条件放松到给定载荷不超过该极限载荷的 2/3。这相当于取极限载荷安全系数为 1.5。

实际结构塑性失效的极限载荷是很难求解的。压力容器是由板与壳组成的各种组合结构，往往需求解的又是不连续部位发生塑性失效时的极限载荷，这更增添了困难。有些情况可以利用塑性极限分析理论中的上限定理或下限定理，所得的极限载荷可逼近真实的极限载荷。但这种求解方法毕竟是复杂的。

塑性极限分析还可采用实验分析法，即 GB/T 4732.4 中附录C推荐的实验方法确定极限载荷。

③ 与分析设计法相适应的材料、制造与检验保证　分析设计法不只是在计算方法上与规则设计法有所不同，而且在材料、制造与检验上也必须有特殊的、更加严格的要求，否则就不能保证可取较低的安全系数与较高的许用应力。

在材料方面，由于材料安全系数的降低，分析设计的标准对材料的要求更严格了一些，如要求受压元件用钢应由氧气转炉、电炉或电渣重熔法冶炼；对厚度大于 30mm 的 Q345R 钢板、设计压力大于或等于 10MPa、钢板厚度大于 12mm 的所有牌号钢板，应逐张进行超声波探伤。

在容器的制造与检验要求方面，例如在封头形状偏差的检验方面要采用比 GB/T 150 更大尺寸的样板，封头直边的纵向皱折深度控制得更小。焊缝对口的错边、焊缝接头的余高、焊接引弧部位、筒体组焊后的直线度等方面的要求均严于 GB/T 150 的要求。对需作焊后热处理的容器明确提出了进、出炉的最高炉温，升温与降温的速度和炉温均匀性的要求。焊缝的无损检测也提高了要求，接管和壳体相焊的D类焊接接头要进行100%超声检测，而不是仅对公称直径大于等于 250mm 的D类焊接头有要求。

以上这些要求无疑提高了钢材的质量，特别是韧性得到了更好的保证，也提高了容器的各种制造质量，从而使容器的安全得到更为可靠的保证。在这种前提下，通过对应力的详细分析、分类、校核，当然就可以采用更高一些的许用应力。采用这一方法设计的容器其壁厚较薄，重量较轻，但可靠性更高。

（3）分析设计法的工程应用

采用分析设计规范时必须要有相应的计算机软件，以便进行应力分析、极限载荷计算以及分类与强度校核。

压力容器的分析设计标准是与规则设计法标准（如 GB/T 150）相平行的另一标准。由于分析设计法的设计成本和容器制造过程严格，不是所有容器都需要进行分析设计的。一般是在大型容器而且是结构复杂和运行参数较高情况下才采用，特别是承受交变载荷有可能造成疲劳失效的重要容器必须采用分析设计。

6.3 容器的疲劳设计

结构在交变载荷下会发生疲劳破坏，这是19世纪末已被重视的问题，并早就形成了疲劳设计的方法[83]。但由于受压容器的疲劳破坏特别容易发生在像接管根部等出现塑性应变的高应变区，并且破坏的循环周次都很低，因此被称为“低循环疲劳”。低循环疲劳有其特殊的规律，因此也形成了不同于高循环情况的容器防低循环疲劳破坏的设计方法。由于疲劳设计需进行详细的应力分析，并必须采用应力分类的方法进行设计，因此容器的疲劳设计也是分析设计法的一个重要组成部分。

6.3.1 容器的低循环疲劳破坏[25,83,84]

化工容器的交变载荷来自压力的波动、开工停工的压力交变；温度的交变形成温差应力的交变；外加载荷的交变以及强迫振动等。同时，容器结构上存在局部结构不连续而引起应力集中，尤其当形成局部塑性区时，该区域往往是萌生疲劳裂纹和引起容器疲劳破坏的源区。由于局部塑性区内的高应变，在交变载荷下局部将发生交变的塑性应变，因此容器疲劳破坏时的循环周次都很低。循环数在$10^2\sim10^5$次发生破坏的称为低循环疲劳，10^5次以上的则称为高循环疲劳。

如图6-8所示，交变应力的特征参量一般有最大应力值σ_{max}、最小应力值σ_{min}，平均应力σ_m及交变应力幅值σ_a等，其中：$\sigma_m=\dfrac{1}{2}(\sigma_{max}+\sigma_{min})$；$\sigma_a=\dfrac{1}{2}(\sigma_{max}-\sigma_{min})$；$\sigma_{max}=\sigma_m+\sigma_a$。另外定义应力比为$R=\sigma_{min}/\sigma_{max}$，当$R=-1$（即$\sigma_m=0$）时为对称循环；当$R=0$时为卸载后应力为0的交变循环，即脉动循环；而$R=+1$时为静载。

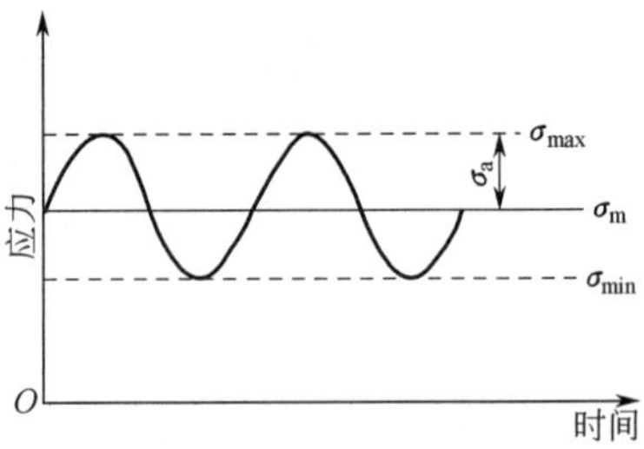

图6-8 应力循环曲线

(1) 高循环疲劳曲线

采用标准圆截面光滑试样作疲劳试验，当交变应力σ_{max}低于屈服强度R_{eL}时，对称循环（$\sigma_m=0$）试验可得到一系列不同σ_a-N_f（破坏循环数）数据，并可绘出σ_a-N_f曲线，即一般的高循环疲劳曲线（图6-9）。由图可见当应力幅σ_a低到一定数值时，曲线趋向于一水平线，表示在该应力幅下经无限次循环（10^7次以上）也不会发生疲劳破坏。因此将此渐近值称为材料的疲劳持久极限σ_{-1}——材料经无限次循环而不发生疲劳破坏的最大应力。σ_{-1}一般为材料抗拉强度R_m的一半左右。一般将回转机械或往复机械最大的应力幅值σ_a限制在σ_{-1}以内则可获得近于无限寿命，因此这类机械的疲劳问题称为高循环疲劳问题（或称高周疲劳）。

(2) 低循环疲劳曲线

低循环破坏时的应力值一般大于材料屈服强度，实验证明，只有采用应变值作为疲劳试验的控制变量以代替高循环疲劳试验中的应力变量，才能得到有规律的结果。用光滑的圆棒试样模拟局部高应变区的应变作应变控制的低周疲劳试验，为在整理数据时与高循环疲劳曲线相一致，仍可将总应变范围ε_t按弹性规律换算成“虚拟应力幅”σ_a，即

$$\sigma_a=\frac{1}{2}E\varepsilon_t \tag{6-19}$$

对奥氏体不锈钢所作的低周疲劳试验得到的低周疲劳试验曲线如图 6-10 所示。这些试验均是在平均应力 $\sigma_m=0$ 的情况下得到的。其他材料的试验曲线基本相似，基本反映了疲劳寿命随虚拟应力幅增加而降低的趋势。

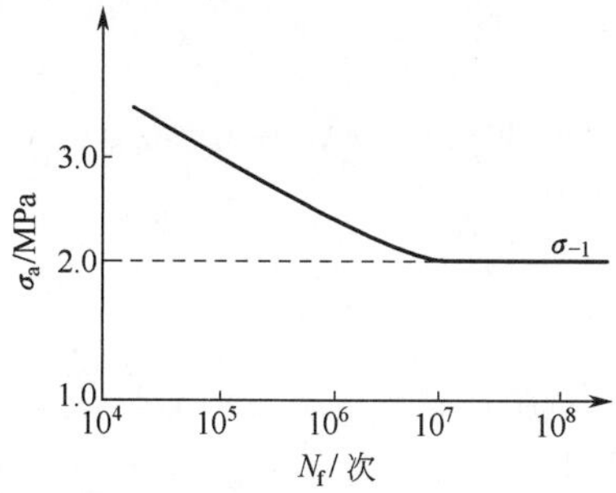

图 6-9　高循环疲劳曲线

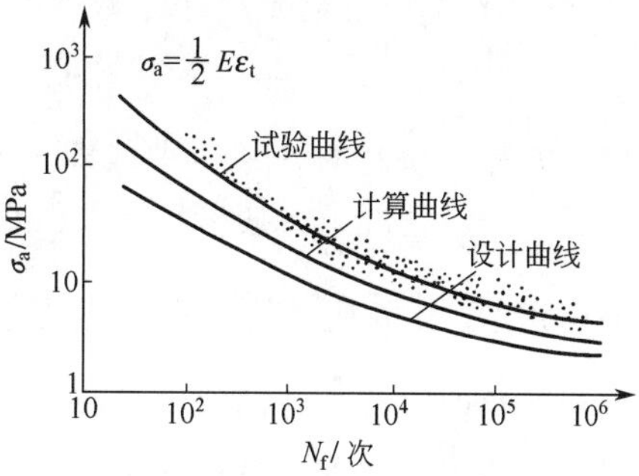

图 6-10　低循环疲劳曲线

6.3.2　低循环设计疲劳曲线的确定方法

（1）试验法的设计疲劳曲线

将类似于图 6-10 中的低循环疲劳试验曲线给以适当的安全系数，便可得到低循环疲劳设计曲线。按 ASME Ⅷ-2 的方法将应力幅改为应力强度幅值 σ_a，若对应力幅取安全系数 2，对寿命取安全系数为 20（英国 BS 5500 取寿命安全系数为 15），由各点的最小值连线所构成的曲线即为设计低循环疲劳曲线，亦称 S_a-N_f 曲线。当已知应力幅（包括一次加二次加峰值应力）时，由曲线可求出安全寿命，或已知所需寿命便可求出安全的应力幅。设计曲线如图 6-10 所示。铁素体类的碳钢、低合金钢与高强钢的设计疲劳曲线见图 6-16。由于疲劳试验数据分散，寿命安全系数一般都取得较大（15～20）。

（2）用计算法获得疲劳设计曲线

疲劳试验费时耗资，也可设法用计算法推导出近似的估算方程。

在应变控制的低循环疲劳试验中，Coffin 对许多材料总结出塑性应变量 ε_p 和疲劳寿命 N_f 有如下经验关系

$$\sqrt{N_f}\,\varepsilon_p=C \tag{6-20}$$

常数 C 一般为材料拉伸试验中断裂时的真应变之半，即 $C=\frac{1}{2}\varepsilon_f$。利用塑性变形时体积不变的规律可以推出 ε_f 与断裂时的断面收缩率 ψ 的关系为 $\varepsilon_f=\ln\frac{100}{100-\psi}$。于是 $C=\frac{1}{2}\ln\frac{100}{100-\psi}$。

另外，疲劳试验中的总应变 ε_t 应为塑性应变 ε_p 与弹性应变 ε_e 之和，即 $\varepsilon_t=\varepsilon_p+\varepsilon_e$。当有塑性应变时，应力可用虚拟应力 σ' 表示，即 $\sigma'=E\varepsilon_t$。此时虚拟应力幅（或虚拟应力强度的幅值）为

$$S_a=\frac{1}{2}\sigma'=\frac{1}{2}E\varepsilon_t=\frac{E}{2}(\varepsilon_p+\varepsilon_e) \tag{6-21}$$

将式(6-20)代入式(6-21)，且$\frac{1}{2}E\varepsilon_e=\sigma_e$，即对应于弹性应变$\varepsilon_e$的交变应力幅

$$S_a=\frac{E}{4\sqrt{N_f}}\ln\frac{100}{100-\psi}+\sigma_e \tag{6-22}$$

从上式可推断，当$N_f\to\infty$时，$S_a=\sigma_e$，即只有当应力幅很低时才会有无穷寿命，成为高循环疲劳问题，此时$S_a=\sigma_{-1}$（疲劳极限）。于是上式改为

$$S_a=\frac{E}{4\sqrt{N_f}}\ln\frac{100}{100-\psi}+\sigma_{-1} \tag{6-23}$$

按此方程所绘制的S_a-N_f曲线即为低循环疲劳的计算曲线，如图6-10所示，与试验曲线很接近。一般情况下，疲劳设计曲线仍由试验曲线得到。

6.3.3 疲劳设计曲线的平均应力影响修正

疲劳试验曲线或计算曲线均是以平均应力为零的对称循环得到的。实际容器应力集中区的应力应变变化不可能对称，若平均应力为正值，采用以$\sigma_m=0$为依据的设计曲线来估算容器的低循环疲劳寿命将不安全，那时实际寿命将下降。这里需研究在考虑平均应力影响时如何对S_a-N_f设计曲线作修正。

（1）平均应力的调整过程

当最大应力（$\sigma_{max}=\sigma_m+\sigma_a$）大于或小于屈服强度时平均应力是否发生自行调整，可分下述三种情况分析。分析中当最大应力超过屈服强度时采用“虚拟应力”来阐述。

① $\sigma_a+\sigma_m<R_{eL}$　此时不论平均应力多大，只要符合最大值低于R_{eL}，应力循环中各种参量，包括σ_m、σ_a等不发生任何变化，此时σ_m越大，寿命越低。

② $R_{eL}<\sigma_a+\sigma_m<2R_{eL}$　压力容器中应力应变集中部位常遇到这种情况。这里的$\sigma'=\sigma_a+\sigma_m$是按虚拟应力计算的。假设材料为理想塑性，用图6-11(a)可分析经几次循环后，应力-应变的变化关系就保持在BC线所示的弹性响应状态，但在最大应力区外围必须是弹性状态的。显然此时实际的平均应力由σ_m下降到σ'_m，最大最小应力均相应发生了调整

$$\left.\begin{aligned}&\sigma_{max}=R_{eL}, \ \sigma_{min}=-(\sigma'-R_{eL})\\&\sigma_a=\frac{\sigma_{max}-\sigma_{min}}{2}=\frac{\sigma'}{2}, \ \sigma'_m=\frac{\sigma_{max}+\sigma_{min}}{2}=R_{eL}-\sigma_a\end{aligned}\right\} \tag{6-24}$$

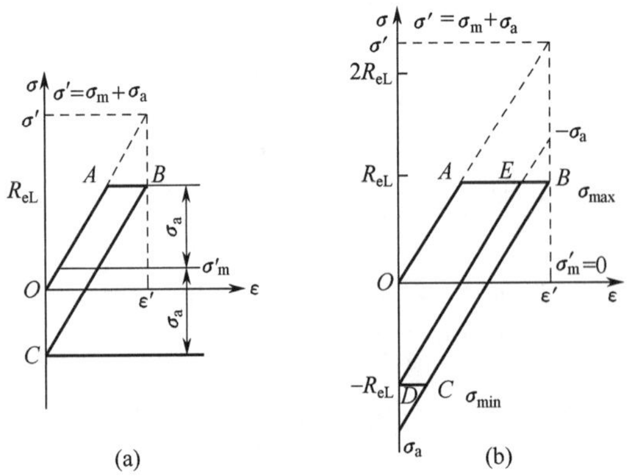

图6-11　平均应力的调整

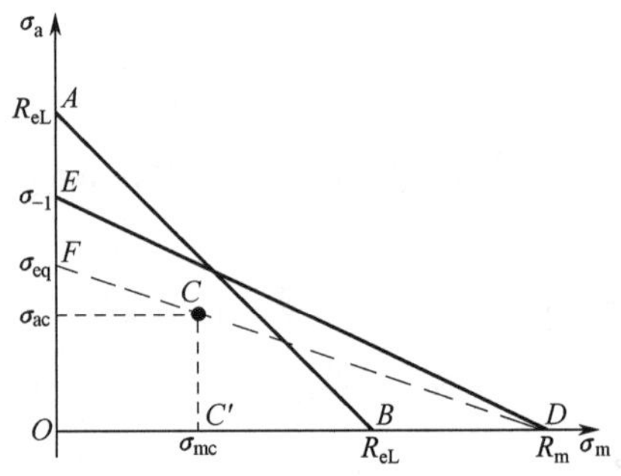

图6-12　修正的Goodman图

③ $\sigma_a+\sigma_m \geqslant 2R_{eL}$　此时经几次初始循环后，应力-应变仍不能呈线性响应状态，每次循环中均不断发生拉伸与压缩屈服。各种参量的变化如下

$$\sigma_{max}=R_{eL},\ \sigma_{min}=-R_{eL},\ \sigma'_m=0 \tag{6-25}$$

这说明当 $\sigma' \geqslant 2R_{eL}$ 时，平均应力自行调整为零即可不计平均应力影响了。

综上所述，相对于 $R=-1$ 的对称循环来说，平均应力的调整变化及对疲劳寿命的影响为：

ⅰ. 当 $\sigma_a+\sigma_m<R_{eL}$ 时，平均应力不发生变化，此时随着平均应力的增加，疲劳寿命将下降。

ⅱ. 当 $R_{eL}<\sigma_a+\sigma_m<2R_{eL}$ 时（实际上 $\sigma_a<R_{eL}$），平均应力调整后下降为 $\sigma'_m=R_{eL}-\sigma_a$，而且随着 σ_a 增加，越接近 R_{eL}，平均应力就越小，即平均应力对疲劳寿命的影响越趋减少。

ⅲ. 当 $\sigma_a+\sigma_m \geqslant 2R_{eL}$ 时，平均应力调整到 $\sigma_m=0$，平均应力对疲劳寿命的影响就不复存在。

因此平均应力的影响应重点研究第①、②种情况。

(2) 平均应力影响的修正方法

上述（1）中①、②两种情况平均应力均会对疲劳寿命发生影响，如果仍用平均应力为零的 S_a-N_f 曲线来作工程设计和确定寿命，就应当将交变应力幅加大到某一程度，把平均应力不等于零的交变应力折算到相当于平均应力为零的一个当量交变应力 σ_{eq}，折算的原则是使疲劳寿命相同。Langer 1962 年提出的修正的 Goodman 直线方法是现今疲劳设计规范所采用的方法，叙述如下。

图 6-12 是等寿命线图，以交变应力幅 σ_a 为纵坐标，以平均应力 σ_m 为横坐标，在图中作 ED 及 AB 两条线。

ED 线右端是材料的抗拉强度 R_m，左端为平均应力为 0 的材料持久强度 σ_{-1}。ED 线表示随平均应力增加而疲劳持久强度下降的近似关系，即高循环下的 Goodman 线。

AB 线的两端均为 R_{eL}。当交变应力的两个分量之和 $\sigma_m+\sigma_a$ 等于屈服强度时，即位于 AB 线上（即 $\sigma_m+\sigma_a=R_{eL}$），故 AB 线是可保持不屈服的上限线。

由此可见，在 ED 线以下可以不发生疲劳破坏，在 AB 线以下可以不屈服。现在讨论利用该图求解平均应力不为零时当量交变应力 σ_{eq} 的方法。

① $\sigma_m+\sigma_a<R_{eL}$　在 AB 线以下的任一点均符合此情况。如 C 点的平均应力为 σ_{mc}，应力幅为 σ_{ac}，由于 $\sigma_{mc}+\sigma_{ac}<R_{eL}$，平均应力不会自行调整。按 Langer 提出的方法，σ_{mc} 不等于零时将交变循环应力幅 σ_{ac} 放大到平均应力幅为零的当量应力幅 σ_{eq}（即 OF），就可获得相当的疲劳寿命。由此按几何相似关系

$$\frac{\sigma_{eq}}{\sigma_{ac}}=\frac{R_m}{R_m-\sigma_{mc}},\ \sigma_{eq}=\frac{\sigma_{ac}}{1-\dfrac{\sigma_{mc}}{R_m}} \tag{6-26}$$

这种修正情况实际上是针对高循环疲劳的，即应力水平在材料的屈服强度以下的情况。

② $R_{eL}<\sigma_m+\sigma_a<2R_{eL}$　这种情况是在 AB 线以上了。如图 6-13 上的点 G（σ_{mG}，σ_{aG}），平均应力将调整为 σ'_m，G 点调整到 G' 点。按式(6-24) 可知，$\sigma'_m=R_{eL}-\sigma_{aG}$，在图 6-13 上，因 $gB=G'g=\sigma_{aG}$，所以 $Og=R_{eL}-\sigma_{aG}=\sigma'_m$。此时连接 DG' 并延长至 F 点，得 σ_{eq}。按几何相似关系可得

$$\frac{\sigma_{eq}}{\sigma_{aG}}=\frac{R_m}{R_m-\sigma'_m},\ \sigma_{eq}=\frac{\sigma_{aG}}{1-\frac{\sigma'_m}{R_m}} \tag{6-27}$$

同样，若需修正的点落在 AB 线及 ED 线之外，也可用式(6-27) 来进行修正。例如点 H，只要它的 $(\sigma_m+\sigma_a)_H\leqslant 2R_{eL}$，其实际平均应力也将遵守式 (6-24) 而自动调整到 AB 线上的 H'点，然后连接 DH'并延长到与 σ_a 轴相交，利用式(6-27) 即可求出当量的交变应力幅。

③ $\sigma_m+\sigma_a\geqslant 2R_{eL}$ 实际平均应力将自动调整为零，不再需要修正。

(3) 低循环疲劳设计曲线的修正

利用低循环疲劳设计曲线估算安全寿命，并作平均应力修正时，对应于每一个应力幅 σ_a 可能有无数个平均应力 σ_m，若对每一 σ_m 分别作修正将非常麻烦。如果可以找到一个对寿命有最大影响的平均应力，则按此平均应力来修正，工程上将既方便又安全。

对疲劳寿命有最大影响的平均应力可以这样来分析。从图 6-13 可知，以 GG'线为例，在 GG'线及其两端的延长线上可以有任意个交变应力状态(σ_a，σ_m)，当处于 G'点左侧时，不论平均应力多大，总不会引起屈服，而其最大的平均应力必然只能是 AB 线上 G'点的横坐标；当处于 G'点右侧时，由于受式(6-24) 控制总会在初始的几次循环后自动地调整而移至 AB 线上的 G'点。GG'延长线以外的其他应力循环时也是如此。由此可见，AB 线上各点的平均应力值代表着对疲劳寿命有最大影响的平均应力。由此，对低循环疲劳设计曲线的修正方法如下。

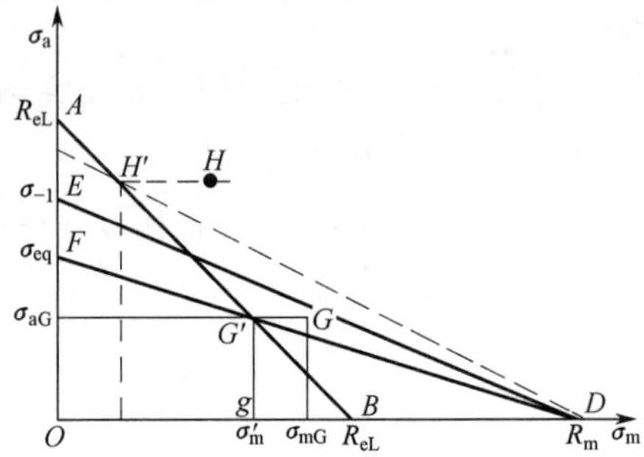

图 6-13 $R_{eL}<\sigma_m+\sigma_a<2R_{eL}$ 时的平均应力修正

图 6-14 的 AB 线代表对疲劳的最大影响线。若在 $\sigma_m=0$ 的纵轴上有一点 C，在 $R=-1$ 的 S_a-N_f 设计曲线上有一对应的寿命 N_{fc}。CD 代表不同平均应力下有等同寿命的线(即 Goodman 线)。与 AB 的交点 E，在 CE 上所有的交变应力状态中以 E 点的平均应力 σ'_{mE} 为最大，E 点的应力幅 σ_{aeq} 为最小。因此可推断，在有平均应力存在时，与 C 点具有相同疲劳寿命的交变应力幅(可以是虚拟的)不可能再低于 E 点的应力幅，即 σ_{aeq}。

因此在 $R=-1$ 的 S_a-N_f 曲线上考虑平均应力最大影响应这样来修正，对某一个寿命下，其应力幅均应降为由 AB 线决定的最低应力幅 σ_{eq}。由△OCD 可知

$$\frac{\sigma_{aeq}}{\sigma_{ac}}=\frac{R_m-\sigma'_{mE}}{R_m}=\frac{R_m-\sigma'_{mE}-\sigma_{aeq}}{R_m-\sigma_{ac}}=\frac{R_m-R_{eL}}{R_m-\sigma_{ac}}$$

或

$$\sigma_{eq}=\sigma_{ac}\frac{R_m-R_{eL}}{R_m-\sigma_{ac}} \tag{6-28}$$

由此，对称循环的 S_a-N_f 设计曲线上，对每一寿命下的许用应力幅均应按式(6-28) 从 σ_{ac} 降为 σ_{aeq}。此式只对 $S_a<R_{eL}$ 适用，当 $S_a\geqslant R_{eL}$ 时，亦即 $2S_a\geqslant 2R_{eL}$ 时平均应力会自行调整而降低为零，便不存在平均应力修正的问题，即 $R=-1$ 的 S_a-N_f 曲线上 $S_a\geqslant R_{eL}$ 的纵坐标经逐点修正后的 S_a-N_f 曲线如图 6-15 所示。

由试验曲线的修正线所决定的疲劳设计曲线使用时将是方便而又偏安全的。

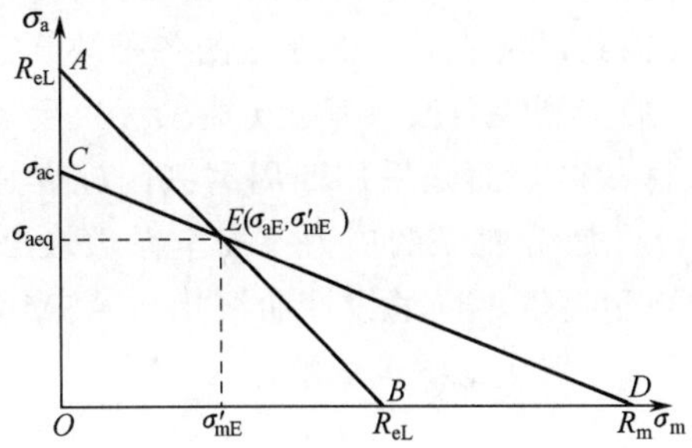

图 6-14 按最大平均应力的修正方法

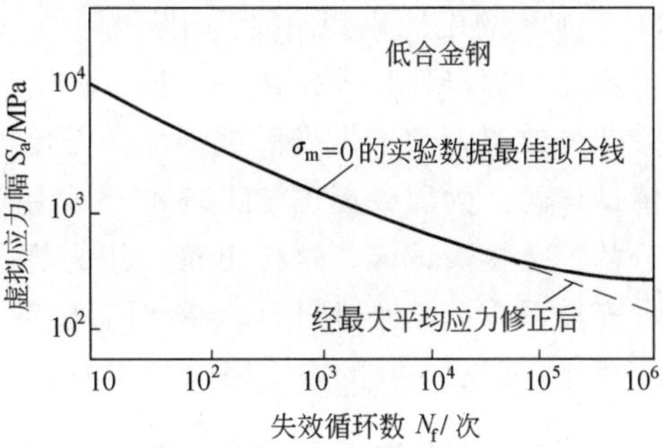

图 6-15 疲劳曲线按平均应力的修正

(4) 压力容器的设计疲劳曲线

国际上最早由 ASME Ⅲ及 ASME Ⅷ-2 提供压力容器设计疲劳曲线，中国 GB/T 4732 及日本 JIS B8281 均推荐采用与 ASME 相同的设计疲劳曲线。

中国规范提供了以下几种设计疲劳曲线。

ⅰ. 抗拉强度 $R_m \leqslant 540$MPa 以及 $793\text{MPa} \leqslant R_m \leqslant 896$MPa 的两种强度级别的非合金钢、低合金钢在 $N \leqslant 10^6$ 次以内的设计疲劳曲线。使用温度低于 370℃。曲线见图 6-16。

ⅱ. 奥氏体钢的 10～10^{11} 次的设计疲劳曲线，使用温度低于 425℃。

ⅲ. 高强度钢螺栓的 10^6 次以内的设计疲劳曲线，使用温度低于 370℃。

这些曲线均根据应变控制的光滑试样的低循环疲劳（奥氏体钢 $S_a \leqslant 194$MPa 除外）试验曲线得到，曲线经平均应力修正过。已如前述对应力幅的安全系数取 2，对循环次数的安全系数取 20（20 是三项系数的乘积：数据分散度系数 2×尺寸因素 2.5×表面粗糙度及环境因素 4），然后取各点两种应力幅的较小值连接而得。

这些曲线均不涉及蠕变疲劳及腐蚀疲劳问题。图 6-16 中介于两种强度之间的材料可以内插得到。

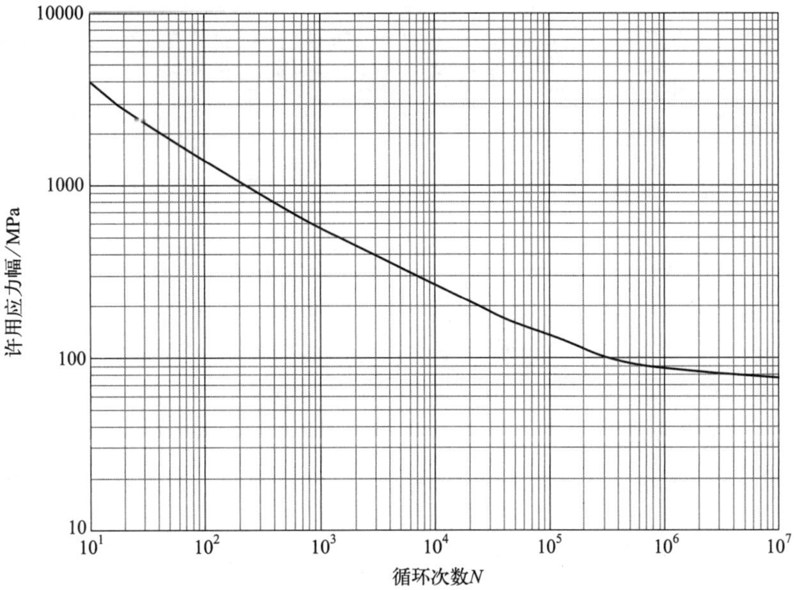

图 6-16 温度不超过 370℃的非合金钢、低合金钢的设计疲劳曲线

ASME 的设计疲劳曲线是用经精加工的母材的光滑试样（无应力集中的）得到的，而压力容器为焊接件，焊接接头处最容易出现疲劳损伤以致最终失效。焊接区的各种缺陷往往是疲劳失效源，它不像光滑试样那样需要很长的萌生疲劳裂纹阶段，其疲劳寿命无疑要短于光滑试样的。为此，英国 PD 5500 不采用光滑的母材试样，而是采用四周磨去因施焊加强部分的焊接接头试样，这样更符合压力容器实际，设计疲劳曲线的应力幅安全系数取 2.2，寿命安全系数取 15。但 PD 5500 没有按钢材的强度级别提供不同的设计曲线。与 ASME 的曲线相比，PD 5500 的曲线略低，说明它基本反映了容器焊接缺陷的影响。

6.3.4 容器疲劳设计中的应力分析

容器应力集中部位（如接管根部）是影响疲劳寿命的关键部位，因而是作疲劳寿命分析的重点部位。适当地估算这些指定点包括峰值应力（F）在内的应力以确定循环应力幅，是疲劳设计的重要内容。

应力集中点的应力分析，除少数情况可采用理论的解析法之外，一般有以下几种方法。

6.3.4.1 有限元计算法

这是疲劳设计中对复杂结构进行应力分析的最常用的方法，可以得出比较符合实际的应力分析结果。计算的可靠程度首先取决于对载荷的正确分析，包括确定外载的形式、量级、作用区域和波动范围。应将操作条件下的载荷谱（即载荷随时间的变化曲线）作为基本依据，此外还应包括压力、温度、外载荷的载荷谱。其次是所拟定的结构力学模型的合理程度，即根据结构的几何参数、载荷类型与分析部位来建立合理的简化计算模型。模型的合理与否，除几何、载荷因素之外，正确地设定边界约束条件是很关键的。

有限元计算可以采用弹性分析程序，因为在疲劳设计中规定可以采用弹性虚拟应力概念，即按应力集中区可能产生的应变 ε（可包括塑性应变）以弹性方法确定出虚拟应力（$\sigma'=E\varepsilon$）。有限元计算的精度还取决于结构离散化的程度，因此必须要有足够小的单元网格，特别是应力集中点的网格，网格越小，单元数就多，因而要求计算机的容量和速度均应能满足要求。

对有限元计算出的应力分量，必须按应力分类原理进行合理的应力分类，这才能作为进一步计算相应的应力强度、应力强度幅值以及强度校核的依据。

6.3.4.2 应力指数法

应力指数法源于 ASME Ⅷ-2 附录，我国的 JB 4732 和 GB/T 4732.4 中也采用了该方法。其定义是

$$I=\frac{\text{按弹性计算的指定点最大应力（包括峰值应力在内）}\sigma_{\max}}{\text{容器无应力集中区的总体薄膜应力强度}\sigma_0}$$

应力指数与应力集中系数 K_t 的概念十分相似。其区别在于在计算 K_t 时的分子部分仅指某一存在最大应力的点，不包括其他任意的指定点，因此 K_t 具有表征该结构的力学特征参量的含义。而 I 的分子部分可以是多个指定点，不局限于该结构中应力值最大的唯一特定点。另外，分母部分的 σ_0 实质上是按第三强度理论计算的应力强度，对一般薄壁容器就是周向薄膜应力，对圆筒体 $\sigma_0=\frac{pD_i}{2t_e}$；对球壳 $\sigma_0=\frac{pD_i}{4t_e}$。更严格地计算应将内径 D_i 改为中径（即内外壁的平均直径）。

各应力指数 I 来源于大量的数值分析和实验分析的资料，下面介绍一些应力指数的实

例，对于开孔区的应力指数应按图 6-17 所示来定义各应力，指数 I 如表 6-3 所示。

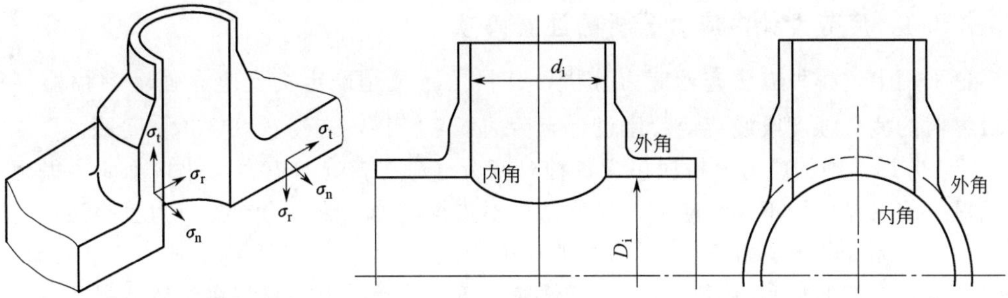

(a) 球形容器及凸形封头接管区的应力分量定义　(b) 圆筒接管的纵向截面　(c) 圆筒接管的横向截面

图 6-17　单个接管区的应力分量定义及计算应力指数的位置

图 6-17 及表 6-3 中的符号是指：

σ_n——指定点的垂直于截面的法向应力分量；

σ_t——指定点的在截面内的且平行于截面边界的应力分量；

σ_r——垂直于截面边界的应力分量；

σ_{eq}——最大当量应力；

t_e——壳体的有效厚度；

σ——指定点的应力分量。

表 6-3　容器应力指数 I 示例

部　件	球壳和成型封头接管		圆筒形壳体接管			
位置 \ 应力	内角	外角	纵向截面		横向截面	
			内角	外角	内角	外角
σ_n	2.0	2.0	3.1	1.2	1.0	2.1
σ_t	−0.2	2.0	−0.2	1.0	−0.2	2.6
σ_r	$-2t/R$	0	$-2t/D$	0	$-2t/D$	0
σ_{eq}	2.2	2.0	3.3	1.2	1.2	2.6
定义	σ（或 σ_{eq}）$=I\dfrac{pD_i}{4t_e}$		σ（或 σ_{eq}）$=I\dfrac{pD_i}{2t_e}$			

用应力指数法求指定点的最大应力及最大应力幅（或应力强度），很适合于工程设计中作疲劳分析用，但应注意下列问题。

ⅰ. 仅适合于单个的、孤立的开孔与接管。

ⅱ. 由压力以外的载荷，如温度差、外力矩等引起的应力可以与压力引起的应力相叠加，但必须注意所在部位和应力的方向。

ⅲ. 该法不得用于接管区非整体补强及异种钢组成的补强结构。

ⅳ. 内角半径 r_1 和外角半径 r_2 等不得小于规范中规定的范围。

6.3.4.3　实验应力分析法

ASME Ⅷ-2 及 GB/T 4732.4 均提出，当理论应力分析不适当或无可用的设计公式与数据时，可以采用实验应力分析的方法来确定指定点的控制应力，这一方法对整个以应力分析为基础的设计（包括疲劳设计）均适用。实验方法需采用相似的模型，用应变片电测或光弹性试验来进行，实验法的规定可详见相关标准。

6.3.4.4 疲劳设计中应力分析的注意事项

不论采用上述哪种方法进行应力分析，其目的主要是确定交变应力强度的幅值（S_a），以便对容器的疲劳强度或疲劳寿命用设计疲劳曲线来校核，应注意以下几个问题。

ⅰ. 疲劳设计中的应力分析应包含各种对疲劳寿命有影响的应力，即整个应力循环中与时间相对应的总体结构不连续应力、局部结构不连续应力和热应力。按应力分类法概念，就是包含了一次局部薄膜应力 P_L、一次弯曲应力 P_b、二次应力 Q 及峰值应力 F。在计算 S_a 幅值时，应是它们的总和而不是只计算峰值应力 F。值得提出，只是在作疲劳强度校核之前需要应力分类，并按分析设计的程序先行用图 6-7 的程序逐项作强度校核，最后一步才是用 P_L+P_b+Q+F 作疲劳强度校核。

ⅱ. 在载荷循环中应区分主应力方向不变和有变化两种情况。后一种情况是指压力循环和温度循环所造成的主应力方向不一致，或者外加弯矩造成的主应力与压力、温差的主应力方向不一致。因此当主应力方向有变化时，所有应力分析应该计及六个应力分量（σ_t、σ_n、σ_r、τ_{tn}、τ_{nr}、τ_{rt}）。具体如何应用这些分量计算出主应力和波动范围，可参见 GB/T 4732.4。

6.3.4.5 疲劳强度减弱系数

从设计疲劳曲线来看，在规定的疲劳寿命期内容器所能承受的最大交变应力幅就是疲劳强度。结构的疲劳强度又与结构本身的应力集中程度密切相关。图 6-16 的设计疲劳曲线是用光滑试件做疲劳试验获得的，如果不是光滑试样，例如含缺口的有应力集中的试样，得到的疲劳强度就会明显下降。

化工容器接管根部的结构对疲劳强度有明显的影响，例如采用补强圈补强的接管，其疲劳强度明显低于整体补强的接管。接管根部未焊透的（见图 6-18）疲劳强度低于根部焊透的结构。平齐式接管的疲劳强度低于内插式，切向接管与斜交接管（见图 6-19）的疲劳强度低于正交式(径向式）接管。

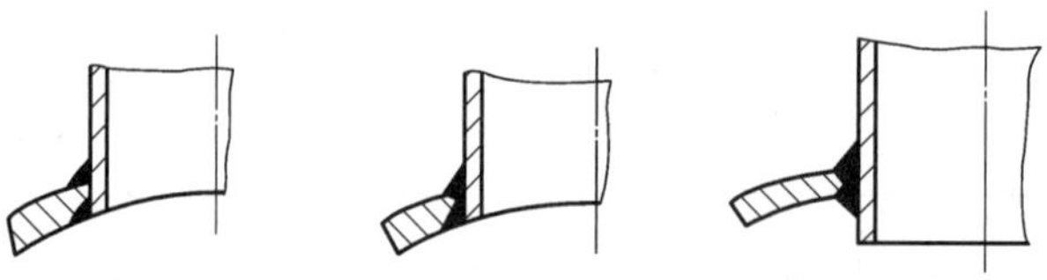

(a) 未焊透　(b) 焊透　(c) 内伸式(插入式)

图 6-18　平齐式和内伸式接管

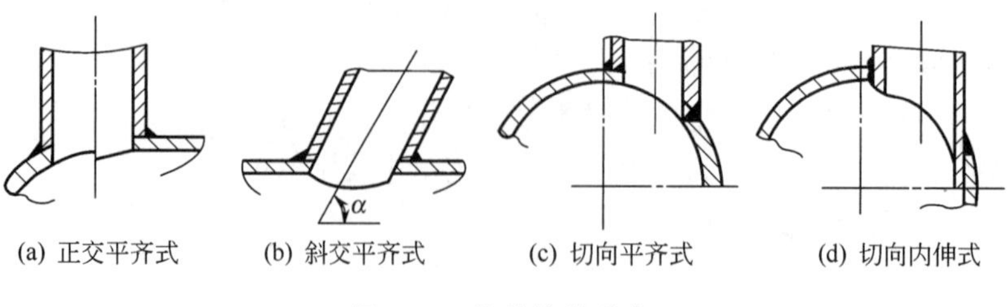

(a) 正交平齐式　(b) 斜交平齐式　(c) 切向平齐式　(d) 切向内伸式

图 6-19　几种接管型式

为此，除采用应力指数法外，疲劳设计规范中也推荐采用“疲劳强度减弱系数”(K_f)来表示结构抗疲劳失效的能力。K_f 的定义如下

$$K_f=\frac{\text{光滑试样在 } N_f \text{ 次寿命时的虚拟应力幅}}{\text{含缺口试样在 } N_f \text{ 次寿命时的名义应力幅}} \tag{6-29}$$

这实际上是具有同样疲劳寿命（N_f）的光滑试样与缺口试样（包括带接管的压力容器）两者的疲劳强度之比。试验表明光滑试样与缺口试样（若干相同缺口的试样）在不同 N_f 时获得的名义应力幅的比值（K_f），几乎是恒定的，因此 K_f 可以视为是一种反映结构疲劳特性的参量，对于容器而言，K_f 表征了容器局部应力集中导致疲劳承载能力降低的程度。在无法获得结构应力指数（I）的情况下，也可以用 K_f 进行疲劳设计，此时只要从设计疲劳曲线上由设计的寿命获得容许的交变应力幅之后，再将该应力幅除以 K_f，所得到的即为该结构的容许应力幅。K_f 是不大于 5 的数值（除裂纹类缺陷情况外），角焊缝的 K_f 可取 4.0，螺纹的 K_f 在计算时不得小于 4.0（但也无须取大于 5 的值）。在没有可参考的 K_f 值时，如有必要也可用实验方法求出，详见 ASME Ⅷ-2 及 GB/T 4732.4。

6.3.4.6 变幅载荷与疲劳积累损伤

压力容器的交变载荷幅度有时是不恒定的，若总按最大幅值来计算交变应力幅就太保守，可用一种近似的工程处理方法，即线性疲劳积累损伤准则。

若一容器前后所受的各种应力幅为 S_{a1}，S_{a2}，S_{a3}，…，对应的交变循环次数为 n_1，n_2，n_3，…，但其中 S_{a1} 单独作用时的疲劳寿命为 N_1，其他应力幅下相应的寿命为 N_2、N_3，…，S_{a1} 作用了 n_1 次，对结构所造成的损伤程度为 n_1/N_1，其他应力幅所造成的损伤程度为n_2/N_2，n_3/N_3…

线性疲劳积累损伤准则认为各应力幅造成的损伤程度累计叠加不应超过 1，即

$$\sum\frac{n_i}{N_i}=\frac{n_1}{N_1}+\frac{n_2}{N_2}+\frac{n_3}{N_3}+\cdots\leqslant 1 \tag{6-30}$$

不同应力幅作用的顺序对损伤程度有明显影响，例如高应力幅作用在前，造成缺口局部屈服，这时卸载半周造成一定的残余压应力和屈服硬化，这将使以后的低应力幅的交变循环损伤程度下降。这个因素在线性积累损伤准则中没有考虑。反之低应力幅在前，高应力幅在后，积累损伤度实际上可以超过 1，这在式(6-30) 中也未考虑。

但实际上很难事先准确预测压力容器交变应力幅的作用顺序，鉴于线性积累损伤准则计算方便，工程上仍大量采用。如果考虑作用顺序及其他因素的影响，问题则复杂得多，目前尚无成熟的理论和方法。

6.3.4.7 对疲劳设计有关规程的说明

(1) 设计疲劳曲线的应用

提供的设计疲劳曲线，均注明该曲线是在特定弹性模量 E 的前提下获得的，因此在设计时必须按所用材料在使用温度下的弹性模量作校正。方法是将计算得到的交变应力幅乘以曲线中给定材料的弹性模量与所用材料在使用工况下的弹性模量之比。

疲劳强度校核实际作法是，在选定的设计疲劳曲线纵坐标上取计算得到的应力强度幅值，过此点作水平线与疲劳曲线相交，对交点的横坐标值进行验算。

(2) 容器不需作疲劳分析的规定

疲劳分析在应力分析基础上才能进行的，设计成本较高，因此不是所有承受交变载荷的

容器都需作疲劳分析。ASME Ⅷ-2 及 GB/T 4732 从很保守的角度作出具体规定，例如对材料抗拉强度不超过 550MPa 的容器，若下列四条中的总循环数对于容器整体部分（包括整体补强的接管）不超过 1000 次，对于非整体结构的部件（例如带补强板的接管）不超过 400 次时，可以不作疲劳分析。

ⅰ. 压力全幅度循环的预期（设计）次数，包括启动和停车。

ⅱ. 压力变化幅度超过设计压力的 20%的循环次数，大气压波动的影响不需考虑。

ⅲ. 容器上包括接管的任何相邻两点间温度差的变化的有效次数，这里的有效次数是指金属温度差变化的次数乘以从表 6-4 查得相应系数值之积的和。

表 6-4　金属温度差波动系数

金属温度差波动/℃	25 以下	26～50	51～100	101～150	151～200	201～250	250 以上
系数	0	1	2	4	8	12	20

ⅳ. 当构件是由膨胀系数不同的材料焊接而成时，则应计及当温度升高 ΔT 的 $(\alpha_1-\alpha_2)\Delta T$ 值超过 0.00034 时的温度循环次数，此条件不适用于复合材料，α_1 及 α_2 为两种材料在平均温度下的线膨胀系数。

这四种情况的总循环次数不超过 1000 次（或 400 次）是绝不会发生疲劳损坏的，这样计算已是很保守的了，例如它是假设结构的应力集中系数 $K_t=6$ 作为分析前提的。

6.3.4.8　疲劳分析的其他问题

① 棘轮效应　平均应力和交变载荷联合作用时，每次循环可能使容器产生一个不可逆的塑性应变增量，当塑性应变值递增至材料塑性被耗尽时，就会发生断裂。这种断裂与一般的疲劳破坏不同，一般的疲劳虽也伴有局部的反复塑性变形，但不引起容器外形尺寸的宏观变化。棘轮效应却伴有应变的单向增量，引起容器直径逐步增大鼓胀。压力过大的波动会引起机械棘轮效应，热应力波动循环过大会引起热应力棘轮效应。在疲劳分析规范中给出了防止发生热应力棘轮效应的最大许可循环热应力极限值计算方法[8,23]。

② 容器的高循环疲劳问题　一般认为容器的疲劳问题是高应变下的低循环疲劳问题，但近代容器设计已意识到容器同样存在低应力的高循环疲劳破坏问题。例如高速气流及运动装置引起的振动，往往会引起高频率的高循环周次的疲劳破坏。现行规范仅能提供奥氏体不锈钢的 10^6～10^{11} 次循环内的疲劳设计曲线[8,23]。

③ 疲劳裂纹扩展问题　现有的压力容器疲劳分析方法是以无缺陷的光滑试样疲劳试验为基础的，其总寿命包括裂纹萌生和扩展直至断裂的各个阶段。实际构件很可能已存在初始微小裂纹或宏观裂纹，其寿命仅指疲劳裂纹扩展部分，原有的疲劳曲线方法就不适用。断裂力学在疲劳裂纹扩展中的应用为此提供了有效的方法，其寿命主要取决于疲劳裂纹扩展速率 da/dN（a 为裂纹尺寸）和断裂的临界裂纹尺寸 a_c。

④ 复杂的疲劳问题　热疲劳是很复杂的疲劳问题，过大的热应力交变会使容器从表面开始发生龟裂。蠕变疲劳是在高温下蠕变和交变应力相互作用时发生的，蠕变与应变疲劳都是一种非弹性的应变，这两者交织在一起就更为复杂。此外还有腐蚀疲劳与中子辐射下的疲劳问题，都比较复杂，而且都未形成规范的设计方法。

6.3.4.9　容器疲劳设计中需考虑的问题

容器作疲劳设计时绝不仅仅是个计算问题，同时还涉及结构设计、材料和制造、检验的问题，因为要防止疲劳失效最要紧的是降低局部结构不连续效应所带来的应力集中，应减少峰值应力在交变状态下的破坏性作用，因此必须注意以下几个方面的问题。

(1) 材料要求

需作疲劳分析的容器，其材料的要求应有别于规则设计中的材料要求，可参见 6.2.4 节所述的应力分析设计法的材料要求。

(2) 容器在结构设计方面的要求

针对防止疲劳失效，结构设计的总要求是避免过大的应力集中以降低峰值应力。因此应尽量避免采用以下结构，使其不会成为疲劳裂纹源区：

ⅰ. 用补强板补强的非整体连接件；

ⅱ. 管螺纹连接件，特别是直径超过 70mm 的接管；

ⅲ. 部分熔透的焊缝，如垫板不拆除的焊缝，以及一些角焊缝；

ⅳ. 相邻元件厚度差过大的结构；

ⅴ. 接管及开孔补强处易造成未焊透缺陷的焊接结构。

(3) 制造方面的要求

ⅰ. 焊缝余高要予以打磨平滑，以减小应力集中；

ⅱ. 几何不连续处尽可能采用圆滑过渡，填角焊缝处需打磨至所要求的过渡圆弧，并经磁粉检测合格。

(4) 检验方面的要求

ⅰ. 焊缝均需作 100%的无损检测，因此在结构设计时应避免采用非对接的焊接接头；

ⅱ. 容器组装焊后，应进行适当温度下的消除焊接残余应力热处理；

ⅲ. 用高强度低合金钢制作的容器，宜在焊后立即进行 200～300℃的消氢热处理，以避免产生延迟裂纹；

ⅳ. 不允许强力组装，检验时应严格控制错边量；

ⅴ. 钢板边缘、开孔边缘及坡口面在焊前应作渗透液检测；

ⅵ. 不得采用硬印作材料和焊工标记。

6.4 基于弹塑性分析的直接法

本节将对 EN 13445.3. ASME Ⅷ-2 以及我国 GB/T 4732—2024 等标准所涉及直接法的内容进行介绍，并且着重介绍基于弹塑性分析的失效模式直接分析法，简称“基于弹塑性分析的直接法”。

6.4.1 数值分析模型[143]

基于弹塑性分析的直接法主要采用了数值模拟方法开展相关设计校核，设计模型是实际工程结构的理想化模型，用于确定施加载荷后的效果。对不同类型的设计校核可以采用不同的设计模型。

压力容器及其部件是多种多样的，EN13445 及 ASME 对建立简化模型的理论基础和材料参数等方面做出了一些原则性的规定，而模型的具体结构、几何形状完全可以因设计不同而异。

(1) 材料本构模型

材料本构模型描述材料的力学性质，最简单的是应力-应变呈线性弹性关系，称为胡克定律。当应力超过屈服强度后，材料进入塑性状态，无冷作硬化的塑性流动，可以用理想塑性本构定律来描述。判断是否进入塑性的准则称为屈服条件，最常用的两种是：由 Tresca 提出的最大剪应力条件和由 Von Mises 提出的最大畸变能条件。流动法则是进入塑性后，塑性变形必须服从的规律。对金属材料常用“关联流动法则”（又称正交流动法则），即塑性应变增量的矢量与屈服面正交。

(2) 线性理论和非线性理论

当应变很小时，应变-位移关系（又称几何关系）是线性的；对于大应变情况，几何关系是非线性的。当挠度（变形）很小时（此时结构中每个微元的应变和转动都很小），可以不考虑结构变形对静力平衡的影响，即可以对未变形的结构形状建立平衡方程，在有限元分析中可采用小变形选项；对于大挠度（大变形）情况，则必须对已变形的结构形状建立平衡方程，在有限元分析中应选用大变形选项。

采用线性几何关系，并对未变形结构形状建立平衡方程的理论称为小挠度理论或一阶理论；采用线性几何关系，而对已变形结构形状建立平衡方程的理论称为小应变-大挠度（或小应变-大转动）理论或二阶理论；若几何与平衡关系都是非线性的，则称为几何非线性理论。

(3) 几何尺寸

各几何尺寸应取名义值，而非最小值。厚度应采用计算厚度。对于有包覆层的容器应该以名义包覆面为压力作用面。

对整体结合型包覆层，可以在总体塑性变形设计校核中考虑其强度效应，但当其名义厚度不大于部件总名义厚度的10%时，应忽略其影响。在渐增塑性变形设计校核和疲劳设计校核中，将从热分析和应力分析两方面来考虑包覆层的存在。在失稳设计校核中，不考虑包覆层的强度。

(4) 初始状态及加载方式

数值分析中以无应力状态为初始状态，采用比例加载方式，即所有的载荷都按同样的百分比由零增加到最大值。

6.4.2 失效模式及设计校核准则

6.4.2.1 失效模式

当设计温度在材料蠕变温度以下时，EN13445.3 主要考虑了 5 种失效模式，即总体塑性变形失效（含过度局部应变失效）、渐增塑性变形失效（棘轮失效）、失稳失效、疲劳失效和静力平衡失效；ASME Ⅷ-2 与 EN13445.3 基本类似，提出了 4 种主要失效模式，即整体塑性垮塌、局部失效，失稳垮塌失效、疲劳失效，其中 ASME 疲劳失效包含了疲劳失效和棘轮失效。我国的 GB/T 4732 提出了塑性垮塌、局部过度应变、屈曲、疲劳和棘轮 5 种失效模式，将基于弹塑性分析的直接法列入了 GB/T 4732.5 压力容器分析设计第 5 部分：弹塑性分析方法。可见 ASME Ⅷ-2 以及我国的 GB/T 4732 比 EN13445.3 少了 1 个静力平衡失效模式，多了 1 个局部失效模式，但是这个局部失效模式的判别准则，在 EN13445.3 总体塑性失效模式中也提出了相关要求，与 ASME Ⅷ-2 及我国的 GB/T 4732 中相关要求是一致的。

总体塑性变形失效（对应 ASME 称为整体塑性垮塌失效，对应我国 GB/T 4732 称为塑性垮塌）。在一次加载情况下产生过量的总体塑性变形，并最终达到塑性极限状态而垮塌（即失去承载能力）。

渐增塑性变形失效，又称棘轮失效。在超过安定极限的恒定与循环载荷联合作用下（例如恒定压力加壁厚方向的循环热梯度），每次循环都会朝同一方向产生一定量的总体塑性变形，随着循环次数的增加，积累而成过量的总体塑性变形，并最终导致破坏。

失稳失效。若容器或薄壁部件中存在较大的薄膜压应力区，当载荷达到临界载荷时会发生弹性或弹塑性屈曲。

疲劳失效。在循环载荷作用下形成疲劳裂纹，并最终导致泄漏或断裂。

静力平衡失效。因倾覆或支撑位移（如地基沉降）引起容器或部件作为刚体而失去静平衡。

局部失效。是 ASME Ⅷ-2 提出的，为限制发生断裂的潜在可能性，当三个主应力相等或接近时，Tresca 应力或 Mises 应力将等于或接近 0，所以需另设 1 个防止三向应力状态的极限值。

6.4.2.2 设计校核方式

在设计校核时，要考虑相关载荷工况下（例如正常运行工况和试验工况）针对上述五种可能的失效模式开展相关设计校核。

以设计工况为例，设计中应考虑压力容器承受的压力、重力载荷（自重及介质、附加载荷重量等）、地震载荷等，按照初始尺寸假设对压力容器进行建模，采用弹塑性有限元分析进行结构应力分析，再分别按 5 种可能的失效模式进行设计校核。

(1) 总体塑性变形设计校核

EN13445.3 把每种载荷工况的设计值施加到与本设计校核相应的有限元设计模型上进行计算，取无应力初始状态，采用弹性-理想塑性材料模式、几何非线性分析模型，按比例加载，分析中采用了 Tresca 屈服条件准则和关联流动法则。若用 Mises 条件代替 Tresca 条件，则设计强度参数应乘以$\sqrt{3}/2$。若压力容器及其部件中的主结构应变最大绝对值在正常运行载荷工况下小于 5%，在试验载荷工况下小于 7%，则设计校核通过。若能先找到一个主结构应变不超过上述应变限制的载荷值（称为下限极限值），则只要有关载荷工况的设计值不超过该下限极限值，设计校核就通过。

ASME Ⅷ-2 则通过 3 种方法进行评判：

ⅰ. 仍然采用基于弹性应力分析的应力分类分析设计方法进行，参见 6.2 部分；

ⅱ. 采用弹性-理想塑性材料模式，基于小变形假设，进行极限载荷分析，当设计载荷低于极限载荷时，则设计校核通过；

ⅲ. 采用材料弹-塑性本构关系进行弹塑性有限元分析（几何非线性），证明在设定载荷（设计载荷乘以相关安全系数）时结构达不到塑性垮塌载荷，有限元计算程序是收敛的。应注意，对于极限载荷和塑性垮塌，分析完成后仍要进行防止局部失效分析。

我国的 GB/T 4732 则通过 4 种方法进行评判：

ⅰ. 采用弹性-理想塑性材料模式，基于小变形假设，取载荷调整系数 $\alpha=1.5$ 确定载荷工况，开展极限载荷分析，若数值计算能得到收敛，则校核通过，否则应重新调整尺寸计算；

ⅱ. 采用弹性-理想塑性材料模式，基于小变形假设，采用载荷调整系数 α 逐步加载进行极限载荷分析，若结构失稳前 $\alpha \geqslant 1.5$，则评定通过，否则应重新调整尺寸计算；

ⅲ. 采用材料弹塑性应力-应变关系、大变形（几何非线性）进行弹塑性有限元分析，取载荷调整系数 $\alpha=1.5$ 确定载荷工况，开展极限载荷分析，若数值计算能得到收敛，则校核通过，否则应重新调整尺寸计算；

ⅳ. 采用材料弹塑性应力-应变关系、大变形（几何非线性）进行弹塑性有限元分析，采用载荷调整系数 α 逐步加载进行极限载荷分析，若结构失稳前 $\alpha \geqslant 1.5$，则评定通过，否则应重新调整尺寸计算。

对于材料屈服强度较低和几何强化效应较显著的压力容器，极限分析和弹塑性分析的评定结果可能差异较大，宜选用二元准则进行塑性垮塌评定。

(2) 渐增塑性变形设计校核

EN13445.3 中规定数值分析应采用弹性-理想塑性材料模式、Mises 屈服条件准则和关联流动法则，把与循环作用有关的载荷工况反复施加到与本设计校核相应的设计模型上，若压力容器及其部件不发生渐增塑性变形，则设计校核通过。应用时有两种校核方法：

ⅰ. 若在施加了所考虑载荷工况规定的循环次数后，主结构应变的最大绝对值小于 5%，则设计校核通过；

ⅱ. 若在所考虑的作用循环下，等效的无应力集中模型能够安定到线弹性状态，则设计校核通过。

我国的 GB/T 4732.5 对棘轮分析的方法与 EN13445.3 基本一致，在评定时则提出在施加不少于 3 个完整循环并证实收敛后，按照 3 个准则进行评定：

ⅰ. 无塑性应变；

ⅱ. 在承受压力和其他机械载荷的截面上存在弹性核；

ⅲ. 最后 1 个及倒数第 2 个循环之间的相关结构的尺寸-循环次数曲线表明，总体结构尺寸无永久变形。

如果满足任一条件，则棘轮评定通过。

(3) 失稳（屈曲）设计校核

一般对于承受外压的容器，要考虑由于压缩载荷导致的失稳失效，对于有些承受内压的容器，在局部地方也可能产生压缩载荷，例如内压下与筒体连接处椭圆形封头的环向压缩应力，也可能导致失稳失效。

在 EN13445.3 中把每种载荷工况施加到与本设计校核相应的设计模型（该模型带有呈临界屈曲形状的预变形，其偏差量取相应标准的允许值或由设计图标明的值）上，按主结构应变最大值为 5% 的限制求得屈曲载荷，除以相应分安全系数（对正常运行载荷工况，若做过外压试验取 1.25，否则取 1.5；对试验载荷工况取 1）得到许用设计载荷。若该载荷工况的设计值不大于相应屈曲载荷的设计值，则设计校核通过。应用时有两种校核方法：

ⅰ. 基于相应载荷工况下考虑形状偏差影响的相关试验结果，若该载荷工况的设计值不大于基于试验观测得到的失效值之期望范围的下限，则设计校核通过；

ⅱ. 对压力作用情况，若能满足标准中相关要求，则设计校核通过。

ASME Ⅷ-2 与 GB/T 4732.5 的方法基本一致，采用了 3 种方法进行屈曲分析：

ⅰ. 当采用屈曲分析方法，基于弹性应力分析、小变形假设计算容器或元件的预应力时，设计系数 ϕ_B 应不小于 $2/\beta_{cr}$，其中，β_{cr} 为承载能力减弱系数，与结构有关，如对于承受外压的无加强圈或采用环向加强圈的圆筒和锥壳，$\beta_{cr}=0.8$；对于承受外压的球壳和半球形、碟形、椭圆形封头，$\beta_{cr}=0.124$；

ⅱ. 当采用屈曲分析方法，基于弹塑性应力分析并且考虑几何非线性计算容器或元件的预应力时，设计系数 ϕ_B 应不小于 $1.667/\beta_{cr}$；

ⅲ. 当采用垮塌载荷法对容器和元件进行弹塑性分析时，考虑形状缺陷，根据载荷组合工况施加含载荷系数的载荷。采用屈曲分析时，设计载荷小于许用载荷，则评定通过；采用垮塌载荷法进行弹塑性分析时，若载荷调整系数≥2.4，则评定通过，否则应对容器或元件重新设计和评定。

(4) 疲劳设计校核

在 EN13445.3 中，直接法的疲劳设计校核与应力分类法的疲劳设计校核完全相同，仍然采用线弹性有限元分析，把交变载荷分别施加到结构模型上，计算损伤指数 D_d 的设计值，若不超过 1，则设计校核通过。

在 ASME Ⅷ-2 中，疲劳分析包括了疲劳评定和棘轮评定。在疲劳评定中主要有：

ⅰ. 根据筛分准则判别结构是否可免于疲劳评定。

ⅱ. 基于线弹性分析开展疲劳校核，这一点与应力分类法的疲劳设计校核完全相同，但是 2007 版与 2004 版比有三个主要变化：① 采用总等效应力幅值 $0.5\Delta S_p$ 来表征应力；ⓘ 引入疲劳罚系数 K_e 来考虑塑性循环变形对疲劳的影响，用有效交变等效应力 $0.5K_e\Delta S_p$ 作为疲劳评定的控制应力；ⓘⓘ提供了焊接接头的疲劳曲线。

ⅲ. 基于弹塑性分析开展疲劳校核，这时疲劳评定的控制参数“有效交变等效应力”需要由应变转换过来：$K_e\Delta S_{alt}=0.5E_{yf}\Delta\varepsilon_{eff}$，其中 $\Delta\varepsilon_{eff}$ 是有效应变范围（包括弹性应变和塑性应变），E_{yf} 是疲劳曲线所采用的弹性模量值，根据“有效交变等效应力”及材料的 S-N 曲线计算每种疲劳工况的疲劳损伤，当累积疲劳损伤不大于 1 时，疲劳评定通过。

GB/T 4732.5 中基于弹塑性方法进行疲劳评定时，所采用的方法与上述的 ASME Ⅷ-2 弹塑性分析开展疲劳设计的方法一样。

(5) 静力平衡设计校核

由于在大多数情况下，压力容器的静平衡设计校核可将结构看成刚体，将静平衡设计校核简化成按一般的支承结构进行设计校核。

对压力容器及其部件的静力平衡条件进行检验，若导致不稳定的各种作用的设计效果小于导致稳定的各种作用的设计效果，则设计校核通过。应用时，对不利（导致不稳定的）载荷应取其设计值的上限；对有利（导致稳定的）载荷，仅考虑那些在所考虑情况下确实可能出现的有利载荷，应取其设计值下限；对可变载荷，仅考虑不利作用，而忽略有利载荷。当几何尺寸的不确定性严重影响静力平衡检验时，应取该尺寸最不利的值。静平衡设计校核原理需要对比载荷的稳定性设计影响和非稳定性设计影响，故静平衡设计校核原理只有在支承处产生的反力（集中力、接触压力、力矩）较大时才有意义。

(6) 防止局部失效设计校核

防止局部失效设计是 ASME Ⅷ-2 提出的，我国的 GB/T 4732 也有此设计校核方法，该方法采用弹塑性分析评定方法，相应的极限改为塑性应变准则，即总等效塑性应变 ε_{peq} 不得超过三向应变极限 ε_L，如果考虑成型过程导致的应变值 ε_{cf}，则 $\varepsilon_{peq}+\varepsilon_{cf}$ 不应超过 ε_L，ε_L 是和材料性能和应力三轴度有关的极限应变值。此外，我国的 GB/T 4732 还提出了考虑加载顺序，计算各载荷引起的应变损伤因子累计量，叠加上成型应变损伤因子之和，应不大于1。

6.4.3 载荷及载荷工况

6.4.3.1 EN13445.3中的载荷及载荷工况

(1) 载荷

根据载荷的统计性质和持续时间可以将它分为如下四类：

① 持久载荷　例如结构、附件、设备的自重。

② 可变载荷　除温度、压力以及与它们有确定性关系的载荷之外的可变载荷。例如地震载荷、风载、雪载。根据变化特性的不同，可变载荷又分为：有界（有明显确定极值）的可变载荷（例如爆破片爆破时的动态泄压过程）和仅能用随机过程描述的载荷（例如风载）。

③ 温度、压力，以及与温度压力有确定性关系的载荷　虽然操作压力或温度也是可变载荷，但它们在随时间的变化、随机性质等方面具有特殊的特征，所以另列一类。与温度压力有确定性关系的其他载荷也将组合到压力/温度作用中去考虑。

④ 异常载荷　即在正常运行情况下不需要考虑、并在合理可预见情况下被认为是不会发生的载荷。例如，因一次容器失效引起的对二次容器的载荷、内部爆炸或异常地震载荷。

(2) 载荷工况

载荷工况分为三类：

① 正常运行载荷工况　包括：启动、正常运行和停工情况；

② 特殊载荷工况　包括：试验、建造、安装或检修情况；

③ 异常载荷工况　指发生概率极低、要求安全停工和检验的事故情况。

在不同的载荷工况下，上述四类载荷的分安全系数是不同的，相关的确定步骤如下。

① 单一载荷的特征值　单一载荷的特征值的确定规则与该载荷的类型及其变化系数有关，详见表6-5。变化系数用标准误差除以平均值计算，它是统计分散性的一种度量。

对于由持久部分和可变部分组成的载荷，其中各部分将分别按单一载荷来考虑。若持久载荷与其他载荷组合时，在有些载荷中起有利影响，而在另一些载荷中起不利影响，则当起有利影响时取表6-5中的下特征值，起不利影响时取上特征值。某作用的特征函数是该作用对时间（或对时序参数）的一个代表函数，它将用整个设计寿命期内合理可预见情况下结构或其部分所经受的波动作用的“上限预测”来表示。对一些时间相关性十分重要的载荷（例如，在启动或停工时温度-压力的瞬态过程），在渐增塑性变形设计校核和疲劳设计校核中需要用到特征函数。这些函数的真实性评定对校核结果起关键作用。在不同的设计校核中对同一载荷工况可以根据设计校核的原则给定不同的特征函数。

表6-5　载荷特征值的确定规则

载荷	变化系数	特征值确定规则
持久	≤0.1①	极值的平均值
持久	>0.1②	上特征值，取不超过95%概率的上限载荷 下特征值，取超过95%概率的下限载荷
可变	≤0.1	极值的平均值
可变	>0.1	给定周期内极值的97%③
异常	/	将单独给定

续表

载荷	变化系数	特征值确定规则
压力和温度	/	压力上特征值，取合理可预见的最大压力 压力下特征值，取合理可预见的最小压力④ 温度上特征值，取合理可预见的最高温度 温度下特征值，取合理可预见的最低温度

① 当可预见的最大与最小值之差不大于它们之算术平均值的 20%时，也可以采用极值的平均值；

② 也适用于在容器寿命期内预计会变化的载荷（例如，有些叠加的持久载荷）；

③ 对有界的可变载荷，可以取极值为特征值；

④ 该值通常为零或－1.0（对真空情况）。

② 确定单一载荷的设计值和设计函数　单一载荷的设计值的确定规则与该作用的类型及其变化系数有关。变化系数用标准误差除以平均值计算，它是统计分散性的一种度量。

一个载荷的设计值 A_d 由其特征值 A 乘以相应的分安全系数 γ_A 来确定

$$A_d = A\gamma_A$$

引进分安全系数时主要考虑如下因素：载荷有可能偏离特征值，描述载荷的物理及效果的模型不确定性、载荷统计模型中的不确定性、载荷的有利或不利效果等。

载荷分安全系数的具体数值与设计校核的类型、载荷工况以及载荷类型有关，以总体塑性变形设计校核中的正常运行载荷工况为例，载荷分安全系数的基本确定方法见表 6-6。在渐增塑性变形设计校核和疲劳设计校核中，载荷的分安全系数等于 1，即载荷的设计函数就等于特征函数。异常载荷的分安全系数由相关各方商定，但不得小于 1。

表 6-6　载荷分安全系数

载荷	情况	分安全系数
持久	具有不利效果的载荷	$\gamma_A=1.2$
持久	具有有利效果的载荷	$\gamma_A=0.8$
可变	无界的可变载荷	$\gamma_Q=1.5$
可变	有界的可变载荷和极值	$\gamma_Q=1.0$
压力	没有自然界限的载荷	$\gamma_P=1.2$
压力	具有自然界限的载荷，例如真空	$\gamma_P=1.0$

注：若只有压力的一部分有自然极限，如静压力，则该部分取 $\gamma_P=1.0$，其余部分取 $\gamma_P=1.2$。

③ 确定载荷工况的设计值和设计函数　每种载荷工况由多个载荷组合而成，它们的组合规则是：

ⅰ. 每种载荷工况应该包括所有的持久载荷；

ⅱ. 每种压力载荷应该与最不利的可变载荷相组合；

ⅲ. 每种压力载荷应该与相应的可变载荷之和相组合。

由于所有可变随机作用同时出现最大值的可能性不大，所以当可变作用与压力或另一可变作用组合时，可以对每个可变作用的设计值都乘以组合系数。有利的可变载荷将不予考虑。

在实际工程问题的设计校核中，一般需要考虑若干种不同的载荷工况，这时对每种载荷工况都要按上述三个步骤确定其设计值和设计函数，然后分别进行设计校核。

6.4.3.2　ASME Ⅷ-2 中的载荷及载荷工况

（1）载荷

ASME Ⅷ-2 中的载荷见表 6-7。

表 6-7　载荷符号及定义

载荷符号	定义	载荷符号	定义
P	内部和外部的最大许用工作压力	T	热载荷或外加位移
P_s	流体或松散材料的静压头	W	风载荷
P_T	试验压力	W_{pt}	压力试验风载荷
D	容器、内含物、及附属设备的自重	S_s	雪载荷
L	活动载荷和流体动量效应	E	地震载荷

（2）载荷工况

主要考虑了 4 种载荷工况，包括：

正常运行工况；

正常运行加偶发载荷（如风载、地震、雪载、冰载等）工况；

异常或启动操作加偶发载荷工况；

压力试验工况。

这四种载荷工况下所需要考虑的载荷列于表 6-8 中。

表 6-8　设计中考虑的载荷工况及相应载荷

载荷工况	设计载荷
压力试验	容器、内含物及附属设备的自重；管道载荷；活载荷；试验压力及流体载荷；风载荷
正常操作	容器、内含物及附属设备的自重；管道载荷；活载荷；正常操作的压力及流体载荷；热载荷
正常运行加偶发载荷工况	容器、内含物及附属设备的自重；管道载荷；活载荷；正常操作的压力及流体载荷；热载荷；风载荷、地震载荷或其他偶发载荷；波动载荷
异常或启动操作加偶发载荷工况	容器、内含物及附属设备的自重；管道载荷；活载荷；异常或启动工况的压力及流体载荷；热载荷；风载荷

在 ASME Ⅷ-2 分别给出了采用弹性分析、极限载荷分析和弹塑性分析进行设计评定时应考虑的载荷事例组合，分析方法不同或设计准则不同，所考虑的载荷事例组合也不同。表 6-9 中摘录了极限分析和弹塑性分析（总体准则）对设计工况应考虑的载荷事例组合。

表 6-9　极限分析及弹塑性分析中考虑的载荷情况

<table>
<tr><th colspan="2">工况</th><th>极限分析</th><th>弹塑性分析</th></tr>
<tr><td rowspan="3">设计工况</td><td>防止整体垮塌失效</td><td>$1.5(P+P_s+D)$
$1.3(P+P_s+D+T)+1.7L+0.54S_s$
$1.3(P+P_s+D)+1.7S_s+\max[1.1L,\ 0.54W]$
$1.3(P+P_s+D)+1.1W+1.1L+0.54S_s$
$1.3(P+P_s+D)+1.1E+1.1L+0.21S_s$</td><td>$2.4(P+P_s+D)$
$2.1(P+P_s+D+T)+2.6L+0.86S_s$
$2.4(P+P_s+D)+2.6S_s+\max[1.7L,\ 1.4W]$
$2.4(P+P_s+D)+2.6W+1.7L+0.86S_s$
$2.4(P+P_s+D)+1.7E+1.7L+0.34S_s$</td></tr>
<tr><td>防局部失效</td><td>$1.5(P+P_s+D)$</td><td>$1.7(P+P_s+D)$</td></tr>
<tr><td>防服役失效</td><td>用户设计规定的要求，例如：管道接头的位移限制；附件、平台等位移；相邻部件的干涉等</td><td>用户设计规定的要求，例如：管道接头的位移限制；附件、平台等位移；相邻部件的干涉等</td></tr>
<tr><td rowspan="2">试验工况</td><td>防止整体垮塌失效</td><td>$\frac{1}{\beta_T}(P_T+P_s+D+0.6W_{pt})$
液压试验时：$\beta_T=0.95$；
气压试验时：$\beta_T=0.8$。</td><td>$1.6\frac{1}{\beta_T}(P_T+P_s+D+0.6W_{pt})$
液压试验时：$\beta_T=0.95$；
气压试验时：$\beta_T=0.8$。</td></tr>
<tr><td>防服役失效</td><td>用户设计规定的要求，例如：管道接头的位移限制；附件、平台等位移；相邻部件的干涉等</td><td>用户设计规定的要求，例如：管道接头的位移限制；附件、平台等位移；相邻部件的干涉等</td></tr>
</table>

6.4.3.3 GB/T 4732 中的载荷及载荷工况

(1) 载荷

① 内压、外压或压差，用 P 表示；

② 液注静压力，当液注静压力小于设计压力的 5%时，可忽略不计，用 P_s 表示；

③ 容器的自重（包括内件和填料等），以及正常工作条件下或耐压试验状态下内装介质的重力载荷，用 D 表示；

④ 附属设备及隔热材料、衬里、管道、扶梯、平台等的重力载荷；

⑤ 风载荷（W）、地震载荷（E）、雪载荷（S_s）；

⑥ 支座及其他型式支承件的反作用力，用 T 表示；

⑦ 连接管道和其他部件的作用力，用 W 表示；

⑧ 温度梯度或由于热膨胀量不同引起的作用力、压力试验风载荷，用 W_{pt} 表示；

⑨ 冲击载荷，包括压力急剧波动引起的冲击载荷、流体冲击引起的反力等；

⑩ 其他应计及的载荷：如运输或吊装时的作用力；偶发载荷（L）；试验压力（P_T）。

(2) 载荷工况

主要考虑了 2 种载荷工况，包括：

① 设计工况；

② 耐压试验条件（包括液压试验和气压试验）工况；

这两种载荷工况下所需要考虑的载荷列于表 6-10 中。

表 6-10 载荷组合工况

条件和组合序号			载荷组合工况
设计条件		1	$\alpha(P+P_s+D)$
		2	$\alpha[0.88(P+P_s+D+T)+1.13L+0.36S_s]$
		3	$\alpha[0.88(P+P_s+D+T)+1.13L+(0.71L$ 或 $0.36W)]$
		4	$\alpha[0.88(P+P_s+D+T)+0.71W+0.71L+0.36S_s]$
		5	$\alpha[0.88(P+P_s+D+T)+0.71E+0.71L+0.14S_s]$
耐压试验条件	液压试验	6	$\alpha[0.71(P_T+P_s+D)+0.3W]$
	气压试验	7	$\alpha[0.84(P_T+P_s+D)+0.3W]$

注：α 为载荷调整系数。

习　题

1. 如基于线弹性分析的“应力分类”法，焊接残余应力应如何划类？

2. 基于线弹性分析的“应力分类”法中，应力是如何分类的？

3. 基于失效模式的应力分析设计直接法考虑了哪些失效模式？

4. 试分别采用基于线弹性分析的“应力分类法”和基于弹塑性分析的直接法，设计一高压氮气储罐。具体参数如下：几何容积：$10m^3$；直径：1200mm；工作压力：0～11MPa；频次：每天 4 次，设计寿命：10 年；设计温度－20～50℃；最大接管尺寸 $DN100$。

第 7 章 压力容器防脆断设计及疲劳裂纹扩展寿命

压力容器的脆性断裂往往会带来灾难性事故，发生脆性断裂时，压力还远未达到容器的设计压力，属于低应力破坏，破坏的容器没有明显的塑性变形，断口往往是亮晶晶的解理或准解理断口，断口平齐，无明显的剪切唇。脆性断裂通常没有任何事先征兆，容器破坏成很多碎片，在爆炸能的作用下产生巨大的破坏力，引起灾难性后果。

压力容器产生脆性断裂一般具有两个基本条件，一是容器承压部件中存在裂纹等严重的缺陷，二是缺陷处材质较脆。材质较脆有多种情况，如高压、超高压容器中使用了高强钢，一般情况下，材料强度越高，塑性、韧性越差，并且为了抵抗高压及超高压，容器的壁厚通常较厚，拘束程度高，进一步降低了材料韧性；如果存储介质为氢气，则高压下氢气会扩散进入钢材内，又会造成钢材的氢脆，进一步降低材料的韧性；如采用铁素体钢制造的低温容器，低温环境会造成钢材的脆性增加，塑性、韧性变差；如核电站反应堆压力容器（RPV）中，由于中子的辐照，钢材产生辐照脆化，造成材料上平台冲击功数值降低，并且韧脆转变温度升高。

压力容器的脆性断裂不是传统意义上的强度问题，而是由于尖锐缺陷和材料韧性不足导致的断裂破坏。传统的压力容器强度设计方法是基于材料均匀性、连续性假设的，一般对结构进行弹性或弹塑性力学分析，再对各类应力进行强度校核。但对于脆性断裂，破坏时压力容器的压力远低于设计压力，结构中的最大应力也远低于许用应力，这种情况用基于材料均匀性假设基础的材料力学和弹性力学是无法解释的，只得借鉴 20 世纪 50 年代以来快速发展的断裂力学方法来解决，到 20 世纪的后期逐步形成了防低应力脆性断裂失效的压力容器设计方法。采用断裂力学的方法才能有效解释并解决防脆断设计问题。

因此，本章首先需要简单介绍断裂力学的原理，然后介绍压力容器防止低应力脆断和疲劳的设计原理，另外还介绍基于裂纹疲劳扩展分析的容器疲劳寿命分析方法。这些基本理论为解决低温容器、高压和超高压容器、特殊环境下容器的防脆断设计提供了依据。

7.1 断裂力学的基本理论

对于含裂纹的结构，因在裂纹尖端附近存在严重的应力集中，常规强度理论很难分析裂纹尖端应力场及破坏准则。断裂力学首先是研究裂纹尖端附近的高度集中的应力场和应变场，从而导出裂纹体在受载条件下裂纹尖端附近应力应变场的特征量，同时与材料某种性能参量相关联，建立裂纹体断裂的判别条件。这就是断裂学科所要解决的主要问题。

7.1.1 线弹性断裂理论

(1) 含裂纹体加载类型

带裂纹的结构根据所受载荷的情况可以区分为三种基本加载形式，如图 7-1 所示，共有Ⅰ、Ⅱ、Ⅲ型三种裂纹类型，即张开型、剪切型和撕开型。最常见的是Ⅰ型即张开型裂纹。线弹性断裂理论是基于材料弹性假设进行分析的，其中最重要的是应力强度因子理论。

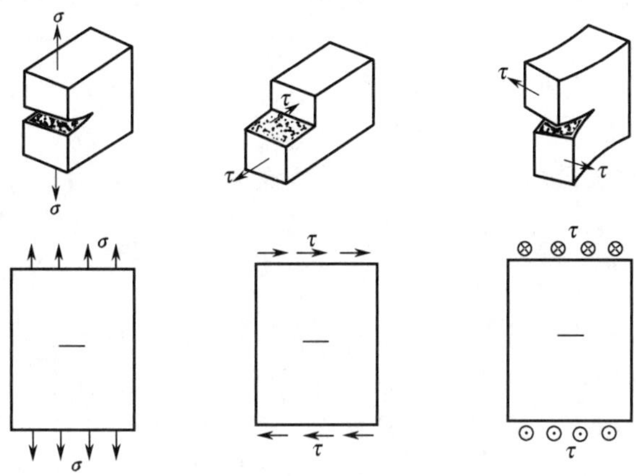

图 7-1 裂纹体加载和断裂的三种基本类型

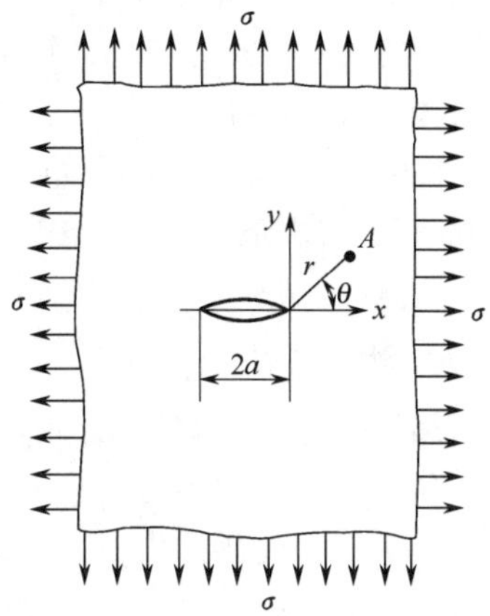

图 7-2 含中心穿透裂纹的无限大板

(2) 应力强度因子 K_{I}

Irwin 于 1957 年提出了应力强度因子 K 的概念[85]，首先针对Ⅰ类裂纹的平面问题建立了以应力强度因子 K 为断裂参量的线弹性断裂力学。含穿透裂纹（长为 2a）的无限宽板承受Ⅰ型加载的情况如图 7-2 所示。假定材料符合线弹性的基本规律，利用弹性力学方法可以求出裂纹尖端附近任意点 A（极坐标 r，θ）在双向拉伸时的各应力分量的近似解为

$$\left.\begin{aligned}\sigma_{\mathrm{x}}&=\frac{\sigma\sqrt{\pi a}}{\sqrt{2\pi r}}\cos\frac{\theta}{2}\left(1-\sin\frac{\theta}{2}\sin\frac{3\theta}{2}\right)\\\sigma_{\mathrm{y}}&=\frac{\sigma\sqrt{\pi a}}{\sqrt{2\pi r}}\cos\frac{\theta}{2}\left(1+\sin\frac{\theta}{2}\sin\frac{3\theta}{2}\right)\\\tau_{\mathrm{xy}}&=\frac{\sigma\sqrt{\pi a}}{\sqrt{2\pi r}}\cos\frac{\theta}{2}\sin\frac{\theta}{2}\cos\frac{3\theta}{2}\end{aligned}\right\}\tag{7-1}$$

式中 σ——作用在裂纹体上的外加原场应力，即考虑裂纹不存在时在裂纹尖端位置处的应力（由于考虑为无限大宽板，裂纹相对尺寸较小，可忽略），亦称当地应力；

σ_{x}——裂纹尖端某点 x 向应力分量；

σ_{y}——裂纹尖端某点 y 向应力分量；

τ_{xy}——裂纹尖端某点切应力分量。

该应力场表达式说明，各应力分量均与 $\sigma\sqrt{\pi a}$ 有关，其余则与几何坐标有关。该应力场

的强弱程度唯一取决于 $\sigma\sqrt{\pi a}$ 参量，因此令

$$K_{\mathrm{I}}=\sigma\sqrt{\pi a} \tag{7-2}$$

式中　K_{I}——裂纹尖端附近应力场的“应力强度因子”，下标Ⅰ表示为Ⅰ型。

K_{I} 是表征裂纹尖端附近应力场强度的特征量，是线弹性断裂力学中最重要的参量，表示了裂纹的驱动力。常用单位为 $\mathrm{MPa}\sqrt{\mathrm{m}}$ 或 $\mathrm{MPa}\sqrt{\mathrm{mm}}$，外加应力 σ 和裂纹尺寸 a 同时决定着 K 因子的大小。此外，不同的裂纹体几何形状，其 K_{I} 也不同。各种几何及受载情况下 K 因子有不同的表达式。其一般表达形式为

$$K_{\mathrm{I}}=Y\sigma\sqrt{\pi a} \tag{7-3}$$

对于无限板穿透裂纹单向及双向均匀受拉伸时，$Y=1$。线弹性断裂力学发展至今已相当成熟，提供了大量的不同类型含裂纹结构的形状系数 Y，其他情况通过断裂手册确定 Y 后，即可按式(7-3) 方便地计算 K_{I}。

由式(7-1) 可知，在裂纹尖端 $r=0$ 处，各应力分量为无限大，这在数学上称为“奇异性”。事实上裂尖附近应力不可能无限大，由于真实材料是有弹塑性的，当裂尖一点应力水平高到一定程度则会产生屈服。因此，裂纹尖端附近总会有一定大小的塑性区，应力不会达到无限大。

(3) 断裂韧性

当裂纹尺寸一定时，K_{I} 值随载荷应力 σ 增大而增大，当 K_{I} 增大到某一程度时，将发生突然的、不可控制的快速断裂，即失稳断裂。实验证明，每一种材料均有自己发生裂纹失稳断裂的 K_{I} 最低值，称为“临界应力强度因子 K_{IC}”，它是材料抗裂纹断裂韧性的反映，亦称为材料的“断裂韧性”。材料的子 K_{IC} 值越高，说明抗断裂的韧性越好，越不容易发生低应力脆断。因此断裂韧性便成为衡量材料韧性与脆性的重要力学性能新指标。例如 14MnMoNbB 的室温 K_{IC} 值约为 $66\sim82\mathrm{MPa}\sqrt{\mathrm{m}}$。对每种材料而言，$K_{\mathrm{IC}}$ 还与热处理状态有关。中国已制定测试 K_{IC} 的标准——GB/T 21143[86]。

应当注意 K_{I} 与 K_{IC} 的区别，前者是裂纹尖端附近应力强度参量，与材料性能无关，而后者是材料的性能。

(4) 线弹性的脆断判据

如果裂纹体的 K_{I} 值达到材料的 K_{IC} 时，说明裂纹体（即带裂纹的结构）达到了断裂临界状态，即断裂判据为

$$K_{\mathrm{I}}=Y\sigma\sqrt{\pi a}=K_{\mathrm{IC}} \tag{7-4}$$

利用断裂力学所建立的 σ-a-K_{I} 的这种关系，可以导出相应的临界应力 σ_{c} 或临界裂纹尺寸 a_{c}

$$\sigma_{\mathrm{c}}=K_{\mathrm{IC}}/Y\sigma\sqrt{\pi a} \quad 或 \quad a_{\mathrm{c}}=\frac{1}{\pi}\left(\frac{K_{\mathrm{IC}}}{Y\sigma}\right)^2 \tag{7-5}$$

式(7-5) 就是利用断裂力学方法建立起的供工程上判别带裂纹结构是否会发生低应力脆断的依据。因此结构的安全除了符合常规强度设计中的设计应力 $\sigma\leqslant[\sigma]$ 的要求以外，从防脆断的观点还应符合 $K_{\mathrm{I}}<K_{\mathrm{IC}}$ 或 $\sigma<\sigma_{\mathrm{c}}$、$a<a_{\mathrm{c}}$ 的要求。

由式(7-4) 可知，材料的断裂韧性 K_{IC} 值越高，发生脆断的应力水平也越高。一般，材料强度级别越高，则 K_{IC} 值越低，发生脆断的可能性越大。必要时宁愿选用强度低一些的材料，以保证材料的韧性较好，从而提高防脆断的安全性。用热处理的方法调整材料的强

度与韧性也可满足这些要求。

(5) 线弹性断裂理论的适用范围

式(7-1) 是只适合于裂纹尖端附近很小区域的近似解。由于材料有塑性变形能力，裂纹尖端附近总会有一定大小的塑性区。当所受载荷或裂纹尺寸越大时，这个塑性区也就越大，因而实际应力场与式(7-1) 的解偏差也越大。如果裂尖塑性区的尺寸大到超过近似解适用的区域尺寸时，偏差将会大到工程上不能接受的程度。这个塑性区的尺寸大体上只是裂纹半长 a 的 1/10，符合这个条件的称为“小范围屈服”。因此线弹性断裂力学的适用范围就是“小范围屈服”条件。中低强度钢的屈服强度低，受载时容易产生较大的塑性区，反之，高强度钢受载时塑性区就比较小。可以导出对塑性区尺寸的限制，实质上就是对 σ/R_{eL} (即应力与屈服强度之比) 的限制。一般认为，要求塑性区尺寸小于 $a/10$，大体上相当于要求应力水平 $\sigma/R_{eL}<0.5$，如果试件的受力状态接近于平面应力时，这时数值还要低些，断裂韧性 K_{IC} 测试时也应满足小范围屈服的要求。对于屈服点很低的钢材，要保证满足小范围屈服条件，就必须加大试样的尺寸，以增大试样对裂尖变形的约束使屈服区减小，因此提出试样的尺寸应达到“平面应变”状态的要求。中低强度钢试样要达到这一要求时，其尺寸甚至达到数吨之重，测试无法实现。但对高强度钢而言，满足平面应变要求时的试样尺寸就很小，以上情况使得线弹性断裂理论的适用范围变得很小。

7.1.2 弹塑性断裂分析

目前，分析弹塑性断裂的方法主要有裂纹尖端张开位移法和 J 积分法，这两种方法在理论和实际应用方面均已进行了大量的工作。

(1) 裂纹尖端张开位移法

Wells[87] 根据大量实验，在 1965 年发现裂纹尖端张开位移 (crack tip opening displacement，CTOD) 法 (用 δ 表示) 与含裂纹结构韧带上的名义应力、应变间存在对应关系，当 δ 达到材料的某个临界值 δ_c 时就会发生开裂。使用 CTOD 法可建立弹塑性断裂准则

$$\delta=\delta_c \tag{7-6}$$

Dugdale[88] 根据对软钢薄板的拉伸实验，提出了带状屈服模型 (D-M 模型)，并求出材料屈服时，δ 的表达式为

$$\delta=\frac{8R_{eL}a}{\pi E}\ln\left(\sec\frac{\pi\sigma}{2R_{eL}}\right) \tag{7-7}$$

对式(7-7) 进行幂级数展开，即可证明在小范围屈服 ($\sigma/R_{eL}\ll 1$) 条件下，CTOD 准则与 K 准则是一致的。但实验证明式(7-7) 不适用于全面屈服的情况，因此在实验数据的基础上提出了不同的含有安全系数的半经验性的 CTOD 设计曲线。

Wells 给出的计算公式为

$$\frac{\delta}{2\pi e_s a}=\begin{cases}\left(\dfrac{e}{e_s}\right)^2 & \left(\dfrac{e}{e_s}\leqslant 1\right)\\[2ex] \dfrac{e}{e_s} & \left(\dfrac{e}{e_s}>1\right)\end{cases} \tag{7-8}$$

Dawes[89] 在对 Wells 公式进行修正的基础上，给出了如下计算公式

$$\frac{\delta}{2\pi e_s a}=\begin{cases}\left(\dfrac{e}{e_s}\right)^2 & \left(\dfrac{e}{e_s}\leqslant 0.5\right)\\ \dfrac{e}{e_s}-0.25 & \left(\dfrac{e}{e_s}>0.5\right)\end{cases} \tag{7-9}$$

$$\frac{\delta}{2\pi e_s a}=\begin{cases}\left(\dfrac{e}{e_s}\right)^2 & \left(\dfrac{e}{e_s}\leqslant 1\right)\\ \dfrac{1}{2}\left(\dfrac{e}{e_s}+1\right) & \left(\dfrac{e}{e_s}>1\right)\end{cases} \tag{7-10}$$

式中　e——屈服区中的名义应变；

e_s——材料屈服应变。

（2）*J* 积分法

弹塑性断裂力学中的关键问题之一是确定一个能定量表征裂纹尖端应力、应变场强度的参量，它应既易于计算，又能方便地通过实验测定，J 积分就是这样一个理想的参量。Hutchinson[90] 和 Rice、Rosengren[91] 证明了纯幂次硬化材料静态裂纹体，在从小范围屈服到全面屈服条件下，裂尖附近应力、应变场具有 HRR 奇异性。根据 HRR 理论推导出的幂次硬化材料裂尖应力、应变场可表达为

$$\sigma_{ij}=R_{eL}\left[\frac{EJ}{R_{eL}^2 I_n}\right]^{\frac{1}{n+1}} r^{-\frac{1}{n+1}}\tilde{\sigma}_{ij}(\theta,n) \tag{7-11}$$

$$\varepsilon_{ij}=\alpha\varepsilon_s\left[\frac{EJ}{\alpha R_{eL}^2 I_n}\right]^{\frac{n}{n+1}} r^{-\frac{n}{n+1}}\tilde{\varepsilon}_{ij}(\theta,n) \tag{7-12}$$

式中　E——弹性模量；

$\tilde{\sigma}_{ij}$，$\tilde{\varepsilon}_{ij}$——位置函数；

I_n——n 的函数。

式(7-11)、式(7-12) 给出的应力、应变场是在裂尖附近才有的局部解。由公式可见，与应力强度因子 K 理论相似，应力（变）场中任意点的应力（变）值可表示为场强与位置函数的乘积，所以 HRR 理论证明了在屈服后变形情况下，裂纹尖端应力、应变场的奇异性是存在的，并且 J 积分就是该奇异应力、应变场强度的单一表征参量。可以认为当 J 达到某临界值 J_{IC} 时材料发生开裂，即 J 积分断裂准则可表示为

$$J=J_{IC} \tag{7-13}$$

J 积分与 CTOD 都是弹塑性断裂力学中的断裂参量，但 CTOD 理论有明显缺陷：

ⅰ. CTOD 定义不明确，存在多种 CTOD 的定义；

ⅱ. CTOD 的理论基础 D-M 模型将塑性区简化为窄条且材料为理想弹塑性材料，与实际情况不符，使得 CTOD 的应用范围受到限制；

ⅲ. δ_c 的测定值分散大且只适用于预测裂纹的初始开裂。

J 积分与 CTOD 相比，有以下几个优点：

ⅰ. J 积分定义清晰，物理意义明确；

ⅱ. J 积分的积分路径无关性非常重要，可以避开裂纹尖端奇异场的求解；

ⅲ. J 积分具有严密的理论推导证明，适用于强化材料和各类裂纹；

ⅳ. 利用 J 积分可进行撕裂失稳评定。

因此 J 积分比 CTOD 具有更广阔的应用前景，目前国内外的研究也普遍使用 J 积分作为断裂参量。

7.1.3 基于断裂力学的安全评定原理

(1) 单参量断裂评定

根据断裂力学的成果，可以利用线弹性的应力强度因子理论或弹塑性的 J 积分理论，建立起单参量的断裂评定方法，即只要 K_{I} 值（或 J 值）不大于材料的临界点及材料的断裂韧性值 K_{IC}（或 J_{IC}）时，就是可以接受的，即

$$K_{\mathrm{I}}<K_{\mathrm{IC}} \quad \text{或} \quad J_{\mathrm{I}}<J_{\mathrm{IC}}$$

若 K_{I} 值或 J 值远低于材料的断裂韧性 K_{IC} 或 J_{IC}，则裂纹不会起裂，是安全的；若大于等于断裂韧性值，就意味着裂纹有可能发生进一步扩展或发生断裂，是不安全的。

这里仅做原理阐述，至于 K_{I} 或 J 积分的计算，以及临界值 K_{IC} 或 J_{IC} 的取样实测或工程统计值的应用，均需专业人员才能胜任。

(2) 双参量断裂评定

失效评定图的概念最早是由英国前中央电力局（CEGB）于 1976 年提出来的，由于其简便安全的特性而被工程界广泛应用，现已被 GB/T 19624、API 579 等标准采用。用失效评定图对含缺陷压力容器及管道进行评定时（如图 7-3 所示），横坐标为 L_{r}，表示含裂纹结构剩余韧带承载与极限载荷之比，反映了结构承载接近极限载荷的程度；纵标为 K_{r}，表示含裂纹结构应力强度因子与材料断裂韧性之比，反映了结构发生断裂的程度。只需要计算缺陷处的评定点（K_{r}，L_{r}），然后把它标绘在相应的失效评定图中。如果评定点处于失效评定曲线的下侧（安全区），如评定点 A 点，则所评定的容器或管道缺陷是安全的；如果评定点处于失效评定曲线的上侧（失效区），如评定点 B 点，则所评定的容器或管道缺陷将失效。

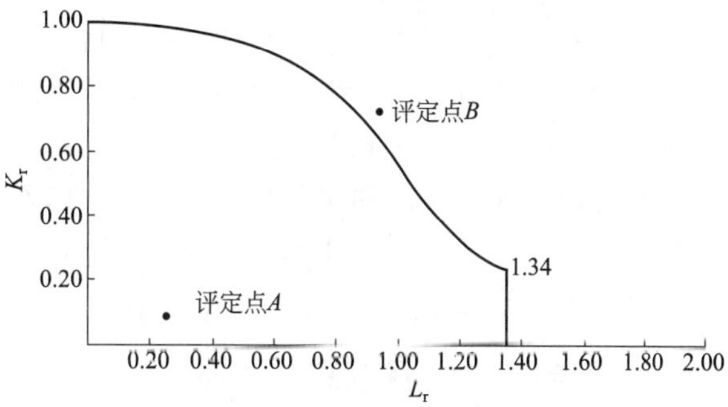

图 7-3 双参量断裂评定及失效评定曲线

7.1.4 ASME BPVC 第Ⅲ卷及Ⅸ卷中防脆断设计方法

ASME Ⅲ附录 G 中的防脆断思想是使服役条件下的容器内壁上假想裂纹的应力强度因子小于材料的断裂韧性，这里用远离不连续区的壳体及封头的相关规定来说明。在该区域的主要载荷为：由内压产生的一次总体薄膜应力和在开停堆（反应堆）期间沿壁厚产生温度梯度而导致的温差应力

$$2K_{\mathrm{Im}}+K_{\mathrm{It}}<K_{\mathrm{IC}} \tag{7-14}$$

式中，K_{Im} 为一次膜应力的应力强度因子；K_{It} 为温差应力的应力强度因子，两者根据具体的工况计算；K_{IC} 则根据材料的 RT_{NDT} 按照 ASME 参考韧性曲线方程计算得到。式中的 2 为附加到 K_{Im} 上的安全系数，针对法兰、接管以及其他结构不连续区，标准有不同的规定。针对具体材料，式(7-14) 可以进一步简化为压力 p 和温度 T 的函数，这就将韧性要求转化为操作过程的 p-T 限值。ASME Ⅲ附录 G 是建立在对容器壁上深度为 $0.25t$、长

度为 1.5t 假想表面椭圆裂纹的线弹性断裂分析（t 为容器壁厚）。ASME Ⅸ附录 A 则是对实际检测到的缺陷进行分析，并考虑辐照脆化等因素是更为具体的评定过程，但是基本思想与附录 G 是一致的。

7.2　疲劳裂纹扩展计算方法

传统的压力容器疲劳寿命计算方法，一般是根据材料的寿命-疲劳循环次数（S-N）曲线进行分析设计，详见第 6 章。这种计算方法中所用的寿命-疲劳循环次数（S-N）曲线是考虑了疲劳载荷下试样从循环变形、疲劳裂纹萌生、疲劳裂纹扩展和断裂的全过程的。工程上通常把用低放大倍数（10×～20×）能够观察到的裂纹定义为裂纹萌生，相应的裂纹长度为 0.13～0.25mm。从设计的角度，裂纹萌生可定义为 0.25～2.5mm。要做出一条完整的 S-N 曲线，需要大量的实验数据支撑。对于一些特殊的应用场景，如在高压氢环境下，无相关氢环境材料的 S-N 曲线，这时候如何进行疲劳设计呢？

针对这种情况，可以采用少量试样获得特殊环境下材料的疲劳扩展数据，基于此试验数据，考虑在容器上有一可检出尺寸的裂纹，计算其在疲劳载荷工况下的裂纹疲劳扩展数据，再评估其最终裂纹尺寸时容器的安全性，从而可对容器的疲劳寿命进行评估。可以看出，这种分析是忽略掉循环变形和疲劳裂纹萌生过程的，分析得到的疲劳寿命主要考虑了裂纹扩展阶段的寿命，是相对比较保守的，但该种方法适合于无完整的 S-N 曲线的情况，仅通过补充少数试验即可进行疲劳寿命评价。

7.2.1　疲劳裂纹扩展速率

1963 年，Paris 和 Erdogan 经过大量试验研究[92]，指出应力强度因子幅值 ΔK 是裂纹扩展的驱动力，并且将疲劳裂纹扩展速率 $\mathrm{d}a/\mathrm{d}N$ 同 ΔK 之间的关系建立起来，提出了著名的 Paris 公式（式 7-15），为研究材料的疲劳裂纹扩展速率提供了坚实的基础。

$$\frac{\mathrm{d}a}{\mathrm{d}N}=C(\Delta K)^m \tag{7-15}$$

式中　a——裂纹长度；

N——应力循环次数；

C，m——材料常数，环境因素如温度、湿度、介质、加载频率等都隐含在常数之中，可以通过试验数据拟合得到；

ΔK——应力强度因子幅。

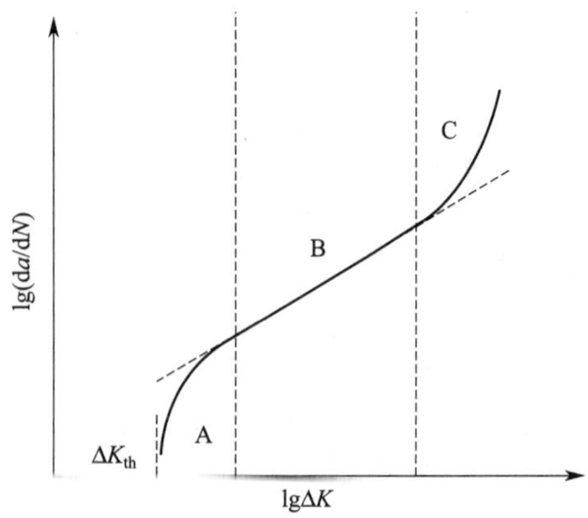

图 7-4　疲劳裂纹扩展速率曲线

将疲劳裂纹扩展速率 $\mathrm{d}a/\mathrm{d}N$ 与应力强度因子幅值 ΔK 的关系绘制在双对数坐标轴中，可以发现完整的 $\lg(\mathrm{d}a/\mathrm{d}N)$-$\lg\Delta K$ 曲线呈“S”形，如图 7-4 所示。该曲线可以分为 A、B、C 三个区域，从曲线中可以看出 A 区靠近应力强度因子门槛值 ΔK_{th}，并且受到 ΔK_{th} 的强烈影响，其扩展速率较低；B 区内 $\lg(\mathrm{d}a/\mathrm{d}N)$-$\lg\Delta K$ 呈现较明显的线性关系，此时的裂纹为连续的条纹扩展机制，疲劳裂纹扩展速率受到显微组织、试样厚度以及平均应力等的影响较小，扩展速率也不断增加；随着 ΔK 的增长，逐渐靠近 K_C 或 K_{IC}（平面应力或平面应变断裂韧度），C 区的裂纹扩展速率较高，直至最终失稳断裂，这一最后区间很短。可见 Paris 公式［式(7-15)］在 A 区时高估了裂纹扩展速率，在 C 区时低估了裂纹扩展速率，但在实际工程应用时，我们分析所针对的是可检出缺陷尺寸作为初始缺陷，这样正好可以避开 A 区的缓慢扩展阶段，而是重点分析在 B 区连续扩展阶段的裂纹扩展量。

影响疲劳裂纹扩展过程的主要原因有应力比、加载幅度、变幅加载历史、材料的几何尺寸及它们的相互作用等。Ewalds 等人[93] 对结构钢 BS4360 以及铝合金 2024-T3 进行了室温内不同应力比下的疲劳裂纹扩展试验，发现对结构钢 BS4360 而言，应力比对疲劳裂纹扩展规律的影响并不明显，仅仅当应力比为 0.85 时，该材料的疲劳裂纹扩展速率才有了较为明显的提升；不过对于铝合金 2024-T3 而言，应力比对疲劳裂纹扩展速率的影响非常明显，在应力比从−0.5 增加至 0.33 的过程中，疲劳裂纹扩展速率增长了数倍。Wang 等人[94] 对 16MnR 钢进行了 3.8mm 厚的 CT 试样的疲劳裂纹扩展研究，指出应力比对该材料的疲劳裂纹扩展速率几乎没有影响。

对于核电用钢 A508-Ⅲ钢的疲劳裂纹扩展问题，人们更多地把注意力集中在高载荷下的情况，针对低载荷下的疲劳裂纹扩展问题研究较少。邓增杰等[95] 在应力幅为 30～80MPa · $m^{\frac{1}{2}}$ 的范围内对奥氏体不锈钢的 Paris 公式参数做出了拟合，总结得到常数 C 值约为 5.6×10^{-12}、m 值约为 3.25。吴晓东等[96] 针对国产 A508-Ⅲ钢在应力幅为 50～150MPa · $m^{\frac{1}{2}}$ 的范围内进行了疲劳裂纹扩展试验，拟合得到的 Paris 公式参数 C 值约为 5.78×10^{-11}、m 值约为 3.13。贾法勇等[97] 也以国产 A508-Ⅲ钢为研究对象，在应力幅为 20～40MPa · $m^{\frac{1}{2}}$ 的范围内进行裂纹扩展试验，最终拟合得到 Paris 公式参数 C 值约为 5.04×10^{-11}、m 值约为 2.24，见表 7-1。

表 7-1　不同应力幅下测得的 Paris 公式常数

应力幅 ΔK/MPa · $m^{\frac{1}{2}}$	常数 C	常数 m
30～80	5.6×10^{-12}	3.25
50～150	5.78×10^{-11}	3.13
20～40	5.04×10^{-11}	2.24

7.2.2　疲劳裂纹扩展后的安全评定

当进行完疲劳裂纹扩展计算后，往往再按照本章 7.1.3 节中双参量安全评定方法对含扩展裂纹尺寸的结构进行评价，对其安全性进行分析，从而最终实现对疲劳裂纹寿命的评价。

习　　题

1. 什么是压力容器的脆性断裂，往往具有什么特征？
2. 线弹性断裂力学的适用范围是什么？
3. K_I 与 K_{IC} 有何区别？

第8章 低温容器设计

温度一般会影响压力容器材料的力学性能，对于具有铁素体等体心立方结构的压力容器用钢，随着温度的降低，材料的屈服强度、抗拉强度会提高，塑性、韧性（冲击功或断裂韧性）会下降。铁素体钢具有明显的韧脆转变现象，即存在某个特定的温度范围，在此温度范围之上材料断裂表现为韧性断裂；低于此温度范围，材料的断裂表现为无延性特征的脆断；在此温度范围内，材料的断裂从韧性断裂转变为脆性断裂，断裂的微观机制从韧窝断裂转变为解理断裂，这个温度范围称为材料的韧脆转变温度区。在韧脆转变温度区，冲击功或断裂韧性随着温度的降低而下降，较小的温度变化也可能导致冲击功或断裂韧性发生很大变化，并且即使在同一温度，冲击功或断裂韧性也可能非常分散。应该指出，冲击功和断裂韧性的韧脆转变温度区间可能不同，存在一定的差异。

为防止低温下材料韧性变差引起脆性断裂，多国压力容器规范提出了压力容器材料最低设计金属温度（MDMT）的概念，其中 ASME 规范基于断裂力学理论，假设容器中存在一表面椭圆裂纹缺陷，该缺陷深度为容器壁厚 t 的 1/4，缺陷半长是深度的 3 倍，采用第 7 章介绍的防脆断设计的方法，计算该缺陷的应力强度因子 K，使之小于材料的断裂韧性 K_{IC}。其中，断裂韧性 K_{IC} 与材料的温度有函数关系，可建立起与冲击功 A_{KV} 及温度 T 的经验关联式，应力强度因子 K 与裂纹原场应力水平和裂纹尺寸（缺陷深度为壁厚的 1/4）有关，一般考虑原场应力水平达到材料许用应力（一般为材料屈服强度除以一定的安全系数），据此就建立起防止脆断的材料温度 T 与容器壁厚 t 的关系，也即材料冲击豁免温度-容器壁厚关系曲线。

相对于铁素体钢，奥氏体不锈钢的屈服强度、抗拉强度也会随着温度的降低而有所提高，塑性、韧性也会下降，但不像铁素体钢具有明显的韧脆转变温度区，一般在很低温度下也具有较好的塑性和韧性，因此，很多存储液氢、液氧、液氮、液氩、液化天然气等深冷介质的容器往往采用奥氏体不锈钢材料。对于奥氏体不锈钢制压力容器，脆断的问题不像铁素体钢压力容器那样突出。

目前，压力容器行业内对低温概念的理解各不相同，什么温度区间被定义为低温并不明确，什么是低温压力容器也没有明确的划分细则，主要根源在于压力容器的材料类型是多样的，各种材料的韧脆转变区并不同，如在－70～－20℃，很多低合金铁素体钢基本上处于韧脆转变区或在下平台区，而奥氏体不锈钢如 S30408、S30403、S31608、S31603 等在这个温度区间仍然具有良好的塑性和韧性，并不会表现出明显的韧脆转变现象，甚至到－196℃时仍然具有良好的塑性和韧性。

我国1977年颁布的《钢制石油化工压力容器设计规定》首次将-20℃作为我国压力容器碳钢低合金钢的低温界限。1989年颁布的GB 150也沿用了这一概念，2011版颁布的GB/T 150.3附录E提出了对低温压力容器的设计要求，明确指出适用范围是：设计温度低于-20℃的碳素钢和低合金钢制容器以及设计温度低于-196℃的奥氏体不锈钢制容器。

因此，对于低温容器而言，防止其发生强度破坏是首先要考虑的，其次要重点分析其是否存在脆性断裂的可能性，从防止脆性断裂的角度，按照第7章所介绍的断裂力学方法对其开展分析，防止脆性断裂的发生。

8.1 铁素体钢的低温韧脆转变

图8-1给出了铁素体钢22NiMoCr37的断裂韧性 K_{JC} 随温度 T 变化的情况，从图中可以看出材料的断裂韧性随温度变化的情况，在韧脆转变区，存在较大的数据分散性。

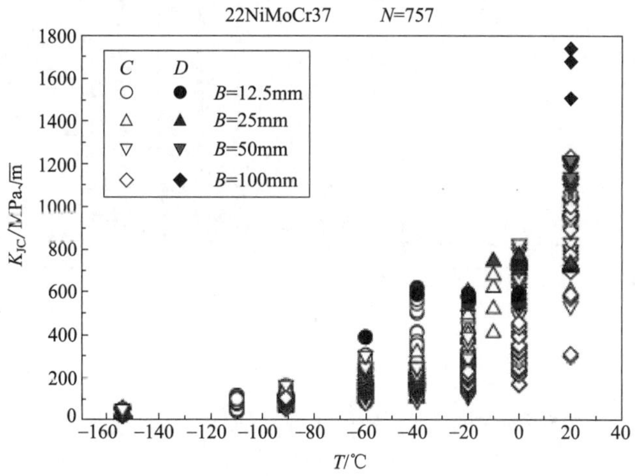

图8-1 铁素体钢在韧脆转变区的断裂韧性分布

C—紧凑拉伸试样；D—三点弯曲试样；N—断裂韧性数据数量；B—试样厚度

铁素体钢在韧脆转变区的失效机理与所处的温度区域有关，如图8-2所示。在韧脆转变区的中上区域，延性撕裂与解理断裂相互竞争，裂纹在延性撕裂后扩展一定的长度，紧接着发生突然失稳的解理断裂。在韧脆转变区的中下区域至下平台温度区，一般发生纯解理断裂。在解理失稳断裂发生前没有明显的延性撕裂，宏观表现为纯脆断的失效形式，在断裂失效之前观察不到结构的明显变形，这是非常危险的。

为了满足核压力容器设计及安全保障的需要，60年代末至70年代初，美国做了大量的核压力容器用钢（A508-Ⅲ钢及A533B钢）辐照前后在不同温度下的断裂韧性试验，建立了ASME Ⅲ附录G及ASME Ⅺ附录A中以 RT_{NDT} 为参量的 K_{IC} 曲线及 K_{IR}（即 K_{Ia}）曲线。K_{IC} 曲线和 K_{IR} 曲线用式(8-1)及式(8-2)表示。K_{IC} 线是在准静态加载条件下所测得的所有断裂韧性数据的下包络线，K_{IR} 线是所有准静态起裂、动态起裂及止裂的各种断裂韧性数据的下包络线，式中的 RT_{NDT} 称为材料的参考无延性转变温度。

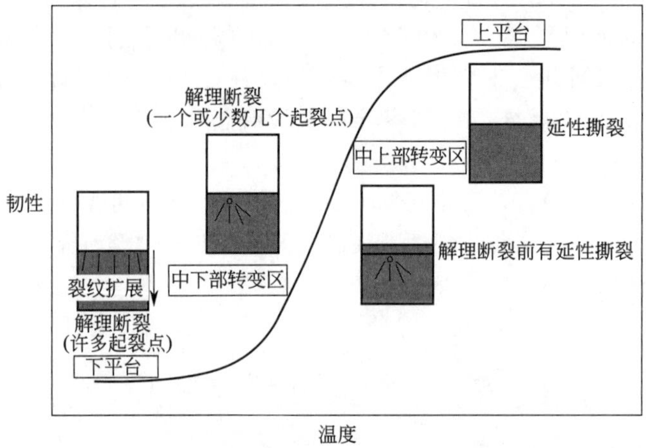

图 8-2　铁素体钢的韧脆转变及对应的失效机理

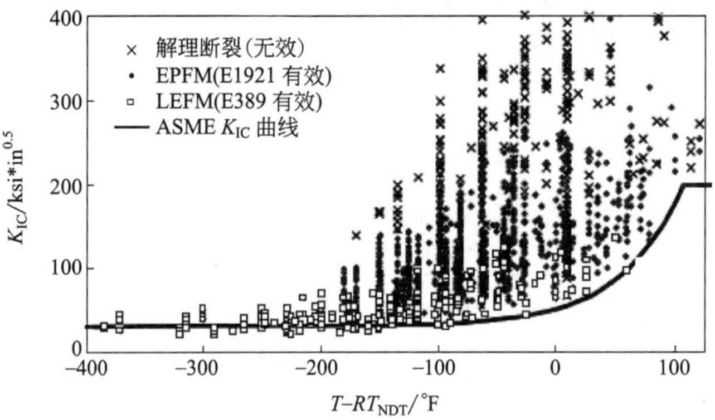

图 8-3　ASME K_{IC}-($T-RT_{NDT}$) 曲线

RT_{NDT} 是根据下述原理建立的：对任一材料其 K_{IC} 的下边界值与温度关系的曲线形状与图 8-3 中所示的曲线相类似，不同材料、辐照前后的 K_{IC}-T 曲线形状均十分相似，只是在图中相对于温度坐标的位置不同而已。例如辐照后的 K_{IC}-T 曲线就相当于辐照前的 K_{IC}-T 曲线向较高温度方向平移了一段距离。因而可将各曲线下拐角处的温度定为参考无延性转变温度。ASME 提出了由落锤试验确定无延性转变温度，再结合夏比冲击试验的方法来确定参考无延性转变温度，从而将所有材料的 K_{IC} 下边界-温度关系曲线叠合在一起，归一为一条曲线，而横坐标的温度 T 改为 $T-RT_{NDT}$，RT_{NDT} 起到代表材料的“索引号”的作用。由于 ASME 的 K_{IC} 曲线描述的是满足线弹性断裂力学有效性要求的断裂韧性数据的下边界，并且按照 ASME NB-2331 的要求，最终确定的 RT_{NDT} 趋近于材料的上限，所以 K_{IC} 曲线是很保守的。并且由于确定 RT_{NDT} 的落锤试验和夏比冲击试验自身与断裂韧性并没有什么关系，导致人们得到的 K_{IC} 曲线相对于材料在韧脆转变区实测的断裂韧性数据的位置不固定，也就是说 K_{IC} 曲线描述断裂韧性数据的下边界的保守程度是变化的。通过研究，人们逐渐认识到，在韧脆转变区，解理断裂的机理符合最弱链理论，即一个微小的薄弱点（可能是碳化物或第二相夹杂物）的起裂会引发宏观尺寸上的裂纹的失稳扩展，所以断裂韧性数据的分散性本质上是符合一定的概率分布的。而 K_{IC} 与（$T-RT_{NDT}$）的关系曲线是半经验性的，尽管十分保守，但用确定性的下限值来描述概率分布的断裂韧性显然不够科学。这促使人们进一步研究，希望找到一种方法：能够用弹塑性断裂力学参量取代线弹性断裂力学参量，以较小试样的 J_c 测试代替 E399 标准的大型试样的 K_{IC} 测试，通过用概率分析方法较准确地定量地描述断裂韧性随温度的分布。

$$K_{IC}=36.48+22.78e^{0.036(T-RT_{NDT})} \tag{8-1}$$

$$K_{Ia}=29.5+13.59e^{0.026(T-RT_{NDT})} \tag{8-2}$$

1984 年，芬兰科学家 Wallin[98~101] 与 Sarrio 和 Törrönen 提出了一个解理断裂的统计模型——WST 模型。在 WST 模型的基础之上，Wallin 等人发表了适于所有铁素体钢解理断裂行为的两项重要研究成果，为主曲线法奠定了技术基础。

ⅰ. 提出用三参数的 Weibull 分布来描述韧脆转变区内任意温度下的断裂韧性的累积失效概率分布，如式(8-3) 所示，并给出了试样尺寸效应的估算方法。

$$P_f=1-e^{-\frac{B}{B_0}\left(\frac{K_{JC}-K_{min}}{K_0-K_{min}}\right)^4} \tag{8-3}$$

式中 P_f——累积失效概率；

K_{JC}——临界 J 积分通过 $K_{JC}=\sqrt{J_CE/(1-v^2)}$ 转化得到的等效断裂韧性；

B_0——参考的试样厚度，人为规定试样的厚度为 1in (25.4mm)，简称 $1T$；

B——试样厚度；

K_0——Weibull 分布的尺度参量，为 $P_f=63.2\%$时的 K_{JC} 值；

K_{min}——门槛断裂韧性，Wallin 提出 K_{min} 固定取 20MPa $\sqrt{m}$，与温度和试样厚度无关。

假设解理起裂时裂尖满足高拘束度小范围屈服（SSY）的应力状态，并且在沿裂纹前缘的所有位置上都能满足弹塑性应力强度因子主导的条件，此时式(8-3) 中的 K_{JC} 的 Weibull 分布斜率固定为 4。这样，式(8-3) 的三参数 Weibull 式化简为单参数表达式，一旦求到某温度下 K_0，就知道了此温度下的断裂韧性概率分布。

ⅱ. Wallin 发现凡铁素体钢的断裂韧性分散带-温度曲线的形状都是相似的，不同的仅仅是在温度轴上的位置，其位置和温度的关系显示了该材料的断裂性能，高韧度钢具有低的转变温度，低韧度钢具有高的转变温度[102]。1993 年，Wallin 确定了主曲线法中的主断裂韧性曲线（master curve），即累积失效概率为 50%的中值断裂韧性 $K_{JC(med)}$ -T 曲线（下文简称主曲线）的表达式

$$K_{JC(med)}=30+70e^{0.019(T-T_0)} \tag{8-4}$$

式中 $K_{JC(med)}$ ——$1T$ 厚试样或者经 $K_{JC(1T)}=20+(K_{JC}-20)\left(\frac{B}{B_0}\right)^{1/4}$ 厚度换算到 $1T$ 厚的材料断裂韧性数据的中值。

当温度轴坐标以 $T-T_0$ 表示时，不同铁素体钢的断裂韧性-温度曲线都可归一成式(8-4) 描述的一条曲线。而当温度轴坐标以 T 表示时，不同铁素体钢的断裂韧性-温度曲线在温度轴上的位置由参考温度 T_0 确定，所以 T_0 又称为索引温度（index temperature）。在式(8-4) 中代入 $T=T_0$，可知参考转变温度 T_0 是指主曲线上对应 $K_{JC(med)}$ $=100$MPa$\sqrt{m}$的温度，即 $1T$ 厚试样所测得的中值断裂韧性 $K_{JC(med)}$ 等于 100MPa$\sqrt{m}$时的温度。

利用前文所述的两条基本规律，对于不同的铁素体钢，只需要知道它的韧脆转变曲线在

温度轴上的位置，即测得了材料的参考温度 T_0 值，便可获得该材料的 $1T$ 厚试样在任一失效概率 P_f 时的断裂韧性 K_{JC} 与温度 T 的关系曲线

$$K_{JC}(P_f)=20+[-\ln(1-P_f)]^{1/4}[11+77e^{0.019(T-T_0)}] \tag{8-5}$$

图 8-4 是一张典型的主曲线示意图，主曲线代表 50％累积失效概率所对应的断裂韧性值，在主曲线上与断裂韧性 $100\text{MPa}\sqrt{\text{m}}$ 对应的温度为－139℃，也即转变温度 $T_0=-139$℃，通常随主曲线一并给出 95％和 5％累积失效概率的上下边界曲线，$M=\dfrac{b_0\sigma_{ys}}{J}$ 是试样的无量纲变形程度，数值上等于材料屈服强度与试样厚度的乘积除以 J 积分值，ASTM E1921[103] 标准规定无量纲变形程度 $M=30$ 可作为测试数据有效性的筛查标准。

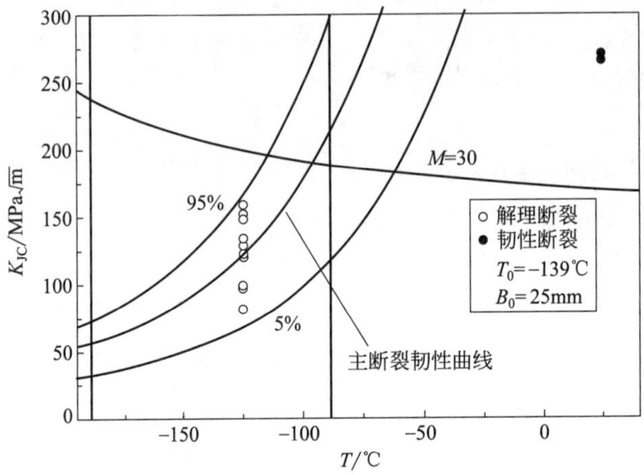

图 8-4 主曲线示意图[103]

目前，ASME 的 Code Case N-629 允许用 $RT_{T0}=T_0+19.4$ 代替式(8-1) 及式(8-2) 中的 RT_{NDT}，这表明主曲线法有开始逐步过渡取代 K_{IC}（RT_{NDT}）曲线法的趋势。

8.2 欧美标准中相关防脆断设计方法

8.2.1 ASME Ⅷ-1 及Ⅷ-2 的方法

早期的 ASME Ⅷ-1 中以－20℉（－29℃）作为低温界限，操作温度低于此温度的容器要求进行冲击试验验证材料的韧性。1989 年 ASME Ⅷ-1 采用了以断裂力学为基础的防脆断方法，新的防脆断方法综合考虑了材料强度、构件厚度对脆性断裂的影响，给出了包括冲击豁免曲线、冲击功要求曲线以及免于冲击试验的 MDMT 降低值等三类曲线。ASME 人为规定了四个冲击转变温度 T_{0AKV} 值：45.6℃、24.4℃、3.3℃、－11.1℃，分别对应冲击豁免曲线上的 A、B、C、D 四条曲线，根据碳钢与低合金钢的晶粒度、熔炼方法、化学成分、热处理、强度等因素，将材料分别归类到 A～D 四条曲线。自 1989 版以来，ASME Ⅷ-1 中的防脆断要求几乎没有变化，这里给出的图线（图 8-5、图 8-6）均来自 2021 版的 ASME

规范。

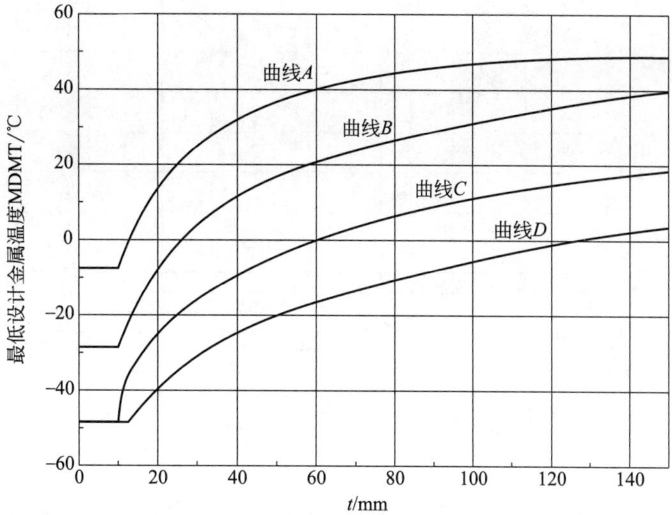

图 8-5　ASME Ⅷ-1（2021）UCS-66M 冲击豁免曲线

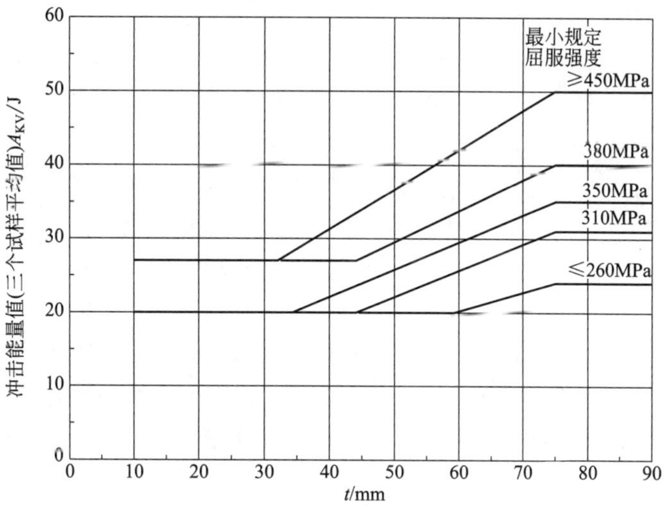

图 8-6　ASME Ⅷ-1（2021）UG84 冲击功要求

如图 8-5 所示的冲击豁免曲线，根据材料的厚度和设计温度可以在图上确定一个点，如果该点落在材料隶属曲线的上方，那么材料可以在该设计温度下安全使用，否则就必须按照 UG84 的要求进行冲击试验，冲击功要求依据材料的强度以及构件的厚度按照相关标准确定。考虑到某些情况下容器的实际应力水平远低于设计应力，ASME 允许容器的服役温度在图 8-6 确定的 MDMT 基础上进一步降低，如图 8-7 所示，温度降 ΔT 的大小取决于实际的应力与设计应力之比 R_{ts}。

1973 版的 ASME Ⅷ-2 中的冲击豁免曲线有五条曲线，相应的将材料归为五类。自从 1989 版 ASME Ⅷ-1 新版冲击豁免曲线颁布以后，ASME Ⅷ-2 中的防脆断要求便在形式上向Ⅷ-1 靠拢，二者仅在许用应力安全系数上存在差别。2007 年 ASME Ⅷ-2 进行了全新改

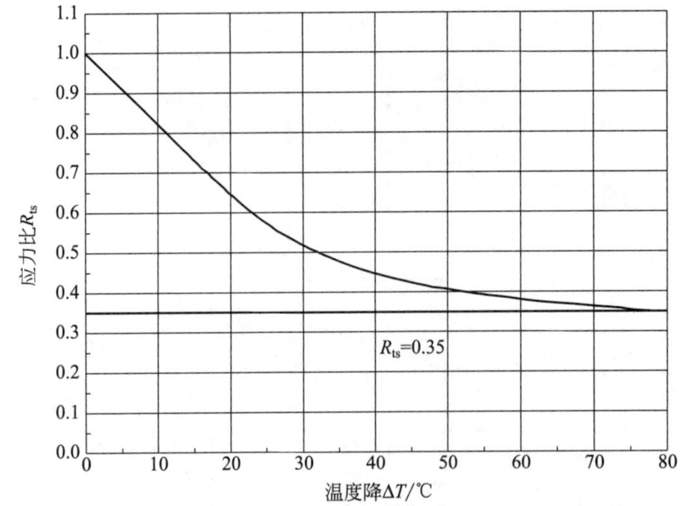

图 8-7　ASME Ⅷ-1（2021）UCS-66M 免于冲击试验的 MDMT 降低值

版，由于考虑了焊接残余应力的影响，所有的曲线按照焊态（AW）和焊后热处理态（PWHT）分成两类，也就是说一共六张曲线图，这些图线的用法和Ⅷ-1 完全一致，这里不再赘述。

8.2.2　EN13445 的方法

为了适应欧盟范围内技术规范的统一性要求，欧盟技术委员会于 2002 年颁布了 EN13445 规范。各国之间的工业体系千差万别，因此 EN13445 必然是欧盟各成员国压力容器规范相互协调的结果，其中的防脆断要求主要参考了英国、法国、德国、瑞典以及荷兰等国的压力容器规范。EN13445 中的防脆断要求集中在材料部分附录 B 中，规范采取了三种防脆断方法：

ⅰ. 基于实践经验的方法，该方法通过限制构件的厚度和使用温度达到防脆断目的；

ⅱ. 使用经验结合断裂力学原理的方法，该方法提高了方法ⅰ中低温下材料可以使用的厚度上限，降低了材料的最低使用温度，该方法给出了形式上类似于 PD5500 的低温设计图线用于最低使用温度的判定；

ⅲ. 基于断裂力学分析的方法，该方法适用于材料种类、缺陷尺寸、板厚等超出方法ⅱ范围的场合。

EN13445 自颁布以来至今经历了四次主要的改版，其中防脆断要求一节，与 2002 版相比，2009 版在适用材料方面增加了奥氏体-铁素体双相钢，碳钢、低合金钢材料的屈服强度范围，从 2002 版的 310～460MPa，拓展到 265～500MPa。2009 版低温设计曲线的参考设计温度较 2002 版有所降低，同时低温设计曲线上增加了高温 20℃和低温－100℃的两条截止线，这里选取 460MPa 屈服强度级别材料的低温设计图线，为了便于对比，图 8-8 和图 8-9 中仅选取了若干厚度尺寸的曲线。其中 AW 态图线参考设计温度的降低基于使用经验，如图 8-9 所示 AW 态图线不再参考英国与荷兰规范的使用经验，解决了焊态实际图线与理论计算图线斜率不一致的问题。PWHT 态图线参考设计温度的降低则是由于 460MPa 屈服强度级别材料的冲击功要求由 27J 提高到 40J。2014 年 AW 态低温设计图线与 2009 版一致，PWHT 态图线参考设计温度则进一步降低了。2002 版、2009 版规定小于 10mm 的厚度构件使用 10mm 设计图线，2014 版删去了 10mm 图线，规定小于 20mm 厚度的构件使用 20mm 设计图线。关于厚度 10mm 以下的小尺寸冲击试样的冲击试验要求，各版均规定冲击功合格值按照等能量密度原则，由标准试样冲击功合格值转换得到，但是试验温度要相应降低。关于低应力工况的温度补偿，2002 版和 2009 版的规定基本一致，均在应力比为 0.75～0.5 之间以及薄膜应力不大于 50MPa 的情况下，分别针对 AW 态和 PWHT 态给出了温度补偿。2014 版将进行温度补偿的应力比范围扩大到 0.75～0.25，同时在该范围内给出温度补偿和应力比的方程，进一步细化了温度补偿的应力比区间。

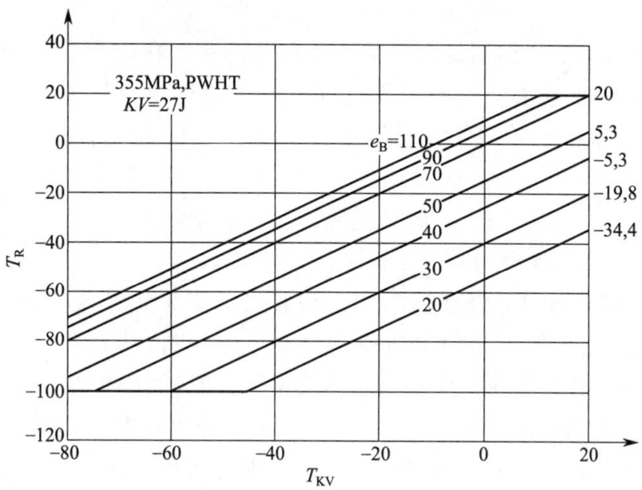

图 8-8　屈服强度≤355MPa、冲击功≥27J 的焊后热处理材料冲击试验温度 T_{KV} 与设计参考温度 T_R 的关系

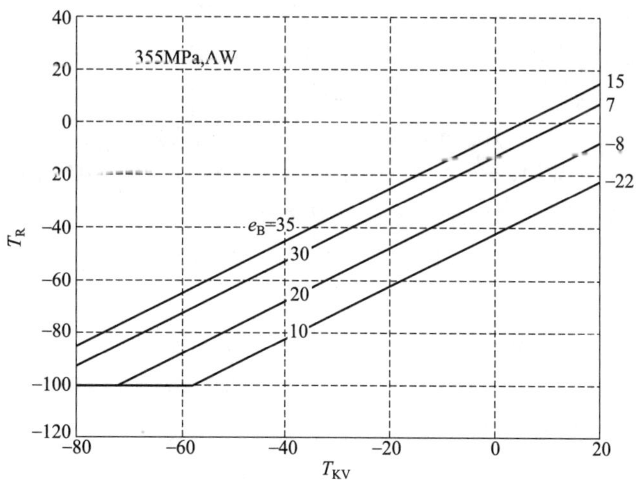

图 8-9　屈服强度≤355MPa、冲击功≥27J 的焊态材料冲击试验温度 T_{KV} 与设计参考温度 T_R 的关系

8.3 我国标准中相关防脆断设计方法

我国最早的压力容器规范为1977年颁布的《钢制石油化工压力容器设计规定》(以下简称为《设计规定》),该设计规定首次将－20℃作为我国压力容器碳钢低合金钢的低温界限。尽管该规范明确指出容器的最低设计温度由钢种、板厚、应力状况以及使用经验确定,但是受到当时技术条件的限制与社会环境的影响,最终规范中并没有给出容器最低设计温度的确定方法。

1989年颁布的GB 150《钢制压力容器》的防脆断条款在内容上沿袭了《设计规定》的基本规定,但是在防脆断方法上借鉴了发达国家的压力容器规范,进行了必要的补充和丰富。GB 150主要通过经验性地限制材料使用温度和厚度来达到防止脆性断裂的目的,需要指出的是,此方法与同期的PD5500等规范的防脆断效果是相当的。尽管经过近三十年的发展,期间材料的许用应力有所提高,但其主要的防脆断条款变化不大,其中有四个方面内容涉及防脆断要求(以2011版为例):

ⅰ.材料部分的碳素钢和低合金钢的冲击功要求,该部分内容在89版时主要参考了同时期的ASME Ⅷ-1的相关规定。为了适应钢材质量的提高,GB/T 150—2011增加了相应钢材的冲击功要求,并扩大了冲击功要求适用的钢材强度范围。

ⅱ.材料部分的钢材使用温度下限表,表中依据热处理状态与板厚,针对具体钢种规定了最低使用温度及冲击试验要求。该表的主要内容来源于使用经验,这是一种保守的方法,会导致材料韧性的浪费。

ⅲ.设计部分附录E《关于低温压力容器的基本设计要求》,该部分主要讨论了低温低应力工况。关于低应力工况,GB/T 150仅规定当容器的实际拉伸薄膜应力小于等于钢材常温屈服强度的1/6且不大于50MPa的情况为低温低应力工况,低应力工况不够全面,仅相当欧美规范相关规定中最低的应力工况,实际上在其他更高的应力水平下(低于设计应力)也应进行温度修正。

ⅳ.制造部分的压力试验温度的规定,规范主要依据使用经验,针对不同材料制成的容器,规定了最低的水压试验温度。当服役多年经过修补的压力容器需要重新进行水压试验时,GB/T 150无法确定其水压试验温度。此外GB/T 150规定小尺寸冲击试样的冲击功按照大试样合格值等比例计算得到,且试验温度不变。这一规定与同温度下小试样的冲击功能量密度高于大试样的事实不符。

HG/T 20585《钢制低温压力容器技术规定》是对GB/T 150中防脆断条款在工程应用当中的进一步细化,其中与GB/T 150存在差别的主要内容有:首先将低温低应力工况中的$\sigma_{ys}/6$应力水平量化为应力比0.3。其次引入ASME Ⅷ-1的相关规定,比如98版的标准中曾经参考Ⅷ-1的低应力温度修正曲线,以表格的形式给出多个应力比下的温度修正值,再比如标准中规定低温低应力工况不适用于最低设计温度低于－100℃的容器。

在新版的GB/T 150—2024中,防脆断设计方法有了很大进步,在GB/T 150.3—2024规范性附录F中给出了压力容器防止脆断校核方法,该方法与ASME标准类似,采用了断裂力学进行防脆断设计校核,其计算是基于部分中国牌号(如Q245R、Q345R、Q370R、

Q420R 等）的材料力学性能，给出了焊态、股部或现场热处理以及炉内整体热处理等情况下最低允许使用温度的降低值，分别列于图 8-10～图 8-12 中，部分材料的最低允许使用温度列于表 8-1 中。此附录为材料在低于 GB/T 150.2—2024 规定的使用温度下限时使用提供了技术依据。

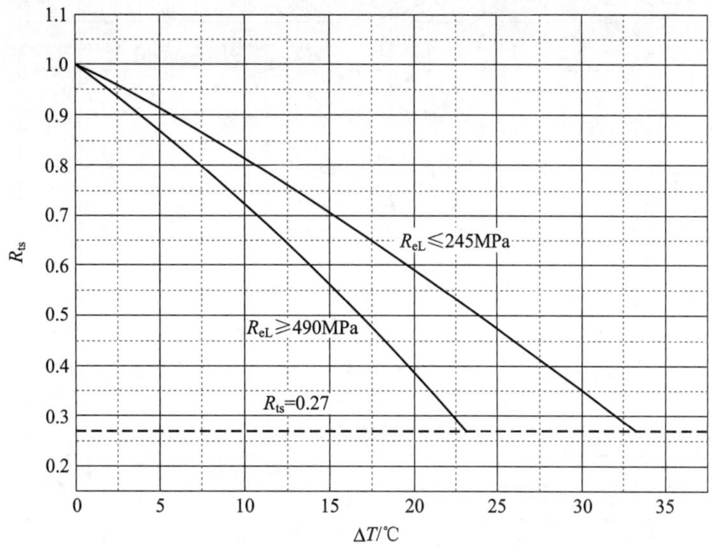

图 8-10　最低允许使用温度的降低值——焊态，不进行焊后热处理

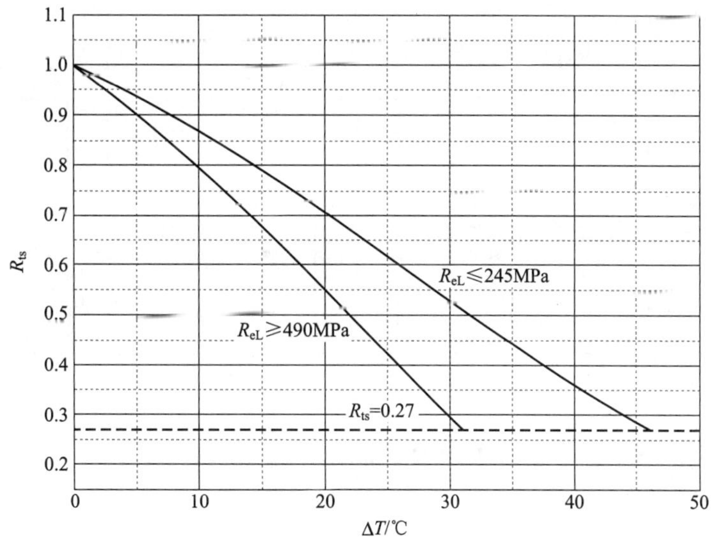

图 8-11　最低允许使用温度的降低值——局部或现场热处理

GB/T 4732 仍旧采用基于使用经验的防脆断方法，在设计方法上略显保守，例如对每种材料按不同板厚提出明确的使用温度下限，以 Q345R 为例，6～20mm 的钢板最低使用温度为－20℃，＞20～25mm 的钢板最低使用温度为－10℃，＞25～250mm 的钢板最低使用温度为 0℃。

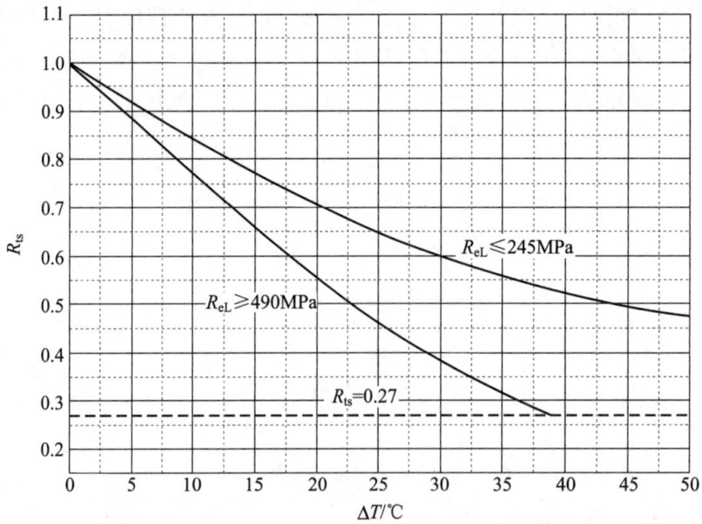

图 8-12 最低允许使用温度的降低值——炉内整体热处理或非焊接件

表 8-1 部分非合金钢和低合金钢最低允许使用温度

材料牌号	材料标准	厚度范围	使用状态	在下列控制厚度(mm)下的最低允许使用温度/℃																	
				≤10	12	14	16	18	20	22	24	26	28	30	32	34	36	38	40	42	44
Q245R	GB/T 713.2	6～100	焊态	−10	−7	−4	0	3	6	10	12	15	18	20	22	25	27	29	—	—	—
			局部或现场热处理	−20	−20	−20	−20	−20	−20	−16	−13	−10	−8	−5	−3	−2	0	2	3	5	6
			炉内整体热处理	−20	−20	−20	−20	−20	−20	−20	−20	−20	−20	−20	−20	−20	−20	−20	−19	−17	−15
Q345R	GB/T 713.2	6～100	焊态	−34	−32	−29	−26	−24	−21	−19	−16	−14	−12	−10	−8	−6	−4	−3	—	—	—
			局部或现场热处理	−45	−45	−45	−45	−43	−40	−38	−35	−33	−32	−30	−29	−27	−26	−25	−24	−23	−21
			炉内整体热处理	−45	−45	−45	−45	−45	−45	−45	−45	−45	−45	−45	−44	−43	−42	−40	−39	−38	−37
Q370R	GB/T 713.2	10～100	焊态	−50	−50	−50	−50	−50	−50	−50	−50	−50	−50	−50	−50	−50	−48	−46	—	—	—
			局部或现场热处理	−50	−50	−50	−50	−50	−50	−50	−50	−50	−50	−50	−50	−50	−50	−50	−50	−50	−50
			炉内整体热处理	−50	−50	−50	−50	−50	−50	−50	−50	−50	−50	−50	−50	−50	−50	−50	−50	−50	−50
Q420R	GB/T 713.2	10～30	焊态	−28	−26	−24	−21	−19	−16	−14	−12	−10	−8	−6	—	—	—	—	—	—	—
			局部或现场热处理	−40	−40	−40	−38	−36	−33	−31	−29	−28	−26	−25	—	—	—	—	—	—	—
			炉内整体热处理	−40	−40	−40	−40	−40	−40	−40	−40	−40	−40	−40	—	—	—	—	—	—	—
16MnDR	GB/T 3531	6～100	焊态	−60	−60	−60	−60	−60	−58	−55	−53	−50	−48	−46	−44	−42	−40	−38	—	—	—
			局部或现场热处理	−60	−60	−60	−60	−60	−60	−60	−60	−60	−60	−60	−60	−60	−60	−60	−60	−59	−58
			炉内整体热处理	−60	−60	−60	−60	−60	−60	−60	−60	−60	−60	−60	−60	−60	−60	−60	−60	−60	−60

8.4 结构设计与制造中需注意的问题

在低温压力容器的结构设计方面，原则上应当尽力避免会造成局部高应力的结构因素，例如：

ⅰ. 结构应尽量简单，减少约束；

ⅱ. 避免产生过大的温度梯度；

ⅲ. 应尽量避免结构形状的突然变化，以减小局部高应力；接管端部应打磨成圆角使圆滑过渡；

ⅳ. 不应使用不连续的或点焊连接焊缝；

ⅴ. 容器的支座或支腿需设置垫板，不得直接焊在壳体上。

对容器的焊接接头的设计亦应特别注意。焊缝应采用对接，接管根部的角焊缝也应采用可以全焊透的结构。

在制造和检验方面，特别要注意焊接和热处理问题，焊接材料要选用高韧性的与母材匹配的材料，对焊接工艺的评定要着重评定焊缝和热影响区的低温冲击功值，焊接接头厚度大于16mm的碳素钢和低合金钢制低温压力容器或元件，应进行焊后热处理。对焊缝的探伤要求也比一般常温压力容器高。

8.5 低温压力容器的材料选用及低温钢

GB/T 150采用了多种铁素体型低温容器用钢，如：16MnDR、15MnNiDR、15MnNiNbDR、09MnNiDR、07MnNiVDR、07MnNiMoDR，均属于无镍或低镍的低温容器用钢，钢号中的DR是汉语拼音“低容”的代号，使用温度下限见表8-2。

除了铁素体低温容器用钢，马氏体加贝氏体钢08Ni3DR和06Ni9DR能用于更低的温度，分别可用于−100℃级和−196℃级低温压力容器钢板。06Ni9DR以其良好的耐低温冲击性能，和极低的受热形变系数，而被广泛应用于LNG船舶，和LNG储运工程。

表8-2 材料的低温下的冲击试验要求及使用温度下限

钢号	钢板厚度/mm	使用状态	冲击试验要求	使用温度下限/℃
16MnDR	6～120	正火,正火加回火	−40℃冲击	−40
Q420DR	5～30	正火,正火加回火	−40℃冲击	40
Q460DR	5～20	正火,正火加回火	−40℃冲击	−40
15MnNiNbDR	10～60	正火、正火加回火	−50℃冲击	−50
13MnNiDR	6～100	正火、正火加回火	−60℃冲击	−60
09MnNiDR	6～120	正火、正火加回火	−70℃冲击	−70
11MnNiMoDR	6～100	正火、正火加回火	−70℃冲击	−70
08Ni3DR	6～100	正火、正火加回火,调质	−100℃冲击	−100
07Ni5DR	6～50	正火、正火加回火,调质	−120℃冲击	−120
06Ni7DR	5～12	两次正火加回火,调质	−196℃冲击	−196
	12～50	调质	196℃冲击	−196
06Ni9DR	5～12	两次正火加回火,调质	−196℃冲击	−196
	12～50	调质	−196℃冲击	−196
07MnNiVDR	6～60	调质	−40℃冲击	−40
07MnNiMoDR	6～60	调质	−50℃冲击	−50

在设计钢种时，70℃级以下的低温钢追求的不是提高强度，而是保证低温下能达到韧性要求。作为低温容器用钢，与普通的压力容器用钢相比，低温容器用钢有较高的冶炼与检验要求。主要有如下几点：

ⅰ.在化学成分要求上，低温容器用钢的含碳量都更低，添加少量的韧化元素锰和镍，对各求成分分析的偏差控制加严，允许的磷、硫含量严于一般压力容器用钢，GB/T 3531中规定低温钢的磷、含量不得超过0.025%、硫不得超过0.015%，而GB/T 713中要求不超过0.035%。

ⅱ.在供货的热处理状态上，低温容器用钢不允许以轧制状态交货，必须是正火状态或调质状态，这都是为了确保材料的韧性。在力学性能上，低温钢略降低了对强度（屈服强度、抗拉强度）的要求，体现了宁可放弃些强度而要确保韧性的思想。

ⅲ. 在冲击功值上，由于要求在低温下做冲击试验，如果仍以常温的冲击功值来要求将显得过于苛求，这里采用了国际上通用的要求：对在450～515MPa的低温钢，均要求冲击功≥20J，而20R由于强度等级低，故要求在18J以上即可。低温容器制造厂必须进行低温冲击功的复验。

ⅳ. 用于低温容器壳体钢板的厚度大于20mm时，还应逐张进行超声波探伤，以剔除分层缺陷超标的钢板。中国的低温钢种曾因考虑资源而采用无镍的铁素体钢，而国际上则较多采用含镍的铁素体钢，如2.5%镍钢、3.5%镍钢，而用于－100℃时则采用低碳含镍的马氏体9%镍钢，直至采用奥氏体不锈钢。

中国常用的低温压力容器用钢如表8-2所示，归纳起来大体可以分为三类：第一类属铁素体类低温钢，仅用于－70～－40℃范围，包括16MnDR、Q420DR、Q460DR、15MnNiMoDR、13MnNiDR、09MnNiDR和11MnNiMoDR等；第二类为低碳含镍马氏体钢，如08Ni3DR和07Ni5DR等，适用于－120～－100℃，常用于建造大型液化天然气贮罐。第三类低温钢是奥氏体不锈钢，一般可用在更低的温度下，主要包括S30408（06Cr19Ni10，－196℃）、S30403（－196℃）、S31603（－196℃）、S31608（－196℃）和15Mn26A14（－253℃）等。

8.6 奥氏体不锈钢深冷容器应变强化技术

对于存储液化天然气、液氧、液氮、液氩等深冷介质的容器，往往采用双层容器结构，内容器承装深冷介质，外壳与内容器之间的夹层采用堆积绝热或者高真空多层绝热结构。国内外普遍采用奥氏体不锈钢作为内容器材料。奥氏体不锈钢材料常温下具有较高的抗拉强度、良好的塑性和韧性，但是其常温下规定塑性延伸强度 $R_{p0.2}$ 较低，如06Cr19Ni10（S30408）奥氏体不锈钢，其 $R_{p0.2}$ 仅为205MPa。根据压力容器的传统设计方法，材料的许用应力并未按深冷温度下的力学性能来确定，而是依据常温下的力学性能来确定，例如06Cr19Ni10（S30408）奥氏体不锈钢的许用应力仅为137MPa，不能充分发挥奥氏体不锈钢材料的优良综合性能，导致设计的容器壁厚较大。

奥氏体不锈钢深冷容器应变强化技术是实现深冷容器设计制造轻量化、降低成本的有效途径。该项技术在20世纪50年代起源于欧洲，随后得到很快的发展和推广应用。1956年瑞典的Avesta Sheffield公司经过特别许可开始研究奥氏体不锈钢压力容器应变强化技术，随后，英国、德国、挪威、澳大利亚等国家也都采用这一方法，国外标准如EN13458-2、EN13530、ASME Ⅷ-1和ISO 21009等在设计、制造、监督检验方面对应变强化技术做了详细规定。我国自2006年以来，全国锅炉压力容器标准化技术委员会低温容器工作组、浙江大学、华东理工大学和合肥通用机械研究院等单位联合国内低温容器制造企业攻克了国产奥氏体不锈钢焊接工艺、容器非线性分析、应变强化控制系统等关键技术难题，真正实现了该项技术的国产化[104～106]，并于2017年颁布了GB/T 18442.7《固定式真空绝热深冷压力容器 第7部分：内容器应变强化技术规定》[107]，为我国企业使用该项技术提供了技术标准和依据。

奥氏体不锈钢应变强化技术的原理如图8-13所示，其实质是将奥氏体不锈钢材料预先拉伸超过材料的屈服强度（如拉应力达到 σ_k），然后再卸载，则就会产生一定的塑性变形，当再次加载时，加载会沿着如图所示的 nm 线进行，不会再次发生塑性变形，只有应力超过 σ_k 时，才会再次发生塑性变形。σ_k 称为应变强化应力，GB/T 18442.7 规定了常用的 S30403、S30408、S30403 和 S31603 奥氏体不锈钢的最大应变强化应力，对于 S30408 奥氏体不锈钢材料，σ_k 最大取为 410MPa，则应变强化后材料的许用应力可达 410/1.5=273(MPa)，经壁厚计算后则内容器的名义厚度可减薄 50%左右，大大减少了容器造价，提高了产品竞争力。

确保材料特别是焊接接头在经过应变强化后仍然具有良好塑性和韧性是避免深冷容器发生低温下脆性断裂，确保应变强化容器安全的关键问题，为此需要开展焊接工艺评定研究。不同于一般的焊接工艺评定，应变强化技术需要对焊接接头预拉伸后再进行拉伸、冲击和弯曲性能的评价，GB/T 18442.7 规定了这些指标的合格值，见表 8-3。预拉伸的方法包括应力控制法和或应变控制法，其中应力控制法是指预拉伸试样的终止应力达到强化应力 σ_k 并且保载时间不低于 15min，而应变控制法是指预拉伸试样的预拉伸应变达到 9%，预拉伸方法选取其中之一即可。从我国大多数低温容器制造企业的工程实践来看，要能满足表 8-2 的技术指标还是比较困难的，大多数企业都需要在母材与焊材的匹配、焊接方法、焊接工艺等方面多攻克技术难题，才能实现这些技术指标。应该指出的是焊接工艺评定所采用的预拉伸方法，无论应力控制法所采用的终止应力或应变控制法所采用的 9%预拉伸应变，预拉伸程度大都高于容器实际变形量，因此预拉伸方法是相对保守的，可以保证采用相关焊接工艺的焊接接头在应变强化后仍具有良好的塑性和韧性。

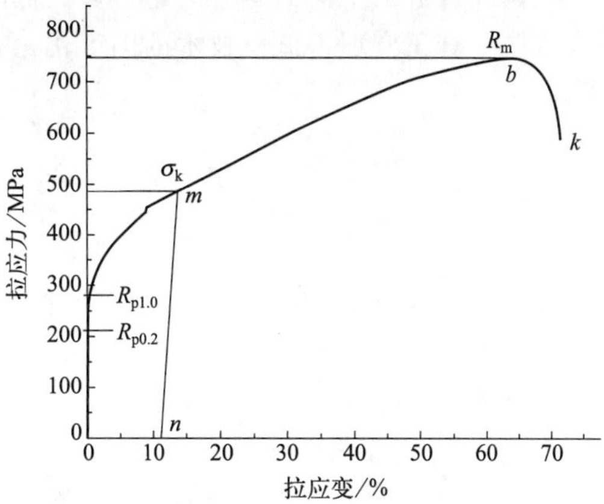

图 8-13　奥氏体不锈钢材料应变强化原理

表 8-3　应变强化后焊接接头合格指标

室温拉伸			
材料牌号	抗拉强度 R_m/MPa		断后伸长率 A/ %
S30408 S31608	≥520		≥25
S30408 S31608	≥490		
冲击试验（−196℃）			
材料牌号	试样规格 /mm×mm×mm	夏比冲击吸收功 KV_2/J	侧向膨胀量 L_E/mm
S30408 S31608 S30408 S31608	10×10×55	≥31	≥0.53
	7.5×10×55	≥24	
	5×10×55	≥16	
室温冲击			
弯曲试验的弯头直径为 4 倍试样厚度，弯曲角度 180°时拉伸面无裂纹为合格。			

注：侧膨胀值合格指标均为规定的最小值。

为了实现对容器的应变强化处理，需要相关的应变强化控制系统，使得容器内压力达到强化压力，并能确保容器的应变速率在保压阶段的最后半小时不超过 0.1%，实现应变强化容器的结构稳定。从国内大多数企业的应变强化数据来看，大多数的容器在应变强化后周长变化率≤5%，少量的容器在应变强化后周长变化率超过 5%，但都小于 9%。由于容器经历从弹性变形到塑性变形的过程，且由于加压介质一般采用水，介质的压力与容器的变形相关性较大，特别在容器的塑性变形阶段，当达到某一压力时，由于容器还在发生塑性变形，而水是不可压缩介质，如果不能及时补充液体，压力很快就会下降，因此，这对应变强化控制系统的控制过程及精度提出较高的要求。

我国经过近二十年的努力，绝大多数低温容器制造企业攻克了国产材料、焊接、制造等技术难题，真正实现了该项技术的国产化，有利于提高行业整体水平，提高产品的竞争力。

习　题

1. 对于低温下采用铁素体钢的压力容器，如何防脆断？

2. 按照 ASME 冲击豁免曲线，当一材料归为 B 类材料时，其在 $-20^{\circ}C$ 情况下免于做冲击功试验的最大壁厚是多少？

3. 什么是低温低应力工况，这个规定有什么用处？

4. 在铁素体钢的脆韧转变区，材料的断裂韧度分布有何特点？

第9章 高温压力容器设计

以前各章介绍的均是针对工作温度不超过材料蠕变温度的压力容器设计方法，未考虑与高温相关的失效模式如高温蠕变失效以及持久强度不足引起的高温断裂失效。本章将对高温下容器的设计问题进行介绍。

9.1 钢材高温下的蠕变变形与断裂行为

当金属温度升高到某一数值后，承受载荷时的变形不但与载荷大小有关，还与时间有关。即使载荷是恒定的，但变形也是持续的。这种与时间相关的变形很缓慢，因此称为金属的蠕变。不同金属开始发生蠕变的蠕变温度 T_c 与其熔点 T_m 相关，一般认为，$T_c=(0.25\sim0.5)T_m$。当设计温度 $T>T_c$ 时，则需考虑蠕变变形或蠕变断裂问题。除此之外还与应力有关，在远高 T_c 温度时，施加较小载荷就有明显蠕变出现；而在接近 T_c 的温度下，需要较高的应力才会出现很慢的蠕变。但有些金属，如低熔点铅、锌在常温下就会出现蠕变。而钛（包括工业纯钛）在常温、较高应力（接近屈服强度）下，也会出现蠕变。图 9-1 表示的是工程

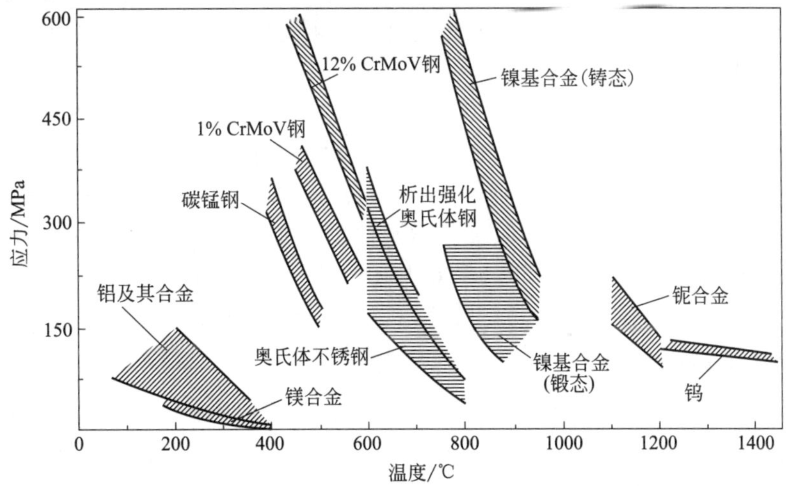

图 9-1　不同钢材在不同的温度和应力范围内发生蠕变的统计

结构中常用材料会出现蠕变的温度及所受应力的作用范围。

(1) 蠕变曲线

在某一恒定高温下取一低于屈服强度的应力，施加于拉伸试棒的圆形截面上，进行恒载荷的静态拉伸蠕变试验，记录下试样有效长度内随时间而变化的蠕变伸长量。计算出蠕变应变 ε，绘制出该 ε 随时间 t 的变化曲线，即得蠕变曲线，见图 9-2。蠕变曲线必须注明试验所保持的温度 T 和应力 σ 值。

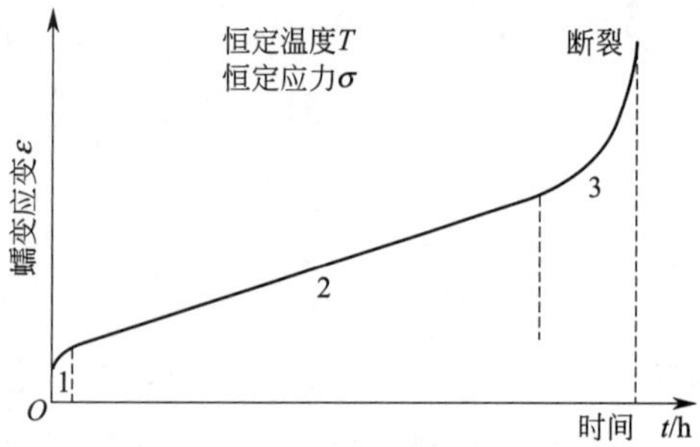

图 9-2 典型的蠕变曲线

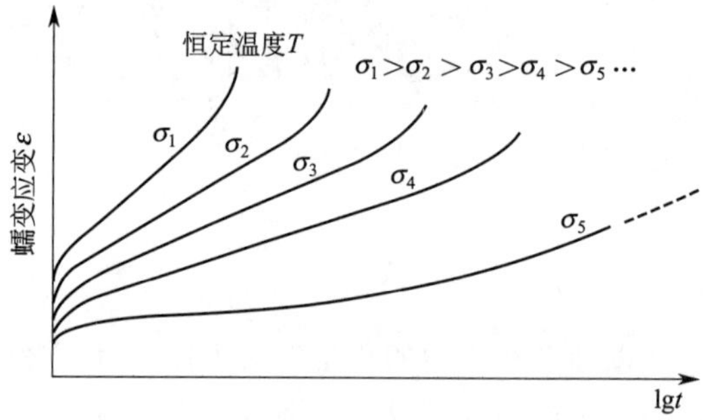

图 9-3 不同恒应力下的一组蠕变曲线

从图 9-2 可见，蠕变曲线一般情况下可分为三个阶段。

第 1 阶段为弹性变形＋蠕变初期的减速阶段，由于时间较短，工程上常有忽略。

第 2 阶段为线性段，视为恒速蠕变阶段，持续时间长，工程上极为重视。

第 3 阶段为蠕变加速阶段，是蠕变严重损伤并逐渐趋于蠕变断裂的阶段。一旦进入此阶段，工程上可视为已进入不可再继续服役的阶段。

不同的材料，在不同的恒定温度下，施加不同的应力，可以测出不同的蠕变曲线。如图 9-3 所示，高应力下测得的蠕变曲线较高，应力越低时蠕变可以持续的时间越长，即蠕变断裂的寿命越长。显示出高温下的工程结构当设计寿命需要越长时所容许的构件设计应力应该越小，但构件厚重。

(2) 蠕变速率

从蠕变曲线的第 2 阶段看，它可以是一个有稳定斜率的直线，其斜率 $d\varepsilon/dt=\dot{\varepsilon}$ 可称为材料的蠕变速率。当 $\dot{\varepsilon}$ 为恒定值时，工程上可以用测得的 $\dot{\varepsilon}$ 来计算已知设计应力下一段时间之后的蠕变应变总量。

但如图 9-3 所示，从 $\sigma_1 \sim \sigma_4$ 这几种较高应力水平的蠕变曲线都有较为明显的第 2 阶段，而应力很低的 σ_5 蠕变曲线并未显示出有恒定斜率的线性段。这一现象直到 20 世纪末才被注意到，高温压力容器需要在低的工作应力水平下安全运行 10 年以上，石化装置需要服役 30 年，核电装置则需 60 年设计寿命，但是要做延续 10 年、30 年甚至更长时间的蠕变试验是很难的，多以较高应力下在较短时间（例如 1 万小时）以内的蠕变试验合理外推到 10 万小时，作为工程设计可用的标准化数据。设计 30 万小时寿命时则需更长期的试验。

(3) 蠕变变形的机理

蠕变变形是在金属受力尚未达到屈服状态下就会表现出来的一种不可恢复的永久变形，因此在变形的机理上必与弹性变形和塑性变形有所不同。足够的高温及应力，提高了金属原子的热力学活度，即晶体内的原子被高温激活，同时加上载荷应力的推动，才会发生蠕变变形。蠕变的变形机制大体有两类：位错蠕变及扩散蠕变。

① 位错蠕变　主要是晶胞内的晶格上金属原子的微观移动。发生的温度条件是 $(0.3\sim0.5)T_m$，一般不超过 $0.7T_m$。而应力条件是较高的应力，一般在构件设计的工作应力之上。无论是否达到或超过屈服应力，由于原子活度被激高，在应力推动下会在晶格处形成位错，出现微观的空位，然后不断地发生位错的增殖与滑移。位错运动扩展至晶界时，越过晶界进入相邻晶粒的位错称为位错的攀移，即沿着所进入晶粒的晶格方位继续发生位错运动。由位错的增殖及攀移造成金属内部空位不断扩散的过程就是位错蠕变的物理机制。其表现出的宏观变形就是蠕变变形。高温下只要应力是持续的，蠕变变形就会随时间而增大。由此可见，这种基于位错蠕变机制的过程总是在晶内而不是沿晶界进行的。这个过程与金属常温下屈服后的塑性变形的位错-滑移机制是一致的，因这种机制的蠕变也可称为高温下的塑性变形，只是蠕变时不在乎材料是否已经屈服。

② 扩散蠕变　在更低应力水平和同样不太高的温度下，主要发生晶界上的蠕变行为。大部分的高温构件均工作在设计应力水平或更低应力水平下，均远低于高温下金属的屈服应力强度值。低应力不足以推动晶格内的位错及滑移。但由于晶界是金属由液态凝固结晶并冷却形成的，低熔点物质集聚最后凝固的地方也在晶界，晶界是结晶结构最不完整和杂乱的地方，集聚着许多的晶体缺陷和空位。晶界缺陷和空位提供了蠕变微观扩散的许多机会。晶界上空位的移动扩散便成为低应力条件下主要的扩散蠕变机制。

在温度 $>0.7T_m$ 的极高温条件下，晶界空位的扩散是蠕变微观变形的唯一机制。这种高温属于晶内强度与晶界强度相等的等强温度以上的高温。因为晶界聚集着众多低熔点物质，低于等强温度时晶内强度低于晶界强度，晶界往往是位错-滑移的障碍，但温度超出等强温度以上时，晶界由于低熔点物质近乎熔融状态，强度显著低于晶内，有利于晶界空位的扩散，亦即扩散蠕变会发生在晶界上。

由此可见不论是低应力水平下的蠕变或是极高温度下的蠕变，主要损伤部位都在晶界上。蠕变损伤的主要机制都是扩散蠕变，其晶内的位错运动都不可能成为主导的损伤机制。

为此研究者总结出一个示意的曲线，低于等强温度的蠕变规律如图 9-4 所示。纵坐标为蠕变应力，在某一恒定高温下，当蠕变应力越低时，可持续的蠕变寿命越长。但其间存在一个转折点 F，F 点下方曲线下降得更快一些。上下两段曲线的明显区别反映了不同应力水平下不同的蠕变损伤机制：较高应力水平下是位错蠕变机制主导；而低应力水平下是扩散蠕变机制主导。因此用高应力水平的蠕变试验外推低应力水平构件的预测寿命是不可靠的。

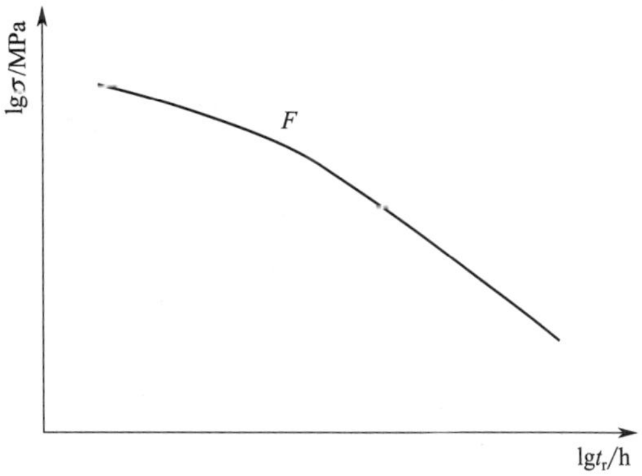

图 9-4　应力与蠕变破坏寿命的关系

在高温结构件工程设计中，大部分承受均布应力的区域的设计应力水平不会很高，已被限制在规范建议的许用应力之内。但结构中不可避免地存在局部应力较高甚至有应力集中的部位，将会出现不同的蠕变机制。

换一个角度看，无论是位错蠕变或扩散蠕变，都是靠晶内或晶界上的空位扩散来完成蠕变变形和材料损伤的，“空位扩散”是蠕变的本质机制。只不过较低的高温下，只有靠高应力才能驱动晶内位错来形成空位及空位的扩散与增殖。而同样较低高温下，低应力不足以启动位错空位的出现，在晶界的原生空位便优先形成了空位扩散机制，只不过扩散慢，蠕变速率低。至于特高温时晶界强度下降，即使应力这个推动力不大，也必然选择晶界空位优先进行扩散而形成沿晶界的空位扩散蠕变损伤。

（4）蠕变损伤及断裂机制

蠕变进入第 3 阶段后，蠕变速率不断加大，最终导致断裂。其损伤机制是晶内位错形成的空位运动加速，沿晶格滑移时受晶体内第二相粒子或夹杂物阻碍，晶内出现了空洞。继而空洞长大—相邻空洞串接—形成微裂纹（蠕变微裂纹）—裂纹扩展长大。这一过程如图 9-5 所示。当位错-位移运动沿晶格扩散至晶界时，也会在晶界处再形成空洞。因此高应力受载条件下晶内位错演化为晶内及晶界空洞，再引起穿晶裂纹扩展，最后导致的穿晶为主要断裂形式的蠕变断裂。低应力或极高温度下，晶界空位及晶界位错在进入第 3 阶段后，也会形成晶界上的空洞，图 9-6 表示了晶界空洞形成的几种机制。最终也会出现沿晶界空洞串接形成的沿晶微裂纹—微裂纹串接—裂纹沿晶扩展—最终断裂。

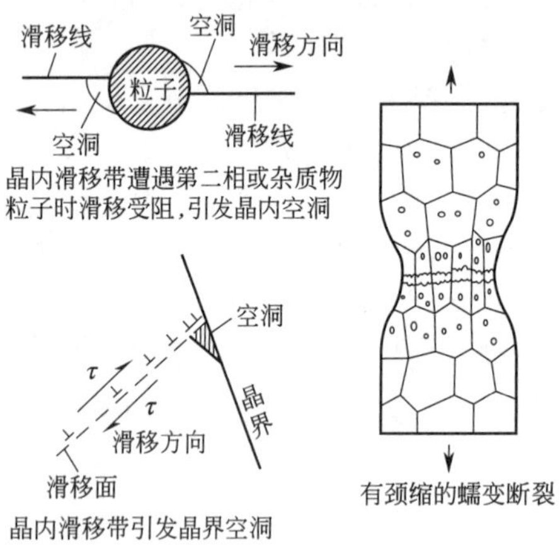

图 9-5　蠕变空洞穿晶形成机制与穿晶断裂

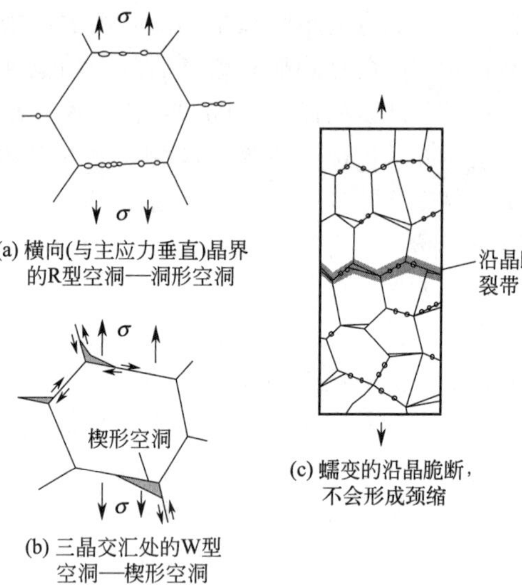

图 9-6　晶界空洞形成的机制

9.2　表征金属材料高温强度的力学性能指标

高温构件进行强度设计时，必然需要金属材料可靠的、特别是能反映长期运行中材料抗蠕变能力及寿命的强度性能指标，最常用的是如下 3 种。

① 高温短时拉伸强度　即准静态下缓慢加载获得的高温短时拉伸屈服强度 R_{el}^{T} 及抗拉强度 R_{m}^{T}。显然这两个数据获得时，试样只有极少的蠕变变形，不反映材料对蠕变的抗力，只是在进行规则设计时确定高温许用应力的一种参数。

② 以蠕变变形量测试为基础的蠕变强度　蠕变试验目的是获得如图 9-2 及图 9-3 所示的蠕变应变 ε-时间 t 的曲线组，试验是非常耗时的。通常工程上的高温安全服役寿命是 10 年左右。10 年即 87000h，工程希望能保证有 10^5h 的安全寿命。即工程设计希望不发生蠕变断裂，但发生一定量的蠕变变形是可以接受的。这个可以接受的蠕变变形工程上约定为服役 10^5h 所形成的蠕变应变量为 1%，即容许蠕变应变 $[\varepsilon]=0.01$。除以时间 10^5h 则得容许的

蠕变应变速率 $\dot{\varepsilon}$

$$\dot{\varepsilon}=\frac{0.01}{10^5}=10^7(\mathrm{h}^{-1})$$

$10^7\mathrm{h}^{-1}$ 亦即图 9-2 中蠕变曲线第 2 阶段的近似斜率。

于是能在 10^5h 时发生 0.01 蠕变应变量的应力值即定义为材料的蠕变强度，标记为 $\sigma_{0.01}^{\mathrm{T}}$。

蠕变强度试验数据的获得应按 GB/T 2039 进行。不同应力下在恒温测试时需要 5～8 组蠕变试验，相邻试样的应力水平之差不宜超过 5MPa。要获得 10^5h 的蠕变应变量恰好为 0.01 的试验是无法实现的，只可按 5～8 组不同应力水平下的应变数据线性外推到 10^5h 以获得 $\sigma_{0.01}^{\mathrm{T}}$ 的数据。不可无限制外推以获得可靠的 $\sigma_{0.01}^{\mathrm{T}}$，规定外推的时间跨度不得大于一个数量级。这意味着最低应力水平的蠕变试验达到 0.01 应变的历时应在 10^4h，即 400 天以上。

③ 基于断裂的蠕变试验及持久强度　高温蠕变试样断裂时的强度指标定义为持久强度，标记为 $\sigma_{10^5}^{\mathrm{T}}$。意即在高温 T 和 10^5h 下发生蠕变断裂的应力值。设计时的应力水平都较低，模拟这种低应力水平的蠕变断裂时，一定会比达到 0.01 蠕变应变耗时更长，而单纯依靠较高应力水平的蠕变断裂试验不加限制地外推到 10^5h 时的持久强度，其可靠性不高。外推时间跨度不超过 1 个数量级的试验是可以接受的。

高温下材料试验至少应考虑温度 T，单向应力 σ，试验时间 t 这 3 大因素，试验数据的归纳整理，工业试验又很难做到 10^5h 以上，如何外推，均有许多难题。

9.3　高温压力容器设计的规则设计法

(1) 高温压力容器规则设计方法概述

至今我国并未出台单独的高温压力容器设计的相关规范，仅是针对高温压力容器中的一次薄膜应力、一次弯曲应力或法兰密封结构中主螺栓的设计拉伸载荷应力等的强度校核的许用应力值进行选取。若能满足强度校核条件即被认为不致出现过大的蠕变变形，更不会出现蠕变断裂。即使在分析设计规范（GB/T 4732）中也同样如此，只是许用应力值取值稍高一些，并未能多加考虑高温下的多种失效。

高温压力容器规则设计中一般不需考虑壳体径向（沿厚度）温差形成的温度载荷应力。主要是高温容器一般都采用较完善的外保温以减少热量损失，也使设备外操作环境的气温不致过高。即使有些散热也不会导致壁厚形成明显温差和温差应力。同样厚壁容器形成的内外壁温差应力也很小，在高压容器章已分析过。

高温换热设备有时会形成壳体沿轴向的温差，但在规则设计中也不作温差应力分析。因为温差引起的温差应力是由结构各部分热膨胀变形差引起的，在变形协调过程中引起的应力有自限性，在应力分类法中视为二次应力，不能用一次应力的强度准则校核二次应力的应力强度。有必要作安全校核时也应该属于按分析设计法的容器。

(2) 高温压力容器材料选用

长期高温服役的压力容器设计选用钢材时必须考虑高温承载环境下钢材强度下降、蠕变变形过度、金相组织变化引起强度弱化和脆化，以及材料可能发生的各种腐蚀损伤等问题。原则上 GB/T 713 中推荐的两种低屈服强度容器用钢 Q245R 和 Q345R 均不宜在 400℃以上选用。至少应选用含 Cr、Mo 的铁素体类低合金钢。大于 425℃时至少应考虑珠光体球化引起的屈服及抗拉强度下降问题，应采用添加 Mo 元素以减缓珠光体球化效应的 0.5Mo 钢，如 15CrMoR、14Cr1MoR、12Cr2Mo1R。其中 Mo1 指 Mo 元素含量已达到 1.0%左右，同时少量 Cr 元素可以显著提高钢的高温强度。Cr2 代表钢内含 2.25%Cr，12Cr2Mo1 是国际知名的 2.25Cr-1Mo 钢，广泛用于火电厂 500℃左右的锅炉及石化加氢压力容器的建造。若再添加 0.25%V，可进一步将使用温度提至 550℃左右，即国际上已被普遍认可的 2.25Cr-1Mo-0.25V 钢。550℃以上的高温高压压力管道用钢可以选用含铬量达 5%或更高的 Gr5Mo 及 Cr9Mo 钢。600℃及以上的高温压力容器更倾向于采用含碳量稍高（0.08%C 或以上）的奥氏体耐热不锈钢，如 0Cr18Ni9（S30408）、0Cr18Ni10Ti（S32108）、0Cr17Ni12Mo2（S31608）等。600～700℃，甚至高达 800℃的钢管可以用 Cr、Ni 合金含量更高的耐热不锈钢 0Cr25Ni20（S31008），俗称 25-20。以上耐热钢一般可用于不限制蠕变永久变形量的高温承压壳体，但对法兰密封结构作转角变形限制防泄漏设计时，这些材料需慎用。

（3）高温压力容器规则设计中的强度设计准则

高温压力容器强度设计准则不仅要防止因高温作用下抗拉强度与屈服强度下降而发生的屈服失效，还要考虑高温下长期受载后过度的蠕变变形或蠕变断裂。常用以下两种防蠕变设计准则：

基于蠕变强度，即用蠕变变形准则时，将 $\sigma_{0.01}^{T}$ 除以安全系数 n_s

$$\sigma_{0.01}^{T}/n_s,\ n_s=1.0$$

基于持久强度，即用蠕变断裂准则时，将 $\sigma_{10^5}^{T}$ 除以安全系数 n_D

$$\sigma_{10^5}^{T}/n_D, n_D=1.5\sim1.6$$

在 GB/T 150 及 JB 4732 中，对于高温压力容器，设计温度 T 在 371℃（铁素体类钢）及 425℃（奥氏体钢）以上的许用应力强度值主要是以 $\sigma_{0.01}^{T}$ 为基础，同时兼顾 $\sigma_{10^5}^{T}$ 值，且要参照高温下材料屈服强度值的情况综合确定。我国压力容器用钢高温数据不全，不够系统和规范化，因此不得不参考 ASME Ⅱ 中的高温容器许用应力强度许用值。

一方面对压力容器与管道而言，产生一点永久变形并无多少妨碍，1%的变形量似乎也限制得太严了一点。所以近年来英国规范已取消了按变形准则设计。世界各国已普遍认识到，对于高温压力容器，真正危险的是蠕变断裂。

另一方面，10^5h 的设计寿命对有些重要装置来说又显得不够。现代的化工、石油、动力等装备趋向大型化，尺寸越来越大，设备成本很高，要求使用寿命长。不少国家的锅炉行业已经把设计寿命定为 20a 或 2×10^5h，核电站趋向于更高。这一趋势带来的问题是蠕变数据缺少，因为做蠕变与持久试验是很花钱很费时的，而数据外推方法的可靠性总还是要一定数量的实时数据来验证。蠕变数据的积累需要广泛的国际合作，这种合作已经进行了若干年。日、美等国已早有高温钢材低应力水平持久试验，有的有近 3×10^5h 试验数据的积累，毕竟这更接近低应力工况实际，比外推更可靠。

9.4 高温压力容器分析设计的思路

高温压力容器的规则设计所能解决的安全问题是非常有限的。只针对压力容器承压壳体在稳定压力载荷下约 10^5h 内强度安全问题作了偏保守的校核。壳体上的一次应力校核了，但局部应力，甚至局部应力部位的高应力所引起的局部高速率蠕变的安全性也需考虑。压力波动或温度波动引起的高温疲劳问题、蠕变与交换载荷引起的交互损伤问题等，绝非规则设计法所能解决的。

实际工程中，高温构件的损伤是蠕变变形随着时间 t、应力 σ（包括交变时的 $\Delta\sigma$）、温度 T 而不断加剧的。即使摸索到了蠕变速率 $\dot{\varepsilon}$ 与 T、σ、t 的规律，甚至与材料各种高温下损伤与破坏的强度性能指标也能挂上钩，但对许多复合损伤，例如蠕变＋疲劳、蠕变＋疲劳＋氧化，这些情况下蠕变速率 $\dot{\varepsilon}$ 含多个未知量，即

$$\dot{\varepsilon}=f(T,\sigma,t)$$

求解绝非轻而易举之事。

数十年来，发达国家对高温压力容器分析设计方法的研究有了一定的进展。ASME 的规范案例（CC）N-47[78]，英国电力公司的 R5 标准[108,109]，是有广泛影响的两部有关高温压力容器分析设计的规范性文本。经过数十年的工程设计试用和继续研究取得了重要进展，到 2008 年 ASME 发布了新的案例 CC2605，替代 N-47 1995 年版本。CC2605 2010 年改成新版 CC2605-1，2015 年又更新为 CC N2605-2[75]，并于 2015 年进入 ASME 规范的正文及其他新的规范案例：与核电容器相关的变为 ASME Ⅲ的 NH 分卷[110]，2017 年又颁发了专用于高温气冷反应堆高温部件的 ASME Ⅲ的第 5 分卷[111]；同时与石化高温容器相关的编成了新的案例，即 ASME CC2843（2017 年）[80]。

英国 R5 标准第 3 版的修订版[109] 为不含缺陷或已含缺陷的高温结构分别提供了高温蠕变-疲劳的分析设计方法。欧盟 EN 13445-3 中列入了高温蠕变-疲劳双损伤失效的分析设计方法[27]。欧美针对在役高温压力容器与管道标准，从合乎使用的角度，即发现高温承压设备出现裂纹后是否还可继续使用一段时间，增添了高温下蠕变裂纹的评定方法，及蠕变-疲劳交互损伤下剩余寿命的评定方法，例如 API 579-1/ASME FFS-1[112]。法国 RCC-MR 标准是著名的针对核容器的标准[113]，此外还有英国的 BS 7910 标准[114]。

本节以下按美国 ASME 容器规范的思路介绍高温压力容器分析设计。

（1）高温压力容器可选用的钢材及允许使用温度

目前仅 5 种钢材进入 ASME 高温容器规范，见表 9-1。

表 9-1 ASME 规范及案例中钢材适用温度及服役寿命限制

材料	ASME Ⅲ NH 分卷	CC2843		使用寿命/h
	最高允许使用温度	最低温度	最高温度	
304 不锈钢	1500℉(816℃)	800℉(425℃)	1500℉(816℃)	300000
316 不锈钢	1500℉(816℃)	800℉(425℃)	1500℉(816℃)	300000
Ni-Fe-Cr 800H 合金	1400℉(760℃)	800℉(425℃)	1400℉(760℃)	300000
2.25Cr-1Mo 钢	1100℉(593℃)	700℉(371℃)	1100℉(593℃)	300000
9Cr-1Mo-1V 钢	1200℉(649℃)	700℉(371℃)	1200℉(649℃)	300000

表列 5 种高温钢材基本上可以满足大部分非直接受火的高温压力容器基体在 30 万小时（约 36 年）寿命期内蠕变强度要求。

（2）蠕变温度范围内承压部件设计时必须考虑的失效模式

CC2843 中，在进行该温度范围内部件强度设计时应考虑以下 6 种失效模式的预防。

ⅰ. 在持续机械载荷下的蠕变断裂；

ⅱ. 在持续一次载荷下发生过度蠕变变形；

ⅲ. 在稳定的一次载荷和循环的二次载荷作用下发生蠕变棘轮；

ⅳ. 在循环的一次、二次和峰值应力作用下发生蠕变疲劳交互损伤失效；

ⅴ. 蠕变裂纹扩展导致发生高温下的低应力脆断失效；

ⅵ. 在持续压应力作用下发生蠕变屈曲（失稳）失效。

(3) CC2843 中高温压力容器分析设计流程

ASME CC2843 中的高温容器分析设计流程如图 9-7 所示。

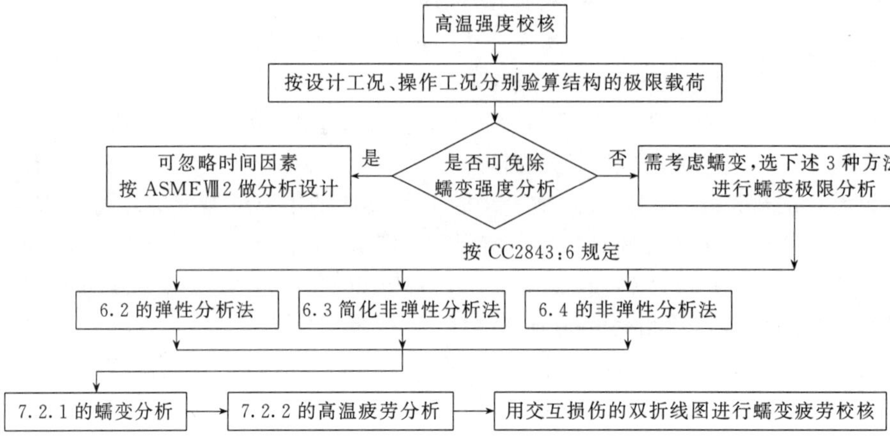

图 9-7　ASME CC 2843 的蠕变及蠕变—疲劳分析流程

当按规则设计法作初步设计及高温强度一般校核之后，应进入高温下的分析设计。此时要按图 9-7 中菱形框图中要求进行选择（是否可免除蠕变强度分析）。因为蠕变既与温度状态有关，还与应力水平有关。即使高温已高于 371℃（铁素体钢）或 425℃（奥氏体不锈钢），若应力很低也不会发生蠕变变形。所以 ASME Ⅲ NH 分卷、CC2605-2 以及 CC2843 均引入了一种筛选试算（原文称 Test），以确定是否可免除蠕变强度分析。若不能免除则应按规范方法进行纯蠕变强度分析。如果高温下还有压力载荷或温度载荷的交变，还要进行疲劳分析，但高温下的疲劳分析往往涉及在高载荷应力下的停留时间长短，此时必涉及蠕变疲劳双损伤（交互损伤）的安全性分析。

9.5 高温下纯蠕变强度寿命设计的方法

早期高温结构的蠕变强度与寿命分析主要依靠 ASME 的规范案例 CC N-47 中的 Larson-Miller 法（简称 L-M 参数法），20 世纪后期又出现了 Q 参数法和 Ω 参数法。ASME 规范及规范案例近年来一直推荐用 Ω 参数法来解决高温结构的强度及寿命计算问题。

(1) L-M 参数法

基于高温拉伸蠕变试验获得的若干蠕变曲线，Larson Meller 发现蠕变断裂时间 t_r（即寿命）与温度 T（K）的倒数之间存在线性关系，于 1950 年提出了一线性方程，其中的 LMP 参数称为 Larson-Meller 参数，该线性方程为

$$\lg(t_r)=\mathrm{LMP}\,\frac{\sigma}{T}-C \tag{9-1}$$

多次试验丰富了各种高温材料 LMP 参数的数据库，因而被工程广泛应用，原 ASME CC N47 也列出了许多 LMP 参数的数据供工程师使用，用于寿命评定。但这一方法是基于较高应力水平下的蠕变持久断裂时间 t_r，再线性外推到 10 万小时的持久强度，这种外推时间过长，可信度不足，而且不能满足 30 万小时蠕变寿命的设计要求。

20 世纪 80 年代，蠕变研究学者发现，大量工程应用中的高温构件实际使用在低设计应力水平下。低应力水平下的蠕变曲线不符合 3 阶段规律，如图 9-8 所示，低应力水平时不存在恒应变速率的蠕变第 2 阶段。同时第 1 阶段相比极短可以忽略，于是只剩下第 3 阶段连续曲线。采用 L-M 参数法预测的奥氏体钢蠕变断裂强度结果与实验相比，可带来超过 2.7 倍的误差。这可能是因为经验外推方法仍未能纳入材料劣化、不同损伤机制的影响[115]。

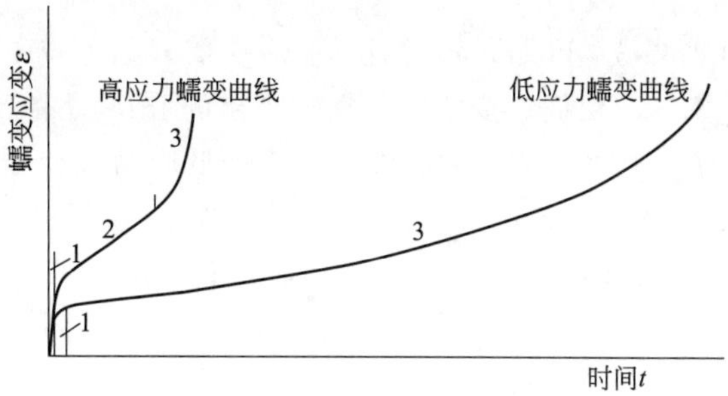

图 9-8 不同应力水平下蠕变曲线比较

(2) *Ω 参数法*

蠕变损伤的力学模拟，可以借鉴 Kachanov 的损伤力学方法。引用著名的 Norton 方程——幂律方程[116]

$$\dot{\varepsilon} = A\sigma^{m} \tag{9-2}$$

这是蠕变应变速率 $\dot{\varepsilon}$ 的幂函数表达式，是蠕变第 2 阶段曲线的幂函数表达式。A 和 m 是方程的常数和指数，σ 是蠕变试验的恒应力，材料在每个温度下的 A 和 m 均由试验的蠕变曲线获得。这是蠕变研究中最早把蠕变应变速率 $\dot{\varepsilon}$ 视为重要蠕变损伤参量。1958 年 Kachanov 从损伤力学角度提出的损伤方程也沿用了应变速率 $\dot{\varepsilon}$ 的参量，并建立了广义的连续损伤模型方程[117]

$$\dot{\varepsilon} = \dot{\varepsilon}_0 \left(\frac{\sigma}{\sigma_0}\right)^{m} \left[\frac{1}{1-\omega}\right]^{\nu} \tag{9-3}$$

式中 $\dot{\varepsilon}$，$\dot{\varepsilon}_0$——瞬时应变速率和初始应变速率，h^{-1}；

σ/σ_0——瞬时应力与参考应力（或起始应力）之比；

ω——广义的损伤参量；

m，ν——Norton 指数及损伤指数。

美国金属材料性能研究所（MPC）成立以 M. Prager 为首的 MPC 研究组，从大量低应力水平下高温金属蠕变试验中研究了材料蠕变变形时所伴随的各种损伤，改进了式(9-3) 中 ω 参数的表达式，提出了多种损伤参量，并归总为如下的表达式

$$\dot{\varepsilon} = \dot{\varepsilon}_0 e^{(m+p+c)\varepsilon} \tag{9-4}$$

式中 ε——瞬时蠕变应变；

m——Norton 幂律方程的指数，反映试样横截面减小的影响（以前从未考虑横截面积小）；

p——材料长期高温下微观组织损伤系数；

c——弥补应力升高引起的 Norton 指数 m 未能反映微观组织变化的损伤系数。

真正确定 p、c 十分困难，因而设定一个总的损伤参量 Ω_p 代替式(9-3) 中的 m、p、c，改写为

$$\dot{\varepsilon}=\dot{\varepsilon}_0 e^{\Omega_p \varepsilon},\ \Omega_p=m+p+c \tag{9-5}$$

将式(9-5) 取自然对数，再将其求微分，则得

$$\frac{d\ln\dot{\varepsilon}}{d\varepsilon}=\Omega_p \tag{9-6}$$

由式(9-6) 可知，各瞬时蠕变应变值 ε 必对应一个时间 t 的导数 $d\varepsilon/dt=\dot{\varepsilon}$，即瞬时蠕变应变速率 $\dot{\varepsilon}$。根据蠕变实验数据整理出的 $\ln\dot{\varepsilon}$-ε 图（见图 9-9），呈线性分布的规律很明显，也就是说式(9-6) 表达的直线的斜率即低应力蠕变损伤参量 Ω_p。M. Prager 等的 Ω 参数法研究成果在国际上获得了广泛认可，主要特点如下

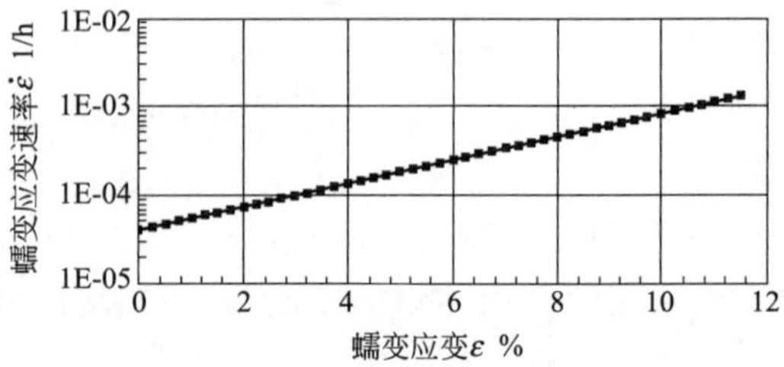

图 9-9 蠕变应变速率 $\dot{\varepsilon}$-蠕变应变 ε 实验数据间的线性规律[136]

ⅰ. 确认低应力水平（符合工程构件实际）下蠕变曲线只存在第 1 和第 3 阶段，同时第 1 阶段时间相对很短可以忽视。

ⅱ. 借鉴损伤力学 Kachanov 方程构建了蠕变损伤中各种因素的蠕变损伤参数的表达，更具科学性。

ⅲ. 有大量长达 10 年以上低应力蠕变试验的依据，数据内含有除蠕变变形损伤之外的多种微观组织损伤，克服了只凭高应力水平 1 万小时短时数据外推的不可靠性，明显优于 L-M 法及 θ 法，更为可信。同时实验数据中也涵盖了高应力短时蠕变的结果，实用范围更广。

Ω 参数法既可用于设计时蠕变寿命的核算，也可用于在用高温容器或管道剩余蠕变寿命的核算。利用 $\dot{\varepsilon}=d\varepsilon/dt$ 和式(9-6) 对时间 t 及蠕变应变 ε 的积分求解，当积分的时间达到断裂时间 t_r 时，得

断裂时的总寿命式
$$\frac{1}{\dot{\varepsilon}_0\Omega_p}(1-e^{-\Omega_p\varepsilon_r})=t_r \tag{9-7}$$

已运行 t 时已损耗的寿命
$$\frac{1}{\dot{\varepsilon}_0\Omega_p}(1-e^{-\Omega_p\varepsilon_t})=t \tag{9-8}$$

两式相减便得剩余寿命
$$t_r-t=\frac{1}{\dot{\varepsilon}_0\Omega_p}(e^{-\Omega_p\varepsilon}-e^{-\Omega_p\varepsilon_r}) \tag{9-9}$$

上述 3 个方程为工程计算提供了方便。可知初始加载应力所对应的蠕变应变速率 $\dot{\varepsilon}_0$ 在计算中有重要地位，Ω_p 值可在 ASME 的两个规范案例中查找，API 579-1 也可提供。

9.6 高温压力容器疲劳设计及蠕变疲劳设计方法

（1）概述

高温压力容器愈来愈多地出现载荷交变工况，包括压力载荷交变、温度载荷（热应力）交变，这在工程设计和剩余寿命评价中需要高温下的、单纯的疲劳设计方法。同时又不得不考虑蠕变变形，就出现了蠕变/疲劳双损伤的工程设计问题。

对于高温疲劳是否涉及蠕变损伤，需要按图 9-7 所示的流程框图进行是否可免除蠕变强

度分析的筛选试算（Test）。当应力水平不高、高温停留时间不长时，则可免除蠕变分析，此时只需按 ASME Ⅲ-2，选择分析设计法中相应钢材、相应温度下的疲劳设计曲线进行基于应力分类法的疲劳分析。如果不能免除，则一定要分析清楚加载到高应力状态时，于高温下停留的时间内的蠕变应变量累计值。

原则上每一载荷循环均需做一次蠕变损伤分析，实际的工程设计必须做合理的简化。可将整个载荷谱（载荷-时间的变化曲线）中交变频繁而又时间相近的循环用包络线将其合并，同时忽略小应变幅的交变循环，从而针对这一包络后的大循环做一次蠕变分析。这样简化后的每循环逐一蠕变分析应是偏保守的。

在蠕变的同时，交变的疲劳损伤又如何进行分析？为此学术界已进行了 30 年的探讨，但至今并无可直接转化为工程设计的简洁方法。目前国际上只有 ASME 先用规范案例试用后在核电压力容器中颁布了规范正文 ASME Ⅲ-NH 分卷[110]，对于石化高温压力容器的蠕变疲劳分析设计则用 ASME CC2843[80]。这两个规范的基本原理是相同的，方法也大体相同。

还有一种方法更加结合工程实际，即 ASME CC 2605-2[79] 的蠕变疲劳设计曲线法。

(2) ASME CC 2843 的蠕变疲劳双折线评定图

同时存在蠕变及高温疲劳双重交互损伤时，总是比单一损伤更为严重，此时交互损伤的总损伤度不再符合单一损伤线性迭加准则（即$\sum D_i=1.0$），而是远小于 1.0，即

$$\sum D_c+\sum D_f<1.0 \tag{9-10}$$

式中　$\sum D_c$——蠕变损伤度；

　　　$\sum D_f$——疲劳损伤度。

M. Prager 曾给出图 9-10 的结果。该 Cr-Mo 钢材料的蠕变疲劳试验终结点（应是断裂点）在图中标出。曲线是试验点的拟合曲线。

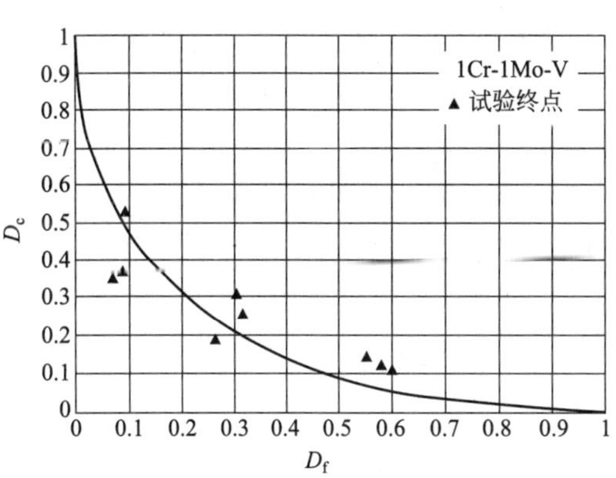

图 9-10　蠕变-疲劳双损伤试验结果[118]

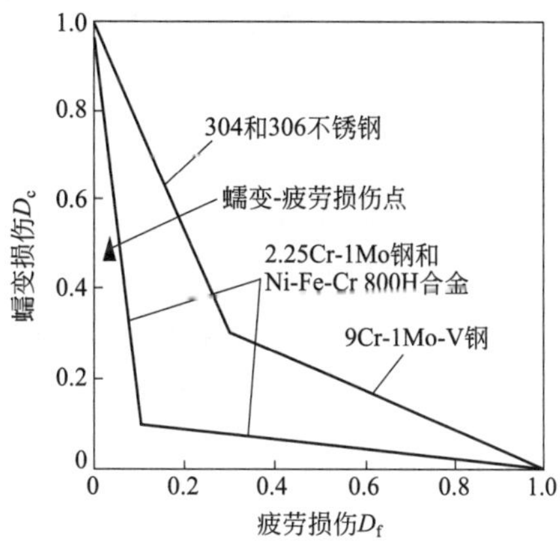

图 9-11　ASME CC 2843 的蠕变疲劳损伤评定图[80]

作为工程设计方法，目前还无法利用蠕变疲劳交互损伤理论研究成果，只能利用损伤理论中双损伤评定图原理，根据试验的结果绘制出供工程设计使用的双折线型蠕变-疲劳损伤评定图。图 9-11 是 2017 年颁布的 CC2843 的双损伤评定曲线。图中纵坐标 D_c 系累积的蠕变损伤度，应是每段时间间隔（由人工确定 Δt）所产生蠕变损伤度 ΔD_c 的线性迭加总和

$$D_c=\sum\Delta D_c=\sum\left(\frac{\Delta t}{T_d}\right) \tag{9-11}$$

之所以分成若干小的时间段 Δt 来分段计算，是因为蠕变相当于塑性变形（但还与时间相

关。每一 Δt 间隔内蠕变应力-应变的最大值都会下降，结构松弛效应显现。每段 Δt 内均可用数值模算出蠕变应变 $\Delta\varepsilon_c$、应力 σ、温度 T，用 Ω 参数法算出该状态下的蠕变断裂许用寿命 T_d。

在核算疲劳损伤度 D_f 时应考虑在高载荷高温下停留时间较长时必因蠕变而导致塑性变形，所以这里应按低周疲劳设计方法（见 ASME Ⅷ-2），确定在循环类型 j 下算出的许用循环次数 N_d、设计总寿命内全部循环数 n_c，然后按下式计算疲劳损伤度 D_f

$$D_f=\sum D_{f,i}=\sum\left(\frac{n_c}{N_d}\right)$$

上面的 D_c 和 D_f 不仅都应≤1.0，而且叠加起来之后的总损伤度应在图 9-11 所示的相应材料的折线之下方。文献［119］中，石化加氢反应器（2.25Cr-1Mo-V 钢）锻环式高温（设计温度 454℃，操作 402℃）高压（设计 12MPa、操作 11.5MPa），总设计年限 30a，总循环次数 1250 次，按 CC2843 的要求计算分析（必须依靠有限元法），作蠕变疲劳交互损伤分析得

$$D_c=0.47,\ D_f=0.083,\ D_c+D_f=D=0.553$$

该评定点（0.47、0.083）在图 9-11 中位于 2.25Cr-1Mo 折线的下方，结果显示安全，可以接受。注意 D_c 的表达方法众多，此处应按 CC2843 的规定计算。

(3) CC2605 的蠕变-疲劳双损伤工程设计方法

高温设备钢材有多种，美国 MPC 组织的 Ω 参数法研究组专门针对石化、火电站常用的 Gr-Mo 钢（2.25Cr-1Mo-V）进行了蠕变-疲劳交互损伤设备的工程设计方法研究。除继续采用 Ω 参数法计算蠕变损伤及寿命表达外，着重综合相关材料蠕变试验及双损伤试验数据，对大量的可信试验数据进行统计分析和规整化组建，最终编制出可方便工程设计使用的曲线组，如图 9-12 所示。该图表示了设计应力幅与设计循环数之间的函数关系，同时绘制了不同高温设计寿命需求的 8 条含有纯蠕变损伤的疲劳设计曲线。对危险截面上最大作用应力进行蠕变及蠕变疲劳交互损伤校核时，可以利用图 9-12 所示的蠕变疲劳设计曲线来进行。根

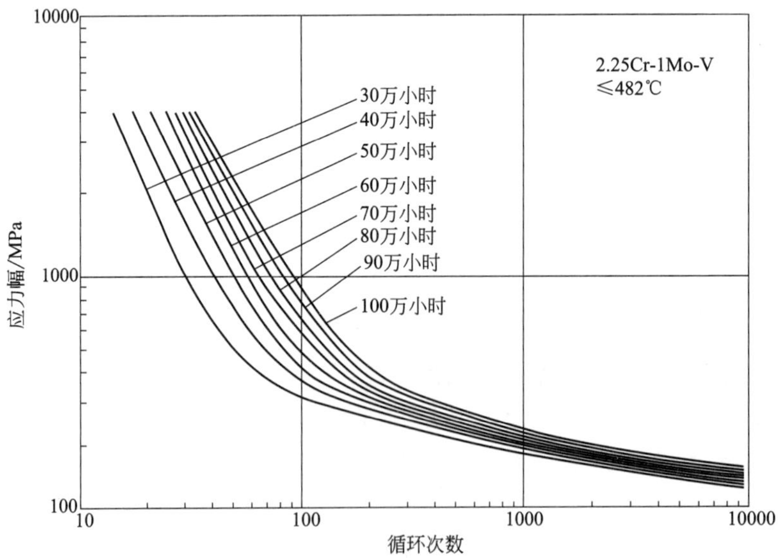

图 9-12　ASME CC2605-2 的 2.25Cr-1Mo-V 钢蠕变疲劳设计曲线[79]

据应力分析结果确定最大应力处的交变应力幅，根据设计所需高温蠕变寿命，在图 9-12 中选定相应时间寿命曲线，然后由应力幅值画水平线，与该选定的寿命曲线相交点的横坐标值即为安全的交变载荷循环周次。若该周次不能满足设计要求，则应改变危险截面结构尺寸并调低应力幅，直到满足设计要求为止。

9.7 法兰静密封接头高温防蠕变松弛泄漏设计展望

高温下只要达到蠕变的条件，法兰盘会因弯曲应力的作用而发生扭转偏转，紧固螺栓在高拉伸应力作用下也必发生蠕变伸长，这都会造成结构的松弛及密封垫片压紧应力的下降，会导致泄漏。高温分析设计的总体思路应该是，除采用蠕变失效设计准则、蠕变疲劳设计准则之外，还必须增加法兰密封接头防松弛泄漏的刚度准则，即经法兰密封结构蠕变变形随时间的积累，垫片压紧应力会松弛到不可接受的、将要泄漏的程度，这个时间便是一个该密封结构的安全操作周期。达到这个时间前必须更换垫片，甚至更换紧固螺栓。但此时必须确保法兰盘的蠕变变形仍在安全可控状态，否则整个容器都将不安全。

第10章 高压及超高压容器设计

通常我国工程上将设计压力达到 10MPa 及以上的容器称为高压容器，压力大于等于 100MPa 时称为超高压容器。容器压力越高，则壳体壁厚越厚。本章将逐一讨论钢材的选择；如何制造更厚的壳体；壁厚的强度设计能否再沿用薄膜应力公式；压力很高的容器其可拆式密封接头是否还仅能用法兰垫片螺栓紧固来解决；还有材料和制造方法都会遇到的新问题。

10.1 高压容器概述

10.1.1 高压容器的工业应用

20 世纪初化肥工业诞生了合成氨技术并在工业中推广，其关键技术是利用高压技术把精制出来的氮气及氢气进行人工合成，从而获得氨（NH_3），然后制成氮肥。当初认为在 32MPa 压力、500℃左右高温及催化剂的条件下可以获得较高转化率的合成氨，于是西方国家率先发展了高压技术。除高压压缩机外，还研发出能承受如此高压的氨合成塔，即高压反应器，这是最典型的高压容器。本章不涉及端部开口类（如炮筒）壳轴向应力的高压容器。

高压容器的设计理论与制造技术起源于军事工业中的炮筒。随着化工及石油化工的发展，高压容器的直径、厚度、吨位都在不断地增加。20 世纪 20～30 年代的氨合成塔内径一般为 700～800mm，重 30t 左右；50 年代增大到 800～1000mm，长 10m 以上，重 80t 左右；60 年代发展到 1600～1700mm 直径；后来由于大型化生产的发展更快，直径已达 2800～3600mm，长 20m 以上，重 300～400t。加氢反应器也是如此，有的目前已达到 4.5m 直径，厚度达 280mm，重约 1000t。2020 年中国制造出了 3000t 的世界最大热壁加氢反应器。

由于高压技术的复杂性，因此工艺上不应片面提高压力。愈是大型装置愈要设法限制压力的提高以避免由高压带来的一系列问题。例如合成氨工业从中小型发展到年产 30 万吨氨的规模时，系统压力已从 32MPa 降低到 15～20MPa。

为避免合成反应的高温给高压容器带来的许多问题，常在内件的外层包上隔热材料，同时在内件与高压外筒之间留有间隙作为冷态原料气通道，形成可保护外壳免受高温作用的冷气层，从而使高压外筒不致变成“热壁”的容器，这就是冷壁（200℃以下）高压反应器。后来的炼油工业深度加工工艺中诞生了加氢工艺，一种是为提高轻质油的产量，另一种是为油品脱硫得到高品质油品而减轻环境污染。加氢反应器起初也是沿用冷壁反应器，后来钢铁工业可以提供耐540℃高温并可耐受高温氢腐蚀的Cr-Mo耐热钢，便不再采用冷壁加氢反应器，演变成热壁加氢反应器，设计压力在15MPa以下，设计温度可高达540℃甚至580℃，使高压容器的设计制造水平得到新的提高。近年我国大力发展的煤制油工业也大量使用了更大型的加氢反应器。

能源工业中也大量使用高压容器。火电装置中的锅炉蒸汽机组，蒸汽压力有的已高达35MPa，温度甚至达600℃，即超临界或超超临界发电机组，其中的汽包即为大型高温高压容器。核电机组目前所采用的参数还不是太高，为安全考虑只用到15MPa，低于380℃温度。所以核电装置中一回路的反应堆压力壳也是大型高压容器，除能耐高压之外，还要求能耐核中子辐照脆化。

现今，高压或超高压容器的市场需求已不再停留在传统的化工、石化或能源工业，新能源的开发利用已显现多元化格局。汽车新能源已开始混合动力（油＋电）、全电动及氢动力三足并举的态势。氢能源汽车、摩托车已经上路。这些移动车辆上需要装备35～70MPa高压轻质化储氢气瓶，现已用金属内筒外层多轴缠绕高强纤维丝方法制造。充氢站则需容积更大且压力更高达90MPa以上的固定式高压容器，而且还要克服高压（41MPa以上）氢分压会导致铁素体类钢材氢脆的难题。

10.1.2 高压容器的建造规范

高压容器的建造必须遵守国家相关法规，如TSG 21—2016。也要符合国内压力容器的建造标准，如GB/T 150、GB/T 4732、GB/T 34019，也允许参照美国ASME Ⅷ-1[22]、ASME Ⅷ-2[23]、ASME Ⅷ-3[24]，或欧盟EN 13445标准。[27] 中外焊造规范的压力适用范围见图10-1。

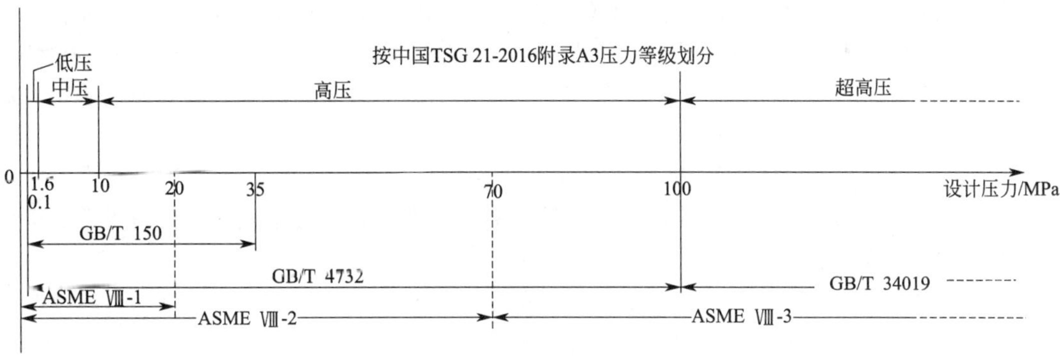

图10-1 有关压力容器建造规范的实用范围比较（不包括外压）

10.1.3 高压筒体的结构型式及设计选型

高压筒体各种结构型式的出现始终围绕着如何方便经济地获得足够壁厚这一问题，这当中制造上的可能性与经济性又是关键问题。现就各种筒体结构围绕这一观点进行分析。

10.1.3.1 高压筒体的结构型式

（1）整体锻造式

整体锻造式高压容器是最早采用的筒体型式，其结构如图10-2(a)所示。这是沿用整体锻造炮筒的技术来制造的高压容器，由于焊接技术不发达，筒体与法兰可整锻而出或用螺纹

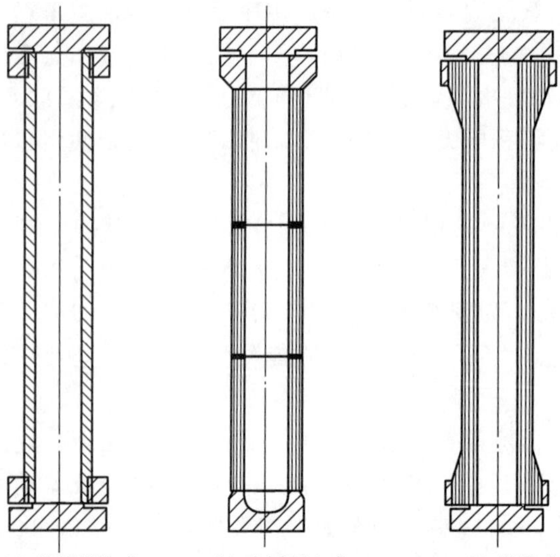

图 10-2　高压容器筒体的结构型式

连接。显然这需要非常大的钢锭、锻压机械、车床与镗床，而且毛坯要比净重大 2～2.5 倍。高压容器趋向大型化后，锻造更难。焊接技术发展后曾出现过分段锻造然后焊接拼合成整体，称为锻焊式高压容器，但它仍旧受到锻造条件的限制。锻造容器的质量较好，特别适合于焊接性能较差的高强钢所制造的超高压容器。锻造式高压容器一般直径为 ϕ300～800mm，长度不超过 12m。

(2) 单层式

现在工业已具备轧制又宽（3～5m）又厚（100～300mm）的钢板的能力，又有相应的宽厚卷板机，可以制造单层的厚壁高压容器。单层式高压容器主要有如下三种形式。

① 单层卷焊式　将厚板加热后到大型卷板机上卷成圆筒，再将纵缝焊接成筒节，然后由几个筒节再组焊成高压容器。单层卷焊式由于工序少，因而周期短效率高。由于采用大型卷板机，若圆筒直径过小便无法卷筒，因此直径 400mm 以下的圆筒难于采用单层卷焊式结构。另外可卷制的板厚也受到卷板机能力的限制，目前国内最大卷制厚度可达 110mm 而直径不小于 1000mm 的筒体。

② 单层瓦片式　没有大型卷板机而有大型水压机时，可将厚板加热后在水压机上压制成半个圆筒节或小于半个圆筒节的“瓦片”。然后将“瓦片”用焊接纵缝的方法拼成圆筒节，再组焊成筒体，此时每一筒节上必有 2 条或 2 条以上的纵焊缝，它的生产效率要比单层卷焊的差一些，较费工费时。厚板的纵焊缝的焊接质量仍有许多难题。

③ 无缝钢管式　用厚壁无缝钢管也可制造单层的厚壁容器，端部经局部高温热旋压收口形成封头，效率高，周期短。各国小型高压容器，尤其是长管拖车型的细长高压容器首选厚壁无缝钢管制造。但无缝钢管外径的尺寸最大尚未超过 900mm。

以上三种单层高压容器往往受制于原材料壁厚、可焊性及焊后母材热影响区近熔合线处性能脆化、大型机加工能力及热处理能力等因素。

(3) 多层组合式

20 世纪 40 年代，50mm 以上的厚钢板以及数百毫米的厚板尚未多见，且焊接技术仍不成熟，厚壁容器出现了若干形式的多层组合结构。分述如下。

① 多层复合式　先由薄壁圆筒作为内筒（一般内筒厚 14～20mm），在其外面逐层包扎上层板以形成必要的厚度，见图 10-3。层板选用 4～12mm 的钢板，经逐张检验合格后下料并卷成半圆形板片或几分之一圆周的板片，亦形同“瓦片”。经校圆及表面喷砂处理后在专用的包扎机上包扎，用钢丝绳捆扎在层板上用油压千斤顶把钢丝绳拉紧，扎紧过程烦琐，现已被淘汰，改为机具夹紧，可立即将层板的纵向焊缝焊好。如此逐层包扎到所需厚度即成筒节。20 世纪末包扎方式已被瓦片夹紧机械淘汰，多层包扎也被多层复合替代。

由于高压容器筒体的材料在承载时一般不受剪力作用，因此将厚壁制成薄板组合体，是不影响承载能力的。实际上层板与层板之间不可能完全贴紧，总有些间隙，在加载时有可能消除这些间隙。即使存在一些间隙也不会影响筒体的承载能力。为避免因纵缝焊接质量不好影响强度，因此应将各层纵焊缝相互错开一个角度，这样就不会明显影响筒体的整体强度。层板纵缝错开的情况可参见图 10-3。每个筒节上应开安全孔，如图 10-4。这种小孔可使层间空隙中的气体在工作时因温度升高而排出，当内筒出现泄漏时也可通过小孔排出，以起监察之用。多个筒节通过深环焊缝相连成整体（图 10-4）。

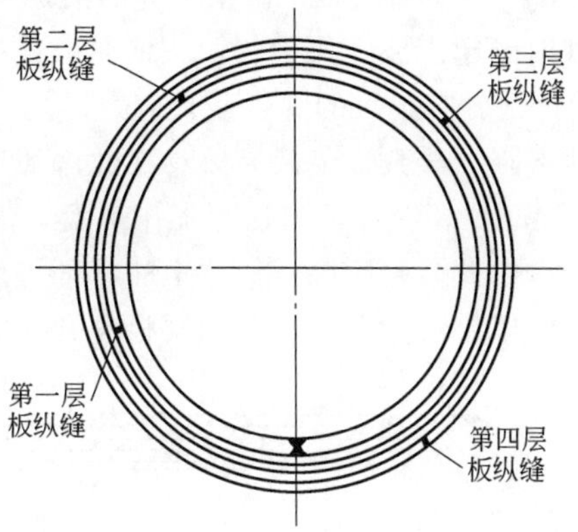

图 10-3　多层复合筒节层板纵缝错开形式

我国自 1956 年试制成功多层复合式高压容器以来，习惯于采用低碳、低强度且焊接性能好的 Q245R，内筒厚 19mm，层板 6mm。显然随着向大型化发展应采用强度高的层板，目前国内较多采用 Q345R 层板，也可采用强度再高一些的 Q375R 层板。板厚有 6、7、8（mm）三种。为制造更大型的多层复合式高压容器可以采用更高强度的层板，原则上可以作为压力容器用钢的 6～12mm 厚的钢板均可使用。同时采用 12mm 厚的层板则可提高包扎的工效。

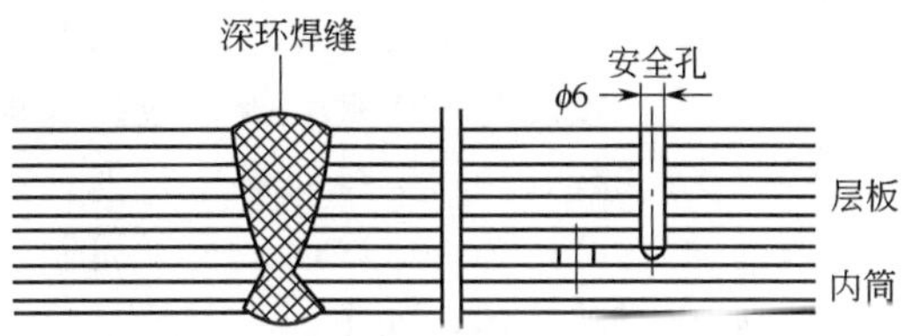

图 10-4　多层复合筒节上深环缝及安全小孔

归纳起来层板复合式结构具有如下特点：

ⅰ. 原材料供应方便，不需厚板只需薄板，质量比厚板容易达到要求；

ⅱ. 制造中不需大型加工设备，只需一般卷板机和一台结构并不复杂的包扎机；

ⅲ. 改善了筒体的应力分布，因为每包扎一层，纵缝焊完时的收缩便使层板贴紧内筒并形成压应力，层数愈多，内层压应力愈大，受载后筒体内外壁应力趋于均匀，丁强度有利；

ⅳ. 较单层安全，薄板韧性易保证，爆破时仅是层板撕开大缺口，而无碎片，同时纵缝错开后避免了纵向的深焊缝，消除了沿深厚纵缝裂开的危险；

ⅴ. 内筒可采用与层板不同的材料，对防腐蚀有较高要求时内壁可复合耐蚀材料。

层板复合式高压容器一直是国内中型高压容器所采用的主要结构型式，制造的厂家也较多。但是层板复合式也有一些不足之处，主要是：

ⅰ. 生产效率低，工序烦琐，不适合制造大型容器，壁厚愈厚包扎量也愈多；

ⅱ. 层板材料利用率低，除因质量不合格被剔除之外，还有层板下料后的边角余料也很多；

ⅲ. 层板间的间隙较难控制，有松有紧。但有人认为有间隙也不影响强度，因而不需要严格控制松动面积，或制造后用液压试验使其间隙贴紧；

ⅳ. 因有间隙使导热性差，器壁不宜作传热之用；

ⅴ. 层板纵向焊缝在使用中出现缺陷并扩展后，无法做无损检测探伤。

② 无深环焊缝的层板复合式　上面所述的各种多层容器均先制成筒节，筒节与筒节之间就不可避免地需要采用深环焊缝焊接。深环焊缝的焊接质量对容器的制造质量和安全有重要影响，这是因为：

ⅰ. 探伤困难，由于环缝的两侧均有多层板，影响了超声波斜探头探伤的进行，只能用直射的超声波探头检测，或依靠射线检验；

ⅱ. 有很大的焊接残余应力，且焊缝热影响区熔合线附近的母材晶粒极易变得粗大而韧性下降，导致焊缝冷裂纹易在此区域产生。

ⅲ. 环缝的坡口切削工作量大，焊接也复杂。

因此，去除高压筒体上的深环焊缝是众所关心的问题。具有悠久历史的德国克虏伯工厂开发了一种无深环焊缝的层板复合扎式高压容器。它是将内筒首先拼接到所需的长度，两端便可焊上法兰或封头，然后在整个长度上逐层包扎或夹紧层板，待全长度上包好并焊好磨平后再包第二层，直到包到所需厚度。包时各层的环焊缝可以相互错开，至少可错开 200mm 的距离。另外每层包紧时还应将层板的纵、环焊缝均错开一个较大的距离，以使各层板的两向焊缝不在同一个位置。这些做法均对保障结构的安全有好处。这种结构的高压容器完全避免了出现深环焊缝，连与法兰及封头连接的深环焊缝也被一般的浅焊缝所代替，使得焊缝质量较易保证，又简化了工艺，中国已进行了研制，并已成功应用，如图 10-5 所示。

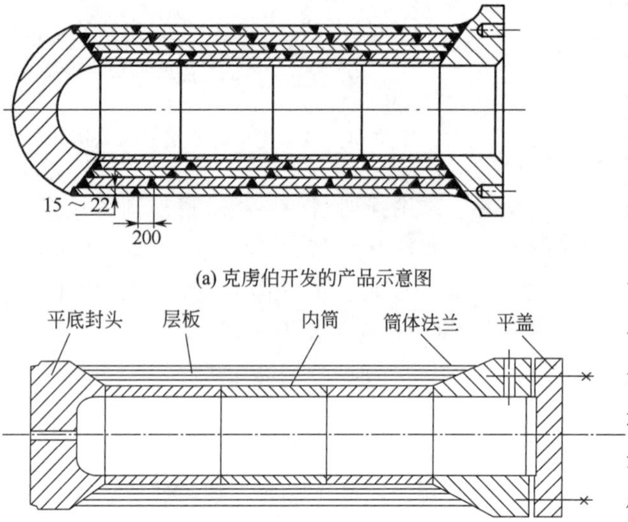

(a) 克虏伯开发的产品示意图

(b) 中国研发的复合式多层容器

图 10-5　无深环焊缝的多层复合式高压容器

③ 热套式　大型高压容器的壁厚很厚，常在 100mm 以上，多层复合式显得极为费时，工程上迫切需要以较厚的板材组合成层数不多的厚壁筒，热套式厚壁筒便是其中之一种。采用双层或更多层数的中厚板（30mm 以上）卷焊成直径不同但可过盈配合的筒节，然后将外层筒加热到计算好的温度，便可进行套合，冷却收缩后便配合紧密。逐层套合到所需厚度。套合好的筒节加工出环缝坡口再拼焊成整台容器。有把握也可做全长度的多层热套。

热套容器需要较准确的过盈量，但又要力求对配合面不进行机械加工，这就对卷圆的精度要求提高，而且套合时需选配套合。但即使有过盈量，套合后贴紧得也不会很均匀。如果在套合并组接成容器后再进行超压处理，则可使其贴合紧密，这样可降低对过盈量及圆筒精度的要求。少量的过盈热套不追求形成径向预应力，而且套合后层间间隙更易消除。

热套式大型高压容器在我国已被采用，曾用 18MnMoNbR 的 50mm 钢板制造过内径 3200mm、壁厚 150mm 的三层热套式氨合成塔。热套式容器有可能成为今后国内制造大型石油化工高压容器的重要型式之一。归纳起来它有如下特点：

ⅰ. 生产效率高，主要是采用了中厚板，层数少（一般 2～3 层），优于多层卷板；

ⅱ. 材料来源广泛且材料利用率高，中厚板的来源比厚板来源多，且质量比厚板好，材料利用率比多层卷板式约高 15%～20%；80mm 以内的中厚板可保证正火或调质热处理质量；

ⅲ. 焊缝质量易保证，每层圆筒的纵焊缝均可分别探伤，且热套之前均可作热处理。

虽然热套时的预应力可以改善筒体受内压后的应力状态，但对一般高压容器来说这一点并不重要。而且这种热套筒体不是在经过精密切削加工后再进行套合的，因此热套后的预应力各处的分布很不均匀。只是在超高压容器采用热套结构时才期望以过盈套合应力来改善筒体的应力分布状态。

④ 绕板式　为克服层板包扎式效率低的缺点，可采用由钢厂专门轧制成卷的薄板（2～3mm），将薄板的一端与内筒相焊，接着将薄板连续地缠绕在内筒上，达到需要的厚度时便停止缠绕并将薄板割断再焊死在筒体上，便成筒节。为了使绕板的开始端与终止端能与圆筒形成光滑连接，分别置有楔形过渡段。最外层往往再加焊一层套筒作为保护层。绕板式筒节与多层卷板式相比有以下特点：

ⅰ. 效率高，不需一片一片地下料成型；

ⅱ. 材料利用率高，绕板时基本上没有边角余料；

ⅲ. 机械化程度高，内筒制成后便可在绕板机上一次绕制完毕，完全免除了层板式的各层纵向焊缝而且绕板机占地小。

绕板时张紧力的控制较重要，张得愈紧愈可使层间间隙得到最大程度消除。华东理工大学曾与上海化工机械一厂合作开发，在国内也形成过一定生产能力。因绕板时需保持钢板的挠性，一般比卷板式的钢板薄，暂时难以用更高强度的钢板。

(4) 绕带式

图 10-2(c) 是国外绕带式高压容器总体构造示意图。在容器内筒的外壁光车削出螺旋形的凹槽，槽的尺寸必须与图 10-6 所示的槽形钢带相匹配。将特制的槽形钢带一端嵌入内筒外壁的某端，焊死，再以电加热方式使钢带热伸长，然后施加张紧力螺旋地盘缠钢带嵌入外壁凹槽，端部再焊死。待冷却收缩后便嵌得很紧实，逐层缠绕到所需壁厚就形成了耐压的厚壁筒体。端部大法兰也是用绕带制作的。由于绕带双面有槽，层层扣的有效传递，绕带各处各向均能有效约束。上世纪中叶，工程界采用该结构制造高压容器，并在 ASME BPVC Ⅷ-1、2、3 中被多年推荐使用。但 2010 年版本上已停止推荐绕带式，缘自建造效率低下，筒体材料极度不连续，无法实施应力分析设计，且超载时首先是绕带轴高能扣失效，导致内筒伸长，最终发生内筒轴向断裂面爆破。

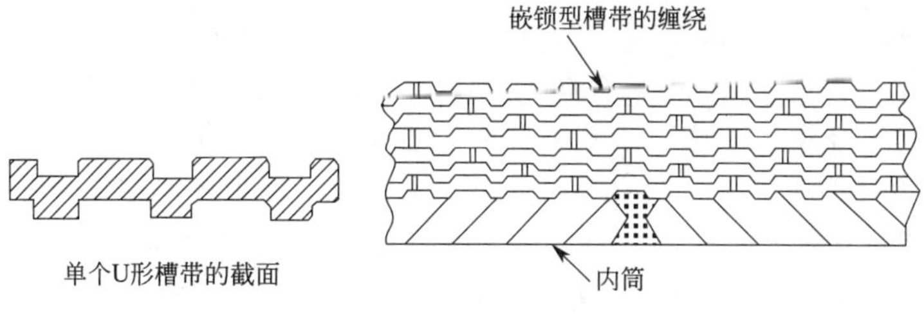

图 10-6　槽形绕带筒体剖面

我国 20 世纪 60 年代曾试制绕带式厚壁容器，因无法获得槽形绕带不得已改用平板钢带，研究认为相障绕带层螺旋方向相反并增大倾角和螺距，从而形成“平绕带倾角错绕”技术特征（见图 10-7）。设计得保守一点，只要爆破压力符合要求就可使用。当年曾用于县级化肥厂的小尺寸氨合成塔，其他领域未曾使用。由于平绕带上不开槽，层间无法相互扣牢，由绕带制成的筒体形不成紧密相互刚性约束的密实的筒体外层，加载时缺失充分可靠的平衡内压轴向伸长的抗力，内压升起后轴向力会使平板绕带层像一组无回弹能力的弹簧被拉长，层向摩擦力渐消，内筒很容易在内压轴向力作用下过载屈服，过度塑性变形继而发生钢带断裂最终造成内筒轴向断裂爆破。这一失效模式已被当年多个试产品的爆破试验所证实。无论绕带有槽无槽，绕成的筒体均不符合连续介质力学中对材料必须均匀连续的基本前提且钢带层间摩擦力均有不确定、不可靠性，这种结构也无法实施高压容器所需分析设计中的详细应力分析设计和极限载荷分析，以及结构细部的疲劳分析等。

值得注意的是，ASME Ⅷ-2 及Ⅷ-3 在 2010 版及以后版本中已不再出现对带槽绕带式厚壁容器的介绍。从此，绕带容器从美国规范中消失，它已完成历史使命。从结构完整性原理出发，将原完整的筒体材料人为切割成高度轴向分离的钢带是不合理的，即使带扣槽，稍有过载，轴向力过大，迫使有槽钢带发生偏转变形，又得不到足够刚性的变形约束，必发生轴向脱扣，继而内筒轴向过载被过度拉长而断裂。但 ASME Ⅷ-3 中保留了同向绕丝的厚壁容器结构，其轴向载荷必须由外设的钢制框架来承受。

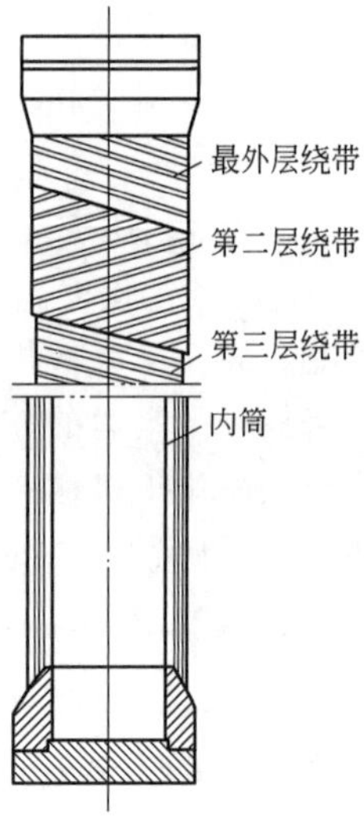

图 10-7　扁平绕带式高压容器

（5）锻焊式

核电技术的核心设备——回路中的核反应堆，必须能承受高温（不超过 371℃）、高压（13.8MPa）、高强度中子辐照，反应堆是个直径数米的巨大高压容器，壁厚常达 200～300mm。若有焊缝，即使用优质钢材制造，其焊接接头仍会在 30～60 年中子辐照后发生脆化。因此工程上不能接受反应堆采用厚钢板卷圆再焊纵向焊缝的板焊式结构。只能采用锻造法锻压出浸有纵向焊缝的筒节，再用环向对焊的方式焊接成最终的长度，这就是“锻焊式”结构高压容器。环焊缝的位置必须避开反应堆内中子辐照最严重的地方。这种反应堆无疑是很巨大的，无论钢材的冶炼、铸锭、锻压、切削、焊接及热处理都必须用大型机械设备。其能源消耗、材料消耗、人力、无损检测及安全检验都耗费巨大，生产成本很高。

工程上大型的高压容器首选锻焊式结构，其次选厚板卷焊式结构。但这种建造方案仍有局限性：

ⅰ. 受钢材可焊性限制，屈服强度比 490MPa 更高的高强钢不敢焊接，风险太大，所以设计压力超 16MPa 的大型容器也只能采用 490MPa 屈服强度的钢材制造，壁厚将会很大；

ⅱ. 厚度愈大焊缝及热影响区组织状态的控制越难，残余应力的分布可能越难掌控，导致出现焊接缺陷的风险越大，且板愈厚，轧制后愈难保证厚板中心层的强度及韧性下降；

ⅲ. 有时会出现无损检测全部合格，但压力试验时在尚未达到规定试验压力的情况下，焊缝出现了沿熔合线的母材侧开裂。这种总体尚未屈服膨胀就脆性断裂的情况属于“低应力脆断”。其原因缘于母材近熔合线处在焊接时过热严重。

10.1.3.2　高压厚壁筒结构选型

各种结构型式的高压筒体的出现都有其历史背景，都与当时的生产力和技术水平相关联。但共同的主线是围绕如何用经济合适的方法获得大壁厚这一中心问题。现今我国除槽型绕带高压筒体未制造过，其他型式都可制造，而且有相当大的生产能力。一般小型的都集中在用无缝的厚壁钢管类型上，中型的用多层卷板式。大型的则选用锻焊式较多。在设计选型时必须综合考虑设计参数：压力、温度、介质特性，材料的适应性等。其中基材是主要的，壁面的保护层也相当重要，但其重在切实的防护功能和施工可行性，不在强度设计上。选型又与设计时选择的制造商密切相关，设计者应摸清相关的国内外技术经济情况，材料来源，制造商所具备的技术及装备条件，在有充分调研论证之后才能做到选型正确，确有把握。

10.2 高压容器的材料选用

容器设计压力的提高，导致壁厚增加。为尽量使壁厚不致太厚，必然采用高强度钢材作为承压壳体的主体材料。强度提高的同时又要力求保证良好的塑性，特别是保证可焊性是十分不容易的。例如要获得可焊性优良的高强度钢，其抗拉强度都不可能太高。首选的提高强度的方法不是提高含碳量，而是添加强化用合金元素，例如添加 Mn、Cr、Mo 的低合金高强度钢。还应考虑在正火或调质热处理中可以细化晶粒的微量元素 V、Nb。除添加合金元素外，钢材热处理可改善金相组织，使强度、韧塑性有更好的适配性。例如正火钢是以细化晶粒改善韧塑性为主，强度不会太高，而调质钢是消除淬火时出现的低碳马氏体脆性相，迫使形成细小的珠光体、回火贝氏体或回火索氏体；高强度的同时，韧塑性又可符合要求。需要注意的是，设计压力愈高时，钢材的强度愈高，愈会影响到钢材的可焊性，即使调质处理能保证高的强度和基本的韧性与塑性的要求。所有高压容器强度用钢都必须严格降低有害元素的含量，应保证 P、S 的质量含量≤0.004%。再在冶炼时用真空脱气法脱除氧气、氮气、氢气等有害气体。

钢材选用的规律大体如下。

① 设计压力≤35MPa 的高压容器主体材料一般选用屈服强度为 345MPa 级及以上的正火钢，包括钢板和锻件，不允许热轧态使用。标准组织状态应是晶粒细化的铁素体+珠光体，或回火贝氏体。GB/T 150 或 JB 4732 中相应的钢号是 Q345R、Q370R 及相应的锻件钢材。10MPa 左右的容器常用 Q345R 或 Q370R，温度不应超过 370℃。超过 370℃的应采用含 Mo 量 0.5%的钼钢或 Cr-Mo 钢，以提高强度。高温高压下含高分压氢的氢腐蚀环境下应按 API（美国石油学会）颁布的 Nilson 曲线选择合适的 Cr-Mo 钢或奥氏体钢。

② 设计压力为 35～70MPa 的高压容器，特别是直径很大的高压容器，更渴望采用屈服强度超过 460MPa 的高强钢。GB/T 713.6—2023 有三个屈服强度级别（Q490、Q580 及 Q690）共 8 个钢号，其化学成分、力学和工艺性能可见表 10-1 和表 10-2。其强度的提高少部分依靠略增加了的 C、Mn 含量，更多依靠增加强化合金元素 Cr。少量的 Mo 可提高钢淬火时的淬透性。Ni 是增韧的元素，强度愈高时 Ni 含量愈高。V、Nb 元素也增多一些，对细化晶粒的作用愈加明显，同时也有利于塑性及韧性的改善。由于含 C 量增加及一些合金元素量的增加会使钢的焊接冷裂纹指数 P_{cm} 值（计算方法见第 2 章 2.1.4 节）增加到 0.20 以上，甚至高达 0.25，意味着焊接冷裂纹形成风险加大，是建造中需重点关注的问题。为改进调质钢塑性、韧性，冶炼时必须努力降低有害元素 P、S 的含量。

高强钢板热轧成型后即时作淬火+回火的调质处理。淬火时促使形成硬脆的马氏体相，因此必须再作回火处理。回火温度下马氏体会转变为回火索氏体。由此钢材的高强度表现出来的同时塑性韧性均得到较好保证。表 10-2 中 8 个钢号的钢板其厚度均被限制在 80mm 之内，这是因为钢板淬火时可淬深度约 40mm，双面水淬可保证 80mm 厚的钢板能全厚淬透。对于 80mm 的大厚度的容器拟采用多层组合式建造方式，比多层卷板更具结构优越性。

表 10-1 承压设备用调质高强钢板化学成分（GB/T 713.6—2023）

<table>
<tr><th rowspan="2">牌号</th><th colspan="14">化学成分(质量分数)/%</th></tr>
<tr><th>C≤</th><th>Si</th><th>Mn</th><th>P≤</th><th>S≤</th><th>Cu≤</th><th>Ni</th><th>Cr≤</th><th>Mo</th><th>Nb≤</th><th>V</th><th>Ti≤</th><th>B≤</th><th>Pcm≤</th></tr>
<tr><td>Q490R</td><td rowspan="3">0.09</td><td rowspan="4">0.15～0.40</td><td rowspan="4">1.20～1.60</td><td rowspan="4">0.015</td><td>0.008</td><td rowspan="4">0.25</td><td>≤0.40</td><td rowspan="4">0.30</td><td>≤0.30</td><td rowspan="4">0.05</td><td>0.02～0.06</td><td rowspan="4">0.03</td><td rowspan="4">0.0020</td><td>0.21</td></tr>
<tr><td>Q490DRL1</td><td>0.008</td><td>0.20～0.50</td><td>≤0.30</td><td>0.02～0.06</td><td>0.22</td></tr>
<tr><td>Q490DRL2</td><td>0.005</td><td>0.30～0.60</td><td>≤0.30</td><td>0.02～0.06</td><td>0.22</td></tr>
<tr><td>Q490RW</td><td>0.15</td><td>0.008</td><td>0.15～0.40</td><td>≤0.30</td><td>0.02～0.06</td><td>0.25</td></tr>
<tr><td>Q580R</td><td rowspan="2">0.10</td><td rowspan="2">0.15～0.40</td><td rowspan="2">1.20～1.60</td><td>0.015</td><td>0.008</td><td rowspan="2">0.25</td><td>≤0.40</td><td rowspan="2">0.50</td><td rowspan="2">0.10～0.30</td><td rowspan="2">0.05</td><td rowspan="2">0.02～0.06</td><td rowspan="2">0.03</td><td rowspan="2">0.0020</td><td rowspan="2">0.25</td></tr>
<tr><td>Q580DR</td><td>0.015</td><td>0.005</td><td>0.30～0.60</td></tr>
<tr><td>Q690R</td><td rowspan="2">0.13</td><td rowspan="2">0.15～0.40</td><td rowspan="2">1.00～1.60</td><td>0.015</td><td rowspan="2">0.005</td><td rowspan="2">0.25</td><td>0.30～1.00</td><td rowspan="2">0.80</td><td rowspan="2">0.20～0.80</td><td rowspan="2">0.06</td><td>0.02～0.06</td><td rowspan="2">0.03</td><td rowspan="2">0.0020</td><td rowspan="2">0.30</td></tr>
<tr><td>Q690DR</td><td>0.012</td><td>0.50～1.35</td><td>0.02～0.06</td></tr>
</table>

表 10-2 力学和工艺性能

<table>
<tr><th rowspan="2">牌号</th><th rowspan="2">钢板厚度/mm</th><th colspan="3">拉伸试验</th><th colspan="3">冲击试验</th><th rowspan="2">180°弯曲试验 $b=2a$</th></tr>
<tr><th>下屈服强度 R_{eL}/MPa</th><th>抗拉强度 R_m/MPa</th><th>断后伸长率 A/%</th><th>温度/℃</th><th>冲击吸收能量 KV_2/J</th><th>侧膨胀值 LE/mm</th></tr>
<tr><td>Q490R</td><td>10～60</td><td rowspan="4">≥490</td><td rowspan="4">610～730</td><td rowspan="4">≥17</td><td>−20</td><td rowspan="8">≥80</td><td rowspan="4">—</td><td rowspan="8">$D=3a$</td></tr>
<tr><td>Q490DRL1</td><td>10～60</td><td>−40</td></tr>
<tr><td>Q490DRL2</td><td>10～60</td><td>−50</td></tr>
<tr><td>Q490RW</td><td>10～60</td><td>−20</td></tr>
<tr><td>Q580R</td><td>10～60</td><td rowspan="2">≥580</td><td rowspan="2">690～820</td><td rowspan="2">≥16</td><td>−20</td><td rowspan="2">≥0.64</td></tr>
<tr><td>Q580DR</td><td>10～50</td><td>−50</td></tr>
<tr><td>Q690R</td><td>10～80</td><td rowspan="2">≥690</td><td rowspan="2">800～920</td><td rowspan="2">≥16</td><td>−20</td><td rowspan="2">≥0.64</td></tr>
<tr><td>Q690DR</td><td>10～80</td><td>−40</td></tr>
</table>

注：D 为弯曲压头直径；b 为试样宽度；a 为试样厚度。当屈服现象不明显时，采用规定塑性延伸强度 $R_{P0.2}$。

如还想降低壁厚，再提高强度的钢已不适合焊接，而应采用锻造成型。可选用锻造钢材 ASME SA723，主要成分 2.75Ni-1.5Cr-0.5Mo-V、对 Ni 和 Mo 约有微调，以及改变调质中的回火温度，可使抗拉及屈服强度最低值升或降。SA 723 钢屈服强度可提高到 825MPa 或 895MPa，抗拉强度可以提高到 930MPa 或 1000MPa。当屈服强度提高到 800～900MPa 时，这些钢被称为超高强度钢，屈强比达 0.8～0.9。超高强度钢是通过提高含碳量（中碳）、添加强化和提高淬透性元素（Cr、Mn、Mo）和韧化元素（Ni），并经调质热处理才能获得。带来的后果是：ⓘ 丧失了可焊性，只能锻造成型并调质处理；ⓘⓘ 在某些腐蚀环境中、在高应力作用下，易产生应力腐蚀开裂；ⓘⓘⓘ 在冶炼和热加工（锻压，热处理）过程中吸收了潮湿环境中水分的氢原子后，回到常温或进入低温时，出现氢脆，脆断风险加大。获得超高强度时会牺牲一些韧塑性，其中，断后伸长率会下降，由于不会碰到焊接问题，工程上已认可断后伸长率为 10%～12%也可应用。

不论是板材还是锻造件，厚度愈厚愈要注意沿厚度材料性能分布的不均匀性的影响。厚度中心（$t/2$）与近表面（$t/4$）处的差距随厚度 t 的增大而加大。这是由于调质淬火快冷时冷却速度各处差距拉大，愈厚时，近 $t/2$ 处冷却愈慢，会影响急冷中析出相（如马氏体相）的数量，即使后续的回火处理做得再好，也挽回不了 $t/2$ 处性能的下降。工程实践也证实浸没式淬火优于喷淋式淬火，可明显缩小 $t/2$ 与 $t/4$ 处强度及韧性的差距。

10.3 厚壁承压圆筒及球壳的应力分析

与薄壁回转壳体相当，当壁厚增厚（外径与内径之比 $K>1.25$）后，内外壁的应力分析就不应再近似为沿壁厚均匀分布的薄膜应力，应力分布的非均匀性明显增大。以薄膜理论为基础的设计应力只考虑圆筒的环向（或周向）及轴向的薄膜应力，但垂直于壁面的介质压力在高压时（尤其是超高压下）会在壁内形成径向压应力，从而使材料处于三向应力状态，设计时必须充分考虑。因此设计者必须了解厚壁圆筒及球壳的应力分布规律，包括线弹性状态、弹塑性状态，甚至全屈服状态下的壳壁内的应力应变状态。

10.3.1 厚壁圆筒的弹性理论

（1）单层厚壁圆筒承受压力载荷时的弹性应力

对内外壁面分别承受均布介质压力 p_i 和 p_o 的厚壁圆筒，截取一单元厚度的环形薄片（图 10-8）。在压力载荷下可以发生环向（周向）和径向变形，而沿筒体轴向不发生变形，即采用弹性力学中的平面应变假定，这是合理且符合实际情况的。这种情况下必存在三向应力，图 10-8(b) 可以看到的周向应力 σ_θ、径向应力 σ_r 和垂直于图面的轴向应力 σ_z。这是一个平面轴对称结构，可用弹性力学的基本方法求解。

σ_θ 与 σ_r 的求解以位移为基本未知度量较为方便。即以变形的几何关系（几何方程）导出应变表达式，再以胡克定律所表达的应力-应变关系（物理方程）导出应力表达式，另外再以微体平衡关系导出周向应力和径向应力的关系式（平衡方程），最后便可求解各向应力。

① 几何方程　图 10-8(b) 所示单元体两条圆弧边的径向位移分别为 w 和 $w+dw$，可导出其应变表达式为

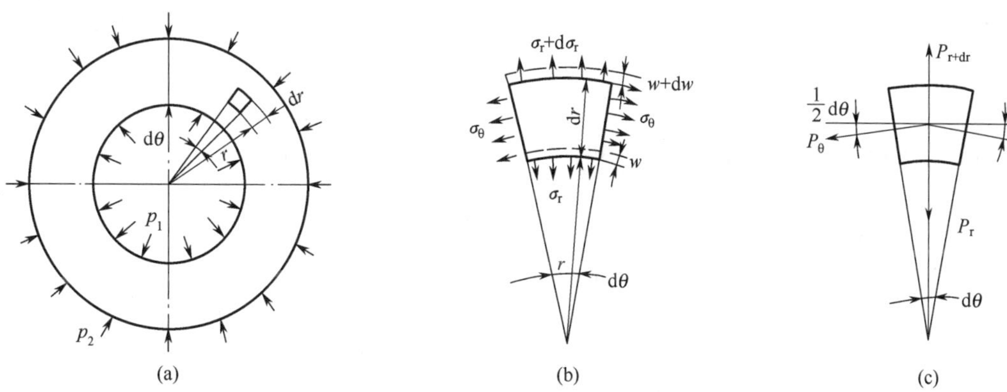

图 10-8　厚壁圆筒的应力与变形分析

径向应变 $$\varepsilon_r=\frac{(w+dw)-w}{dr}=\frac{dw}{dr}$$

周向应变 $$\varepsilon_\theta=\frac{(r+w)d\theta-r d\theta}{r d\theta}=\frac{w}{r} \tag{10-1}$$

对第二式求导并变换可得

$$\frac{d\varepsilon_\theta}{dr}=\frac{1}{r}(\varepsilon_r-\varepsilon_\theta) \tag{10-2}$$

② 物理方程　按广义胡克定律可表示为

$$\left.\begin{aligned}\varepsilon_r&=\frac{1}{E}[\sigma_r-\mu(\sigma_\theta+\sigma_z)]\\ \varepsilon_\theta&=\frac{1}{E}[\sigma_\theta-\mu(\sigma_r+\sigma_z)]\end{aligned}\right\} \tag{10-3}$$

式中的 E、μ 分别为材料的弹性模量和泊松比。由上述两式相减可得

$$\varepsilon_r-\varepsilon_\theta=\frac{(1+\mu)}{E}(\sigma_r-\sigma_\theta) \tag{10-4}$$

同时对式(10-3) 的第二式求导，σ_z 为沿 r 均匀分布的常量，可得

$$\frac{d\varepsilon_\theta}{dr}=\frac{1}{E}\left(\frac{d\sigma_\theta}{dr}-\mu\frac{d\sigma_r}{dr}\right)$$

另外，将式(10-4) 代入式(10-2)，得

$$\frac{d\varepsilon_\theta}{dr}=\frac{(1+\mu)}{rE}(\sigma_r-\sigma_\theta)$$

由上述两式相等可得 $$\frac{d\sigma_\theta}{dr}-\mu\frac{d\sigma_r}{dr}=\frac{1+\mu}{r}(\sigma_r-\sigma_\theta) \tag{10-5}$$

③ 平衡方程　由图 10-8(c) 的微体平衡关系可得出下列方程

$$(\sigma_r+d\sigma_r)(r+dr)d\theta-\sigma_r r d\theta-2\sigma_\theta dr\sin\frac{d\theta}{2}=0$$

因 $d\theta$ 极小，故 $\sin\frac{d\theta}{2}\approx\frac{d\theta}{2}$，再略去二级微量 $d\sigma_r dr$，上式可简化为

$$\sigma_\theta-\sigma_r=r\frac{d\sigma_r}{dr} \tag{10-6}$$

为消去 σ_θ，将式(10-5) 代入式(10-6)，整理得

$$r\frac{d^2\sigma_r}{dr^2}+3\frac{d\sigma_r}{dr}=0$$

由该微分方程求解，便可得 σ_r 的通解，将 σ_r 再代入式(10-6) 得 σ_θ，故有

$$\sigma_r=A-\frac{B}{r^2},\sigma_\theta=A+\frac{B}{r^2} \tag{10-7}$$

根据以下边界条件可以求出积分常数 A 和 B：

当 $r=R_i$ 时　　$\sigma_r=-p_i$

当 $r=R_o$ 时　　$\sigma_r=-p_o$

$$A=\frac{p_iR_i^2-p_oR_o^2}{R_o^2-R_i^2}\quad,\quad B=\frac{(p_i-p_o)R_i^2R_o^2}{R_o^2-R_i^2}$$

将 A 与 B 代入式(10-7) 便可得到 σ_r 和 σ_θ 的表达式，见式(10-8)。

至于经向（轴向）应力 σ_z 则可按截面法求得

$$\sigma_z=\frac{\pi R_i^2 p_i-\pi R_o^2 p_o}{\pi(R_o^2-R_i^2)}=\frac{p_i R_i^2-p_o R_o^2}{R_o^2-R_i^2}=A$$

现将已得到的在内外压同时作用下厚壁圆筒的三向应力表达式汇总如下：

$$\left.\begin{aligned}
&\text{周向应力} && \sigma_\theta=\frac{p_i R_i^2-p_o R_o^2}{R_o^2-R_i^2}+\frac{(p_i-p_o)R_i^2 R_o^2}{R_o^2-R_i^2}\times\frac{1}{r^2}\\
&\text{径向应力} && \sigma_r=\frac{p_i R_i^2-p_o R_o^2}{R_o^2-R_i^2}-\frac{(p_i-p_o)R_i^2 R_o^2}{R_o^2-R_i^2}\times\frac{1}{r^2}\\
&\text{轴向应力} && \sigma_z=\frac{p_i R_i^2-p_o R_o^2}{R_o^2-R_i^2}
\end{aligned}\right\}\tag{10-8}$$

式中　p_i，p_o——内压载荷及外压载荷；

R_i，R_o——圆筒的内半径及外半径；

r——圆筒壁内任意点的半径。

当仅有内压作用时上式可以简化，此时 $p_o=0$，另外将 $r=R_i$ 和 $r=R_o$ 分别代入式(10-8)，便可得到仅在内压作用下厚壁圆筒的内、外壁应力，并列于表 10-3。表中各式采用了壁厚比$K=\dfrac{R_o}{R_i}$表示，K 值可表示厚壁筒的壁厚特征。

表 10-3　单层厚壁圆筒在内压作用下的筒壁应力

应　　力	任意半径 r 处	内表面 $r=R_i$ 处	外表面 $r=R_o$ 处
径向应力 σ_r	$\frac{p_i}{K^2-1}\left(1-\frac{R_o^2}{r^2}\right)$	$-p_i$	0
周向应力 σ_θ	$\frac{p_i}{K^2-1}\left(1+\frac{R_o^2}{r^2}\right)$	$p_i\left(\frac{K^2+1}{K^2-1}\right)$	$p_i\left(\frac{2}{K^2-1}\right)$
轴向应力 σ_z	$p_i\left(\frac{1}{K^2-1}\right)$	$p_i\left(\frac{1}{K^2-1}\right)$	$p_i\left(\frac{1}{K^2-1}\right)$

式(10-8) 即为著名的拉美（Lame）公式。现讨论三向应力沿厚度的分布规律。表 10-3 中的 r 为从 R_i 到 R_o 范围内的半径变量，则分布规律可参见图 10-9。其分布规律可归纳为以下几点。

ⅰ. 周向应力 σ_θ 及轴向应力 σ_z 为正值（拉应力），径向应力为负值（压应力）。

ⅱ. 在数值上有如下规律：

① 内壁周向应力 σ_θ 为所有应力中的最大值，其值为 $\sigma_\theta=p_i\dfrac{K^2+1}{K^2-1}$，内外壁 σ_θ 之差为 p_i；

ⓘ 径向应力内壁处为 $\sigma_r=-p_i$（中低压容器中由于 p_i 很小而可忽略），外壁处 $\sigma_r=0$；

ⓘⓘ 轴向应力是周向应力和径向应力的平均值，且为常数，

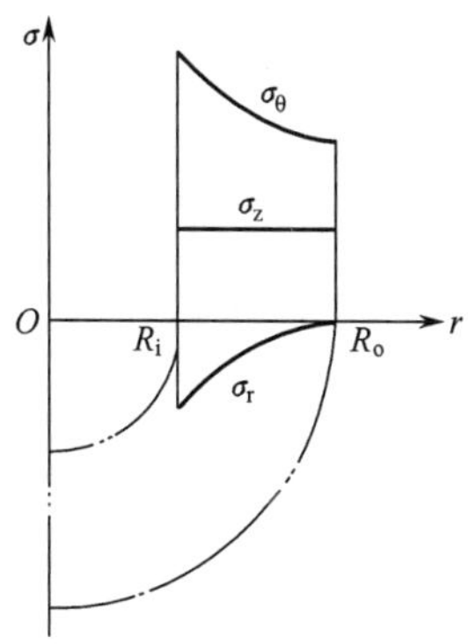

图 10-9　单层厚壁筒内压作用下的应力分布图

即 $\sigma_z=\frac{1}{2}(\sigma_\theta+\sigma_r)$，$\sigma_z$ 沿壁厚均匀分布，在外壁处$\sigma_z=\frac{1}{2}\sigma_\theta$。

ⅲ. 应力沿壁厚的不均匀程度与径比 K 值有关，以 σ_θ 为例，内壁与外壁处的 σ_θ 之比为 $\frac{(\sigma_\theta)_i}{(\sigma_\theta)_o}=\frac{K^2+1}{2}$，$K$ 值愈大，不均匀程度也愈严重，当 K 值趋近于 1 时，其比值接近 1，说明薄壁容器的应力沿壁厚接近于均布。

(2) 单层厚壁圆筒的位移表达式

由式(10-1) 和式(10-3) 首先可得厚壁圆筒的径向位移 w 的表达式

$$w=\frac{r}{E}[\sigma_\theta-\mu(\sigma_r+\sigma_z)]$$

将式(10-7) 所示的 σ_r 及 σ_θ 代入该式，若是开口的则 $\sigma_z=0$，若是封闭的，则 $\sigma_z=\frac{1}{2}(\sigma_\theta+\sigma_r)=A$，便得到

开口厚壁筒的径向位移 $w=\frac{r}{E}\left[(1-\mu)A+(1+\mu)\frac{B}{r^2}\right]$

封闭厚壁筒的径向位移 $w=\frac{r}{E}\left[(1-2\mu)A+(1+\mu)\frac{B}{r^2}\right]$

将前面所得积分常数 A 和 B 代入上面两式便得：

$$\left.\begin{aligned}&\text{两端开口}\quad w=\frac{r}{E(R_o^2-R_i^2)}\left[(1-\mu)(p_iR_i^2-p_oR_o^2)+(1+\mu)\frac{(p_i-p_o)R_i^2R_o^2}{r^2}\right]\\&\text{两端封闭}\quad w=\frac{r}{E(R_o^2-R_i^2)}\left[(1-2\mu)(p_iR_i^2-p_oR_o^2)+(1+\mu)\frac{(p_i-p_o)R_i^2R_o^2}{r^2}\right]\end{aligned}\right\}\tag{10-9}$$

用圆筒径向位移可以算出直径增量 ΔD 或周长增量 $\pi\Delta D$。其周向应变即为 $\varepsilon_\theta=\Delta D/D$。这些方法可用于过盈配合热套容器在内压或外压下的直径变化量 ΔD。用式(10-3) 及式(10-7) 可得出在内外压力作用下的 ΔD 表达式

$$\left.\begin{aligned}&\text{两端开口}\quad \Delta D=\frac{2r}{E(R_o^2-R_i^2)}\left[(1-\mu)(p_iR_i^2-p_oR_o^2)+(1+\mu)\frac{(p_i-p_o)R_i^2R_o^2}{r^2}\right]\\&\text{两端封闭}\quad \Delta D=\frac{2r}{E(R_o^2-R_i^2)}\left[(1-2\mu)(p_iR_i^2-p_oR_o^2)+(1+\mu)\frac{(p_i-p_o)R_i^2R_o^2}{r^2}\right]\end{aligned}\right\}\tag{10-10}$$

由式(10-1) 可以求得开口或闭口圆筒从内壁到外壁任意半径 r 在内压 p_i 或外压 p_o 作用下发生径向位移 ΔD 的线弹性解析表达式。

10.3.2 厚壁圆筒弹塑性应力分析

内壁达到屈服状态后再增大压力，内壁的钢材将会因屈服后发生塑性变形而强化。屈服后钢材应变强化规律远比弹性胡克定律复杂，无法获得解析解。只能依靠“理想塑性”假设，即屈服后可继续塑性变形，而不发生强化，可方便求解，所以结果偏于保守和安全，为工程界普遍接受。

从上述拉美公式可知，厚壁筒内壁承受径向压应力，其大小等于内压，随着壁厚的增加，径向压缩应力逐渐趋近于零，呈现非线性分布。其实，这种分布趋势在承受中低压的薄壁容器中也是存在的，不过由于压力较低，径向应力也很小，相对于其他两向应力可以忽略。因此，

薄壁容器可以简化成两向受力状态，而在较高压力的高压和超高压容器中，往往不宜忽略。值得注意的是，从计算内壁开始屈服的压力值的式(10-16) 可知，$(K^2-1)/K^2$ 函数的极值为 1，表示不管壁厚的 K 值大到什么程度，只要内压达到 $\sigma_y/\sqrt{3}$ 值时内壁就达到屈服状态，此时筒体外侧的应力还很小。所以只顾增大壁厚，对承受较高内压（$\sigma>35$MPa）的高压和超高压容器，提高屈服承载能力是有限的，甚至是徒劳的。所以这类容器设计时一方面要采用高强钢，但另一方面又要在设计理念上有所突破，即不要受“弹性设计”准则的束缚。厚壁筒承受内压时应力沿壁厚的分布有很大的不均匀性，如果设计时允许内壁材料发生屈服，并形成一定深度的屈服层，允许整个筒体在承受内部高压时处于弹塑性状态，甚至允许人为地先加载，使内侧材料事先发生屈服，并使卸载后屈服层形成足够的压缩残余应力，到工作升压时便可明显提高内壁的屈服压力。所以本节首先要讨论厚壁筒的弹塑性应力分析。

当内压大到使内壁材料屈服后，再增加压力时则屈服层向外扩展，从而在近内壁处形成塑性层，塑性层之外仍为弹性层，筒体处于弹塑性状态。弹塑性的交界面应为与圆筒同心的圆柱面，界面圆柱的半径为 R_c。现需分析该 R_c 与内压 p 的关系及弹性区和塑性区内的应力分布。

设想从单层厚壁圆筒上远离边缘处的区域切取一筒节，并沿 R_c 处分成弹性层与塑性层，如图 10-10 所示。设弹塑性层界面上的压力为 p_c（即相互间的径向应力），则弹性层所受外压为 0，内压为 p_c，而塑性层所受外压力 p_c，内压为 p_i。

以下推导中首先假设弹性层的材料应力-应变关系仍服从胡克定律，而一旦内层屈服并形成塑性层时，材料假设屈服后不强化，屈服后假设材料为理想塑性材料。

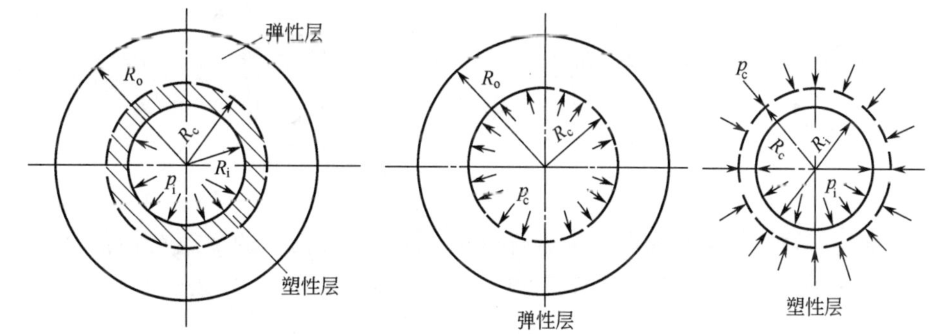

图 10-10　处于弹塑性状态的单层厚壁圆筒的分解

（1）塑性层

处于理想塑性状态时，式(10-6) 的微体平衡方程仍旧成立。利用第三强度理论的 Tresca 屈服条件，即最大剪切应力 $\tau_{max}(=\sigma_1-\sigma_3)$ 达到材料剪切屈服强度 $\tau_y(=\sigma_y/2)$ 时圆筒进入屈服状态。对于内压圆筒，$\sigma_1-\sigma_3=\sigma_\theta-\sigma_r=\frac{1}{2}\sigma_y$ 时圆筒进入屈服状态。代入式(10-6) 便可积分，得

$$\sigma_r=\sigma_y \ln r+A$$

A 为积分常数，当 $r=R_i$ 时，内壁处 $\sigma_r=-p_i$(内压)；$r=R_c$（弹塑层交界面处）时，$\sigma_r=-p_c$。而圆筒轴向应力为恒值 $\sigma_z=(\sigma_\theta+\sigma_t)/2$。便可导出塑性层圆筒内三向应力的表达式

$$
\left.\begin{aligned}
\sigma_r &= \sigma_y \ln\frac{r}{R_i} - p_i \\
\sigma_\theta &= \sigma_y\left(1+\ln\frac{r}{R_i}\right) - p_i \\
\sigma_z &= \sigma_y\left(0.5+\ln\frac{r}{R_i}\right) - p_i
\end{aligned}\right\} \tag{10-11}
$$

已知 $r=R_c$ 时，$\sigma_r=-p_c$，代入式(10-11) 中的第一式，便可得到弹塑性层交界面上的压力 p_c

$$
p_c = -\sigma_y \ln\frac{R_c}{R_i} + p_i \tag{10-12}
$$

(2) 弹性层

弹性层相当于承受 p_c 内压的弹性圆筒，设 $K_c=\dfrac{R_o}{R_c}$，按式(10-8) 或表 10-1 可得弹性层内壁 $r=R_c$ 处的应力表达式

$$
(\sigma_r)_{r=R_c} = -p_c
$$

$$
(\sigma_\theta)_{r=R_c} = p_c\left[\frac{\left(\dfrac{R_o}{R_c}\right)^2+1}{\left(\dfrac{R_o}{R_c}\right)^2-1}\right] = p_c\left(\frac{K_c^2+1}{K_c^2-1}\right)
$$

因该弹性层的内壁已处于屈服状态，应符合屈服条件式($\sigma_1-\sigma_3=\sigma_y$)，故有

$$
(\sigma_\theta)_{r=R_c} - (\sigma_r)_{r=R_c} = \sigma_y
$$

将 $(\sigma_\theta)_{r=R_c}$ 及 $(\sigma_r)_{r=R_c}$ 代入上式，可得

$$
p_c = \frac{\sigma_y}{2}\,\frac{R_o^2-R_c^2}{R_o^2} = \frac{\sigma_y}{2}\,\frac{K_c^2-1}{K_c^2} \tag{10-13}
$$

式中，$K_c=R_o/R_c$。

考虑到弹性层与塑性层是同一连续体内的两个部分，界面上的 p_c 应为同一数值，令式(10-12) 与式(10-13) 相等，则可导出塑性层达 R_c 处时的内压 p_i 的表达式

$$
p_i = \sigma_y\left(0.5 - \frac{R_c^2}{2R_o^2} + \ln\frac{R_c}{R_i}\right) \tag{10-14}
$$

弹性区内各应力随半径 r 的分布可按式(10-8) 列出，其内压 p_i 此处应改为 p_c，将式(10-14) 代入得外层弹性层的应力表达式

$$
\left.\begin{aligned}
\sigma_r &= \frac{\sigma_y}{2}\frac{R_c^2}{R_o^2}\left(1-\frac{R_o^2}{r^2}\right) = \frac{\sigma_y}{2K_c^2}(1-K_r^2) \\
\sigma_\theta &= \frac{\sigma_y}{2}\frac{R_c^2}{R_o^2}\left(1+\frac{R_o^2}{r^2}\right) = \frac{\sigma_y}{2K_c^2}(1+K_r^2) \\
\sigma_z &= \frac{\sigma_y}{2}\frac{R_c^2}{R_o^2} = \frac{\sigma_y}{2K_c^2}
\end{aligned}\right\} \tag{10-15}
$$

若按 Mises 屈服条件$\left(\sigma_\theta-\sigma_r=\dfrac{2}{\sqrt{3}}\sigma_y\right)$可导出类似的上述各表达式。现将弹塑性分析中所

导出的各种表达式列于表 10-4 中。

表 10-4　整体式厚壁圆筒，塑-弹性状态的应力（$p_o=0$ 时）

屈服条件	应　　力	塑　性　区 ($R_i \leqslant r \leqslant R_c$)	弹　性　区 ($R_c \leqslant r \leqslant R_o$)
Tresca	径向应力 σ_r	$\sigma_y \ln \frac{r}{R_i} - p_i$	$\frac{\sigma_y}{2} \frac{R_c^2}{R_o^2} \left(1 - \frac{R_o^2}{r^2}\right)$
	周向应力 σ_θ	$\sigma_y \left(1 + \ln \frac{r}{R_i}\right) - p_i$	$\frac{\sigma_y}{2} \frac{R_c^2}{R_o^2} \left(1 + \frac{R_o^2}{r^2}\right)$
	轴向应力 σ_z	$\sigma_y \left(0.5 + \ln \frac{r}{R_i}\right) - p_i$	$\frac{\sigma_y}{2} \frac{R_c^2}{R_o^2}$
	p_i 与 R_c 关系	$p_i = \sigma_y \left(0.5 - \frac{R_c^2}{2R_o^2} + \ln \frac{R_c}{R_i}\right)$	
Mises	径向应力 σ_r	$\frac{2}{\sqrt{3}} \sigma_y \ln \frac{r}{R_i} - p_i$	$\frac{\sigma_y}{\sqrt{3}} \frac{R_c^2}{R_o^2} \left(1 - \frac{R_o^2}{r^2}\right)$
	周向应力 σ_θ	$\frac{2}{\sqrt{3}} \sigma_y \left(1 + \ln \frac{r}{R_i}\right) - p_i$	$\frac{\sigma_y}{\sqrt{3}} \frac{R_c^2}{R_o^2} \left(1 + \frac{R_o^2}{r^2}\right)$
	轴向应力 σ_z	$\frac{\sigma_y}{\sqrt{3}} \left(1 + 2\ln \frac{r}{R_i}\right) - p_i$	$\frac{\sigma_y}{\sqrt{3}} \frac{R_c^2}{R_o^2}$
	p_i 与 R_c 关系	$p_i = \frac{\sigma_y}{\sqrt{3}} \left(1 - \frac{R_c^2}{R_o^2} + 2\ln \frac{R_c}{R_i}\right)$	

10.3.3　厚壁圆筒的两个屈服压力

厚壁圆筒的内壁屈服压力和整体屈服压力是不一样的，随着壁厚比 K 的增大，其差别越大。与薄壁筒壳处于薄膜应力状态下不一样，厚壁筒必然要考虑应力沿壁不均匀分布的影响，必须用弹塑性分析方法来求解。当然最大的困难还是在于材料进入塑性变形后的应力-应变非线性规律难以精准表达，不得不采用理想塑性假设来简化求解。

（1）内壁屈服压力 p_{yi} 的解析解

① 按 Mises 屈服条件导出的解析解　表(10-2) 列出的 p_i 式中，令 $R_c=R_i$，此时的 p_i 即为 p_{yi}，便可导出下式

$$p_{yi}=\frac{\sigma_y}{\sqrt{3}}\left(\frac{K^2\quad 1}{K^2}\right) \tag{10-16}$$

内壁开始屈服时，整个壁厚应力分布服从 Lame 关系的极限状态。

② 按 Tresca 屈服条件导出的解析解　表 10-4 列出的 p_i 式中，也令 $R_c=R_i$，导出的 p_{yi} 表达式如下：

$$p_{yi}=\frac{\sigma_y}{2}\left(\frac{K^2-1}{K^2}\right) \tag{10-17}$$

式(10-16) 与式(10-17) 的差别是由多向应力作用的屈服条件的理论差别造成的。工程上较多采用的是式(10-16)，按式(10-16) 所得 p_{yi} 值较低。

（2）整体屈服压力 p_{yo} 的解析解

只要令内压 p_i 与内外径及 R_c 的表达式（见表 10-2）中 $R_c=R_o$（外径），就可得出整体屈服压力 p_{yo} 的两种表达式。

① 基于 Mises 屈服条件的圆筒整体屈服压力 Nadie 表达式

$$p_{yo}=p_y=\frac{2}{\sqrt{3}}\sigma_y \ln K \tag{10-18}$$

② 基于 Tresca 屈服条件的圆筒整体屈服压力 Terner 表达式

$$p_{yo}=p_y=R_{eL}\ln K \tag{10-19}$$

内压圆筒达到整体屈服压力 p_y（或 p_{yo}）时，整个壁厚的钢材都全部进入屈服状态。在理想塑性假设下，再加压也提高不了内压，但整个壁厚的塑性变形不断增大，直径不断鼓胀，这便是塑性垮塌（plastic collapse），这个 p_y 值即为内压厚壁圆筒的垮塌压力。这两种屈服压力解析式都有一定的保守性，因为都利用了理想塑性假设，而且 Tresca 式更保守一些。

（3）高压厚壁筒屈服后三向应力分布算例

设一圆筒内径 $R_i=375$mm，外径 $R_o=750$mm，$K=2.0$，钢材屈服强度 $R_{eL}=730$MPa，假设为理想塑性材料，采用 Trescal 条件。将计算结果绘制成图 10-11 的三向应力分布曲线。从内壁开始屈服，其内压 $p_i=316.1$MPa。按屈服层到达位置 R_c 达到壁厚 δ 的 0、0.2、0.6、0.8、1.0（整体全屈服）6 种情况，画出三向应力分别在屈服层和弹性层的分布状况曲线的变化情况。

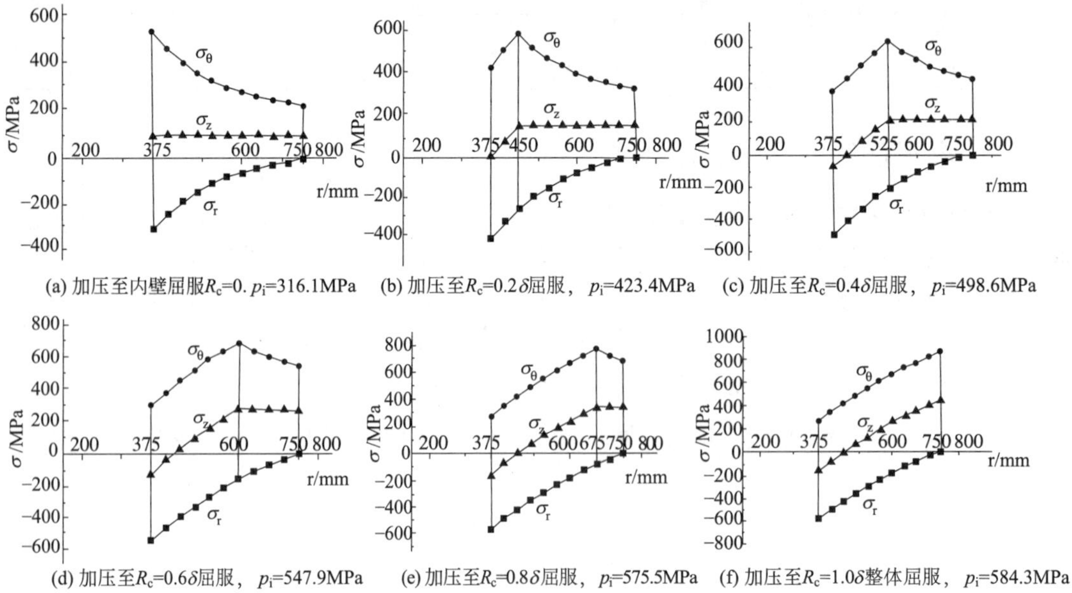

图 10-11　厚壁圆筒从内壁屈服向外壁扩展到整体屈服过程中应力分布曲线的演化

σ_θ—周向应力；σ_z—轴向应力；σ_r—径向应力；R_c—弹塑性交界面半径；t—壁厚

当内压增加到 $p_i=316.1$MPa 时，内壁屈服。压力再升高，屈服层向外壁扩展，直到 $p_i=584.3$MPa 时，整个壁厚都进入屈服，称为整体屈服。其中间状态都称为近内壁的塑性层与近外壁的弹性层共存的弹塑性状态。

在理想塑性不强化的假设下，压力增大的结果是弹塑性层交界面位置不断向外推，而塑性层内各向应力的最高值总是在交界面上，内壁面的应力反而逐渐降低，甚至连轴向应力 σ_z 也会出现压应力，当然径向应力 σ_r 总是负值。外层弹性层的应力分布总是符合 Lame 理论解的分布规律。本计算案例由华东理工大学王学生教授团队分析计算。

当屈服增大至整体屈服时，随着应力的变化、筒体的塑性变形和直径变化也在不断进行，但轴向变形不是很明显。这是由于周向和轴向应力很大，都属于拉伸力，所引起的横向变形效应必然是轴向收缩，所以圆筒的塑性变形过大之后会使筒体周向鼓胀。当塑性鼓胀达到材料塑性变形能力极限时就会引起断裂，最后的破坏（爆破）就应该是沿轴向开裂，形成很大的纵向断口。正常情况下，内压圆筒（不论厚薄）是不应该发生环向破裂的，这一点应切记。

实际钢材总是在屈服后有明显应变强化的，应力分布曲线的最高应力值会明显高于图10-11的情况。但抛开"理想塑性"假设是很难得到简洁解析解的。当壁厚比愈大时，材料的塑性变形量愈大（特别是外壁材料），偏离理想塑性材料性能假设的程度愈高，p_y 解析解的偏差就愈大（包括 p_{yi} 和 p_{yo}）。

10.3.4 厚壁圆筒内压爆破压力

（1）容器超压变形和爆破试验曲线

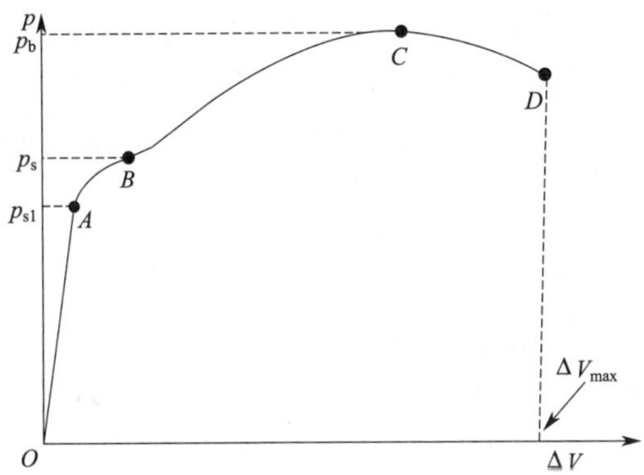

图 10-12 压力容器的爆破曲线

两端封闭的圆筒形厚壁容器，加压至整体屈服后，再继续加内压必导致容器钢材发生塑性流动，注入多少容积的高压水（水被近视为不可压缩性流体），容器也就增大多大的容积。试验的记录曲线纵坐标是内压 p，横坐标是容积增量 ΔV，如图 10-12 所示。该过程可分为 4 个阶段。

ⅰ. 弹性加载段 OA。特征是所有钢材都处于弹性状态，内压的增高随容积的增加成线性关系。

ⅱ. AB 段系内壁某处开始屈服（A 点），屈服层逐渐向外壁扩展，屈服从筒体开始逐渐扩展到封头部位，压力增至 B 处时整个容器壳体整体屈服，B 点的压力可视为整体屈服压力，即 p_{yo}(或 p_y)。达到 B 处后可以认为筒壁上不再存在弹性状态区。

ⅲ. BC 段（强化段）。容器钢材应变强化段，材料抗力提高，供其继续塑性变形的压力会更高。随着塑性变形的增大，最终强化能力亦趋饱和，而此时筒壁的减薄越来越明显，壁厚内的真实应力越来越高，塑性变形也越来越大。必将达到承载的极限状态，即 C 点。

ⅳ. CD 段（爆破段）。此后材料强化效应达到顶点而减薄效应更明显，甚至减薄不再均匀而是无数晶粒出现微孔—孔洞长大—孔洞相连—出现微裂纹—裂纹长大—破裂爆炸（D 点）。CD 段内压无法增大反而下降，这是筒体膨胀、壁厚减薄引起的。

最高点 C 的载荷值即容器的爆破压力 p_b。D 点对应的最大容积增量 ΔV_{max} 与初始容积 V_0 之比的百分数即为表征容器塑性变形能力的指标—体积膨胀率。CD 段愈长表示钢材（包括焊接接头）的韧塑性愈好。

从爆破曲线可以看出，自整体屈服压力 p_y 发展到爆破压 p_b，承载压力的大幅提高主要是材料屈服后形变强化的效果，并且在达到 C 点之前都能盖过壁厚减薄及直径增大对承载能力下降的负面效果。由此可知，在计算容器的爆破压力时，不能再采用理想塑性材料假设了。

（2）爆破压力计算工程方法中的 Faupel 算法[120～124]

要将屈服后强化影响反映到爆破压计算中有许多困难。材料拉伸试验获得的拉伸曲线纵坐标应力值的计算法是简易的工程算法，塑性伸长愈大，试棒的直径愈小，哪怕出现颈缩之后，计算应力均是用载荷除以试验“初始截面积”而得到。因此拉伸试验获得的抗拉强度值σ_u（即R_m）被严重低估，只能称其为工程抗拉强度值。利用钢材进入全塑性变形阶段后，材料变形时体积不变的原理，泊松比变为0.5，将工程应力、应变值转换成真应力σ_t和真应变ε_t。许多学者研究认为，塑性拉伸变形时σ_t与ε_t的本构关系可以用$\sigma_t=c\varepsilon_t^n$表达。常数$c$和硬化指数$n$由实验测定。但这毕竟不能涵盖所有钢材，而且即使同一钢号材料，c、n值仍有不小的分散性。依靠带有不确定性的塑性变形本构关系很难推导出爆破压力的理论解析方程。

许多学者从另一角度思考，认为塑性变形的本质是微观上某些晶体位相受剪切应力作用发生晶格位错—位错增殖、聚积—滑移—宏观塑性变形—形成微孔和韧窝—最终呈韧性断裂。认为拉伸载荷在各个方向上产生的剪切分量是塑性变形的本质推动力。于是进行了扭转试验，研究剪切应力与塑性变形和断裂的关系。Manning所建立的爆破压力计算法（包括图算法）非常繁复，但较为精确[125]。该法基于扭转试验的一系列数据，但没有大批量同质钢材扭转试验数据的统计处理，不会得到有可靠性保证的统计结果，工程上无法应用。

为回避屈服后应变强化过程的复杂问题，Faupel（福贝尔）做了大量的小型厚壁容器的爆破试验，包括150个碳钢、低合金钢、高强钢、不锈钢及铝青铜等材料制造的高压厚壁模拟容器。材料的抗拉强度为60～1320MPa，断后伸长率为2%～80%。以式(10-18）为基础，算出爆破压力的上限值p_{bmax}和下限值p_{bmin}

$$p_{bmax}=\frac{2}{\sqrt{3}}R_m\ln K \quad , \quad p_{bmin}=\frac{2}{3}R_{eL}\ln K$$

而爆破压力的试验值均在上限值与下限值之间。Faupel用材料的屈强比值σ_y/σ_u来进行修正，于是提出了Faupel爆破压力计算的工程算法，即在下限值的基础上再添加用屈强比来体现屈服强化作用修正项，即

$$p_b=p_{bmin}+\frac{R_{eL}}{R_m}(p_{bmax}-p_{bmin})$$

$$p_b=\frac{2}{\sqrt{3}}R_{eL}\left(2-\frac{R_{eL}}{R_m}\right)\ln K \tag{10-20}$$

用Faupel式与试验实测结果相比，误差在±15%之内。这在工程界获得了基本认可。关于Faupel的试验研究在文献［120～124］中有较为详细的综合阐述。

(3) 爆破压力的数值求解

计算机技术的飞速发展促进了结构应力-应变分析商业软件不断开发，功能也越来越丰富和强大。利用有限单元法求解高压厚壁容器的爆破压力时，关键问题之一是要求在材料性能数据库中准备好材料的真应力σ_t和真应变ε_t的完整数据。对设计者来说是很难的，即使寻觅到设计选用材料的工程拉伸试验曲线图，将其转化成真应力应变曲线，并给出详细数值，依此得到的数值分析结果，其屈服压力和爆破压力也不一定真实可信。材料拉伸试验数据本身就具有分散性，而且抗拉强度的分散性比屈服强度的分散性高得多。合理的方法是靠长期收集某一钢种各种炉号批号的、符合标准要求的拉伸试验数据，建立大样本数据库，再做出高可靠度的统计处理。这样的拉伸性能才具有高可信度。

2007年版的ASME Ⅷ-2给出了材料应力-应变关系标准算法，涵盖压力容器常用钢种，在大样本统计分析之后，为设计者和计算者提供了一种简化算法——双线性法，规范了材料性能数据的取法，避免自寻数据的乱象，使不同设计者获得比较统一并可信的结果。详见本章10.5.4节。

10.3.5 厚壁圆筒温差应力

对无保温层的高压容器，若内部有高温介质，在壁厚方向必然形成温差，由于内外壁材料的热膨胀变形存在相互约束，变形不是自由的，就导致出现温差应力。例如内壁温度高于外壁时（称为内加热），内层材料的自由热膨胀变形必大于外层的，但内层变形又受到外层材料的限制，因此内层材料出现了压缩温差应力，而外层材料则出现拉伸温差应力。当外加热时，内外层温差应力的方向则相反。可以想象，当壁厚愈厚时，沿壁厚的传热阻力加大，内外壁的温差也相应增大，温差应力便随之加大。本节讨论的主要是厚壁圆筒内外壁存在温差（即径向温差）、热传导处于稳态时所出现的温差应力。有足够保温层的圆筒不存在明显的沿壁厚方向的温差，不存在明显的温差应力。也不讨论沿轴向存在温差时的温差应力问题。

（1）厚壁圆筒的温度分布规律

传热学研究认为，平板两个壁面导热时沿厚度的温度分布呈线性规律。薄壁圆筒导热时，沿厚度的温度分布近似线性。随着圆筒厚度增加，逐渐转向呈对数曲线分布。这是由于厚壁筒的外壁传热面积明显大于内壁传热面积。高压厚壁圆筒（例如壁厚比 $K>1.25$）沿壁厚任意半径 r 处的温度 T_r 可用以下对数函数式表达：

$$\left.\begin{array}{ll}\text{基于内壁温度 } T_i \text{ 的表达式} & T_r=T_i+\Delta T\dfrac{\ln(r/R_i)}{\ln(R_o/R_i)}\\ \text{基于外壁温度 } T_o \text{ 的表达式} & T_r=T_o+\Delta T\dfrac{\ln(R_o/r)}{\ln(R_o/R_i)}\end{array}\right\}\tag{10-21}$$

ΔT 为内外壁的温差，约定计算法为 $\Delta T=T_i-T_o$，内加热模式下 ΔT 为正值，外加热时 ΔT 为负值。ΔT 计算时内外壁温度的次序不可颠倒。

（2）单层厚壁圆筒温差应力

这是弹性力学中的典型问题，推导过程与厚壁筒内压应力求解问题很相似。比如需要建立壁厚中的一个微体，然后建立微体平衡方程、微体应变的几何方程，再构建物理方程。物理方程中不仅要纳入应力与应变之间的广义胡克定律，还要加上热膨胀应变 αT_r，三个空间方向均如此。α 是材料热膨胀系数（1/℃），T_r 代表温度变量。但在构建方程和求解时必须有下列几点假设：

ⅰ. 圆筒沿壁厚的温度均匀分布、沿壁厚的三向温差应力分布均是轴对称的，轴向无变化。

ⅱ. 温度场分布不随时间变化的为稳定传热。

ⅲ. 在所涉温度范围内材料弹性模量 E、泊松比 ν、热膨胀系数 α 均为常数。

ⅳ. 圆筒横截面上各点轴向应变是常数，横截面始终保持为圆平面。

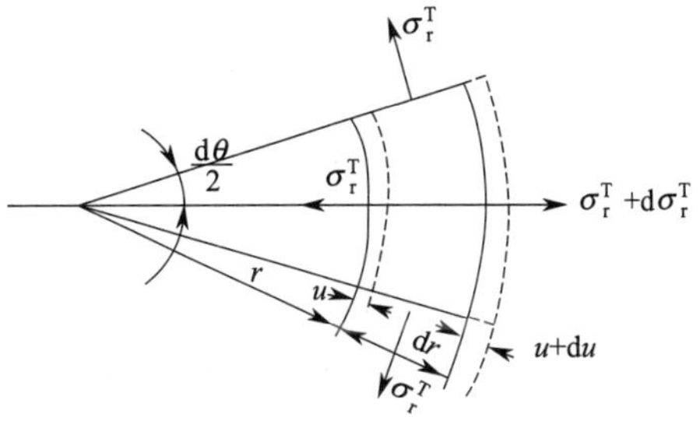

图 10-13 厚壁圆筒微体的应力 σ 及径向位移比

图 10-13 是构建基本方程的微体示意图。在三大方程组的基础上需构建求解微体径向位移 u 的二阶微分方程。经过逐步推演和二次积分，从而求出任意半径 r 处的径向位移解 u 的表达式。利用两个边界条件：$r=R_i$ 时，内壁径向温差应力 $\sigma_r^T=0$；$r=R_o$ 时，外壁的径向温差应力 $\sigma_r^T=0$。

由于整个构建方程和推演积分求解十分烦琐，只能给出最终各点三向温差应力的解答式。较详细的过程可参见参考文献［121］。

$$\left.\begin{aligned}
&径向 \quad \sigma_r^T=\frac{\alpha E(T_i-T_o)}{2(1-\mu)\ln\dfrac{R_o}{R_i}}\left[-\ln\frac{R_o}{r}-\frac{R_i^2}{R_o^2-R_i^2}\left(1-\frac{R_o^2}{r^2}\right)\ln\frac{R_o}{R_i}\right]\\
&周向 \quad \sigma_\theta^T=\frac{\alpha E(T_i-T_o)}{2(1-\mu)\ln\dfrac{R_o}{R_i}}\left[1-\ln\frac{R_o}{R_i}-\frac{R_i^2}{R_o^2-R_i^2}\left(1+\frac{R_o^2}{r^2}\right)\ln\frac{R_o}{R_i}\right]\\
&轴向 \quad \sigma_z^T=\frac{\alpha E(T_i-T_o)}{2(1-\mu)\ln\dfrac{R_o}{R_i}}\left[1-2\ln\frac{R_o}{r}-\frac{2R_i^2}{R_o^2-R_i^2}\ln\frac{R_o}{R_i}\right]
\end{aligned}\right\} \tag{10-22}$$

式中 E、α、μ 分别为圆筒材料的弹性模量、热膨胀系数、泊松比。

式(10-22) 表达的温差应力与 r 的分布规律也可以用图 10-14 的分布曲线表示。从曲线可以看出，径向应力在 $r=R_i$ 处和 $r=R_o$ 均为 O，且 σ_r^t 值本身都很小，在工程设计中可近似地予以忽视。在 σ_θ^t 和 σ_z^t 在内外壁面处不是正值最大就是负值最大，而且在内外壁面处两个应力值相等，即

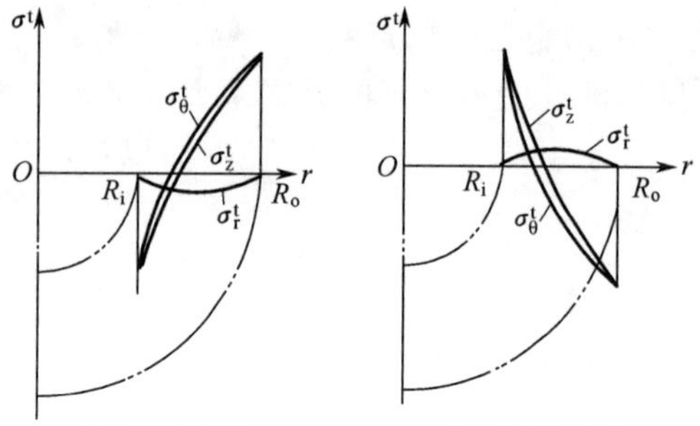

图 10-14　单层厚壁圆筒中的温差应力分布

$$\sigma_\theta^t\Big|_{r=R_o}^{r=R_i}=\sigma_z^t\Big|_{r=R_o}^{r=R_i}$$

(3) 温差应力计算的工程化处理

将式(10-22) 中的材料物性参数组成的因式令为 m

$$m=\frac{E\alpha}{2(1-\mu)} \tag{10-23}$$

再将 $K=R_o/R_i$，任意半径 r 处的 $K_r=\dfrac{r}{R_i}$，$(T_i-T_o)=\Delta T$，内壁处 $r=R_i$ 及外壁处 $r=R_o$ 代入式(10-22)，方括号内的表达方式完全成为 K 的函数，更为简洁，见表 10-5。

表 10-5　单层厚壁圆筒中的温差应力

温差应力	任意半径 r 处	圆筒内表面处 $K_r=K$	圆筒外表面 $K_r=1$ 处
径向 σ_r^t	$m\Delta T\left(-\dfrac{\ln K_r}{\ln K}+\dfrac{K_r^2-1}{K^2-1}\right)$	0	0
周向 σ_θ^t	$m\Delta T\left(\dfrac{1-\ln K_r}{\ln K}-\dfrac{K_r^2+1}{K^2-1}\right)$	$m\Delta T\left(\dfrac{1}{\ln K}-\dfrac{2K^2}{K^2-1}\right)$	$m\Delta T\left(\dfrac{1}{\ln K}-\dfrac{2}{K^2-1}\right)$
轴向 σ_z^t	$m\Delta T\left(\dfrac{1-2\ln K_r}{\ln K}-\dfrac{2}{K^2-1}\right)$	$m\Delta T\left(\dfrac{1}{\ln K}-\dfrac{2K^2}{K^2-1}\right)$	$m\Delta T\left(\dfrac{1}{\ln K}-\dfrac{2}{K^2-1}\right)$

表 10-5 中公式为圆筒径向温差 ΔT 引起的温差应力解析解，可用于与 Lame 式三向应力叠加。

10.4 高压容器的规则设计方法

10.4.1 高压筒体及球壳壁厚计算

(1) 单层高压圆筒壁厚计算

GB/T 150.3 及 ASME Ⅷ-1 均可用于 35MPa 压力以下的高压容器规则设计方法。规则设计法以内压高压容器应力最大的内壁三向应力的当量应力不允许达到屈服强度为设计准则。用不同强度理论时会得出不同当量应力算法（见表 10-6）。与实测内壁屈服压力相比，不论壁厚比多大，以第四强度理论的算式与实验符合程度较好。但在 $K\leqslant 1.25$ 时，各种强度理论式计算结果相差很小。其中以中径式最为简洁，使用方便。故在 35MPa 以下时常被采用。当 $\sigma_{eq}=[\sigma]^t$ 时，得

表 10-6 高压筒体各种强度计算式（$K=D_o/D_i$）

强度理论	相当应力 σ_{eq}（应力强度）	筒体直径比 K	筒体壁厚 t
第一强度理论	$p\dfrac{K^2+1}{K^2-1}$	$\sqrt{\dfrac{[\sigma]+p}{[\sigma]-p}}$	$R_i\left(\sqrt{\dfrac{[\sigma]+p}{[\sigma]-p}}-1\right)+C$
第三强度理论	$p\dfrac{2K^2}{K^2-1}$	$\sqrt{\dfrac{[\sigma]}{[\sigma]-2p}}$	$R_i\left(\sqrt{\dfrac{[\sigma]}{[\sigma]-2p}}-1\right)+C$
第四强度理论	$p\dfrac{\sqrt{3}K^2}{K^2-1}$	$\sqrt{\dfrac{[\sigma]}{[\sigma]-\sqrt{3}p}}$	$R_i\left(\sqrt{\dfrac{[\sigma]}{[\sigma]-\sqrt{3}p}}-1\right)+C$
中径公式	$p\dfrac{K+1}{2(K-1)}$	$\dfrac{2[\sigma]+p}{2[\sigma]-p}$	$R_i\left(\dfrac{2[\sigma]+p}{2[\sigma]-p}-1\right)+C$

$$K=\frac{2[\sigma]^t+p_c}{2[\sigma]^t-p_c} \tag{10-24}$$

得圆筒体的计算壁厚算式（加上焊接接头系数 ϕ）为

$$\delta_c=\frac{p_cD_i}{2[\sigma]^t\phi-p_c} \tag{10-25}$$

式中，p_c 为计算内压；δ_c 为计算壁厚（不包括公差及裕量）；D_i 为内径，ϕ 为焊接接头系数。式(10-25) 与中低压容器壁厚计算式完全一样，但不宜用到 $K\geqslant 1.25$ 或 $p_c>0.4[\sigma]^t\phi$ 的情况中。

(2) 球壳及半球形高压封头壁厚计算

球壳及半球形高压封头壁厚计算公式为

$$\delta_c=\frac{p_cD_i}{4[\sigma]^t\phi-p_i} \tag{10-26}$$

此算式对球壳来说不宜用于 $p_c>0.6[\sigma]^t\phi$ 的情况中。

(3) 多层组合式高压圆筒的壁厚计算

多层组合式高压容器筒体在建造过程中总会产生层间的缩紧应力。这些层间的预紧应力

理论上有利于筒体内外层之间应力的均匀分布，不至于近内层处应力过高或近外层处应力过低。但考虑到捆扎、绕带、绕板、套合时不可能精准控制收紧压实的程度，会出现局部的层间间隙。因此工程设计时只视筒壁为连续体，即视为单层筒体，不过应考虑的是内筒材质与组合外筒材质的强度差距，例如内壁用耐腐蚀性能好而强度偏低的材料，组合外筒采用强度较高且可焊性也较好的材料，此时仍采用式(10-25) 和式(10-26) 进行计算，但设计许用应力应按厚度占比进行调整，组合许用应力为

$$[\sigma]^t\varphi=\frac{t_i-C_i}{t_n-C}[\sigma]_i^t\varphi_i+\frac{t_o-C_o}{t_n-C}[\sigma]_o^t\varphi_o \tag{10-27}$$

式中 C_i，C_o——分别为内筒及外壁材料的壁厚附加量；

C——壁厚附加量，$C=C_i+C_o$；

t_n——圆筒的名义厚度；

t_i，t_o——分别为内筒的厚度和外层材料的总厚度；

$[\sigma]_i^t$，$[\sigma]_o^t$——分别为内筒材料及外层材料在设计温度下的许用应力；

φ_i，φ_o——分别为内筒及外层材料的焊缝系数，层板的 $\varphi_o=0.95$，绕板或绕带的 $\varphi_o=1.0$。

由上可见，多层厚壁筒体的强度计算方法是一种粗糙的工程化方法。采用这种方法并非出于对多层圆筒应力分析的困难，而是由于实际多层圆筒并非理想的组合圆筒，其贴紧度、层间预应力不可能达到理想的均匀的状况，因此采用简化的工程化方法反而是合理的。

10.4.2 高压密封结构设计

高压容器的密封比中低压容器困难得多，这主要是由压力高引起的。如果高压下再遇到直径大，就更为困难。高压下高温则困难更多。高温下材料易发生塑性变形以致蠕变变形，紧固螺栓会发生松弛，很容易发生泄漏。在进行高压容器总体结构设计时必须首先考虑尽量减小密封口的直径，选用设计温度下难以发生蠕变松弛变形而强度较高的材料，然后再合理地选用适当的密封结构，这样才能得出可靠的密封设计。

高压下的密封设计，从密封原理与密封结构上总的原则如下。

① 一般采用金属垫片　高压密封面上的比压大大超过中低压容器的密封比压才能满足高压密封的要求，非金属垫片材料无法达到如此大的密封比压。高压容器常用的金属垫片是延展性好的退火铝、退火紫铜或软钢。

② 采用窄面密封　采用窄面密封代替中低压容器中常用的宽面密封有利于提高压紧面比压，而且可大大减少总的密封力，减小紧固螺栓的直径，也有利于减小整个法兰与封头的结构尺寸。有时甚至将窄面密封演变成近似线接触密封。

③ 尽可能利用介质压力达到自紧密封　首先使垫片预紧，然后工作时随着介质压力提高使垫片压得愈紧，达到自紧的目的。自紧式密封要比中低压容器中常用的强制式密封更为可靠和紧凑。

采用什么型式的密封垫片以及如何设计出既可靠又紧凑、轻巧、装拆方便的自紧式密封结构，这是高压密封结构设计的中心问题。为此不断出现了若干型式的高压密封结构，总的可以分为强制式与自紧式密封两大类。本节将分析这些密封结构并讨论一些设计计算方法。

(1) 平垫密封

依靠紧固件（螺栓）压紧垫片而达到预紧密封并保证工作时也能密封的称为强制式密

封。最常见的强制式高压密封结构是平垫密封结构。此种结构与中低压容器中常用的法兰垫片密封相似，只是将非金属垫片改为金属垫片，将宽面密封改为窄面密封。所用的窄面金属垫片常为退火紫铜、退火铝或低碳软钢制成的扁平金属片。预紧和工作密封全靠端部大法兰上的主螺栓施加足够的压紧力。预紧时需使垫片产生一定的塑性变形以堵塞若干微小的泄漏通道。预紧力的大小与垫片的宽度和材料的屈服强度有关。工作时内压上升后介质压力作用在顶盖上并传至主螺栓，使主螺栓发生弹性伸长，垫片随之发生回弹，平衡状态下仍需保持垫片上有一定的比压。因此不论从预紧还是工作状态看，尽可能减小垫片的宽度是有利的。GB/T 150.3 的附录 C.2 给出了经验的平垫圈系列尺寸（直径、宽度、厚度）。平垫密封的结构如图 10-15 所示。为防止因垫片发生塑性变形咬死密封口而无法拆卸，常在顶盖上配有 4～6 个起卸螺栓，使该螺栓的端面顶住法兰端面，便可将平盖顶开。

平垫密封的结构简单是它的主要优点。缺点是主螺栓直径过大，使法兰与平盖的外径也随之加大，变得笨重；装拆主螺栓都极不方便；不适合温度与压力波动较大的场合，对垫片压紧力变化敏感易引起泄漏。因此一般仅用于 200℃ 以下的场合，容器内径也不大于 1000mm。

(2) 卡扎里密封

这也是强制式密封，但为了解决拧紧与拆卸主螺栓的困难，改用螺纹套筒来代替主螺栓，见图 10-16。螺纹套筒与顶盖和法兰上的螺纹是间断的螺纹，每隔一定角度（10°～30°）

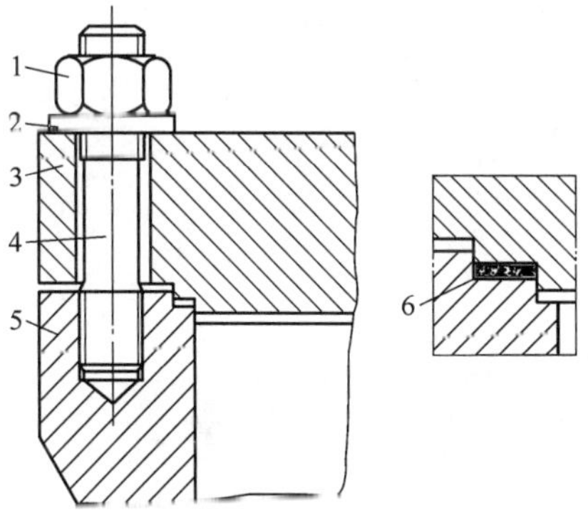

图 10-15　平垫密封结构

1—主螺母；2—垫圈；3—平盖；4—主螺栓；5—筒体端部；6—平垫片

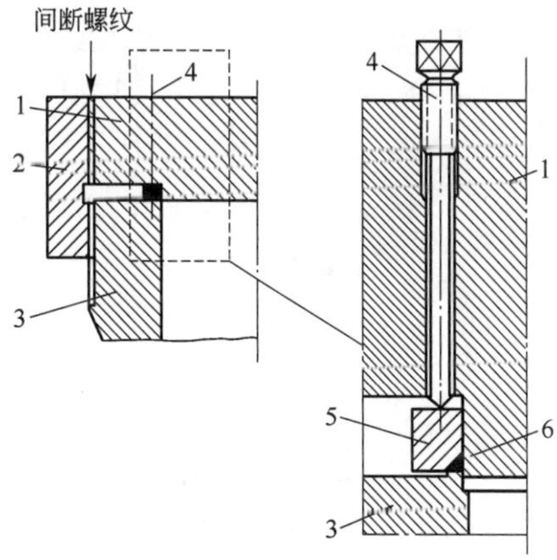

图 10-16　卡扎里密封结构

1—平盖；2—螺纹套筒；3—筒体端部；4—预紧螺栓；5—压环；6—密封垫

螺纹断开，装配时只要将螺纹套筒旋转相应角度就可装好，而垫片的预紧力要靠预紧螺栓施加，通过压环传递给三角形截面的垫圈。由于介质压力引起的轴向力由螺纹套筒来承担，因而取代了主螺栓。因此，预紧螺栓的直径比平垫密封的主螺栓要小得多。预紧方便是卡扎里密封最大的优点。

改进卡扎里密封（见图 10-17）主要是为改善套筒螺纹锈蚀给拆卸增加困难的情况，仍旧采用主螺栓，但预紧仍依靠预紧螺栓来完成，而主螺栓不需拧得很紧，从而装拆较为省力。

卡扎里密封中的压环材料一般应采用强度较高、硬度也较高的 35CrMo 钢或优质 45 钢、35 钢。密封垫圈所用材料与金属平垫密封相同。

卡扎里密封结构比较适用于较大直径的筒体密封，此时采用平垫密封已不适用，例如直径在 1000mm 以上、压力在 30MPa 以上的情况。但设计温度在 350℃以下较为合适。具体可参见 GB/T 150.3 附录 C。

(3) **双锥密封**

双锥面的密封垫既要依靠主螺栓上紧，内压升起后又推动双锥环径向推紧，故属半自紧式的密封结构。采用双锥面的软钢制的密封垫圈，两个 30°的锥面是密封面，密封面上垫有软金属垫，如退火铝、退火紫铜或奥氏体不锈钢等。双锥垫的背面靠着平盖，但与平盖之间又留有间隙 g（见图 10-18），预紧时让双锥垫的内表面与平盖贴紧。间隙 g 设计得要使双锥环贴紧时不致发生压缩屈服。当内压升高平盖上浮时一方面靠双锥垫自身的弹性扩张（称为回弹）而保持密封锥面仍有相当的压紧力，另一方面又靠介质压力使双锥垫径向向外扩张，进一步增大了双锥密封面上的压紧力。因此双锥密封是有径向自紧作用的半自紧式密封结构。合理地设计双锥环的尺寸，使其有适当的刚性，保持有适当的回弹自紧力是很重要的。当双锥环的截面尺寸过大时刚性则过大，不仅预紧时使双锥环压缩弹性变形的螺栓力要求过大，而且工作时介质压力使其径向扩张的力显得不够，自紧作用小。若截面尺寸过小，刚性不足，则工作时弹性回弹的力不足，而且环的高度不足时介质压力引起的径向自紧力也会不足，从而影响自紧力。因此双锥环尺寸设计很重要。根据一系列实验研究双锥环采用以下尺寸较为可靠（符号见图 10-18）。双锥环的系列尺寸可参见 GB/T 150.3 附录 C。

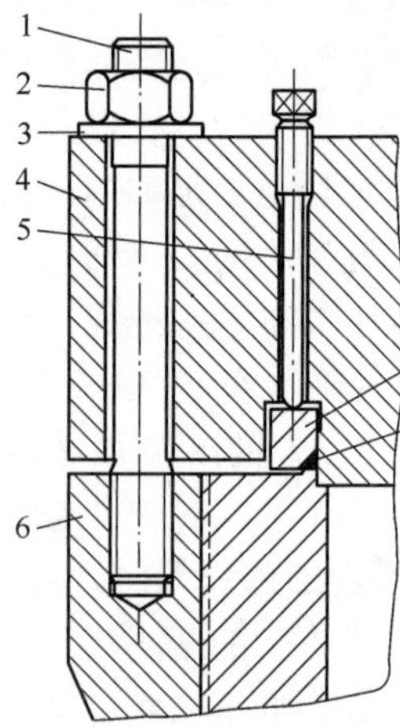

图 10-17 改进型卡扎里密封结构

1—主螺栓；2—主螺母；3—垫圈；4—平盖；5—预紧螺栓；6—筒体端部螺纹套筒；7—压环；8—金属密封垫圈

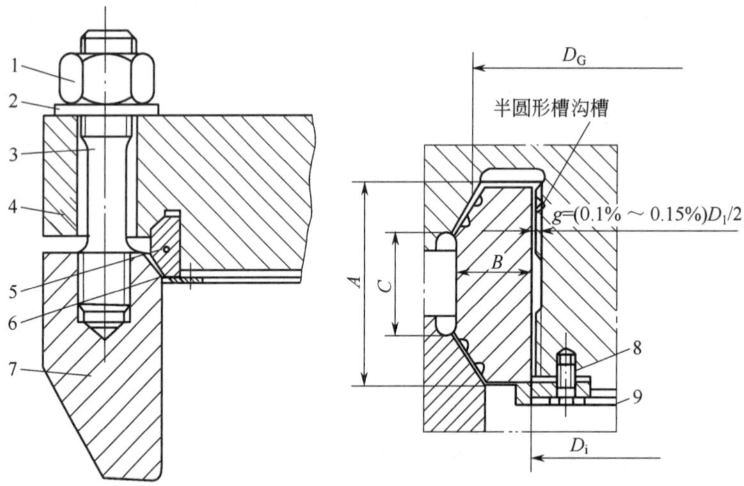

图 10-18 双锥密封结构

1—主螺母；2—垫圈；3—主螺栓；4—顶盖；5—双锥环；6—软金属垫片；7—筒体端部；8—螺钉；9—托环

$$\left.\begin{aligned}&\text{双锥环高度}\quad A=2.7\sqrt{D_i}\,\text{mm},C=(0.5\sim0.6)A\\&\text{双锥环厚度}\quad B=\frac{A+C}{2}\sqrt{\frac{0.75p}{\sigma_m}}\end{aligned}\right\}\tag{10-28}$$

式中，p 为设计内压；σ_m 为双锥环高度中点处弯曲应力，计算时可取 50～100MPa。

双锥环与顶盖之间的径向间隙的选取也十分重要。该间隙过大时则易使环在预紧密封时被压缩屈服，从而使自紧回弹力不足。而间隙过小又会使环的弹性回弹力不足，也影响自紧效果。一般应使间隙控制在 $g=(0.1\%\sim0.15\%)D_i$ 较好，D_i 为环的内径。

双锥环的材料可选用 20、35、16Mn、20MnMo、15CrMo 及 0Cr19Ni9 等钢号，可大体满足常用设计压力、设计温度及环境腐蚀的要求。

双锥环锥面上的软金属密封垫（软铝或退火紫铜等）其厚度一般选用 1mm。

双锥密封的结构简单，加工不要求有很高精度，装拆方便，不易咬紧。因双锥密封利用了自紧作用，因此主螺栓比平垫密封小，而且在压力与温度波动时密封也很可靠。我国普遍采用双锥密封，适合于设计压力为 6.4～35MPa、温度为 0～400℃、内径为 400～2000mm 的高压容器。

(4) 伍德密封

这是使用得最早的高压自紧式密封结构。如图 10-19(a) 所示，平盖是可少许上下浮动的端盖，安装时先放入容器端部凸台，放入楔形金属密封垫 2，再放入四合环［见图(b)］，并用拉紧螺钉将四合环位置固定在凹槽环中。顶部再放入牵制环，用牵制螺栓将密封垫圈预紧。当内压升高时，压力载荷将平端盖全力上浮，压力愈高，垫圈上的压紧比压愈高，密封愈可靠。

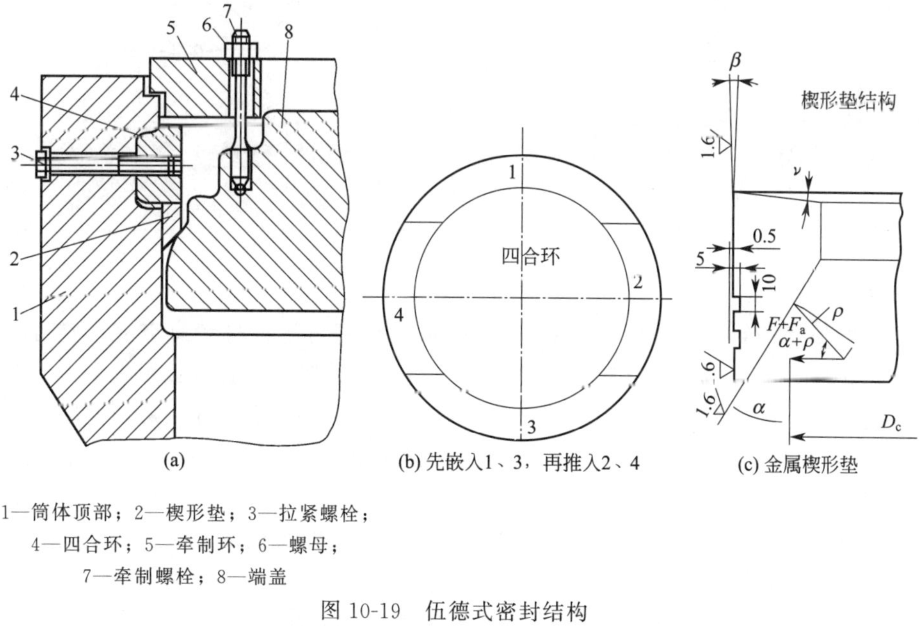

(a)　(b) 先嵌入1、3，再推入2、4　(c) 金属楔形垫

1—筒体顶部；2—楔形垫；3—拉紧螺栓；4—四合环；5—牵制环；6—螺母；7—牵制螺栓；8—端盖

图 10-19　伍德式密封结构

楔形垫是关键零件。与筒体端部内壁面之间有小倾角［见图(c)，$\beta=5°$］；楔形斜面倾角 $\alpha=30°\sim35°$，与端盖侧表面的球部形成线接触。这些接触面的加工不但要求高精度，还要足够光洁，防止碰伤，避免腐蚀。楔形垫圈的外圆加工出 2 道小凹槽是为了增加构件的柔性，有利于密封压紧面的贴合。

伍德密封的优点：ⅰ 实现了全自紧；ⅱ 省去了主螺栓，既紧凑了端部尺寸，又方便了预紧。

(5) 其他自紧式窄垫片密封结构

① 楔形垫自紧密封（N. E. C 密封） 如图 10-20 所示的楔形垫密封，浮动端盖受内压顶升可将楔形垫压紧在端部压环的凸肩上。而压环由主螺栓紧固在筒体端部的大法兰上。预紧时的轴向预紧载荷由主螺栓承担。内压升起后楔形垫起自紧作用。但这种结构的主螺栓和端部法兰尺寸都比较大。过去曾在氮肥工业高压容器中应用过。

② 平垫自紧密封 其结构如图 10-21 所示，亦称布里奇曼密封。它由螺栓套筒进行预紧，工作时内压载荷加在端盖上，从而使金属平垫更加压紧。这种密封结构取消了大螺栓，预紧及工作密封载荷均由螺纹套筒承担，但大直径螺栓的装拆困难，较少采用。

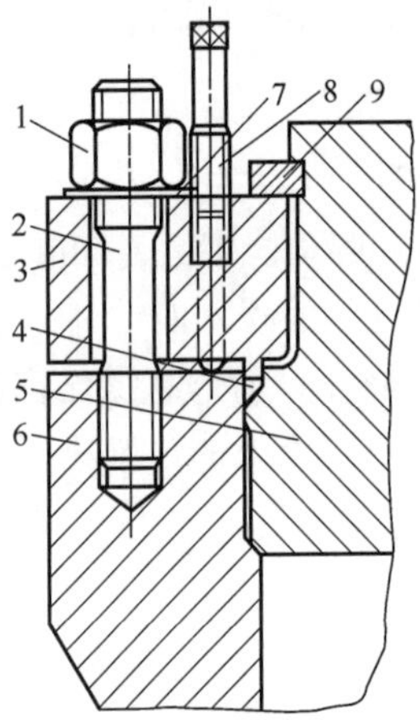

图 10-20 楔形垫自紧密封

1—主螺母；2—主螺栓；3—压环；4—密封垫；5—顶盖；6—筒体端部；7—垫圈；8—顶起螺柱；9—卡环（由两个半圆环组成）

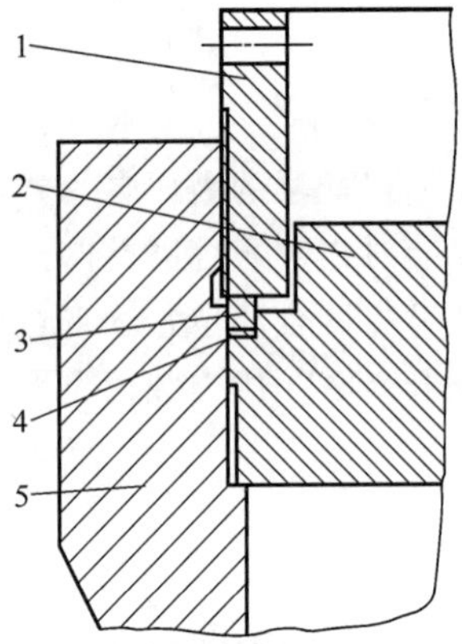

图 10-21 平垫自紧密封

1—螺纹套筒；2—顶盖；3—压环；4—平垫片；5—筒体端部

(6) 金属 C 形环和 O 形环密封

将金属的环形密封垫横截面做成 C 形或 O 形，让密封垫自身带有空腔，空腔与容器内空间有小孔相通，只要内压上升就会使密封垫自身向外鼓胀，与密封面贴紧，从而实现自紧密封。其装配后的截面视图如图 10-22 和图 10-23 所示。当被预紧时，两种空心环的上下方将与法兰的上下压紧面压紧，而压紧时的压缩位移是预先算好并被限位的。预留间隙量过大将其 C 形环屈服，过小则预紧不够。

C 形环应具有足够的刚度和强度。刚度足够时，预紧时就会形成足够的反弹力，以保证足够的预紧。工作时容器内压升高，内压迫使 C 形环张口回弹，产生自紧作用，保证密封的可靠性。同时 C 形环的刚度也能保证上下平面不会因鼓胀而贴靠到上下压紧面上。参考文献［95］提供了 C 形环系列尺寸和设计计算方法。

C 形环的优点是结构简单，用限位预紧达到法兰上下面金属与金属接触的 MMC 理念的密封，经受压力波动时，垫圈压紧面上的压紧力不受影响，使密封可靠性更高。既可用于小尺寸容器或管道，也可以用于大型高压容器，例如大型核电机组反应堆容器。小型容器也可省去主螺栓而改用更方便的卡箍式紧固件，特别适用于高压下的快开式密封结构。

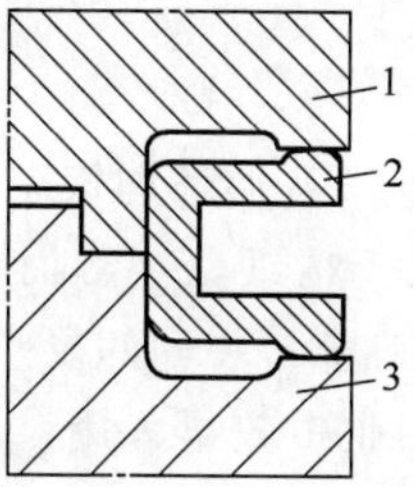

图 10-22　C 形密封环的局部结构

1—平盖或封头；2—C 形环；3—筒体端部

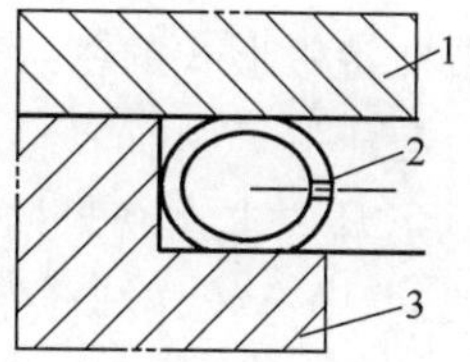

图 10-23　O 形密封环的局部结构

1—封头；2—O 形环及透气孔；3—筒体端部

O 形环密封垫一般由奥氏体不锈钢小管弯制成圆环对焊而成。O 形环的内侧开有许多小孔，供 O 形环的内腔与容器内的介质相通，以便升压后形成自紧作用。图 10-23 中 1、3 两个部件之间的环隙间距也是预先设定的，预紧之后使 O 形环稍有压扁，有一定的塑性变形，与上下压紧面形成很窄的面接触，O 形环弹性回复形成压紧密封。随着压力升起，垫圈上的压紧接触压越来越高而实现自紧密封。与 C 形环相同也同属于 MMC 型密封。

O 形环密封的结构简单，密封可靠，使用经验较多。可用于从中低压到超高压容器的密封，压力最高可达 280MPa，个别甚至达 350～700MPa。温度可从常温用到 350℃，充气环甚至用到过 400～600℃。O 形环常用奥氏体不锈钢小管制成，为改善密封性能，常在 O 形环外表面镀银。或在制成环之前塞进长的弹簧圈以增加 O 形环的刚性和弹性，增大压扁之后的反弹能力，从而增大压紧面的压紧力，密封更可靠。

(7) 高压管道的透镜式密封

由于高压管道是在现场安装的，对连接的尺寸精度不可能要求过高，常出现强制连接的情况，这将带来很大的附加弯矩或剪力。因此高压管道的连接结构设计应给予特殊的考虑。将高压管的管端车削成较光洁的、略有倾角的锥面，外周再车削成外螺纹并与带内螺纹的厚法兰盘相连接。用比管材更软的低碳钢圆环车制成凸透镜形的双球面型环垫。法兰紧固时形成斜面与球面之间的线接触，接触面可形成较高比压。透镜垫的剖面形状和管端斜面倾角 $\beta=20°$。如若相连两管稍有中心度偏差，强制连接时锥面与球面之间组对时可以自适应，即自位互接。管道用透镜式密封结构如图 10-24 所示。

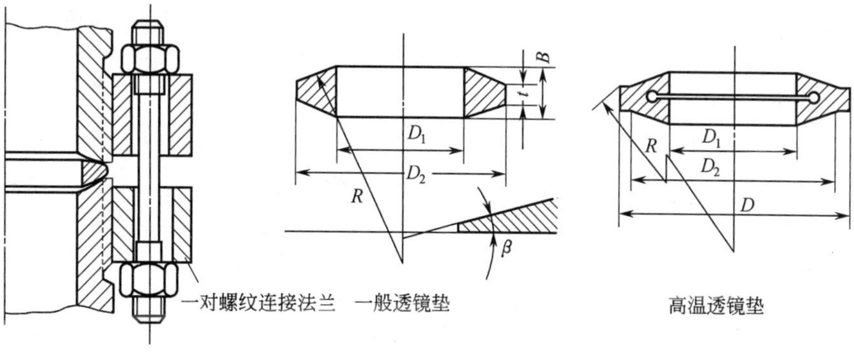

图 10-24　高压管道的透镜式密封

高温高压管道的透镜垫常制成如图 10-24 中的右图所示的结构。这是考虑到高温下螺栓法兰可能因变形而松弛使密封性能降低，若将透镜垫加工出一个环形空腔，介质的压力使透镜垫有部分自紧作用，则有利于密封的可靠性。

(8) 三角垫、B形环、八角垫与椭圆垫密封

这些都需要特殊形式的密封垫，如图 10-25 所示。三角垫和 B 形环均依靠工作介质的压力使密封环径向压紧，从而产生自紧作用。它们的结构都比较精细，接触面小，加工要求高，特别是 B 形环要求在密封槽内有一定的过盈量，这样使制造与装配的要求都大大提高，参考文献［121］中有较详细介绍。其中 B 形环密封在石油工业中较早采用，从中低压到高压以致在较高温度下都有较可靠的密封性能，但其自紧作用较小。金属的八角垫及椭圆垫是炼油与加氢装置中习惯采用的密封结构，简单可靠，如图 10-25(c)、(d) 所示。

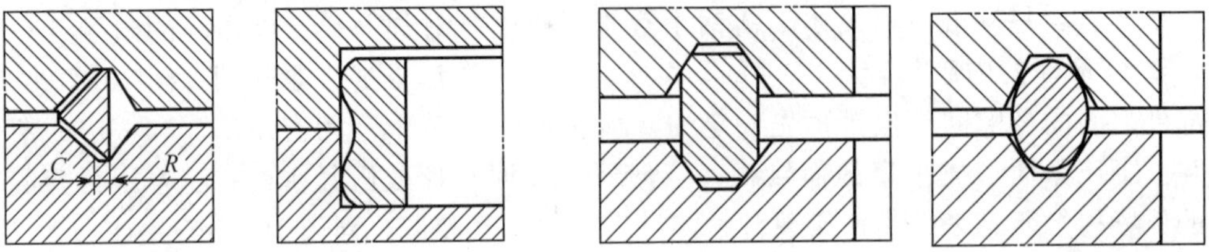

(a) 三角垫　(b) B 形环　(c) 八角垫　(d) 椭圆垫

图 10-25　其他几种密封形式

(9) 卡箍式密封

卡箍式接头是一种不用主螺栓的、方便装拆和实施密封预紧的连接结构。图 10-26 所示的卡箍结构，小型的可为剖分式，大型时可为三剖分式。安装时需在两个圆筒端部的密封环槽内放置好 O 形垫、C 形垫或透镜垫，然后套上剖分式的卡箍环，组装好之后便可紧固螺栓和螺母。上、下两个斜面处相互收紧滑动而使垫片压紧。卡箍设计更多内容可参见 GB/T 150.3 附录 C。

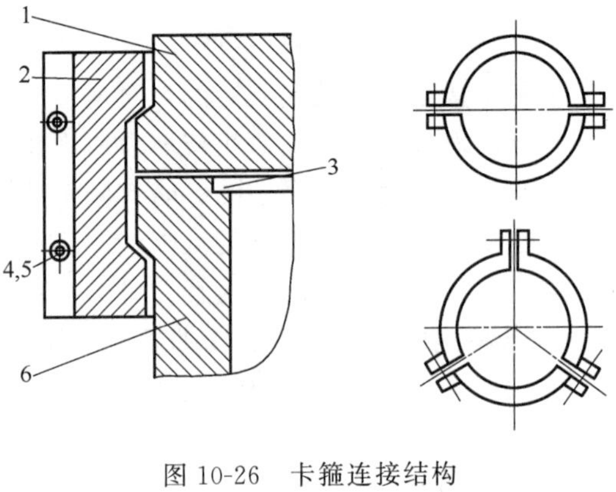

图 10-26　卡箍连接结构

1—顶盖；2—卡箍；3—密封环槽；4,5—紧固螺栓和螺母；6—筒体端部

纵观各种高压密封结构，可以看出 10MPa 以上的密封结构中均不再采用法兰盘，而是在圆筒端部采用加厚的端部锻件。螺栓改为双头螺柱，一头埋入锻件的螺纹孔，另一头穿出平盖的螺栓孔，再加螺母紧固。这是最为紧凑合理的结构设计。对于开孔的端盖不得不采用厚平板型的平封头。另一端封头不需拆卸，则应采用可以薄得多的半球形封头，但需仔细解决好厚筒体与薄球封头之间不等厚对接焊接问题。详见 GB/T 150.3 附录 C。

10.4.3 高压密封结构中的零部件设计

10.4.3.1 高压密封载荷计算

(1) 金属平垫密封载荷

这种垫片密封载荷计算分预紧工况和工作工况两种情况计算，其原理和方法与中低压容

器中的密封螺栓载荷计算完全一致，此处不作重复。所用材料、垫片宽度和厚度尺寸，密封面尺寸均可参见 GB/T 150.3 附录 C.2。

（2）双锥密封垫的密封载荷计算

与平垫不同的是，螺栓紧固时双锥垫斜面上会产生垂直斜面的压紧力和斜面相对滑动形成的摩擦力。

① 预紧时的螺栓载荷 W_1　预紧时应保证将锥面上的软金属垫片压至屈服，同时又应使双锥环产生径向弹性压缩以消除双锥环与顶盖之间的径向间隙。前者，按锥面上法向压紧力计算，达到初始预紧密封必须施加的压紧力应为 $W_0=\pi D_G by$。但预紧时会迫使双锥环收缩而产生滑动，应考虑摩擦力的作用。以双锥环为分析对象时，预紧中封头斜面给予双锥环的摩擦力 F 的方向如图 10-27(b) 所示，且摩擦力 $F=\pi D_G by\tan\rho$。F 与 W_0 作矢量合成后再分解到垂直方向就是预紧时螺栓必须提供的载荷 W_1，因此得

$$W_1=\pi D_G by\frac{\sin(\alpha+\rho)}{\cos\rho} \tag{10-29}$$

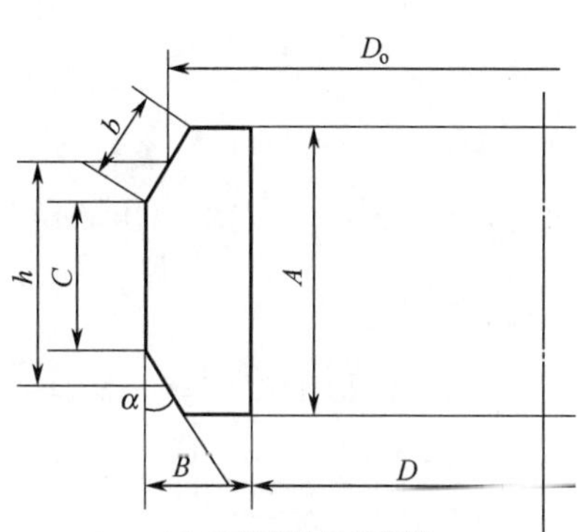

(a) 双锥环的几何参量

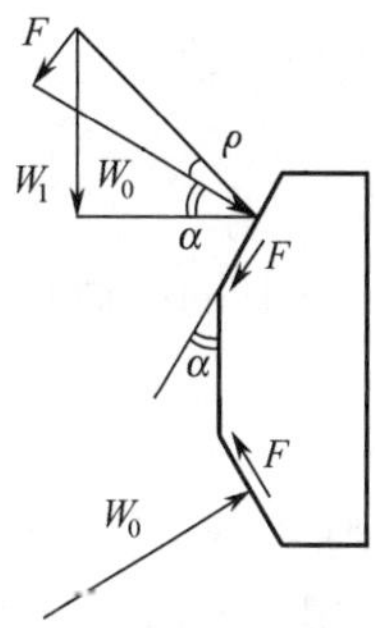

(b) 预紧时的力分析

图 10-27　双锥环几何与预紧分析

由图 10-27(a) 可知 $b=\dfrac{A-C}{2\cos\alpha}$，代入上式得

$$W_1=\frac{\pi}{2}D_G(A-C)y\frac{\sin(\alpha+\rho)}{\cos\alpha\cos\rho} \tag{10-30}$$

式中　D_G——双锥环的密封面平均直径，$D_G=D+2B-\dfrac{A-C}{2}\tan\alpha$；

A，C，B，D，α——双锥环的几何尺寸，见图 10-27(a)；

y——垫片预紧时的密封比压，与平垫片的 y 相同。

预紧时还同时应使双锥环产生径向弹性压缩，一般至少压缩至径向间隙 g 被消除。已知径向变形量 ΔR（$=g$），则可按弹性变形的胡克定律求出径向压缩力 V_R，即

$$V_R=2\pi E_R\frac{\Delta R}{r_G}F_R=2\pi E_R F_R\frac{2g}{D_G} \tag{10-31}$$

式中　E_R，F_R——双锥环材料的弹性模量及环的截面积；

ΔR——双锥环的径向压紧变形量，预紧时可贴紧顶盖，$\Delta R=g$；

r_G——双锥环的平均半径，$r_G=\dfrac{1}{2}D_G$。

考虑到双锥环所受的摩擦力，由图 10-27（b）可知，每一锥面上的 $V_R/2$ 所对应的螺栓力 W_1' 为

$$W_1'=\frac{V_R}{2}\tan(\alpha+\rho)=\pi E_R F_R \frac{2g}{D_G}\tan(\alpha+\rho) \tag{10-32}$$

此力 W_1' 往往比 W_1 小，即 $W_1>W_1'$，这样预紧密封时的载荷只要按式(10-30）计算既满足预紧垫片的要求，同时又满足了压缩双锥环产生径向弹性变形的要求。

② 双锥环工作时的螺栓载荷 W_2　工作时螺栓将承受三部分力：

ⅰ. 介质压力的轴向载荷 F；

ⅱ. 介质作用在双锥环内侧面而产生的径向自紧力，再传递到螺栓上的轴向载荷 F_p；

ⅲ. 双锥环预紧受压缩而产生的回弹力，再传递为轴向载荷 F_c。

分析时应注意到工作条件下环的变形情况，即压力升高使顶盖上浮，锥面可产生一径向位移 Δr_w。但同时由于内压对双锥环的径向推力和环的径向回弹力而使环产生一径向位移 Δr，若 $\Delta r>\Delta r_w$，才能有效地形成自紧。W_2 应为

$$W_2=F+F_p+F_c$$

（ⅰ）内压对顶盖的轴向力 F

$$F=\frac{\pi}{4}D_G^2 p \tag{10-33}$$

（ⅱ）内压对双锥环的径向自紧力所产生的轴向力 F_p，首先求内压的径向扩张推力 V_p

$$V_p=\pi D_G \frac{A+C}{2}p \tag{10-34}$$

因双锥环有两个锥面，每一锥面受到的推力为 $V_p/2$，锥面上相应有一法向力 G。向外扩张时受到摩擦力 f 作用，方向与预紧时相反，如图 10-28(a) 所示。G 与 f 的合力再分解，其垂直分力即为 F_p

$$F_p=\frac{V_p}{2}\tan(\alpha-\rho)=\frac{\pi}{2}D_G \frac{A+C}{2}p\tan(\alpha-\rho) \tag{10-35}$$

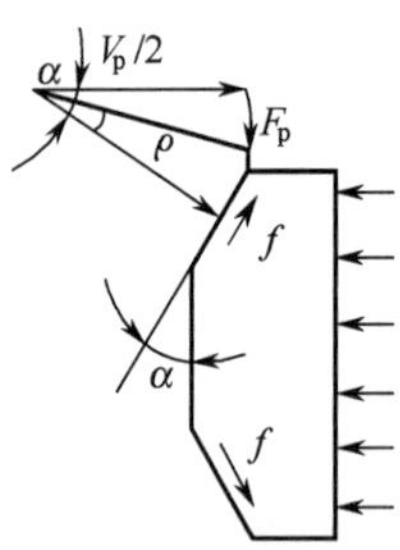

(a) 压力自紧力分析

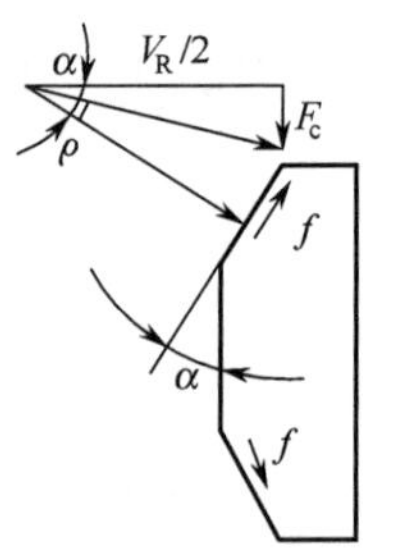

(b) 回弹自紧力分析

图 10-28　双锥环工作时的力分析

（ⅲ）径向回弹自紧力的轴向力 F_c，因预紧时间隙 g 消除，当工作时顶盖若上浮到使环的回弹量正好达 $\Delta r=g$ 时双锥环恢复原状，回弹自紧力全部消除。因此合理地选择间隙 g 及环的刚性 $E_R F_R$ 是很重要的。g 过大可能在预紧时屈服，g 过小则不足以形成足够的回弹自紧力。大量试验证实 $g=(0.1\%\sim0.15\%)D$ 较为合适（D 为环内径），可保持工作时始终处于回弹状态，可提供充分的回弹力。最大回弹力为

$$V_R = 2\pi E_R F_R \frac{g}{r_G} = 2\pi E_R F_R \frac{2g}{D_G} \tag{10-36}$$

同理，回弹状态下压紧面上的法向力与摩擦力合成，然后再分解到轴向，则回弹产生的轴向力 F_c 为［见图 10-28(b)］

$$F_c = \frac{1}{2} V_R \tan(\alpha - \rho) = \pi E_R F_R \frac{2g}{D_G} \tan(\alpha - \rho) \tag{10-37}$$

由此可知，双锥环的径向自紧力为 V_p 与 V_R 之和，这些力的大小除与压力 p 和变形量 ΔR 有关之外，还取决于环的 $E_R F_R$ 值。因此当双锥环的自紧力不能满足工作条件下密封比压要求时，可调整 F_R 值（增大）。这是双锥密封达到自紧作用的关键，其中适当增加环的高度（A 和 C），还可提高介质压力的自紧力 V_p［参见式(10-34)］。通过试验研究，已确定了合理的双锥环系列尺寸[7]。

（ⅳ）工作条件下螺栓载荷 W_2。W_2 应为 F（压力载荷）、F_p 及 F_c 之和，即 $W_2 = F + F_p + F_c$，因此

$$W_2 = \frac{\pi}{4} D_G^2 p + \frac{1}{2} \pi D_G \frac{A+C}{2} p \tan(\alpha - \rho) + \pi E_R F_R \frac{2g}{D_G} \tan(\alpha - \rho) \tag{10-38}$$

取预紧载荷 W_1 及工作载荷 W_2 中大者为螺栓、顶盖及法兰的设计载荷 W。

这里仅介绍了平垫密封和双锥密封的螺栓载荷计算方法。至于伍德密封、卡扎里密封或八角垫、椭圆垫密封的螺栓载荷计算方法可参见 GB/T 150 附录 C。

螺栓载荷是密封计算的重要内容，根据螺栓力可以进一步作主螺栓、筒体端部、端部法兰以及顶盖的设计计算。

10.4.3.2 高压容器螺栓设计

高压容器密封用主螺栓（指主要承担轴向力和密封垫片压紧力的螺柱）及高压管道法兰的螺栓，在螺柱结构上有些特殊要求。为防止压力波动及温度急剧波动等引起的载荷冲击，应增加螺柱的柔性。

(1) 高压螺栓设计要求

① 采用中部较细的双头细牙螺栓　如图 10-29 所示，此种结构的螺栓温差应力的适应性较强，柔度大，耐冲击，抗疲劳。中间部分直径应等于或略小于螺栓根径。细牙螺纹有利于自锁，且根径比粗牙螺纹大。如系容器的主螺栓，埋入法兰的一端常凸出一小段，以便在预埋时顶紧螺栓孔的底部，使螺栓工作时各圈螺纹受力均匀。主螺栓的螺母端可以钻注油孔，以便加油润滑螺纹部分 。埋入部分的螺纹长度一般等于螺纹部分的公称外径，埋入过深是没有意义的。

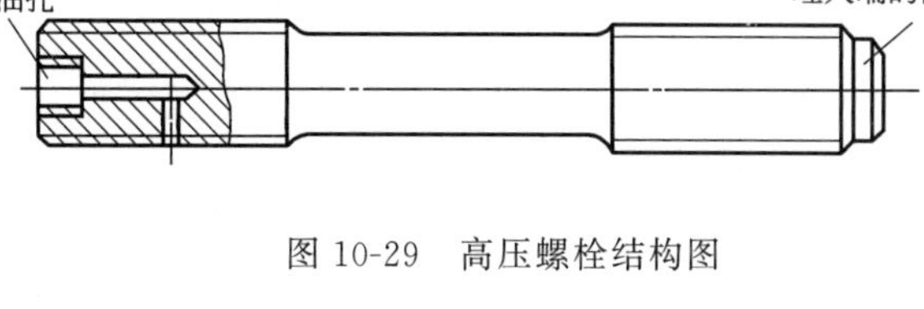

图 10-29　高压螺栓结构图

② 要求有较高的加工精度　一般高压螺栓的螺纹的公差精度应达到精密的要求，螺栓与螺母有较好的配合。

③ 螺母与垫圈采用球面接触　螺栓孔与法兰面的垂直度总有偏差时，为防止产生附加

的弯矩而采用螺母和垫圈的球面接触，可进行自位调节，并可大大减少螺栓的附加弯矩。

④ 螺栓与螺母材料的选用　一般在强度上选用比中低压容器螺栓强度更高的材料，并同样要具有足够的塑性与韧性。主螺栓及管道法兰螺栓最常用的材料是 35CrMoA 或 40MnB。35CrMoA 的使用温度范围为 －20～500℃，40MnB 的使用温度范围为 －20～400℃。其相匹配的螺母材料应为强度与硬度相对低一点的 30CrMoA 及 35（或 40Mn）钢，以免螺纹粘接。当使用温度超过 500℃时可选用铬钼钢，如 1Cr5Mo（可使用到 600℃），或奥氏体钢 0Cr19Ni9（勉强可使用到 700℃）。0Cr19Ni9 不仅可用到高温，还可用于低温（最低可用到－196℃）。目前我国尚无螺栓专用钢，只能用相应钢号的圆棒钢。

35CrMoA 及 40MnB 等低合金钢螺栓均应进行调质处理，其回火温度不得低于 550℃，以保证既有很高的抗拉强度，又有良好的韧性。当这些低合金钢螺栓使用到－20℃时应进行－20℃下的低温冲击试验。

高压螺栓的设计及加工要求可参见文献［120，121］及 GB/T150.3。

（2）高压螺栓的设计计算

应根据各种密封结构分析计算出的螺栓载荷或按预紧载荷和工作载荷中的最大螺栓载荷 W，以此来确定直径，在计算方法上与中低压螺栓一样，螺栓的螺纹根径 d_0 应为

$$d_0=\sqrt{\frac{4W}{\pi[\sigma]_b^t n}}$$

式中，n 为螺栓个数，应为 4 的倍数。螺栓许用应力 $[\sigma]_b^t$ 可按 GB/T 150.2 选用。根据计算出的 d_0 选择标准细牙螺纹尺寸，此时的实际根径不应比计算出的 d_0 小。

10.4.3.3　高压平盖的设计计算

一些不可拆的高压端盖，对大型容器一般采用球形盖或焊接的带缩口的平底锻制封头。球形盖的设计方法与中低压容器的球形盖相同，只要压力不超过 35MPa 即可。应该注意的是，当球盖厚度明显薄于筒体时，必须注意球盖与筒体连接焊缝的过渡结构设计，可参阅 GB/T 150 附录 D。

高压容器上的可拆式封头大多采用锻造平盖。由于不需焊接，常用 35 号钢，强度中等，锻造性能、塑性与韧性都能达到容器上锻件的要求。这种可拆的锻造平盖设计计算方法有两种，现介绍如下。

（1）平板盖的小挠度计算方法[7,56]

可拆式平盖是一种受均布压力载荷及周边受螺栓力和垫片反力两圈集中载荷作用的圆平板，四周的支承情况介于固支与简支之间，较接近于简支。GB/T 150.3 附录 C 提出平垫密封和双锥密封的平盖可以采用与中低压容器可拆平盖的强度计算方法，即基于弹性薄圆平板小挠度解的方法，厚度 t_d 为

$$t_d=D_G\sqrt{\frac{Kp}{[\sigma]^t\varphi}} \tag{10-39}$$

式中，D_G 为密封面平均直径；特征系数 K 可按第 3 章表 3-8 查取。

应指出，此式未能反映高压平盖有许多接管孔的情况，现可采用如下的经验算法。如平盖开孔直径 $d\leqslant0.5D_i$，同时又采用平盖整体加厚补强的方法，此时将上式中的系数 K 改为 K/ν，ν 为削弱系数，有

$$\nu=\frac{D_G-\sum d_i}{D_G}$$

式中，$\sum d_i$ 为平盖的沿直径断面上开孔内径之和。

(2) 近似简化计算

另一类平盖，如卡扎里密封的以间断齿作连接的平盖，或 C 形、O 形密封用卡箍连接时的平盖，或者楔形垫及平垫的自紧式密封中所用的平盖，它们不采用主螺栓，故封头直径相对较小，厚度与直径的比可能超出薄板的范畴，再用弹性小挠度式就不尽合理，此时常用工程简化算法。

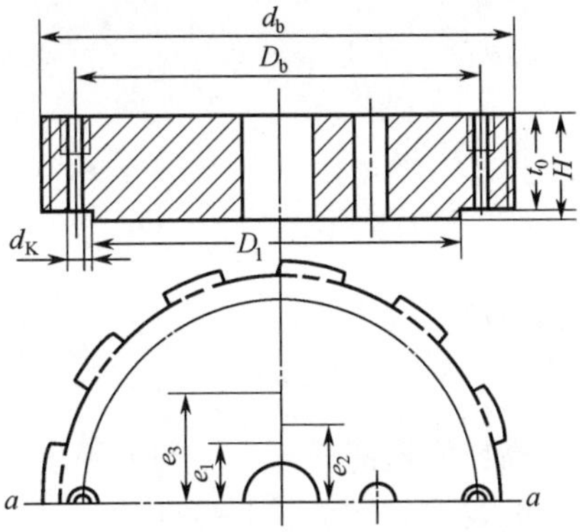

图 10-30 卡扎里密封的平盖

简化法是将圆平盖视为受均布载荷的圆板，假设沿直径的纵向断面弯曲破坏，即简化为图 10-30 的巴赫悬臂梁模型。将不一定符合材料力学中梁的条件的构件简化为受弯曲载荷的悬臂梁，应用简单的材料力学方法进行弯曲强度校核，这是传统的巴赫法的特点。GB/T 150.3 附录 C 中对卡扎里密封的平盖就推荐这一简化方法进行强度校核。

如图 10-30 所示的平盖纵向断面上的弯矩由以下三部分组成。

① 均布的内压　可简化为作用在半圆面的形心上，形心位置离 $a—a$ 截面的距离 e_1 及作用力 Q_1 分别为

$$e_1-\frac{2D_1}{3\pi},\qquad Q_1=\frac{\pi}{4}D_1^2p$$

② 垫片反力 $Q_0/2$　视为作用在垫片半圆周的形心 e_2 上，$e_2=\frac{D_b}{\pi}$。其中垫片反力 Q_0 即为密封力的轴向分力，并取预紧状态和工作状态的密封力中的较大者为 Q_0。

③ 沿外圆周均布的作用力　例如卡扎里密封螺纹处的作用力，此力即为 $(Q_1+Q_0)/2$，假定作用在螺纹半圆周的形心上，即 $e_3=\frac{d_b}{\pi}$。由此纵向截面 $a—a$ 的总弯矩为

$$M=-\frac{Q_1}{2}\frac{2D_1}{3\pi}-\frac{Q_0}{2}\frac{D_b}{\pi}+\frac{(Q_1+Q_0)}{2}\frac{d_b}{\pi}=\frac{1}{2\pi}\left[\left(d_b-\frac{2}{3}D_1\right)Q_1+(d_b-D_b)Q_0\right]$$

$a—a$ 截面的抗弯断面模数为

$$W=\frac{1}{6}\left[(D_1-\sum d_i)H^2+(d_b-D_i-2d_K)t_0^2\right]$$

式中，$\sum d_i$ 为 $a—a$ 截面上开孔直径之和，$\sum d_i=d_1+d_2+d_3+\cdots$。$a—a$ 截面的弯曲强度校核式则为

$$\sigma_{a-a}=\frac{3\left[\left(d_b-\frac{2}{3}D_1\right)Q_1+(d_b-D_b)Q_0\right]}{\pi\left[(D_1-\sum d_i)H^2+(d_b-D_1-2d_K)t_0^2\right]}\leqslant 0.7[\sigma]^t \tag{10-40}$$

式中，0.7 为锻件的元件系数。Q_0 应根据密封结构的具体情况分析计算出的垫圈密封力，可参照 GB/T 150.3 附录 C 各种密封结构的计算式算出。

有时当平盖的某一环向断面明显有削弱时，如图 10-18 所示的双锥密封顶盖放置双锥环

的一圈环向断面，既要校核该断面的弯曲强度，又要校核剪切强度。

该断面的弯曲应力可采用上述类似简化方法计算

$$\sigma_m=\frac{3W(D_b-D_G)}{\pi D_G t_0^2}$$

式中，D_b 为主螺栓中心圆的直径；D_G 为双锥环锥面的平均直径；t_0 为锥面槽处法兰的厚度，也是双锥密封平盖上最薄处的厚度；W 为螺栓设计载荷（内压轴向载荷与垫片最大压紧载荷之和）。

该断面的剪切应力可按下式计算

$$\tau=\frac{W}{\pi D_G t_0}$$

因此该环向断面的强度校核式为

$$\sigma_e=\sqrt{\sigma_m{}^2+3\tau^2}\leqslant 0.7[\sigma]^t \tag{10-41}$$

10.4.3.4 高压筒体端部的设计

圆筒端部法兰的弯曲强度校核应区分有无主螺栓两种情况。

(1) 有主螺栓的高压容器端部法兰

其形状如具有部分锥面的厚壁筒节，其厚度明显大于高压容器的筒身。结构的厚度首先取决于放置埋入的主螺栓的尺寸要求，其次还应满足强度的要求。端部法兰强度计算是一个复杂的问题，本身的受力既有内压的作用，更有螺栓载荷和密封垫片反力等的作用，甚至法兰下部与筒体相连接部位还有边缘载荷的作用。因此受力复杂，引起端部法兰发生强度失效的模式也难以准确判断。工程上至今还是采用近似的计算方法。GB/T 150.3 中推荐的也是此方法。

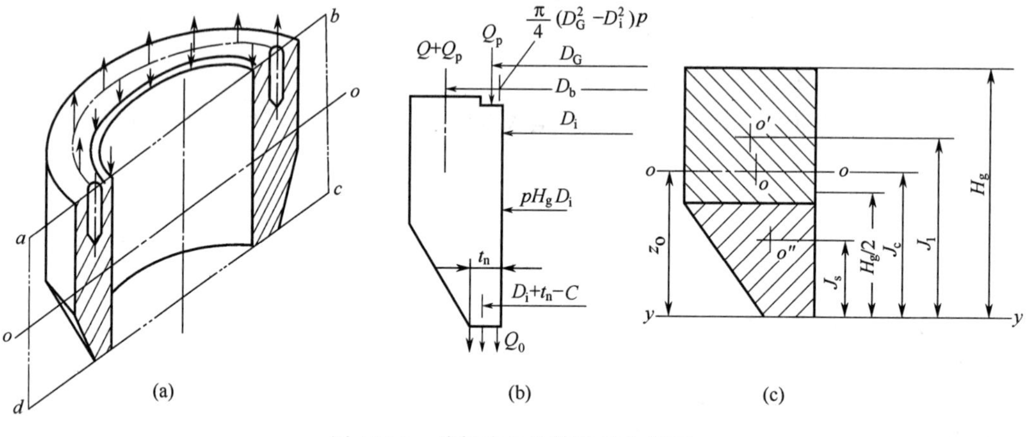

图 10-31 端部法兰计算的简化模型

工程简化方法是将有主螺栓的端部法兰视为在各种载荷作用下可能沿纵向截面［图 10-31(a)］发生弯曲失效的构件。因此将校核 $abcd$ 截面的弯曲强度。引起弯曲失效的各种载荷如图 10-31(b) 所示。对于这样的简化隔离体，$abcd$ 截面上共有 5 项力矩作用：

① 作用在法兰下端部上的、由内压引起的向下的轴向力 Q_0　由于 Q_0 是沿下端部圆周分布的，该力可视为集中作用在它的形心上，该形心对 $abcd$ 断面的力臂为$(D_i+t_n-C)/\pi$。t_n 为下端部的名义厚度，C 为壁厚裕量。

② 作用在垫片平均直径 D_G 与筒体内径之间环形面积上的介质压力　其总和为$\frac{\pi}{4}(D_G^2-D_i^2)p$。该力对 $abcd$ 截面也形成弯矩。可将其视为两个部分的叠加，一部分为 $Q=\frac{\pi}{4}D_G^2 p$，力臂为$\frac{2D_G}{3\pi}$；另一部分为 $Q_0=\frac{\pi}{4}D_i^2 p$，力臂为$\frac{2D_i}{3\pi}$。

③ 工作密封状态下垫片压紧力 $Q_p=2\pi D_G bmp$　此处垫片比压倍数 m 可查见表 3-10。该力对 $abcd$ 截面的力臂为$\frac{D_G}{\pi}$。

④ 主螺栓在工作状态下的螺栓力（$Q+Q_p$）　力臂为 D_b/π。该螺栓力大于预紧时的螺栓力。

⑤ 内压侧向作用在端部法兰的力 pH_gD_i　该力为水平方向，对形心（在 o—o 线上）的力臂为 J_o，$J_o=J_c-\frac{H_g}{2}$ [符号见图 10-31(c)]。

各力矩以逆时针方向为正，顺时针方向为负进行叠加，则 $abcd$ 截面上的总弯矩为

$$M=\frac{1}{2}Q_0\left(\frac{D_i+t_n-C}{\pi}\right)+\left(\frac{1}{2}Q\frac{2D_G}{3\pi}-\frac{1}{2}Q_0\frac{2D_i}{3\pi}\right)+\frac{1}{2}Q_p\frac{D_G}{\pi}-\frac{1}{2}(Q+Q_p)\frac{D_b}{\pi}-pH_gD_iJ_o$$

整理为

$$M=\frac{1}{2\pi}\left[Q_0\left(\frac{D_i}{3}+t_n-C\right)-Q\left(D_b-\frac{2}{3}D_G\right)-Q_p(D_b-D_G)\right]-pD_i\mathrm{H}_gJ_o \quad (10\text{-}42)$$

截面的抗弯模量按图 10-31(c) 求解，先求出截面组合图形（矩形加梯形）的形心位置 o—o，求出截面对 o—o 的惯性矩 I_c，然后按下式计算抗弯模量 Z_g

$$Z_g=\frac{I_c}{J_c}$$

图 10-31(c) 中矩形截面部分、梯形截面部分的惯性矩以及组合截面的惯性矩 I_c，以及各部分截面对转动中心的距离 J_c 等，它们的计算方法均可参见 GB/T 150.3 附录 C。最后端部法兰的弯曲强度校核式为

$$\sigma=\frac{M}{Z_g}\leqslant[\sigma]_f^t$$

式中，$[\sigma]_f^t$ 为法兰材料的许用应力。

应当注意，有主螺栓的高压筒体端部法兰的尺寸设计首先取决于结构设计，尤其要首先确定主螺栓的直径和数量，以后再需进行以上的强度校核，详见 GB/T 150.3 的 10.7.4 节。

(2) 无主螺栓的筒体端部弯曲强度计算法

像伍德密封、卡扎里密封或楔形垫、平垫自紧密封，不采用主螺栓连接形式，筒体端部的厚度比有主螺栓时要大为减薄。而筒体端部所受之力除内压之外基本上可简化为端部弯矩 M 及径向推力 Q。于是便成为第 3 章中所讨论的壳体有力矩理论的弯曲解问题，即边缘问题。此时的强度校核问题首先是求出弯矩 M_r 沿轴向 x 的分布，然后求出最大弯矩 $M_{r(\max)}$，接着就可进行弯曲强度校核。

由于不同密封结构在筒体端部的受力条件不同，则应按不同情况求解弯矩。例如伍德密封的受力条件如图 10-32(a) 所示，可分别按 M 和 Q_r 来求解 M_r。而卡扎里密封筒体端部螺栓部分有偏心弯矩 m 作用，在端部引起的弯矩分布与弯曲应力分布又有所不同，见图 10-32(b)。

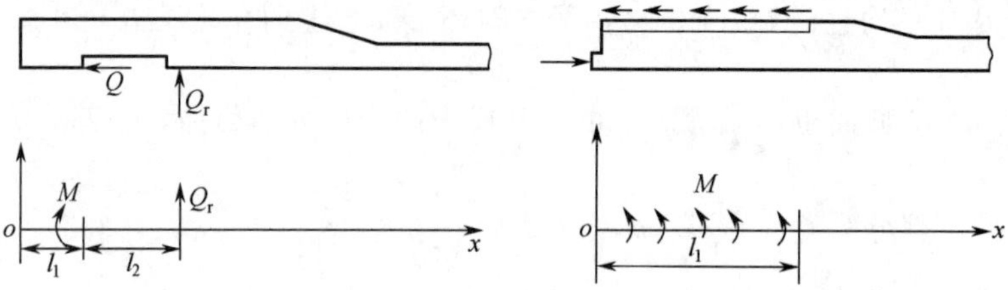

(a) 伍德密封模型　　(b) 卡扎里密封模型

图 10-32　无主螺栓的筒体端部受力情况

为工程设计时计算方便，可绘制一系列简化计算曲线，可参见 GB/T 150.3。

10.4.4　高压筒体端部与封头连接结构设计

为承受高压载荷，高压筒体的壁厚一般设计得比较厚。但与不同型式的封头相连接时，封头与筒体的壁厚会有不小的差异。筒体与封头之间采用不可拆的焊接连接时，焊缝采用等厚度对接焊最为合理，因此不等厚对焊时，接头必须等厚，此时结构设计的合理性就非常重要。

（1）高压筒体与球形封头相连接的接头结构

大型球形封头的壁厚，即使高压下也只是同内径筒体壁厚的一半。为符合等厚度对焊原则，一般工程上对筒体的端部进行单面或双面削薄（直到与球壳等厚），且应在筒体与球形封头相接的几何切线之外对端部进行削薄，如图 10-33 所示。该接头强度校核可按分析设计方法进行，一次基本应力不会出现问题，而由结构不连续产生的二次应力可用安定性准则进行校核。

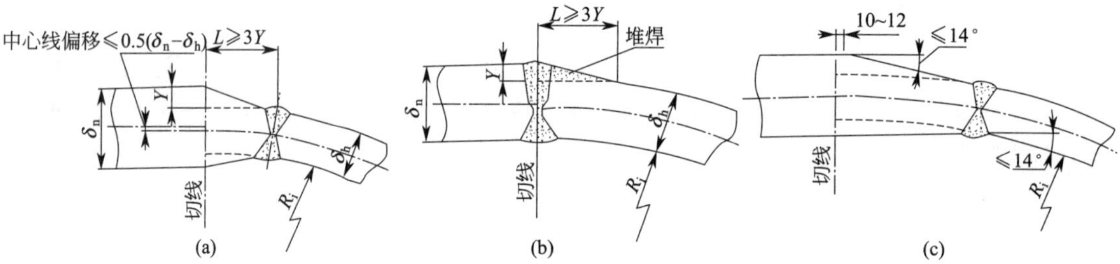

图 10-33　球封头厚度小于圆筒厚度时切线外端部削薄方法

（2）高压圆形平封头与高压筒体相连接的接头结构

小直径高压厚壁筒的不可拆封头，当不便制造热冲压球形封头时多采用锻压平板封头。平板封头会比圆筒厚得多，又不允许用角焊缝与筒体连接。此时平封头锻造时应锻出折边，且边缘削薄到与筒壁等厚，同时近焊缝处还应留出一小段平行长度，如图 10-34 所示。圆平板内壁折边部分的过渡圆角是必须的。图示的对接焊缝也应远离不连续点。

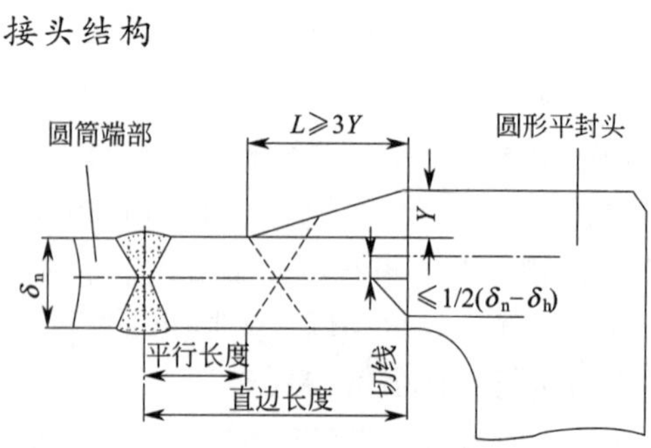

图 10-34　厚平封头与圆筒部的连接结构

10.4.5 高压容器的开孔补强

由于容器上开孔总会引起应力集中，以往总是力求避免在高压容器的筒体部分开孔，而把必须开的孔放在平盖、球盖或端部法兰等处（仅小仪表孔），而在筒体部分的开孔直径限制在壁厚的 3/4 以内。随着石油化工的发展越来越需要在筒体上开大孔，因此必须妥善解决开孔后的补强问题。

高压容器开孔与补强的特殊性在于：① 不采用补强圈形式而采用厚壁接管补强或整锻件补强，使补强更有效；ⅱ 补强设计的强度准则除仍可采用等面积法则外更加重视采用极限分析的准则和安定性设计准则。

补强构件的基本型式如图 10-35 所示，其中，图（a）是只补强接管；图（b）为密集补强；图（c）只对筒体补强。密集补强是在应力最大的区域给以最有效的补强。

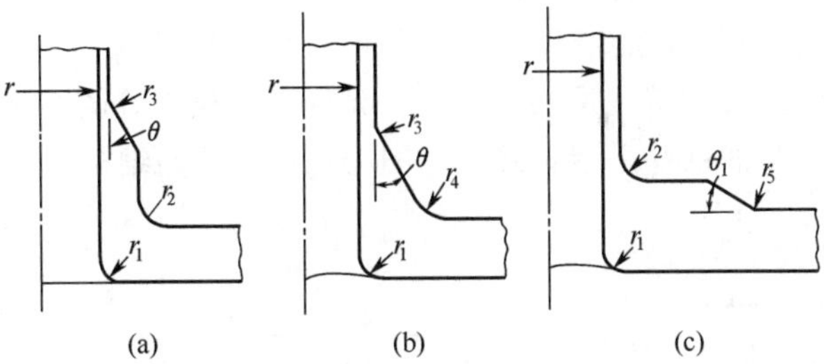

图 10-35 高压容器开孔补强构件的基本型式

补强件的结构尺寸，如各过渡圆弧的 r 及角度 θ 在有关设计规范中都有具体的规定[6]。

图 10-35 所示的补强结构都需要采用锻件，即接管补强锻件。锻件钢材应保证在强度、塑性、韧性和可焊性方面均不低于母材，热处理状态也应与母材相同。锻件与母材相连的焊缝强度必须设计成对接焊接头。接管补强锻件在几何上有复杂的三维构形，只在轴对称结构时才稍显简单。所以这种锻件的锻造与机加工很复杂。另外，如图 10-36 所示的特殊几何形状的密集补强锻件曾是 ASMEⅧ-2 中所推荐的，在应力集中较显著、最需给予补强的部位加密了补强的钢材，补强效果好。图中圆圈范围内的截面为有效补强范围。其半径 L_c 作如下规定：

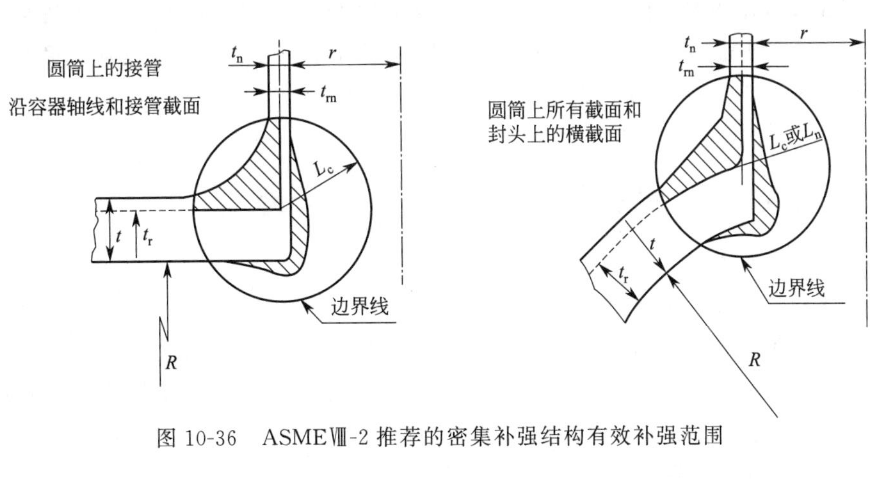

图 10-36 ASMEⅧ-2 推荐的密集补强结构有效补强范围

对于圆筒上的开孔接管

$$L_c = 0.945R(t_r/R)^{2/3}$$

对于球壳或其他凸形封头上的开孔接管

$$L_n = 1.26\left(\frac{t_r}{R}\right)^{2/3}\left[R\left(\frac{r}{R}+0.5\right)\right]$$

上述二式中的圆心在壳体厚度 t_r 与接管厚度 t_{rn} 的交点(两个计算厚度的交点)。

开孔补强锻件与壳体或封头的连接原则上都应该采用等厚的对焊，并应做好坡口结构设计，如图 10-37 所示。

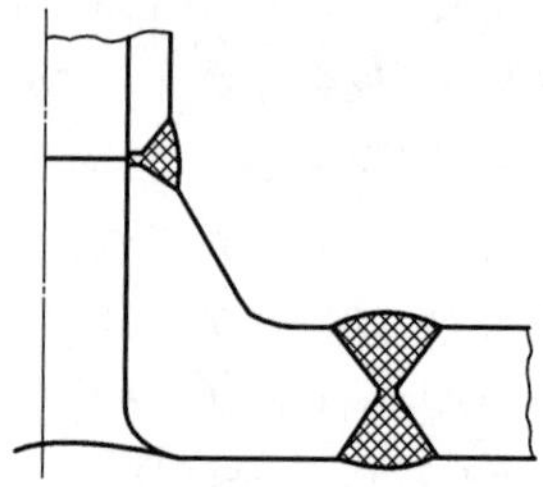

图 10-37 补强件与筒体、接管的焊接

多层厚壁容器以往只在端盖上开孔，现在根据使用的需要也已实现了在多层圆筒的筒体上进行开孔，焊上厚壁管并实行局部补强。但这种补强结构的焊缝只能对表面质量进行检验，而无法对内部进行质量检测，因此焊缝质量不能得到确切保证。这种开孔补强结构如图 10-38 所示，但图(a) 和图(b) 的焊接接头皆为填角焊，过去较多被采用，现今只允许用在仪表管的接头上。现代多层高压容器的开孔补强应考虑补强锻件并采用对接焊 [图(c)]，可提高结构的完整性。

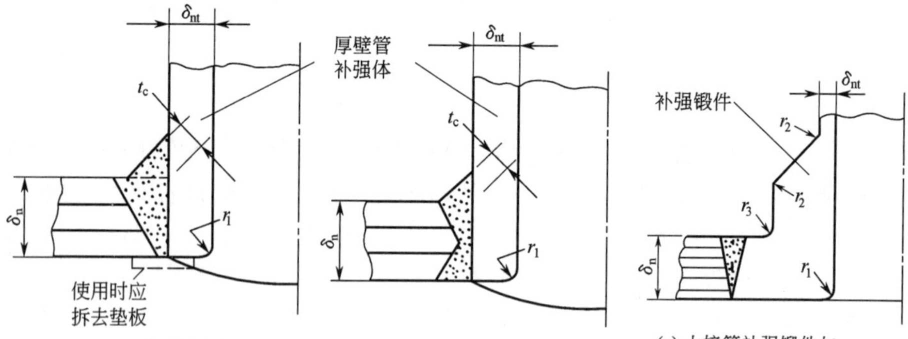

(a) 单边填角焊　(b) 双面填角焊　(c) 大接管补强锻件与多层筒体的对接焊

图 10-38 多层容器的开孔补强

高压壳体上的开孔率（即孔径与壳体公称内径之比）应按 GB/T 4732 标准的规定，设计压力在 10～100MPa 范围内的高压容器，允许的开孔率≤$0.5D_n$。这已涉及高压容器的分析设计法的范畴。

10.5 高压容器分析设计

高压容器的分析设计法也应当以应力分析为基础，然后按不同失效模式给予详细的结构安全性校核。原则上应参照 GB/T 4732 及 ASME Ⅷ-2 进行各种失效模式的计算校核。除基本许用应力应按 GB/T 4732 规定，比 GB/T 150 有所提高外，还应考虑因壁厚比 K 值大幅提高或必须采用多层厚壁结构的特殊问题、壳体增厚沿径向温差较大时的温差应力对强度校核影响问题、疲劳强度校核及热应力棘轮效应问题等。

10.5.1 高压厚壁壳体的塑性垮塌强度计算法

从 Lame 公式的分析可知，壁厚比愈大，应力沿壁厚分布的不均匀性便愈大。厚壁筒最大主应力是环向应力，以外壁周向应力与内壁周向应力之比 $\sigma_\theta^{R_o}/\sigma_\theta^{R_i}=2/(K^2+1)$ 为纵坐标，K 值为横坐标的曲线可知（图 10-39），当 $K=1.25$ 时，外壁的环向应力仅为内壁的 0.78；$K=2.83$ 时，比值降为 0.22。按式(10-26) 及式(10-27) 计算厚壁高压容器的壁厚不合理。

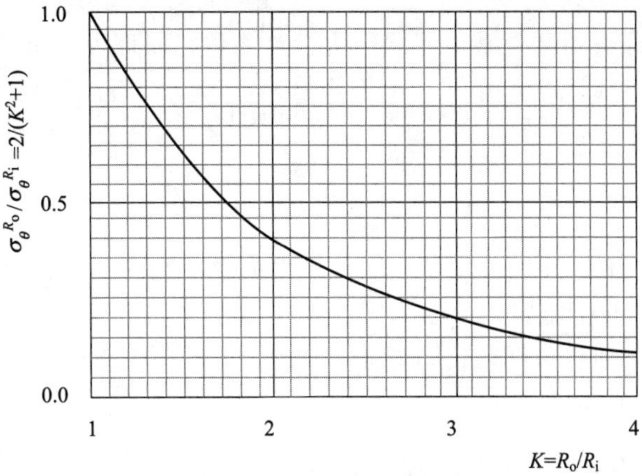

图 10-39 厚壁筒外壁与内壁环向应力之比与壁厚比 K 的关系曲线

GB/T 150.3 的规则设计法曾提出高压容器适用上限的两个规则：$p_c<35\text{MPa}$ 及 $p_c<0.4[\sigma]^t$。其中 $p_c=0.4[\sigma]^t$，代入中径公式后相当于 $K=1.5$。不论是 35MPa 还是 $0.4[\sigma]^t$，均出于中径公式，不适用于壁厚比过大的高压容器壁厚计算。

对于分析设计，不必拘泥于 K 值的界限，可以考虑基于容器整个壁厚均达到全屈服的极限压力—整体塑性垮塌失效压力，以此为极限状态，再给予安全系数，便可设计出安全的厚壁壳体。整体屈服压力的导出已在式(10-18) 和式(10-19) 处介绍过。下面讨论从这两个公式演化出的基于塑性垮塌失效的壳体（圆筒及球壳）壁厚的表达式。

（1）厚壁圆筒厚度工程算法

① 基于 Mises 屈服条件的 Nadie 表达式(10-18) 算法　将式(10-18) 中的 $\ln K$ 作如下变换

$$\ln K=\ln\frac{D_o}{D_i}=\ln\frac{D_i+2t}{D_i}=\ln\left(1+\frac{2t}{D_i}\right)$$

将其代入式(10-18)，有

$$p_y=p_{yo}=\frac{2}{\sqrt{3}}R_{eL}\ln\left(1+\frac{2t}{D_i}\right)$$

再将材料屈服强度 σ_y 改为许用应力强度 $[\sigma]$，整体屈服压力 p_{yo} 改为设计压力 p_c，可得

$$\frac{\sqrt{3}p_c}{2[\sigma]}=\ln\left(1+\frac{2t}{D_i}\right)$$

取反对数后即为

$$\frac{2t}{D_i}=e^{\frac{\sqrt{3}p_c}{2[\sigma]}}-1$$

由此得计算壁厚算式为

$$\delta_c = \frac{D_i}{2}\left(e^{\frac{\sqrt{3}p_c}{2[\sigma]}} - 1\right) \tag{10-43}$$

② 基于 Trescar 屈服条件的 Turner 表达式算法　利用式(10-19) 也可导出壁厚算式

$$\delta_c = \frac{D_i}{2}\left(e^{\frac{p_c}{[\sigma]}} - 1\right) \tag{10-44}$$

(2) 厚壁球壳厚度工程算法

根据不同屈服条件得到球壳整体屈服压力计算方程，同理可导出厚度算式。

基于 Mises 屈服条件
$$\delta_c = \frac{D_i}{2}\left(e^{\frac{\sqrt{3}p_c}{2[\sigma]}} - 1\right) \tag{10-45}$$

基于 Trescar 屈服条件
$$\delta_c = \frac{D_i}{2}\left(e^{\frac{p_c}{2[\sigma]}} - 1\right) \tag{10-46}$$

ASME Ⅷ-2 从 2007 版开始采用基于塑性垮塌失效准则的厚壁圆筒及球壳的壁厚工程新算法，且都选用了 Trescar 屈服条件的算式。我国 2024 版 GB/T 4732 也采用该式。但整体屈服压力推导中均依照理想塑性假设，对于 70MPa 以上的厚壁容器，ASME BPVC Ⅷ-3 不采用此式。

10.5.2 高压厚壁结构多种失效模式的分析设计

10.5.1 节仅针对厚壁壳体进行整体塑性垮塌失效分析，除承压壳体之外，容器结构还存在不连续的部位、有局部应力和应力集中的部位，都应当按 GB/T 4732 或 ASME Ⅷ-2 中应力分类法或直接进行各类应力组合状态下的应力强度校核。其方法已在第 6 章中介绍。可按基于线弹性分析的应力分类法或基于弹塑性分析的直接法对局部过度应变、疲劳、棘轮等失效模式进行分析。

10.5.3 高压厚壁壳体的开孔补强设计

压力愈高的壳体壁厚愈厚，结构设计时愈趋向于将开孔（特别是大开孔）放在半球形的顶部封头上。GB/T 4732 对高压（10～<100MPa）壳体推荐的开孔补强结构不包括补强板补强，主要推荐的是整体锻件补强结构，锻件与筒体或封头之间连接焊缝应采用全焊透对接双面焊坡口，容易保证焊接接头的质量，也方便作无损检测。小口径接管也允许采用厚壁管补强设计。以下几个问题值得注意。

(1) 补强结构的优化

图 10-40 是锻件补强的典型结构。当用作球封头的径向接管时是轴对称结构，锻件制造时会方便许多。而用在圆筒径向或斜向开孔补强时就是非轴对称的三维结构体，几何成型会很麻烦。

须知的是补强结构处应力最大的地方，是发生局部全截面塑性垮塌的地方，或在交变载荷作用最容易发生疲劳开裂的地方，即图 10-40(a) 的 A—A 截面，而且应力更大的点是 A—A 截面上的内侧拐点。因此针对内侧拐点周围补强才是最有效补强，图 10-40(a) 结构并不能满足这一要求。而图 10-40(b) 所示的密集补强结构在性能上则优越得多，可以在最需补强的地方适当地予以补强，内侧给予足够的补强可以起到最直接的补强效果。而外侧有很大的过渡圆弧半径，可以有效地降低应力集中。

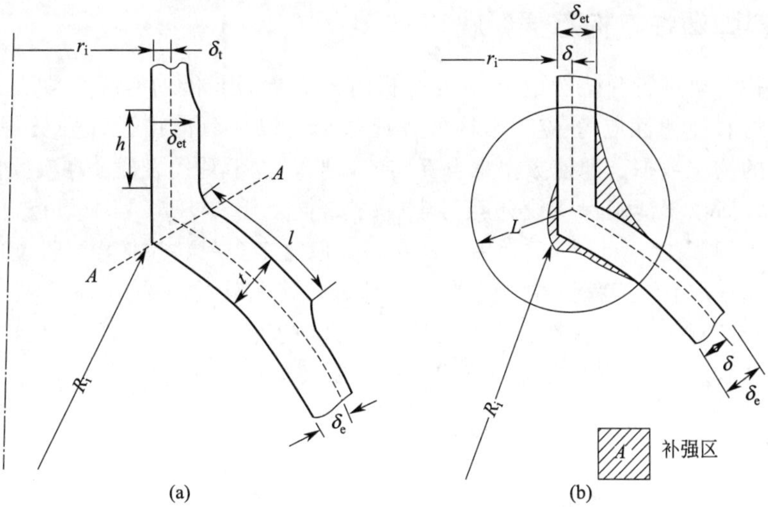

图 10-40　锻件补强典型结构

密集补强效果好是最大优点，但结构制造难度很大。密集补强区的材料增补不宜采用堆焊方式。因为堆焊上去的材料是铸态晶体，且粗大，再好的焊后热处理也改变不了铸造粗晶的晶体结构，也改变不了母材焊接热影响区的晶体结构，即韧性的损失无法挽回。

(2) 开孔补强的强度校核方法

按 GB/T 4732 的分析设计方法，对于设计压力≥10MPa 的高压容器，不能采用补强板结构常用的等面积强度校核法，只能采用所推荐的补强设计的“分析法”，即 GB/T 150 中的“分析法”，这在本书 4.2.5 已经介绍，所不同的是可以将许用应力提高到 GB/T 4732 中规定的、更高的许用应力。

需要注意一个问题，我国开孔补强的分析法的理论基础是薄壳的有力矩理论，理论推导严密，在薄壁前提下是可信的。但在高压厚壁情况下，当壁厚比 $K>1.25\sim2.5$ 时薄壳理论是否适用，补强分析所依靠的薄膜理论和边缘有力矩理论能否适用就存在问题，仍采用“分析法”作开孔补强的校核会有多大误差，是偏安全还是偏危险，至今并无定论，所以应予慎用。但采用有限元的弹塑性数值分析似乎更可信一点。

压力>35MPa 或 $K>1.25$ 的高压厚壁壳体开孔补强结构的安全校核有以下几种方法：

① 基于线弹性分析的安定性强度评价法　若发现的危险截面上最大的虚拟弹性应力强度值$\leqslant 3[\sigma]^t$，则可评价该补强结构在静强度上安定与否。

② 极限载荷等强度评价方法　设材料为理想塑性（无屈服后强化），经弹塑性有限元三维应力-应变数值求解，并按塑性力学下限定理求得某一危险截面进入全域塑性流动时的压力载荷，此载荷即为该开孔补强结构的极限载荷。若此极限载荷与球封头（无开孔）的极限载荷一致，则可认为该开孔补强结构的静强度与基体结构（壳体）相等。

③ 直接法校核　即参照 EN 13445.3 的弹塑性分析的直接法。建立开孔补强结构的三维几何与力学模型，进行弹塑性应力-应变分析时，加载到所关注的接管区危险截面，在设计载荷下观察其是局部屈服还是全面屈服，若局部屈服，其最大弹塑性应变值是否达到或超过允许的应变值，以判断安全与否。如果全面屈服的载荷低于容器壳体的全面屈服载荷，则不能接受，直接调整结构尺寸，直到一致为止。

以上是开孔补强结构的静强度校核问题。有交变载荷作用时还需作疲劳分析。

10.5.4 材料弹塑性本构方程新规

当容器结构需要进行弹塑性应力-应变分析时，通常需要借助有限元数值分析方法。计算时先要输入材料弹塑性应力-应变本构方程或数据。以往只能由设计人员自行准备数据，只能收集现成的测试数据。即使数据来自真实的试验，也不具代表性。在实验分散带中不知处于什么位置，所以不能确保所设计容器今后的安全状况。ASMEⅧ-2 规范自 2007 版以来一直给出一种工程算法，涵盖 7 类常用容器材料，取这 7 类材料拉伸力学性能的保证值，将工程应力应变曲线取 0～工程抗拉强度为止的部分，将其转化为真应力-应变值。再将真应力-应变曲线分成三个区域：弹性段、小应变段、大应变段。将每一段用相当方程拟合，得到弹塑性全程的真应力-真应变的工程算式——三项式

$$\varepsilon_t=\frac{\sigma_t}{E}+\gamma_1+\gamma_2$$

式中　ε_t，σ_t——真实应变及真实应力；

E——设计温度下的材料弹性模量；

γ_1——小应变段内的真实应变；

γ_2——大应变段的真实应变。

ASME 规范中又给出了 γ_1 和 γ_2 这两段塑性变形阶段的拟合方程

$$\gamma_1=\frac{\varepsilon_1}{2}(1.0-\tanh[H])$$

$$\gamma_2=\frac{\varepsilon_2}{2}(1.0+\tanh[H])$$

式中　ε_1，ε_2——分别为塑性变形小应变段和大应变段的真实应变值。

ASMEⅧ-2 附录 3-D.3 给出了 ε_1 和 ε_2 与真实应力 σ_t 的幂律方程，以及上述 7 类材料的拟合常数与指数的计算方法或数值。图 10-41 是高压容器锻轧高强钢 ASTM 4130×（相当于 30CrMo 钢）的工程应力-应变曲线、真应力-真应变曲线。ASME 给出的双线性真应力-真应变工程算法是一种简化且可确保安全可靠的方法，省却了工程设计自寻数据的麻烦，也消除了数据不确定性带来的误差，并具有统计的可信度。

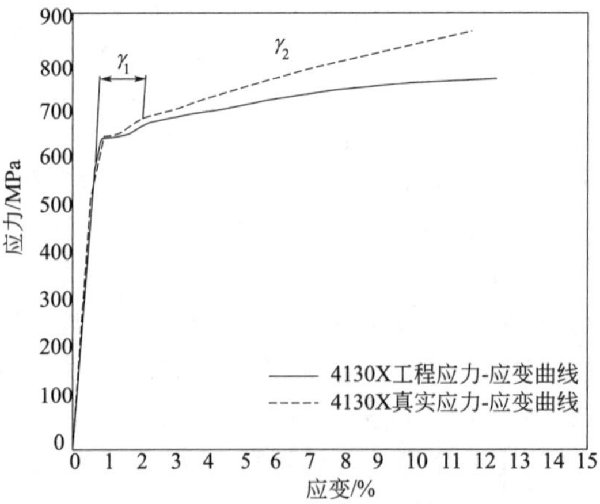

图 10-41　一种高强度钢的两种拉伸应力-应变曲线

10.6 超高压容器

1939 年德国建成了 150MPa 的超高压聚乙烯装置，是人类首次解决 100MPa 压力以上超高压装置的设计、材料、制造与操作控制问题。聚合压力愈高，所得聚乙烯产品的品质愈好。工业发达国家相继建成了 250MPa、350MPa 以及 400MPa 压力的超高压聚乙烯装置。聚合反应器有做成釜式的，也有做成管式的。另外人造水晶的结晶反应釜也是在 100MPa 以上的压力下运行的，可以得到棱柱状的单晶态水晶。等静压处理装置是将物质（气或液）置于超高压小型容器中，对物质各个方向施加很大的压力，使物质缩小分子距离，增大密度，甚至产生分子与原子变形，从而使物质各种物理性能改善。例如人造金刚石是用石墨与叶蜡矿石以及一些助剂在 5000MPa 的极大超高压力及 1000℃高温下经等静压处理而得到的。超高压容器在近代化学工业和各种过程工业中的应用愈来愈广泛。

超高压容器所受压力极高，应力水平也较高，轴对称结构的受力情况较好，并且为便于制造，一般均采用圆筒形结构。又由于所用钢材的强度级别较高，不适合焊接，所以超高压容器的圆筒多采用锻造式结构。常见的超高压筒体的结构有如下几种[121-123,127]。

① 单层式厚壁容器　有整体锻造筒体和单层自增强筒体。

② 多层缩套容器（有过盈配合的）　有双层缩套、多层缩套以及缩套加自增强处理的筒体。

③ 绕丝式筒体（利用筒外多层绕丝增厚的）　有绕丝式筒体和绕丝式框架。

④ 剖分式筒体　在内外筒之间夹有剖分式的扇形块以分离主应力，外筒是缩套在扇形块上的。

⑤ 压力夹套式容器　在同心的内外筒之间的夹套环隙内注入压力可控的液体，使内筒的应力得到夹套压力的平衡而提高内筒的操作压力。

美国 ASME BPVCⅧ-3 2010 版及之后的版本推荐 4 种筒身结构：整锻、多层卷板、多层绕板、绕丝。

超高压容器筒体结构的选择，不仅取决于容器的大小和操作条件，往往还取决于制造厂的装备条件。但不管何种形式，更重要的是必须保证容器在运行条件下能够长期地安全使用。

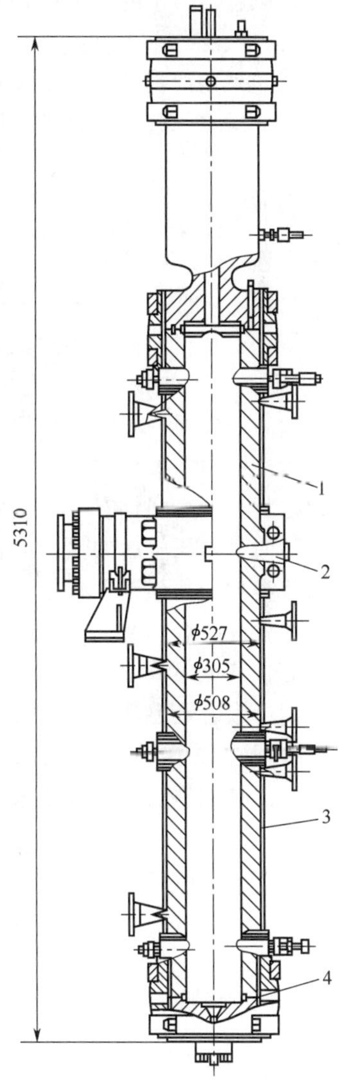

图 10-42　超高压反应釜总装配

1—筒体；2—泄爆装置；3—夹套；4—B 形密封环

图 10-42 是一台较小型的超高压乙烯聚合釜的结构。其设计压力为 225.6MPa，设计温度为 300℃，材料相当

于 34CrNi3MoA。系单层整体锻造式结构。

超高压管式反应器是 20 世纪后期出现的新型超高压设备，将巨大的超高压聚合釜变成内径较小的超高压管道反应器，只要足够长就可完成聚合反应。目前在聚乙烯装置中应用广泛。

虽然超高压容器在工程上已应用了数十年，经验丰富，到 1997 年才正式有工程规范面世，即 ASMEⅧ-3 用于 70MPa 及以上的超高压容器建造[25]。2017 年中国颁布了 GB/T 34019《超高压容器》适用于≥100MPa 的容器建造。

10.6.1 超高压容器的材料选用

超高压容器所承受的内压特别高，因此选用特高强度钢甚至超高强度钢来制造超高压筒体是理所当然的。由于这些高强度钢不适合于焊接，所以超高压筒体既不能采用平板焊结构，也不能采用锻焊结构，基本上采用整体锻造结构。为此，超高压容器的钢材在强度、塑性及韧性上均有一些特殊要求，同时必然在化学成分、冶炼技术和热处理方面也有一些特殊要求。

(1) 强度要求

在工程上，将抗拉强度在 400～700MPa 范围内的钢称为非调质高强度钢，属中低强度的低合金钢，中低压容器大多采用这类钢。抗拉强度在 600～1200MPa 范围内的称为调质型高强度钢，要经过淬火加回火的调质处理才能达到高的强度及合适的韧性，其含碳量超过 0.2%，可以得到低碳马氏体组织。而抗拉强度超过 1200MPa 或 1400MPa 的则称为超高强度钢。超高压容器一般都采用抗拉强度在 800MPa 以上的特高强度钢和 1300MPa 以上的超高强度钢。锻件经锻压成型后再切削加工并进行热处理，最后精加工制成。

这些类型的高强钢有一个重要特点，即屈强比高达 0.8～0.9，即钢材一旦屈服后的强化功能不明显，屈服后的强度储备很有限。通常不希望屈强比超过 0.9。

这些类型的高强钢含有较多的碳，约 0.30%～0.40%。碳可作为主要的强化元素之一，但含碳量偏高时容易导致热处理过程中开裂。其他的强化元素除锰硅之外多选用铬、镍、钼、钒等，甚至还采用钴。按合金元素的多少和强化原理，这些高强钢大致可分为低合金超高强度钢、中合金超高强度钢、半奥氏体沉淀硬化不锈钢、马氏体时效钢（属高镍钴的超低碳高合金钢）。国内外这些特高强度与超高强度的超高压容器用钢的大致情况可参见表 10-7 与表 10-8。详细情况可见参考文献［121］的第 7 章。但特高和超高强度钢均不具备可焊性。

表 10-7 中国几种典型的超高强度钢

钢种	质量分数/%								回火温度/℃	性能		
	C	Mn	Si	Cr	Mo	V	Ni	其他		R_m/MPa	A/%	a_k/(J/cm^2)
25Mn2SiMoV	0.21～0.28	2.20～2.80	0.90～1.20	—	0.30～0.40	0.05～0.12	—		200	≥1500	≥10	≥60
32Si2Mn2MoV	0.30～0.34	1.60～1.90	1.45～1.75	—	0.35～0.45	0.10～0.20	—		250	≥1700	≥9	≥50
37SiMnCrMoV	0.34～0.42	0.09～1.20	1.40～1.70	1.00～1.30	0.40～0.55	0.08～0.15	≤0.35		300	2020	9.6	≥60
40SiMnMoVNb	0.37～0.42	0.80～1.20	1.40～1.70	—	0.40～0.60	0.10～0.12	—	Nb0.70～0.15	270	1800～1900	8～10	≥50

续表

钢种	质量分数/%								回火温度/℃	性能		
	C	Mn	Si	Cr	Mo	V	Ni	其他		R_m/MPa	A/%	a_k/(J/cm²)
40SiMnMoVCu	0.39～0.43	1.60～1.90	1.45～1.85	—	0.50～0.70	0.20～0.30	—	Cu0.30～0.50	270	2100	9～10	≥50
34CrNi3MoA	0.30～0.40	0.50～0.80	0.17～0.37	0.70～1.10	0.25～0.40		2.75～3.25	P≤0.030 S≤0.035		≥900	≥15	≥270

表 10-8　国外某些低合金超高强度钢

钢种	质量分数/%							油淬温度/℃	回火温度/℃	抗拉强度/MPa	屈服强度/MPa	断后伸长率/%
	C	Mn	Si	Cr	Ni	Mo	Co					
En26(英)	0.40	0.60	0.20	0.65	2.50	0.55		860	525	1250	1130	12
En40S(英)	0.25	0.45	0.20	3.27	0.22	0.51		910	625	850	690	20
AISI4340(美)即40CrNi2Mo	0.38～0.43	0.6～0.8	0.20～0.35	0.7～0.9	1.65～2.00	0.2～0.3	P、S各0.025	840		1920～2060	1580～1640	δ_5 11～13
4333M4(美)	0.3～0.38	0.7～1.0	0.15～0.35	0.7～0.9	1.65～2.0	0.35～0.45	P、S各0.015			1030～1170	850	16
Maraging	0.027	0.05	0.10		18.00	4.80	7.00	固溶 820	时效 480	1930	1730	横向 7.2 纵向 10.7

（2）塑性要求

通常压力容器要求钢材有足够的断后伸长率 A，这是由于首先要满足冷变形塑性加工的需要，同时有足够的塑性储备以防止发生脆性破坏。但超高压容器通常采用锻造法加工，不需要冷加工，因此可适当降低对超高强度钢的塑性要求。事实上抗拉强度超过 1000MPa 的钢，要保证常温下 $A>15\%$是很困难的，强度愈高，对 A 的要求愈不能过高。从使用安全角度仍应对 A 提出要求，但目前尚无统一的最低要求，一般国内外锻造的单层超高压容器要求 A 为 10%～15%。事实上抗拉强度在 2000MPa 左右的钢调质后能保证的 A 还不到 10%。

（3）韧性要求

钢材的韧性是保证超高压容器安全性的极重要的性能，绝不低于对强度与塑性的要求。尤其是超高强度钢对微缺陷非常敏感，特别是应力集中区再存在微缺陷（如裂纹，或由夹杂物在交变应力下引发的微裂纹）特别容易导致低应力脆断。所以超高压容器用钢往往从两个方面提出韧性要求，一方面是冲击韧性，另一方面是断裂韧性。

冲击韧性应采用 V 型缺口夏比冲击试验来获得，用冲击吸收功值 KV_2 来衡量材料的冲击韧性。一般要求横向截取冲击试样，即 V 型缺口应平行于最大延伸变形方向。无法横向取样时也允许纵向取样。ASMEⅧ-3 中提出的对超高压容器用钢的冲击韧性要求可以作为参考。该规范要求，对屈服强度≤931MPa 的钢，横向冲击试样的三个试样平均值 KV_2 不小于 40.7J，其中单个最低值不低于 32.5J；屈服强度>931MPa 的钢，横向三个试样平均冲击功值不小于 47.5J，其中单个最低值不低于 38J。如果因厚度限制不得已只能取纵向试样时应要求加严：低于 931MPa 钢的三个试样平均冲击功值不小于 67.8J，其中单个试样最低值不低于 54.2J；大于 931MPa 钢的三个试样平均值不低于 81.4J，其中单个不低于 65.1J。

表 10-7 中所列 α_k 系过去曾采用过的冲击韧性指标，是测得的冲击功值除以扣除缺口深度后的试样净截面积所得之值，现已不用，表中之值可供参考。现今更注重钢材断裂韧度要求。

断裂韧性在 ASMEⅧ-3 中是作为附加要求提出的。在设计时就对钢材提出这一要求，意在考虑万一有宏观裂纹性缺陷存在而又要保证结构的完整性，即不发生低应力脆断，则必须保证材料有足够的断裂韧性，因此应提出钢材应符合最小的 K_{IC} 值要求。有关 K_{IC} 的含义及断裂力学的缺陷评定可以参阅本书第 8 章的相关章节。参考文献［121］第 7 章的第四节介绍了几种超高压容器用钢的 K_{IC} 数据。同时该资料的表 10-3 也列举了部分超高强度钢的 K_{IC} 值。除 K_{IC} 外，美国 ASMEⅧ-3 同时也推荐断裂韧性值 CTOD 或 J_{IC}。

综合以上要求，TSG 21—2016 对超高压容器用钢力学性能的规定是，$R_m \leqslant 800$MPa 时，$A \geqslant 16\%$；$R_m > 880$MPa 时，$A \geqslant 14\%$。而冲击功值的要求是不论 R_m 大小，凡承压元件的锻件的冲击吸收功值均为：$KV_2 \geqslant 47$J。锻件的断裂韧性 $K_{IC} \geqslant 130\text{MPa} \cdot \text{m}^{1/2}$，并提供韧脆转变温度 FATT。

(4) 对钢的化学成分与冶炼的要求

超高压容器用钢冶炼时，除按规定的强化与韧化合金元素成分要求进行严格控制以外，最重要的应是对钢中有害杂质元素（特别是磷和硫）、有害微量元素（砷、锡、锑、铅、铋等）和含气（氧、氢、氮）量的控制。这对于提高钢的韧性、横向性能以及防止疲劳破坏性能有显著影响。磷与硫的存在会在钢中形成多种夹杂物，这些微缺陷愈多愈大，钢的冲击韧性和断裂韧性值将愈低，钢的冷脆转变温度会提高，横向性能也比纵向性能更低。在交变载荷作用下，夹杂物将是钢材内部引发疲劳裂纹的重要发源地，夹杂物愈小、愈少，则诱发疲劳裂纹的机会愈少，疲劳寿命愈长。以 AISI4340 钢为例，若将 P+S 的总量减低至 0.02%以下，则可显著改善钢的韧性和各向异性的程度。现代冶炼技术可以将 P、S 含量控制到均为 0.02%（质量）以下，甚至再低一个数量级，达到“纯净”的程度。TSG 21 对超高压容器锻件钢中杂质含量规定是 P≤0.012%，S≤0.005%。纯净化是现代优质钢材的重要要求。

这类超高压容器用钢的冶炼方法应采用碱性电弧炉初炼，钢包精炼炉精炼，再加碱性平炉（或电炉，电炉更优于平炉）及钢包真空处理加喷粉或电渣重熔精炼。这对严格控制成分大有好处。真空脱气处理可以做到严格控制钢中氢氧氮等气体的含量，能显著提高钢的韧性和疲劳寿命。可见超高压容器用钢的这些要求明显严于一般压力容器用钢。

(5) 超高压容器钢的热处理

特高或超高强度钢无疑应充分体现强度高的优势，同时又要顾及钢的塑性与韧性，尤其是韧性。因此毫无例外的都要进行调质热处理，以得到优良的综合性能。调质处理时首先进行淬火，可以得到足够的马氏体，强度显著升高，但塑性与韧性差，并存在很大内应力，因此必须再进行回火处理。但不同的回火温度可以得到不同的效果。200℃左右的低温回火仍可保持较高的强度，塑性与韧性的变化也不大。500～600℃的高温回火虽可提高塑性与韧性，但强度损失过于明显。中温回火介于其中。因此回火温度的确定十分关键。中低合金含量的超高强度钢一般多采用低温回火，可以得到较高的强度，而韧性与塑性也可以得到较为满意的保证。调质后的金相组织应为较细晶粒的回火索氏体。

对于中低合金的超高强度钢，近年来也有采用一些新的热处理工艺以发挥强度优势和提高韧性与塑性。例如：

ⅰ. 控制热处理的气氛和真空热处理；

ⅱ. 形变热处理，即淬火后使钢材发生低温塑性变形再强化，然后再回火，抗拉强度可提高 3%～10%，而韧性与塑性提高更多；

ⅲ. 超高温淬火，例如 AISI4340 钢的淬火温度从 870℃提高到 1200℃，以得到板条状的低碳马氏体，再作200℃的低温回火，平均断裂韧性值可提高1倍，屈服强度也明显提高；

ⅳ. 超细晶粒淬火，即通过多次加热冷却循环相变快速淬火，使其发生多次铁素体→奥氏体→铁素体相变循环，形核率大大增加，最后得到极细微的晶粒组织，使强度与韧性都大大提高。设计者应注意厚壁时淬火淬透性是否得到充分保证。

10.6.2 超高压容器厚壁、筒体的强度设计

从图10-39可知，当圆筒的径比 $K=2.0$ 时，外壁的周向应力仅为内壁的0.40倍；当 $K=0.285$ 时，外壁周向应力更降为内壁的0.22倍。所以超高压容器壁厚计算必须考虑：

ⅰ. 不能只看内壁的高应力，必须使近外壁处材料强度充分发挥作用；

ⅱ. 即使考虑到采用整体塑性垮塌失效准则也不能只采用式(10-43)或式(10-44)，因为这两式的前提是理想塑性假设，考虑屈服强化行为才更合理，不至过分保守。

ASMEⅧ-3 70MPa以上超高压筒体的设计计算方法：基于整体屈服失效和爆破压计算设计压力 p_D 的径比 K 的算法，并取其小值，$K>2.85$ 的闭口筒体可用下式[24]

$$p_D=\min\left\{[0.924K_{ut}(\sigma_y)\ln K],\left[\frac{1}{3}(R_{eL}+R_m)\ln K\right]\right\} \tag{10-47}$$

式中，R_{eL}，R_m 分别为材料的屈服强度和抗拉强度；径比 K=外径/内径。K_{ut} 是液压试验压力的上限系数：当 $R_{eL}/R_m<0.7$ 时取0.95；当 $0.7<R_{eL}/R_m<0.9$ 时 $K_{ut}=1.244\sim0.4(R_{eL}/R_m)$；当 $R_{eL}/R_m>0.9$ 时 $K_{ut}=0.866$。

式(10-47)右侧第1项为基于Tresca准则的整体屈服压力Terner表达式［式(10-19)］，除以安全系 n_y，即 $0.924K_{ut}$ 的倒数。由于 K_{ut} 是个变数，平均值视为0.8左右，则相当于 $n_y\approx1.35$。

式(10-47)右侧第2项由Faupel爆破压力［式(10-20)］转化而来。当超高压容器采用高强钢时屈强比很高，会超过0.8，此时将Faupel式中的强度修正项 $R_{eL}(2-R_{eL}/R_m)$ 改成工程流变应力强度：$(R_{eL}+R_m)/2$，将其代入Faupel式，再取爆破压的安全系数为 $\sqrt{3}$ $(=1.732)$ 时，即得出第2项

$$\left(\frac{2}{\sqrt{3}}R_{eL}(2-R_{eL}/R_m)\ln K\right)/\sqrt{3}=\left(\frac{2}{\sqrt{3}}\frac{R_{eL}+R_m}{2}\ln K\right)/\sqrt{3}=\frac{1}{3}(R_{eL}+R_m)\ln K$$

GB/T 34019也推荐了爆破压力的计算式

$$p_b=\frac{1}{\sqrt{3}}(R_{eL}+R_m)\ln K \tag{10-48}$$

并暂定爆破压力安全系数 $n_b=2.4$，此值比ASMEⅧ-3的 $\sqrt{3}$ 大了不少。可用于计算设计压力和设计厚度。

GB/T 34019中还给出了基于材料扭转试验本构关系的爆破压力计算方法，但扭转试验较难，更缺少工程推荐的规定值。此外，高压容器开孔、接管、结构不连续、热应力、交变载荷等多种失效模式的预防均应在设计中全面考虑，此处不予赘述。

10.6.3 超高压容器密封结构

超高压容器端部应尽可能用不可拆封头，以防止密封结构泄漏失效。必须可拆时也应尽可能减小密封口径，并尽可能利用内部介质的超高压作用做成自紧式的结构，尽可能免除主螺栓连接，改用卡箍或带螺纹的顶盖。现介绍几种常见超高密封结构。

(1) B 形环及 C 形环

如图 10-43 所示，B 形环及 C 形环的外圆与筒体端有过盈配合要求，装配压入后再旋入带凸肩的头盖，使 B 形环、C 形环达到预紧的要求。预紧后升压时，靠介质压力形成的径向自紧力愈压愈紧。密封垫圈的材料一般可取筒体同质材料，退火态使用硬度稍低，每次装拆需更换垫圈，且应加工精密，筒体及端盖的密封面应经磨削光洁。也有在 B 形环的外侧加镶嵌垫的，可嵌上石棉垫（用于温度较高）或更细的银丝环（更软）。C 形环的自紧密封力不仅有径向力，还有轴向自紧力。

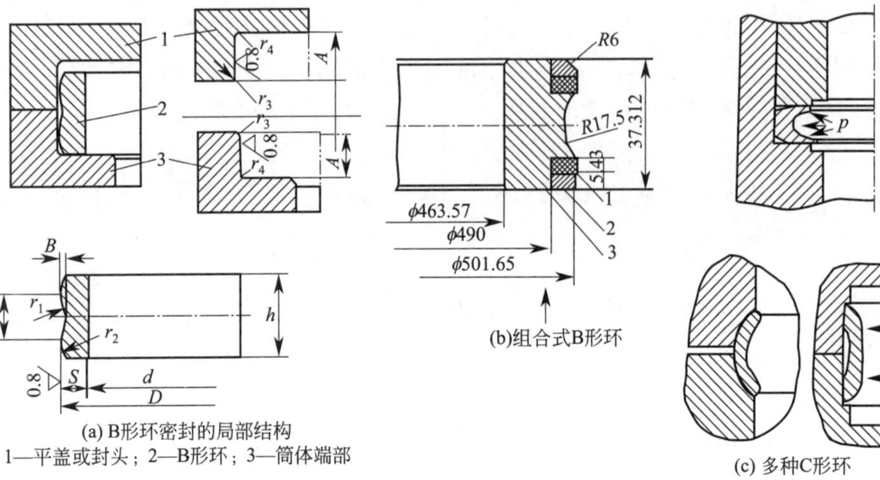

(a) B形环密封的局部结构
1—平盖或封头；2—B形环；3—筒体端部

(b)组合式B形环

(c) 多种C形环

图 10-43　B 形环及 C 形环

(2) 轴向自紧平垫 Bridgman 密封

如图 10-44 所示，压紧顶盖螺纹拧紧下移施加预紧载荷，工作升压后介质的压力载荷将头盖顶升，通过头盖的凸肩将平垫片压紧，实现自紧。这种密封结构较为简单，也省去了主螺栓。但头盖的螺纹会受腐蚀且难以拆卸，限于非腐蚀环境使用。平垫片的材质要求是要有好的塑性变形能力，既要防擦伤又要防止拆卸时取不出来。故可用橡胶、聚四氟乙烯、黄铜、紫铜，另外铝、铅、软钢、纯铁、不锈钢等可用于设计温度较高的场合，既不会被压碎，也会使硬度比头盖及筒体更高。很多情况下 40Cr、35CrMo 等钢也可使用。使用温度不高时玻璃纤维层压板也很好，不会被压碎或过度变形难以拆除。

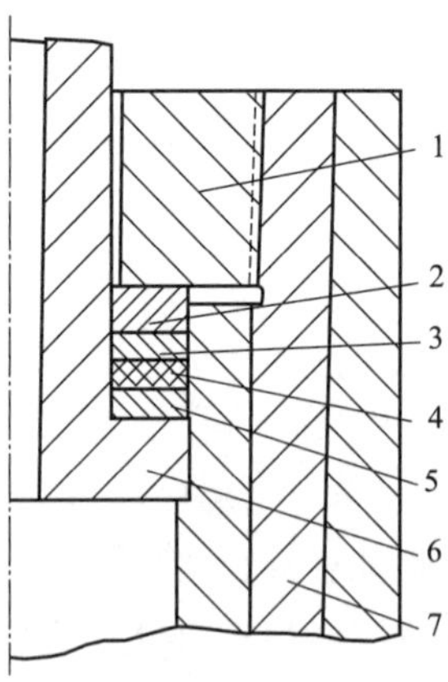

图 10-44　Bridgman 密封
1—压紧顶盖；2—压环；
3，5—垫环；4—垫片；
6—凸肩头盖；7—筒体

(3) 楔形垫自紧密封

楔形垫自紧密封也是超高压容器中常用的。不需要过于精密的过盈配合加工，只有密封面粗糙度要求较高，同时介质轴向载荷需由主螺栓承担，但由于预紧力不大，不要求主螺栓有较大尺寸。结构如图 10-45 所示的密封结构用主螺栓预紧，升压后的压力轴向载荷向上将楔形垫圈既在轴向又在径向都得到了自紧。楔形垫有两个密封面，形状各异，如图 10-46 所示。凸肩头盖可随压力和温度的变化上下浮动，但不影响楔形垫的密封，此时密封面上将会形成摩

擦力和摩擦角 ρ。楔形垫的下尖部刚性较小，有的还在近尖部开上两道圆形凹槽以减小尖部的刚性，在预紧时允许其尖部发生少量的塑性偏转，以利于初始密封的建立。侧面的密封面稍有倾斜，有利于拆卸。甚至在凹槽处再放置 0.5mm 直径的细银丝环，更可提高密封的可靠性。楔形垫的外侧密封面做成倾斜面时，应使外侧锥角大于摩擦角 ρ。楔形垫总体上应属于弹性垫，拆卸后可以恢复弹性，但银丝环应每次拆卸后更换，不得重用。楔形垫的材质可以选用与筒体或封头相同的钢材，但调质后应再进行高温退火，以降低强度和硬度，有利于密封。

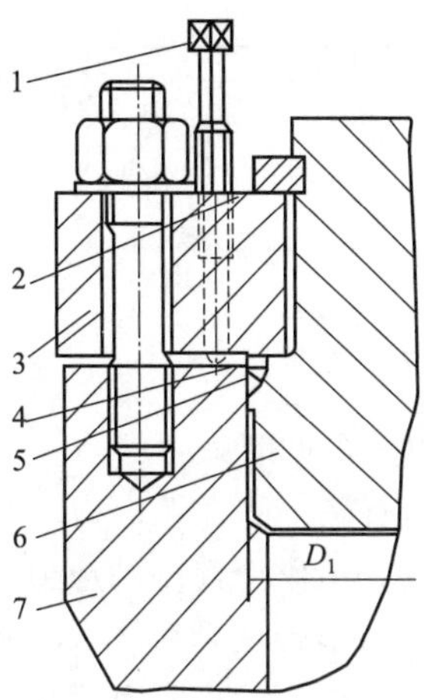

图 10-45　楔形垫密封

1—顶丝；2—卡环；3—压紧顶盖；4—压环；5—楔形垫；6—凸肩头盖；7—筒体；

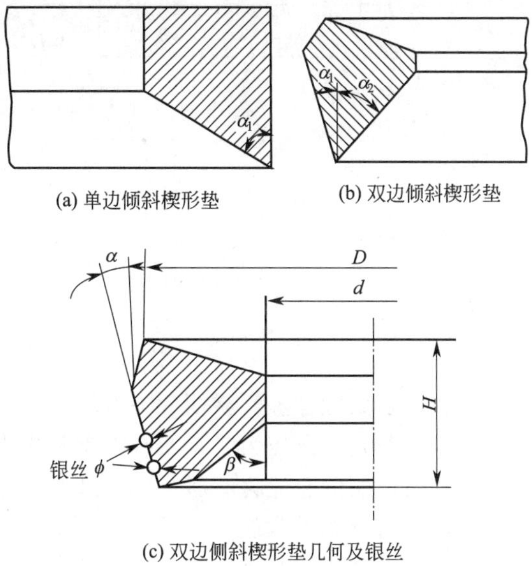

图 10-46　单边或双边倾斜的楔形垫

10.6.4　超高压筒体的开孔补强

超高压筒体，例如聚乙烯的聚合釜，不仅有进出料管，聚合反应时要实时测控不同高度位置处内部物料温度及成分变化，只能将测温孔和取样孔开在不同高度的筒体侧面（径向开孔）。此时不得不为开孔局部段进行整体补强。如图 10-47 所示，聚乙烯超高压厚壁筒径向有 17 只 ϕ10.2mm 仪表小孔及 2 只 ϕ76mm 较大孔。外壁相应有与接管相连并有密封圈的小平台。17 只 ϕ10.2mm 小孔允许不作开孔补强，ϕ76mm 大孔作了局部筒段加厚的整体补强，意味着在筒体锻造时必须一气锻出变截面厚度的锻件。筒身接管开孔处的小平台应设置埋头高压螺柱，通常用金属透镜垫圈作为密封垫。

超高压容器密封结构及设计计算方法可以进一步参阅文献［120，121，126］。

10.6.5　超高压容器的自增强处理

（1）自增强原理

自增强处理就是在使用前对厚壁筒进行大于设计压力的超压处理，目的是形成预应力，使工作时壁内应力趋于均匀。如前所述，超压时可形成塑性层和弹性层。卸压后，塑性层有残余应变，而弹性层受到该残余应变的阻挡也恢复不到原来的位置，两层之间便形成相互作用力。无疑，塑性层中形成残余压应力，弹性层中形成残余拉应力，也就是筒壁中形成了预

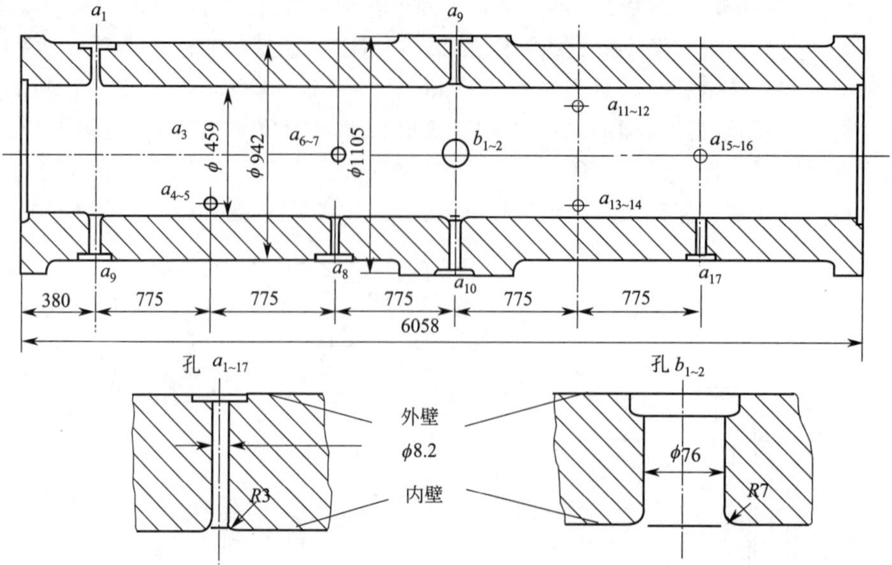

图 10-47 超高压筒体多重开孔的整体补强结构

应力。自增强处理弹塑性界面 $R_c=1.75R_i$ 时，三向应力的分布见图 10-48(a)。

重新加载到工作压力时，筒壁内重新建立由 Lame 公式所确定的弹性应力，与残留的预应力叠加后内层的总应力有所下降，外层的总应力有所上升，沿整个筒壁的应力分布就比较均匀，即应力分布得到改善，见图 10-48(c)。这样厚壁筒径自增强处理后增大了弹性承载的范围，即也提高了屈服承载能力。这种自增强处理技术在超高压容器中常有应用。

按式(10-15) 可计算塑性层到达 R_c 时的自增强处理的压力 p_i。

卸载时若压力降为 Δp（卸压到 0 时 $\Delta p=p_i$），由于只能卸去弹性应力，则可由 Δp 按表 10-3 计算出卸除的三向应力 $\Delta\sigma$（包括 $\Delta\sigma_\theta$、$\Delta\sigma_r$、$\Delta\sigma_z$），则卸载后的残余应力 σ'为

$$\sigma'=\sigma-\Delta\sigma$$

式中的 σ 是自增强处理时在 p_i 压力下的塑性区应力与弹性区应力，分别见表 10-4 中各式，均含三向应力。自增强卸载后筒壁的残余应力如图 10-48(b) 所示，内侧塑性区卸载后受到很明显的压应力。工作时操作压力总低于自增强压力，因而操作压力引起的弹性应力与卸载后的残余应力相叠加而得的合成应力如图 10-48(c) 所示，这要比未经自增强处理的低许多。

厚壁筒自增强处理的方法一种是液压法，另一种是机械式挤压法。液压法是采用超高压的液压泵对已密闭的厚壁筒进行加压，使内层筒壁发生塑性变形。挤压法是用冲头或水压机将有过盈的心轴压入厚壁筒，或用桥式起重机将心轴拉过厚壁筒等使筒壁内层发生塑性变形。另外还有爆炸胀压法，利用高能源的炸药在极短的时间内产生高压和冲击波使圆筒迅速产生塑性变形。

(2) 超应变度的选择

不论用什么方法使筒壁内层发生塑性变形，自增强处理中最核心的问题是将筒壁中的弹塑性分界层应控制在何处，其目的是控制卸载后得到最合理的残余应力分布，以使工作承载后得到最合理的应力分布。这就是筒壁径向变形的最佳选择或称“最佳超应变度”的选择。超应变度的含义是指自增强处理时内壁塑性层厚度与总厚度之比。

最佳超应变度的选择一是从不发生反向屈服的原则考虑，另一是从工作承载时获得最佳应力分布考虑。不发生反向屈服是考虑自增强处理卸载后内壁得到最大压应力［见图 10-48

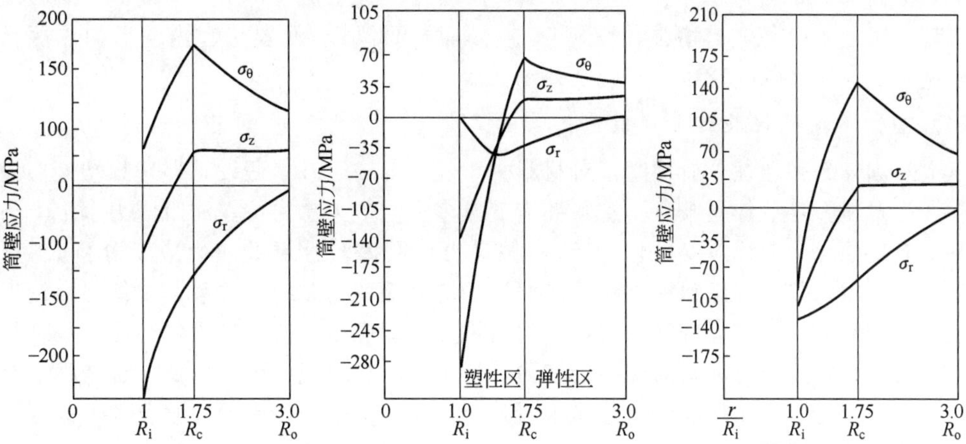

(a) 加载时的应力分布　(b) 卸载后的残余应力　(c) 经自增强处后的筒体与工作应力叠加后的综合应力

图 10-48　自增强超压加载后筒壁弹-塑性区的应力分布

(b)] 不致使材料发生反向屈服。

按工作承载时的最佳应力分布原则考虑，是指经自增强处理后的三向残余应力，再叠加上工作压力作用下的三个主应力以求当量应力达到最佳状态，从而提高工作时的安全性。按这一最佳当量应力可以解出弹塑性层的界面半径 R_c[24,121,126]：

$$R_c=R_i e^{\frac{E}{E^t}\frac{p}{\sigma_y}} \tag{10-49}$$

式中，E/E^t 是考虑工作温度对残余应力的影响。按此 R_c 值代入式(10-13) 可以求出自增强处理中的最佳施加压力。

求解塑性层位置及自增强压力时需注意闭式厚壁筒与开式厚壁筒之分。如果自增强处理不是采用液压法而是用机械型压法时，则应按开式厚壁筒处理，即运用屈服条件时不考虑轴向应力。另外还应注意的是采用 Tresca 屈服条件还是 Mises 屈服条件，两者所得结果略有差异。详细可参阅文献 [121，127]。

自增强处理相当于做爆破试验过程中的中途卸载，显然自增强处理并不能改变筒体的爆破压力。自增强的优点只在于可以提高筒体的弹性承载能力，这是残余压应力作出的贡献。另外残余压应力的存在使原先内壁处的最大拉伸应力得以明显降低，因而在工作状态下，加压卸压循环中的应力幅也随之降低，这对筒体延长疲劳寿命是非常有利的。因此对承受交变载荷的超高压筒体来说事先进行自增强处理是很有必要的。

(3) 自增强处理中的反向屈服问题

自增强处理中的超应变度一般为 30%～50%，视径比 K 值而定。为了取得内壁会有很大的压缩残余应力，以得到最大的弹性操作范围，有时取超应变度达到 100%，即圆筒从内壁到外壁整体屈服。K 值越大，整体屈服的内压也越高。必须注意的是壁厚比大到一定值时，自增强压力卸除后内壁的残余压应力会大到材料的抗压屈服强度，此时要发生反向屈服 (Reverse Yielding)。反向屈服的出现将使圆筒内壁残余压应力比正常自增强获得的内壁残余压应力小，圆筒的弹性操作范围反而减小。因此应尽量避免反向屈服的出现，要适当控制自增强处理的超应变度。

可以利用塑性屈服条件导出圆筒 100%超应变度后卸载后发生反向屈服的临界径比 K 值，对于闭式圆筒

$$K_{cr}=2.22$$

对于开式圆筒　　　　　　　　　　$K_{cr}=2.03$

达到或超过以上 K_{cr} 值，自增强使得圆筒整体屈服再卸载时便要引起内壁反向屈服。详细导出过程可以参阅文献［121，127］。

(4) 塑性应变硬化及鲍辛格效应的影响

以上对圆筒的弹塑性分析都基于对材料力学性能的一个基本假设，即理想塑性假设。这一假设认为材料一旦拉伸屈服后不管塑性应变有多大，应力总保持在屈服应力水平上，即材料不发生应变强化（或称应变硬化）。这一假设可使圆筒塑性层的应力应变分析大为简化。实际上大多数钢材并非理想塑性材料，屈服后的应力应变为非线性关系，中低强度钢屈服后的应变硬化较明显，随着应变量的增大，材料抗力（即应力）有明显增强，此时按理想塑性假设求得的自增强压力下圆筒的塑性层偏薄，卸载后的压缩残余应力偏低，自增强效果显得不足。而高强钢的屈强比一般较高，屈服后强化效应较小，按理想塑性假设求得的自增强压力下圆筒的塑性层偏薄的效应不太明显，残余压力偏低的效应也不太明显，自增强效果尚可。要精确分析塑性应变硬化对自增强效果的影响是很复杂的，主要困难在材料应变硬化效应本构关系的描述上，2007 版 ASMEⅧ-2 所提出的弹塑性本构关系工程算法可以用于自增强处的数值分析，可进一步贴合实际。

鲍辛格（Bauschinger）效应是指这样一种情况，即材料受到拉伸屈服后继续加载将会产生一定量的塑性变形，如果卸除拉伸载荷继而承受压缩载荷，其压缩屈服强度明显小于原来的拉伸屈服强度。将压缩屈服强度与拉伸屈服强度之比称为鲍辛格效应系数（简称 BEF）。当材料不存在预拉伸屈服史的情况下 BEF 值应等于 1，当预拉伸屈服应变值不断增大时 BEF 值随之下降，但当预拉伸屈服应变值达到或超过一定值时 BEF 值将不再降低而趋向为一常数。鲍辛格效应的存在会使厚壁圆筒自增强卸载过程中内壁过早屈服，内壁的压缩残余应力绝对值降低，减少了圆筒的弹性操作范围。由于鲍辛格效应还会使自增强处理卸载时更容易发生内壁的反向屈服。当鲍辛格效应愈明显（即 BEF 值愈低）时，厚壁筒 100% 超应变度卸载时发生反向屈服临界径比 K_{cr} 也愈低。过于容易反向屈服的厚壁筒在服役过程中会随着开车停车、升温降温发生拉伸与压缩塑性变形循环交替，导致疲劳损伤，影响疲劳寿命。参考文献［121，127］中都详细介绍了鲍辛格效应及其对自增强影响的内容。

(5) 自增强效果的衰减

经自增强处理的超高压容器及管道，在内壁处形成压缩残余应力，会对容器带来许多好处，但长期服役后受高温环境或振动影响，自增强处理获得的压缩残余应力有一定程度的衰减。例如超高压聚乙烯管式反应器运行 10 年后测得残余应力衰减了 30%～40%。若衰减到 50%以上，就需要考虑再次进行自增强处理，以恢复残余压缩应力，从而提高安全性，并延长使用寿命。

除自增强处理可以获得理想的预应力外，采用过盈的双层或多层热套筒体也可以获得理想的预应力。外层筒的内径适当小于内筒的外径，形成过盈配合，将外筒加热膨胀到比内筒外径略大时，可以顺利套合，当冷却后可以对内筒形成压缩预应力，外筒同时产生拉应力，将改善承压后的应力分布状态。现代钢铁工业可以提供高强钢各种较大外径的无缝钢管，可为设计建造双层热套或多层热套式超高压容器带来方便。

自增强只可产生筒体塑性区与弹性区的应力分布，对有交变循环载荷工况下改善疲劳寿命有益。自增强不能提高筒体的全屈服及爆破能力，所以对无交变疲劳损伤的容器，并无做自增强处理的必要。

习　题

1. 高压容器的筒体结构与中低压容器的筒体结构通常有什么区别？

2. 高压容器的封头结构（包括可折与不可折的）与中低压容器的封头通常有什么区别？

3. 高压容器的端部法兰及密封结构与中低压容器相比有何区别？

4. 超高压容器自增强处理后对承受交变载荷（内压）的疲劳寿命有什么影响？如果不受交变载荷，作自增强处理会带来什么好处？

5. 一台内压为 30MPa 的高压容器，内盛干燥氮气。内径 D_i=500mm，若采用 Q245R 材料制筒体，试求出高压圆筒的计算壁厚；若采用 Q345R 材料制筒体时，再求出计算壁厚。并回答以下问题：

（1）你认为选用什么材料比较合理？

（2）该容器的长度约 14m，你认为该容器采用什么结构型式（单层卷焊、单层锻焊、整体锻造、多层卷板等）较为合理，说出理由。

注：材料的设计许用应力查 GB/T 150.2—2024。

6. 一台内径为 300mm、壁厚为 40mm 的高压厚壁圆筒，材料为 34CrNi3MoA 锻件，调质处理后的性能达到 σ_b=950MPa，σ_y=780MPa。做筒体的爆破试验前需预先估算以下几个压力值：（1）内壁开始屈服的压力 p_{si}；（2）外壁也达到屈服时的压力 p_{so}；（3）筒体的爆破压力 p_b。

7. 设计计算一台多层包扎式的氨合成塔筒体。内径 D_i=1000mm，设计的计算压力 p_c=32MPa，设计温度为 200℃。内筒采用 25mm 厚的 Q370R 钢板（板材的负公差 C_{1i}=0.8mm，内壁的腐蚀裕量为 1mm）。层板用 6mm 厚的 16MnR 钢板（板厚的负公差为 C_{2o}=0.4mm）。试设计多层包扎式厚壁圆筒的筒节，包括总厚度和层板的层数。已知 25mm 厚 Q370R 钢板的 $[\sigma]^t$=193MPa，6mm 厚层板 Q34R 的$[\sigma]^t$=183MPa。内筒焊缝作 100%无损检测。层板焊缝只作表面探伤，取 φ=0.95。

8. 某高压容器的平顶盖密封处采用金属平垫（实心软铝）密封。容器的内径 D_i=600mm，设计计算压力 p_c=22MPa，设计温度 t=200℃。试确定螺栓直径及个数。平垫片的尺寸如图 10-49。螺栓材料为 35CrMoA（调质），设计温度下的许用应力为 $[\sigma]^t$=196MPa（M24～48），室温下的许用应力 $[\sigma]$=254MPa。

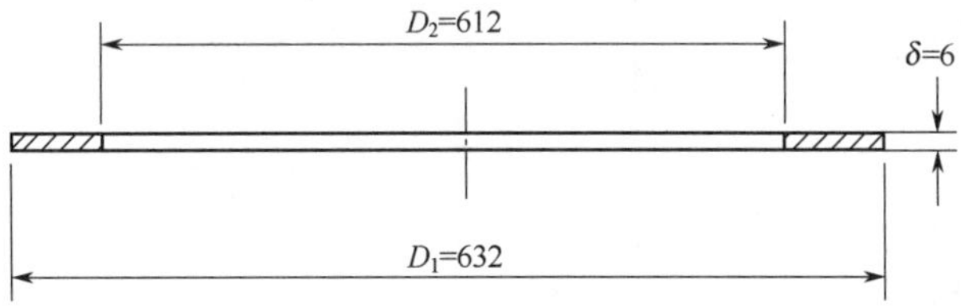

图 10-49　题 8 图

附录　常用单位的换算表

附表 1　力

(SI)牛顿[N][m·kg·s^{-2}]	达因[dyn]	公斤(力)[kg(f)]	磅(力)[lb(f)]	磅达[pdl]
1	1.00000×10^{5}	1.01972×10^{-1}	2.24809×10^{-1}	7.23301
1.00000×10^{-5}	1	1.01972×10^{-6}	2.24809×10^{-5}	7.23301×10^{-1}
9.80665	9.80665×10^{5}	1	2.20462	7.09316×10
4.44822	4.44822×10^{5}	4.53592×10^{-1}	1	3.21740×10
1.38255×10^{-1}	1.38255×10^{4}	1.40981×10^{-2}	3.10810×10^{-2}	1

附表 2　压力、应力

(SI)帕斯卡 [Pa][N/m^2] [m^{-1}·kg·s^{-2}]	达因/平方厘米 [dyn/cm^2]	公斤(力)/平方厘米（工程大气压）[kg(f)/cm^2]	大气压（标准大气压）[atm]	磅(力)/平方英尺 [lb(f)/ft^2]	磅(力)/平方英寸 [lb(f)/in^2]	汞柱(0℃) 毫米(Torr) [mmHg]	汞柱(0℃) 英寸 [inHg]	水柱(15.5℃) 米 [mH_2O]	水柱(15.5℃) 英寸 [inH_2O]	巴 bar
1	1.00000×10	1.01972×10^{-5}	9.86923×10^{-6}	2.08853×10^{-3}	1.45038×10^{-4}	7.50062×10^{-3}	2.95300×10^{-4}	1.02134×10^{-4}	4.01943×10^{-3}	1.00000×10^{-5}
1.00000×10^{-1}	1	1.020×10^{-6}	9.869×10^{-7}	2.08853×10^{-3}	1.450×10^{-5}	7.50062×10^{-4}	2.95300×10^{-5}	1.02134×10^{-5}	4.01943×10^{-4}	1.00000×10^{-6}
9.80665×10^{4}	9.80665×10^{5}	1	9.67841×10^{-1}	2.048×10^{3}	1.42234×10	7.356×10^{2}	2.896×10	1.001×10	3.941×10^{2}	9.80665×10^{-1}
1.01325×10^{5}	1.01325×10^{6}	1.03323	1	2.117×10^{3}	1.46960×10	7.600×10^{2}	2.992×10	1.034×10	4.071×10^{2}	1.01325
4.78803×10	4.78803×10^{2}	4.882×10^{-4}	4.725×10^{-4}	1	6.944×10^{-3}	3.59131×10^{-1}	1.41390×10^{-2}	4.887×10^{-3}	1.924×10^{-1}	4.78803×10^{-4}
6.89476×10^{3}	6.89476×10^{4}	7.03069×10^{-2}	6.80460×10^{-2}	1.440×10^{2}	1	5.171×10	2.036	7.036×10^{-1}	2.770×10	6.89476×10^{-2}
1.33322×10^{2}	1.33322×10^{3}	1.360×10^{-3}	1.316×10^{-3}	2.78450	1.934×10^{-2}	1	3.93701×10^{-2}	1.361×10^{-2}	5.358×10^{-1}	1.33322×10^{-3}
3.38639×10^{3}	3.38639×10^{4}	3.453×10^{-2}	3.342×10^{-2}	7.07267×10	4.912×10^{-1}	2.540×10	1	3.456×10^{-1}	1.361×10	3.38639×10^{-2}
9.791×10^{3}	9.791×10^{4}	1.000×10^{-1}	9.677×10^{-2}	2.046×10^{2}	1.422	7.343×10	2.893	1	3.937×10	9.791×10^{-2}
2.4884×10^{2}	2.4884×10^{3}	2.538×10^{-3}	2.456×10^{-3}	5.198	3.610×10^{-2}	1.866	7.350×10^{-2}	2.540×10^{-2}	1	2.4884×10^{-2}
1.00000×10^{5}	1.00000×10^{6}	1.01972×10^{5}	9.86923×10^{-1}	2.089853×10^{3}	1.45038×10	7.501×10	2.953×10	1.021×10	4.01943×10^{2}	1

注：1MPa=10^6Pa=10.1972kg(f)/cm^2=9.86923atm=1N/mm^2。

附表 3　能、冲击功

(SI) 焦耳 [J][N·m]	公斤(力)·米 [kg(f)·m]	英尺·磅(力) [ft·ib(f)]
1	1.01972×10^{-1}	7.376×10^{-1}
9.80665	1	7.233
1.356	1.383×10^{-1}	1

附表 4　冲击功值

(SI) 牛顿·米/米^2 [N·m/m^2]	公斤(力)· 米/厘米^2 [kg(f)·m/cm^2]	英尺·磅(力)/ 英寸^2 [ft·ib(f)/in^2]
1	1.01972×10^{-3}	4.75869
98066.5	1	4.66644×10
2.10180	2.14656	1

附表 5　应力强度因子

兆牛顿/米$^{3/2}$ [MN/m$^{3/2}$] [MPa/m$^{1/2}$]	公斤(力)/mm$^{3/2}$ [kg(f)/mm$^{3/2}$]	千磅(力)/英尺$^{3/2}$ [kib(f)/ft$^{3/2}$]
1	3.23	0.910
0.310	1	0.282
1.10	3.544	1

参考文献

[1] 涂善东．过程装备与控制工程概论．北京:化学工业出版社,2009.

[2] 潘家祯．过程原理与装备．北京:化学工业出版社,2008.

[3] 中华人民共和国国务院令第 549 号．特种设备安全监察条例,2009.

[4] 宋继红．特种设备法规标准体系建设研究．中国特种设备安全,2016,32(4).

[5] TSG 21—2016 固定式压力容器安全技术监察规程.

[6] GB/T 150.1～4—2024 压力容器.

[7] JB 4732—1995(2005 确认) 钢制压力容器—分析设计标准.

[8] GB/T 4732.1～6—2024 压力容器分析设计.

[9] GB/T 151—2014 热交换器.

[10] GB/T 12337—2014 钢制球形储罐.

[11] NB/T 47041—2014 塔式容器.

[12] NB/T 47042—2014 卧式容器.

[13] NB/T 47013.1～18 承压设备无损检测.

[14] GB/T 25198—2023 压力容器 封头.

[15] NB/T 47001—2009 钢制液化石油气卧式储罐型式与基本参数.

[16] HG/T 20580—2020 钢制化工容器设计基础规定.

[17] HG/T 20581—2020 钢制化工容器材料选用规定.

[18] HG/T 20582—2020 钢制化工容器强度计算规定.

[19] HG/T 20583—2020 钢制化工容器结构设计规定.

[20] HG/T 20584—2020 钢制化工容器制造技术要求.

[21] HG/T 20585—2020 钢制低温压力容器技术规定.

[22] ASME Boiler & Pressure Vessel Code, Section Ⅷ, Rules for Construction of Pressure Vessels, Division 1, 2023.

[23] ASME Boiler & Pressure Vessel Code, Section Ⅷ, Rules for Construction of Pressure Vessels, Division 2, Alternative Rules, 2023.

[24] ASME Boiler & Pressure Vessel Code, Section Ⅷ, Rules for Construction of Pressure Vessels, Division 3, Alternative Rules for Construction of High Pressure Vessels, 2023.

[25] ASME Boiler & Pressure Vessel Code, Section Ⅲ, Rules for Construction of Pressure Vessels, Nuclear Power Plant Components, 2023.

[26] PD 5500: Specification for Unfire Fusion Welded Pressure Vessels, BSI, 2021.

[27] EN 13445: Unfired Pressure Vessel, European Committee for Standar dization, 2021.

[28] CODAP《非直接火压力容器建造规范》,2015.

[29] AD2000-Merkblatt《压力容器规范》,AD-2000 Merkblatt BO 分册:《压力容器设计》,2014.

[30] GB/T 713—2023 承压设备用钢板和钢带.

[31] 余国琮．化工容器及设备设计．北京:化学工业出版社,1980.

[32] 肖纪美．钢的韧性与韧化．北京:化学工业出版社,1986.

[33] Wallin K. Fracture Toughness Transition Curve Shape for Ferritic Structure Steels. Proceedings of the Joint FEFG. International Conference on Fracture of Engineering, 1999.

[34] ASTME 1921. Standard Test Method for Determination of Reference Temperature T0 for Ferritic Steels in the Transition Range. Annual Book of ASTM Standards, 1997.

[35] GB/T 19189—2011 压力容器用调质高强度钢板.

[36] Harvey J F. Thory and Design of Modern Pressure Vessels, 2nd, N. Y. : Van Nostrand Reinbold Co,1974.

[37] 徐芝纶．弹性力学．北京：人民教育出版社，1979.

[38] Bednar H H. Pressure Vessel Design Handbook,Van Nostrand Reinhold Inc. 1981.

[39] Jawad M H. Stress in ASME Pressure Vessels,Boiler,and Nuclear Components. Hoboken:John Wiley & Sons,Inc. 2018.

[40] 陈铁云，陈伯真．弹性薄壳力学．武汉：华中工学院出版社，1983.

[41] Flugge W. Stresses in Shell. 2ed. Springer-Verlag Heidelberg. 1973.

[42] Baker W H,et al. Structure Analysis of Shell. Mcgraw Hill Book Co,1972.

[43] 黄克智，等．板壳理论．北京：清华大学出版社，1987.

[44] 杨耀乾．平板理论．北京：中国铁道出版社，1980.

[45] 铁摩辛柯 S. 板壳理论．北京：科学出版社，1977.

[46] 徐灏．安全系数和许用应力．北京：机械工业出版社，1981.

[47] Jawad M H,Farr J R. Structural Analysis and Design of Process Equipment. Hoboken:John Wiley & Sons,Inc,1984.

[48] 蔡仁良，顾伯勤，宋鹏云．过程装备密封技术．2 版．北京：化学工业出版社，2006.

[49] 蔡仁良．流体密封技术-原理和工程应用．北京：化学工业出版社，2013.

[50] Raut H D,Leon G F. Report on Gasket Factor Tests. WRC Bull. 233,1971.

[51] Bazergui A,Marchand L. PVRC Milestone Test-First Results. WRC Bull. 292,1984.

[52] Bickford J H. Gaskets and Gasketed Joints. Marcel Dekken,Inc. 1997.

[53] Robert F. Seals and Sealing Handbook. Elesevier Ltd. 2014.

[54] ASME PPC-1-2019 压力边界螺栓法兰连接安装指南．

[55] 勃郎奈尔 L E,杨 E H. 化工容器设计．琚定一，谢端绶译．上海：上海科技出版社，1964.

[56] 铁摩辛柯 S. 材料力学(高等理论及问题)．北京：科学出版社，1965.

[57] Brown W. Traditional Flange Design Methods. Seminar Proceedings Institution of Mechanical Engineers,6-17 March 2010.

[58] 应道宴，蔡仁良．提高法兰连接密封可靠性的最大螺栓安装载荷控制技术．化工设备与管道．2018, 55(2);1-14.

[59] GB/T 38343—2019 法兰接头安装技术规定

[60] Panye J. Bolted Joint Improvements Through Gasket Performance test. 1992 NPRA Maintenance conference. May 1992:19-22.

[61] 薛明德，陈伟，邓勇等．圆柱壳大开孔的薄壳理论解．力学学报，1995，27(4)：482～488.

[62] 薛明德，黄克智，李世玉，等．GB 150—2011 中圆筒开孔补强设计的分析法．化工设备与管道，2012，49(3)：1～11．

[63] 薛明德，杜青海，黄克智．内压作用下圆柱壳开孔接管的分析设计方法，压力容器，2007，24(6)：17～23.

[64] 薛明德，王和慧，陈伟，等，带径向接管的圆柱壳端受力矩作用时的薄壳理论解．中国科学(A 辑)，1998，28(11)：1030～1041.

[65] NB/T 47042-2014 卧式容器．

[66] Zick L P. Stresses in Large Horizontal Cylindrical Pressure Vessels on Two Saddle Supports. Welding Journal Research Supplement,Sept. 1951.

[67] Zick L P. Stresses in Large Horizontal Cylindrical Pressure Vessels on Two Saddle Supports. Pressure Vessel and Piping-Design and Analysis-A Decade of Progress. ASME 1972:959-970.

[68] Mershon J L,et al. Local Stresses in Cylindrical Shells due to External Loadings on Nozzles-Supplement to WRC Bulletin 107. WRC Bulletin No. 297,1987.

[69] Wichman K R, et al. Precision Equations and Enhanced Diagrams for Local Stresses in Spherical and Cylindrical Shell Due to External Loadings for Implemenation of WRC Bulletion. WRC Bulletion No. 537. 2010.
[70] 贺匡国．压力容器分析设计基础．北京:机械工业出版社,1995.
[71] 王志文,关凯书．过程设备失效分析．北京:化学工业出版社,2017.
[72] Timoshenko S P, Gere J M. Theory of Elastic Stability. MeGraw Hill Book Co. 1961.
[73] 周承倜．弹性稳定理论．成都:四川人民出版社,1981.
[74] 翁智远．圆柱薄壳容器的振动与屈曲．上海:上海科技出版社,2007.
[75] 王俊奎,张志民．钣壳的弯曲和稳定．北京:国防工业出版社,1980.
[76] Carl T F, Ross. Pressure Vessels External Pressure Technology. 2nd, Woodhead Publishing Ltd. 2011.
[77] 王仁东．化工机械力学基础．2版．北京:化学工业出版社,1988.
[78] ASME B & PV Code Case N-47-33, 1995.
[79] ASME B & PV Code Case 2605- 2, 2015.
[80] ASME B & PV Code Case 2843, 2017.
[81] 徐秉业,陈森灿．塑性理论简明教程．北京:清华大学出版社,1981.
[82] 陆明万,沈鋆,王汉奎．压力容器分析设计理论及释义．北京:清华大学出版社,2024.
[83] T. V. 达根,J. 伯恩．疲劳设计准则．雷慰宗,刘元镛译．北京:国防工业出版社,1982.
[84] 李培方．疲劳分析及其在压力容器中的应用——化学工程师(设计)继续教育教材．中国化工学会教育工作委员会,1987.
[85] Irwin G R. Fracture dynamics. Fracturing of Metals, ASM, 1948: 147-166.
[86] GB/T 21143. 金属材料 准静态断裂韧度的统一试验方法．
[87] Wells A A. Application of fracture mechanics at the beyond general yielding. British Welding Journal, 1963, 10: 563-570.
[88] Dugdale D S. Yielding of steel sheets containing slits. J. Mech. Ph. Solid, 1960, 8: 100-108.
[89] M. G Dawes. Fracture Control in High Yield Strength Weldments. Welding Research Supplement, 1974, 53: 3695-3795.
[90] Hutchinson J W. Singular behaviour at the end of a tensile crack in a harding material. J. Mech. Ph. Solid, 1968, 16: 13-31.
[91] Rice J R. G F Rosengren. Plane strain deformation near a crack tip in a power-law hardening material. J. Mech. Phys. Solids. , 1968, 6: 1-12.
[92] Paris P. Erdogan F. A critical analysis of crack propagation laws[J]. Journal of Basic Engineering, 1963, 85(4).
[93] Ewalds H L, Wanhill R J H. Fracture Mechanics. Butterworth-Heinemann Ltd. 1984.
[94] Wang X G, Gao Z L, Zhao T W, et al. An experimental study of the crack growth behavior of 16MnR pressure vessel[J]. Journal of Pressure Vessel Technology-Transactions of the ASME, 2009, 131 (021402): 1-9.
[95] 邓增杰,周敬恩．工程材料的断裂与疲劳．北京:机械工业出版社,1995,121-122.
[96] 吴晓东,王印培,章小浒．A508-Ⅲ钢的断裂及疲劳性能试验[J]. 压力容器．1990,11:10-12.
[97] 贾法勇,霍立兴,张玉凤,荆洪阳．两种工程结构用钢疲劳裂纹扩展速率的试验研究[J]. 中国机械工程．2003,11-0988-03.
[98] Wallin K, Saario T, et al. Statistical Model for Carbide Induced Brittle Fracture in Steel. Metal Science, 1984, 18: 13-16.
[99] Wallin K, Saario T, et al. Mechanism Based Statistical Evaluation of the ASME Reference Fracture Toughness Curve. 5th International Conference on Pressure Veasel Technology. San Francisco, California, ASME, 1984.

[100] Wallin K. The scatter in K_{IC} results. Engineering Fracture Mechnics,1984,19(6):1085-1093.

[101] Wallin K. The Size Effect in Kic Results. Engineering Fracture Mechanics,1985,22(1):149-163.

[102] Wallin K. Fracture Toughness Transition Curve Shape for Ferritic Structural Steels. Proceedings of the Joint FEFG/ICF. International Conference on Fracture of Engineering,1991.

[103] 曹昱澎．压力容器用钢在韧脆转变区的断裂韧性预测方法研究[D]. 上海:华东理工大学,2012.

[104] 韩豫,陈学东,等．应变强化奥氏体不锈钢力学行为研究及应用．中国机械工程．2011,22(21):2633-2637.

[105] 郑津洋,李雅娴,徐平,等．应变强化用奥氏体不锈钢力学性能影响因素．解放军理工大学学报,2011,12(5):512-519.

[106] 章云飞,惠虎,寿比南,周伟明．奥氏体不锈钢应变强化容器变形速率的测量方法研究．压力容器．2013(5):1-6.

[107] GB/T 1844.7—2017. 固定式真空绝热深冷压力容器　第7部分:内容器应变强化技术规定．

[108] R5,Assessment Procedure for the High Tempereture Response of Structures. Issue 1. 1990.

[109] R5. Assessment Procedure for the High Tempereture Reponse of Structures. Issue 3. 2014.

[110] ASME B & PV Code Section Ⅲ,Rules for Consturection of Nuclear Faci lity Components Subsection NH:Class 1 Components in Elevated Temperature Service,2015.

[111] ASME B & PV Code Section Ⅲ,Rules for Comsturection of Nuclear Ficility Components Subsection Division 5:High Temperature Reactor,2017.

[112] API 579-1/ASME FFS-1,Fitness-For-Service,2016.

[113] RCC- MRx,Design and Construction Rules for Mechanical Components of Nuclear Installation:High Temperature,Reseach and Fusion Reactors,2015.

[114] BS7910,Guide to Methods for Assessing the Acceptability of Flaws in Metallic Structures,2005.

[115] 轩福贞,宫建国．基于损伤模式的压力容器设计原理．北京:科学出版社,2020.

[116] Norton F H. The Creep of Steel at High Temperature. New York:McGraw-Hill Book Company,Incorporated,1929.

[117] Kachahov L M. Rature Time under Creep Conditions. Izvestiia Akademii Nauk SSSR. Otdelenie Teckhnicheskikh Nauk,1958,8:26-31.

[118] M. Prager. Extend Low Chrome Steel Fatigue Rules. STP-PT-027. ASME standards Technologe,LIC,2009.

[119] Prager. M,Osage D. A,Staats J,Macejko B. Development of Material Fracture Toughness Rules for the ASME B & PV Code Section Ⅷ Division 2. WRC Bulletin 528,2010.

[120] 丁伯民,黄正林,等．高压容器(化工设备设计全书). 北京:化学工业出版社,2003.

[121] 邵国华,魏兆灿,等．超高压容器(化工设备设计全书). 北京:化学工业出版社,2002.

[122] 黄载生．超高压容器爆破压力计算．压力容器,1992,9(3).

[123] 朱学正,陈国理,高压容器爆破压力计算,石油化工设备技术,1995(1).

[124] J. H. Faupel,F. E. Fisher. Engineering Design. N. Y. :McGran-Hill Book Co. ,1982.

[125] W. R. D. Manning. Ultra-high Pressure Vessels Design. Chemical and Process Enqineering. 1969,48(3～4).

[126] Doneld M. Fryer,John F. Harvey. High Pressure Vessels . International Thomson Pubeished(ITP) Thomson Science,1998.

[127] 陈国理,陈柏暖,王作池．超高压容器设计．北京,化学工业出版社,1997.